中 国 国 家 标 准 汇 编

380

GB 21773～21827

（2008 年制定）

中国标准出版社　编

中 国 标 准 出 版 社

北　京

图书在版编目（CIP）数据

中国国家标准汇编：2008年制定.380：GB 21773～21827/中国标准出版社编.—北京：中国标准出版社，2009

ISBN 978-7-5066-5327-5

Ⅰ.中… Ⅱ.中… Ⅲ.国家标准-汇编-中国-2008 Ⅳ.T-652.1

中国版本图书馆CIP数据核字（2009）第082091号

中国标准出版社出版发行
北京复兴门外三里河北街16号
邮政编码:100045

网址 www.spc.net.cn
电话:68523946 68517548
中国标准出版社秦皇岛印刷厂印刷
各地新华书店经销

*

开本 880×1230 1/16 印张 40.5 字数 1 189 千字
2009年6月第一版 2009年6月第一次印刷

*

定价 200.00 元

ISBN 978-7-5066-5327-5

出 版 说 明

1.《中国国家标准汇编》是一部大型综合性国家标准全集。自 1983 年起，按国家标准顺序号以精装本、平装本两种装帧形式陆续分册汇编出版。它在一定程度上反映了我国建国以来标准化事业发展的基本情况和主要成就，是各级标准化管理机构，工矿企事业单位，农林牧副渔系统，科研、设计、教学等部门必不可少的工具书。

2.《中国国家标准汇编》收入我国每年正式发布的全部国家标准，分为“制定”卷和“修订”卷两种编辑版本。

“制定”卷收入上一年度我国发布的、新制定的国家标准，顺延前年度标准编号分成若干分册，封面和书脊上注明“20××年制定”字样及分册号，分册号一直连续。各分册中的标准是按照标准编号顺序连续排列的，如有标准顺序号缺号的，除特殊情况注明外，暂为空号。

“修订”卷收入上一年度我国发布的、被修订的国家标准，视篇幅分设若干分册，但与“制定”卷分册号无关联，仅在封面和书脊上注明“20××年修订-1，-2，-3，……”字样。“修订”卷各分册中的标准，仍按标准编号顺序排列（但不连续）；如有遗漏的，均在当年最后一分册中补齐。需提请读者注意的是，个别非顺延前年度标准编号的新制定的国家标准没有收入在“制定”卷中，而是收入在“修订”卷中。

读者配套购买《中国国家标准汇编》“制定”卷和“修订”卷则可收齐上一年度我国制定和修订的全部国家标准。

3. 由于读者需求的变化，自 1996 年起，《中国国家标准汇编》仅出版精装本。

4. 2008 年我国制修订国家标准共 5946 项。本分册为“2008 年制定”卷第 380 分册，收入国家标准 GB 21773～21827 的最新版本。

中国标准出版社

2009 年 5 月

目　　录

ICS 13.300;11.100
A 80

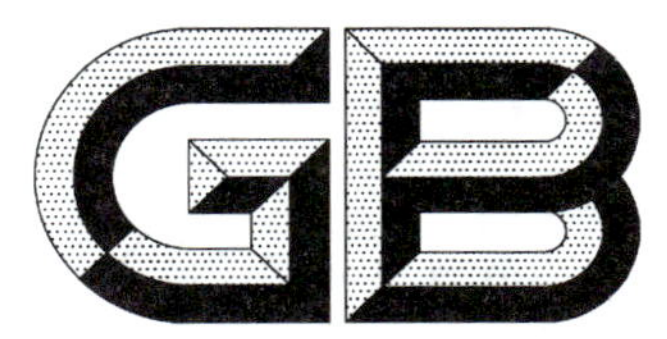

中华人民共和国国家标准

GB/T 21773—2008

化学品　体内哺乳动物红细胞微核试验方法

Chemicals—Test method of in vivo mammalian erythrocyte micronucleus

2008-05-12 发布　　2008-09-01 实施

中华人民共和国国家质量监督检验检疫总局
中国国家标准化管理委员会　发布

前　　言

本标准等同采用经济合作与发展组织(OECD)化学品测试指南 No. 474(1997 年)《体内哺乳动物骨髓嗜多染红细胞微核试验》(英文版)。

本标准作了下列编辑性修改：

——增加了范围部分；

——计量单位改成我国法定计剂量单位；

——删除了 OECD 参考文献。

本标准由全国危险化学品管理标准化技术委员会(SAC/TC 251)提出并归口。

本标准负责起草单位:中国疾病预防控制中心职业卫生与中毒控制所。

本标准参加起草单位:天津市疾病预防控制中心、天津市检验检疫科学技术研究院。

本标准主要起草人：刘克明、侯粉霞、杨德一、李津、王春花、杨雪莹、张园、李宁涛。

OECD 引言

1. 哺乳动物体内微核试验通过分析啮齿类动物骨髓和(或)外周血液样本中的嗜多染红细胞,用以检测受试物诱发的染色体或成红细胞有丝分裂器的损伤。

2. 微核试验的目的是鉴别可引起细胞遗传学损伤的物质,这种损伤会导致含迟滞染色体片断或整条染色体的微核形成。

3. 当骨髓正染红细胞演变成为嗜多染红细胞时,其主核被排出,已形成的微核随后就留在无细胞核的胞浆中。由于这些细胞中缺少主核,故很易观察到。在染毒动物中有微核的嗜多染红细胞出现频率的增加,是引起染色体损伤指征。

4. 该试验中常规使用啮齿类动物骨髓,因该组织中可产生嗜多染红细胞。如果已证明某种动物的脾脏不能清除有微核红细胞,或已显示某种动物对检测能致染色体结构或数目畸变的物质有足够的敏感性,则同样也可考虑检测其外周血的有核未成熟的(嗜多染的)红细胞。有很多判断微核的标准,其中包括微核是否存在着丝粒或着丝的 DNA。有微核的未成熟的(嗜多染的)红细胞的出现率是主要的终点。当受试动物连续染毒 4 周或更长时,外周血中的某些成熟红细胞也含有微核,这时外周血中成熟的(正染红的)红细胞数也可作为试验终点。

5. 哺乳动物体内微核试验特别适用于评价那些需要考虑体内代谢、药物代谢动力学和 DNA 修复过程诸因素的致突变危害。可上述诸因素在不同动物种属、不同组织和不同的遗传终点之间是有所不同。微核试验对于进一步研究体外系统已检测到的致突变作用也是有用的。

6. 如果有证据表明受试物质或活性代谢产物不能到达相应的靶组织内,则不适合使用本试验。

化学品 体内哺乳动物红细胞微核试验方法

1 范围

本标准规定了体内哺乳动物红细胞微核试验的范围、术语和定义、试验基本原则、试验方法、试验数据和报告。

本标准适用于检测化学品的致突变作用。

2 术语和定义

下列术语和定义适用于本标准。

2.1

着丝粒 centromerm/kinetochore

在细胞分裂期，染色体与纺锤丝联合的区域，以使子染色体有序地向子细胞的两极移动。

2.2

微核 micronuclei

在有丝分裂(减数分裂)末期，由落后染色体片断或整体染色体产生的，分离或附属于细胞主核的小核。

2.3

正染红细胞 normochromatic erythocyte

成熟红细胞，因缺乏核糖体，可以用选择性核糖体染料与不成熟的嗜多染红细胞区分开来。

2.4

嗜多染红细胞 polychromatic erythrocyte

未成熟红细胞，处于发育中期，仍含核糖体，故可用选择性核糖体染料与成熟的正染红细胞区分开来。

3 试验基本原则

采用适当染毒途径使受试动物染毒。如使用骨髓样本，则在染毒后的合适时间将动物处死，提取骨髓，制片和染色。当使用外周血样时，则要在染毒后适当时间采血、制备涂片和染色，且最后一次染毒和细胞收获之间的时间要尽可能短。分析制片中存在的微核。

4 试验方法

4.1 准备

4.1.1 动物种属的选择

如使用骨髓样品，则推荐使用小鼠和大鼠，当然其他合适的哺乳动物也可使用。当使用外周血样，则推荐使用小鼠。但是，假如某种动物的脾脏不能清除有微核的红细胞，或已显示某种动物对检测能引起染色体结构或数目畸变的物质有足够的敏感性，则此种动物可以使用。一般试验所用的动物应是初成年的健康动物。在试验开始时，动物的体重差异要小，同性别间不能超过平均体重的±20%。

4.1.2 饲养条件

试验动物房的温度应为22℃±3℃，相对湿度最好不超过70%，目标应该是50%～60%(但清扫动物房时除外)。采用人工照明,12 h 明,12 h 暗,交替进行。可喂饲常规试验室饲料,饮水不限。如果将受试物掺入饲料,应确保与受试物适当混合。动物可单独或少量同性别动物一起笼养。

4.1.3　动物准备

健康初成年动物随机分为对照组和处理组。每只动物都要有自己特有的识别记号。动物至少应适应试验室条件 5 d。笼子的安放要尽可能减小位置造成的影响。

4.1.4　受试物的准备

固态受试物应溶解或悬浮于在适当的溶剂或赋形剂中,并尽可能在动物染毒前适当稀释。液态受试物质可直接染毒,或染毒前适当稀释后使用。如果没有稳定性资料证明可以贮存,则应使用新鲜配制的受试物。

4.2　试验条件

4.2.1　溶剂/赋形剂

多剂量水平中所用溶剂/赋形剂,都不应产生毒性作用,并且不应与受试物产生化学反应。如果使用未知的溶剂/赋形剂,应有证明其相容性的参考资料。建议尽可能首选水溶剂/赋形剂。

4.2.2　对照

每个试验中的每一种性别的动物,都应有同步进行的阳性和阴性(溶剂/赋形剂)对照。除受试样物的处理外,对照组动物的处置应与处理组动物完全相同。

阳性对照的染毒剂量水平应预期在体内产生的微核要高于本底值,其增高的程度要达到可以检出的水平。阳性对照剂量选择应使其阳性效应明显,又不使阅片者立即发现其为阳性对照片。阳性对照的染毒途径可不同于受试物,并可只采一个时间的样本。此外,如能得到,也可考虑使用与阳性对照化学结构相关的阳性对照物。阳性对照物举例见表 1。

表 1　阳性对照物表

化学品和 CAS 码
甲磺酸乙酯[CAS No. 62-50-0]
乙基亚硝基脲[CAS No. 759-73-9]
丝裂霉素[CAS No. 50-07-7]
环磷酰胺(-水化合物)[CAS No. 50-18-0(CAS No. 6055-19-2)]
三亚乙基密胺[CAS No. 51-18-3]

使用溶剂/赋形剂处理而其他处理与处理组相同的阴性对照。除非动物间的差异可以接受,且有微核细胞的出现频数有历史对照资料可以证明,否则阴性对照的每个采样时间应与处理组相同。如果阴性对照为一次性采样,则最适合的时间为首次采样时间。此外,如果没有历史资料或公认的对照资料证明所选的溶剂/赋形剂不引起有毒或致突变效应,则也应设未做处理空白对照。

如使用外周血,染毒前的样品也可作为阴性对照,但仅适用于短期的(如 1～3 次染毒)外周血试验,且其结果应在历史对照的预期范围内。

4.3　试验步骤

4.3.1　动物的数目、性别

每一处理和对照组必须至少包括每种性别 5 只可供分析的动物。如果在研究时,已有资料证明,这一种属的动物,若相同途径染毒,其毒性无明显性别差异,则用一种性别即可满足试验的要求。若人暴露于该化学物有可能存在性别差异,如某些药剂,则应选择相应性别的动物进行试验。

4.3.2　染毒程序

4.3.2.1　没有标准染毒程序(即在 24 h 内染毒 1 次、2 次或多次)可供推荐。下列染毒安排都是可接受的例子:如染毒时间可长达证明在该试验已出现阳性效应,或在阴性研究中可长达毒性效应的出现或使用限量试验,以及连续染毒直至采样时间。受试物也可分数次给予,即在同一天内给予 2 次,其间隔时间不超过数小时,以简化大容量受试物的染毒。

4.3.2.2 试验可用两种方法完成:

a) 受试物被一次性给予动物。骨髓样至少要采集两次,开始采样的时间应在染毒后 24 h,但采样时间不能延长到染毒后 48 h,两次采样之间应有适当的间隔。采样时间早于染毒后 24 h,应说明理由。外周血样至少采两次,开始采样的时间应在染毒后 36 h,第二次采样与第一次采样之间应有一定的间隔,但不能晚于染毒后的 72 h。当某一采样时点出现阳性反应时,则不需再进一步采样。

b) 如果每天染毒 2 次或更多次时(如 24 h 内染毒 2 次以上)可在末次染毒后 18 h～24 h 间采集骨髓一次,或在 36 h～48 h 内采集外周血样一次。

4.3.2.3 此外,必要时也可用其他采样时间。

4.3.3 剂量水平

由于没有可供利用的合适资料而需要通过预试验来寻找剂量范围时,则所用的实验室、动物种类、性别和处理程序应与正式试验相同。如果存在毒性第一个采样时点应设三个剂量水平。这些剂量范围应覆盖最大毒性、微毒和无毒。随后采样时点只需用高剂量即可。高剂量是指产生毒性体征的剂量,若用相同的染毒方式,高于该剂量即有可能引起动物死亡。对于剂量低至无毒时能具有特殊生物活性的物质(如激素和促细胞分裂剂)不属于本剂量设定标准范围之内;应根据具体情况逐例评价。高剂量也可定义为骨髓或外周血产生某些毒性指征的剂量(如骨髓或外周血液中不成熟红细胞占总红细胞的比例减少)。

4.3.4 限量试验

如果一次性染毒或在同一天内进行两次染毒的剂量水平大于或等于 2 000 mg/kg,未产生可观察到的毒性效应,并且根据结构相关化学物质资料推断受试物无遗传毒性,则不需要进行 3 个剂量水平的完整试验。对于染毒时间长达 14 d 的较长期试验,剂量限度为每天 2 000 mg/kg;染毒时间多于 14 d 时,剂量限度为每天 1 000 mg/kg。根据人预期的暴露水平,有时可能需要采用更高剂量水平的限量试验。

4.3.5 染毒

通常采用经口灌胃或腹腔注射的染毒途径,如果有理由,其他染毒途径也可接受。一次灌胃或注射染毒的最大液体容积取决于试验动物的大小,但最大应不超过 2 mL/100 g。采用更大容积时,必须说明理由。除了通常在较高浓度时可出现毒效应增强的刺激性或腐蚀性物质外,应调整浓度,确保所有染毒剂量水平的容积相等,以尽量减少试验容积不同所致的差异。

4.3.6 骨髓/血样制备

骨髓细胞一般在处死动物后立即由股骨或胫骨获得,通常从股骨或胫骨中取出细胞,用已建的方法进行制片和染色。外周血从尾静脉或其他合适的血管中采集,血细胞应在存活状态下立即染色或制成涂片并染色。为了消除使用非 DNA 特殊染色所造成的人工假象,可使用 DNA 特异性染料[如吖啶橙(acridine orange)或赫希斯特 33258(Hoechst33258) 加焦宁 Y(Pyronin-Y)]加以消除,但并不排除使用常规染色[如吉姆萨染液(Giemsa)],其他合适在试验室制备微核的系统(如用纤维素柱子清除有核细胞)也可使用。

4.3.7 分析

4.3.7.1 每只动物的骨髓中至少要计数 200 个红细胞,外周血计数 1 000 个红细胞,以计算不成熟(嗜多染的)红细胞占红细胞(不成熟+成熟)的比例。所有阳性和阴性的涂片,在镜检前应独立编号。

4.3.7.2 每只动物检查 2 000 个未成熟红细胞,以计算有微核不成熟红细胞的发生率。检查成熟红细胞的微核,可获得附加的信息。当分析涂片时,不成熟红细胞占总红细胞的比例不应低于对照值的 20%。当动物染毒 4 周或更长时间时,每只动物也至少检查 2 000 个成熟红细胞的微核发生率。如证明自动分析系统(图象分析或细胞悬液流式仪)可信、有效,则可用于替代手工评价。

5 试验报告

5.1 数据处理

每只动物的资料要以表格的形式列出。实验单元是动物。每只被分析的动物应列出所检查的未成熟红细胞数，有微核的不成熟红细胞数，以及总红细胞中所占的不成熟红细胞数。当动物连续处理4周或更长时间，如收集到成熟红细胞数的资料也应列出。如认为不成熟红细胞占总红细胞比例有应用价值，则也应列出每只动物有微核红细胞的百分比。如果反应不存在性别差异，则两性别的数据可合并统计分析。

5.2 结果评价和解释

5.2.1 有数个确定阳性结果的标准，例如有微核细胞数的增加呈剂量-反应关系或某一采样时点的某一剂量组中有微核细胞数的明显增加。首先应考虑结果的生物学相关性。统计学方法可用于帮助评价试验结果。统计学显著性不是确定阳性结果的唯一因素。可疑的结果最好通过改进试验条件作进一步试验加以澄清。

5.2.2 如果受试物的结果不符合上述标准，则认为在本试验中为非致突变剂。

5.2.3 虽然大多数试验可得到明确的阳性或阴性结果，但偶尔依靠资料也有不能对受试物活性作出明确判断的。尽管多次重复试验，结果仍可能是不明确或可疑的。微核试验的阳性结果表明，受试验诱发微核的产生，这是试验动物的成红细胞染色体受损，或损伤有丝分裂细胞器的结果。阴性结果表明在该试验条件下，受试物对该试验动物的不成熟红细胞，不产生微核。

5.2.4 应对受试物或其代谢产物到达体循环或特殊靶组织的可能性加以讨论。

5.3 试验报告

试验报告应包括以下信息：

5.3.1 受试物

a) 名称和识别码如CAS编号(如知道)；
b) 物理性状及纯度；
c) 与本试验有关的理化特性；
d) 受试物的稳定性(如知道)。

5.3.2 溶剂/赋形剂

a) 选择赋形剂的理由；
b) 受试物在溶剂/赋形剂中溶解度和稳定能力。

5.3.3 试验动物

a) 所用动物种、系；
b) 动物数量、年龄和性别；
c) 来源、饲养条件，饲料等；
d) 试验开始时各动物的体重，包括每组动物的体重范围及标准差。

5.3.4 试验条件

a) 阳性、阴性(赋形剂/溶剂)对照数据；
b) 剂量选择试验的资料(如有)；
c) 选择剂量水平的理由；
d) 制备受试物的详细资料；
e) 受试物染毒的详细资料；
f) 染毒途径的合理性；
g) 证明受试物到达体循环或靶组织的方法(如适用)；
h) 由饲料/饮水中的受试物质浓度转成实际染毒剂量[mg/(kg·d)](如适用)；

i） 饲料/饮水质量的详细资料；
j） 细述处理和采样的时间安排；
k） 涂片的制备方法；
l） 测量毒性的方法；
m） 识别有微核的不成熟红细胞的标准；
n） 每只动物被分析的细胞数；
o） 判断确定阳性、阴性或可疑的标准。

5.3.5 结果

a） 毒性体征；
b） 不成熟红细胞占总红细胞的比例；
c） 分别给出每只动物有微核嗜多染红细胞数据；
d） 每组有微核的不成熟红细胞的平均数±标准差；
e） 剂量-反应关系（如有）；
f） 统计分析及所用的方法；
g） 本次同步进行的和历史上的阴性对照资料；
h） 本次同步进行的阳性对照数据。

5.3.6 结果讨论。

5.3.7 结论。

ICS 13.300
A 80

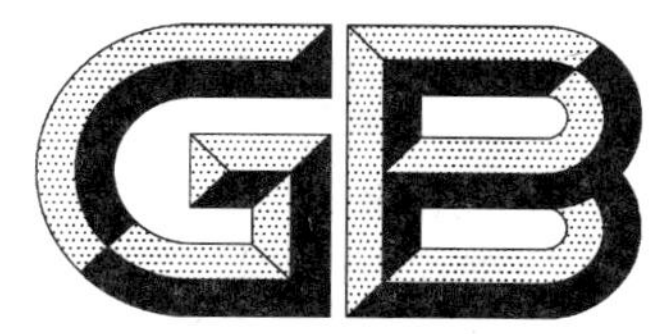

中华人民共和国国家标准

GB/T 21774—2008

粉末涂料　烘烤条件的测定

Coating powders—Determination of stoving condition

2008-05-12 发布　　2008-09-01 实施

中华人民共和国国家质量监督检验检疫总局
中国国家标准化管理委员会　发布

前　言

本标准等同采用德国标准 DIN 55990：T4：1979《粉末涂料　烘烤条件的测定》（德文版）。

为方便使用，本标准进行了下列编辑性修改：

——用 DIN 1623-2《扁轧钢制产品　冷轧钢带和薄钢板　交货技术条件　普通结构钢》代替 DIN 1623《第 1 部分：扁钢材制品　冷轧制带材和非合金钢软钢材　质量规范》；

——用 DIN 12880《实验室电气设备　烘箱和恒温箱》代替 DIN 50011《第 1 部分：材料检验　结构件检验和设备　恒温箱　定义和要求》；

——用 ISO 1519《色漆和清漆　弯曲试验（圆柱轴）》代替 DIN 53152《涂料和清漆的检验　涂料和清漆材料芯杆弯曲试验》；

——用 ISO 2812-1《色漆和清漆　耐液体介质的测定　第 1 部分：除了水之外的液体浸入法》代替 DIN 53168（目前还是草案版本）《涂料和清漆的检验　涂料和类似防化学试剂的涂层稳定性测定》；

——用 GB/T 3186—2006《色漆、清漆和色漆与清漆用原材料　取样》（ISO 15528：2000，IDT）代替 DIN 53225《涂料检验　采样》；

——用 GB/T 20777—2006《色漆和清漆　试样的检查和制备》（ISO 1513：1992，IDT）代替 DIN 53226《涂料检验　预先检验和检验样品的准备》；

——用 ISO 1514《色漆和清漆　标准试板》代替 DIN 53227《涂料和清漆的检验　金属材料或气体标准样品的制作》；

——用 ISO 1520《涂料和清漆　杯突试验》代替 DIN 53156《油漆和类似涂层材料的检验　视觉评价油漆和类似涂层材料的深度（按照艾氏试验）》；

——用小数点“.”代替作为小数点的逗号“，”。

本标准由全国危险化学品管理标准化技术委员会（SAC/TC 251）提出并归口。

本标准主要起草单位：广东出入境检验检疫局、中化建常州涂料化工研究院、海洋化工研究院、中化化工标准化研究所、湖北出入境检验检疫局。

本标准主要起草人：陈强、钱叶苗、莫蔓、张君玺、陈谷峰、杨蓓、郑建国、赵玲、宋祺、黎庆翔。

本标准为首次发布。

粉末涂料　烘烤条件的测定

1　范围

本标准的方法用于测定粉末涂料以静电雾化为背景的烘烤条件。

注：粉末涂料的定义参见 DIN 55945。

2　规范性引用文件

下列文件中的条款通过本标准的引用而成为本标准的条款。凡是注日期的引用文件，其随后所有的修改单（不包括勘误的内容）或修订版均不适用于本标准，然而，鼓励根据本标准达成协议的各方研究是否可使用这些文件的最新版本。凡是不注日期的引用文件，其最新版本适用于本标准。

GB/T 3186—2006　色漆、清漆和色漆与清漆用原材料　取样（ISO 15528:2000,IDT）

GB/T 20777—2006　色漆和清漆　试样的检查和制备（ISO 1513:1992,IDT/ISO 1513 Cor1:1994,IDT）

ISO 1514　色漆和清漆　标准试板

ISO 1519　色漆和清漆　弯曲试验(圆柱轴)

ISO 1520　涂料和清漆　杯突试验

ISO 2812-1　色漆和清漆　耐液体介质测定　第1部分:除了水之外的液体浸入法

DIN 1623-2　扁轧钢制产品　冷轧钢带和薄钢板　交货技术条件　普通结构钢

DIN 12880　实验室电气设备　烘箱和恒温箱

DIN 50014　气候及其技术应用　标准气候

3　原理

在不同的试板温度和不同的保温时间下，烘烤粉末涂料，按规定检验其涂层特性，从而获得涂层应达到特性时的必要烘烤条件。通过所获得的试验结果比较烘烤条件来了解涂料的特性，达到所规定的试验结果。

4　仪器

4.1　烘箱

具有足够加热功率的空气循环恒温箱，符合 DIN 12880。

4.2　测定对照物温度的设备

与测试使用的种类和规格相同的没有涂层的钢板，采用热电偶检验。烘箱中配备的检测设备必须符合试验板材的要求。

4.3　秒表

量程 60 min，精确至 0.1 min。

4.4　试验板材

应符合 ISO 1514 的要求，尺寸可以协商。对照检验时，按 DIN 1623-2 采用厚度为 0.8 mm ±0.1 mm 且经脱脂剂清洗过的 ST 1405 钢板。

5　取样

按 GB/T 3186—2006 取样，并按 GB/T 20777—2006 准备试样。

6 操作步骤

粉末涂料的试样涂在样板上，涂层厚度为60 μm～80 μm。将试板悬挂到已经预先加热的烘箱中。

试板在合适的温度和保温时间条件下进行烘烤。

试板升温时间为5 min～8 min。当试板与对照物温差接近3℃时，停止加热，开始保温。保温期间内应保持与对照物温度差为±3℃。保温时间误差允许±0.2 min。保温时间后从烘箱中取出试板，在室温下悬挂冷却，然后在DIN 50014规定的标准环境下(23℃，50%相对湿度)放置至少12 h。

采用相应的方法检验其特性，例如：按ISO 1520进行杯突试验，按ISO 1519进行圆柱轴弯曲试验或按ISO 2812-1进行耐化学稳定性试验(时间极限稳定性检验)，进行耐化学稳定性试验时应商定试验液体介质。

7 评价

将不同烘烤条件下(对照物温度和保温时间)的试验结果进行比较，评估达到所规定的试验结果的烘烤条件。

8 试验报告

试验报告应至少含有下列说明：

a) 试验产品的种类和标记；

b) 注明本标准编号；

c) 保温时间，分钟(min)；

d) 试板温度，摄氏度(℃)；

e) 试验结果；

f) 方法误差或其他误差的讨论；

g) 试验日期。

参 考 文 献

[1] U. zoril，有机涂料的进展，4(1976)S. 79-138.
[2] DIN 55945 涂料和类似涂层材料 定义.
[3] DIN 55990 第2部分 涂料和清漆、粉末涂料的检验 粒度分布的测定.
[4] DIN 55990 第3部分 涂料和清漆、粉末涂料的检验 厚度的测定.
[5] DIN 55990 第5部分 涂料和清漆、粉末涂料的检验 烘烤质量损失的测定.
[6] DIN 55990 第6部分 涂料和清漆、粉末涂料的检验 爆炸下限的计算.
[7] DIN 55990 第7部分 涂料和清漆、粉末涂料的检验 沉积效率的测定.
[8] DIN 55990 第8部分 涂料和清漆、粉末涂料的检验 化学沉积物稳定性的评估.

ICS 13.300
A 80

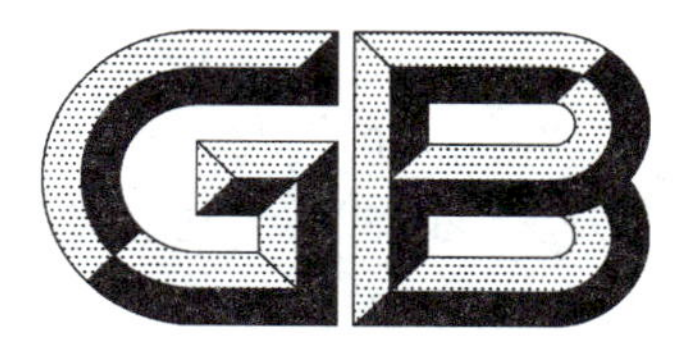

中华人民共和国国家标准

GB/T 21775—2008/ISO 1523:2002

闪点的测定　闭杯平衡法

Determination of flash point—Closed cup equilibrium method

(ISO 1523:2002,IDT)

2008-05-12 发布　　2008-09-01 实施

中华人民共和国国家质量监督检验检疫总局
中国国家标准化管理委员会　发布

前 言

本标准等同采用ISO 1523:2002《闪点的测定 闭杯平衡法》(英文版)。

本标准的附录A为资料性附录。

本标准由全国危险化学品管理标准化技术委员会(SAC/TC 251)提出并归口。

本标准负责起草单位:海洋化工研究院。

本标准参加起草单位:江苏出入境检验检疫局、中化化工标准化研究所、上海出入境检验检疫局、中国化工建设总公司常州涂料化工研究院。

本标准主要起草人:钱苏华、钱叶苗、王晓兵、蒋伟、高宇璇、张敏、沈苏江。

本标准是首次发布。

闪点的测定　闭杯平衡法

1　范围

本标准规定了色漆、清漆、色漆基料、溶剂、石油或相关产品闪点的一种测定方法。

本标准不适于测定水性涂料，水性涂料的测定可采用 ISO 3679 的方法。

本标准适用的温度范围根据所采用的仪器不同而不同，从－30℃到 110℃（见表 1）。

含卤代烃的混合溶剂所测得的结果应引起注意，因为这些混合溶剂可能给出不规则的结果。

2　规范性引用文件

下列文件中的条款通过本标准的引用而成为本标准的条款。凡是注日期的引用文件，其随后所有的修改单（不包括勘误的内容）或修订版均不适用于本标准，然而，鼓励根据本标准达成协议的各方研究是否可使用这些文件的最新版本。凡是不注日期的引用文件，其最新版本适用于本标准。

GB/T 3186—2006　色漆、清漆和色漆与清漆用原材料　取样（ISO 15528:2000，IDT）

GB/T 20777—2006　色漆和清漆　试样的检查和制备（ISO 1513:1992，IDT）

ISO 2719　石油产品和滑润油　闪点的测定　Pensky-Marens 闭口杯法

ISO 3170　石油液体　手工取样

ISO 3171　石油液体　自动管线采样

ISO 13736　石油产品和其他液体　闪点的测定　Abel 闭口杯法

ASTM D 56　Tag 闭口试验器闪点标准测定法

DIN 51755　Abel-Pensky 闭口杯法测定矿物油和易燃液体的闪点

3　术语和定义

下列术语和定义适用于本标准。

3.1

闪点　flash point

在规定的试验条件下，点火源使得试验样品的蒸气发生燃烧并在液体表面蔓延，此时校正到 101.3 kPa 大气压下，试验样品的最低闪火温度即为闪点。

4　原理

4.1　试验样品置于合理设计的闭口杯中并安放在加热池里。加热池的温度应慢慢上升，使得加热池中液体的温度和杯中试验样品的温度差异不超过 2℃，试验样品的升温速度每 1.5 min 不超过 0.5℃。

4.2　在加热期间，点火的时间间隔至少为 1.5 min。记录闪火时的最低温度。

5　化学试剂

5.1　清洗溶剂，清除试验杯和盖子上前次试验样品的残留。

注：溶剂的选择应根据前次试验的材料以及残留物的残留强度来确定。低挥发性芳烃（无苯）溶剂可用来清除油迹，混合溶剂如甲苯-丙酮-甲醇可有效地清除胶状类残留物。

5.2　校准液体，参见附录 A。

6　仪器

6.1　试验杯和盖子：闭口杯，配有内置水平指示器和杯盖。

试验杯应与盖子紧密结合,盖子可以滑动,使得点火装置可用,当滑动部分打开,在接近盖子中心的部位设置直径在 3 mm~4 mm 的点燃区。点燃时,引燃装置的顶部应该位于盖子上、下平面之间,以敞开部分的中心沿半径方向扩展。仪器应该经过设计,保证引燃试验的一系列过程:打开滑动盖,放置和移走喷嘴,关闭盖子在 2 s~3 s 内完成。只要能够符合这些要求,机械驱动仪也可以使用。

注:点火装置中的火源可以是任何合适可燃气体。

6.2 试验杯温度计,适合试验杯使用,符合表 1 所列标准规定。

注:只要精度满足要求,并满足表 1 中所列标准规定给出的其他类型的温度测量仪也可用。

表 1 适用的温度范围

标准检测方法	温度范围/℃
ISO 2719 Pensky-Marens 法	10~110
ISO 13736 Abel 法	−30~80
ASTM D56 Tag 法	93
DIN 51755 Abel-Pensky 法	−30~65

6.3 加热池,盛有合适的液体,其加热升温速率见 10.10,大小以及热容量均能满足 10.10 中的要求。

6.4 加热池温度计,与试验杯温度计(6.2)具有相同的精度,能够满足试验温度的测量。

6.5 支架,设计支架支承加热/冷却池中的试验杯,使得杯盖及上部边缘呈水平,试验杯浸入与加热/冷却池中的液体直接相接触,试验杯中的试样与加热/冷却池中的液体位于同一水平面。图 1 解释了如何正确使用亚伯特试验杯。

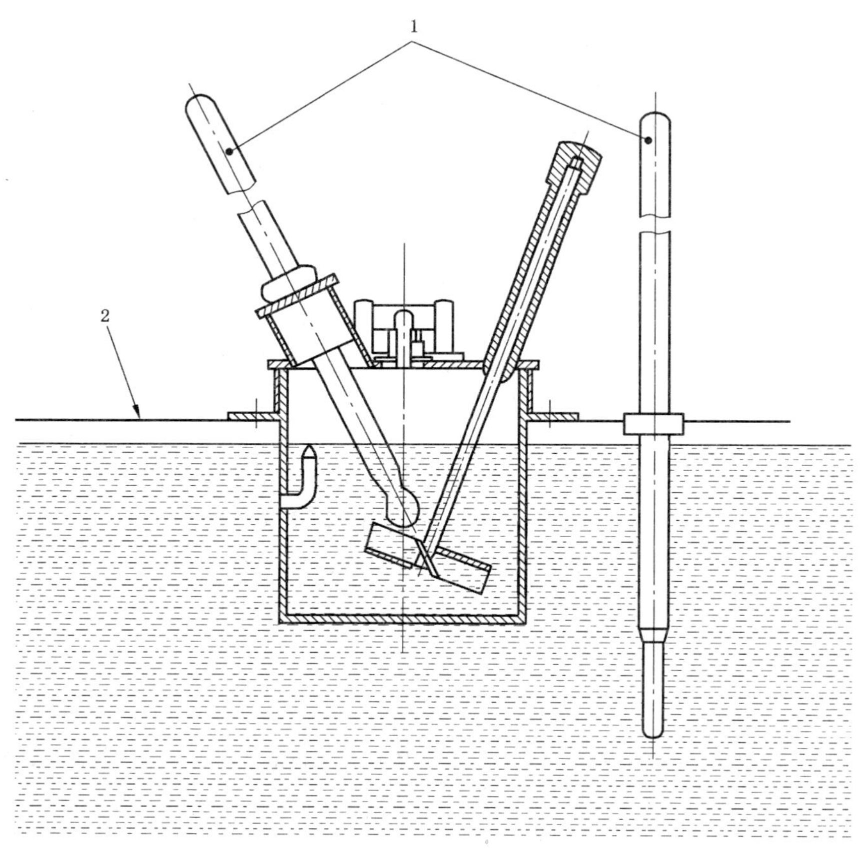

1——温度计;

2——支撑装置。

图 1 亚伯特试验杯的装置图

6.6 气压计,精确到 0.1 kPa。气压计应预先校准到标准大气压,气象站和机场的气压计不能采用。

6.7 加热池或烘箱(如果需要),能够满足室温下为半固体和固体的样品预处理的需要,见 9.1.4。

6.8 冷却池或制冷设备(如果需要),能够将样品冷却到至少低于检测温度 10℃,见 9.3。

7 仪器准备

7.1 仪器的安放

将仪器安放在气流通畅的地方,避免强光。

7.2 加热池的准备

将加热池(6.3)温度定在低于预测闪点 5℃左右(见 10.1 的最后一段)。

7.3 试验杯的准备

仔细清洗、干燥试验杯(6.1)、盖子、温度计(6.2),若可能还有搅拌器。使它们的温度至少低于预测闪点 5℃(见 10.1 的最后一段)。

7.4 仪器的校正

7.4.1 通过测试已检定的参考材料(CRM)(A.2.1),每年至少对仪器的正常性能进行一次校正。获得的结果应该与 CRM 检定值相等或小于 $R/\sqrt{2}$,其中 R 是指试验方法的再现性(见 13.2)。推荐使用次级工作标准(SWSs)(A.2.2)经常对仪器进行校正。

注:仪器的校正推荐使用 CRMs 和 SWSs,SWSs 的制备见附录 A。

7.4.2 校正得到的数据不能用来提供偏离状态,也不能据此来对仪器测得的所有闪点进行更改。

8 取样

8.1 除非另有规定,应按 GB/T 3186—2006、ISO 3170、ISO 3171 规定取样。

8.2 将样品置于合适的密闭性好的容器中。为了安全起见,要确保样品的量占容器容量的 85%~95%。

8.3 样品的存放要适宜,尽量降低蒸气的损失和气压的增大。样品的存放温度不能超过 30℃。

9 样品处理

9.1 石油产品

9.1.1 二次取样

如果原始样品的一部分在试验前需要储存,要确保储存量至少占容器容量的 50%。

注:当样品量少于容器容量的 50%,会对闪点的检测结果产生影响。

9.1.2 含有不溶解的水的样品

若样品中含有不溶解的水,在混合之前应将水除去。水的存在会对闪点的测定结果产生影响。对于一些燃料油和滑润油,往往不可能将水从样品中移去。在这样的情况下,在混合之前水应该采用物理法进行分离,若无法达到,此样品可按照 ISO 3679 的方法进行测定(参考文献[5])。

9.1.3 室温下是液体的样品

在取出待测试样前,通过手摇来使得样品混合均匀,尽量避免可挥发组分的流失,然后按本标准第 10 章的步骤继续进行。

9.1.4 室温下处于半固态或者固态的样品

将样品置于容器中在加热池或者烘箱中加热,温度保持在 30℃±5℃,或者更高一些,但不能超过预测闪点 28℃以下,保持 30 min。若 30 min 后样品仍然无法完全的流动,则根据需要加热 30 min 以上。避免样品过热,这样会导致挥发组分的流失。缓缓搅动后,按本标准第 10 章步骤进行测定。

9.2 色漆和清漆

按 GB/T 20777—2006 的规定制备样品。

9.3 低于室温的试验样品

在冷却池或者制冷设备(6.8)中将样品冷却到至少低于初始试验温度10℃。

10 步骤

10.1 用气压计(6.6)测量并记录试验期间仪器周围的室内大气压。

当测定未知闪点的物质时,应有一个预备试验来测定样品的近似闪点。利用同种类型闪点仪的一种非平衡技术来进行初测。

注:气压计没有必要每次都校零,尽管有些气压计在设计时就设定自动校零。

10.2 将待测样品注入闭口杯(6.1)中,使样品的水平液面刚刚漫过刻度线,或者根据要求的容积添加(见下注)。尽量避免生成泡沫及样品与试验杯刻度线以上部分的接触。如果其中的任何一种情况发生,且较为严重,倒空试验杯,在重新注入新的样品前,按7.3的步骤重新准备。

注:Tag杯,要求检测样品量为50 mL±0.5 mL。

10.3 样品注入后,快速的将盖子和温度计(6.2)放入样品中。将试验杯支撑放入加热池(6.3)中,以使盖子保持水平。试验杯浸入加热池中,与液体直接接触,样品的平面与加热池中液体平面水平。图1解释了如何正确适用亚伯特试验杯。

10.4 点燃引燃装置,使其火焰形状接近球形,直径为3 mm~4 mm。

10.5 若仪器带有搅拌器,按所用的试验杯检测方法所要求的步骤操作。

10.6 当待测样品的温度与加热池液体的温度相同时,适当地停止搅拌器的使用。打开滑动盖,进行点燃试验,降低、抬高引燃装置,在2 s到3 s内,再次关闭滑动盖。记录是否有燃烧现象产生。

10.7 若燃烧现象发生,则换用新的样品,按10.2至10.5的步骤重新操作,但应在低于原先选定温度5℃进行。

10.8 如果待测样品的蒸气混合物与闪点接近,引火装置的使用就会引起光晕的增大;然而,只有当样品产生蓝色火焰,并且自身在液体表面进行蔓延才能认为是达到了闪点。

10.9 若当推开滑动盖,将引火装置放入后,即刻产生明亮的火焰,则认为待测样品的闪点位于测定温度以下。重复试验,将开始温度降低10℃,或者在开始之前进行一下预测(见10.1)。

10.10 若没有火焰产生,则提高加热池的加热速率,这样使得加热池温度和待测样品温度的差异不大于2℃。当待测样品的温度提高0.5℃(间隔不低于1.5 min),重复点火试验,若仍没有火焰出现,继续重复试验,直到某一温度下火焰产生(见10.8)。读取试验杯中温度计的读数,精确到0.5℃,与已经校正过的温度计进行校正,记录这一数据作为在检测过程中标准大气压下的闪点。

注:保证试验测定过程中压力基本平衡,加热要缓慢进行,因为有些产品的热传导系数非常低,而有些产品的高黏性会阻碍热对流的进行。尽管在点燃过程中无法使用,但在仪器中使用搅拌装置,可以确保产品温度的均匀;点火时间最少相差1.5 min,用以确保气一液态体系的稳定。由于测定过程中,挥发物可能会流失,因此,任何试验的总过程不要超过1 h。

11 计算

11.1 若大气压力的读数单位不是千帕(kPa),则一下步骤将其转化为千帕(kPa):

若读数为hPa,则读数乘以0.1转化为kPa;

若读数为mbar,则读数乘以0.1转化为kPa;

若读数为mmHg,则读数乘以0.133 3转化为kPa。

11.2 计算闪点,单位为摄氏度并利用式(1)转换成标准大气压101.3 kPa的闪点T_c,以摄氏度表示。

$$T_c = T_0 + 0.25 \times (101.3 - p) \qquad \cdots\cdots(1)$$

式中:

T_0——试验过程在周围大气压下观测得到的闪点,单位为摄氏度(℃);

p——试验过程周围的大气压力，单位为千帕(kPa)。

注：本式只有当大气压在 98.0 kPa 到 104.7 kPa 范围内严格有效。

12 结果的说明

转换为标准大气压，以摄氏度的形式给出闪点，精确到 0.5℃。

13 精密度

13.1 重复性，*r*

同一操作者使用相同的仪器，相同的操作环境，相同的样品，以及正确操作下所得到的两次测定结果的差异，超出如下给出数值的几率仅为 1/20。

$r=2℃$

13.2 再现性，*R*

不同检测机构的不同操作者，在正确操作下检测相同的样品，所得到的两次测定结果的差异，超出如下给出数值的几率仅为 1/20。

$R=3℃$

14 试验报告

试验报告至少应包括以下内容：

a) 注明本标准的编号；

b) 受试产品的类型及完整的信息；

c) 介绍所用试验杯的标准的参考标准(见表 1)；

d) 试验过程中仪器周围的大气压(见 10.1)；

e) 校准为标准大气压力下的闪点，以摄氏度为单位(见第 12 章)；

f) 无论是否被允许，任何偏离规定检测步骤的说明；

g) 试验日期。

附　录　A
（资料性附录）
仪器的检定

A.1　概述

A.1.1　本附录介绍了次级工作标准(SWS)的制定步骤，利用SWS对仪器的检定以及所用的被鉴定的参考物质(CRM)。

A.1.2　仪器的性能(手动或自动)需要定期进行鉴定，可根据ISO指南34(见参考文献[2])和ISO指南35(见参考文献[3])所指定的CRM来进行，或者采用按照A.2.2中的步骤制备的内部标准物质/SWS来进行检定。仪器的性能可根据ISO指南33(见参考文献[1])和ISO 4259(见参考文献[6])来进行评定。

A.1.3　试验结果的评估，对结果确保至少达到95%的可信度。

A.2　检定、检测标准

A.2.1　被鉴定的参考物质(CRM)，应含有一个稳定的单一碳氢化合物，或者是其他经过ISO指南34和ISO指南35测定过闪点的物质，利用实验室间方法的比对来确定方法鉴定的价值。

A.2.2　次级工作标准(SWS)，应含有一个稳定的石油产品，或者一个稳定的单一碳氢化合物，或者是其他经过以下方法测定过闪点的物质：

a)　利用经CRM检定过的仪器至少三次测定有代表性的二次取样样品，对试验结果仔细分析，去除外部因素，计算结果的算术值；

b)　实验室间进行比对试验，采用至少三个实验室的样品副本。仔细分析实验室间的数据，通过计算得出闪点。

c)　将次级工作标准储存在容器中，确保SWS的完整性，避免阳光直射，温度不超过10℃。

A.3　步骤

A.3.1　选择CRM或者SWS，使其闪点落在选用仪器的测量范围内。表A.1给出了相近的闪点的数值。推荐采用两种CRM或者SWS，使闪点的范围尽可能宽。另外，重复试验推荐采用CRM或SWS的等分样品。

表 A.1　烃类及其他化学品闭口杯法测定的近似闪点

物　　质	标准闪点/℃
2,2,4-三甲基戊烷	−9
甲苯	6
辛烷	14
1,4-二甲苯	26
壬烷	32
环己酮	43
癸烷	49

表 A.1（续）

物　　质	标准闪点/℃
正己醇	60
十一烷	63
十二烷	84
十四烷	109
1-壬醇	109

A.3.2　对于新仪器和至少工作1年以上的仪器，按7.4的方法采用CRM对其进行检定。

A.3.3　对于期间的检定，按本标准第10章的描述，用SWS(A.2.2)进行检定。

A.3.4　按第11章的描述，将结果转换为标准大气压下的值。记录检定结果，精确到0.1℃，作为永久记录。

A.4　检测结果评估

A.4.1　概述

将校正的试验结果与已经经过CRM或者SWS检定的结果进行比较。

在A.4.1.1和A.4.1.2给出的方程式中，假定其可再现性已经按ISO 4259评估过，并且CRM的检定值或SWS的给定值均已按照ISO指南35规定的程序获得。同时也假定不确定度与测定方法的标准偏差相比很小，与重现性试验R相比很小。

A.4.1.1　单次试验

基于CRM或SWS的单次试验而言，单一结果与CRM的检定值或SWS的给定值的差异，应满足式(A.1)的容许量：

$$|\chi-\mu|\leqslant\frac{R}{\sqrt{2}} \qquad \text{(A.1)}$$

式中：

χ——检测的结果；

μ——CRM的检定值或SWS的给定值；

R——检测方法的重现性。

A.4.1.2　多次试验

如果采用CRM或SWS，进行n次重复试验，则n次试验结果与CRM的检定值或SWS的给定值的差异，应满足式(A.2)的容许量：

$$|\bar{\chi}-\mu|\leqslant\frac{R_1}{\sqrt{2}} \qquad \text{(A.2)}$$

式中：

$\bar{\chi}$——测定结果的平均值；

μ——CRM的检定值或SWS的给定值；

R_1——等于$\sqrt{R^2-r^2[1-(1/n)]}$；

R——检测方法的重现性；

r——检测方法的重复性；

n——CRM或SWS重复试验的次数。

A.4.2　若结果在允许的范围内，记录检测结果。

A.4.3 若结果超出了允许的范围,若一开始是采用 SWS 进行检定的,则采用 CRM 重新进行检定。此时如果在允许范围内,则记录结果,去除 SWS 结果。

A.4.4 若结果仍然超出允许范围,严格按照仪器的说明书要求来检查仪器。若没有明显的不适,则进一步采用不同的 CRM 检查。若结果在允许范围内,记录结果。若仍然不能满足范围,则将仪器送交工厂进行全面检修。

参考文献

[1] ISO 指南 33:2000 检定参考物质的使用.

[2] ISO 指南 34:2000 参考物质生产厂能力总体要求.

[3] ISO 指南 35:1989 参考物质证明——总体和统计原则.

[4] ISO 1516:2002 闪燃/不闪燃的测定——闭口杯平衡法.

[5] ISO 3679 闪点的测定——快速平衡闭口杯法.

[6] ISO 4259:1992 石油产品 相关试验方法中精确数据的测定和应用.

ICS 13.300
A 80

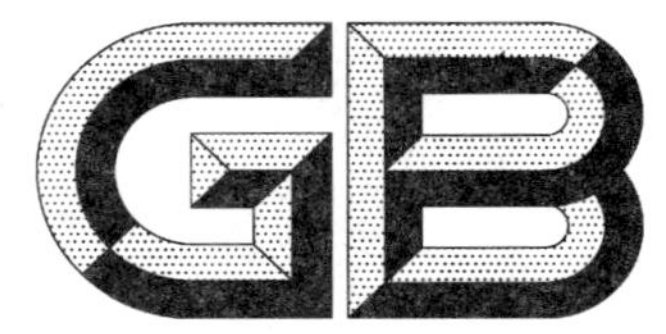

中华人民共和国国家标准

GB/T 21776—2008

粉末涂料及其涂层的检测标准指南

Standard guide for testing coating powders and powders coatings

2008-05-12 发布 2008-09-01 实施

中华人民共和国国家质量监督检验检疫总局
中国国家标准化管理委员会 发布

前　言

本标准等同采用 ASTM D 3451:2006《粉末涂料及其涂层的检测标准指南》(英文版)。

本标准的附录 A 为资料性附录。

本标准由全国危险化学品管理标准化技术委员会(SAC/TC 251)提出并归口。

本标准负责起草单位:海洋化工研究院。

本标准参加起草单位:江苏出入境检验检疫局、中化化工标准化研究所、中国化工建设总公司常州涂料化工研究院。

本标准主要起草人:汤礼军、钱叶苗、梅建、钱进、杨东方、李征伟、沈苏江。

本标准是首次发布。

引　　言

本标准对于粉末涂料及其涂层的检测方法作了详细的规定(参见附录 A),可供选择使用。除了特殊要求以外,本标准适用于热塑性和热固性粉末涂料。功能性粉末涂料适用于加固管道和钢筋,但本标准并非为了推荐检测方法和步骤来迎合这一飞速发展的市场而制定。适用于加固管道和钢筋的功能性粉末涂料及其涂层的检测,可以参考 ASTM A01.05 和 ASTM D01.48。

在本标准的实际应用过程中,方法的选择和结果的分析需根据各人的不同需要和经验来确定,同时也要在供求双方达成共识。值得注意的是,许多方法的采用是为了突出粉末涂料的一些特征,例如:凝胶时间和倾斜流动性仅是两种涂料间的一种比较,而不能就此断定优劣。实验结果的分析依赖于细节的分析和所用粉末涂料的化学性质。

粉末涂料及其涂层的检测标准指南

1 范围

本标准规定了粉末涂料及其涂层的检测方法的选择和使用程序。

本标准规定了粉末涂料的一些具体检测方法，如：静电喷涂、流化床以及其他一些方法。

2 规范性引用文件

下列文件中的条款通过本标准的引用而成为本标准的条款。凡是注日期的引用文件，其随后所有的修改单（不包括勘误的内容）或修订版均不适用于本标准，然而，鼓励根据本标准达成协议的各方研究是否可使用这些文件的最新版本。凡是不注日期的引用文件，其最新版本适用于本标准。

GB/T 21782.1—2008 粉末涂料 第1部分：筛分法测定粒度分布

GB/T 21782.2—2008 粉末涂料 第2部分：气体比较比重仪法测定密度（仲裁法）

GB/T 21782.3—2008 粉末涂料 第3部分：液体置换比重瓶法测定密度

GB/T 21782.4—2008 粉末涂料 第4部分：爆炸下限的计算

GB/T 21782.8—2008 粉末涂料 第8部分：热固性粉末贮存稳定性的评定

GB/T 21782.10—2008 粉末涂料 第10部分：沉积效率的测定

ISO 8130-5 粉末涂料 第5部分：粉末/空气混合物流动特性的测定

ISO 8130-6 粉末涂料 第6部分：在给定温度下热固性粉末涂料胶化时间的测定

ISO 8130-7 粉末涂料 第7部分：烘烤时质量损失的测定

ISO 8130-9 粉末涂料 第9部分：取样

ISO 8130-11 粉末涂料 第11部分：斜面流动性试验

ISO 8130-12 粉末涂料 第12部分：相容性的测定

ISO 8130-13 粉末涂料 第13部分：激光衍射法分析粒径

ISO 8130-14 粉末涂料 第14部分：术语

ASTM B117 盐雾试验方法

ASTM D522 用锥形挠曲机试验附着的有机涂层的伸长

ASTM D523 镜面光泽检测方法

ASTM D609 试验色漆、清漆、喷漆和有关产品用钢板的制备

ASTM D610 评定涂漆钢材表面生锈等级

ASTM D658 用气喷耐磨试验器试验色漆、清漆、喷漆和有关产品的耐磨性

ASTM D660 外用漆细裂程度的评定

ASTM D661 外用漆开裂程度的评定

ASTM D662 外用漆侵蚀程度的评定

ASTM D714 色漆的起泡程度的评定

ASTM D772 外用漆片状剥落（鳞片剥落）程度的评定

ASTM D822 涂料及相关涂料暴露于滤过碳弧棒的方法

ASTM D870 钢板上与有机涂层浸水试验

ASTM D968 落砂法试验色漆、清漆、喷漆和有关产品涂层的耐磨性

ASTM D1005 千分尺法测定有机涂层的干膜厚度

ASTM D1014 金属底材上涂料及涂层户外暴晒试验方法

ASTM D1308　日用化学品对清漆和着色有机面漆的影响
ASTM D1474　有机涂层的压痕硬度检测方法
ASTM D1535　用孟塞尔颜色系统规定颜色
ASTM D1654　涂装了色漆或涂料的样板经受腐蚀环境
ASTM D1729　不透明材料色差的目测评价
ASTM D1730　涂漆用铝与铝合金表面的处理
ASTM D1731　涂漆用热浸铝表面的处理
ASTM D1732　涂漆用镁合金表面的处理
ASTM D1735　盐雾法测定漆膜的耐水性
ASTM D1895　塑胶物质的表观密度、紧缩率、流动性检测方法
ASTM D1898　塑料样品检测
ASTM D1921　塑胶物质的颗粒尺寸测定方法(过滤分析)
ASTM D2091　喷漆抗沾污性
ASTM D2092　涂漆用镀锌钢的表面处理
ASTM D2201　镀锌钢及镀锌合金钢板表面的预处理方法
ASTM D2244　在彩色坐标系中仪器分析计算色彩公差和颜色的差别
ASTM D2247　在100% 相对湿度下涂漆的金属试验样板
ASTM D2248　有机面漆耐去污剂
ASTM D2369　涂料的挥发分
ASTM D2454　过度烘烤对有机涂层影响的测定
ASTM D2616　用灰色标度评定颜色变化
ASTM D2793　木质样底材上有机涂层的抗粘连性
ASTM D2794　有机涂层抗快速变型(冲击)的作用
ASTM D2803　金属底材上有机涂层耐丝状锈蚀性
ASTM D2967　粉末涂料的角覆盖能力测试方法
ASTM D3003　金属底材上有机涂层的抗压痕和抗粘连性
ASTM D3023　在工厂涂装的木制品上涂层的耐污染性和耐化学品性的测定
ASTM D3134　漆膜颜色及光泽差评定方法
ASTM D3170　涂层的抗碎裂性
ASTM D3260　在工厂涂装的冲压铝制品上清漆涂层的耐酸性和耐砂浆性
ASTM D3359　用胶带试验测定附着力
ASTM D3363　用铅笔试验测定漆膜硬度
ASTM D3960　涂料及相关产品中有机挥发物检测方法
ASTM D4017　卡尔·费休法测定涂料及涂料制品中的水含量
ASTM D4060　挺度研磨器法测定有机涂层的抗磨损能力
ASTM D4086　位变异构的目测评估方法
ASTM D4141　漆膜日晒性及黑盒子导电性测试方法
ASTM D4145　漆膜与预涂层间的适合能力检测
ASTM D4214　外部涂层的粉化程度评估方法
ASTM D4217　热固性粉末涂料凝胶时间的测定方法
ASTM D4242　热硬化粉末涂料的倾斜电镀流动性检测方法
ASTM D4585　可控浓缩法测定漆膜的防水能力
ASTM D4587　涂料及相关涂料在紫外/可见荧光下的变化情况

ASTM D5031 涂料及相关产品在密封的碳弧放电下的变化情况
ASTM D5382 粉末涂料的光学性能评估方法
ASTM D5531 产品的预处理、保存、销售方法以及涂料的颜色和几何特征评估
ASTM D5767 漆膜表面光泽度的仪器分析方法
ASTM D5861 粉末涂料的粒度分析
ASTM D5965 粉末涂料的比重测量方法
ASTM D6132 超声探测仪对有机涂层干膜厚度的无损性测量
ASTM D6441 粉末涂料的遮盖力测量
ASTM D6695 涂料及相关产品的氙弧照射检测
ASTM D7091 用于非磁性含铁金属表面的非磁性涂层及用于不含铁金属表面的非导电涂层的干膜厚度的无损性检测
ASTM E11 检测所用的金属丝布和丝网详述
ASTM E284 常见术语
ASTM E308 用CIE1931系统用分光光度法测定和表示颜色
ASTM E430 用测角光度仪测定高光泽表面的光泽
ASTM E1164 物体颜色光谱法数据分析
ASTM E1331 利用半球几何法测定光谱反射比和颜色
ASTM E1345 反复测量减小颜色变化的影响
ASTM E1347 利用三色激励测试法测定颜色及颜色差异
ASTM E1349 利用双向几何法测定光谱反射比和颜色
ASTM G141 地点改变对曝露的非金属物质的影响
ASTM G147 非金属物质在自然和人造环境中的处理方法
ASTM G151 利用实验室光源对非金属物质进行加速曝露实验
ASTM G152 通过明火碳弧分析仪对非金属物质的曝露进行测试
ASTM G153 通过封闭火焰碳弧分析仪对非金属物质的曝露进行测试
ASTM G154 非金属物质在荧光测试仪下的UV曝露实验
ASTM G155 非金属物质在氙弧测试仪下的曝露实验
PCI #1 加速稳定性测试—粉末涂料
PCI #2 粉末涂料的兼容性
PCI #3 对比率—粉末涂料
PCI #4 粉末涂料物质的密度
PCI #6 凝胶时间反应
PCI #7 斜面流动
PCI #9 热硬化粉末涂料的质量损失补偿

3 术语和定义

下列术语和定义适用于本标准。

3.1

对比率 contrast ratio

涂料中所含有的粉末的评估。

注：黑白背景下的反射率需相同厚度的涂层。尽管不够全面，但在涂料工业中，98%的对比率是指遮盖能力，通过协商定义为可见的不透明性。由于遮盖力非常重要，因此对比率的报告中应该注明涂层的厚度。

3.2

遮盖力　hiding cover

涂料在特定的遮盖水平上的分布能力，通常，若对比率达到 0.98 则认为“完全遮盖”。

注：事实上，遮盖力是指粉末涂料在特定的厚度下对底材颜色的覆盖能力。

3.3

最低爆炸浓度　minimum explosive concentration (MEC)

在空气中能被外来因素点燃的所能承受的有机粒子的最大含量。最低爆炸浓度也叫做 LEL(lower explosive level)。

3.4

橘皮　orange peel

如同橘子表皮一样无规律的表面结构。

3.5

流动性　pourability

干燥的涂料被以均一或连续的速度从容器中倒出的能力。

3.6

比重[1)]　specific gravity

在特定的温度和压力下，物质相对于水的密度。

3.7

堆积密度　bulk density

单位体积下的粉末质量(包括颗粒间的空气质量)。

3.8

粉末涂料　coating powder

根据有机聚合物的类型，粉末涂料可分为热塑性涂料和热固性的涂料，它们通常含有颜料、填料、助剂，在合适的储存环境下可以严格区别。

3.9

覆盖率　coverage rate

单位质量的涂料在一定的厚度下所能覆盖的面积，一般以单位平方米/(千克·毫米)[m^2/(kg·mm)]表示。

3.10

静电沉积　electrostatic deposition

将粉末涂料移动并定向沉积到接地物体表面的一种技术，可以通过以下方法来实现。

3.10.1

云室技术　cloud chamber technique

在一个密闭室中，移动带电或不带电的物体通过带电的或不带电的云雾状粉末涂料云。

3.10.2

流化床技术　fluidized bed technique

移动地面目标越过或通过流化的带电粉末涂料。

3.10.3

喷涂技术　spray technique

通过喷涂将粉末涂料定向沉积在接地带电荷的目标物体上。

---

1)　比重在我国为已作废的量，其含义为相对密度的一个特例。

3.11

粉末涂料的成膜　film formation of a coating powder

在其他能量的作用下，将粉末涂料颗粒融化并形成连续的薄膜的方法。

注：对于热固性材料，会发生缩合或者加成化学反应。对于热塑性材料，没有化学反应发生。热塑性物质在加热的条件下会流动，冷却后会产生新的性质。若再次加热，便会再次流动。热固性和热塑性涂层的颜色都很均一，有韧性，具有保护性能和装饰性能。

3.12

流度　fluidity

粉末在特定的压力、温度和一定速度的载气的作用下，以稳定连续的速度自由流动的能力。

3.13

凝胶时间　gel time

在特定的温度下，粉末涂料从干燥的固态转变为凝胶态所需要的时间。

3.14

玻璃板流程　glass plate flow

在特定温度下，粉末以熔化状态在光滑倾斜的玻璃板所能流动的距离。

3.15

冲击熔化　impact fusion

在应用过程中，使粉末能够更好地分离并与其他颗粒进行熔合的手段。

3.16

非静电沉积　nonelectrostatic deposition

将粉末涂料移到物体表面，该物体可被加热到粉末涂料熔点以上。

注：现行的应用包括喷涂、流化床技术和静电沉积。

3.17

粒径　particle size

可以通过多种方法测量的颗粒的平均直径。

3.18

粒度分布　particle-size distribution

特定直径的颗粒在涂料中的排列状态。

3.19

粉末涂层　powder coating

将**粉末涂料**(3.8)作用在目标物体上，再通过加热或辐射使其成膜而形成的具有保护、装饰作用的涂层。

3.20

贮存稳定性　storage stability

在特定的环境中，粉末涂料保持其物理、化学性质不变的能力。

3.21

摩擦起电　tribocharging

粉末粒子在非导体的金属表面上摩擦而产生静电荷的过程。

3.22

挥发物含量　volatile content

在一定的温度和条件下，粉末涂料挥发减少的质量分数。

4　总体要求

所有的测试需要在相同的条件(包括：光源、样本时间、温度、湿度等)下完成。这些条件因人而异，或在供需双方达成共识的情况下确定。通常条件下温度在23℃±2℃，相对湿度在50%±5%，样板要求一致。

5 取样

5.1 粉末涂料的取样按照ASTM D1898或ISO 8130-9执行。

5.2 样本的制作根据不同的涂料要求而定。

6 装置

实验装置根据各实验方法的不同来选择。

7 环境对于粉末涂料及其涂层的影响

7.1 粉末涂料的性能会受到容器损害、容器尺寸、储存时间、过高的温度、过高的湿度以及温度的变化等的影响，从而发生沉降、结块或化学性质的改变。

7.2 粉末涂料可能受到以下因素的影响：

a) 粉末涂料所用施工的底材类型、底材寿命、底材环境、质量、合适的金属表面处理等；

b) 施工环境也会影响，如：温度、湿度、电压、局部接地、喷枪间隔等。

8 粉末涂料的性质

8.1 兼容性

8.1.1 当将不同颜色或不同化学成分的多种粉末涂料混合使用时，就会对粉末涂料的兼容性提出要求。如果将相互不能兼容的粉末涂料进行混合使用，就可能会发生光泽度的变化、表观的变化、物理性质的改变、颜色的污染等各种问题。为了避免这些问题出现在涂料的生产线上，应在使用之前仔细分析粉末涂料的兼容性。

8.1.2 粉末涂料的兼容性测试依据PCI ＃2和ISO 8130-12来进行。

8.2 最低爆炸极限

8.2.1 最低爆炸极限是粉末涂料的应用、收集过程中的一个重要指标。为了得到精确、可信的爆炸极限，应该依赖于权威的实验室，利用特定的仪器进行检测。然而，如下所述的快速计算方法，已在涂料生产车间通过实践被证明是安全可行的。

8.2.2 最低爆炸极限的计算可参照GB/T 21782.4—2008。

8.3 粒径分布

8.3.1 粉末涂料的粒径分布以及其分布的平均值会最终对粉末涂料的应用性质和外观起到非常大的影响。然而，并没有最佳粒径分布的规定。粒径分布受到多方面的影响，如：涂覆部分的结构、涂层的厚度、涂膜的外观、粉末涂料的化学性质以及使用的仪器等。

8.3.2 标准ASTM D5861给出了一系列常用的关于粒径分布的测量方法。

8.3.3 颗粒直径的激光分离。

颗粒直径的激光分离可参考ISO 8130-13方法来分析。

8.3.4 多重过滤分析

8.3.4.1 多重过滤分析方法参考ASTM D1921或GB/T 21782.1—2008。

8.3.4.2 规范ASTM E11可以对特定的一些要求测定。

8.4 加速贮存稳定性

8.4.1 粉末涂料应该易于流动才能很好的应用。另外，粉末涂料必须要能够融化、流动、热固性（热固性粉末涂料），这样才能使得形成的粉末涂料具有装饰和保护的作用。对于热固性粉末涂料，加速贮存稳定性试验可使使用者预知其物理、化学稳定性，从而确定其长期应用的时间和温度。热塑性的粉末涂料的物理稳定性也同样可以预知。

8.4.2 PCI ＃1 或 GB/T 21782.8—2008 的方法可以对加速贮存稳定性进行试验。

8.5 可浇铸性

可浇铸性的测试参考 ASTM D1895 进行。

8.6 流动性

8.6.1 粉末涂料的运输和喷洒性，较其他性质更加依赖于其流动性，也就是粉末在特定的压力、温度和一定速度的载气（空气）的作用下，以稳定连续的速度自由流动的能力。

8.6.2 流动性的检测可参考 ISO 8130-5。

8.7 热固性粉末涂料的加热减量

8.7.1 与液态涂料相比，粉末涂料的加热减量相对较小。通常情况下粉末涂料的加热减量主要来源于水分和小分子的有机物或一些阻聚剂。加热减量的检测主要是为了更好地计算烘箱的排放要求，或者为了遵守国家或地区的法规。至今为止，并没有认可的加热减量的 ASTM 标准，但是，以下的方法可以满足检测的需要（参考标准 PCI＃9 和 ISO 8130-7）。本方法有的涉及，有的没有涉及 VOC 的加热减量。因此，加热循环过程中减少的物质，应该更加确切地区分哪些含量是有机物，哪些含量是无机物。有机物中也要确认，哪些是 EPA 中规定的 VOC 成分，哪些不是（参见 ASTM D3960 和当地的空气质量管理部门）。

注：ASTM D4017 是测定未凝固粉末涂料中水分的一种方法。在一些情况下，凝固的 VOC 质量分数可以从凝固后减少的总质量分数中减去水分的质量分数而估算得到。

8.7.2 仪器

8.7.2.1 分析天平，精度 0.1 mg。

8.7.2.2 小型的铝质称重盘，规格：50 mm×15 mm。

8.7.2.3 实验室循环烘箱，温度从 100℃～250℃，偏差在±2℃以内。

8.7.2.4 干燥器。

8.7.3 步骤

8.7.3.1 称量三个铝盘质量，精确到 0.1 mg。将这一质量记为 A。

8.7.3.2 在每个铝盘中，加入 0.5 g±0.01 g 的粉末涂料。使这些涂料均匀地分布在铝盘的底部，精确至 0.1 mg。记录这时的盘子和涂料的总质量为 B。

注：推荐的样品大小为 0.5 g，主要是考虑了 ASTM D2369 中的样品大小的指南和以往的经验表明 0.5 g 的样品可以获得理想的试验结果和很好的重复性。0.5 g 的粉末涂料应该产生一个厚度大约为 0.05 mm 凝固的涂层。

8.7.3.3 在 193℃±2℃的温度下加热烘烤。过程中，样品应放在预先加热的烘箱中，保证热量能够在循环中均匀、连续的传播。

8.7.3.4 在干燥器中将样品冷却，称量，精确到 0.1 mg，记为 C。

8.7.4 计算

8.7.4.1 用式（1）计算加热减量的质量分数：

$$\text{加热减量}(\%) = 100(B-C)/(B-A) \qquad (1)$$

式中：

A——盘子质量，单位为克（g）；

B——样品和盘子的总质量，单位为克（g）；

C——193℃±2℃下加热 20 min 后样品和盘子的总质量，单位为克（g）。

8.7.4.2 计算三份样品的平均值。

8.7.5 报告

报告中应写明样品名称、硬化周期热循环的时间和温度以及加热减量的平均值。

8.8 热固性涂料粉末的凝胶时间

8.8.1 为了使热固性涂料能够更好地发挥其功能，粉末涂料就必须要很好的凝固性。在知道了化学性质的前提下，粉末涂料的凝胶时间是可以很好地评判粉末涂料在特定的烘烤环境、时间和温度下是否能够很好的凝固。本测试对于粉末涂料配方的研制非常有用。

8.8.2 方法 ASTM D4217，PCI ＃ 6 或 ISO 8130-6 都可以对凝胶时间进行测试。

8.9 流程测试（倾斜法）

8.9.1 在非凝固状态下，粉末涂料的流程取决于特定的凝固性粉末涂料的应用情况。要得到一个非常光滑的凝固涂层表面，就需要粉末涂料具有相对较高的流程。相反，若要得到一个相对较尖锐的表面，则需要具有相对较低流程的粉末涂料。倾斜法测定流程提供了一种对两种非凝固态下粉末涂料流动特点进行比较的手段。粉末涂料的化学性质也同样会影响凝固涂层的光滑性。本测试对于粉末涂料配方的研制非常有用。

8.9.2 方法 ASTM D4242，PCI＃7 和 ISO 8130-11 都可以用倾斜法对流程进行测试。

8.10 涂料粉末的比重（相对密度）

8.10.1 粉末涂料的比重会直接影响到其覆盖率而不会影响到其粒径和其他性质。粉末涂料的使用应按体积衡量，但通常却以质量来计算。知道了其比重后，已知质量的粉末涂料的覆盖率就可以通过计算来确定了。

8.10.2 粉末涂料的比重的测定可以参考以下方法：ASTM D5965，PCI＃4，GB/T 21782.2—2008 或 GB/T 21782.3—2008。

8.11 熔点的测定

8.11.1 确定粉末涂料的熔点或者软化温度，对许多方面都有帮助，如：估算最高的允许储存温度，估算应用中产生裂纹的最高温度，比较粉末之间熔化的潜在影响。本测试对于粉末涂料配方的研制非常有用。

8.11.2 仪器

8.11.2.1 梯度加热棒，温度由 40℃～100℃。

8.11.2.2 校正物质，见表 1。

表 1 校正物质表

校正物质	熔点/℃
偶氮苯	68±1
萘	80±0.5
安息香酸	122±1

8.11.2.3 刷子，硬毛长度为 12.7 mm。

8.11.3 步骤

8.11.3.1 按照以下步骤校正仪器：将加热棒加热 60 min。将与待测粉末具有相近熔点的校正物质撒到加热棒上，观察由固态转为液态的瞬间变化，记录这两种状态转化时的温度，将仪器读数调整到校正物质的熔点。

8.11.3.2 将待测样品均匀地撒在加热棒上，1 min～2 min 后进行观察。在较低温度下轻轻拂动样品，观察在什么时候，样品颗粒开始出现黏附现象，记录此时温度，单位取摄氏度。

9 施工性能

9.1 粉末涂料在移动目标上的相对沉积效率

9.1.1 沉积效率可定义为粉末涂料直接涂敷在目标上的沉积率，通常用沉积百分率来表述。根据实践经验来看，总体上来说，原始粉末涂料样品的第一道涂装的沉积效率越高，则产品的使用性能就越好。

因此，需要有一种实验室的检验方法来对不同的粉末涂料样品的沉积效率进行比较。以下的检测方法被认为非常有效。如果在检测过程中包括了一种性能已经被广泛认可的涂料，则检测结果就更加的有意义。比较结果必须是同一实验室在同一时间进行的，否则，不同的实验室比较没有意义。

9.1.2 ISO 8130-10 给出了相对沉积效率的检测方法。

10 粉末涂料涂层的物理性能

10.1 样板处理

10.1.1 样板的处理按照以下标准或推荐的方法或双方认可的方法对样板进行清洁和处理：ASTM D609，ASTM D1730，ASTM D1731，ASTM D1732，ASTM D2092，ASTM D2201。

10.1.2 预处理和密封：在许多情况下，表面的预处理和密封是必要的。涂装的类型、应用及处理都必须是双方能够接受的。

10.1.3 粉末涂料的使用：涂料的使用，可采用流化床、静电喷涂或其他的方式。

10.1.4 粉末涂料的加工

10.1.4.1 在特定的温度和固定的时间内，将粉末涂料熔融或烘烤至最佳涂膜，在试验之前，按照双方的要求使样板老化。

10.1.4.2 按照标准 ASTM D2454，粉末涂料应该充分地烘烤，以便测定时间和温度对其物理性质和化学性质的影响。

10.1.5 涂层厚度的测定：由于粉末涂料的性质和其厚度有很大的关系，因此，对其厚度的测定就非常必要。可以参考标准 ASTM D1005、ASTM D6132 或者 ASTM D7091。

10.2 耐磨性

10.2.1 许多粉末涂料的使用要求涂料表面能够耐磨（如：刮擦等），因为其他的物体经常对其造成磨损。有许多种磨损测试试验方法，通常来说，有一种试验方法能够很好地模拟实际使用条件下的耐磨情况。

10.2.2 耐磨性的测定可以按照标准 ASTM D658（气流磨损法）、ASTM D968（落砂法）或者 ASTM D4060（挺度研磨器法）。

10.3 附着力

10.3.1 在双方都接受的特定的漆膜厚度和特定的漆膜表面的情况下，附着力测定可以确定漆膜和底材之间的附着能力，也可以用于确定涂层之间的附着能力。

10.3.2 按照标准 ASTM D3359（胶带法测定附着力），可以测定粉末涂料与特定底材或者涂层间的附着力。

10.4 耐化学品能力

10.4.1 涂层经常要和各种各样的化学品产生接触，这些化学品经常会对其性质产生影响。通常情况下，表面会出现褪色、失光、起泡、软化、发胀、附着力降低等。

10.4.2 耐家用化学品能力：标准 ASTM D1308 可以用来测定家用化学品对粉末涂层的影响。

10.4.3 耐清洁剂能力：按照标准 ASTM D2248，将粉末涂层浸在一定浓度的清洁剂中，看哪个浓度下开始出现破坏，以此来进行测量。

10.4.4 耐酸性（压延铝制品）：根据标准 ASTM D3260 测定粉末涂层抗酸能力。

10.4.5 抗沾污性（木制底材）：根据 ASTM D3023 可以测定粉末涂层在木制表面的抗沾污性。

10.5 抗裂能力

10.5.1 在许多的终端应用中，粉末涂料要经受石头、砂砾等的冲击，与底材结合不松动非常重要。

10.5.2 检测抗裂能力，可以参照标准 ASTM D3170。

10.6 角覆盖力

10.6.1 在腐蚀环境下，粉末涂料流动、构造、附着到尖锐的拐弯或角的能力在实际应用中是非常重要的，这个能力就是角覆盖力。

10.6.2 两种粉末的相对角覆盖力的比较可以参考标准 ASTM D2967。

10.7 延长性(柔韧性)

10.7.1 通过延长性测试可以得出粉末涂料的柔韧性。也可以看出，涂膜在老化后其柔韧性是否发生改变。延长性测试依赖于底材的质地和漆膜的厚度，有关性质参数的测定需要双方达成共识。对于应用于卷曲的条带或空白处的粉末涂料，其标准的延长性测试方法是 T-弯法。

10.7.2 延长性测试标准可以参考 ASTM D522(圆锥、圆柱轴法)或 ASTM D4145(T-弯法)。

10.8 硬度

10.8.1 粉末涂层的表面硬度可以体现在与其他物体接触时的抗刮擦能力。铅笔硬度法是最为广泛认可的测定方法。然而需要注意的是，铅笔硬度法的重现性不是很好，带有一定的主观性。测试结果和以下因素有关：铅笔的类型、操作者的力度以及所用的铅笔的准备。一些企业(汽车企业)采用努氏压痕硬度法。这两种方法之间没有相关性。

10.8.2 铅笔硬度法可参考标准 ASTM D3363。

10.8.3 努氏压痕硬度法可参考标准 ASTM D1474(方法 A)。

10.9 抗冲击性

10.9.1 在一些终端的应用中，粉末涂料需要面对一些突然的冲击。抗冲击性依赖于底材的类型、处理、底材的厚度以及粉末涂层的厚度。这些相关参数的测定需要双方的认可。抗冲击性也被认定是判断粉末涂层是否充分凝固的方法。

10.9.2 标准 ASTM D2794 给出了测定抗冲击性的方法标准。

10.10 耐色斑能力/抗阻滞能力

10.10.1 这些检测主要是针对粉末涂料在金属卷材和木制底材上的应用。其主要包括在粉末涂料应用于金属卷材和木制底材之前，处于储存状态时的压力色斑、黏性以及耐色斑能力检测。

10.10.2 在金属卷材上的耐色斑能力检测参考标准 ASTM D3003。

10.10.3 在木制底材上的抗阻滞能力检测参考标准 ASTM D2793。

10.11 抗沾污性

10.11.1 沾污性检测可以用来判断涂层的热塑性和溶剂存留性，从而判断产品能否安全的存放，防止热塑性产品在一定的温度下发生沾污或损坏。沾污性试验可以判断一定压力下的损坏程度。

10.11.2 粉末涂层的抗沾污性和热塑性的检测，参考标准 ASTM D2091。

10.12 光学性质

10.12.1 涂料的光学性质指的是涂层表面与可见光之间的相互作用。光学性质的一些词组可参见标准 ASTM D5382，重要的检测方法和步骤如下。

10.12.2 颜色——有色涂料

10.12.2.1 不透明物体(如涂层表面)的颜色可以由目测或者仪器测量而定。在任何一种情况下，颜色的目测或者仪器测量都必须获得供需双方的认可。观测环境包括光源、照明、观测条件(如以 45°照射，正常地观测样品)，以及样品的观测背景。仪器测量条件包括：仪器类型、几何尺寸(如 45/0)，以及照明与观测者的结合(如 D65/10°观测者)。

10.12.2.2 对于目测，颜色的确定可根据标准 ASTM D1729，如果需要，也可以根据标准 ASTM D1535 孟塞尔坐标来确定涂层表面的颜色。

10.12.2.3 涂层表面颜色的仪器测量可以根据标准 ASTM E1331，ASTM E1347，ASTM E1349，或者

ASTM E308，ASTM E1164，ASTM E1345。分光光度计可以检测在可见光区域内的反射(反射是波长的函数)。分光光度计提供了两种标准的观测模式供选择，分别是 CIE(相干红外能量)2°和 10°。前者当颜色表面比较小，目视不超过 4°时适用。10°观测模式是面向颜色表面比较大的情况，在条件允许的情况下后者都是首选。同时大面积的观测在条件允许的情况下都是推荐使用的。

10.12.3 色差——有色涂料

10.12.3.1 两种均匀的不透明涂层间的色差可以通过目测或者仪器测定来进行分析或者两者同时进行。在任何情况下，色差的目视或者测量条件都必须获得供需双方的认可。

10.12.3.2 色差的目测可以根据标准 ASTM D1729 和 ASTM D2616。

10.12.3.3 标准 ASTM D2244 给出了仪器测定色差的方法。色差的平衡要根据供需双方的协议。当标准样品和待测样品的物理状态(金属或纸制)、光泽、涂层表面状态(粗糙或者光滑)等性质相似时，采用仪器分析的方法更为精确。仪器测定应依据以下标准进行：ASTM E1331，ASTM E1347，ASTM E1349，ASTM E308，ASTM E1164 和 ASTM E1345。

10.12.4 位变异构——有色涂料

位变异构的定义见 ASTM E284，可以根据标准 ASTM D4086 来进行测定。

10.12.5 光泽差异

光泽差异，正如 ASTM E284 中定义所言，是首先在汽车工业领域中提出的，对于高光泽涂层的可见差异的一种测试方法。镜面具有非常高的光泽差异，而不光滑的涂层表面具有低的光泽差异。标准 ASTM D5767 给出了对于涂层的光泽差异的测定方法。标准 ASTM E430 给出了测角光度法对于高光泽表面的反射性质的评估方法。

10.12.6 遮盖力(不透明度)

10.12.6.1 粉末涂料必须是不透明的，用以遮盖底材本身的颜色。了解涂层至少要多少厚度才可以达到不透明的状态也是非常重要的，这样就可以用最小的涂层厚度将底材遮盖。

10.12.6.2 要确定粉末涂料的遮盖力，可以参考 PCI #3 和 ASTM D6441 所给出的方法。

10.12.7 镜面光泽

10.12.7.1 镜面光泽是指与镜面的反射光泽相比的可感知的表面明亮度。照明/观测的角度需要供需双方的认可。一般情况下，在高光泽度的表面选用 20°角，中光泽度的表面选用 60°角，低光泽度的表面选用 85°角。总体上来说，测量的角度越小，表面特征(如橘皮、变暗等)对于光泽读数的影响也就越大。

10.12.7.2 粉末涂层的镜面光泽的测量可以参考标准 ASTM D523。

10.12.8 表面轮廓

10.12.8.1 粉末涂层的表面轮廓(任何不规律或波纹状的外观)，往往是粉末涂料的一项特殊要求。表面轮廓的要求可以从非常光滑的表面(如汽车工业中的清漆粉末)，到优质的粒状纹理表面(如同在电脑或者通讯设备中所见到的特殊外观)。表面轮廓从非常光滑到纹理表面可以根据橘皮的程度来进行评定(见 ASTM E284)。粉末涂层的表面轮廓主要是由粉末涂料本身来决定的；然而，其他一些因素，如：底材、漆膜厚度、干燥条件、应用环境等也能够影响或者改变粉末涂料的表面轮廓。非常细微的橘皮差异往往很难定量，而且评定本身具有一定的主观性。总的来说，粉末涂料的光泽越低，橘皮或者其他的表面特征也就越不显著。

10.12.8.2 有许多种方法可以用来测定干燥后粉末涂料的表面轮廓的不同。一种方法要求与一套主观可见的 10 块"可见光滑度样板"进行比对。第二种方法是利用便携式的测量仪器，像人眼一样观测表面，对反射系数进行测定(明→暗)，然后将这些数据转换成与粉末涂料相关的数字。这两种测量方法的联合使用已经进行过报道。另一种比较复杂的表面轮廓测定仪器，可以精确地测量表面波状(橘皮)的波长和振幅。这种类型仪器所得到的结果很难与主观的可见观测结合使用。

10.12.9 颜色/光泽/外观标准

10.12.9.1 粉末涂层的颜色、光泽、外观(纹理)是其重要的可见品质。因此,粉末涂料的供需双方要达到一种材料标准,确定最终完成的粉末涂刷部分的视觉效果,双方要确定适合的操作标准(目视法或者仪器测量)来对产品的相关部分(颜色、光泽、外观等)进行测定。工作标准最好同时采用目视和仪器两种方法最大程度和范围下对颜色、光泽、外观等进行测定。3/5 的样板已经证明满足这样的要求。同时,测量标准要求在同一的底材、同一的漆膜厚度、同一的光泽和外观下进行。例如:应用金属底材时,避免纸质和塑料底材标准的使用,低光泽时,避免高光泽标准的使用。这给长期控制提供了机会,可以将仪器本身每天测量的差异和不同的人对于颜色评估的差异降低到最小。一旦确定了材料标准和操作标准,就必须容许和接受这一标准。能够允许有多大的差异变化必须仔细掂量,而且这种变化取决于底材类型、市场需要和其他一些与终端用户有关的因素。

10.12.9.2 参见 ASTM D5531 给出了颜色、光泽和外观的准备、测量和区分标准。

10.12.9.3 标准 ASTM D3134 颜色和光泽的测定和区分。

10.13 **曝晒**

10.13.1 虽然本标准中的加速测定方法可以预测粉末涂料的实际使用性能,对用于室外的粉末涂层的露天暴露做出精确的测定是非常必要的。由于涂料的使用非常广泛,没有一套环境系统(暴露的长度和地点)可以涵盖所有的情况。这些环境包括底材的类型、底材的预处理等,应该在供需双方间达成共识。然而,在没有特殊的要求下,户外暴露的样板的制作应该依据本标准的 10.1 所述。

10.13.2 标准 ASTM D1014 和标准 ASTM D4141 对于露天暴露的评估很有帮助。在露天暴露过程中,应定期对粉末涂层的大部分性质进行评定。具体可以按照以下步骤进行评定。

10.13.2.1 附着力——测定标准 ASTM D3359。

10.13.2.2 起泡——测定标准 ASTM D714。

10.13.2.3 粉化——测定标准 ASTM D4214。

10.13.2.4 细裂——测定标准 ASTM D660。

10.13.2.5 开裂——测定标准 ASTM D661。

10.13.2.6 锈蚀——测定标准 ASTM D610。

10.13.2.7 侵蚀——测定标准 ASTM D662。

10.13.2.8 剥落——测定标准 ASTM D772。

10.13.2.9 光泽——测定标准 ASTM D523。

10.13.2.10 颜色——测定标准 ASTM D1729,ASTM D2244,ASTM D4086,ASTM E308,ASTM E1164,ASTM E1331,ASTM E1345,ASTM E1347,ASTM E1349。

10.13.2.11 丝状锈蚀——测定标准 ASTM D2803。

10.14 **人工加速老化**

10.14.1 加速气候试验的目的是加速涂层在各种环境中的老化。户外暴露的涂层老化不仅仅是受到日光的影响,同时也受到潮湿和严酷天气的影响。这三个因素会起到协同作用,使得涂层退化,这种作用与一个方面的影响不同。人工辐射仪器在测试循环中包括热量和湿度(以喷水、浓缩、沉浸或潮湿等形式),能够使得涂层比在自然光照情况下更快地老化,但却不一定是相同的老化类型。需要指出的是,数小时的人工光源辐射与自然光老化的差异不仅仅是因为加速试验装置和强度或者其他参数的不同,同时也和待测物质本身有关。因此,无法确定具体类型的加速试验装置中的加速因素。在进行人工光源(户外暴露)的比较时应该采用相似树脂材料制成的样品,且所用材料应该具有已知的耐久力。

10.14.2 标准 ASTM G151 介绍了各种实验室加速气候装置的要求。标准 ASTM G147 介绍了实验室加速试验或者户外暴露的样板的条件和处理的步骤。标准 ASTM G141 指出了气候试验的可变性来源,并指出了应对这些变化的措施。对特定试验的条件进行说明是非常重要的。最普通的气候装置可根据光源来确定特征。

10.14.2.1 密封碳精电弧:密封碳精电弧在1918年被首次作为太阳模拟器。从密封碳精电弧上分离出来的这一光谱能量与太阳辐射和其他加速气候装置中的光源辐射都不相同。暴露于碳精电弧的老化速度和类型与暴露于户外环境和实验室其他光源不同。

10.14.2.2 弧焰碳精电弧:具有透紫外过滤的弧焰碳精电弧比密封碳精电弧有了很大的提高。这种光源的光谱与太阳光的UV辐射非常相似,但可见光的辐射不足且长波长的UV辐射过多。在300 nm到350 nm的波长之间,它能够比密封碳精电弧更好地与太阳光辐射匹配,它所发出的光强度弱于太阳光。这些短波长可以引起与自然暴露所不同的非现实的老化。滤光器筛能选出比透紫外玻璃滤光器更多的短波长,以至能更好地模拟太阳光。

10.14.2.3 氙弧:氙弧灯利用滤光器降低了低波长下的UV辐射,使之低于太阳光的波段。标准ASTM G155详细指出了这一氙弧的能量分布,它能够与气候中太阳光辐射的全波长光谱吻合地很好。氙弧暴露下的温度与物质本身的明暗颜色有关,这一点与自然的户外暴露相似。然而,在这种非现实的强辐射水平下,大量的近红外能量能够造成不同颜色的产生不同的温度。氙弧光源会随着灯源和滤光器的老化而衰减,但可以通过调节灯源的瓦特数来进行控制。

10.14.2.4 紫外可见荧光装置:紫外可见荧光灯作为光源,并不能完全地复制太阳光的光谱。然而,一些紫外可见荧光灯可以代替太阳光的UV波长,正是这些波长引起了绝大部分耐用涂料的破坏。标准ASTM G154详细指出了三种不同的UV荧光灯的波长分布。UVA-340荧光灯常被用来对户外暴露的物质检测。在351 nm处有一个发射峰的UVA荧光灯,常被用来对窗户玻璃后的物质进行检测。标准ASTM G154也同时给出了在313 nm处有发射峰的UVB荧光灯的波长分布。这些灯能发射出大量UVB辐射,引发非常迅速的非实际的老化反应。由于荧光灯缺少太阳光辐射中的可见光谱和近红外光谱的辐射,它不能像户外暴露那样,根据物质本身的明暗不同而引起温度的变化。

10.14.3 总体上来说,粉末涂料的加速气候试验可以根据标准ASTM D822,ASTM D4587,ASTM D5031,ASTM D6695,ASTM G141,ASTM G147,ASTM G151,ASTM G152,ASTM G153,ASTM G154,ASTM G155来执行,或者供需双方共同达成协议。如同户外暴露一样,粉末涂料的许多性质可以通过加速气候试验阶段,进行周期性的评估。这些性质的评估可参考本标准的10.13所列出的方法。

10.15 模拟加速环境试验

10.15.1 与加速气候试验一样,加速环境暴露试验能够使得粉末涂层比在各种自然环境中更快地老化。选择一种能够很好模拟涂料实际使用的环境条件是非常重要的,据此可以对产品的长期使用性能做出预测。采用已经制定的试验方法(如盐雾试验)或者根据特定的工业制定新的试验方法来模拟环境条件都是可以的。举例来说,器械工业设计了一种加速环境试验来模拟炉子的组成在热循环和食物性污垢等条件下的使用状况。

10.15.2 以下是已经制定好的加速环境暴露试验的方法。大部分涂层性质都需要在试验过程中进行阶段性评估。除了指定的试验方法之外,本标准的10.13.2还给出了其他的方法可以选用。

10.15.2.1 丝状锈蚀:丝状锈蚀是一种发生在涂层在金属底材表面的锈蚀。具有线一般的结构特征,多从暴露金属的边缘部分开始腐蚀。粉末涂料的丝状锈蚀的判定可以参考标准ASTM D2803。

10.15.2.2 盐雾:涂料的盐雾试验可以用来判定其在高湿度和高盐度的环境下的抵抗能力。在实验室的加速试验中,温度、pH值、盐浓度和其他的物理系数都可以控制。底材的选择、涂料、涂装方式、样板在(盐雾)箱中的位置、实验的时间、样板的观测(时间间隔、所遵循的试验),以及最终报告的方法都必须在供需双方中达成共识。盐雾试验方法参见标准ASTM B117。若没有其他方法,可参考标准ASTM D1654对腐蚀结果进行评价。

10.15.2.3 模拟大气衰减锈蚀(SACB):SACB是相对较新的循环腐蚀试验(最初起源于汽车工业),它被认为比盐雾试验更有优势,能够更好地预测涂料在腐蚀环境中,特别是在电镀底材的表面的使用寿命。SACB试验有许多方法,因此试验条件的确定在供需双方间达成一致。典型的SACB腐蚀试验由干热温度60℃、冰湿温度-23℃、5%NaCl溶液的浸泡、室温干燥和高温高湿(温度在60℃左右、相对湿度85%)环境的循环构成。一些SACB试验也包括加速气候试验。

10.15.2.4 耐水性:涂料体系的耐水性试验有助于评价其在高湿度或者浸泡于水中时的抵抗能力。耐水性的失败,往往表现为起泡、失光、变软、附着力下降等,这些都是无法随着水分的蒸发而恢复的。

10.15.2.4.1 水雾和100%湿度的耐水性试验可分别参考标准ASTM D1735和标准ASTM D2247。

10.15.2.4.2 在特定浓度下耐水性试验可参考标准ASTM D4585。

10.15.2.4.3 浸入水中的耐水性试验参考标准ASTM D870。

附 录 A
（资料性附录）
检 测 方 法

表 A.1 检测方法列表

检测项目	章、条号	ASTM 方法标准	PCI 标准	ISO 标准/我国标准
粉末涂料的性质				
取样	5	ASTM D1898		ISO 8130-9
兼容性	8.1		PCI＃2	ISO 8130-12
最低爆炸极限	8.2			GB/T 21782.4—2008
颗粒直径和分布	8.3.2	ASTM D5861		
多重过滤分析	8.3.4.1	ASTM D1921，ASTM E11		ISO 8130-13
加速贮存稳定性	8.4			
玻璃瓶法	8.4.2		PCI＃1	GB/T 21782.8—2008
可浇铸性	8.5	ASTM D1895		ISO 8130-5
流度	8.6			
热硬化粉末涂料的加热减量	8.7		PCI＃9	ISO 8130-7
凝胶时间	8.8	ASTM D4217	PCI＃6	ISO 8130-6
流程试验(倾斜法)	8.9	ASTM D4242	PCI＃7	ISO 8130-11
比重	8.10	ASTM D5965	PCI＃4	GB/T 21782.2—2008，GB/T 21782.3—2008
熔点	8.11			
施工性能				
粉末涂料过程中的沉积/转换效率	9.1			GB/T 21782.10—2008
粉末涂料涂层性质				
抗磨损性	10.2			
气流磨损试验	10.2.2	ASTM D658		
落砂法	10.2.2	ASTM D968		
挺度研磨器法	10.2.2	ASTM D4060		
附着力	10.3			
胶带法	10.3.2	ASTM D3359		
耐化学品	10.4			
耐去污剂	10.4.3	ASTM D2248		
耐酸性	10.4.4	ASTM D3260		
木质底材上的抗沾污和溶剂性	10.4.5	ASTM D3023		
抗裂能力	10.5			

表 A.1（续）

检测项目	章、条号	ASTM 方法标准	PCI 标准	ISO 标准/我国标准
砂砾计法	10.5.2	ASTM D3170		
角覆盖力	10.6.2	ASTM D2967		
延长性(柔韧性)	10.7			
圆锥/圆柱轴法	10.7.2	ASTM D522		
T-弯法	10.7.2	ASTM D4145		
涂层厚度	10.1.5			
黑色(铁类)金属上的非磁性涂层		ASTM D7091		
非黑色金属上的非磁性非导电涂层		ASTM D7091		
非金属基质		ASTM D6132		
破坏性方法		ASTM D1005		
硬度	10.8			
铅笔硬度法	10.8.2	ASTM D3363		
努氏压痕硬度法	10.8.3	ASTM D1474		
抗冲击性	10.9	ASTM D2794		
抗脱皮/阻滞性	10.10	ASTM D3003		
金属底材	10.10.2	ASTM D3003		
木制底材	10.10.3	ASTM D3003		
抗沾污性	10.11	ASTM D2091		
光学性质	10.12			
参见：	10.12.1	ASTM D5382		
有色涂料	10.12.2			
目测法	10.12.2.2	ASTM D1535		
仪器法	10.12.2.3	ASTM D2244,ASTM E308,ASTM E1164,ASTM E1331,ASTM E1345,ASTM E1347,ASTM E1349		
色差	10.12.3			
目测法	10.12.3.2	ASTM D1535,ASTM D1729,ASTM D2244		
仪器法	10.12.3.3	ASTM D2244, ASTM E308,ASTM E1164,ASTM E1331,ASTM E1345,ASTM E1347,ASTM E1349		
位变异构(目测法)	10.12.4	ASTM D4086		
表面光泽	10.12.5	ASTM D5767,ASTM E430		
遮盖力/不透明性	10.12.6.2	ASTM D6441	PCI＃3	

表 A.1（续）

检测项目	章、条号	ASTM 方法标准	PCI 标准	ISO 标准/我国标准
光泽	10.12.7.2	ASTM D523		
结构外观(橘皮)	10.12.8.2			
颜色/光泽/纹理标准	10.12.9 10.12.9.1			
预处理、保存、分类	10.12.9.2	ASTM D5531		
容许量	10.12.9.3	ASTM D3134		
曝晒	10.13	ASTM D1014, ASTM D4141		
附着力	10.13.2.1	ASTM D3359		
起泡	10.13.2.2	ASTM D714		
粉化	10.13.2.3	ASTM D4214		
细裂	10.13.2.4	ASTM D660		
开裂	10.13.2.5	ASTM D661		
生锈	10.13.2.6	ASTM D610		
侵蚀	10.13.2.7	ASTM D662		
剥落	10.13.2.8	ASTM D772		
光泽	10.13.2.9	ASTM D523		
颜色	10.13.2.10	ASTM D1729, ASTM D2244, ASTM D4086		
人工加速老化	10.14.3	ASTM D822, ASTM D4587, ASTM G141, ASTM G147, ASTM G151, ASTM G152, ASTM G153, ASTM G154, ASTM G155		
模拟加速环境试验	10.15			
丝状锈蚀	10.15.2.1	ASTM D2803		
盐雾	10.15.2.2	ASTM B117		
SCAB 锈蚀	10.15.2.3			
耐水性	10.15.2.4			
高湿度/100%湿度	10.15.2.4.1	ASTM D1735, ASTM D2247		
浓缩	10.15.2.4.2	ASTM D4585		
水浸泡	10.15.2.4.3	ASTM D870		

ICS 13.300
A 80

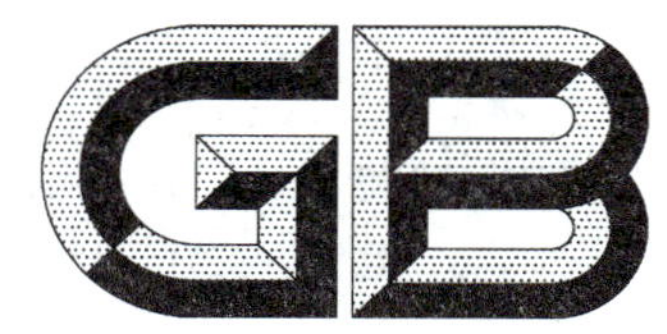

中华人民共和国国家标准

GB/T 21777—2008/ISO 11668:1997

色漆和清漆用漆基　氯化聚合物树脂通用试验方法

Binders for paints and varnishes—Chlorinated polymerization resins—General methods of test

(ISO 11668:1997,IDT)

2008-05-12 发布　　2008-09-01 实施

中华人民共和国国家质量监督检验检疫总局
中国国家标准化管理委员会　发布

前　　言

本标准等同采用ISO 11668:1997《色漆和清漆用漆基　氯化聚合物树脂　通用试验方法》(英文版)。

本标准的附录A为规范性附录。

本标准由全国危险化学品管理标准化技术委员会(SAC/TC 251)提出并归口。

本标准负责起草单位:海洋化工研究院。

本标准参加起草单位:江苏出入境检验检疫局、中化化工标准化研究所、中国化工建设总公司常州涂料化工研究院。

本标准主要起草人:刘君峰、钱叶苗、王晓兵、何松涛、石红、钱苏华、沈苏江。

本标准是首次发布。

色漆和清漆用漆基　氯化聚合物树脂
通用试验方法

1　范围

本标准规定了适用于色漆、清漆以及类似产品的氯化橡胶和氯乙烯共聚物的通用试验方法。

2　规范性引用文件

下列文件中的条款通过本标准的引用而成为本标准的条款。凡是注日期的引用文件，其随后所有的修改单(不包括勘误的内容)或修订版均不适用于本标准，然而，鼓励根据本标准达成协议的各方研究是否可使用这些文件的最新版本。凡是不注日期的引用文件，其最新版本适用于本标准。

GB/T 3186—2006　色漆、清漆和色漆与清漆用原材料　取样(ISO 15528:2000,IDT)

GB/T 21782.2—2008　粉末涂料　第2部分:气体比较比重仪法测定密度(仲裁法)(ISO 8130-2:1992,IDT)

ISO 1158　塑胶　氯乙烯均聚物和共聚物　氯含量测定

ISO 3219　塑胶　处于液态、乳液态或分散态的聚合物/树脂　用固定剪切率的旋转黏度计测定黏度

ISO 4630　色漆和清漆用漆基　加氏颜色等级评定透明液体的颜色

ISO 6271　透明液体　以铂-钴等级评定颜色

ISO 12058-1　塑胶　落球黏度计测定黏度　第1部分:倾斜试管法

3　术语和定义

下列术语和定义适用于本标准。

3.1

氯化橡胶　chlorinated rubber

氯气与聚异戊二烯、天然橡胶或类似聚合物反应得到的树脂，氯含量为64%～68%(质量分数)。

3.2

氯乙烯共聚物　vinyl chloride copolymer

氯乙烯和其他单体共聚的树脂，并且氯乙烯占主导。

4　取样

按GB/T 3186—2006规定取样。

5　试验方法

5.1　色号

5.1.1　将树脂溶解。

5.1.2　按ISO 4630(加德纳色系)标准测定树脂溶液的色号。若树脂溶液的色号小于加德纳色号1，则应按ISO 6271(铂-钴色系)标准来进行测定。

5.1.3　测定方法、所用溶剂及树脂溶液的浓度都应该在试验报告中给出。

5.2　黏度

5.2.1　利用ISO 3219描述的方法测定树脂溶液的黏度。

5.2.2 简要说明树脂溶液的温度,以及从树脂溶解到测定所需要的时间,因为有些聚合物溶液的黏度与这一时间有关。仲裁法要求在测定之前至少放置 24 h。

注:应该注意的是不仅温度会影响黏度的测定,搅拌强度(剪切率)、溶解过程以及聚合物在开始溶解时的分布状态,都会对黏度造成影响。

5.2.3 若有关方同意,黏度的测定也可以采用 ISO 12058-1 标准的落球黏度计来进行测定。

5.3 密度

树脂密度的测定可以采用 GB/T 21782.2—2008 所述的气体比较比重仪法来进行测定。

5.4 氯含量

5.4.1 氯含量大于 50%(质量分数)

按 ISO 1158 测定。

5.4.2 氯含量不大于 50%(质量分数)

按附录 A 测定。

6 试验报告

试验报告应至少包括以下内容:

a) 识别受试产品所需的全部细节;
b) 注明本标准编号;
c) 颜色(加德纳色号或铂-钴色号),所用溶剂和溶液的浓度;
d) 黏度、所采用的试验方法、所用的溶剂或稀释剂、溶液的浓度、溶液的温度及从溶解到测量所经历的时间;
e) 密度;
f) 氯含量和所采用的试验方法;
g) 与规定的试验方法任何不同之处;
h) 试验日期。

附 录 A
（规范性附录）
氯含量的测定 采用 Wickbold 法进行分解

A.1 试验仪器

实验室常用仪器以及下列仪器：

A.1.1 Wickbold 燃烧仪（见图 A.1）；

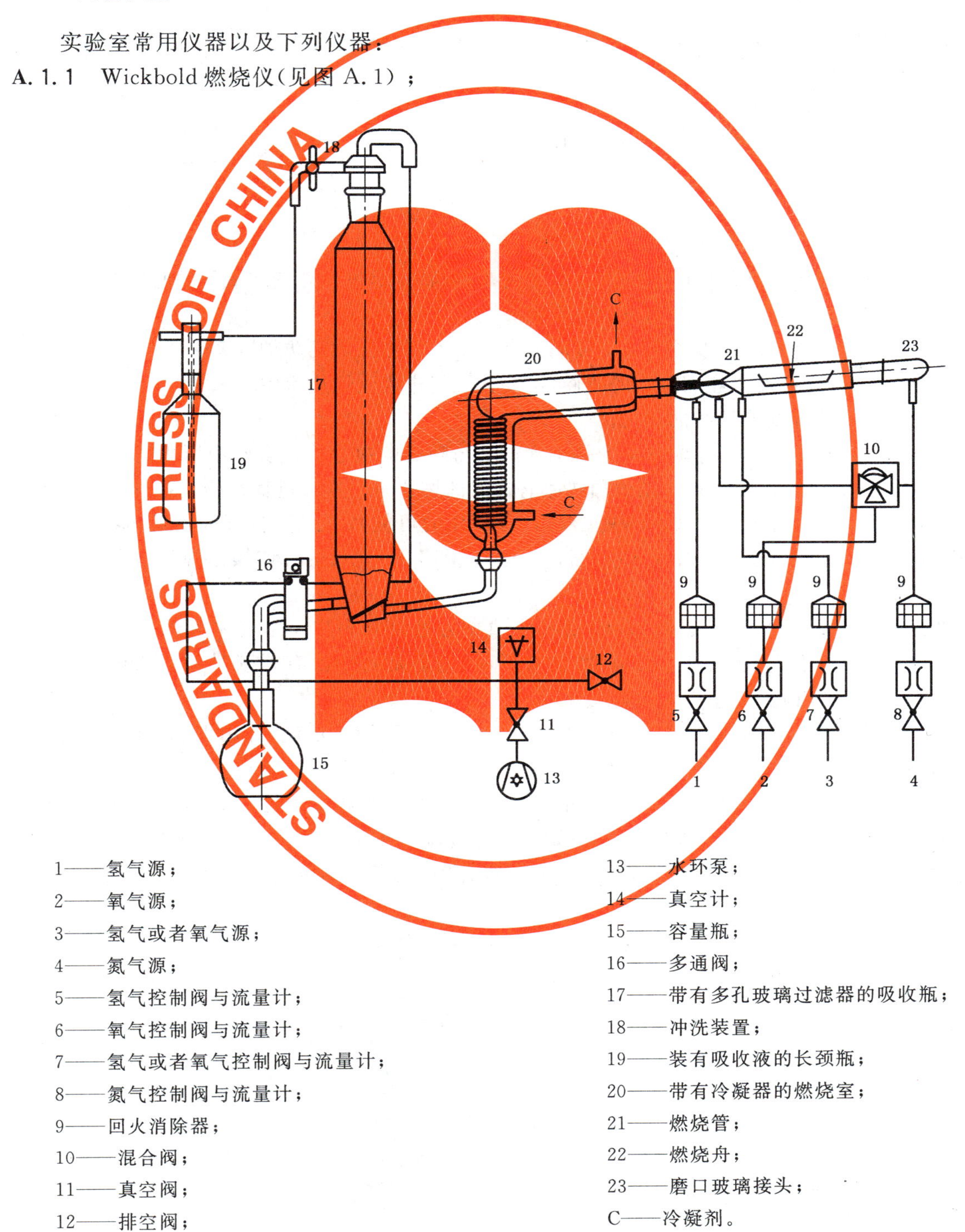

1——氢气源；
2——氧气源；
3——氢气或者氧气源；
4——氮气源；
5——氢气控制阀与流量计；
6——氧气控制阀与流量计；
7——氢气或者氧气控制阀与流量计；
8——氮气控制阀与流量计；
9——回火消除器；
10——混合阀；
11——真空阀；
12——排空阀；
13——水环泵；
14——真空计；
15——容量瓶；
16——多通阀；
17——带有多孔玻璃过滤器的吸收瓶；
18——冲洗装置；
19——装有吸收液的长颈瓶；
20——带有冷凝器的燃烧室；
21——燃烧管；
22——燃烧舟；
23——磨口玻璃接头；
C——冷凝剂。

图 A.1 Wickbold 燃烧仪装置图

A.1.2 钢瓶装氢气、氧气和氮气(商品级)。瓶子应带有减压阀;

A.1.3 天平,精度为0.1 mg;

A.1.4 燃气灶;

A.1.5 250 mL或100 mL烧瓶。

A.2 试剂

A.2.1 吸收溶液

氢氧化钠溶液,物质的量浓度约为0.1 mol/L。在每升氢氧化钠溶液中,添加5滴至7滴30%(质量分数)的过氧化氢溶液。

A.2.2 硝酸,1+1

将硝酸(ρ=1.40 g/mL)与水以1:1的体积比例混合。

A.3 步骤

A.3.1 安全

A.3.1.1 日常的安全规则包括气体的供应装置应随时观测,特别是操作氢气和氧气的时候。

A.3.1.2 火焰的调节应是在氧气充足的条件下完成。

A.3.1.3 在火炉或者燃烧室前应放置由安全玻璃或者防护网制作而成的防护罩。

A.3.1.4 要特别注意,当仪器中注满氢气的时候,不要让氢气进入到燃烧室中。

A.3.1.5 必须配戴能够过滤UV线的眼镜。

A.3.2 称量样品放入燃烧舟中。称取量至少是1.0 mL,与随后的银盐滴定实验中所用的硝酸银溶液量相当。用火焰或者电热源在燃烧管中剧烈加热盛有样品的燃烧舟。这一过程开始是在氮气保护下进行的,直到所有的挥发性有机化合物被蒸发掉(否则,有爆炸的可能)。然后,打开氧气源,通过氢氧火焰,把被分解和燃烧的气体经过冷却后导入吸收液中。Wickbold燃烧仪的具体操作规程可以参考生产厂家的说明书。

A.3.3 在加热炉的前部放置石英或铂丝以阻挡固体颗粒通过氢氧火焰。用气体火炉加热燃烧管左侧,并且将火焰自左向右移动,避免氧气的流动,燃烧样品,当燃烧管中没有积碳时方可燃烧完全。然后,用水冲洗仪器中与燃烧有关的部分,收集洗液。

A.3.4 若应考虑燃烧残渣中的氯,那么燃烧舟就应用1+1的硝酸溶液清洗,并用水洗净(用量要达到与滴定用的溶液pH值相同),收集洗液。

A.3.5 将吸收液和洗液放入容量瓶中,稳定容量瓶的温度。用水稀释至刻度。取部分溶液来与硝酸银进行滴定实验,测定氯含量。若氯含量非常低,那么滴定实验不能确定其含量。如果这样,将溶液蒸发浓缩,测定所剩液体的氯含量。蒸发浓缩也意味着大量燃烧样品和大量的水分存在于吸收液中。

ICS 13.300;11.100
A 80

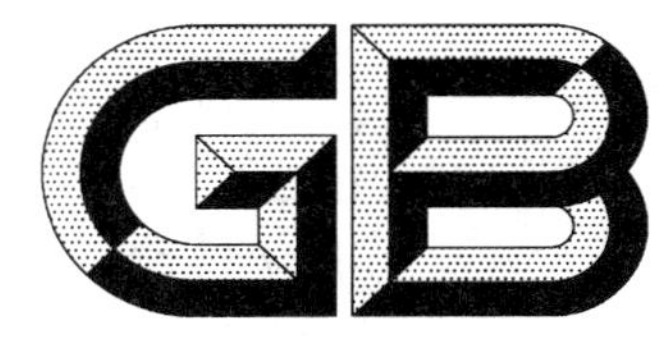

中华人民共和国国家标准

GB/T 21778—2008

化学品 非啮齿类动物亚慢性(90天)经口毒性试验方法

Chemicals—Test method of repeated dose 90-day oral toxicity in non-rodents

2008-05-12 发布

2008-09-01 实施

中华人民共和国国家质量监督检验检疫总局
中国国家标准化管理委员会 发布

前　言

本标准等同采用经济合作与发展组织(OECD)化学品试验方法 No.409(1998年)《化学品　非啮齿类动物亚慢性(90天)经口毒性试验方法》(英文版)。

本标准做了下列编辑性修改:

——文本格式上按 GB/T 1.1—2000 做了编辑性修改;

——增加“OECD 引言”部分;

——增加了“范围”一章;

——OECD 化学品试验方法 No.409 附录(定义)部分纳入本标准第2章“术语和定义”;

——OECD 化学品试验方法 No.409 试验须知部分纳入本标准“OECD 引言”中;

——删除了 OECD 化学品试验方法 No.409 的“参考文献”部分。

本标准由全国危险化学品管理标准化技术委员会(SAC/TC 251)提出并归口。

本标准负责起草单位:深圳出入境检验检疫局。

本标准参加起草单位:上海出入境检验检疫局。

本标准主要起草人:刘丽、王宏菊、刘志红、吴景武、李彬、邹春海、李英、许少红、蒋伟、陈相。

OECD 引言

引言

经济合作与发展组织(OECD)关于化学品试验的指南随着科学的发展定期审查。原指南409在1981年开始采用,本版修订的目的是希望从受试动物中获取更多的信息。

本修订版指南409很大程度上是基于1995年11月2～3日OECD在罗马举行的关于亚慢性及慢性毒性试验的一次专家咨询会议得出的结论。

试验须知

对化学品毒性特性鉴定和评价,应该从急性或重复染毒28天毒性试验获取初步的毒性资料后,才可以进行重复染毒的亚慢性经口毒性试验。90天的研究提供了从快速生长期到成熟期因重复暴露受试物而可能引起的健康危害信息。该研究可获得主要毒性作用信息,毒性作用靶器官和可能的蓄积作用,而且能估算出未观察到有害作用水平。该水平可用于慢性毒性试验剂量水平的选择和建立人体暴露的安全标准。

修订版指南考虑到化学品暴露对非啮齿类动物损伤作用的鉴定,该指南只限用于:

——在其他研究可观察到损伤作用,需要在另一非啮齿类动物中进一步验证/鉴定,或

——毒代动力学研究表明,特定的非啮齿类动物是最合适的实验动物,或

——其他特定原因表明需使用非啮齿类动物。

化学品 非啮齿类动物亚慢性(90天)经口毒性试验方法

1 范围

本标准规定了化学品非啮齿类动物亚慢性(90天)经口毒性试验方法的范围、术语和定义、试验原则、试验方法、数据和报告。

本标准适用于化学品非啮齿类动物亚慢性(90天)经口毒性试验。

2 术语和定义

下列术语和定义适用于本标准。

2.1

剂量 dose

是指给与的受试物的量。剂量以质量(g,mg)或以实验动物单位质量使用的受试物质量(即mg/kg),或者以食物中恒定的受试物浓度(mg/kg)表示。

2.2

用量 dosage

是一般性术语,包括剂量、给药频率和时间。

2.3

未观察到有毒作用的剂量水平(NOAEL) no-observed-adverse-effect level

指未观察到任何毒性作用的最高剂量水平。

3 试验原则

每个剂量各设一个动物组,用受试物质每日经口染毒,共90天。染毒期间,密切观察动物的中毒症状。试验期间,死亡或是处死的动物需要进行尸体解剖,试验结束时,存活动物也要处死并进行尸体解剖。

4 试验方法

4.1 实验动物

4.1.1 实验动物的选择

常用的非啮齿类动物是犬,试验用犬需要是确定的品系,比格犬是常用的品系。试验也可以选用其他种属的动物,例如:猪、小型猪。不推荐使用灵长类动物,若试验选用灵长类动物,需要说明理由。应该选用刚成年、健康的动物。如果选用犬,染毒应该在4月~6月龄开始,不能超过9月龄。如将本试验作为慢性毒性试验的预试验,则两种试验应选用同一种属、同一品系的动物。

4.1.2 饲养条件

常规实验动物饮食,不限制饮水。如果受试物掺入饲料中进行染毒,则选择的饲料应确保受试物和饲料形成合适的混合物。不同的种属动物应选用不同的笼具。最好采用人工照明,12小时光照,12小时黑暗交替进行。动物的喂饲条件应该符合有关法规和标准中对选用动物种属的特殊要求。

4.1.3 动物准备

受试动物应当是驯养过的健康、成年、并没有做过试验的动物。驯养期由所选动物的种属和来源决定。对于犬和本地有目的饲养的猪，驯养期至少为5天；对于外来动物，推荐驯养期不少于2周。实验动物应明确种属、品系、来源、性别、体重和/或年龄。动物应该随机分配到对照组和处理组中。笼具的排放应当使笼具位置造成的影响最小。每只动物必须有唯一的识别号码。

4.2 染毒准备

4.2.1 受试物可以掺在饲料或饮水中，也可使用灌胃法或者制成胶囊。经口方法应当根据研究目的和受试物的物理化学性质来选择。

4.2.2 如果必须使用赋形剂，受试物应溶解或悬浮于合适的赋形剂中。赋形剂首先考虑使用水配成溶液或悬浮液，其次考虑油/乳剂(如：玉米油)，最后选择其他的赋形剂。除了水外，其他赋形剂的毒性特征应已知。应该明确受试物在试验条件下的稳定性。

4.3 试验步骤

4.3.1 动物数量与性别

每个剂量水平至少应该有8只动物(雌雄各半)。如果计划在试验期间处死部分动物，在研究开始之前，应增加计划处死动物数。试验结束时的动物数量应足以对毒性效应做出有意义的评价。根据受试物或其类似物已有的知识，考虑所有染毒结束后毒效应的可逆性和持续性的观察时间，观察对象包括附加组8只动物(雌雄各半)和最高剂量组。染毒结束后的观察时间应当取决于所观察到的毒性效应。

4.3.2 剂量

4.3.2.1 除了限量试验(见4.3.3)外，通常试验至少应设3个染毒剂量组和1个对照组。根据预试验重复染毒剂量或范围来确定最终的染毒剂量，同时要考虑受试物或其相关物质现有的毒理学和毒代动力学资料。除受试物的理化性质和生物学效应限制外，通常受试物的最高剂量水平应该能够诱发毒性，但不引起死亡或严重损伤。递减系列剂量水平应该能够观察到剂量-反应关系，选用未观察到有毒作用的剂量水平(NOAEL)作为最低剂量水平。对于递减剂量系列水平，上一剂量水平一般为下一剂量水平的2～4倍；如果额外增加第四个试验组，其剂量水平应与上一剂量水平差别足够大(如：超过6～10倍)。

4.3.2.2 对照组应该是未染毒组，如果受试物使用了赋形剂，则选用赋形剂作为对照组。除受试物染毒外，对照组动物和试验组动物应采用同一处理方式。如果使用了赋形剂，对照组将使用最大体积的赋形剂。如果受试物是掺入饲料中染毒，并可能引起动物摄食减少，则应该设置配对饲养对照动物组，这样就能区别摄食量的减少是因为饲料适口性的原因还是试验组动物毒性作用的表现。

4.3.2.3 应该酌情考虑赋形剂和其他添加剂的特性，如：对受试物吸收、分布、代谢或贮留的影响；对受试物可改变其毒性的化学性质的影响；对动物摄食或者饮水以及营养状况的影响。

4.3.3 限量试验

如果动物经口一次染毒剂量大于1 000 mg/(kg·d)，研究设计的试验步骤不产生明显的有害作用，而且其结构相关化合物的资料显示其无毒，那么没有必要选用3个剂量水平进行完整的试验。除非人体暴露显示需要使用更高剂量，否则可以选用限量试验。

4.3.4 染毒

4.3.4.1 在试验的90天内，动物每周染毒7天；其他染毒方案如：每周染毒5天，需要证明是合理的。如果通过灌胃法染毒，每个胃管或者合适的插管套管应该用于一个剂量水平。液态受试物一次染毒的最大体积取决于实验动物的大小。通常，选用最小体积。除刺激性和腐蚀性受试物外，其他受试物均应通过调整浓度，使各个剂量组动物染毒体积差别最小。对于刺激性和腐蚀性受试物，随着浓度的增加，其毒性会急剧增加。

4.3.4.2 如果受试物是掺入食物或饮水中进行染毒，需要确保受试物的量不干扰正常的营养或水的平衡。如果受试物是掺入食物中染毒，受试物应在食物中保持一个恒定的浓度或保持一个恒定的剂量水平，该水平根据动物体重而定；用任何其他方法必须进行详细说明。对于通过灌胃法或胶囊法染毒的受试物，应该在每天同一时间染毒，并根据动物体重调整，使染毒剂量维持在一恒定水平。如果90天毒性研究作为长期慢性毒性研究的预试验，则两项研究需使用相同的饮食条件。

4.4 观察

4.4.1 观察周期至少是90天。附加组中作为接着观察的动物，应在染毒结束后保留一段合适的时间，以观察毒性作用的持续性和恢复状况。

4.4.2 常规临床观察至少每天一次，考虑到染毒后预期的毒作用有高峰期，每天最好在同一时间观察。每天至少两次记录动物的临床症状，通常在每天开始和结束时，观察所有的动物的症状、发病率和死亡率情况。

4.4.3 至少初次染毒前对所有动物作一次详细的临床观察(考虑到受试动物之间的比较)，以后每周一次。每次均应在饲养笼外的标准平台上进行观察，每次观察最好在相同时间进行，以确保观察环境的变化最小。详细记录中毒症状，包括发作时间、轻重程度及持续的时间。观察内容应包括(但不局限于)皮肤、毛发、眼睛和黏膜的变化，出现的分泌物和排泄物以及自主活动(例如：流泪、竖毛、瞳孔大小改变及异常呼吸模式)。步态、姿势及对外界刺激反应的变化和强直运动、刻板症(如：过度的理毛行为、重复转圈)或其他异常行为均应该记录。

4.4.4 在染毒前和研究结束时，应当用检眼镜或同等适当的仪器对动物进行眼科检查，至少是高剂量组和对照组，最好所有动物都检查。如果发现由受试物引起相关的眼部改变，则所有动物都应进行眼科检查。

4.4.5 体重和食物/水消耗量

所有的动物应该至少一个星期称重一次。食物消耗量也应该至少每周测量一次。如果受试物是经过饮水染毒，水消耗量也应该至少每周测量一次。如果受试物掺入饲料染毒或通过灌胃染毒也应当测量水消耗量，因为在染毒过程中，饮水活动可能会改变。

4.4.6 血液学和临床生物化学

4.4.6.1 应尽可能在恰当的环境下，从特定部位采集血样并妥善保存。到试验结束时，在处死动物之前或处死动物时，采集血样。

4.4.6.2 需要检测的血液指标包括：红细胞压积、血红蛋白含量、红细胞计数、白细胞计数和白细胞分类计数、血小板计数和凝血功能检测。凝血功能检测包括：凝血时间、凝血酶原时间或者凝血酶原激活时间的测定。血液指标检测应当在试验开始时，试验中期或者间隔一个月，以及试验结束时分别进行。

4.4.6.3 临床生物化学指标主要用于检测受试物对主要组织器官的毒性作用，特别是对肾脏和肝脏的影响。临床生物化学检测应当在试验开始时、试验中期或者间隔一个月，以及试验结束采集血样时进行。检测的范围应该包括电解质平衡、碳水化合物代谢及肝脏和肾脏功能。根据受试物的作用方式选择特定的检测项目。动物采血前需要禁食一段时间。推荐的检测指标包括：钙离子、磷酸根离子、氯离子、钠离子、钾离子、空腹血糖水平、丙氨酸转氨酶、天冬氨酸转氨酶、鸟氨酸脱羧酶、γ-谷氨酰转肽酶、尿素氮、白蛋白、肌酐、总胆红素、血清总蛋白。

4.4.6.4 至少应在研究开始、试验中期和试验结束时，取各阶段尿液进行分析。检测指标包括外观、体积、相对密度、pH值、蛋白质含量、尿糖和血细胞计数。根据观察到的毒性作用进一步分析以确定是否增加其他检测指标。

4.4.6.5 此外，还需要考虑检测主要器官损伤的标志物。其他毒理学评价必需的指标包括脂质、激素、酸碱平衡、高铁血红蛋白和胆碱酯酶抑制作用。根据观察到的毒性作用进一步分析以确定是否需要增加其他临床生化检测指标。具体选用哪些指标要依据化学品种类和具体情况确定。

4.4.6.6 总之，对于特定化学物质，需要根据动物的种属以及观察和/或预测的毒性作用灵活地选择观察指标和检测指标。

4.4.7 病理

4.4.7.1 大体解剖

4.4.7.1.1 所有实验动物都需进行完整、细致的尸体解剖，包括体表检查、各肠腔通道和头颅、胸腔及其内容物、腹腔及其内容物。所有动物(除濒死的和/或试验中间处死的动物)的肝脏(含胆囊)、肾脏、肾上腺、睾丸、附睾、卵巢、子宫、甲状腺(含甲状旁腺)、胸腺、脾、脑和心脏,在切除后应该去除所有附着组织,尽快称重,以免干燥。

4.4.7.1.2 下列组织应该保存在最恰当的固定液中以保持组织的形态,以便用于组织病理学检查:所有肉眼能看到损伤的器官,脑(代表性区域包括:大脑、小脑和延髓/脑桥)、脊髓(三个水平:颈部、中胸部和腰部)、脑垂体、眼、甲状腺、甲状旁腺、胸腺、食管、唾液腺、胃、小肠和大肠(包括培尔氏斑)、肝脏、胆囊、胰腺、肾脏、肾上腺、脾、心脏、气管和肺、主动脉、性腺、子宫、附属性器官、乳腺、前列腺、膀胱、淋巴结(最好一个淋巴结在给药路径中,另一个远离给药路径,以消除系统影响)、最好是靠近肌肉端的周围神经(坐骨神经或者胫神经)、骨髓切片(和/或新鲜的骨髓涂片)和皮肤。临床和其他试验结果可能提示是否需要对其他组织器官进行检测。此外,根据受试物已知的特性推测可能的毒性作用靶器官也应当保存。

4.4.7.2 组织病理学

4.4.7.2.1 应对保存的器官和组织进行全面的组织病理学检查,至少应包括对照组和高剂量组所有动物。如果高剂量组观察到染毒相关的改变,则所有其他剂量组的动物都需要进行组织病理学检查。

4.4.7.2.2 所有肉眼可见的病变均须进行病理检查。

4.4.7.2.3 当设有附加组时,应对染毒后出现异常的器官和组织进行病理学检查。

5 数据和报告

5.1 数据

5.1.1 需提供每只动物的数据。此外,所有的数据应该列成表格来表明试验开始时每组动物数,试验中死亡和实行安乐死的动物数,死亡和实行安乐死时间,出现毒性作用症状的动物数,描述观察到的毒性作用,包括毒性作用出现的时间、持续时间和毒性作用的严重程度,出现损伤的动物数,损伤的类型和出现每类损伤的百分率。

5.1.2 应当采用恰当并广泛接受的统计方法对数值型的试验结果进行评价。在研究设计期间就应当选择好统计方法和要分析的数据。

5.2 试验报告

试验报告应包含下列信息:

5.2.1 受试物:

5.2.1.1 物理性质,纯度和理化特性;

5.2.1.2 识别码。

5.2.2 赋形剂(如有使用):

如果赋形剂不是水,注明赋形剂的选择理由。

5.2.3 试验动物:

5.2.3.1 动物的种属和品系;

5.2.3.2 动物的数量、年龄和性别;

5.2.3.3 动物的来源、饲养环境、饲料等;

5.2.3.4 试验开始前每只动物的体重。

5.2.4 试验条件:

5.2.4.1 剂量水平设置依据;

5.2.4.2 受试物染毒制剂/饲料制备的详细资料,染毒浓度,受试物制剂/饲料的稳定性和均一性;

5.2.4.3 受试物染毒方式的详细描述;

5.2.4.4 实际染毒剂量[mg/(kg·d)],饲料/饮水中受试物浓度和实际剂量的转换系数;

5.2.4.5 饲料和饮水质量的详细描述。

5.2.5 结果:

5.2.5.1 动物体重/体重变化；

5.2.5.2 食物消耗量和饮水消耗量（如适用）；

5.2.5.3 不同性别和剂量水平的毒性反应数据，包括中毒症状；

5.2.5.4 临床观察的毒性反应特征、严重程度和持续时间（无论可逆与否）；

5.2.5.5 眼科检查结果；

5.2.5.6 血液学测定结果及相关指标的基准值；

5.2.5.7 临床生物化学检测结果及相关指标的基准值；

5.2.5.8 试验结束时动物体重、脏器质量以及脏器系数；

5.2.5.9 尸检结果；

5.2.5.10 所有组织病理学检查结果的详细描述；

5.2.5.11 吸收数据（如果有）；

5.2.5.12 试验结果的统计处理。

5.2.6 结果的讨论。

5.2.7 结论。

ICS 13.300
A 80

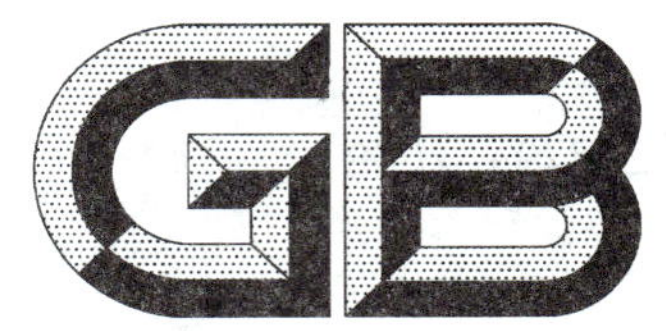

中华人民共和国国家标准

GB/T 21779—2008

金属粉末和相关化合物粒度分布的光散射试验方法

Test method for particle size distribution of metal powders and related compounds by light scattering

2008-05-12 发布　　2008-09-01 实施

中华人民共和国国家质量监督检验检疫总局
中国国家标准化管理委员会　发布

前　言

本标准等同采用 ASTM B 822：2002 标准《金属粉末和相关化合物粒度分布的光散射试验方法》。

本标准由全国危险化学品管理标准化技术委员会（SAC/TC 251）提出并归口。

本标准主要起草单位：广东出入境检验检疫局、湖北出入境检验检疫局、深圳出入境检验检疫局。

本标准主要起草人：陈强、莫蔓、翟翠萍、萧达辉、彭速标、崔海容、郑建国、沈文洁、吴景武、黎庆翔。

本标准为首次发布。

金属粉末和相关化合物粒度分布的光散射试验方法

1 范围

本方法适用于光散射法测定金属及化合物等粒状物质的粒度分布，结果以体积百分比表示。

本方法适用于分析水分散和非水分散的样品，也适用于吸湿性物质或会与液体载体反应的物质样品进行气体分散的分析。

本方法适用于粒度为 0.4 μm～2 000 μm 的物质粒度分布的测定。

本方法数值的标准单位为 SI 单位。

注：本标准未包括所有与使用有关的安全注意事项。标准的使用者在使用时有责任遵循适当的安全和健康操作规范。

2 规范性引用文件

下列文件中的条款通过本标准的引用而成为本标准的条款。凡是注日期的引用文件，其随后所有的修改单（不包括勘误的内容）或修订版均不适用于本标准，然而，鼓励根据本标准达成协议的各方研究是否可使用这些文件的最新版本。凡是不注日期的引用文件，其最新版本适用于本标准。

ISO 13320-1　粒度分析　激光衍射法　第一部分：总则

ASTM B 215　金属粉末制成批的抽样实施规程

ASTM B 243　冶金粉末术语

ASTM B 821　金属粉末和相关化合物进行粒度分析时的液体分散指南

ASTM E 1617　粒度特性数据的报告规则

3 术语和定义

ASTM B 243 确立的以及下列术语和定义适用于本标准。

3.1

背景　background

由非检测粒子的物质造成的额外散射光，包括由检测光路上的杂质造成的散射。

3.2

夫琅和费衍射　Fraunhofer diffraction

一种光学理论，该理论描述线度大于入射光波长的粒子对光的小角度衍射。

3.3

Mie 散射　Mie scattering

描述球形粒子光散射的复杂电磁理论。一般用于粒子线度与入射光波长相近的情况，需使用粒子的真实或推测的折射率。

3.4

多次散射　multiple scattering

经过一次粒子散射的光线被另一粒子再次散射。

4 测试方法简述

制备好的样品，经水或其他适合的有机液体分散后循环通过灯泡光束或其他适合光源的光路。干的样品可用载气送入光路。被测粒子在光路中造成光散射，光检测器阵列捕获散射光并将其转成电信号，用微处理器对这些信号进行分析。这些信号按夫琅和费衍射或Mie散射理论或二者相结合的方法进行处理换算成粒度分布。分析这些散射信息时采用了球体模型假设，因此计算得到的粒子粒度以等同球体直径表示。适用于粒度分布分析的总体原则的进一步信息见ISO 13320-1。

5 意义和用途

5.1 粒度测定是实际粒子直径和形状以及粒子测定时特定的物理或化学特性等因素的函数。对不同的物理或化学参数的仪器或具有不同测定范围的仪器所测得数据进行比较时应谨慎。样品的抽取、处理以及制备也会影响报告的粒度结果。

应该注意，本方法与根据其他物理原理测得的粒度可能不一致。测定结果会受到每种粒度分析所应用的物理原理的显著影响。任何粒度测定方法的结果在与其他方法得到的结果进行比较时应只被看作相对值而非绝对值。

5.2 光散射理论用于测定粒度已有许多年，有几家测试仪器生产商现在生产基于这一理论的仪器产品。尽管每一种测试仪器都是基于相同的光散射与粒度的函数关系原理，但应用该理论时有不同的假定，而且使用不同的数学模型将光学检测值转换成粒度值，可能使不同仪器的测定值不同。因此应用本方法不保证可以将不同型号仪器的测定值进行直接比较。

5.3 金属粉末的粒度分布可用于预测粉末加工特性和最终粉末冶金部件的性能。粒度分布与某种金属粉末的流动性、可模压性、压缩性和阴模充填特性以及最终粉末冶金部件的结构和性能密切相关。

5.4 本方法可供金属粉末的供应商和使用者用于确定金属粉末的粒度分布，从而作为产品指标、生产控制、开发与研究。

5.5 本方法可用于不同批次的相同物质进行数据比较或用于收货测试时建立符合性数据。

6 干扰

6.1 进入循环液体的气泡会散射光从而被当成粒子检测。循环液可以不进行消气，但应经目视检测没有气泡。

6.2 杂质(例如样品上的非水性溶剂、油或其他有机涂层)可能会在水性载体中乳化，造成光散射，因而被当成粒度分布的一部分检出。含有以上杂质的样品可以通过非水载体溶剂溶解这些杂质后进行分析或采用适当的水性溶剂洗去这些杂质后进行分析。

6.3 进行气体分散检测时，气体中的油、水或外来杂质会造成气路堵塞、粒子凝聚或影响粒度结果。测试中使用的气体应不含有这些物质。

6.4 分析过程中粒子的重新凝聚或沉淀会造成结果出错。样品分散应按照ASTM B 821指南进行，并保持分析过程中分散体系的稳定。

6.5 进样不足会造成电子噪音干扰和数据重复性差。过量进样会造成过度光衰减和多次散射，从而造成粒度分析结果出错。

7 仪器

7.1 粒度分析仪，采用夫琅和费衍射或Mie散射理论或二者相结合的原理。注意仪器测定范围应最适合于被测粒子粒度范围。

7.2 液体或气体样品处理系统。

8 试剂和材料

所有试验中使用的化学物质应该是试剂纯。除非另有说明，所有试剂应符合美国化学协会分析试剂委员会的规格要求。在首先确定试剂纯度不会影响测试准确性的前提下也可使用其他级别的试剂。

8.1 适当的专用载体，根据 ASTM B 821 指南确定。载体应符合以下条件：

——与样品输送系统的结构材料具有化学相容性；

——不会溶解被测粒子；

——足够干净，并且不会吸收光线以便获得可接受的背景值。

8.2 防泡剂或等效物质。

8.3 用于气体分散的干燥清洁气体。

8.4 适当的表面活性剂，见 ASTM B 821 指南，同时适用 8.1 的要求。

9 取样和样品量

9.1 根据 ASTM B 215 获取样品。用微量样品分离器从样品中抽取试样，不应采用四分法。

9.2 液体分散的样品量不超过 25 g；气体分散的样品量不超过 500 g。

10 校准和标准化

10.1 仪器光学组件的间距和位置决定仪器测试性能(参见仪器供应商提供的仪器操作说明)。

10.2 目前没有粒度分析的绝对值的标样。用于判断仪器性能状况的特征粉末应由仪器制造商提供，以便确保仪器性能稳定。

11 操作步骤

11.1 仪器开机预热至少 20 min。

11.2 装好样品输送系统，按仪器操作说明选择适当的仪器量程。

11.3 如果必要，按照仪器生产商的要求进行正确的光学校准。

注：当样品输送系统有改变时应当进行光学校正，或每天至少进行一次校正。

11.4 在检测模式下测定背景。测定背景时须确认载体流经光路。背景值不应超过仪器制造商的要求。若超过，则按制造商的要求采取必要的措施将背景降至要求范围以内。

11.5 按 ASTM B 215 取代表性样品。用微量样品分离器从样品中抽取试样。根据仪器制造商的建议确保试样可产生最佳光散射条件。根据粒度中位数(50%)、粒子密度(质量/体积)以及样品输送系统的情况，可接受较宽的样品量范围。

11.6 为样品选择适当的测试时间。这个步骤取决于不同测试的特定要求，通常通过连续两次测定的重复性进行调整。

11.7 根据仪器制造商预设的要求选择期望的输出数据指标。

11.8 对于液体分散样品，按 ASTM B 821 的程序进行试验份样的分散。气体分散样品无需进行额外的样品准备。

11.9 将准备好的样品直接送入样品输送系统。对于液体体系，待样品输入 20 s 后进行测定。对于干样品，启动送样开关待样品吹入光路后进行测定。

11.10 按仪器操作说明进行样品分析。

11.11 对于液体体系，排净样品，重新充满样品分散系统以进行下一次样品分析。必要时，排净样品后进行冲洗，使背景值符合仪器的规定。

注：当从极性溶剂变成非极性溶剂或从非极性溶剂变成极性溶剂时，应用适当的溶剂，例如乙醇，对样品输送系统进行几次冲洗，以消除因为两种载液交叉污染造成的乳化干扰。

11.12 对于干燥气体体系，清扫或真空吸出所有样品系统中的粒子。用空气吹出样品输送体系中的残留粒子。

11.13 重复 11.5 到 11.11 步骤进行另一试验份样的分析。

12 结果报告

ASTM E 1617 对粒度特性数据报告的三个详细水平进行了规定。需报告到哪一个水平由供货商和数据的使用者决定。报告中至少包括下列内容：

a） 使用的仪器名称和型号以及选择的量程范围；

b） 试样分散的方法；

c） 仪器分析时间；

d） 给出任何曲线拟合模型（当适用时）；

e） 样品实际的和推测的折射率（当适用时）；

f） 分散液的实际折射率；

g） 体积平均直径；

h） 体积比对直径的微分；

i） 体积比对直径的积分。

13 精密度和偏差

目前不能说明本方法的精密度和偏差。现正在进行实验室间试验。

ICS 13.300
A 80

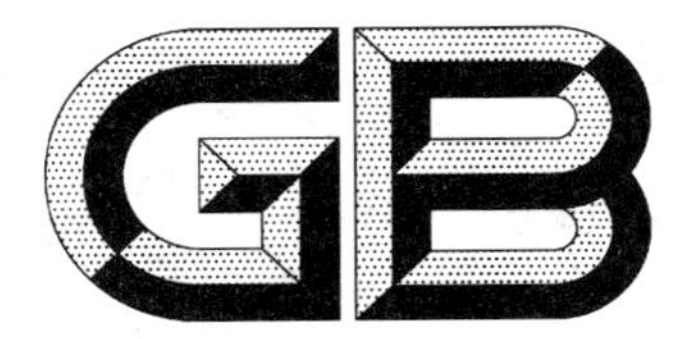

中华人民共和国国家标准

GB/T 21780—2008

粒度分析　重力场中沉降分析 吸液管法

Partical size analysis—Sedimentation analysis in the gravitational field—Pipette method

2008-05-12 发布　　2008-09-01 实施

中华人民共和国国家质量监督检验检疫总局
中国国家标准化管理委员会 发布

前　言

本标准等同采用 DIN 66115:1983《粒度分析　重力场中沉降分析　吸液管法》(德文版)。

为了方便使用,本标准进行了下列编辑性修改:

——增加了有关标准编辑说明的前言部分;

——用小数点“.”代替作为小数点的逗号“,”;

——重新编排页码;

——重新编号注释;

——动态黏度的单位改为 mPa·s,并对相关的数量方程进行了修改;

——根据其他标准的规定,沉降速度当量直径的方程符号由 dS 改为 X_w;

——加入了“范围”与“方法说明”等章节,同时对一些文字进行了编辑校对;

——增加了规范性引用文件的说明前序;

——把 DIN 66115:1983 原德国标准的“其他标准”归类到“参考文献”;

——把 DIN 66115:1983 原德国标准的“评估案例”归类到“附录 A”;

——把 DIN 66115:1983 原德国标准的“公式中的符号”归类到“附录 B”。

本标准附录 B 为规范性附录,附录 A 为资料性附录。

本标准由全国危险化学品管理标准化技术委员会(SAC/TC 251)提出并归口。

本标准起草单位:广东出入境检验检疫局、辽宁出入境检验检疫局。

本标准主要起草人:钟志光、萧达辉、胡晓静、李成明、翟翠萍、莫蔓、张海峰、郑建国、黎庆翔。

本标准为首次发布。

粒度分析　重力场中沉降分析
吸液管法

1　范围

本标准规定了采用重力场中的沉降分析-吸液管法分析粒度的方法。

本标准适用于吸液管法测量弥散在液体中的固体物质的粒度分布累计曲线(符合 DIN 66141 的规定),所使用的吸液管装置的沉降速度当量直径范围是 1 μm～250 μm。

2　规范性引用文件

下列文件中的条款通过本标准的引用而成为本标准的条款。凡是注日期的引用文件,其随后所有的修改单(不包括勘误的内容)或修订版均不适用于本标准,然而,鼓励根据本标准达成协议的各方研究是否可使用这些文件的最新版本。凡是不注日期的引用文件,其最新版本适用于本标准。

DIN 323　第 1 部分　标准数与标准数系　主值、精确值、取整值

DIN 12242　第 1 部分　实验室玻璃器皿　用于可更换连接的锥形磨口　规格与误差

DIN 12336　实验室玻璃器皿　平底蒸发皿

DIN 12553　实验室玻璃器皿　带有平行钻孔的锥形双向龙头

DIN 12690　实验室玻璃器皿　带标记的容量吸液管　A 级和 B 级

DIN 66111　粒度分析　重力场中沉降分析　原理

DIN 66141　粒度分析的描述　原理

3　原理与方法说明

3.1　原理

图 1 所示的吸液管装置(也被称为“安德烈森型吸管”[1])由沉降槽和取样用的吸液管组成。可使用该仪器来测量悬浮于沉降槽底部上方的测量平面上的固体物质的质量浓度。所测量的浓度与扩散率 D 成适当的比例。可直接得到粒度分布曲线,其形式为沉降速度 w 的函数;或者通过它计算出某种沉降物、弥散在静止液体中的固体物质[1]～[6]的沉降速度当量直径 X_w。

试验者按照事先制定的时间表,从测量平面中吸取弥散体积 V 的样品,并通过蒸发沉降液等方法测定其中所含的固体物质的质量 m。时间为 t 时的同类固体物质浓度 $C_m=m/V$,时间 $t=0$ 时的固体物质浓度 $C_{m,0}=m_0/V_0$(即所谓的标准试样),则二者的比值即为扩散率 D:

$$D=\frac{C_m}{C_{m,0}}=\frac{mV_0}{m_0V} \qquad \cdots\cdots(1)$$

通常情况下,每次移吸的悬浮液体积都是相等的,因此 $V_0/V=1$,所以扩散率:

$$D=\frac{m}{m_0} \qquad \cdots\cdots(1a)$$

若已知移吸体积 $V=V_0$,且已知同类悬浮液中的固体物质浓度 $C_{m,0}$,则也可以计算出 m_0。

扩散率既可以直接表示为沉降速度 w 的函数:

$$w=\frac{h}{t} \qquad \cdots\cdots(2)$$

式中:

h——沉降高度(悬浮液表面与测量平面之间的距离);

t——沉降时间。

也可以表示为沉降速度当量直径 X_w 的函数，而 X_w 正是由上述数据计算而来的。通常情况下，人们在测定沉降速度后，会计算出同等沉降速度以及同等浓度中的球形微粒的沉降速度当量直径 X_w。在斯托克斯阻力定律的适用范围内，也就是说当雷诺数 $Re \leqslant 0.25$ 时，X_w 也被简称为斯托克斯直径。X_w 是一个与沉降速度相当的计算值，它是通过下列数量方程由沉降速度 w 计算出来的（参见 DIN 66111）：

$$X_w^2 = \frac{18}{g}\frac{\eta}{\rho_s - \rho_f}w \qquad \cdots\cdots(3)$$

前提是：

$$Re = \frac{wX_w\rho_f}{\eta} \leqslant 0.25 \qquad \cdots\cdots(4)$$

在这个前提下，斯托克斯直径的最大值 $X_{w,\max}$（单位：μm）为：

$$X_{w,\max} = \sqrt[3]{\frac{18Re_{\max}}{g}\frac{\eta^2}{\rho_f(\rho_s - \rho_f)}} = \sqrt[3]{\frac{4.5}{g}\frac{\eta^2}{\rho_f(\rho_s - \rho_f)}} \qquad \cdots\cdots(5)$$

但是人们经常使用下面的数学方程来代替方程(3)，其中所有的参数都符合给定的单位：

$$X_w = 17.5\sqrt{\frac{\eta}{\rho_s - \rho_f}}\sqrt{\frac{h}{t}} \qquad \cdots\cdots(6)$$

如果以沉降速度自身作为粒度标志，则需要指定固体物质的密度、沉降液的浓度与黏度以及试验温度。

对于由不同密度的微粒组成的混合物，沉降速度当量直径只有一个形式值。

3.2 方法说明

根据吸液管法(P)执行沉降物分析的方法被称为：GB/T 21780-P 法。

4 仪器

4.1 吸液管装置

吸液管装置（如图 1）是由一个沉降槽和一个吸液管组成的。

沉降槽的内径不小于 50 mm，内壁呈圆柱形。其底部有一个较宽的、牢固的底座，顶部有一个套筒磨片，根据 DIN 12242 第 1 部分的规定，将其命名为 H NS 29/32。

底座的支承面垂直于沉降槽的轴。在外壳上至少有两圈测量标记，其中较低的标记一般比内槽的底部高 50 mm，较高的标记比较低的高 200 mm±0.2 mm（在特殊结构中可能会偏高或偏低）。在测量标记之间，还可以额外标上刻度线，每刻度相当于 5 mm 或 10 mm。沉降槽和吸液管的材料一般采用玻璃。

吸液管的误差范围依照 DIN 12690 的规定执行。吸液管的测量室呈橄榄型，额定容积为 10 mL（若沉降高度较矮，低于 10 cm，则额定容积为 5 mL），上面配有一个双向龙头，根据 DIN 12553 的规定，开关的额定值为 3。沉降槽中间有一根毛细管，一直延伸到较低的测量标记处，将吸液管测量室隔开。测量室的形状如图 2 所示。无论是下部还是上部，都应有一个与毛细管相连的渐进的通道。测量室上方的毛细管的内径约为 3.5 mm，并且至少有一个测量标记。

如果在上方增加 20 个左右的 mm 级刻度，则更加有利。在原有的测量室下方，需要额外放置一个气囊，容积约为 1 mL，以便将每次移液后残留在吸入口与双向龙头之间的毛细管中的沉降物进行清除，从而及时进行下一次移液。

伸入沉降槽的毛细管的内径为 1 mm～1.5 mm，伸至较低的测量标记处为止，误差范围是±0.2 mm。它也可以延伸至沉降槽的底部，在此情况下，应在测量平面上设置 2 至 4 个侧面的吸入口。毛细管的下缘至吸入口处应充入液体。

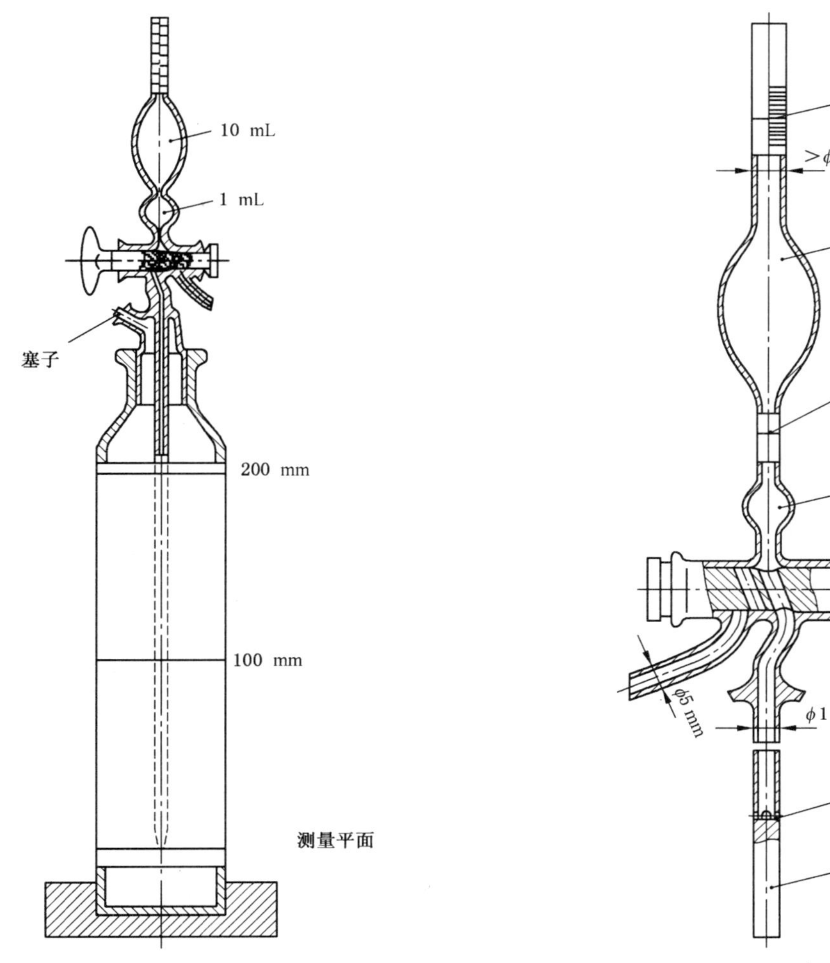

图 1　吸液管装置　　　　**图 2　吸液管**

在双向阀上，有一个折断的排液毛细管，内径约为 5 mm。在吸液管的双向龙头下还有一个玻璃圆顶，它通向一个圆锥体磨片 K NS 29/32（符合 DIN 12242 第 1 部分的规定）内；玻璃圆顶的侧面有一个向外伸出的套筒磨片 H NS 7/16（符合 DIN 12242 第 1 部分的规定），此外还有一个带塞子的注入口。

所有的毛细管都不允许出现狭窄部位。吸液管与沉降槽应由制造商进行成对标记，以免混淆。

4.2　附属装置

除了吸液管装置之外，为了进行粒度分析，还需要下列附属装置：

a）　摇动机、搅拌器或超声波清洗仪，用于拌匀试剂；

b）　水浴锅、恒温器或恒温室（±1 K）。在分析过程中，测量温度的变化幅度不得超过 1 K，否则在评估过程中就应考虑到浓度以及黏度的变化。悬浮液温度的变化速度应小于±0.01 K/min。试验者可以通过足够大的水浴锅，以及或者仔细调节恒温器，尽量延长加热/冷却时间来实现上述要求；

c）　每件吸液管装置配备 20 只带有编号的蒸发皿（符合 DIN 12336 的规定）。蒸发皿也可以用玻璃滤埚或不含增塑剂的膜滤器来代替，其中膜滤器的气孔直径应当与最细小的微粒相匹配；

d）　必要时使用喷水泵来吸取试剂；

e）　带有秒针的钟表；

f）　用于小心蒸发沉降溶液的装置，或者用于过滤的真空装置；

g）　坩埚钳或试管钳；

h) 温度适宜的干燥箱或真空干燥箱,用于试剂的最后干燥;

i) 干燥器,用于冷却从干燥箱中取出的蒸发皿;

j) 误差值不超过 0.1 mg 的分析天平。每次称量均使用同一个天平;

k) 容积约为 50 mL 的烧杯,用于冲洗;容积约为 100 mL 的烧杯,用于盛放预留溶液;

l) 带有冲洗液的冲洗瓶,带有沉降溶液的冲洗瓶(可能带有扩散添加剂),用于填充沉降槽较高的测量标记以下的部分。

5 吸液管装置的测定

5.1 测量空间与预留空间

应算出吸液管测量空间的容积,以及图 2 所示的预留空间。

试验者向清洁、干燥的吸液管装置内加入少许蒸馏水,填满预留空间,或者将水吸至相应的测量标记处,以填满测量空间。让水流入扣除皮重的蒸发皿中,并将附着在排液毛细管和测量空间或者预留空间中的水分吹出来。立即称量蒸发皿。通过水的质量可以计算出体积。多次重复称量过程,记录下平均值。也可以用汞进行测量。

5.2 沉降高度

每次移液后,沉降高度都会下降。根据经验,每次分析开始之前也会出现沉降高度下降的情况。为此,试验者可以在沉降槽的外部绑上一根最小刻度为 0.5 mm 的直尺,每次移液后读取沉降高度。同样,该测量过程也需要重复多次,需要记录与平均值相关的测量点。对于校准后的容器,可以计算出高度下降的数值。

由于高度下降的程度与吸液管测量空间的大小以及沉降槽的直径有关,因此每次测量只对相同的吸液管和容器有效。

5.3 沉降槽的容积

需要确定试验所用吸液管的沉降槽的容积,精确到 1 mL。例如:向垂直放置的沉降槽中注入蒸馏水,使之低于上部测量标记 10 mm,放入吸液管,其吸入点处放置一个双向龙头,用喷洗瓶连接侧管(带有符合 DIN 12242 第 1 部分规定的套管磨片 H NS 7/16),直至 200 mm 或 100 mm 标记处。称量该装置,减去皮重,并计算出所注入的液体的体积。

6 取样时间表

从测量平面中取样时需要遵守特定的时间表。人们可以根据给定的沉降高度 h 和沉降速度当量直径 X_w,利用方程式(3)或(6)算出上述时间,见式(7)和式(8):

$$t = \frac{18}{g} \cdot \frac{\eta}{\rho_s - \rho_f} \cdot \frac{h}{X_w^2} \qquad \cdots\cdots(7)$$

或

$$t = 3.06 \times 10^2 \frac{\eta}{\rho_s - \rho_f} \cdot \frac{h}{X_w^2} \qquad \cdots\cdots(8)$$

方程(7)则是一个数量方程($g=981\ \text{cm/s}^2$)。

由于图示中通常使用对数来分割横坐标轴,因此试验者在对当量直径进行几何分级时,应当以形成标准数系为目标,以便得到距离均等的测量点。所使用的标准数系符合 DIN 323 第 1 部分的规定,需要与沉降速度以及当量直径的检测范围相匹配。在选择分级时,应当确保行程曲线上至少有 10 个测量点可以提供信息。如果曲线的走向所需的分级与标准数系不符,则应当放弃该曲线。

在计算取样时间 t 时,应当考虑到沉降高度 h 会随着反复移液不断降低(参见 5.2)。在进行类似的预先计算时,可以假设沉降高度恒定不变,并以此为基础建立时间表。

例如:最大的当量直径约为 40 μm。行程曲线精确到 1 μm 左右。一开始,取出 4 份标准试样。将

0.89 g $Na_4P_2O_7 \cdot 10H_2O$ 溶入 1 L 蒸馏水，试验就在该溶液中进行，且试验温度为 20℃（η=1.02 mPa·s，ρ_f=1.0 g/cm³）。

试验物质的密度为 ρ_s=3.67 g/cm³。

当量直径是按照标准数系 R5 进行分级的，试验者可以从上述材料参数中得出式(9)：

$$t = 116.9 \frac{h}{X_w^2} \qquad (9)$$

时间表参见表 1。

表 1 时间表

$X_w/\mu m$	40	25	16	10	6.3	4.0	2.5	1.6	1.0
$X_w^2/\mu m^2$	1 600	625	256	100	39.69	16.00	6.25	2.56	1.00
h/cm	18.29	17.84	17.39	16.49	16.49	16.04	15.59	15.14	14.69
t/min	1.34	3.34	7.94	48.57	48.57	117.2	291.6	691.4	1 717
注：对计算出来的时间进行四舍五入，即可得出试验所需的时间。									

7 准备工作

7.1 若沉降溶液中含有扩散剂或润湿剂，则在真正的分析开始之前，就可以计算出它们在移液中所占的质量比。试验者向沉降槽中加入少许沉降溶液，并按照 8.2 的描述，进行 4 次移液。

将吸出的液体注入蒸发皿中，用相应的液体进行冲洗——例如：不含扩散添加剂或润湿添加剂的沉降溶液，将液体蒸发后，重新称量扩散剂或润湿剂的质量。若已完成过滤或洗涤，则不再执行本规定。

7.2 通过样品分离得到的代表性的分析试剂，在必要的情况下可以进行预处理。将其置入与吸液管装置容积相匹配的液体中，通过摇动、搅拌或超声波处理使之扩散。一方面，处理过程应达到一定的强度，以破坏所有多余的团聚物；另一方面，处理过程又应控制强度，以免将固体原材料粉碎掉。固体材料的体积浓度 C_v 应当在 0.1% 至 0.2% 之间。

7.3 使用显微镜对悬浮液进行观察，以确定其中是否还有残存的团聚物。

7.4 将悬浮液注入沉降槽中。用沉降溶液对摇瓶或搅拌容器进行仔细的冲洗，冲洗液也注入沉降槽中。然后将悬浮液与沉降溶液一起注入沉降槽中，直至上部测量标记下约 10 mm 处。

7.5 在吸液管的吸入位置设立双向龙头，并将其置入沉降槽中。通过侧面的磨片向沉降槽中注入沉降溶液，直至上部测量标记处。

7.6 将吸液管装置挂在蒸锅内。只有当悬浮液吸收蒸锅的热度，并使二者温度差值为 ±0.1 K 时，方可继续进行分析。

7.7 用于蒸发沉降溶液的装置需要加热至必要的温度。

7.8 在此过程中，称出约 20 只蒸发皿。首先对蒸发皿进行彻底的清洁，然后将其置入干燥箱中，在 110℃ 的条件下进行 1 h～2 h 的干燥，然后置入干燥器中 1 h～2 h，使其冷却至室温。干燥器上只能摆放一层蒸发皿。在称量之前，将蒸发皿从干燥器中取出，放在精确度为 0.1 mg 的分析天平上进行称量。尽可能减少打开干燥器的次数，用坩埚钳或试管钳将蒸发皿取出，小心地放在天平上。在称量过程中，应盖上干燥器。在进行精确称量时，应确保称量物品与周围空气的温度保持一致，以免发生热对流从而影响精确度。

8 分析步骤

8.1 从恒温器中取出吸液管装置，再次手动摇匀。

用右手/左手的手指抓住吸液管的玻璃烧瓶，使突出的毛细管位于食指和中指之间，同时用鱼际（大拇指根部掌上突出的肌肉）夹住沉降槽，拇指放在毛玻璃塞子上。

空闲的左手/右手抓住沉降槽的底部。用手不断地将吸液管装置向右/左或向前翻转 180°,使得装置的底部上下来回晃动。该过程持续 1 min 左右,每秒钟重复一次。

8.2 将装置从恒温器中取出,吸出第一份试剂。该试剂是 4 份所谓的标准试剂中的第一份。在取出这 4 份试剂时,测量平面上仍然保持起始浓度 $C_{m,0}$。在摇动结束与取样之间的间隙应尽可能缩短,以免较大的微粒沉降后离开测量平面。

取样过程如下:

用喷水泵制造适当的负压,将悬浮液吸至吸液管上的测量标记处,关上双向龙头。调整负压值,将取样时间控制在 20 s 左右。继续转动旋塞,打开排液孔,使试剂流入下面的蒸发皿中。此时吸液管和毛细管中仍有附着的微粒,应当利用蒸馏水或未添加扩散剂的其他液体进行冲洗,使之进入蒸发皿中。用较低的负压将溶液吸出 2 cm^3～3 cm^3,使之通过排液孔流入吸液管中,穿过几个气泡,最后流回蒸发皿中。冲洗过程至少重复两次。接下来将蒸发皿放入装置中,以蒸发液体。

用同样的方法取出其他 3 份试剂,每次取样之前都应按照前述方法进行扩散。

初始浓度 $C_{m,0}$ 也可以通过固体物质的称量与悬浮液体积的比例来算出。

8.3 第四次取样后,再进行一次扩散,然后将其置入恒温器或恒温蒸锅中,垂直悬挂在标准磨片的高度。同时启动计时器。

8.4 现在按照事先制定的时间表(见第 6 章表 1)进行取样。若取样持续时间为 20 s,则在规定的时刻前 10 s 开始吸液。需要将平均的取样时间记录下来。

如果使用带有预留空间(参见图 2)的吸液管,则每次移液之前需将预留空间内的液体吸出,并将其注入 100 cm^3 的烧杯中,冲洗吸液管并取出真正的试剂。由于该过程需要大约 20 s 的时间,因此试验者应在规定时刻前 30 s 进行该操作。

8.5 当液体从蒸发皿中蒸发完毕后,用坩埚钳将蒸发皿取出,清除附着在底部的水滴或杂质,当蒸发皿完全干燥后,将其置入干燥箱。选择干燥箱温度时,应确保固体物质的质量不会发生变化。

8.6 大约 1 h 后,将蒸发皿从干燥箱中取出,然后放入干燥器中。干燥器上只能放置一层干燥皿。干燥皿在这里至少放置 1 h。为了达到温度的均衡,最好将干燥器放在天平的附近。接下来用精度为 0.1 mg 的分析天平进行称量(见 7.8)。

9 分析报告

在分析报告中,应当注明本标准编号,并提供下列信息:

a) 试验地点、试验者及日期;

b) 试验物质的特性、来源以及尽可能精确的描述,包括密度等等;

c) 分析方法或仪器;

d) 沉降溶液的特性、浓度、黏度和温度;

e) 扩散添加剂或润湿添加剂的特性与数量;

f) 固体物质的最大体积浓度;

g) 分散过程的特性与持续时间;

h) 质量分布(扩散率)$D(w)$或 $D(X_w)$的表格,或图形坐标系。

如果在沉降分析之前,采用湿筛法对试剂的主体部分进行了分离,则还需要说明所使用的方法、筛孔的额定大小或分析筛的实测值,以及筛选过程等等。如果采用其他方法进行分离,也需要作出相应的说明。

附 录 A
（资料性附录）
评估案例

表 A.1 中包含了确定 10 cm^3 蒸馏水中扩散剂质量的前四行数据。用移取试剂的质量减去该测量结果的平均值，以获得不含扩散剂的固体物质的净质量。

接下来的四行显示了标准试剂的测定结果。该测量的平均值是基数 m_0（第 10 行）。

第 11 至 22 行显示的是沉降分析的实测结果。

在该分析过程中，每次吸取的悬浮液体积都是相等的，$V_0=V=10$ cm^3。如果情况有变，则在第 11 栏前面插入两栏：一栏标明实际吸出的悬浮液体积，另一栏标明根据 m 和 V 算出的浓度 $C_m=m/V$。可以根据方程式(1) $D=C_m/C_{m,0}$ 来算出扩散率 D。

作为评估案例的分析报告：

a) 试验地点
   试验者
   日期

b) 原料　氧化铝 4 711
   密度 3.67 g/cm^3
   称重 5.47 g

c) 分析装置　吸液管，编号 13（根据 DIN 66115）
   悬浮液体积 745 cm^3
   试剂体积 10 cm^3
   预留空间 0.61 cm^3

d) 液体　蒸馏水，密度 1.00 g/cm^3
   动态黏度 1.02 mPa·s
   温度 20℃

e) 扩散剂　焦磷酸钠
   $Na_4P_2O_7 \cdot 10H_2O$
   每升蒸馏水 0.89 g

f) 固体物质最大体积浓度　$C_{v0}=0.20\%$

g) 扩散过程　在 A 仪器中摇动 2 h

h) 扩散率

表 A.1 评估案例

1	2	3	4	5	6	7	8	9	10	11
序列号	蒸发皿编号	沉降时间平均值 t/min	沉降高度[1)] h/cm	沉降速度 $(w=h/t)$/(cm/min)	斯托克斯直径[2)] X_w/μm	蒸发皿皮重 m_1/g	蒸发皿质量[3)] m_2/g	固体物质与扩散剂质量 (m_2-m_1)/g	固体物质质量[4)] m/g	扩散率 D —
1	60	—	—	—	—	27.001 5	27.007 5	0.006 0	—	—
2	1	—	—	—	—	27.953 3	27.959 4	0.006 1	—	—
3	35	—	—	—	—	27.211 2	27.217 3	0.006 2	—	—

表 A.1（续）

1	2	3	4	5	6	7	8	9	10	11
序列号	蒸发皿编号	沉降时间平均值 t/min	沉降高度[1] h/cm	沉降速度 $(w=h/t)$/(cm/min)	斯托克斯直径[2] X_w/μm	蒸发皿皮重 m_1/g	蒸发皿质量[3] m_2/g	固体物质与扩散剂质量 (m_2-m_1)/g	固体物质质量[4] m/g	扩散率 D —
4	243	—	—	—	—	25.192 7	25.198 9	0.006 2	—	—
5	扩散剂质量平均值							0.006 1	—	
6	55	—	20	—	—	26.699 2	26.778 7	0.079 5	0.073 4	
7	24	—	19.58	—	—	25.575 6	25.655 3	0.079 7	0.073 6	—
8	66	—	18.16	—	—	28.456 5	28.536 3	0.079 8	0.073 7	—
9	64	—	18.74	—	—	27.950 1	28.029 1	0.079 0	0.072 9	—
10	标准试剂质量平均值 m_0								0.073 7	1.00
11	3	1.3	18.29	14.07	40.6	28.943 8	29.022 5	0.078 7	0.072 6	0.989
12	31	2.6	17.84	6.86	28.3	28.034 9	28.109 3	0.074 4	0.068 3	0.931
13	5	5.0	17.39	3.48	20.2	28.849 3	28.916 3	0.067 0	0.060 9	0.830
14	26	10.0	16.94	1.694	14.1	26.877 0	26.932 7	0.055 7	0.049 6	0.676
15	9	19	16.49	0.868	10.1	26.006 4	26.050 9	0.044 5	0.038 4	0.523
16	17	37	16.04	0.434	7.13	29.837 9	29.870 8	0.032 9	0.026 8	0.365
17	16	71	15.59	0.220	5.07	26.861 6	26.886 1	0.024 5	0.018 4	0.251
18	22	139	15.14	0.109	3.57	26.693 1	26.711 0	0.017 9	0.011 8	0.161
19	8	269	14.69	0.054 6	2.53	27.302 2	27.317 2	0.015 0	0.008 9	0.121
20	57	521	14.24	0.027 3	1.79	33.966	33.608 6	0.012 0	0.005 9	0.080
21	39	1 011	13.79	0.013 6	1.26	29.210 0	29.219 4	0.009 4	0.003 3	0.045
22	22	1 960	13.34	0.006 8	0.89	31.431 1	31.439 4	0.008 3	0.002 2	0.030

1) 每次移液后，沉降高度下降 4.5 mm(对标准试剂进行移液，事先不清空预留空间)。

2) 斯托克斯直径 X_w 是通过沉降速度计算出来的。

3) 液体蒸发后，蒸发皿的质量 m_2。

4) 固体物质质量 $m=m_2-m_1-$扩散剂质量－平均值。

附　录　B
（规范性附录）
公式中的符号

表 B.1　公式中的符号

符号	含义	国际标准单位[a]
C_m	悬浮液的固体物质质量浓度	g/cm^3
$C_{m,0}$	标准试剂的固体物质质量浓度	g/cm^3
C_v	悬浮液的固体物质体积浓度	1
D	扩散率，质量分布	1
X_w	沉降速度当量直径	μm
g	重力加速度	cm/s^2
h	沉降高度	cm
m	固体物质质量	g
m_0	标准试剂中的固体物质质量	g
Re	雷诺数	1
t	沉降时间	s，min
V	体积	cm^3
V_0	标准试剂体积	cm^3
W	沉降速度	cm/s，cm/min
η	动态黏度	mPa·s
ρ_f	液体密度	g/cm^3
ρ_s	固体密度	g/cm^3

a　1 表示的是两个相同的国际标准单位之间的比值或两个用相同国际标准单位表示的参数的对数比值。

参 考 文 献

[1] Andreasen,A. H. M,Lundberg,I.. 移液法精确测定仪,特别考虑到操作分析. 德国陶瓷协会报告,11(1930),5:312-323.

[2] 通过溶液沉降研究颗粒成分:德国杂志出版社协会(VDZ)备忘录,1958,2:5.

[3] BS 3406:1963 第 2 部分 液体沉降法.

[4] 技术粉尘的精密测定. 德国工程师协会(VDI)规程 2031 号,1962,10.

[5] Rumpf,H.. 粒度分析精度的研究. Staub 20(1960),8:253-266.

[6] Leschonski,K.. 沉降分析的对比试验. Staub 22(1962),11:475-486.

[7] DIN 1306 密度 概念

[8] DIN 1342 牛顿液体的黏度

[9] DIN 51057 陶瓷原料与材料的检测 使用比重瓶测定粒状与粉末状材料的密度

[10] DIN 51550 黏度测定法 黏度测定 一般性原理

[11] DIN 51562 黏度测定法 用厄布洛德黏度计测量动态黏度 第 1 部分:黏度计的规范和测量程序

[12] DIN 52102 天然石材的检测 测定密度、毛密度、净密度、密度值、整体多孔性

[13] DIN 53012 黏度测定法 牛顿液体的毛细管黏度测定法 误差原因与校正

[14] DIN 53015 黏度测定法 使用霍普勒落球黏度测定法测量黏度

[15] DIN 53193 色素检测 密度测定

ICS 13.300
A 80

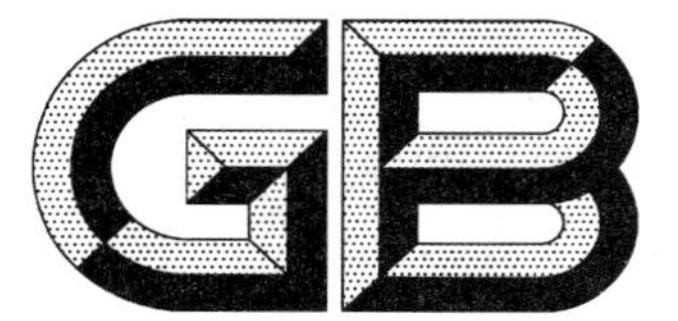

中华人民共和国国家标准

GB/T 21781—2008

化学品的熔点及熔融范围试验方法 毛细管法

Test methods for melting point and melting range of chemical products—Capillary tube method

2008-05-12 发布　　　　2008-09-01 实施

中华人民共和国国家质量监督检验检疫总局
中国国家标准化管理委员会　发布

前　言

本标准等同采用 JIS K 0064:1992《化学品熔点和熔程的测定方法》(英文版)。

本标准由全国危险化学品管理标准化技术委员会(SAC/TC 251)提出并归口。

本标准起草单位:广东出入境检验检疫局、湖北出入境检验检疫局、深圳出入境检验检疫局。

本标准主要起草人:刘莹峰、翟翠萍、周明辉、李丹、李全忠、郑建国、崔海容、郭坚、李英、黎庆翔。

本标准为首次发布。

化学品的熔点及熔融范围试验方法 毛细管法

1 范围

本标准规定了化学品的熔点及熔融范围的试验方法—毛细管法。

本标准适用于化学品的熔点及熔融范围的测定，是温度范围从高于室温到300℃的通用方法。

注1：熔点适用于具有确定熔点的物质。

注2：熔融范围适用于(如玻璃、无定型体，或如油、脂、蜡、凡士林等多组分混合物)无确定熔点的物质。

注3：若其他个别产品或某一系列产品的标准中规定的检测方法不是本标准中的方法，建议按本标准的方法进行试验。

注4：本标准描述的方法是一般方法，适用于安全性很好的化学制品。对于有些化学品，由于其挥发性、爆炸性或辐射性，不能保证试验的安全，不适用本标准。

2 规范性引用文件

下列文件中的条款通过本标准的引用而成为本标准的条款。凡是注日期的引用文件，其随后所有的修改单(不包括勘误的内容)或修订版均不适用于本标准，然而，鼓励根据本标准达成协议的各方研究是否可使用这些文件的最新版本。凡是不注日期的引用文件，其最新版本适用于本标准。

GB/T 514 石油产品试验用玻璃液体温度计技术条件

GB/T 8170 数值修约规则

JIS K 0050 化学分析通则

JIS K 0211 分析化学的技术术语(通用部分)

JIS R 3503 化学分析用的玻璃器皿

日本药典(第12次修订版)

3 术语和定义

JIS K 0050 和 JIS K 0211 确立的术语和定义适用于本标准。

4 通用要求

本标准中测定方法的通用要求应符合 JIS K 0050 的要求。

玻璃器皿应符合 JIS R 3503 的要求，数值修约应符合标准 GB/T 8170 的要求。

5 熔点的试验方法

测定熔点的方法可采用以下任何一种方法进行：

a) 目测法；

b) 仪器法。

5.1 目测法

5.1.1 方法原理

加热置于传热液体中的玻璃毛细管内的样品，通过目视观测熔点。

5.1.2 仪器与设备

5.1.2.1 熔点测定装置

将装有样品的毛细管固定在温度计上，使得毛细管中装有样品的部分紧贴温度计水银球的中部，将其浸入到加热装置中传热液体的中心离底部20 mm高的位置，如图1所示。

单位为毫米

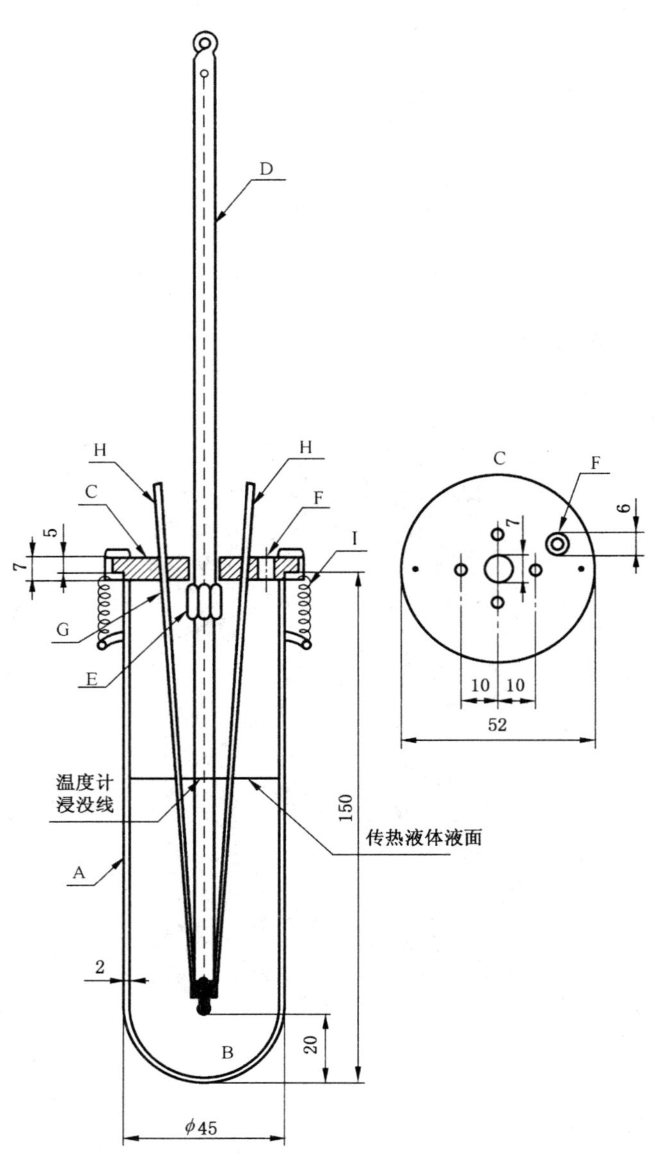

A——加热器皿；
B——传热液体；
C——盖子；
D——带有浸没线的温度计；
E——固定温度计的弹性体；
F——控制传热液体的开口；
G——盘绕弹性体；
H——毛细管；
I——固定盖子的弹簧。

图 1 熔点测定仪示例(目测法)

也可选用一种经搅拌使传热液体循环流动的测量装置，如图2所示。该装置要求装有样品的毛细管的底端固定在尽可能靠近温度计水银球的位置。

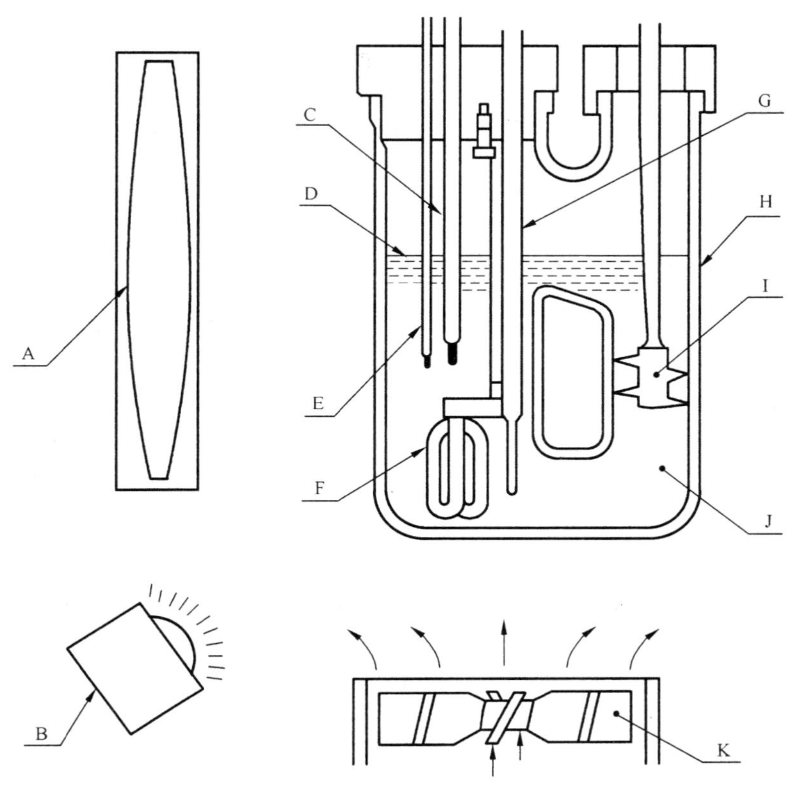

A——观察用的放大透镜；

B——照明灯；

C——温度计；

D——传热液体的液面；

E——毛细管；

F——加热器；

G——控温传感器；

H——加热器皿；

I——搅拌器；

J——传热液体；

K——冷却风扇。

图2　熔点测定仪示例(目测法——用带有搅拌器循环传热液体的装置)

5.1.2.2　加热器皿

由一级硬质玻璃制成，形状和尺寸见图1。

5.1.2.3　传热液体

一般用水或硅油。硅油在高于测量温度时应具有热稳定性，且在25℃时运动黏度应在50 mm^2/s～

100 mm²/s。

5.1.2.4 盖子

由四氟乙烯树脂、橡胶或软木制成。

5.1.2.5 温度计

日本药典(第12次修订版)中规定的No.1至No.6带有浸没线(粘贴型)的温度计,若预期的熔点为70℃或更低,可选用GB/T 514中规定的GB-54和GB-55温度计。

5.1.2.6 毛细管

用硬质玻璃制成的、一端封闭的管,内径为0.8 mm～1.2 mm,壁厚为0.2 mm～0.3 mm,长度约为150 mm。

5.1.2.7 加热器

能将液体从低于预期熔点温度15℃加热到高于预期的熔点温度5℃,能控制传热液体的升温速率约为3℃/min或1℃/min。

5.1.2.8 干燥器

内盛硅胶作为干燥剂。

5.1.3 样品预处理

将样品研磨成细粉,若无特别要求,样品应在干燥器内干燥24 h。

5.1.4 测定步骤

5.1.4.1 将干燥后的样品装进一端封闭的毛细管,直立,封闭端在下,另取一长约70 cm的干燥玻璃管,直立于玻璃碟或瓷碟上,将装有样品的毛细管在其中投落数次,直至毛细管内样品压紧至约为3 mm高。

5.1.4.2 加热传热液体,缓慢升温至低于预期熔点约10℃的温度。

5.1.4.3 调整传热液体的液面与温度计的浸没线保持一致。

5.1.4.4 按图1或图2所示固定装有样品的毛细管。

5.1.4.5 以约3℃/min的速率加热传热液体,当温度升至低于预期熔点约5℃,降低升温速率至约1℃/min。

5.1.4.6 当毛细管内没有可辨识的固体样品时(即全部液化时),读取此时温度计的读数(精确到最小刻度的十分之一),即为该样品的熔点,将其作为熔点的一个测量值。

5.1.4.7 重复5.1.4.1至5.1.4.6的步骤至少三次,取平均值,并修约至小数点后一位,得到熔点。

5.2 仪器法

5.2.1 方法原理

加热毛细管中的样品,用仪器检测到其相变过程或相变时透光率的变化而引起的电流波动,记录当时的温度,以确定熔点。

注:这种方法不适用于熔融状态下光学不透明的样品的检测。

5.2.2 仪器与设备

5.2.2.1 仪器

所用测量设备如图3所示。必要时,将利用本装置对已知熔点物质测得的结果与按照5.1法测得的值进行比较,确证二者之间无差异。

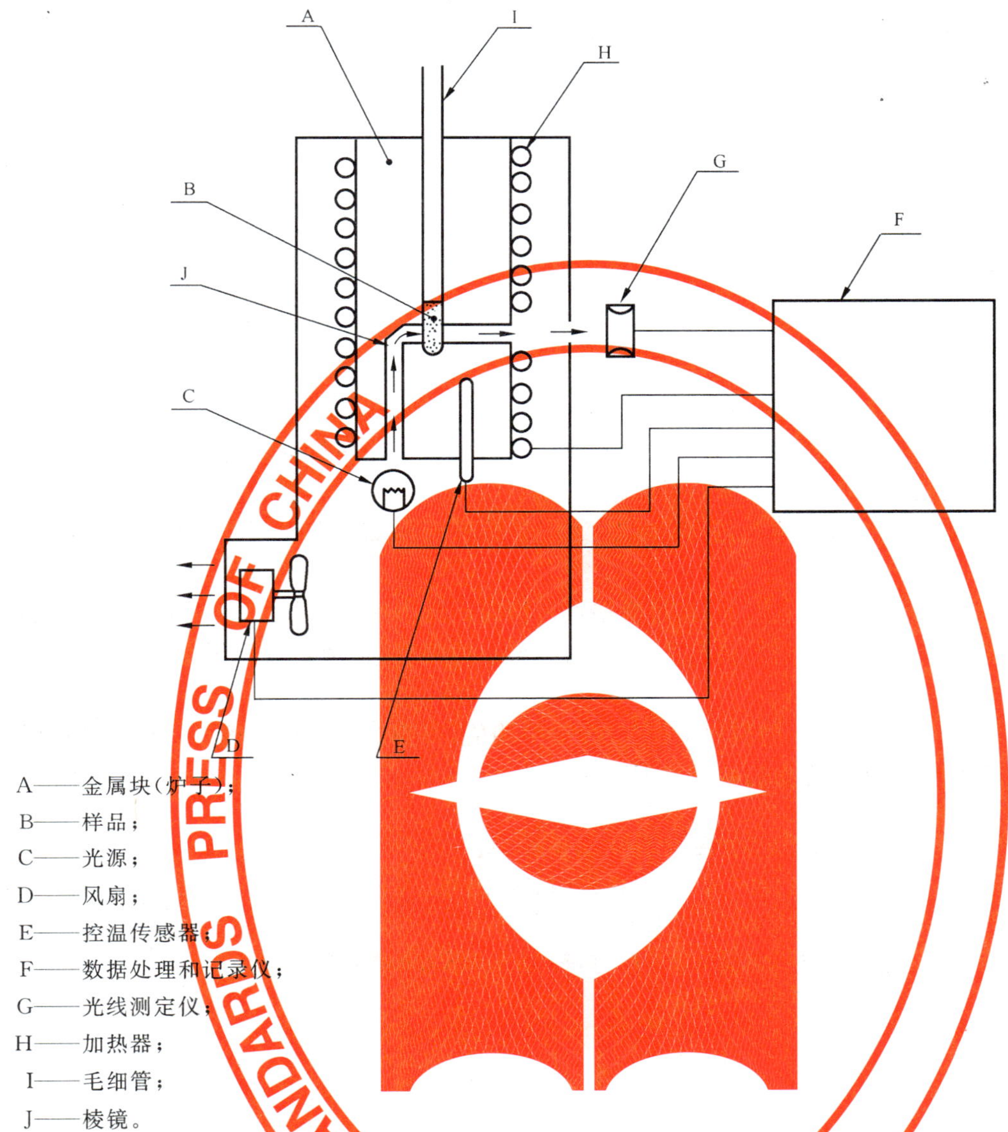

A——金属块(炉子);

B——样品;

C——光源;

D——风扇;

E——控温传感器;

F——数据处理和记录仪;

G——光线测定仪;

H——加热器;

I——毛细管;

J——棱镜。

注:测定原理——将毛细管放进金属块(炉子)里,按预先设定的升温速率加热,从光源发射的光束通过光通道射到样品。当样品熔化过程中,透过的光增加,这些用光传感器检测并转化为电压。输出的数据被送到记录仪,记录熔点曲线。

图3 自动熔点测定仪示例(仪器法)

5.2.2.2 毛细管

用硬质玻璃制成的,一端封闭的管,内径为0.8 mm～1.2 mm,壁厚为0.2 mm～0.3 mm,毛细管的长度取决于所用仪器,装好后,露出部分应为10 mm～20 mm。

5.2.2.3 干燥器

同5.1.2.8。

5.2.3 样品预处理

同5.1.3。

5.2.4 测定步骤

5.2.4.1 按5.1.4.1装样品。

5.2.4.2 设定工作条件,以约1℃/min的速率加热样品,测定熔点。

5.2.4.3 重复5.2.4.1至5.2.4.2的步骤至少三次,取平均值,并修约至小数点后一位,得到熔点。

6 熔融范围的试验方法

6.1 方法原理

熔融范围是指烧结点到全熔点的温度范围。

6.2 仪器与设备

同5.1.2。

6.3 样品预处理

同5.1.3。

6.4 测定步骤

按5.1.4.1装好样品,按以下步骤进行测定。

6.4.1 加热传热液体,使其温度缓慢升至低于预期熔化温度约10℃。

6.4.2 调整传热液体的液面与温度计的浸没线一致。插入已装填样品的毛细管,并将其固定,使毛细管中装有样品的部位紧挨温度计水银球的中部。

6.4.3 以约3℃/min速率加热传热液体,当温度升至低于预期温度约5℃时,降低加热速率至约1℃/min。

6.4.4 仔细观察样品,读出烧结点温度(经过润湿点),精确到最小刻度的十分之一,测得烧结点温度。

6.4.5 继续观察全熔点,经过塌陷点和半月点,读出全熔点的温度,精确到最小刻度的十分之一,得到测量值。

6.4.6 重复从装填样品到6.4.5的步骤至少三次,取平均值,得到烧结点和全熔点。从烧结点到全熔点的温度范围就是测得被测化合物的熔融范围。

注:当样品受热后将观察到以下五个变化过程(见图4)。

a) 润湿点 在样品和玻璃壁表面形成均匀的小液滴的阶段。

b) 烧结点 当样品开始粘结,在玻璃内壁与样品之间形成缝隙的阶段。

c) 塌陷点 样品开始塌陷并熔到毛细管底部的阶段。

d) 半月点 塌陷的样品有部分还留在液体内,液体上方形成完整的半月面的阶段。

e) 全熔点 固体样品完全液化的阶段。

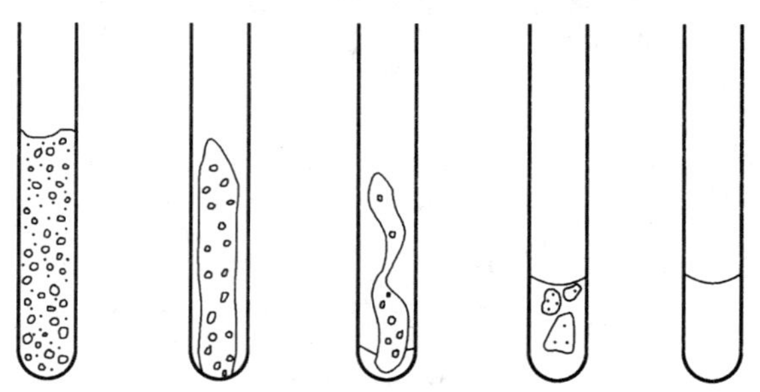

a) 润湿点 b) 烧结点 c) 塌陷点 d) 半月点 e) 全熔点

图4 受热时样品的变化过程

7 操作化学品的注意事项

操作化学品时,首先要确定产品的术语和安全性。若因产品的物理性能不够详细而不能确定产品的安全性时,先对其进行调查研究,等有充分的安全计划再进行操作。

操作法律上限制使用的有毒、有害、放射性的化学品时,应该按照相关的法律法规在提供充分的准备和计划后才进行操作。

ICS 13.300
A 80

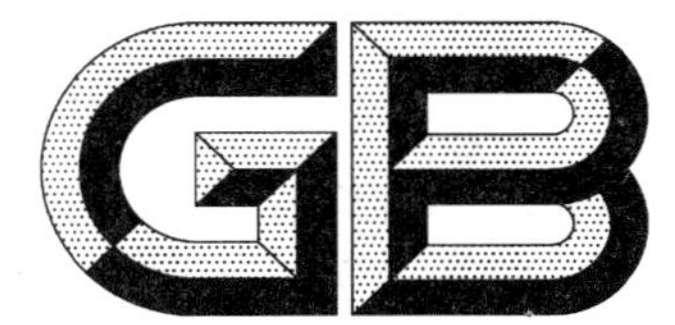

中华人民共和国国家标准

GB/T 21782.1—2008/ISO 8130-1:1992

粉末涂料
第1部分:筛分法测定粒度分布

Coating powders—
Part 1:Determination of particle size distribution by sieving

(ISO 8130-1:1992,IDT)

2008-05-12 发布　　2008-09-01 实施

中华人民共和国国家质量监督检验检疫总局
中国国家标准化管理委员会　发布

前　言

GB/T 21782《粉末涂料》分为14个部分,结构及其对应的国际标准如下:

——第1部分:筛分法测定粒度分布(ISO 8130-1:1992,IDT);

——第2部分:气体比较比重仪法测定密度(仲裁法)(ISO 8130-2:1992,IDT);

——第3部分:液体置换比重瓶法测定密度(ISO 8130-3:1992,IDT);

——第4部分:爆炸下限的计算(ISO 8130-4:1992,IDT);

——第5部分:粉末/空气混合物流动特性的测定(ISO 8130-5:1992,IDT);

——第6部分:在给定温度下热固性粉末涂料胶化时间的测定(ISO 8130-6:1992,IDT);

——第7部分:烘烤时质量损失的测定(ISO 8130-7:1992,IDT);

——第8部分:热固性粉末贮存稳定性的评定(ISO 8130-8:1994,IDT);

——第9部分:取样(ISO 8130-9:1992,IDT);

——第10部分:沉积效率的测定(ISO 8130-10:1998,IDT);

——第11部分:斜面流动性试验(ISO 8130-11:1997,IDT);

——第12部分:相容性的测定(ISO 8130-12:1998,IDT);

——第13部分:激光衍射法分析粒径(ISO 8130-13:2001,IDT);

——第14部分:术语(ISO 8130-14:2004,IDT)。

本部分为GB/T 21782的第1部分。

本部分等同采用ISO 8130-1:1992《粉末涂料　第1部分:筛分法测定粒度分布》(英文版)。

本部分第2章引用的GB/T 6005—1997是等效采用国际标准ISO 565:1990,所引用部分无技术性差异。

本部分的附录A是资料性附录。

本部分由全国危险化学品管理标准化技术委员会(SAC/TC 251)提出并归口。

本部分起草单位:广东出入境检验检疫局、中化建常州涂料化工研究院、海洋化工研究院、中化化工标准化研究所、湖北出入境检验检疫局。

本部分主要起草人:李政军、萧达辉、张君玺、周明辉、赵泉、翟翠萍、张震坤、沈苏江、钱叶苗、郭坚、黎庆翔。

本部分为首次发布。

粉末涂料
第1部分:筛分法测定粒度分布

1 范围

GB/T 21782的本部分规定了以筛分法测定粉末涂料粒度分布的方法。本方法可以区分32 μm～300 μm范围内的粒子大小。

本方法也可以作为一种简化的操作步骤使用,即仅用单个筛子进行筛余物(通过/不通过)试验。

2 规范性引用文件

下列文件中的条款通过GB/T 21782的本部分的引用而成为本部分的条款。凡是注日期的引用文件,其随后所有的修改单(不包括勘误的内容)或修订版均不适用于本部分,然而,鼓励根据本部分达成协议的各方研究是否可使用这些文件的最新版本。凡是不注日期的引用文件,其最新版本适用于本部分。

GB/T 3186—2006 色漆、清漆和色漆与清漆用原材料 取样(ISO 15528:2000,IDT)

GB/T 6005—1997 试验筛 金属丝编织网、穿孔板和电成型薄板 筛孔的基本尺寸(eqv ISO 565:1990)

3 仪器

3.1 试验筛:一个直径为200 mm筛面的圆筒。

试验筛的筛壁和筛网应是金属的。筛孔的孔径范围应是在32 μm～300 μm之间,并且符合GB/T 6005—1997(参见附录A)的要求。试验筛应有透明盖。

筛孔的选择将取决于实际情况。如果知道样品的粒度分布情况,则只须使用与粒度范围相适应的试验筛。对于特定目的,也允许用约定方式选择试验筛以获得充分数据,这由有关双方商定。

3.2 气流筛装置(见图1):由带有试验筛(3.1)的圆柱形筒体构成。

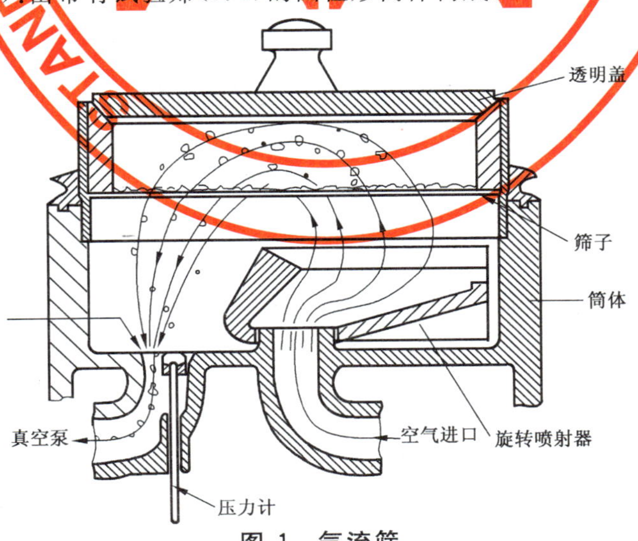

图1 气流筛

在筒体的底部(连接排风扇)应有一个出口和一个进口,以便气流进出。空气入口处与一个转速为20 r/min～25 r/min的喷气装置连接,由尖锐缝隙状喷嘴构成,此进出口应紧靠筛网纵向安装在筛网底部。当喷气装置转动时,气流从下面连续地穿过筛网,以防粉末涂料粒子堵塞试验筛。气流通过出口排出,将更小的颗粒通过筛子带走。

气流可以通过调节出口处的缝隙加以控制。

3.3 计时器(如秒表):可记录至 1 s 或更少时间,可以在气筛与电动机间连接一个断路开关。

3.4 天平:精确至 0.01 g。

3.5 木锤:带塑料头的轻质结构的木锤,适用于敲落附在装置上的粉末。

3.6 放大镜:至少有 5 倍放大效果。

3.7 超声波清洗槽。

4 采样

按 GB/T 3186—2006 中的规定抽取试验产品的代表性样品。

5 试验筛的准备

5.1 用放大镜(3.6)检查试验筛是否清洁、是否有破损,而且不应被前次测定的物料堵塞。

5.2 如果需要清洗试验筛,则使用超声波清洗槽(3.7)清洗。

6 操作步骤

进行双份平行试验。

6.1 将带透明盖的试验筛(3.1)称重,精确至 0.01 g。

6.2 称取 20 g 待筛物料,精确至 0.01 g(如果所用的待筛物料筛孔径小于 90 μm,则称取 10 g 待筛物料)。

6.3 确保所选的试验筛固定在气流筛装置(3.2)上,并将待筛物料转移至试验筛上。将透明盖盖好,降低体系的压力至 2 kPa±0.3 kPa,并开始转动喷嘴。除非另有规定,否则操作该仪器时间为 300 s±15 s。

如果能证明超细粉末在 180 s±15 s 内通过试验筛,则允许使用这种较短的过筛时间,并将此过筛时间在试验报告注明。如果有物料黏附在筛壁或透明盖上,要用木锤(3.5)轻轻敲打,打落黏附的粉末。

注:如果过筛极细物料遇到困难时,可向待筛物料中加入 0.2%(以待筛物料的原称样品质量计)合适的极细的助筛剂(煅烧过的硅石或矾土)帮助过筛。由于补加材料会通过筛子,因此不需对其质量加以校正。

6.4 试验结束时,让空气压力慢慢地与室内压力达到平衡。取下盖子,将带有筛余物的试验筛一起称重精确至 0.01 g。

6.5 为了确定粒度重量分布,先测得所选定的最小孔径试验筛筛余物的质量。然后按照试验筛的孔径大小,在一定范围内(见 3.1),从小到大选用试验筛,新的待筛物料按操作步骤 6.1 到 6.4 进行重复测定。

7 结果的表示

按式(1)计算每个试验筛上的筛余物,以质量分数 w(%)表示:

$$w = \frac{(m_2 - m_0)}{m_1} \times 100 \qquad \cdots\cdots(1)$$

式中:

m_0——试验筛和透明盖的质量,单位为克(g);

m_1——待筛物料的质量,单位为克(g);

m_2——过筛后试验筛、透明盖和筛余物质量,单位为克(g)。

如果两次测定差值大于 3%(绝对值),按第 6 章规定重新操作。

计算两次有效测定的平均值,并以最接近的整数报告结果。用不同尺寸的试验筛进行一系列测定所得结果,可以以表格形式或以图表形式做出报告。

注:用图表示结果时,建议用 Rosin-Rammler-Sperling-Bennett(RRSB 图)来绘制数据。对于过低或过高的粒子尺寸采用外推法会导致可疑的结果。(RRSB 是粒度分布统计方法之一,在粒度分布分析各种技术文件中可找到更详细的信息)。

8 精密度

尚未得到精密度数据。

9 试验报告

试验报告至少应包括以下内容:

a) 识别受试产品必要的全部详细资料;

b) 注明本部分编号;

c) 每个试验筛的结果;

d) 与规定试验方法的任何不同之处;

e) 试验日期。

附　录　A
（资料性附录）
试验筛的筛网孔径尺寸

试验筛的筛网孔径尺寸见表 A.1(引自 GB/T 6005—1997)。

表 A.1　试验筛的筛网孔径尺寸

筛网孔径/μm
R 40/3 系列
300
250
212
180
150
125
106
90
75
63
53
45
36
32

ICS 13.300
A 80

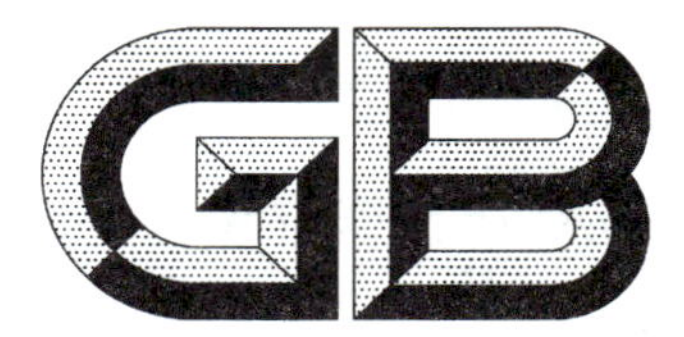

中华人民共和国国家标准

GB/T 21782.2—2008/ISO 8130-2:1992

粉末涂料 第2部分:气体比较比重仪法测定密度(仲裁法)

Coating powders—
Part 2: Determination of density by gas comparison pyknometer (referee method)

(ISO 8130-2:1992, IDT)

2008-05-12 发布 2008-09-01 实施

中华人民共和国国家质量监督检验检疫总局
中国国家标准化管理委员会 发布

前　言

GB/T 21782《粉末涂料》分为14个部分，结构及其对应的国际标准如下：

——第1部分：筛分法测定粒度分布(ISO 8130-1:1992,IDT)；

——第2部分：气体比较比重仪法测定密度(仲裁法)(ISO 8130-2:1992,IDT)；

——第3部分：液体置换比重瓶法测定密度(ISO 8130-3:1992,IDT)；

——第4部分：爆炸下限的计算(ISO 8130-4:1992,IDT)；

——第5部分：粉末/空气混合物流动特性的测定(ISO 8130-5:1992,IDT)；

——第6部分：在给定温度下热固性粉末涂料胶化时间的测定(ISO 8130-6:1992,IDT)；

——第7部分：烘烤时质量损失的测定(ISO 8130-7:1992,IDT)；

——第8部分：热固性粉末贮存稳定性的评定(ISO 8130-8:1994,IDT)；

——第9部分：取样(ISO 8130-9:1992,IDT)；

——第10部分：沉积效率的测定(ISO 8130-10:1998,IDT)；

——第11部分：斜面流动性试验(ISO 8130-11:1997,IDT)；

——第12部分：相容性的测定(ISO 8130-12:1998,IDT)；

——第13部分：激光衍射法分析粒径(ISO 8130-13:2001,IDT)；

——第14部分：术语(ISO 8130-14:2004,IDT)。

本部分为GB/T 21782的第2部分。

本部分等同采用ISO 8130-2:1992《粉末涂料　第2部分：气体比较比重仪法测定密度(仲裁法)》(英文版)。

为便于使用，对ISO 8130-2:1992本部分做的主要编辑性修改为：

——用“GB/T 3186—2006 色漆、清漆和色漆与清漆用原材料　取样(ISO 15528:2000,IDT)”代替“ISO 842:1984 色漆与清漆用原材料　取样”(ISO 842:1984已作废，被ISO 15528:2000代替)；

——在规范性引用文件中增加引用GB/T 21782.3—2008；

——用小数点“.”代替作为小数点的逗号“,”；

——删除国际标准的前言。

本部分由全国危险化学品管理标准化技术委员会(SAC/TC 251)提出并归口。

本部分起草单位：广东出入境检验检疫局、中化建常州涂料化工研究院、海洋化工研究院、中化化工标准化研究所、湖北出入境检验检疫局。

本部分主要起草人：陈谷峰、沈文洁、陈强、周玮、翟翠萍、郑建国、梁美琼、沈苏江、钱叶苗、崔海容、黎庆翔。

本部分为首次发布。

粉末涂料
第2部分:气体比较比重仪法测定密度
(仲裁法)

1 范围

GB/T 21782 的本部分规定了用气体比较比重仪来测定粉末涂料密度的方法。本方法适用于所有类型的粉末涂料,试验很简单,但与常用于测试密度的方法相比,本法要求的仪器复杂。

粉末涂料的密度也可以用 GB/T 21782.3—2008 中所述的液体置换比重瓶法测定。该法仪器相对简单,但液体置换比重瓶法容易得到错误的结果。尤其是以下两种情况:一是出现所用的置换液体接触粉末涂料后,使粉末涂料溶胀;二是置换液体不能全部置换掉粉末涂料粒子之间的空气。液体置换比重瓶法的测定速度较慢、准确性低,只有它能得到与气体比较比重仪法相同结果时才能被采用。

2 规范性引用文件

下列文件中的条款通过 GB/T 21782 的本部分的引用而成为本部分的条款。凡是注日期的引用文件,其随后所有的修改单(不包括勘误的内容)或修订版均不适用于本部分,然而,鼓励根据本部分达成协议的各方研究是否可使用这些文件的最新版本。凡是不注日期的引用文件,其最新版本适用于本部分。

GB/T 3186—2006 色漆、清漆和色漆与清漆用原材料 取样(ISO 15528:2000,IDT)

GB/T 21782.3—2008 粉末涂料 第3部分:液体置换比重瓶法测定密度(ISO 8130-3:1992,IDT)

3 原理

当把试样加入到测定容器时,由测定容器中被置换的气体体积来测算出已称重试样的体积。平衡由气体置换所致的压差,以此获得被置换的气体体积。然后由试样的质量和体积计算密度。

4 材料

4.1 空气

如有要求,使用氦气,钢瓶中贮存,工业级。

如果试验产品不受影响,而且试验报告中注明了方法的偏差,则可使用其他气体。

5 仪器

5.1 气体比较比重仪

用于手工或自动测定密度,应符合下列要求。

用空气作为介质的典型气体比较比重仪基本设计如图1所示。它是由两个带有完全相等尺寸的活塞汽缸(A 和 B)组成。汽缸间由阀门及压差计相连接。装在 50 mL 烧杯中的试样置于汽缸 B 中。两个活塞以等量程运动,其结果是汽缸 A 和 B 之间形成压差。然后移动汽缸 B 中的测量活塞,重新获得等压。从刻度尺读出由此产生的体积变化,即为试样体积。

测得的汽缸换气容量应证明在 0.5%(相对值)范围内是相等的。标尺上表示测得的体积间隔应不大于测量体积的 1%。标尺校正应通过在仪器中放置一种已知体积且有示踪能力的参照标准来进行。

进行例行校正时，只需使用两种不同容积的参照标准；但在进行初始校正时，为了确定标尺在它的整个刻度范围内具有线性关系，至少需要用 5 个不同体积的参照标准。

注：已有多个厂商能提供合适的气体比较比重仪。

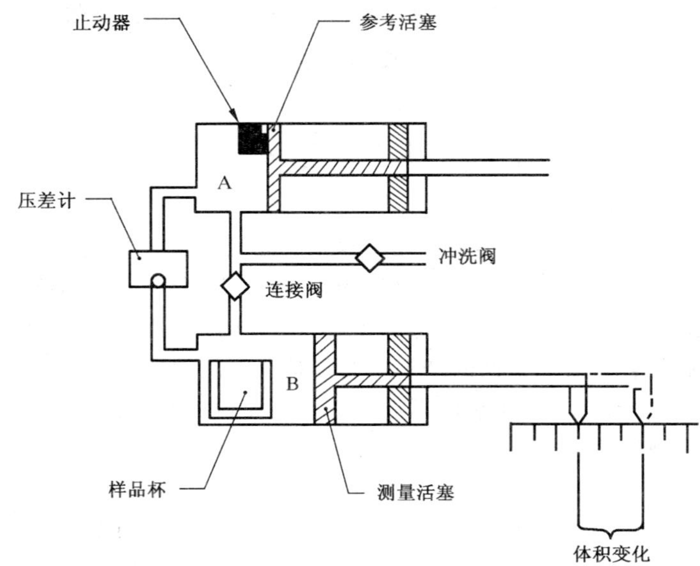

图 1　气体比较比重仪的结构示意图

6　取样

按 GB/T 3186—2006 中的规定抽取试验产品的代表性样品。

7　操作步骤

应在 23℃±1℃及 50%±5%的相对湿度条件下进行平行测定。

按厂家说明书调节仪器，尤其要考虑到烧杯的体积，检查仪器以保证仪器无泄漏。

称量盛样品的空烧杯，精确至 1 mg。将试验产品装满烧杯，并确保没有粉末沾在烧杯的外壁。称量盛样品的烧杯，精确至 1 mg，得到试样的质量(m)。

将装有样品的烧杯置于仪器中，按厂家提供的说明书测定试样的体积。为了保证读数的一致性，重复测定体积，并计算两次体积的平均值(V)。

注：如果气体是干燥的，由于试验部分的干燥，可以观察到密度的微小变化。如果两次读数的差值大于 2%，则舍弃结果。

8　结果的表示

用式(1)计算 23℃粉末涂料的密度 ρ_P，以 g/mL 表示：

$$\rho_P = \frac{m}{V} \qquad \cdots\cdots(1)$$

式中：

m——试样质量，单位为克(g)；

V——试样体积，单位为毫升(mL)。

如果两次测定的差值大于 0.04 g/mL，则按操作步骤所述操作重新测定。

计算两次有效测定的平均值，并报告结果精确至 0.01 g/mL。

9 精密度

尚未得到精密度数据。

10 试验报告

试验报告至少应包括以下内容：

a) 识别受试产品所必需的全部详细资料；
b) 注明本部分编号；
c) 气体比较比重仪的型号和所用气体；
d) 试验结果(每一个平行试验值及平均值)；
e) 与规定的试验方法存在的任何不同之处；
f) 试验日期。

ICS 13.300
A 80

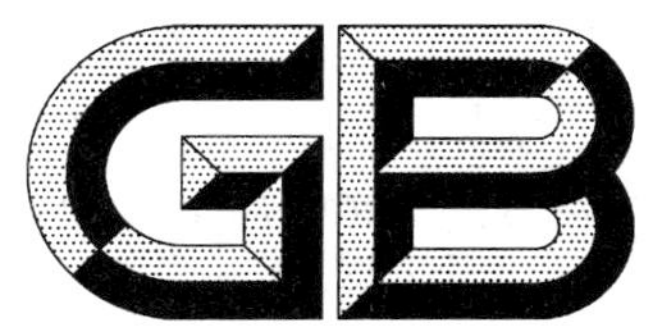

中华人民共和国国家标准

GB/T 21782.3—2008/ISO 8130-3:1992

粉末涂料
第3部分:液体置换比重瓶法测定密度

Coating powders—
Part 3:Determination of density by liquid displacement pyknometer

(ISO 8130-3:1992,IDT)

2008-05-12 发布 2008-09-01 实施

中华人民共和国国家质量监督检验检疫总局
中国国家标准化管理委员会 发布

前　言

GB/T 21782《粉末涂料》分为14个部分,结构及其对应的国际标准如下:

——第1部分:筛分法测定粒度分布(ISO 8130-1:1992,IDT);

——第2部分:气体比较比重仪法测定密度(仲裁法)(ISO 8130-2:1992,IDT);

——第3部分:液体置换比重瓶法测定密度(ISO 8130-3:1992,IDT);

——第4部分:爆炸下限的计算(ISO 8130-4:1992,IDT);

——第5部分:粉末/空气混合物流动特性的测定(ISO 8130-5:1992,IDT);

——第6部分:在给定温度下热固性粉末涂料胶化时间的测定(ISO 8130-6:1992,IDT);

——第7部分:烘烤时质量损失的测定(ISO 8130-7:1992,IDT);

——第8部分:热固性粉末贮存稳定性的评定(ISO 8130-8:1994,IDT);

——第9部分:取样(ISO 8130-9:1992,IDT);

——第10部分:沉积效率的测定(ISO 8130-10:1998,IDT);

——第11部分:斜面流动性试验(ISO 8130-11:1997,IDT);

——第12部分:相容性的测定(ISO 8130-12:1998,IDT);

——第13部分:激光衍射法分析粒径(ISO 8130-13:2001,IDT);

——第14部分:术语(ISO 8130-14:2004,IDT)。

本部分为GB/T 21782的第3部分。

本部分等同采用ISO 8130-3:1992《粉末涂料　第3部分:液体置换比重瓶法测定密度》(英文版)。

为便于使用,本部分做了下列编辑性修改:

——用"GB/T 3186—2006 色漆、清漆和色漆与清漆用原材料　取样(ISO 15528:2000,IDT)"代替"ISO 842:1984 色漆与清漆用原材料　取样"(ISO 842:1984已作废,被ISO 15528:2000代替);

——用"ISO 787-10:1993"代替"ISO 787-10:1981";

——用小数点"."代替作为小数点的逗号",";

——删除国际标准的前言。

本部分由全国危险化学品管理标准化技术委员会(SAC/TC 251)提出并归口。

本部分起草单位:广东出入境检验检疫局、中化建常州涂料化工研究院、海洋化工研究院、中化化工标准化研究所、湖北出入境检验检疫局、中国标准化研究院。

本部分主要起草人:梁美琼、林宏雄、梅建、沈文洁、陈强、陈谷峰、彭速标、沈苏江、毛蕾蕾、王帆、黎庆翔。

本部分为首次发布。

粉末涂料
第3部分:液体置换比重瓶法测定密度

1 范围

GB/T 21782的本部分规定了测定粉末涂料密度的液体置换比重瓶法。本方法是基于对试料的质量和体积的测定。

本方法指定的设备相对便宜,但是液体置换比重瓶法可能会给出不正确的结果,尤其是在粉末随着置换液体而膨胀时,或者置换的液体没有完全置换粉末微粒中的空气时。液体置换方法使用时较慢,比GB/T 21782.2—2008《气体比较比重仪法测定密度(仲裁法)》更不准确,而且在证实能与气体比较比重仪法得出同样结果的时候才使用本方法。

2 规范性引用文件

下列文件中的条款通过GB/T 21782的本部分的引用而成为本部分的条款。凡是注日期的引用文件,其随后所有的修改单(不包括勘误的内容)或修订版均不适用于本部分,然而,鼓励根据本部分达成协议的各方研究是否可使用这些文件的最新版本。凡是不注日期的引用文件,其最新版本适用于本部分。

GB/T 3186—2006 色漆、清漆和色漆与清漆用原材料 取样(ISO 15528:2000,IDT)

GB/T 21782.2—2008 粉末涂料 第2部分:气体比较比重仪法测定密度(仲裁法)(ISO 8130-2:1992,IDT)

ISO 787-10:1993 颜料和填充剂的一般试验方法 第10部分:密度的测定 比重瓶法

ISO 3696:1987 分析实验室用水 规范和试验方法

3 原理

采用液体置换比重瓶法(比重瓶符合ISO 787-10:1993规定)测定粉末涂料的密度,所用的液体应能完全湿润试样,并且不使试样溶胀或溶解。

4 材料

4.1 水

新蒸馏并冷却过的,其技术指标至少应符合ISO 3696:1987规定的三级水。

4.2 置换液体

不含芳香族化合物的脂肪烃或脂肪烃的混合物,沸点范围为80℃~140℃。在许多实例中发现正庚烷适用于测定热固性粉末涂料的密度,但是,若正庚烷与试样或其中某成分能发生作用,则应采用其他适合的液体。

4.3 丙酮

分析纯。

5 仪器

5.1 比重瓶

应符合ISO 787-10:1993规定。

5.2 真空泵

连接橡胶耐压管。

5.3 天平

量程 200 g，精确至 1 mg。

6 取样

按 GB/T 3186—2006 中的规定抽取试验产品的代表性样品。

7 操作步骤

在 23℃±0.5℃温度下重复测定两次，精确至 1 mg。

7.1 置换液体密度的测定

先称量干净的空比重瓶(5.1)，加入置换液体(4.2)达到刻度处，再称重，倒空比重瓶，用丙酮(4.3)分三次清洗，并在真空中干燥，重新将水(4.1)倒入比重瓶中，再称重。

用式(1)计算 23℃时置换液体的密度 ρ_1，以 g/mL 表示：

$$\rho_1 = \frac{m_1 - m_0}{m_2 - m_0} \times \rho_0 \qquad \cdots\cdots(1)$$

式中：

m_0——空比重瓶的质量，单位为克(g)；

m_1——装有置换液的比重瓶的质量，单位为克(g)；

m_2——装有水的比重瓶的质量，单位为克(g)；

ρ_0——水的密度，单位为克每毫升(g/mL)。(在本方法条件下，可采用 23℃时水的密度为 0.998 g/mL)。

7.2 测定粉末涂料的密度

倒空比重瓶，用丙酮清洗三次，并在真空下干燥，将 3 g～4 g 试料放入比重瓶中并称重。加入足够的置换液体以润湿试料，并使液体盖过试样。将比重瓶的出口与真空泵的耐压管(5.2)相连。减少比重瓶内压力至 1.2 kPa，同时振动它，直到再没有气体从粉末/液体混合物中溢出，小心地使比重瓶的压力上升到与大气压一致，然后将置换液体装入比重瓶至刻度。注意不要搅动沉降的粉末，充液时要仔细，以避免粉末滞留在比重瓶的颈口处，重新称量满载的比重瓶的质量。

8 结果的表示

8.1 计算

按式(2)计算 23℃时粉末涂料的密度 ρ_p，以 g/mL 表示：

$$\rho_p = \frac{m_3 - m_0}{(m_1 - m_0) - (m_4 - m_3)} \times \rho_1 \qquad \cdots\cdots(2)$$

式中：

m_0——比重瓶的质量，单位为克(g)；

m_1——比重瓶加置换液的质量，单位为克(g)；

m_3——比重瓶加试样的质量，单位为克(g)；

m_4——比重瓶加试样和置换液的质量，单位为克(g)；

ρ_1——在 23℃时置换液体的密度，单位为克每毫升(g/mL)。

如果两次测量结果相差大于 0.04 g/mL，则按(7.2)重新测定。计算两次有效测定的平均值，结果保留至小数点后两位。

8.2 精密度

目前只有有限的精密度数据,作为惯例,再现性可定为 0.05 g/mL。

9 试验报告

试验报告至少应包括以下内容:

a) 识别受试产品所必需的全部详细资料;

b) 注明本部分编号;

c) 比重瓶的类型和所使用的置换液体;

d) 试验结果(每次试验的数据和平均值);

e) 与规定的试验方法存在的任何不同之处;

f) 试验日期。

ICS 13.300
A 80

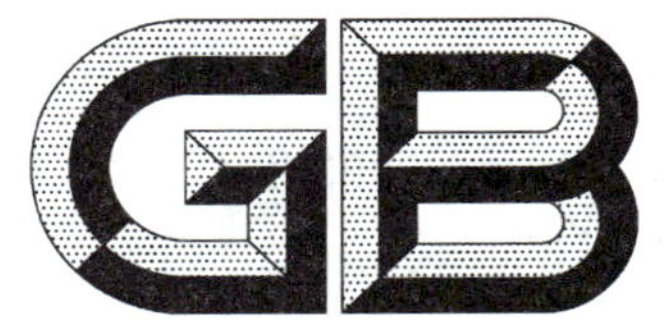

中华人民共和国国家标准

GB/T 21782.4—2008/ISO 8130-4:1992

粉末涂料 第4部分:爆炸下限的计算

Coating powders—Part 4:Calculation of lower explosion limit

(ISO 8130-4:1992,IDT)

2008-05-12 发布

2008-09-01 实施

中华人民共和国国家质量监督检验检疫总局
中国国家标准化管理委员会 发布

前　言

GB/T 21782《粉末涂料》分为14个部分,结构及其对应的国际标准如下:

——第1部分:筛分法测定粒度分布(ISO 8130-1:1992,IDT);

——第2部分:气体比较比重仪法测定密度(仲裁法)(ISO 8130-2:1992,IDT);

——第3部分:液体置换比重瓶法测定密度(ISO 8130-3:1992,IDT);

——第4部分:爆炸下限的计算(ISO 8130-4:1992,IDT);

——第5部分:粉末/空气混合物流动特性的测定(ISO 8130-5:1992,IDT);

——第6部分:在给定温度下热固性粉末涂料胶化时间的测定(ISO 8130-6:1992,IDT);

——第7部分:烘烤时质量损失的测定(ISO 8130-7:1992,IDT);

——第8部分:热固性粉末贮存稳定性的评定(ISO 8130-8:1994,IDT);

——第9部分:取样(ISO 8130-9:1992,IDT);

——第10部分:沉积效率的测定(ISO 8130-10:1998,IDT);

——第11部分:斜面流动性试验(ISO 8130-11:1997,IDT);

——第12部分:相容性的测定(ISO 8130-12:1998,IDT);

——第13部分:激光衍射法分析粒径(ISO 8130-13:2001,IDT);

——第14部分:术语(ISO 8130-14:2004,IDT)。

本部分为GB/T 21782的第4部分。

本部分等同采用国际标准ISO 8130-4:1992《粉末涂料　第4部分:爆炸下限的计算》(英文版),包括其技术勘误ISO 8130-4:1992 TECHNICAL CORRIGENDUM 1。

本部分与ISO 8130-4:1992相比做了下列编辑性修改:

——用"GB/T 3186—2006　色漆、清漆和色漆与清漆用原材料　取样(ISO 15528:2000,IDT)"代替"ISO 842:1984　色漆与清漆用原材料　取样"(ISO 842:1984已作废,被ISO 15528:2000代替);

——用小数点"."代替作为小数点的逗号",";

——删除国际标准的前言。

本部分由全国危险化学品管理标准化技术委员会(SAC/TC 251)提出并归口。

本部分主要起草单位:广东出入境检验检疫局、中化建常州涂料化工研究院、海洋化工研究院、中化化工标准化研究所、湖北出入境检验检疫局。

本部分主要起草人:莫蔓、刘健斌、李政军、王晓兵、钟志光、翟翠萍、彭速标、沈苏江、毛蕾蕾、林雁飞、黎庆翔。

本部分为首次发布。

粉末涂料
第4部分:爆炸下限的计算

1 范围

GB/T 21782的本部分规定了粉末涂料爆炸下限的一种计算方法,即粉末涂料的粉尘在空气中能形成一种爆炸混合物的最低浓度。计算时,需基于ISO 1928:1995所测得的产品总热值,或基于产品各组分的总热值。

为了获得可靠的测量数据,就需要一种专门仪器来测定空气中可燃粉尘的爆炸指数,此方法在ISO 6184-1:1985中有描述。但这种仪器不易获得,并且该方法非常复杂,不仅要具备专业知识,而且费用也比较大。经验表明,该计算方法得出的爆炸下限应用在涂料作业场所时还是令人满意的。

注1:若是一种像聚氯乙烯类那样的不燃粉末涂料,该方法仍然能得到一个在空气中的爆炸下限值。因此,可以有效地避免对任何爆炸危险的低估。

注2:用于本部分的计算方法基于下列假设:

a) 材料应是一种分子分散体;

b) 应是能完全燃烧的材料,并且能达到最高的氧化状态;

c) 反应应属于绝热型的;

d) 在空气中达到最低爆炸浓度时,组分的燃烧温度为1 000℃。

2 规范性引用文件

下列文件中的条款通过GB/T 21782的本部分的引用而成为本部分的条款。凡是注日期的引用文件,其随后所有的修改单(不包括勘误的内容)或修订版均不适用于本部分,然而,鼓励根据本部分达成协议的各方研究是否可使用这些文件的最新版本。凡是不注日期的引用文件,其最新版本适用于本部分。

GB/T 3186—2006 色漆、清漆和色漆与清漆用原材料 取样(ISO 15528:2000,IDT)

ISO 1928:1995 固体矿物燃料 用弹式量热计测定总热值并计算净热值

ISO 6184-1:1985 抑爆系统 第一部分:空气中可燃粉尘爆炸指数的测定

3 术语和定义

下列术语和定义适用于本部分。

3.1

爆炸下限 lower explosion limit

爆炸下限是指在粉末涂料和空气的混合物中,粉末涂料的浓度低于某个值时,不会发生火焰自蔓延爆炸。这个浓度即"爆炸下限",以克每立方米表示。

4 采样

按照GB/T 3186—2006中的规定抽取试验产品的代表性样品。

5 总热值的测定

可按照ISO 1928:1995中所述的方法测定试验产品的总热值 H_0,或者按照本部分第6章的要求,计算产品可燃组分总热值的总和。

6 爆炸下限的计算

计算试验产品的总热值 H_0：

每种可燃性组分的总热值乘以 1 g 产品中该组分的质量分数，并求总和。

由式(1)得到数值 H_0：

$$H_0 = \sum_{i=1}^{n} c_i H_i \qquad (1)$$

式中：

n——可燃性组分的数目；

c_i——第 i 组分的质量分数；

H_i——第 i 组分的总热值，单位为焦耳每克(J/g)。

用式(2)计算出爆炸下限 C：

$$C = \mathrm{A} + \frac{\mathrm{B}}{H_0} \qquad (2)$$

式中：

C——空气中粉末涂料爆炸的最低浓度，单位为克每立方米(g/m^3)；

A——常数，等于 $-2.5\ g/m^3$；

B——常数，等于 $1.24\times10^6\ J/m^3$；

H_0——粉末涂料的总热值，单位为焦耳每克(J/g)。

报告结果保留至整数位。

7 试验报告

试验报告至少包括以下信息：

a) 识别受试产品必要的全部详细资料；

b) 注明本部分编号；

c) 第 6 章规定的试验结果；

d) 与规定的试验方法存在的任何不同之处；

e) 试验日期。

ICS 13.300
A 80

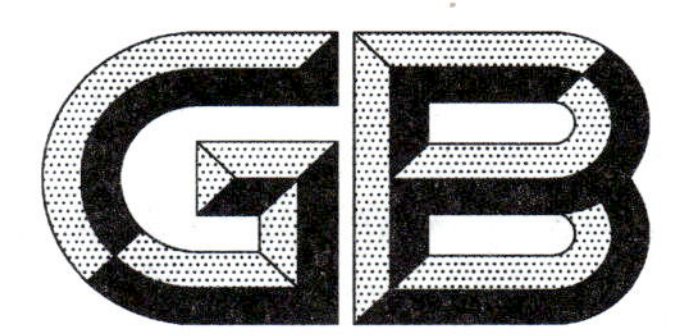

中华人民共和国国家标准

GB/T 21782.7—2008/ISO 8130-7:1992
代替 GB/T 16592—1996

粉末涂料
第7部分:烘烤时质量损失的测定法

Coating powders—
Part 7:Determination of loss of mass on stoving

(ISO 8130-7:1992,IDT)

2008-06-19 发布 2009-02-01 实施

中华人民共和国国家质量监督检验检疫总局
中国国家标准化管理委员会 发布

前言

GB/T 21782《粉末涂料》由14部分组成,预计结构及其对应的国际标准如下:

——第1部分:筛分法测定粒度分布(ISO 8130-1:1992,IDT);

——第2部分:气体比较比重仪法测定密度(ISO 8130-2:1992,IDT);

——第3部分:液体置换比重瓶法测定密度(ISO 8130-3:1992,IDT);

——第4部分:爆炸下限值的计算(ISO 8130-4:1992,IDT);

——第5部分:粉末/空气混合物流动特性的测定(ISO 8130-5:1992,IDT);

——第6部分:在给定温度下热固性粉末涂料胶化时间的测定(ISO 8130-6:1992,IDT);

——第7部分:烘烤时质量损失的测定(ISO 8130-7:1992,IDT);

——第8部分:热固性粉末贮存稳定性的评定(ISO 8130-8:1994,IDT);

——第9部分:取样(ISO 8130-9:1992,IDT);

——第10部分:沉积效率的测定(ISO 8130-10:1998,IDT);

——第11部分:斜面流动性试验(ISO 8130-11:1997,IDT);

——第12部分:相容性的测定(ISO 8130-12:1998,IDT);

——第13部分:激光衍射法分析粒径(ISO 8130-13:2001,IDT);

——第14部分:术语(ISO 8130-14:2004,IDT)。

本部分为GB/T 21782的第7部分。

本部分等同采用国际标准ISO 8130-7:1992《粉末涂料　第7部分:烘烤时质量损失的测定法》(英文版)。

本部分与ISO 8130-7:1992相比做了下列编辑性修改:

——用"本部分"代替"ISO 8130的本部分";

——用"GB/T 3186—2006 色漆、清漆和色漆与清漆用原材料　取样(ISO 15528:2000,IDT)"代替"ISO 842:1984 色漆与清漆用原材料　取样";

——用"GB/T 3186—2006"代替"ISO 842";

——用小数点"."代替作为小数点的逗号",";

——删除国际标准的前言。

本部分代替GB/T 16592—1996《粉末涂料　烘烤时质量损失的测定》。

本部分与GB/T 16592—1996相比主要变化如下:

——在前言中增加"本部分的附录A是规范性附录。"以及关于GB/T 21782系列标准结构的内容;

——用"GB/T 3186—2006"代替"ISO 842:1984";

——删除了附录B;

——按GB/T 1.1—2000要求进行编写,修改了部分条款的表述方式。

本部分的附录A是规范性附录。

本部分由全国涂料和颜料标准化技术委员会(SAC/TC 5)归口。

本部分主要起草单位:广东出入境检验检疫局、中化建常州涂料化工研究院、海洋化工研究院、中化化工标准化研究所、湖北出入境检验检疫局。

本部分主要起草人:陈强、翟翠萍、莫蔓、周玮、陈谷峰、郑建国、彭速标、赵玲、崔海容、王桂荣、黎庆翔。

本部分所代替标准的历次版本发布情况为:GB/T 16592—1996。

粉末涂料
第7部分:烘烤时质量损失的测定法

1 范围

本部分规定了通过静电喷涂施涂于底材上的粉末涂料烘烤时质量损失的测定方法。

注1:本部分所叙述的方法是简便而实用的试验方法,该方法对于烘烤时质量损失约2%(质量分数)以内的粉末涂料能给出足够精确的结果。超过这个范围时,精密度随着质量损失的增加而降低。

注2:受试产品中的水分会包括在计算结果中。

2 规范性引用文件

下列文件中的条款通过GB/T 21782的本部分的引用而成为本部分的条款。凡是注日期的引用文件,其随后所有的修改单(不包括勘误的内容)或修订版均不适用于本部分,然而,鼓励根据本部分达成协议的各方研究是否可使用这些文件的最新版本。凡是不注日期的引用文件,其最新版本适用于本部分。

GB/T 3186—2006 色漆、清漆和色漆与清漆用原材料 取样(ISO 15528:2000,IDT)

3 必要的补充信息

对于具体应用来说,本部分所规定的试验方法需要补充完整性信息。在附录A中给出了补充信息的项目。

4 仪器

普通的实验室仪器和以下仪器:

4.1 平底皿

马口铁或铝制,直径约75 mm。皿的尺寸要求不是很严格,但皿的底部应是平的,以保证良好的热接触效果并且使粉末涂料的试验份样可以铺展成均匀的薄层(粉末的厚度对试验结果可产生显著的影响)。

4.2 空气循环烘箱

能恒温至250℃。烘箱的类型应在试验报告中说明,因为烘箱的设计能影响试验结果。

4.3 分析天平

精确至0.1 mg。

4.4 干燥器

装有干燥剂,如掺有氯化钴的干燥硅胶。

5 取样

按GB/T 3186—2006的规定抽取试验产品的代表性样品。

6 操作步骤

用两份样品进行平行试验。

6.1 试样

将平底皿(4.1)放入规定或商定的试验温度(见附录A)下的烘箱(4.2)中,放置15 min,取出置于干燥器中冷却至室温。称量平底皿，精确至0.1 mg。然后以同样的精度，用平底皿称取0.50 g±0.05 g试样(m_0)。用镊子夹住平底皿，缓缓晃动，使试样在皿的底部均匀地铺开。

注：0.5 g试样在直径75 mm平底皿中能铺成大约60 μm厚的薄层。

6.2 测定

按规定或商定的温度和时间(见附录A)进行烘烤。

将盛有试样(6.1)的平底皿放入预先调节至适当温度的烘箱(4.2)中，放置规定或商定的时间。为帮助得到快速热传导的效果，将平底皿放置在烘箱内烘烤温度下的金属板之上。

加热时间完成时，将平底皿转至干燥器中，冷却至室温。称量平底皿和烘过的试样，准确至0.1 mg，得到烘烤后样品质量(m_1)。

注：在粉末熔融之前，烘箱中的粉末可能被空气循环烘箱的风扇吹出皿外。因此，建议在测试开始的短时间内关闭风扇。

7 结果的表示

按式(1)计算烘烤时质量损失(w)，以质量分数(%)表示：

$$w = \frac{m_0 - m_1}{m_0} \times 100 \qquad (1)$$

式中：

m_0——烘烤前试样质量，单位为克(g)；

m_1——烘烤后试样质量，单位为克(g)。

如果两个平行试验结果的绝对差值大于0.2%，则应按第6章所述方法重新进行试验。

计算两次有效测定的平均值。

8 精密度

目前无精密度数据。

9 试验报告

试验报告至少包括下列内容：

a) 识别受试产品所必需的全部详细资料；

b) 注明本部分编号；

c) 按照附录A提供补充信息；

d) 所用烘箱的类型；

e) 试验结果(单次测定值与平均值)；

f) 与规定的试验方法存在的任何不同之处；

g) 试验日期。

附　录　A
（规范性附录）
必要的补充信息

按本方法进行试验应提供本附录中列出的补充信息内容。

所需信息最好经相关方达成协议，并且可以（部分或全部）得自某个国际或国家标准或与受试产品有关的其他文件。

a）　烘烤温度；

b）　烘烤时间。

ICS 13.300
A 80

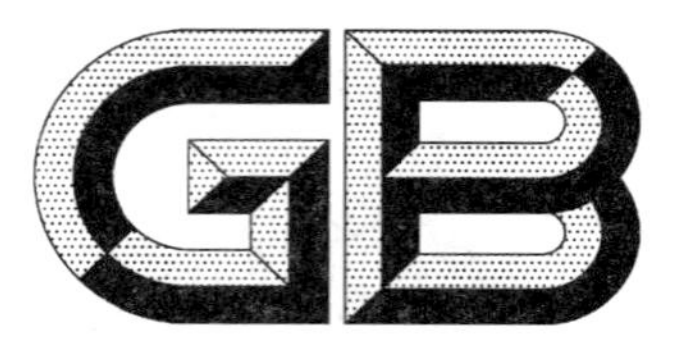

中华人民共和国国家标准

GB/T 21782.8—2008/ISO 8130-8:1994

粉末涂料　第8部分：热固性粉末贮存稳定性的评定

Coating powders—Part 8:
Assessment of the storage stability of thermosetting powders

(ISO 8130-8:1994,IDT)

2008-05-12 发布　　2008-09-01 实施

中华人民共和国国家质量监督检验检疫总局
中国国家标准化管理委员会　发布

前　言

GB/T 21782《粉末涂料》分为14个部分，结构及其对应的国际标准如下：

——第1部分：筛分法测定粒度分布(ISO 8130-1:1992,IDT)；

——第2部分：气体比较比重仪法测定密度(仲裁法)(ISO 8130-2:1992,IDT)；

——第3部分：液体置换比重瓶法测定密度(ISO 8130-3:1992,IDT)；

——第4部分：爆炸下限的计算(ISO 8130-4:1992,IDT)；

——第5部分：粉末/空气混合物流动特性的测定(ISO 8130-5:1992,IDT)；

——第6部分：在给定温度下热固性粉末涂料胶化时间的测定(ISO 8130-6:1992,IDT)；

——第7部分：烘烤时质量损失的测定(ISO 8130-7:1992,IDT)；

——第8部分：热固性粉末贮存稳定性的评定(ISO 8130-8:1994,IDT)；

——第9部分：取样(ISO 8130-9:1992,IDT)；

——第10部分：沉积效率的测定(ISO 8130-10:1998,IDT)；

——第11部分：斜面流动性试验(ISO 8130-11:1997,IDT)；

——第12部分：相容性的测定(ISO 8130-12:1998,IDT)；

——第13部分：激光衍射法分析粒径(ISO 8130-13:2001,IDT)；

——第14部分：术语(ISO 8130-14:2004,IDT)。

本部分为GB/T 21782的第8部分。

本部分等同采用国际标准ISO 8130-8:1994《粉末涂料　第8部分：热固性粉末贮存稳定性的评定》(英文版)。

本部分与ISO 8130-8:1994相比，做了下列编辑性修改：

——删除国际标准ISO 8130-8:1994规范性引用文件中的标准ISO 1514:1993、ISO 3270:1984、ISO 2808:1997及ISO 6272:1993，依次更改为其修订后相应的替代标准或等同采用的相应国家标准ISO 1514:2004、GB/T 9278—2008、GB/T 13452.2—2008及GB/T 20624—2006；

——用小数点“.”代替作为小数点的逗号“,”；

——删除国际标准的前言。

本部分的附录A和附录B为规范性附录。

本部分由全国危险化学品管理标准化技术委员会(SAC/TC 251)提出并归口。

本部分起草单位：广东出入境检验检疫局、中化建常州涂料化工研究院、海洋化工研究院、中化化工标准化研究所、湖北出入境检验检疫局。

本部分主要起草人：陈谷峰、翟翠萍、梅建、岳大磊、陈强、郑建国、杨蓓、赵玲、王桂荣、胡小钟、黎庆翔。

本部分为首次发布。

引　　言

粉末涂料受两个不同的老化机理支配:一个机理涉及到粉末的物理状态,另一个机理涉及到粉末的化学活性。粉末涂料的变化可以导致最终涂层物理、化学性能的变差。

本部分规定了评价热固性粉末涂料经受规定的贮存条件试验后其物理、化学性能变化倾向的试验程序。

粉末涂料　第8部分：热固性粉末贮存稳定性的评定

1　范围

GB/T 21782的本部分规定了热固性粉末贮存稳定性的评定。其中规定了热固性粉末涂料的物理状态和化学活性保持性以及形成令人满意的最终涂层的能力的评价试验程序。不同性能变化之间的相互关系是不能预料的。同样，在不同的贮存条件下，所得到的试验结果也不存在相关性。

由本部分规定的程序所得到的试验结果说明了粉末涂料在施工前所能耐受存储时限的能力。

2　规范性引用文件

下列文件中的条款通过GB/T 21782的本部分的引用而成为本部分的条款。凡是注日期的引用文件，其随后所有的修改单(不包括勘误的内容)或修订版均不适用于本部分，然而，鼓励根据本部分达成协议的各方研究是否可使用这些文件的最新版本。凡是不注日期的引用文件，其最新版本适用于本部分。

GB/T 9278—2008　色漆、清漆及其原材料　调节及试验的温度和湿度(ISO 3270:1984,IDT)

GB/T 9754—2007　色漆和清漆　不含金属颜料的色漆漆膜的20°、60°和85°镜面光泽的测定(ISO 2813:1994,IDT)

GB/T 13452.2—2008　色漆和清漆　漆膜厚度的测定(ISO 2808:1997,IDT)

GB/T 20624.1—2006　色漆和清漆　快速变形(耐冲击性)试验　第1部分:落锤试验(大面积冲头)(ISO 6272-1:2002,IDT)

GB/T 20624.2—2006　色漆和清漆　快速变形(耐冲击性)试验　第2部分:落锤试验(小面积冲头)(ISO 6272-2:2002,IDT)

ISO 1514:2004　色漆和清漆　标准试板

ISO 8130-6:1992　粉末涂料　第6部分:在给定温度下热固性粉末涂料胶化时间的测定

ISO 8130-9:1992　粉末涂料　第9部分:取样

3　原理

将热固性粉末涂料置于特定的贮存环境中，在规定的温度下存储一段规定的时间。记录粉末涂料自由流动性能的变化，按规定的等级表记录其成团或结块的情况，然后评价粉末发生化学反应能力的变化以及形成令人满意的最终涂层能力的所有变化。

通过在试样上施加一重块来模拟容器底部承受的条件。

注：如果试样某一项性能已显示变差到不能令人满意的程度，则不必进一步做其他试验。

4　需要补充的资料

对于任何特定的应用领域而言，本部分中规定的试验方法需要通过补充资料来加以完善。这些补充资料的项目在附录A中给出。

5　仪器

5.1　空气循环烘箱

应保持在30℃±0.5℃或40℃±0.5℃的温度范围。

也可以使用水浴，但是样品应仔细密封，以防进水。

5.2 试管

玻璃试管，长度为 200 mm，外径为 40 mm。

5.3 试管塞

5.4 试管架

不会妨碍空气（或水）的循环。

5.5 标准载荷

质量为 100 g ±1 g。

注：该试验中需要一定长度的钢棒，钢棒的直径足以紧密适配于试管(5.2)内，但不会碰到管壁。

5.6 铝箔圆片

其直径足以紧密适配于试管(5.2)内，但不能接触管壁。

5.7 天平

量程为 100 g，精确至 0.1 g。

5.8 试板

按附录 B 中的规定进行。

6 取样

按 ISO 8130-9:1992 中的规定抽取试验产品的代表性样品。

7 操作步骤

7.1 初始检验

7.1.1 粉末初始化学活性的测定

按 ISO 8130-6:1992 规定的温度下测定受试样品的胶化时间，并记录试验结果。

7.1.2 涂料初始物理、化学性能的测定

按本部分附录 B 的规定，处理并施涂至少三块试板(5.8)。舍弃涂层有针孔、缩孔或开裂痕迹的试板。其中一块试板用作人工贮存试验(7.2)后涂层的比较评定(7.3.3)。按 GB/T 9754—2007 规定的程序，根据涂层的光泽水平以 20°、60°或 85°角，测定其余两块试板的涂层镜面光泽。然后按 GB/T 20624—2006 商定其中一个方法，进行两块剩余试板耐变形性的落锤试验。

如经相关方同意，也可以规定其他项目的试验以确定受试产品的初始性能。

7.2 人工贮存试验（方法）

7.2.1 除非另有商定，受试产品在评定其贮存稳定性之前，应预先在规定温度下保持相应时间：

a) 30℃±1℃ 7 d、28 d 和 2 个月，或

b) 40℃±1℃ 24 h、7 d 和 28 d。

7.2.2 检查受试产品是否出现成团，如有必要，使其通过一个筛孔适宜的筛子，将样品分散成细颗粒。

7.2.3 对于每个人工贮存条件(7.2.1)进行一式三份的平行操作。将 100 g ± 1 g 样品称入试管(5.2)中。垂直地拿着试管，在一个结实的表面上轻敲试管的底部以确保粉末不是松散地装填。如经相关方同意，容器底部的这种模拟条件应当通过在一铝箔圆片(5.6)上施加标准载荷(5.5)来达到。如果经商定不进行这个操作，则在试验报告中应列入该影响的解释。如果适用，则将铝箔圆片仔细地放于试样表面上，然后在圆片上轻轻地放上一个标准载荷。牢固地塞住试管，再将其放入试管架(5.4)中。

将放有试管的试管架移入烘箱(5.1)中（事先应将烘箱调节到规定的试验温度），保持规定的时间。取出放有试管的试管架，使其冷却至 23℃±2℃，至少 2 h。

7.3 最终检验

7.3.1 受试粉末物理外观的变化

将第一支试管转成水平方位，取掉塞子，轻敲装有粉末涂料的一端，注意观察粉末涂料能否自由

流动。

将粉末涂料倒在清洁的表面上，注意观察出现压实或成团的迹象。按表1记录观察到的结果。

表1　粉末涂料的评定

等级	压实或成团的程度
0	无变化
1	出现轻微压实的现象，成团的粉末涂料能被容易地破碎
2	出现明显压实，以致需要用些力来分散粉末涂料，用手施加的压力能够弄碎成团物
3[a]	出现很明显的压实，以致难以或不能分散粉末涂料，成团很牢固，以致需要用机械才能破坏成团
[a] 如果产品被记录为3级，宜评定是否需要进一步做其他试验，因为该粉末涂料在使用上不大可能是令人满意的。	

重复检查其他两个试管。合并三个试样，充分混匀。

7.3.2　粉末化学活性的测定

按7.1.1规定的程序测定合并后试验样品的胶化时间，进行两次测定并记录结果。

7.3.3　涂料物理、化学性能的测定

按附录B规定，制备和涂覆试板(5.8)，再按7.1.2规定进行试验。

对用贮存试验后的涂料制成的涂层与保留的涂膜试板涂层(见7.1.2)的外观进行比较。

如果初始样品已进行了其他项目试验(见7.1.2)，则经人工贮存后的样品也应进行同样的试验。

8　结果表示

8.1　检验三个试样的压实和成团的程度(见7.3.1)，看其是否依然处于同一等级之内。

如果试验结果不在同一等级内，则需以新试样重复进行试验。

报告结果的算术平均值，精确至半个等级单位(即0.5,1.5,2.5)。

8.2　用式(1)计算反应活性(即胶化时间)变化的百分数 c(%)：

$$c = \frac{t_0 - t_1}{t_0} \times 100 \qquad \cdots\cdots(1)$$

式中：

t_0——样品的平均初始胶化时间，单位为秒(s)；

t_1——样品人工贮存试验后的平均胶化时间，单位为秒(s)。

报告的结果精确至整数。

8.3　报告由贮存试验后的粉末涂料所制成涂层(见7.3.3)的外观与未经贮存的粉末涂料制成涂层(见7.1.2)的外观相比较的任何差异。

8.4　报告由贮存试验后的粉末涂料所制成涂层(见7.3.3)与未经贮存的粉末涂料制成的涂层(见7.1.2)在平均镜面光泽值和耐落锤变形性上相比较的任何差异。

8.5　报告由贮存试验后的粉末涂料所制成涂层(见7.3.3最后一段)与未经贮存的粉末涂料制成涂层(见7.1.2最后一段)在其他试验项目上的平均结果相比较的任何差异。

9　精密度

目前尚未得到精密度数据。

10　试验报告

试验报告至少应包括以下内容：

a)　识别受试产品所必需的全部详细资料；

b） 注明本部分编号；

c） 附录 A 中所涉及的补充资料的项目；

d） 注明为上述 c）提供资料的国际标准或国家标准、产品规格或其他文件；

e） 样品是否经过预处理（即过筛）；

f） 第 8 章规定的试验结果；

g） 与规定的试验方法存在的任何不同之处；

h） 试验日期。

附　录　A
（规范性附录）
必要的补充资料

应适当地提供本附录中所列补充资料的项目，以便本方法能够实施。

所需要的资料最好经相关方商定，可以部分或全部来自于与受试产品有关的国际标准、国家标准或其他文件。

a）基底材料（包括厚度）和表面处理（见附录 B）。

b）受试涂料施涂到底材上的方法（见附录 B）。

c）进行试验之前，受试涂层的烘烤温度和时间（见附录 B）。

d）烘烤后的涂层厚度（μm），以及按 GB/T 13452.2—2008 规定的测量厚度的方法。

e）贮存试验（7.2.3）结束至最终检验（7.3）所经过的时间。

f）试验的温度和湿度，如果不同于附录 B 中规定的条件（见 GB/T 9278—2008），则应注明。

g）人工贮存的条件（见 7.2.1）。

h）是否对受试粉末涂料施加了压力（见 7.2.3）。

i）测定胶化时间的温度（见 7.1.1）。

j）测量镜面光泽的角度（见 7.1.2）。

k）测定抗落锤变形性的程序（见 7.1.2）。

l）对最终涂层进行的任何附加试验（见 7.1.2 最后一段）。

附 录 B
（规范性附录）
试板的处理和涂敷

B.1 试板(5.8)应是经相关方商定的。如无商定，则应使用 ISO 1514:2004 中规定的用溶剂脱过脂的钢板。采用粉末涂料生产厂规定的方法将受试产品施涂到每块试板上，或者将 7.3.1 中得到的产品涂于每块试板上。按规定的温度、时间试验，烘烤后的涂膜厚度应为 50 μm±10 μm，或符合有关双方商定的涂膜厚度，厚度的测定按 GB/T 13452.2—2008 规定的方法之一进行。

B.2 涂敷试板的状态调节，应于避免日光直射的温度 23℃±2℃、相对湿度 50%±5%条件下放置 24 h，或按相关方商定的条件进行。状态调节之后，应以正常视力或校正后的视力进行检查。

ICS 13.300
A 80

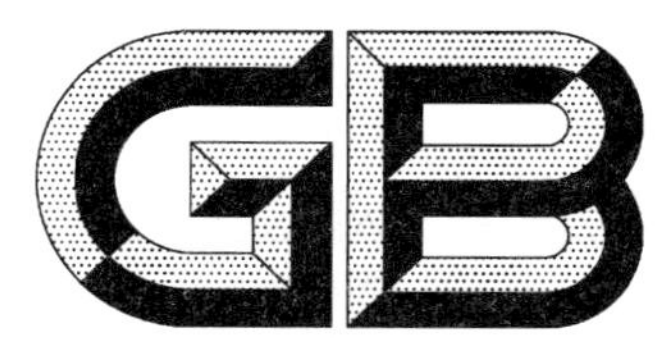

中华人民共和国国家标准

GB/T 21782.10—2008/ISO 8130-10:1998

粉末涂料
第10部分:沉积效率的测定

Coating powders—
Part 10:Determination of deposition efficiency

(ISO 8130-10:1998,IDT)

2008-05-12 发布　　2008-09-01 实施

中华人民共和国国家质量监督检验检疫总局
中国国家标准化管理委员会　发布

前　言

GB/T 21782《粉末涂料》分为14个部分，结构及其对应的国际标准如下：

——第1部分：筛分法测定粒度分布(ISO 8130-1:1992，IDT)；

——第2部分：气体比较比重仪法测定密度(仲裁法)(ISO 8130-2:1992，IDT)；

——第3部分：液体置换比重瓶法测定密度(ISO 8130-3:1992，IDT)；

——第4部分：爆炸下限的计算(ISO 8130-4:1992，IDT)；

——第5部分：粉末/空气混合物流动特性的测定(ISO 8130-5:1992，IDT)；

——第6部分：在给定温度下热固性粉末涂料胶化时间的测定(ISO 8130-6:1992，IDT)；

——第7部分：烘烤时质量损失的测定(ISO 8130-7:1992，IDT)；

——第8部分：热固性粉末贮存稳定性的评定(ISO 8130-8:1994，IDT)；

——第9部分：取样(ISO 8130-9:1992，IDT)；

——第10部分：沉积效率的测定(ISO 8130-10:1998，IDT)；

——第11部分：斜面流动性试验(ISO 8130-11:1997，IDT)；

——第12部分：相容性的测定(ISO 8130-12:1998，IDT)；

——第13部分：激光衍射法分析粒径(ISO 8130-13:2001，IDT)；

——第14部分：术语(ISO 8130-14:2004，IDT)。

本部分为GB/T 21782的第10部分。

本部分等同采用国际标准ISO 8130-10:1998《粉末涂料　第10部分：沉积效率的测定》(英文版)。

为便于使用，对ISO 8130-10:1998本部分做的主要编辑性修改为：

——用小数点“.”代替作为小数点的逗号“,”；

——删除国际标准的前言。

本部分由全国危险化学品管理标准化技术委员会(SAC/TC 251)提出并归口。

本部分主要起草单位：广东出入境检验检疫局、中化化工标准化研究所、中化建常州涂料化工研究院、海洋化工研究院、湖北出入境检验检疫局。

本部分主要起草人：陈强、翟翠萍、王晓兵、莫蔓、周明辉、陈谷峰、郑建国、赵玲、王世才、张剑锋、黎庆翔。

本部分为首次发布。

粉末涂料
第10部分:沉积效率的测定

1 范围

GB/T 21782的本部分规定了在标准条件下用静电喷枪将粉末喷涂在靶管上,在标准靶管上实际沉积的粉末的质量分数的测定方法。

本方法适用于利用电晕荷电或摩擦荷电进行施工的粉末涂料。

本方法可用于比较相同喷枪不同粉末或相同粉末不同喷枪的沉积效率。

本方法应仅用于粉末或喷枪连续评定时的比较,因为环境和设备的影响在很大程度上是随着时间和地理位置发生显著变化的。

本方法的结果取决于粉末的下列性质:a)化学组成;b)密度;c)粒度分布;d)粒子形状;e)在空气中其混合物的流动性;f)水分。结果也取决于试验条件,其中包括:a)喷枪所产生的喷雾形状;b)喷枪空气压力;c)喷枪电压;d)喷枪极性;e)空气湿度。

2 规范性引用文件

下列文件中的条款通过GB/T 21782的本部分的引用而成为本部分的条款。凡是注日期的引用文件,其随后所有的修改单(不包括勘误的内容)或修订版均不适用于本部分,然而,鼓励根据本部分达成协议的各方研究是否可使用这些文件的最新版本。凡是不注日期的引用文件,其最新版本适用于本部分。

ISO 8130-9:1992 粉末涂料 第9部分:取样

3 术语和定义

下列术语和定义适用于本部分。

3.1

沉积效率 deposition efficiency

沉积的粉末质量相对于喷出的粉末质量的比例,以质量分数(%)表示。

4 原理

本方法规定了在已知大气温度和湿度条件下,以已知流速将荷电粉末喷涂在由铝箔包覆的5个相同钢管中间的一个上,测定沉积在中间钢管上的粉末质量,由此计算出沉积率。

操作应在抽风柜中进行。

5 仪器

普通的实验室仪器和以下仪器:

5.1 目标装置

由5根内径为25 mm,长度为500 mm的钢管组成,每个管子的一端都钻有一个孔以便管子能垂直悬挂。每根管子应适当接地。

5.2 清洁铝箔

市售产品。

5.3 悬挂装置

使5根钢管能等距离并排垂直转挂,管与管之间中心距离为95 mm～105 mm。

5.4 真空清洁袋

5.5 烘箱

能熔融粉末涂料。

5.6 天平

精确至0.1 g。

5.7 计时器

精确至0.1 s。

5.8 粉末喷射系统

包括一个适当地安装在抽风柜中的电晕荷电喷枪或摩擦荷电喷枪以及一个适当的粉末收集装置。

5.9 绝缘挡罩或粉末收集装置

要足够大,以避免在试验前后从喷枪喷出的粉末接触到钢管,同时又能足够灵便地在试验期间移走。

6 取样

按ISO 8130-9:1992的规定取样,建议取样量为2 kg。

7 操作步骤

7.1 在温度23℃±2℃和相对湿度20%～70%的条件下,进行一式两份样品的平行试验。

由于在试验期间通过抽风柜的空气量大,不可能将空气温度和湿度控制在精确范围内。在这种情况下,温度和湿度范围应在试验报告中表示出来。

7.2 用铝箔将5根钢管包住,将铝箔顶部和底部边缘折入管子中以保证良好的电接触。用天平称量用于中间管子上的铝箔,准确至0.1 g。

7.3 测定粉末流动速率:在粉末喷射系统中将粉末喷入一个已经预先称重的清洁真空袋中,用计时器控制喷射时间为60 s,再称量带有粉末的清洁袋,精确至0.1 g,计算粉末流动速率,以克每分钟计。

a) 当使用电晕荷电喷枪时,调节粉末喷射装置的控制阀,使粉末流动速率达到150 g/min±7.5 g/min。

注:重要的是,进行此操作期间关闭高压电。

b) 当使用摩擦荷电喷枪时,调节输送空气压力至300 kPa(≈3 bar),并按7.3第一段所述测定粉末流动速率。

7.4 将悬挂了5根钢管的悬挂装置放入喷射柜中。

7.5 在抽风柜中安装并调整喷射枪,使其瞄准中间钢管的中心位置,喷枪与钢管的距离以能使喷出的粉末覆盖中间钢管约60%长度为宜,记录该距离。保证通过抽风柜开口处的空气流速为0.4 m/s～1.0 m/s之间,且空气流动方向与喷射方向平行。

当使用窄口锥形喷枪时,喷粉可能难于覆盖60%的钢管长度。在试验报告中记录任何差异情况。

7.6 将绝缘挡罩(5.9)放在喷枪和钢管之间。

7.7 打开粉末喷出开关,当使用电晕荷电喷枪时,调节电压使实际喷枪适当电极的电压为60 kV±1 kV。

注:在这一点上有机会对不同电压进行试验,以便对设备和粉末进行更深层次的评价。

7.8 移去绝缘挡罩使粉末无波动地稳定喷射在钢管上60 s±0.5 s,时间一到,立即将挡罩放在喷枪和钢管之间。关闭喷枪。

7.9 从悬挂装置上小心取下中间钢管,不要敲掉任何粉末,将其置于已调至一定温度的烘箱中烘烤,烘箱温度要使粉末在5 min～10 min内熔融。

由于可能导致质量损失，不要使粉末涂料经过固化过程。

7.10 从烘箱中取出带铝箔的钢管使之冷却，从管子上取下铝箔并称重，精确至0.1 g。

注：为避免粉末损失，可以在一个已称重的塑料袋中取下铝箔。

8 结果表示

8.1 按式(1)计算沉积效率 E，以质量分数(%)表示：

$$E = \frac{m_p \times 60}{P_f \times t} \times 100 \qquad (1)$$

式中：

m_p——沉积在铝箔上的粉末质量，单位为克(g)；

t——喷粉时间，单位为秒(s)；

P_f——粉末流动速率，单位为克每分钟(g/min)。

8.2 如果两个平行试验结果的绝对差值不大于较小值的5%，计算并报告算术平均值。如果两个平行试验结果的绝对差值超过较小值的5%，进行第三次试验并报告三次结果的算术平均值。

如果第三次测定结果与前两次测定平均值之间的差值也大于5%，则在试验报告中说明此情况并报告每次测定结果。

结果保留小数点后一位。

9 精密度

经验显示粉末流动速率测定精密度为±3%。

使用电晕荷电和摩擦荷电喷枪测定可达精密度为±5%。

10 试验报告

试验报告至少包括下列内容：

a) 识别受试产品所必需的全部详细资料；
b) 注明本部分编号；
c) 粉末类型；
d) (如有)粒子粒度分布；
e) (如有)粉末密度；
f) 喷粉装置的完整描述，包括
   1) 对于电晕荷电喷枪，实际喷枪电压或所有电压(见7.7的注)和使用的电极；
   2) 对于摩擦荷电喷枪，输送粉末空气压力；
   3) 喷嘴的说明；
   4) 粉末流动速率；
g) 喷嘴与目标钢管之间的距离；
h) 抽风柜开口处空气流速；
i) 进入抽风柜空气的温度和相对湿度(见7.1)；
j) 按8.2得到的试验结果；
k) 与规定的试验方法存在的任何不同之处；
l) 试验日期。

ICS 13.300
A 80

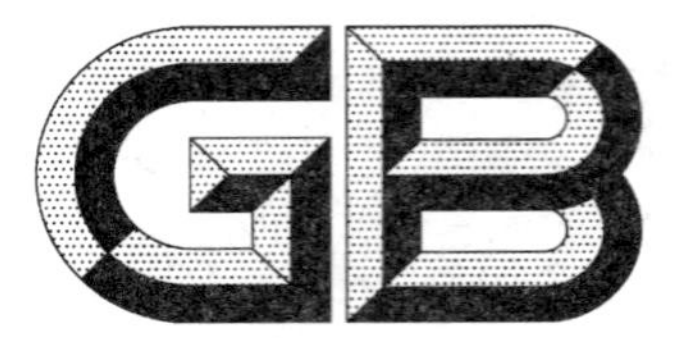

中华人民共和国国家标准

GB/T 21783—2008/ISO 3146:2000

塑料　毛细管法和偏光显微镜法测定部分结晶聚合物的熔融行为（熔融温度或熔融范围）

Plastics—Determination of melting behaviour (melting temperature or melting range) of semi-crystalline polymers by capillary tube and polarizing-microscope methods

(ISO 3146:2000,IDT)

2008-05-12 发布　　2008-09-01 实施

中华人民共和国国家质量监督检验检疫总局
中国国家标准化管理委员会　发布

前　言

本标准等同采用 ISO 3146:2000(E)《塑料　毛细管法和偏光显微镜法测定部分结晶聚合物的熔融行为(熔融温度或熔融范围)》,包括其技术勘误 ISO 3146:2000/Cor.1:2002(E)。

本标准由全国危险化学品管理标准化技术委员会(SAC/TC 251)提出并归口。

本标准起草单位:广东出入境检验检疫局、宁波出入境检验检疫局、国家合成树脂质量监督检验中心。

本标准主要起草人:陈谷峰、彭速标、萧达辉、陈强、沈文洁、翟翠萍、郑建国、邬蓓蕾、林振兴、王建东、黎庆翔。

本标准为首次发布。

引　言

结晶或部分结晶聚合物的熔融行为表现出一种结构敏感性质。

聚合物通常不具有低分子物质那种明确的熔点，只是在加热时可以观察到一个从固态开始变化为高黏性或黏弹性液体并伴随晶相消失的熔融温度范围。熔融范围与诸如分子量、分子量分布、结晶度和热力学性质等许多参数有关。

熔融范围也可能与试样的受热历程有关。熔融范围的低限或高限或其平均值，有时被习惯地称为“熔融温度”。

塑料 毛细管法和偏光显微镜法测定部分结晶聚合物的熔融行为（熔融温度或熔融范围）

1 范围

本标准规定了评价部分结晶聚合物熔融行为的两种方法。

不同的方法所测定的熔融温度通常相差几度，引言中对此已做出解释。

方法 A：毛细管法

该法是以聚合物形变为基础的熔融温度测定方法，适用于所有部分结晶聚合物及其混合料。

注 1：方法 A 也可用来评价非结晶固体的软化行为。

方法 B：偏光显微镜法

该法是以聚合物光学性能的变化为基础的熔融温度测定方法，适用于含有双折射结晶相的聚合物的熔融温度测定，不适用于加有会干扰双折射的颜料和/或添加剂的聚合物结晶区的熔融温度测定。

注 2：适用于部分结晶聚合物的另一种方法可参见标准：GB/T 19466.3—2004《塑料 差示扫描量热仪(DSC)法 第 3 部分：熔融或结晶温度和热焓的测定》(ISO 11357-3:1999，IDT)。

2 规范性引用文件

下列文件中的条款通过本标准的引用而成为本标准的条款。凡是注日期的引用文件，其随后所有的修改单(不包括勘误的内容)或修订版均不适用于本标准，然而，鼓励根据本标准达成协议的各方研究是否可使用这些文件的最新版本。凡是不注日期的引用文件，其最新版本适用于本标准。

GB/T 2918 塑料试样状态调节和试验的标准环境(idt GB/T 2918—1998，ISO 291:1997)

3 术语和定义

本标准采用下列术语和定义。

3.1

部分结晶聚合物 semi-crystalline polymer

含有结晶相和无定形相的聚合物。

3.2

熔融范围 melting range

结晶或部分结晶聚合物受热时其结晶特性或颗粒形状消失的温度范围。

注：对方法 A 和方法 B 所测得的“熔融温度”的定义分别见 4.1 和 5.1。

4 方法 A：毛细管法

4.1 原理

在控制升温速度的情况下对毛细管中的试样加热。记录试样开始变形时的温度以及试样最后残余晶相消失时的温度。

第一个温度称为该样品的熔融温度，两个温度之间的范围则称为该样品的熔融范围。

注：按有关规定或经相关方商定，本标准也可适用于非结晶聚合物。

4.2 仪器(见图1)

4.2.1 毛细管熔点仪

由以下各部分组成：

a) 圆柱形金属块，其上部凹陷形成一个空室。

b) 金属塞块：有两个或多个孔，以便让温度计和一根或多根毛细管插入金属块的空室中。

c) 金属块的加热系统：如封装在金属块内的供热电阻丝等。

d) 变阻器：采用电加热时，用于调节输入功率。

e) 在空室侧壁上的四个耐热玻璃窗：它们成直角排列于直径方向。其中一个装有观察毛细管的目镜，其他三个用于透光，以用灯照亮空室内部。

注：只要能取得相同结果，也可使用其他适宜的熔点仪。

4.2.2 毛细管

由耐热玻璃制成，一端封闭。

注：毛细管的最大外径宜为1.5 mm。

4.2.3 温度计

应经过校准，分度值为0.1℃。温度计感温泡的位置应不妨碍仪器内的热扩散。

注：也可使用其他合适的测温装置。

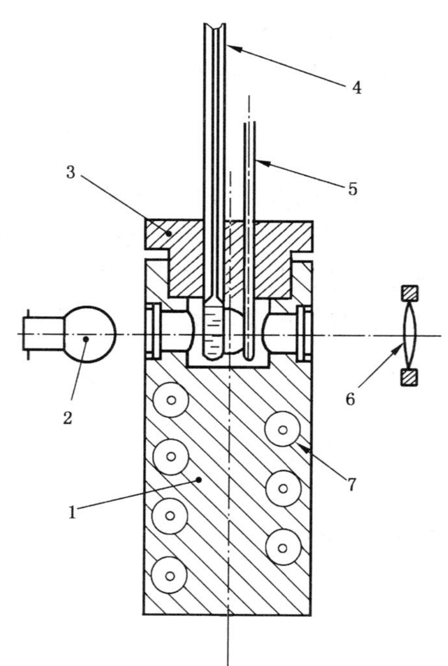

1——金属块的加热系统；

2——灯；

3——金属塞块；

4——温度计；

5——毛细管；

6——目镜；

7——电阻丝。

图1 方法A中的仪器

4.3 试样

4.3.1 概述

试样应为有代表性的受试材料样品。

4.3.2 规格

粉末试样粒度不大于 100 μm;薄膜切片厚度为 10 μm～20 μm。对比试验时应使用粒度相同或近似的试样,对于薄片或薄膜,应使用厚度近似的试样。

4.3.3 状态调节

如果没有其他规定或相关方未作约定,按 GB/T 2918 的规定,测定前试样应在 23 ℃±2 ℃和相对湿度 50 %±5 % 条件下状态调节 3 h。

4.4 操作步骤

4.4.1 校准

应在试验所用的整个温度范围内定期用试剂级或经检验合格的标准物质(见表 1)对温度测量系统进行校准。

表 1 校准用的标准物质

单位为摄氏度

名称	熔点[a]	名称	熔点[a]
L-薄荷醇-1	42.5	对氨基苯磺酰胺	165.7
偶氮苯	69.0	氢醌	170.3
8-羟基喹啉	75.5	琥珀酸	189.5
萘磺酸	80.2	2-氯蒽醌	208.0
联苯酰	96.0	蒽	217.0
乙酰苯胺	113.5	邻磺酰苯甲酰亚胺	229.4
安息香酸	121.7	锡	231.9
非那西汀	136.0	二氯化锡	247.0
己二酸	151.5	酚酞	261.5
铟	156.4		

[a] 表中所标出的温度是理论纯物质的熔点;所用标准物质的真正熔点值,应由供方验证。

4.4.2 测定

4.4.2.1 把温度计(4.2.3)和装有试样的毛细管(4.2.2)插入圆柱形金属块空室[4.2.1a)]中,并开始加热。调节控制器[4.2.1d)],使试样逐渐(以不大于 10℃/min 的速率)加热至试样预期熔点 20℃以下。当试样温度到达比预期熔点低大约 20℃ 时,把升温速度调整到 2℃/min±0.5℃ /min。记录试样形状开始改变的温度。按此速度继续加热。记录试样最后残余晶相消失的温度。

4.4.2.2 用第二个试样重复 4.4.2.1 中规定的操作步骤。如果同一操作者对同一样品测得的两个结果之差超过 3℃,应另取两个试样重复上述操作。

4.5 试验报告

试验报告应包括下列内容:

a) 注明本标准编号;

b) 使用的方法(方法 A);

c) 受试材料的完整鉴别说明;

d) 试样的形状和大小(或质量);

e) 试样的受热历程;

f) 状态调节条件;

g) 升温速率;

h) 连续两次测定的熔融温度和熔融范围(℃),以及它们的算术平均值;

i) 本标准未规定的任何操作细节,以及试验过程中可能影响试验结果的事故。

5 方法B:偏光显微镜法

5.1 原理

试样置于偏光熔点显微镜加热台上,控制一定的升温速率。

观察两个正交偏振器之间双折射完全消失时的温度。该温度即称为部分结晶聚合物的熔融温度。

5.2 仪器

5.2.1 偏光显微镜

放大倍数为50倍~100倍,并装有起偏器和检偏器。

5.2.2 显微镜加热台

为一个安装在偏光显微镜台上的绝缘金属块。该金属块应符合以下要求:

a) 有一个光通路的小孔;

b) 电加热,配有温度控制器,可控制升降温速率;

c) 由加热台板和玻璃罩组成一个小空室作为保温和通惰性气体覆盖用;

d) 靠近光通路小孔[a)]有一个温度计插孔。

5.2.3 温度计

在试验温度范围内经过校准的温度计;或采用具有等效的温度测量设备。

5.3 试样

5.3.1 粉末样品

在清洁的载玻片上放1 mg~2 mg样品(颗粒尺寸小于100 μm),盖上盖玻片。

注:由于不同的加热速率,样品保持熔融状态的时间和温度,以及降温速率,样品之后熔融的结果可能会不一样。

将该组合件(试样、载玻片及盖玻片)放在加热台上,加热试样到略高于其熔点为止。在盖玻片上轻轻加压,使样品形成厚度为0.01 mm~0.05 mm的薄膜。关掉加热电源,让试样慢慢冷却至充分结晶。

5.3.2 模制或粒状样品

用超薄切片机切取厚约0.02 mm的样品,置于洁净的载玻片上,盖上盖玻片,然后按5.3.1规定制备试样。

5.3.3 薄膜或片状样品

剪取2mg~3mg样品,置于洁净的载玻片上,盖上盖玻片,然后按5.3.1规定制备试样。

将试样预先熔化、制成薄膜测定熔点的优点在于,可以破坏由于结晶聚合物分子取向或存在内应力引起的双折射,而且可以减小测试过程中试样被氧化的可能性。特殊样品需要惰性气体保护[见5.2.2c)]。由此可提高测试的再现性。如果相关方同意,对粉末状、薄膜或片状样品不预先熔化而直接测试,则应在试验报告中声明此点差别。

5.3.4 状态调节

见4.3.3。

注:试样在热台上经过预熔后,状态调节的效果可能消失或改变。

5.4 试验步骤

5.4.1 校准

见4.4.1。

5.4.2 测定

将制备好的试样组合件(见5.3.1,5.3.2,5.3.3)放在显微镜加热台(5.2.2)上。打开光源,调节光源至最大光强度。调节显微镜(5.2.1),使之聚焦。

调节偏振器以获得暗视场;结晶物质将在暗视场中出现亮点。调节温度控制器使加热台逐渐(以不高于10 ℃/min的速度)加热到比预测融融温度 T_m(由预先初步试验大致测得)低如下所示的数值温度:

当 T_m<150℃时,为10℃;

当150℃≤T_m≤200℃时,为15℃;

当 T_m>200℃时,为20℃。

然后调节温度控制器,使加热台以1℃/min~2℃/min的速率继续升温。

观察双折射消失并出现完全暗视场时的温度。记下此温度,作为试样的熔点。

关闭加热台电源并取走玻璃罩、加热台板和试样载玻片。

另取一个试样并重复上述操作步骤。如果同一操作者对同一个样品所测得的两次结果相差大于1℃时,则应再取两个试样重新测定。

5.5 精密度

经反复试验,试验重复性限为2℃。目前尚未有足够的数据来算出再现性限。

5.6 试验报告

试验报告应包括下列内容:

a) 注明本标准编号;

b) 使用的方法(方法B);

c) 受试材料的完整鉴别说明;

d) 试样的形状和大小(或质量);

e) 试样的受热历程;

f) 状态调节条件;

g) 如果适用的话,对载玻片预先加热的情况描述;

h) 如果适用的话,惰性气体的使用及其类型;

i) 升温速率;

j) 连续两次测定的单个值(℃)及其平均值;

k) 本标准未规定的任何操作细节,以及试验过程中可能影响试验结果的事故。

ICS 13.300
A 80

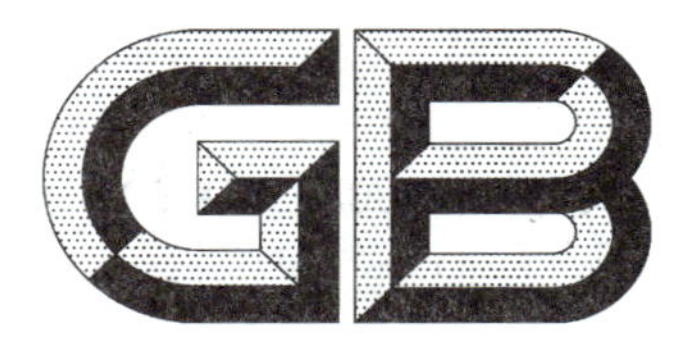

中华人民共和国国家标准

GB/T 21784.2—2008/ISO 649-2:1981

实验室玻璃器皿 通用型密度计 第2部分:试验方法和使用

Laboratory glassware—Hydrometer for general purpose—
Part 2: Test methods and use

(ISO 649-2:1981, IDT)

2008-05-12 发布 2008-09-01 实施

中华人民共和国国家质量监督检验检疫总局
中国国家标准化管理委员会 发布

前　言

GB/T 21784《实验室玻璃器皿 通用型密度计》由两部分组成,预计结构及其对应的国际标准如下:

——第1部分:规范(ISO 649-1:1981,IDT);

——第2部分:试验方法和使用(ISO 649-2:1981,IDT)。

本部分为GB/T 21784的第2部分。

本部分等同采用ISO 649-2:1981《实验室玻璃器皿 通用型密度计 第2部分:试验方法和使用》。

本部分由全国危险化学品管理标准化技术委员会(SAC/TC 251)提出并归口。

本部分起草单位:广东出入境检验检疫局、湖北出入境检验检疫局、国家轻工业玻璃产品质量监督检测中心、北京华宇达玻璃技术开发有限公司。

本部分主要起草人:萧达辉、李政军、袁春梅、刘莹峰、周明辉、李涵、钟志光、彭速标、翟翠萍、郑建国、郭坚、黎庆翔、杨京亭。

本部分为首次发布。

实验室玻璃器皿　通用型密度计
第2部分:试验方法和使用

1　范围

本部分规定了通用型密度计的试验方法和使用。

ISO 649 的第1部分提供了通用型密度比重计的规程。

2　规范性引用文件

下列文件中的条款通过 GB/T 21784 的本部分的引用而成为本部分的条款。凡是注日期的引用文件,其随后所有的修改单(不包括勘误的内容)或修订版均不适用于本部分,然而,鼓励根据本部分达成协议的各方研究是否可使用这些文件的最新版本。凡是不注日期的引用文件,其最新版本适用于本部分。

ISO 91-1:1992　石油计量表　第1部分:以15°F和60°F为参比温度基础的表

ISO 649-1:1981　实验室玻璃器皿　通用密度计　第1部分:规范

ISO 650—1977　相对密度60/60°F的通用密度计

ISO 653—1980　精密用长棒式温度计

ISO 654—1980　精密用短棒式温度计

ISO 655—1980　精密用长内标式温度计

ISO 656—1980　精密用短内标式温度计

ISO 3507—1999　实验室玻璃器皿　密度瓶

ISO 4788—2005　实验室玻璃器皿　分度量筒

3　通用型密度计测定密度的方法

3.1　总则

当使用特定的密度计时,为获得最高的精密度,应该遵循以下的一般程序:

3.1.1　在已知温度的液体中读取密度计读数。

3.1.2　对观察的结果读数进行以下修正(差别明显时):

a)　弯月面高度(若待测液为不透明时,见3.6.1);

b)　在观察值读数的刻度误差(见3.6.2);

c)　液体的温度与密度计使用的标准温度的偏差(见3.6.3);

d)　液体的表面张力与密度计标称的表面张力的偏差(见3.6.4)。

3.2　仪器

3.2.1　密度计

选择与待测液体表面张力相适应的密度计。ISO 649-1 的表格3给出了适用的密度计类型的液体范围的指引。其他液体的表面张力可从专门的物质物理性质表格中获得,比如《国际物理、化学、工艺常数表》("International Critical Tables")。

3.2.2　密度计容器

密度计容器的选择见第6章。

3.2.3 温度计

对于高精密度的测定，选择一根完全浸没式的、刻度为 0.1℃、带刻度校准证书的温度计。可以选择符合 ISO 653，ISO 654，ISO 655 或 ISO 656 规定的温度计。

3.3 准备工作

3.3.1 使用前清洁所有的设备。

3.3.2 让待测液体与其所在的环境取得热力学平衡，将其倒入密度计容器中，若使用溢出型容器可允许有少量液体溢出。沿着量筒壁将液体倒入，以避免在液体中形成气泡。垂直地以搅拌棒环状搅动液体，同样防止气泡的形成。记录液体的温度，精确至 0.2℃。

3.3.3 握住密度计的上部，小心地插入液体中。当密度计到达其平衡点，或者当使用溢出型容器，采用滴管往容器中加入额外一定量的样品，直至大约容积 15%的液体溢出时，可松开密度计。若密度计接近平衡点，在此位置松开，密度计上升或下沉的幅度很小，由此可判定密度计到达平衡点。对于黏稠的液体，若未到达平衡点，过量的液体会粘在密度计躯体而增加密度计的重量，使之下沉。

3.3.4 当密度计稳定后，用手指在密度计干管顶部将密度计往下压至平衡点以下几毫米，或一个刻度单位(当液体黏稠时)。将手收回，当密度计自由飘浮至平衡点时观察弯月面。若密度计躯体和液体表面是干净的，当密度计上升和下降时，弯月面形状应保持不变。如果弯月面的形状改变，如随着密度计的运动起皱或扭曲，表明不够干净，应清洁密度计和量筒，然后采用新的样品重复测试。液体的表明张力越大，这种情况更应引起注意。

3.4 读取密度计读数

密度计稳定于平衡点，且不能与容器的壁相接触，(对于黏稠液体，该过程可能需要较长时间)，记录读数。

3.4.1 透明液体

记录相应的水平液体表面与密度计躯体交叉点处的平面处的读数。当读数时，调整视线与液体表面保持同一水平线，通过液体读取刻度。

3.4.2 不透明液体

记录弯月面吞没密度计躯体处的读数。

3.5 读取温度

密度计读取完成后，迅速测量液体的温度，精确到 0.2℃。该温度与初始 3.3.2 记录的温度的平均值用于修正计算(见 3.6)。

注：修正计算对于体积热膨胀系数很大的液体十分重要。

两个温度的差别不应超过 1℃，否则，证明温度未达到平衡，应自 3.3.2 起重复后面的操作。

3.6 修正值的应用

3.6.1 弯月面的高度

对于在液体表面为水平时做读数校准的密度计用于测定不透明液体时，结果读数必须加入表 3 或表 4 中适当的数值，进行弯月面高度修正。

3.6.2 仪器误差

“仪器误差”是指密度计的读数与一根相似的，但在严格相同条件下使用的理想密度计的读数的偏差。若该差值已知，可使用仪器误差，在所用的条件下使用获得同等的准确度。仪器误差是其他修正值的补充，比如，因使用条件的不同而有很大差异的温度修正值和表面张力修正值。通常情况下中，可确保密度计并未超过 ISO 649-1 第 13 章规定的允许误差。为获得更高的准确度，应知道和考虑仪器误差。

在这种情况下，密度计应进行测试。线形标尺应以合适的金属镀层分标度和外置千分卡尺进行检验，以证实是否与 ISO 649-1 第 12 章的要求相符。

a) L20,L50 和 L50SP 系列密度计的刻度应当在标称量程内进行至少 5 点的校准,应当涵盖标尺 80%的刻度间隔。

极端点与最近的标尺刻度端点的距离不应当超过标尺的 15%。

两个相邻点的距离不应当超过标尺的 25%。

b) 其余系列的密度计应当遵循相似的方式,与 a)相同的次序进行校准,但至少进行三点,涵盖标尺 60%的刻度间隔。

极端点与最近的标尺刻度端点的距离不应当超过标尺的 25%。

两个相邻点的距离不应当超过标尺的 50%。

进行标尺测试时,应证明标尺自生产后并未进行飘移,密度计应出厂后不时进行检查,以确保刻度未发生过飘移。

作为替代,对密度计进行单点测试亦可验证刻度是否发生过飘移。

3.6.3 温度修正

若密度计读数时的温度与密度计的标准温度不是同一温度时,那么,由于在两个温度下密度计体积的变化会导致读数误差。

由温度效应引起的修正补偿见表 1。若表中所示值为正值,密度计在该温度下的读数须加上给出的温度修正值;若为负值,则应减去。表中的数据是通过一根玻璃热膨胀系数为 $25\times10^{-6}℃^{-1}$ 的密度计计算得到的。

表 1 校准标准温度为 20 ℃或 15 ℃的密度计的温度修正值

单位为 kg/m^3 或 $10^{-3}g/mL$

标准温度			读数							
20 ℃	15 ℃	kg/m^3	600	800	1 000	1 200	1 400	1 600	1 800	2 000
液体的温度/℃		g/mL	0.6	0.8	1.0	1.2	1.4	1.6	1.8	2.0
0	—		+0.3	+0.4	+0.5	+0.6	+0.7	+0.8	+0.9	+1.0
5	0		+0.2	+0.3	+0.4	+0.5	+0.5	+0.6	+0.7	+0.8
10	5		+0.2	+0.2	+0.3	+0.3	+0.4	+0.4	+0.5	+0.5
15	10		+0.1	+0.1	+0.1	+0.2	+0.2	+0.2	+0.2	+0.3
20	15		0	0	0	0	0	0	0	0
25	20		−0.1	−0.1	−0.1	−0.2	−0.2	−0.2	−0.2	−0.3
30	25		−0.2	−0.2	−0.3	−0.3	−0.4	−0.4	−0.5	−0.5
35	30		−0.2	−0.3	−0.4	−0.5	−0.5	−0.6	−0.7	−0.8
40	35		−0.3	−0.4	−0.5	−0.6	−0.7	−0.8	−0.9	−1.0
45	40		−0.4	−0.5	−0.6	−0.8	−0.9	−1.0	−1.1	−1.3

注:当密度计在 t ℃时读数,应用这些修正值以 kg/m^3 或 g/mL 给出 t℃下液体的密度。它们基于下式:

$$C = 0.000\,025R(t_0 - t) \qquad (1)$$

式中:

C——修正值;

R——水平液体表面平面的读数;

t_0——标准温度;

t——测量液体的温度。

3.6.4 表面张力修正

密度计的读数,在一定程度上依赖其浸入的液体的表面张力。通常地,参照表面张力类型表(见

ISO 649-1)选择最为适当的密度计,以避免必要的表面张力修正。表 2 以修正值的方式给出了液体的表面张力和密度计校准的标准表面张力的偏差值而导致的可能误差。它们与通用型密度计平均直径有关。

应用此修正值获得的密度为液体在该观察温度下的密度。若需要其他温度下的密度,必须考虑液体由于温度变化引起的膨胀或收缩。

表 2 表面张力修正值

单位为 kg/m³ 或 10^{-3} g/mL

液体表面张力减去密度计校准时的表面张力/(mN/m)		L20 系列				L50 和 L50SP 系列				M50 和 M50SP 系列				M100 系列				S50 和 S50SP 系列			
		密度计读数				密度计读数				密度计读数				密度计读数				密度计读数			
	kg/m³	600	1 000	1 500	2 000	600	1 000	1 500	2 000	600	1 000	1 500	2 000	600	1 000	1 500	2 000	600	1 000	1 500	2 000
	g/mL	0.6	1.0	1.5	2.0	0.6	1.0	1.5	2.0	0.6	1.0	1.5	2.0	0.6	1.0	1.5	2.0	0.6	1.0	1.5	2.0
−40		—	−0.54	−0.45	−0.39	—	−0.54	−0.45	−0.39	—	−0.19	−1.5	−1.4	—	−3.0	−3.0	−2.0	−3.0	−2.5	−2.0	−2.0
−30		—	−0.41	−0.34	−0.30	—	−0.41	−0.34	−0.30	—	−0.14	−1.1	−1.0	—	−2.0	−2.0	−2.0	−2.5	−2.0	−1.5	−1.5
−20		—	−0.27	−0.22	−0.20	—	−0.27	−0.22	−0.20	—	−0.9	−0.8	−0.7	—	−2.0	−1.0	−1.0	−1.5	−1.5	−1.0	−1.0
−10		−0.18	−0.14	−0.11	−0.10	−0.18	−0.14	−0.11	−0.10	−0.6	−0.5	−0.4	−0.3	−1.0	−1.0	−1.0	−1.0	−1.0	−0.5	−0.5	−0.5
0		0	0	0	0	0	0	0	0	0	0	0	0	0	0	0	0	0	0	0	0
+10		+0.18	+0.14	+0.11	+0.10	+0.18	+0.14	+0.11	+0.10	+0.6	+0.5	+0.4	+0.3	+1.0	+1.0	+1.0	+1.0	+1.0	+0.5	+0.5	+0.5
+20		—	+0.27	+0.22	+0.20	—	+0.27	+0.22	+0.20	—	+0.9	+0.8	+0.7	—	+2.0	+1.0	+1.0	+1.5	+1.5	+1.0	+1.0
+30		—	+0.41	+0.34	+0.30	—	+0.41	+0.34	+0.30	—	+0.14	+0.11	+1.0	—	+2.0	+2.0	+2.0	+2.5	+2.0	+1.5	+1.5
+40		—	+0.54	+0.45	+0.39	—	+0.54	+0.45	+0.39	—	+0.19	+1.5	+1.4	—	+3.0	+3.0	+2.0	+3.0	+2.5	+2.0	+2.0

注：对于平均尺寸的密度计，表面张力修正值可能会与上表值有存在不超过±10%的偏差。

4 弯月面修正

表3给出了当上弯月面与密度计躯体相接时需加到读数的近似修正值，从而获得水平液体表面的对应值。它们通过符合规程要求平均尺寸的通用型密度计，由 Langberg 方程计算得来，如式(2)所示：

$$Q - Q_0 = \frac{1\ 000 \Delta d \sigma}{g \Delta l D Q_0} \left(\sqrt{1 + \frac{2gD^2 Q_0}{1\ 000\sigma}} - 1 \right) \qquad \cdots\cdots\cdots\cdots\cdots\cdots (2)$$

式中：

Q ——水平液体表面平面的密度读数，单位为千克每立方米(kg/m³)；

Q_0 ——弯月面顶部的密度读数，单位为千克每立方米(kg/m³)；

Δd ——刻度单位间隔，单位为千克每立方米(kg/m³)；

σ ——表面张力，单位为毫牛顿每米(mN/m)；

g ——重力加速度，单位为米每平方秒(m/s²)，采用标准值 9.806 65 m/s²；

D ——躯体直径，单位为毫米(mm)；

Δl ——标尺的间距，单位为毫米(mm)。

表3 以密度单位表示的平均弯月面校正 单位为 kg/m³ 或 10^{-3} g/mL

密度计的系列			L20	L50 和 L50SP	M50 和 M50SP	M100	S50	S50SP
标尺最小的分度值			0.2	0.5	1	2	2	1
假定标尺长度/mm			113 127	125 145	78 99	87 102	50 62	50 62
液体密度/		表面张力/						
kg/m³	g/mL	(mN/m)						
600	0.600	15	0.32 0.28	0.8 0.7	1.2 1.0	2.0 2.0	2.0 1.6	1.8 1.6
800	0.800	25	0.36 0.32	0.8 0.7	1.4 1.0	2.4 2.0	2.0 1.6	2.0 1.6
1 000	1.000	35	0.36 0.32	0.8 0.7	1.4 1.0	2.4 2.0	2.0 1.6	2.2 1.6
		55	0.44 0.40	1.0 0.8	1.6 1.2	2.8 2.4	2.4 2.0	
		75	0.48 0.44	1.0 0.9	1.8 1.4	3.2 2.8	2.8 2.4	
1 500	1.500	35	0.32 0.44	0.7 0.6	1.0 0.8	2.0 1.6	2.0 1.2	
		55	0.36 0.32	0.8 0.7	1.2 1.0	2.4 2.0	2.0 1.6	
		75	0.40 0.36	0.9 0.8	1.4 1.0	2.8 2.4	2.0 2.0	
2 000	2.000	55	0.32 0.28	0.7 0.6	1.0 1.0	2.0 1.6	2.0 1.6	
		75	0.36 0.32	0.8 0.7	1.2 1.0	2.4 2.0	2.4 1.6	

注1：考虑特定的密度计的躯身直径，为获取比上表中的平均数据更为接近的弯月面高度校正值，可从同样由 Langberg 方程计算得来的表4中获得。

注2：表3计算中已考虑了第三行所示的标尺长度。左边和右边的数据分别各自参考了通常实际使用中符合通用型密度计要求的密度计的标尺长度的上限和下限。

注3：修正值对最接近的标尺刻度间隔的五分之一分度进行四舍五入。

表 4　以长度单位表述的平均弯月面修正值

单位为 1 mm

液体密度		表面张力	躯体直径/mm			
kg/m^3	g/mL	(mN/m)	4	5	6	7
600	0.6	15	1.7	1.8	1.9	1.9
700	0.7	20	1.8	1.9	2.0	2.0
800	0.8	25	1.9	2.0	2.0	2.1
900	0.9	30	1.9	2.0	2.1	2.2
1 000	1.0	35	1.9	2.1	2.1	2.2
		55	2.2	2.4	2.5	2.6
1 300	1.3	35	1.8	1.9	1.9	2.0
		55	2.1	2.2	2.3	2.4
1 500	1.5	55	2.0	2.1	2.2	2.3
2 000	2.0	55	1.8	1.9	1.9	2.0

5　用于散装液体数量计算的表格

注 1：本章所描述的校正前进行 3.6.3 的推荐修正是十分关键的。

注 2：在石油工业采用基于标准温度为 15℃的特殊的计算过程，表格见 ISO 91-1 中。

在特定的温度 t ℃下，一定数量的液体以立方米或毫升计的体积 V_t 可由其空气中的表观质量 W 千克或克，除以其对应的空气中每立方米或毫升的表观质量而求得。同样的，t℃温度下的液体的空气中总的表观质量 W 千克或克，可由液体的体积 V_t 立方米或毫升乘以其对应的空气中每立方米或毫升的表观质量而求得。在这两种情况下，均需要知道温度为 t℃的液体单位体积的空气表观质量。表 5 通过 t℃时的密度(kg/m^3 或 g/mL)采用简单的方法获得这些数据。

表 5　在给定的温度 t℃下，密度(kg/m^3 或 g/mL)和体积为 1 m^3 或 1 mL 液体的表观质量(空气中，kg 或 g)的转换

t℃时的密度		空气中特定表观质量的修正值	
		t℃时体积为 1 m^3	t℃时体积为 1 mL
kg/m^3	g/mL	kg/m^3	g/mL
600～1 100	0.6～1.1	−1.1	−0.001 1
1 200～1 700	1.2～1.7	−1.0	−0.001 0
1 800～2 000	1.8～2.0	−0.9	−0.000 9

注 1：这些数据基于大气密度和使用质量密度分别为 1.217 kg/m^3 和 8.136 kg/m^3。

注 2：假定立方分米和升(1964 国际度量衡大会的定义)是等同的。

假使密度观察点的温度跟获取或测量液体体积的温度不相同，必须将液体在两个温度间的膨胀或收缩考虑进来。t'℃温度下的体积 $V_{t'}$ 可通过 V_t 得到，二者关系如式(3)：

$$V_{t'} = V_t[1 + \gamma(t' - t)] \qquad \cdots\cdots(3)$$

这里 γ 表示液体在 t℃至 t'℃间的平均体积膨胀系数。

类似地，当表观质量 W 已知，t℃下的密度和 t'℃下总体积 $V_{t'}$ 已知，t℃下的体积 V_t 可通过 $V_{t'}$ 除

以 $1+\gamma(t'-t)$]获得。

6 密度计观察用容器

对于所有的液体，量筒型密度计器皿通常是适用的，但是对于高表面张力的液体的测量而言，应使用溢出型容器，方可去除表面膜，以得到最高精度的结果。

6.1 量筒型容器

量筒应当稳固地立于基座，并且应当没有产生变形的局部不规则。表 6 给出了符合 ISO 4788 规定的合适的刻度量筒。带刻度的，或者不带刻度的量筒均可满足要求，若有足够液体时，亦可使用更大的量筒。当密度计的长度未接近最大的允许值，或刻度并未紧挨着密度计躯体的顶部，可使用更短的量筒。采用的量筒的内径应当比密度计的球径大若干毫米(推荐至少 10 mm)。

表 6 通用型密度计测量的合适圆柱体

密度计系列	最大的球径	密度计至标刻刻度顶部的最大长度	量筒容积
	mm	mm	mL
L20	40	320	1 000
L50 和 L50SP	27	320	1 000
M50 和 M50SP	24	255	500
M100	20	235	250
S50 和 S50SP	20	175	250

6.2 溢出型容器

适用于密度计的溢出型容器见图 1。容器的内径和从容器底部到顶部的溢出面的距离应控制在所示的数值内，其余的尺寸可允许有效的波动。图示的容器可从玻璃管中制得，并且需要一个支撑的底座。A 类适合于 L20 和 L50 系列，B 类适合于 M100 系列，C 类适合于 S50 系列。

7 脱气的蒸馏水的密度

尽管 4℃的水的密度在国际单位系统里不是一个基本数量值，水依然作为一个标准物质用于精确的体积和密度的测量。至今为止使用的水的密度表，是建立于 1948 年的国际实践温度测量，和有效期至 1964 年的升的定义，由 Wagenbreth 和 Blanke 使用国际单位制的体积单位和国际实用温标(1968年)(IPTS-68)重新进行计算。

新的数值见表 7。除此之外，脱气和空气饱和的水的密度的差值 ΔQ 和密度温度改变比率也见表 7。

表 7　水的密度，单位 kg/m³，温度以℃计，国际实际温度测量(1968)

注：15.56℃(60 ℉)脱气蒸馏水密度 999.012 1 kg/m³。

温度	0.0	0.1	0.2	0.3	0.4	0.5	0.6	0.7	0.8	0.9	$(\Delta Q/\Delta t)/\left(\frac{kg/m^3}{0.1℃}\right)$	ΔQ
0	999.8 396	999.8 463	999.8528	999.8 591	999.8 653	999.8 713	999.8 771	999.8 827	999.8 882	999.8 934	0.005 9	−0.002 6
1	999.8 985	999.9 035	999.9082	999.9 128	999.9 172	999.9 214	999.9 254	999.9 293	999.9 330	999.9 365	0.004 1	−0.002 7
2	999.9 399	999.9 431	999.9461	999.9 489	999.9 516	999.9 541	999.9 565	999.9 587	999.9 607	999.9 625	0.002 4	−0.002 8
3	999.9 642	999.9 657	999.9 670	999.9 682	999.9 692	999.9 701	999.9 708	999.9 713	999.9 717	999.9 719	−0.000 8	−0.003 0
4	999.9 720	999.9 718	999.9 716	999.9 711	999.9 705	999.9 698	999.9 689	999.9 678	999.9 666	999.9 652	−0.002 4	−0.003 1
5	999.9 637	999.9 620	999.9 602	999.9 582	999.9 560	999.9 537	999.9 513	999.9 487	999.9 459	999.9 430	−0.003 9	−0.003 3
6	999.9 399	999.9 367	999.9 334	999.9 299	999.9 262	999.9 224	999.9 184	999.9 143	999.9 101	999.9 057	−0.005 3	−0.003 4
7	999.9 011	999.8 964	999.8 916	999.8 866	999.8 815	999.8 762	999.8 708	999.8 652	999.8 595	999.8 537	−0.006 8	−0.003 5
8	999.8 477	999.8 416	999.8 353	999.8 289	999.8 223	999.8 157	999.8 088	999.8 019	999.7 947	999.7 875	−0.008 1	−0.003 4
9	999.7 801	999.7 726	999.7 649	999.7 571	999.7 492	999.7 411	999.7 329	999.7 246	999.7 161	999.7 075	−0.009 5	−0.003 3
10	999.6 787	999.6 898	999.6 808	999.6 717	999.6 624	999.6 530	999.6 434	999.6 337	999.6 239	999.6 140	−0.010 8	−0.003 1
11	999.6 039	999.5 937	999.5 834	999.5 729	999.5 623	999.5 516	999.5 408	999.5 298	999.5 187	999.5 074	−0.012 1	−0.002 9
12	999.4 961	999.4 846	999.4 730	999.4 612	999.4 494	999.4 374	999.4 253	999.4 130	999.4 007	999.3 882	−0.013 3	−0.002 6
13	999.3 756	999.3 628	999.3 500	999.3 370	999.3 239	999.3 106	999.2 973	999.2 838	999.2 702	999.2 565	−0.014 5	−0.002 3
14	999.2 427	999.2 287	999.2 146	999.2 004	999.1 861	999.1 717	999.1 571	999.1 424	999.1 276	999.1 127	−0.015 7	−0.002 0
15	999.0 977	999.0 826	999.0 673	999.0 519	999.0 364	999.0 208	999.0 051	998.9 892	998.9 733	998.9 572	−0.016 8	−0.001 7
16	998.9 410	998.9 247	998.9 083	998.8 917	998.8 751	998.8 583	998.8 414	998.8 244	998.8 073	998.7 901	−0.017 9	−0.001 4
17	998.7 728	998.7 553	998.7 378	998.7 201	998.7 023	998.6 845	998.6 665	998.6 483	998.6 301	998.6 118	−0.019 0	−0.001 1
18	998.5 934	998.5 748	998.5 562	998.5 374	998.5 185	998.4 995	999.4 804	998.4 612	998.4 419	998.4 225	−0.020 1	−0.000 9
19	998.4 030	998.3 833	998.3 636	998.3 438	998.3 233	998.3 037	998.2 836	998.2 633	998.2 429	998.2 224	−0.021 2	−0.000 6
20	998.2 019	998.1 812	998.1 604	999.1 395	998.1 185	998.0 973	998.0 761	998.0 548	998.0 334	998.0 119	−0.022 2	−0.000 4
21	997.9 902	997.9 685	997.9 467	997.9 247	997.9 027	997.8 805	997.8 583	997.8 360	997.8 135	997.7 910	−0.023 2	−0.000 2
22	997.7 683	997.7 456	997.7 227	997.6 998	997.6 767	997.6 536	997.6 303	997.6 070	997.5 835	997.5 600	−0.024 2	−0.000 1
23	997.5 363	997.5 126	997.4 887	997.4 648	997.4 408	997.4 166	997.3 924	997.3 680	997.3 436	997.3 191	−0.025 2	0.000 0
24	997.2 944	997.2 697	997.2 449	997.2 200	997.1 950	997.1 699	997.1 446	997.1 193	997.0 939	997.0 685	−0.026 1	0.000 0
25	997.0 429	997.0 172	996.9 914	996.9 655	996.9 396	996.9 135	996.8 873	996.8 611	996.8 347	996.8 083	−0.027 0	0.000 0
26	996.7 818	996.7 551	996.7 284	996.7 016	996.6 747	996.6 477	996.6 206	996.5 934	996.5 661	996.5 388	−0.028 0	0.000 0
27	996.5 113	996.4 837	996.4 561	996.4 284	996.4 005	996.3 726	996.3 446	996.3 165	996.2 883	996.2 600	−0.028 9	0.000 0
28	996.2 316	996.2 032	996.1 746	996.1 460	996.1 172	996.0 884	996.0 595	996.0 305	996.0 014	995.9 722	−0.029 8	0.000 0
29	995.9 430	995.9 136	995.8 842	995.8 546	995.8 250	995.7 953	995.7 655	995.7 356	995.7 056	995.6 756	−0.030 6	0.000 0
30	995.6 454	995.6 152	995.5 848	995.5 544	995.5 239	995.4 934	995.4 627	995.4 319	995.4 011	995.3 701	−0.031 5	0.000 0
31	995.3 391	995.3 080	995.2 768	995.2 456	995.2 142	995.1 828	995.1 512	995.1 196	995.0 879	995.0 561	−0.032 3	0.000 0
32	995.0 243	994.9 923	994.9 603	994.9 282	994.8 960	994.8 637	994.8 313	994.7 983	994.7 663	994.7 337	−0.033 2	0.000 0
33	994.7 010	994.6 682	994.6 353	994.6 021	994.5 693	994.5 362	994.5 030	994.4 697	994.4 364	994.4 029	−0.034 0	0.000 0
34	994.3 694	994.3 358	994.3 021	994.2 683	994.2 345	994.2 005	994.1 665	994.1 324	994.0 982	994.0 640	−0.034 8	0.000 0
35	994.0 296	993.9 952	993.9 607	993.9 261	993.8 915	993.8 567	993.8 219	993.7 870	993.7 521	993.7 170	−0.035 6	0.000 0
36	993.6 819	993.6 467	993.6 114	993.5 760	993.5 406	993.5 050	993.4 694	993.4 338	993.3 980	993.3 622	−0.036 3	0.000 0
37	993.3 263	993.2 903	993.2 542	993.2 181	993.1 818	993.1 455	993.1 092	993.0 727	993.0 362	992.9 996	−0.037 1	0.000 0
38	992.9 629	992.9 261	992.8 898	992.8 524	992.8 154	992.7 784	992.7 412	992.7 040	992.6 668	992.6 294	−0.037 8	0.000 0
39	992.5 920	992.5 545	992.5 169	992.4 792	992.4 415	992.4 037	992.3 658	992.3 279	992.2 899	992.2 518		0.000 0
40	992.2 136											

单位为毫米

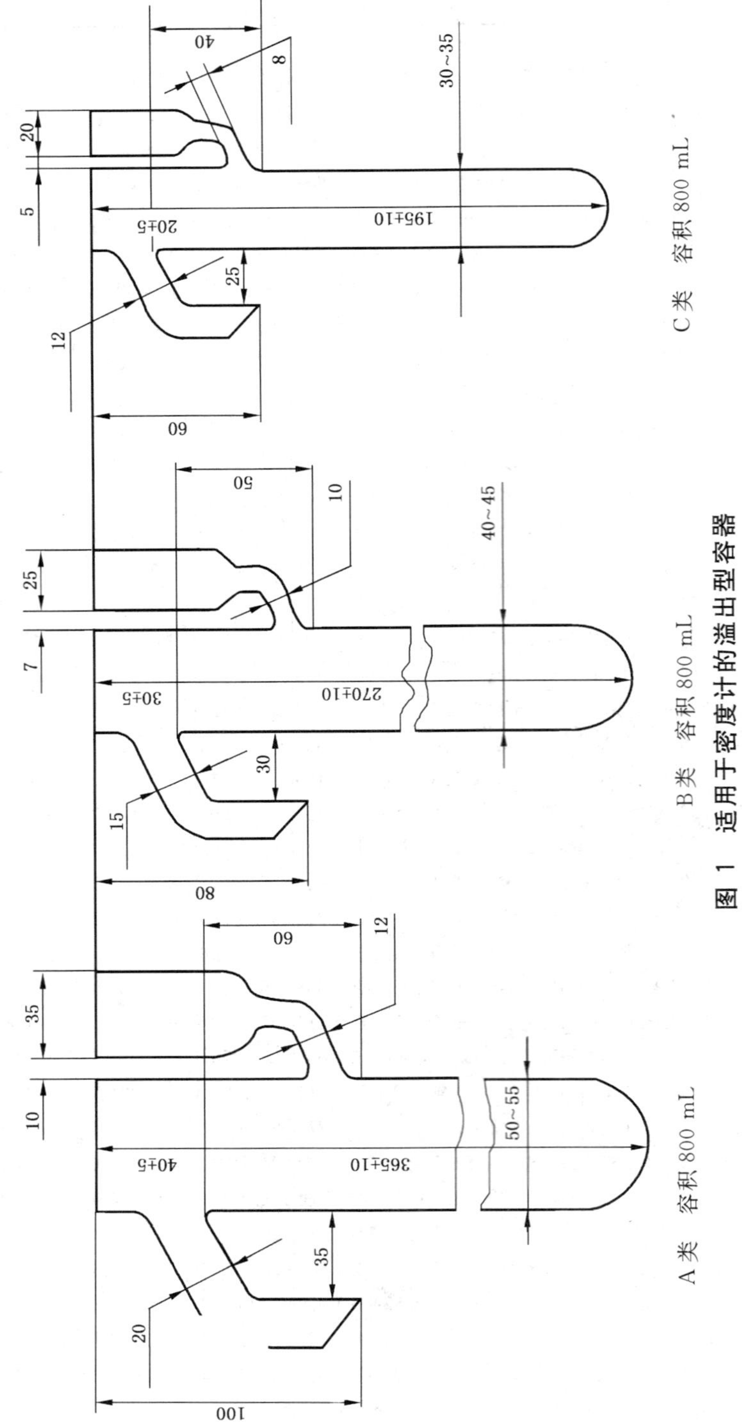

图 1 适用于密度计的溢出型容器

8 多种基准范围校准的密度计的读数差别

表 8 中的数据是当使用一个不是建立在合适单位的参比设备(如 ISO 1507 中的密度瓶)对密度计进行校准或测试时使用的。

表格型的数据是存在于在相似的表面张力类型,有不同分刻度单位的范围的相似的设备应用在同样的条件,同样的液体时的差值。这些差值与液体的温度无关,并且假定在玻璃体积热膨胀系数为25×10^{-6}℃$^{-1}$。

表 8 检定温度 20℃、15℃和 15.56/15.56℃(60/60F)相对密度的密度计的读数差别

密度计的显示		标 刻 *d*15.56/15.56℃密度计的读数减去标刻为 20℃的密度计的读数	标 刻 *d*15.56/15.56℃密度计的读数减去标刻为 15℃的密度计的读数	标 刻 15℃密度计的读数减去标刻为 20℃的密度计的读数
kg/m³	g/mL	单位:kg/m³ 或 g/mL 或 *d*(所有值为正值)		
600	0.6	0.7	0.6	0.1
700	0.7	0.8	0.7	0.1
800	0.8	0.9	0.8	0.1
900	0.9	1.0	0.9	0.1
1 000	1.0	1.1	1.0	0.1
1 100	1.1	1.2	1.1	0.1
1 200	1.2	1.3	—	—
1 300	1.3	1.4	—	—
1 400	1.4	1.5	—	—
1 500	1.5	1.6	—	—
1 600	1.6	1.7	—	—
1 700	1.7	1.9	—	—
1 800	1.8	2.0	—	—
1 900	1.9	2.1	—	—
2 000	2.0	2.2	—	—

ICS 130.100
A 80

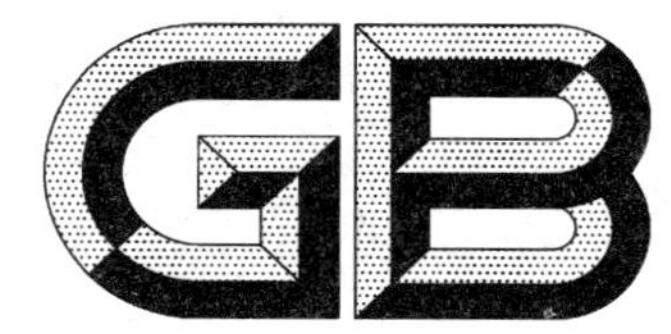

中华人民共和国国家标准

GB/T 21785—2008/ISO 3507:1999

实验室玻璃器皿　密度计

Laboratory glassware—Pyknometers

(ISO 3507:1999,IDT)

2008-05-12 发布　　2008-09-01 实施

中华人民共和国国家质量监督检验检疫总局
中国国家标准化管理委员会　发布

前 言

本标准等同采用ISO 3507:1999《实验室玻璃器皿 密度计》(英文版)。

本标准附录A为资料性附录。

本标准由全国危险化学品管理标准化技术委员会(SAC/TC 251)提出并归口。

本标准起草单位:中华人民共和国深圳出入境检验检疫局。

本标准参与起草单位:中华人民共和国江苏出入境检验检疫局、国家轻工业玻璃产品质量监督检测中心。

本标准主要起草人:吴景武、刘贤杰、袁春梅、李彬、刘丽、徐蓓蓓、余淑媛、李英、王宏菊、陈美容、王红松、刘君峰。

本标准为首次发布。

实验室玻璃器皿　密度计

1　范围

本标准规定了一系列密度计在实验室用于常规测量液体密度时所应具备的条件。

用于特殊产品的专用密度计或其他不在普通状况下使用的密度计不包含在本标准中。用来定义这些密度计的充分信息应包含在详细说明或描述它们用途的相关国际标准中。

附录A内容为一套适合调节雷氏(Reischauer)密度计颈部液位水平的装置。

2　规范性引用文件

下列文件中的条款通过本标准的引用而成为本标准的条款。凡是注日期的引用文件,其随后所有的修改单(不包括勘误的内容)或修订版均不适用于本标准,然而,鼓励根据本标准达成协议的各方研究是否可使用这些文件的最新版本。凡是不注日期的引用文件,其最新版本适用于本标准。

ISO 383　实验室玻璃器皿——可互换的锥形磨口

ISO 384:1978　实验室玻璃器皿——测容积的玻璃器皿的设计和构造原理

ISO 386　实验室玻璃管液体温度计——设计、构造和使用原则

ISO 719　玻璃,玻璃晶粒在98℃下的耐水解性——试验方法和分类

ISO 3585　3.3硼硅酸盐玻璃——特性

3　校准基础

3.1　体积单位

本标准使用的体积单位为毫升(mL),与立方厘米(cm^3)等同使用。

注:毫升(mL)这一术语通常作为立方厘米(cm^3)的特殊名使用。根据第十二届国际计量大会决议,一般而言,在国际标准中涉及玻璃器皿体积时,参考使用毫升这一术语,本标准中也使用毫升。

3.2　基准温度

如果密度计上标记有有效容积,也应标记有确定这一有效容积的校验温度。在正常环境下,标准基准温度应为20℃。

当密度计在热带地区使用,环境温度高于20℃时,这些地区不希望使用20℃的标准基准温度,这时推荐使用27℃。

4　种类和尺寸系列

下面对两种管式密度计和四种瓶式密度计进行详细说明,如表1中所列及图1至图6的插图。第1和第2类为管状,是悬浮式密度计。第3、4、5和6类为瓶状,是独立式平底密度计。

第1、3、4和第2类密度计(如果带盖),应用于挥发性液体。第5类密度计应用于强黏性物质。

各种类型密度计的系列尺寸如表1所示。

表1　密度计的种类和尺寸

种类	名称	标称容积 /mL
1	李勃氏(Lipkin)	1 2 5 10
2	斯氏(Sprengel)	5 10 25
3	盖氏(Gay-Lussac)	1 2 5 10 25 50 100

表 1(续)

种类	名称	标称容积 /mL
4	雷氏(Reischauer)	10 25 50 100
5	哈氏(Hubbard)	25 50
6	带磨口插入温度计	10 25 50 100

5 密度计的容积

5.1 有效容积

有效容积即为密度计在基准温度时所装的水的体积,以毫升计。在此温度下,根据密度计的种类,体积有如下规定:

——第 1 类:在两个刻度零线之间;

——第 2 类:从口部末端到刻度线;

——第 3 类和第 5 类:至瓶塞顶部的孔;

——第 4 类:至刻度零线;

——第 6 类:至毛细具支管顶部。

推荐基准温度为 20℃,但也可根据 3.2 选择其他适当温度。

5.2 标称容积

标称容积即为最接近表 1 中给出的适当值的有效容积。

6 有效容积,标称容积及精确度之间的不同

密度计有效容积和标称容积的差值不应超过表 2、表 3 和表 4 中所示的最大值。

密度计有效容积在 95%置信水平($k=2$)时测量不确定度不应超过以下值:

第 1 类 李勃氏(Lipkin) ±5 mL;

第 2 类 斯氏(Sprengel) ±5 mL;

第 3 类 盖氏(Gay-Lussac) ±10 mL;

第 4 类 雷氏(Reischauer) ± 5mL;

第 5 类 哈氏(Hubbard) ± 50mL;

第 6 类 磨口插入温度计 ± 15mL。

7 结构

7.1 材质

根据 ISO 719,密度计应由水解性级别不低于 HGB3 的玻璃制成,热膨胀系数不超过3.3×10^{-6}℃$^{-1}$。

注:根据 ISO 3585,密度计材质包括 3.3 硼硅酸盐玻璃。

密度计应尽可能避免可见的缺陷并适当地避免内应变的影响。瓶塞或接头应由玻璃制成,且该玻璃和与之配套的密度计所用的玻璃应具有相似的热性质。

7.2 质量

密度计质量不应超过表 2、表 3 和表 4 中指定的最大值。

7.3 尺寸

密度计应符合表 2、表 3 和表 4 中所指定的尺寸公差要求。以无公差的标称值表示的另外尺寸可

作为制造商的指导。

7.4 形状

7.4.1 六种类型的密度计形状应如图1至图6所示，并应遵循7.4.2至7.4.8中给出的详细要求。所有密度计锥形部分应平稳地加工成型，以避免形成尖锐的侧翼部并导致气泡产生。

7.4.2 第1类密度计应有一个椭圆形球，如图1所示，逐渐并接到其两端的管子上。如图1所示，密度计左臂应弯曲，从其末端到弯曲部位的距离为(20±2) mm，夹角为50°至55°。密度计两端应与管的轴线一致，并无收缩，烧熔平滑。

7.4.3 第2类密度计应有一个柱状球，其两端呈锥形，逐渐并接到相邻管上。

两臂应弯曲，角度约与垂直方向成75°，作为密度计的U型部分与密度计处于同一平面。其中一臂应呈锥形口收缩，该臂末端应有一个约0.5 mm的孔，平滑并与管轴线成直角，在外部微微倾斜。

密度计另一臂末端应与管的轴线一致，并无收缩，烧熔平滑。

7.4.4 第2类密度计配置于末端侧臂的盖子应符合以下附加要求：

a) 接口磨口部分两个盖子可以互换，接口还应符合ISO 383中5/9尺寸要求。

b) 接口圆锥磨口部位应由一个带孔管微小扭曲形成，这一扭曲应为平滑渐缩式的，口部顶端应凸出于磨口部位。

c) 盖子应能平稳地装在圆锥部位上，并有足够尺寸用于清洁口部顶端。

7.4.5 第3、第4、第5和第6类密度计水平放置时，不摇晃或不旋转时应是垂直的。当它们插上瓶塞，与水平面成15°放置时，空置不会倾倒。

7.4.6 第3、第4和第6类密度计的本体形状应与图3、图4和图6中形状类似，图中最大直径所在平面到瓶底的距离约为密度计瓶颈底部到瓶底距离的1/3。

7.4.7 第5类密度计本体应如图5所示形状，图中圆锥部分上端无尖锐侧翼，平滑接入颈部。圆锥部分底端和底部之间曲率半径应不超过5mm。

7.4.8 第6类密度计的毛细具支管呈约90°平滑接入密度计本体。毛细具支管上部应平行于密度计本体垂直轴。毛细具支管外部直径约6 mm，上端磨口部位平面外径约6 mm。

7.5 颈部

7.5.1 对第3和第5类密度计来说，瓶子颈部上端应重新改造以确保无沟道存在，那样会导致液体淤积在瓶塞和瓶颈之间。颈部顶端外部边缘应略微倾斜。

颈部磨口范围应延伸至瓶塞底部，当塞上瓶塞时，瓶塞边缘不应低于磨口的下端。

注：这是一个制造工具的过程或是一个研磨的过程。

7.5.2 对第4类密度计来说，带有分度尺的颈部部分应为圆柱形，整个标度尺长度范围内的内径应一致。这一部分之上的颈部内径不应收缩。颈部上端磨口部位可以为如图4所示带插口的加固圈，也可以为锥形。两种情况中磨口都应符合ISO 383中要求，接口尺寸见表3。

7.5.3 对第6类密度计来说，颈部有意插入温度计的磨口插孔应符合ISO 383中10/19尺寸的要求，在插孔磨口部位和装配好的温度计之间不应存在沟道，以避免液体淤积。

毛细具支管末端磨口部位应为符合ISO 383标准7/16尺寸的锥形，以保证可以给具支管加盖。

7.6 瓶塞和温度计

7.6.1 密度计瓶塞应很好地进行磨口以适合瓶子颈部液封的需要，并应符合7.6.2至7.6.6中的要求。

7.6.2 对第3类密度计来说，当瓶塞插入瓶中时插入部位应很好地进行磨口，且瓶塞的磨口区域应延伸至瓶颈部之上。

瓶塞顶部与轴成直角部位应磨口并抛光，并有略微的斜边。

瓶塞底部与轴成直角部位应很好地进行磨口并有略微的斜边。

从瓶塞顶端直至瓶塞底部的孔的边缘轮廓线要清晰，并不应有缺口或凹穴。

瓶塞上部应有两个成对边的倾斜的抛光面。

这些抛光面不应侵犯到瓶塞的磨口区域。

7.6.3 对第4类密度计来说，瓶塞或盖子依照7.5.2中的可互换要求，应平整地磨口以便能很好地插入或戴在瓶子颈部。

7.6.4 对第5类密度计来说，瓶塞应符合7.6.2中第一、第三和第四段中的要求。瓶塞下面应平整地磨口成一个凹面部分球体的形状，结束边缘应没有碎屑，干净地成型。

7.6.5 对第6类密度计和如有可能的第2类密度计，支管的盖子应拥有符合ISO 383中7/16接头尺寸的磨口插口。

7.6.6 第6类密度计应提供符合ISO 386的要求和磨口区域符合ISO 383标准中10/19尺寸要求的附带温度计。温度测量范围应在10℃至35℃之间，刻度分度为0.2℃，最大允许误差不超过0.2℃，测温液体应为水银。温度计长度见表4中详细说明。

当不允许使用水银温度计时，应选择使用至少是同一精度的温度计。

8 刻度线

8.1 概要

8.1.1 刻度线应是清晰的、持久的、宽度不超过0.3 mm的统一线条。

8.1.2 所有刻度线平面应与它们所在管的管轴成直角。

8.1.3 调节和读取液体的弯月面应依照ISO 384:1978中第5章执行。

8.2 第1类

8.2.1 刻度所在位置

密度计每一垂直臂应有8 cm长刻度线，以毫米为分刻度。当密度计垂直时两刻度应处于同一水平。表2中给出了刻度位置的尺寸限制。

8.2.2 刻度线长度

8.2.2.1 用来表示每一厘米的长线应绕管的周长一圈，或留下一个不超过周长10%的缺口。

8.2.2.2 处于长线正中间的中线长度应不低于管1/4周长。

8.2.2.3 在连续的长线和中线之间应有4根短线，每根短线的长度不低于1/8周长。

8.2.2.4 当密度计曲臂向着左面，处于垂直位置进行观看时，线和中线应出现在两管前面的中央下方。

8.2.3 刻度线的数字

两刻度应标上代表厘米的数字刻度，最下端的长线位置为0，最顶端的长线位置为8。

数字应直接列于其所指的长线上方，略微靠近短线，如图1所示。

8.3 第2类

密度计应有一个完全环绕其臂的单一刻度线，且壁上没有喷口。

这一刻度线应放置距离管开始弯曲不超过5 mm处，及距离管开口末端不超过20 mm处。

8.4 第4类

8.4.1 密度计颈部应有一个宽度不超过0.3 mm的环形标记。另外密度计颈部还应有一个以毫米计，长2cm的分度标。管颈部标记上下或管前分度标开始延伸处应有不超过5 mm的孔。

8.4.2 刻度线长度和顺序应符合8.2.2.1至8.2.2.3的要求，线的位置如图4所示。

8.4.3 长线的刻度应以毫米进行数字描述，底部是0，中间是10，顶部是20。

9 标记

以下内容应永久性地标记在密度计上。

注:标记的永久性可根据 ISO 4797[1] 中详述方法进行评估。

a) 标称容积数字后接着有一个"≈"符号意为容积是近似的和未进行精确调整的。

b) 以"mL"符号或"cm^3"符号为体积单位。

c) 与 a) 和 b) 两个标记一样,或除这两者之外,还要使用一个数字表示与温度一起精确到 0.001 mL 的确定容积。

例如:20℃下 49.813 mL(见 3.2)。

d) 缩写"In"和"20℃"指密度计在 20℃下的预期标称容积。

e) 制造者或销售者的名字或标记。

f) 对第 3、第 5 和第 6 类密度计来说,密度计上标识号应在瓶塞上或温度计上重复,其他类型的密度计和它们的盖子或瓶塞上也应标记有标识号。

g) 对第 3、第 5 和第 6 类密度计来说,颈部和瓶塞或温度计应用一短垂直线标记,或标记在瓶塞或温度计颈部一个唯一性的位置。

10 刻度线的可见度,数字和标记

10.1 所有数字和标记的尺寸和形状在通常使用条件下应能够清晰易读。

10.2 所有刻度线、数字和标记在通常使用条件下应永久清晰可见,用于提高可见度的填充物应有足够的耐用性以防止在使用中的任何整体的重大损失。

表 2 第 1 和第 2 类密度计(见 7.3)的尺寸要求

特征	第 1 类 李勃氏(Lipkin)(见图 1)				第 2 类 斯氏(Sprengel)(见图 2)		
标称容积/mL	1	2	5	10	5	10	25
有效容积和标称容积之间的差异(最大)/mL	±0.2	±0.3	±0.5	±1	±0.5	±1	±2
最大质量(如果合适,第 2 类包括盖子)/g	30				25	30	40
总高 A/mm	175±5				90	105	120
刻度上部高度 B(最小)/mm	40				—	—	—
球形至刻度高度 C(最小)/mm	5				—	—	—
垂直度盘之间的距离 D/mm	28±2				—	—	16
支臂长度 E/mm	—				40	45	50
管的外径 F/mm	6				6		
管的内径 G/mm	1±0.1				1.5		
球形底部至零刻度线的长度 H/mm	40				—	—	—
球形的长度 H/mm	—				60	75	90
球形的外径 J/mm	11	14	20	25	12	17	22

1) ISO 4794 实验室玻璃器皿 用于彩色编码和彩色标志的搪瓷的耐化学性评定方法。

表 3　第 4 类和第 5 类密度计瓶(见 7.3)的尺寸要求

特征	第 4 类 雷氏(Reischauer)(见图 4)				第 5 类 哈氏(Hubbard)(见图 5)	
标称容积/mL	10	25	50	100	25	50
有效容积和标称容积之间的差异(最大)/mL	±1	±2	±3	±3	±2	±3
包括瓶塞的最大质量/g	20	25	30	50	40	60
颈部高度 A[a]/mm	110	120	135	150	45	63
本体直径 B[a]/mm	33	40	50	60	40	45
底部直径 C[a]/mm	23	27	35	40	28	29
瓶塞的高度 E[a]/mm	—				26	
颈部外径 F/mm	8				—	—
瓶塞孔径 G/mm	—				2	
颈部内径 G/mm	2.2 至 3.1				—	—
瓶塞凹陷深度 K/mm	—				2.3	
颈部磨口[b]	7/11 或 7/16				24/10 或 24/12	

[a] 这些尺寸适合于图 3 至图 5 中形状的密度计,但也可根据其他适合样式进行变化。

[b] 根据 ISO 383。

表 4　第 3 类和第 6 类密度计瓶(见 7.3)的尺寸要求

特征	第 3 类 盖氏(Gay-Lussac)(见图 3)							第 6 类 带磨口温度计插入(见图 6)			
标称容积/mL	1	2	5	10	25	50	100	10	25	50	100
有效容积和标称容积之间的差异(最大)/mL	±0.1	±0.3	±0.5	±1	±2	±3	±3	±1	±2	±3	±3
包括瓶塞的最大质量/g	10	15	20	25	30	35	55	25	30	45	60
至颈部上端的高度 A[a]/mm	30	35	45	50	60	75	90	52	60	72	90
本体直径 B[a]/mm	15	18	22	27	37	47	57	27	37	47	57
底部直径 C[a]/mm	15	16	18	22	30	36	42	22	30	36	42
瓶塞的高度 E[a]/mm	—							6			
颈部外径 F[a]/mm	45							—			
瓶塞孔径 G/mm	1±0.3							—			
颈部内径(支管)G[a]/mm	—							1	1.7		
颈部磨口部位顶端直径/mm	7.5±0.1			10±0.1				—			
颈内瓶塞最小啮合长度[b]/mm	11			13				7/16			
颈部磨口插口[c](温度计用)	—							10/19			
颈部磨口锥形[c](支管)	—							7/16			
温度计总长/mm	—							135	145	155	170

[a] 这些尺寸适合于图 3 至图 5 中形状的密度计,但也可根据其他适合样式进行变化。

[b] 第 3 类密度计的颈部和瓶塞不适合使用可互换的磨口件。

[c] 根据 ISO 383。

单位为毫米

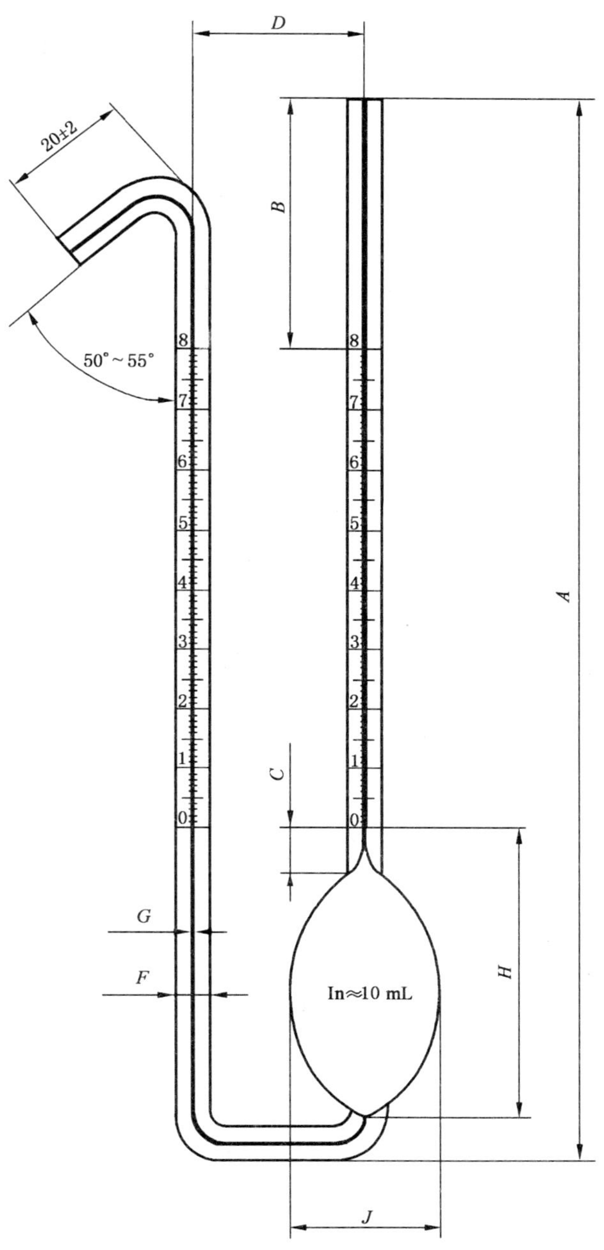

注：见表2中符号定义。

图1 第1类 李勃氏(Lipkin)管式密度计

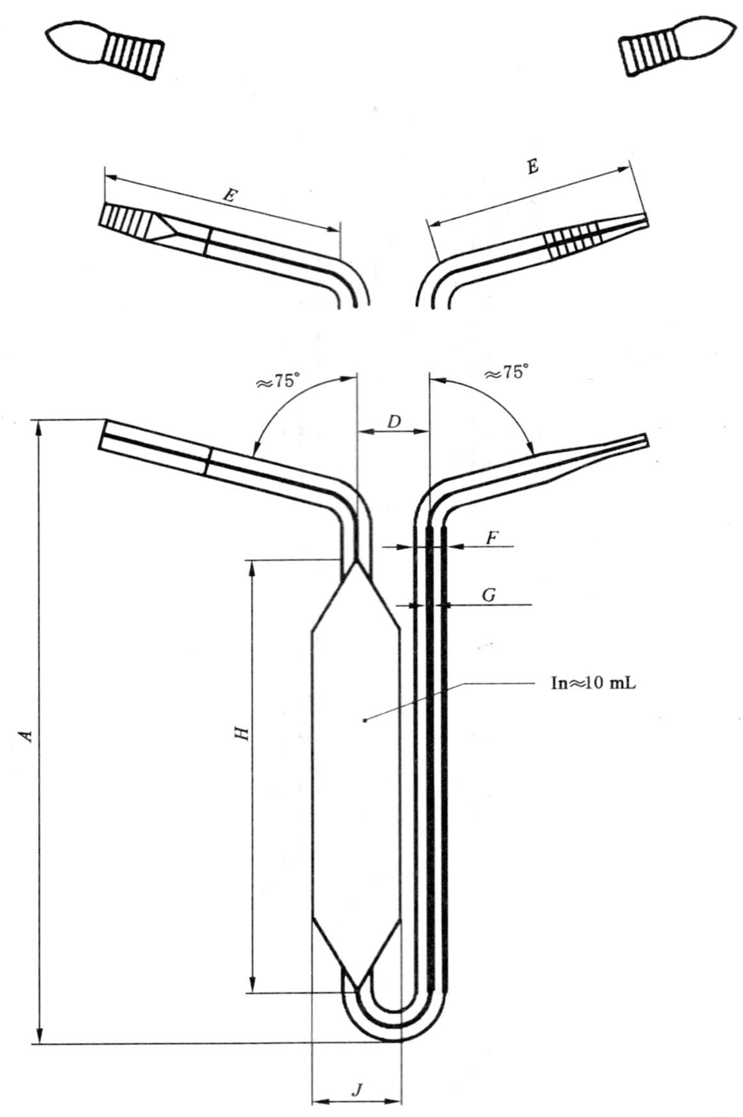

注:见表2中符号定义。

图2 第2类 斯氏(Sprengel)管式密度计

注:见表 3 中符号定义。

图 3　第 3 类 盖氏(Gay-Lussac)瓶式密度计

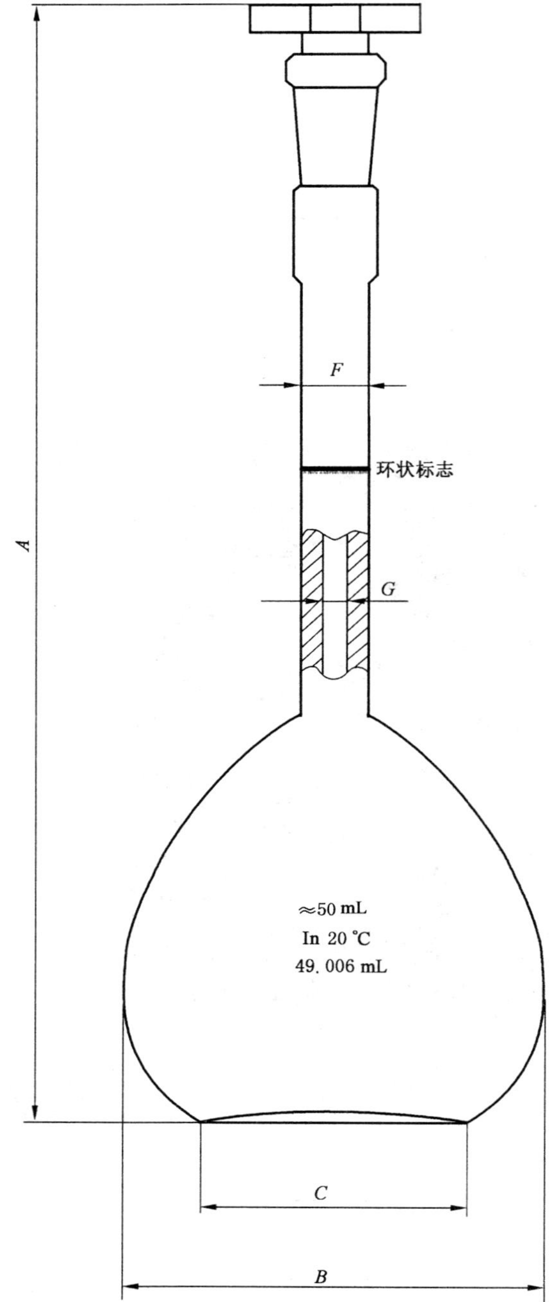

注:见表 3 中符号定义。

图 4　第 4 类雷氏(Reischauer)瓶式密度计

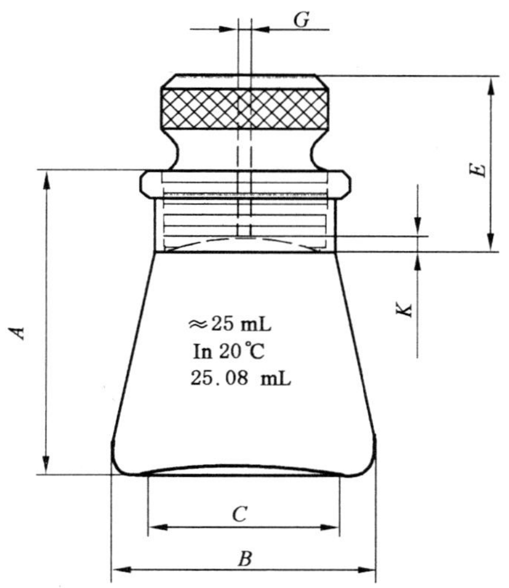

注:见表 3 中符号定义。

图 5　第 5 类 哈氏(Hubbard) 瓶式密度计

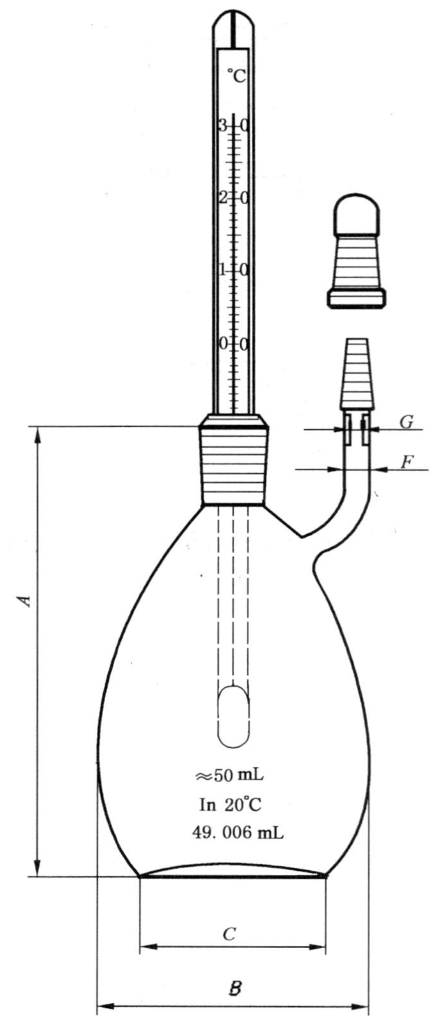

注:见表 3 中符号定义。

图 6　带磨口插入温度计和毛细具支管的瓶式密度计

附　录　A
（资料性附录）
调节雷氏（Reischauer）密度计液位水平的装置

A.1　调节雷氏密度计液位水平的装置

见图 A.1 和图 A.2。

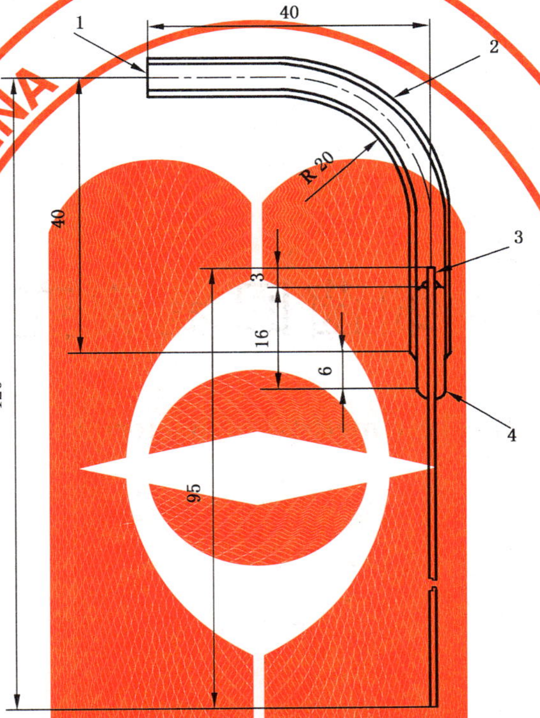

1——将该装置末端接真空；
2——外臂厚 $\phi6\times1.0$，无缝插拔软铜管；
3——外径 $\phi0.5$ 不锈钢皮下注射管；
4——外臂厚 $\phi3\times1.0$，无缝插拔软铜管。

图 A.1　排液针

单位为毫米

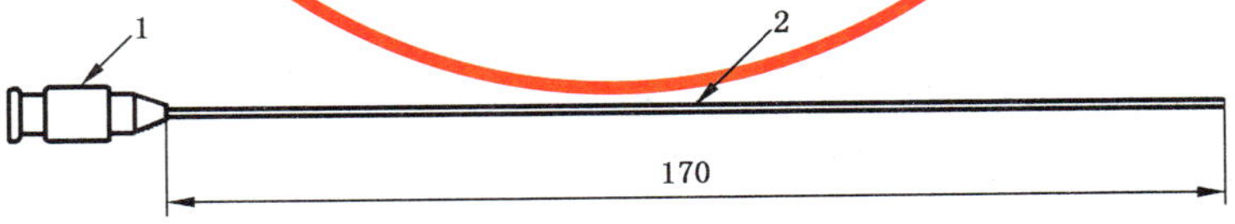

1——皮下注射器针头接头适合注射器使用；
2——外径 $\phi1.0$ 不锈钢皮下注射管。

图 A.2　注射针

ICS 13.300;11.100
A 80

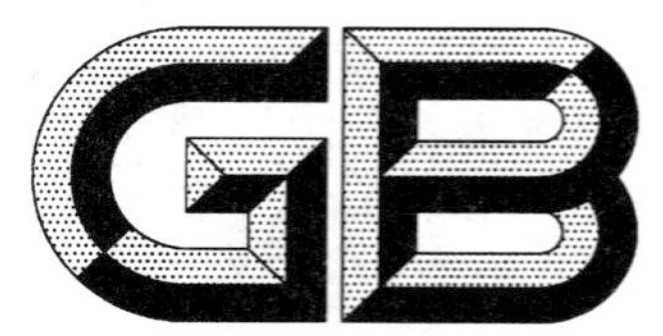

中华人民共和国国家标准

GB/T 21786—2008

化学品　细菌回复突变试验方法

Chemicals—Test method of bacterial reverse mutation

2008-05-12 发布　　2008-09-01 实施

中华人民共和国国家质量监督检验检疫总局
中国国家标准化管理委员会　发布

前　　言

本标准等同采用经济合作与发展组织(OECD)化学品测试指南 No.471(1997年)《细菌回复突变试验》(英文版)。

本标准作了以下编辑性修改:

——增加了范围部分;

——计量单位改成我国法定计量单位;

——删除了 OECD 的参考文献部分。

本标准由全国危险化学品管理标准化技术委员会(SAC/TC 251)提出并归口。

本标准负责起草单位:中国疾病预防控制中心职业卫生与中毒控制所。

本标准参加起草单位:北京市疾病预防控制中心、宁波出入境检验检疫局。

本标准主要起草人:邓瑛、穆啸群、吴维皑、赵超英、龙再浩。

OECD 引言

1. 细菌回复突变试验应用需要氨基酸的鼠伤寒沙门氏菌(*Salmonella Typhimurium*)和大肠杆菌(*Escherichia coli*)菌株去检测由DNA的一个或数个碱基对的置换、增加或缺失造成的点突变。本试验的原理是检测试验株中存在的回复突变并恢复合成必需氨基酸的能力。发生回复突变的细菌能在缺乏特定必需氨基酸的条件下生长,而亲代菌株则不能生长,故能检出。当营养缺陷型菌株在受试样品作用下发生回复突变后,即恢复了合成特定氨基酸的能力,因此可以在不含该氨基酸的培养基上形成菌落,而那些没有发生突变的菌株和突变菌株的亲代菌株则因无法合成特定氨基酸而不能在不含该氨基酸的培养基上形成菌落。

2. 点突变是人类的很多遗传性疾病的原因,而且,目前已有充足的证据证明,人和实验动物体细胞的癌基因和抑癌基因的点突变与肿瘤发生有关。细菌回复突变试验具有快速、经济和操作相对简便等优点。很多试验菌株还具有某些特征,使其对某类致突变物更加敏感,这些特征包括回复突变位点的应答性DNA序列、细胞对大分子物质的通透性增高以及DNA修复系统的消除(缺失)或DNA易错修复增多等。通过特异性菌株获得的试验结果可为遗传毒性物质诱发的突变类型提供有价值的研究资料。已建立了包含大量不同结构化学物的细菌回复突变试验结果的数据库,可以从中得到所需资料,同时,还为测试不同理化性质的化学物(例如可对挥发性物质)建立了完善的方法。

3. 细菌恢复突变试验应用的是原核细胞,其在吸收、代谢、染色体结构、DNA修复过程等方面与哺乳动物细胞都有差别。且本试验是体外试验,一般需要加入外源性代谢活化系统。但外源性代谢活化系统不能完全模拟体内代谢条件,因此,本试验的结果不能为受试样品对哺乳动物的致突变性和致癌性提供直接证据。

4. 细菌回复突变试验通常作为遗传毒性初筛试验,尤其适用于对受试样品诱发点突变能力的检测。大量研究数据表明,很多在本试验中获得阳性结果的化学物在其他试验中也具有致突变活性。但也有一些致突变剂在本试验中(结果)为阴性的例子,本试验存在这种缺陷可能是由于检测终点的特殊性质、代谢活化过程不同以及生物利用度的差异等原因造成的。另一方面,一些使本试验灵敏度增加的因素也会造成对致突变活性估计过高。

5. 细菌回复试验不适合评价某些类型的化学物,例如,具有较强杀菌作用的化合物(如某些抗生素)、认为或已知对哺乳动物细胞复制过程有特异性干扰作用的化合物(如拓扑异构酶抑制剂、核苷酸类似物等),这些物质选用哺乳动物的致突变试验更合适。

6. 尽管很多在本试验中获得阳性结果的化学品是哺乳动物的致癌物,但这种相关性并不是绝对的,而是与化学物的种类有关。还有一些致癌物不能用本试验检出,因为这些物质是通过其他的、非遗传致癌机制或受试菌株不具备(存在)的机制引发癌症的。

化学品　细菌回复突变试验方法

1　范围

本标准规定了化学品细菌回复突变试验的范围、术语和定义、试验基本原则、试验方法、试验数据和报告。

本标准适用于检测化学品(有杀菌作用的除外)的致突变性。

2　术语和定义

下列定义和术语适用于本标准。

2.1

回复突变试验　reverse mutation test

在鼠伤寒沙门氏菌(*salmonella typhimurium*)或大肠杆菌(*escherichia coli*)中检测需要氨基酸菌株(分别为组氨酸和色氨酸)的突变,以产生一株不依赖外界提供氨基酸的菌株。

2.2

碱基对置换突变剂　base pair substitution mutagens

能够引起DNA碱基改变的物质。在回变试验中,这种改变可发生在原发突变位点,在细菌基因组中也可在第二位点发生突变。

2.3

移码突变剂　frameshift mutagens

能够引起DNA中单个或多个碱基对的增加或缺失,继而改变了RNA的读码框的物质。

3　试验基本原则

3.1　细菌悬液分别在加入或不加入外源性代谢活化系统的条件下与受试样品接触,在平皿掺入试验中,将上述混合物与顶层琼脂充分混匀,迅速倾入底层琼脂平板(最低营养琼脂)上。在预孵育试验中,先将细菌悬液与受试样品混合进行预孵育,然后再与顶层琼脂充分混匀,迅速倾入底层琼脂平板(最低营养琼脂)上。上述平皿培养2 d～3 d后,计数回复菌落数并与溶剂对照组的自发回复菌落数进行比较。

3.2　细菌回复突变试验有数种操作方法,其中最常用的是平皿掺入法、预孵育法、震荡培养法和悬浮培养法等。还有用于检测气体或蒸气的改良方法。

3.3　本标准所描述的主要是平皿掺入法和预孵育法。这两种方法在加入或不加入代谢活化系统的条件下都能进行。有些化学品用预孵育法更有效,包括短链脂族亚硝胺、二价金属、醛类、偶氮染料和重氮化合物、千里光生物碱、烯丙基化合物和硝基化合物。在研究中还发现某些类别的化学品用标准的方法,如平皿掺入法和预孵育法并非总能检出阳性结果,这种情况应视作"特例",并强烈建议采用其他替代试验程序进行检测。在文献中,已用替代方法对下列"特例"的致突变性进行了鉴定(同时提供了所用试验程序的例子),"特例"一般包括偶氮染料和重氮化合物,气态或挥发性物质和葡萄糖苷等。对标准方法的改动应有科学依据。

4　试验方法

4.1　试验准备

4.1.1　细菌

4.1.1.1　新鲜的细菌培养物应生长至指数生长晚期或稳定期早期(细菌浓度约为10^9个/mL),生长已达稳定期晚期的培养物不能使用。试验中所用的培养物中的活菌滴度应较高。活菌滴度可根据细菌生长曲线的历史性对照数据确定，或在每次试验时通过滴片测定活菌数。

4.1.1.2 推荐的培养温度：37℃。

4.1.1.3 至少应用5种菌株，包括4个鼠伤寒沙门氏菌株（TA1535；TA1537或TA97a或TA97，TA98和TA100），对这些菌株的检测结果可靠且不同实验室之间有较好的重现性。这四种菌株在初始回复突变位点有GC碱基对，已知它们不能检测某些氧化型致突变物、DNA交联剂和肼类物质。检测这些物质应选用在初始回复突变位点有AT碱基对的大肠杆菌WP2菌株或鼠伤寒沙门氏菌TA102菌株。因此，推荐的菌株组合方案如下：

鼠伤寒沙门氏菌TA1535和

鼠伤寒沙门氏菌TA1537或TA97或TA97a和

鼠伤寒沙门氏菌TA98和

鼠伤寒沙门氏菌TA100和

大肠杆菌WP2 uvrA或大肠杆菌WP2 uvrA(pKM101)或鼠伤寒沙门氏菌TA102

为检测DNA交联（突变）剂，最好用鼠伤寒沙门氏菌TA102或加一种擅长修复DNA的大肠杆菌WP2 uvrA或大肠杆菌WP2 uvrA(pKM101)作为受试菌株之一。

4.1.1.4 应按已建立的操作规程对菌种的培养制品进行保存和标记鉴别。每次复苏冻存菌种的培养制品时均应进行氨基酸需求试验（鼠伤寒沙门氏菌需要组氨酸，大肠杆菌需要色氨酸）。同样，还应进行其他的表型鉴定，包括有无R因子质粒［即：TA98，TA100和TA97a或TA97，WP2 uvrA，WP2 uvrA(pKM101)菌株对氨苄青霉素的抗性，以及TA102对氨苄青霉素和四环素的抗性］和特征性突变的存在（例如：鼠伤寒沙门氏菌的rfa突变使其对结晶紫敏感，大肠杆菌的uvrA突变和鼠伤寒沙门氏菌的uvrB突变使其对紫外线敏感）。这些菌株会产生自发回变，通过平板记数获得自发回变数应在历史对照数据范围内，最好在文献报道的范围内。

4.1.2 培养基

应用适宜的最低营养琼脂（含Vogel-Bonner最低培养基E和葡萄糖）和含有组氨酸和生物素或色氨酸的顶层琼脂，以供少数细胞完成数次分裂。

4.1.3 代谢活化

细菌应在有或无适量代谢活化系统的条件下与受试样品接触。最常用的活化系统是经酶诱导剂处理的，从啮齿类动物肝脏制备的加有辅助因子的后线粒体组分（S9）。所用的酶诱导剂包括Aroclor 1254或苯巴比妥和β-萘黄酮联合诱导。常用的后线粒体组分浓度范围是S9混合液5%～30%（体积分数）。应根据受试样品的类别选择代谢活化系统及其应用条件。在某些情况下，可使用一种以上浓度的S9。对于偶氮染料或重氮化合物，应选择还原性代谢活化系统。

4.1.4 受试样品/准备

在对菌株进行处理前，固体受试样品应该溶解或混悬于合适的溶剂或赋形剂中，如需要可进行适度稀释。液体受试样品可直接加入测定体系或在处理前适度稀释。受试样品应新鲜制备，否则需有资料证明其贮存的稳定性。

4.2 试验条件

4.2.1 溶剂/赋形剂

溶剂/赋形剂不应与受试样品发生化学反应，且对细菌的存活和S9的活性无影响。若选用的不是常用的溶剂或赋形剂体，应有资料提供适合的理由。能用水作溶剂或赋形剂的，应首先考虑以水作为溶剂或赋形剂。如受试样品对水不稳定，应选用不含水的有机溶剂或赋形剂。

4.2.2 染毒剂量

4.2.2.1 应根据受试样品对细菌的毒性和在配制的最终混合物中的溶解度确定受试样品所用的最高浓度。建议先进行预试验测定受试样品的毒性和溶解度。可将回变菌落数的减少、背景菌苔体积变小、或处理后细菌存活率降低等作为细胞毒性的指征。代谢活化系统的存在可改变受试样品的毒性。在实际试验条件下，最终混合物出现肉眼可见的沉淀即判断为不溶。对无细胞毒性的可溶受试样品，建议最高试验浓度应为 5 mg/皿或 5 μL/皿，对无细胞毒性但溶解度达不到 5 mg/皿或 5 μL/皿的受试样品，在最终处理混合物中应有一个或多个浓度出现沉淀现象。在低于 5 mg/皿或 5 μL/皿时即出现细胞毒性的受试样品，最高浓度应达到出现细胞毒性的浓度。沉淀不应影响结果计数。

4.2.2.2 至少应选用 5 个可供分析的试验浓度。在开始试验时，剂量间隔一般为半对数(例如 $\sqrt{10}$)，在研究剂量-反应关系时也可以采用更小的剂量间隔。

4.2.2.3 如果受试样品含有可能具有致突变作用的杂质，试验浓度可超过 5 mg/皿或 5 μL/皿。

4.2.3 对照

4.2.3.1 每次试验均应设置同时进行的阳性和阴性(溶剂或赋形剂)对照，且应在有或无代谢活化系统的条件下分别设置。加入代谢活化系统时，每一次试验选用的阳性物浓度应能证明试验的有效性。

4.2.3.2 为检验所用的代谢活化系统，应根据试验菌株类型选择适宜的阳性物，下列化学品是适合进行代谢活化试验的阳性物：

9,10-二甲基蒽 9,10-dimethylanthracene [CASNo. 781-43-1]

7,12-二甲基苯蒽 7,12-dimethylbenzanthracene [CASNo. 57-97-6]

刚果红 Congo Red [CASNo. 573-58-0]

苯并[α]芘 benzo(a)pyrene [CASNo. 50-32-8]

环膦酰胺(单水)cyclophosphamide (monohydrate) [CASNo. 50-18-0(CASno. 6055-19-2)]

2-氨基蒽醌 2-aminoanthracene [CASNo. 613-13-8]

2-氨基蒽醌不能单独作为评价 S9 混合物活性的指示剂，如果选用它作为阳性物，对每批 S9 还应另选一种需要微粒体酶代谢活化的致突变物证实其活性，如苯并[α]芘或二甲基苯蒽。

4.2.3.3 对不加代谢活化系统的试验，各菌株特异性的阳性对照物见表 1。

表 1 各菌株特异性对照物表

化学品名称及 CAS 编号	菌株
叠氮钠 sodium azide [CASNo. 26628-22-8]	Ta 1535 和 TA100
2-硝基芴 2-nitrofluorene [CASNo. 607-57-8]	TA98
9-氨基丫啶 9-aminoacridine [CASNo. 90-45-9]或 ICR191[CASno. 17070-45-0]	TA 1537、TA97 和 TA97a
异丙基苯过氧化氢 cumene hydroperoxide [CASNo. 80-15-9]	TA 102
丝裂霉素 C mitomycin C [CASNo. 50-07-7]	WP2 uvrA 和 TA102
N-乙基 N-硝基 N-亚硝基胍 N-ethyl-N-nitro-N-nitrosoguanidine [CASNo. 70-25-7]或 4-硝基喹啉 1 氧化物 4-nitroquinoline 1-oxide [CASno. 56-57-5]	WP2、WP2 uvrA 和 WP2 uvrA(PKM101)
呋喃糠酰胺 furylfuramide (AF-2) [CASNo. 3688-53-7]	含质粒的菌株

4.2.3.4 也可以使用其他适合的阳性物。如可能，可考虑使用化学类别相关的阳性对照物。

4.2.3.5 阴性对照在每次试验时除在试验培养基中只加入溶剂或载体外，其余处理应与各处理组相同。另外，如果没有历史数据证明所用溶剂或载体无毒性作用或致突变作用，还应设空白对照组(不进行任何处理)。

4.3 试验步骤

4.3.1 受试样品处理

4.3.1.1 平皿掺入法：不需代谢活化时，通常将 0.05 mL 或 0.1 mL 受试样品溶液、0.1 mL 新鲜的细菌培养液(约含 10^8 个细菌)和0.5 mL灭菌缓冲液与2.0 mL顶层琼脂混合。如需代谢活化系统条件下,通常将0.5 mL含适量后线粒体组分(体积约占代谢活化混合液总量的5%~30%)的代谢活化混合物与细菌和受试物/受试溶液一起与顶层琼脂混合。将上述混合液充分混合后倒在最低营养琼脂上,待顶层琼脂凝固后放入培养箱培养。

4.3.1.2 预孵育法,将受试物/受试溶液与受试菌株(约含 10^8 个细菌)和灭菌缓冲液或代谢活化系统(0.5 mL)在30℃~37℃预孵育20 min或更长时间,再与顶层琼脂混合,然后倒在最低营养琼脂上。通常用0.05 mL或0.1 mL受试物/受试溶液、0.1 mL菌液,0.5 mLS9混合物或灭菌缓冲液,与2.0 mL顶层琼脂混合。在预孵育过程中应将试管放入震荡器中震荡充气。

4.3.1.3 为了评价结果的变异度,每个剂量水平应做三个平行平板,如有科学的理由也可做两个平行平板,偶尔丢失一个平皿的数据不影响结果的可靠性。

4.3.1.4 气态或挥发性物质应采用适当方式测试,例如在封闭的培养皿中进行。

4.3.2 培养

将试验中的所有平皿置于37℃培养48 h~72 h。培养结束后计数每个平皿的回复突变菌落数。

5 试验数据和报告

5.1 数据处理

5.1.1 应列出每个平皿的回复突变菌落数。阴性对照(溶剂对照,有时还有空白对照)和阳性对照组各皿的回复突变菌落数也应记录。

5.1.2 应列出受试样品各组、阴性对照和阳性对照的每皿回复突变菌落数、平均回复突变菌落数和标准差。

5.1.3 对明确的阳性结果无需进行验证试验。可疑结果最好通过改进试验条件进一步试验来澄清。阴性结果需视具体情况决定。如认为阴性结果无需进行验证试验,应说明理由。在随后的试验中应改进试验参数以扩大评价条件范围,改进的参数包括浓度间距、处理方法(平皿掺入或溶液预孵育等)和代谢活化条件。

5.2 结果评价和解释

5.2.1 阳性结果判定有几个标准。如受试样品各组回复突变菌落数的增加呈剂量-反应关系,或至少有一个菌株在有或无代谢活化系统条件下,在一个或几个剂量水平每皿回复突变菌落数出现可重复的增加。应首先考虑结果的生物学意义。统计学方法可用于帮助评价试验结果,但不能作为阳性反应判定的唯一因素。

5.2.2 不符合以上标准的受试样品则被认为在本试验中无致突变性。

5.2.3 尽管多数试验都能给出明确的阳性或阴性的结果,但也不排外极少数试验不能对受试样品活性做出明确判断,例如,无论重复试验多少次,结果仍模棱两可或可疑。

5.2.4 细菌回复突变试验的阳性结果表明受试样品可引起所用鼠伤寒沙门氏菌或大肠杆菌的基因组发生碱基置换或移码突变诱发的点突变。可重复的的浓度-反应关系意义较大。阴性结果表明在本试验条件下受试样品不引起试验菌株的突变。

5.3 试验报告

试验报告应包括以下信息:

5.3.1 受试样品

a) 名称和识别码如CAS编号(如已知);
b) 物理性质和纯度;
c) 与试验实施相关的物理化学特性;
d) 受试样品稳定性(如了解)。

5.3.2 溶剂/赋形剂

a) 选择溶剂/赋形剂的理由；

b) 受试样品在溶剂/赋形剂中的溶解性和稳定性(如了解)。

5.3.3 细菌

a) 所用菌株；

b) 每皿加入的细菌数；

c) 菌株特征。

5.3.4 试验条件

a) 每皿加入受试样品的量(mg/皿或 μg/皿),剂量选择的依据,每个浓度的平皿数；

b) 选用的培养基；

c) 代谢活化系统的类型和成分,包括判断可接受的标准；

d) 处理过程。

5.3.5 结果

a) 毒性表现；

b) 沉淀现象；

c) 每个平皿的菌落计数；

d) 每皿平均回变菌落数和标准差；

e) 剂量-反应关系(如可能)；

f) 统计学分析(如有)；

g) 同期阴性(溶剂/赋形剂)和阳性对照数据(包括数据范围、均数和标准差)；

h) 历史性的阴性(溶剂//赋形剂)和阳性对照资料(包括范围,均数,标准差)。

5.3.6 结果讨论。

5.3.7 结论。

ICS 13.300;11.100
A 80

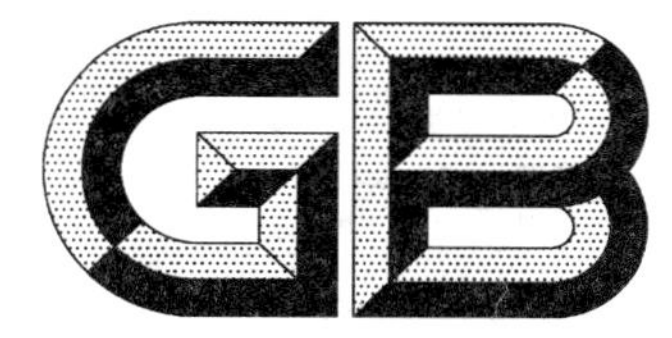

中华人民共和国国家标准

GB/T 21787—2008

化学品　啮齿类动物神经毒性试验方法

Chemicals—Test method of neurotoxicity study in rodents

2008-05-12 发布　　　　2008-09-01 实施

中华人民共和国国家质量监督检验检疫总局
中国国家标准化管理委员会　发布

前 言

本标准等同采用经济合作与发展组织(OECD)化学品测试指南 No.424 (1997 年)《啮齿类动物神经毒性试验》(英文版)。

本标准做了下列编辑性修改：

——增加了范围；

——计量单位改为我国法定计量单位；

——删除了 OECD 的参考文献部分。

本标准的附录 A、附录 B 为规范性附录。

本标准由全国危险化学品管理标准化技术委员会(SAC/TC 251)提出并归口。

本标准负责起草单位：中国疾病预防控制中心职业卫生与中毒控制所。

本标准参加起草单位：上海出入境检验检疫局、宁波出入境检验检疫局。

本标准主要起草人：邱璐、刘清君、李朝林、陈小青、李霜、林振兴。

OECD 引言

1. OECD 化学品试验指南根据科学技术的发展进行定期审查，从而使危害识别和产生的相关数据与科学进步保持充分的一致。OECD 成员国、OECD 秘书处以及国际科学团体可提出建立或更新试验指南。建立试验指南的程序指导文件见 OECD 环境专题 No.76。

2. 1990 年 3 月在华盛顿召开的神经毒性试验的 OECD 专题会议产生了本试验指南草案的建议，1992 年 2 月在巴黎召开了关于系统性短期和(迟发的)神经毒性的专家工作组协调会议。在这些会议提出的建议和美国环保局神经毒性指南基础上提出了本草案。1995 年 3 月在加拿大渥太华由 OECD 神经毒性特设工作组提出最终的建议稿。工作组综合考虑了 OECD 指南项目的协调成员以及加拿大对神经毒性试验指南的建议。

3. 本试验指南可获得化学品是否引起成年动物潜在神经毒性作用的信息，并可进一步确定潜在神经毒性特征。它既可以与现有的重复剂量毒性试验联合，也可单独进行。进行以本试验指南为基础的试验设计，尤其是在对本指南中常规观察项目和试验程序进行修改时，推荐参考 OECD 关于神经毒性试验策略和方法的指导性文件。OECD 指导性文件也便于在一些特殊情况下选择使用其他试验方法。发育神经毒性评价有单独的试验指南。

4. 在化学品毒性特征的鉴定和评价中，神经毒性是非常重要的一个方面。重复剂量系统毒性试验指南已经包含了筛选潜在神经毒性的观察指标。使用本试验指南设计的试验，可以获得更多的神经毒性信息，也可进一步证实在重复剂量系统毒性试验中观察到的神经毒性作用。然而，考虑某些种类化学品的潜在神经毒性，使用本指南而不是重复剂量试验的指标对化学品进行评价更为合理。考虑的内容应有：

- 除了重复染毒系统毒性试验，本指南试验可观察到的其他神经症状或神经病理损伤。或
- 与其他已知神经毒物的结构关联或相关的信息。

5. 适用于本试验指南的其他情况，可进一步参考 OECD 神经毒性策略和方法的指导性文件。

6. 本试验指南能够满足证实化学品特定组织病理学和神经行为毒性的特殊需要，并能对神经毒性反应做出定性和定量的评价。

7. 过去认为神经毒性即是神经病学，包括神经病理损伤和神经功能障碍，如癫痫、瘫痪或震颤。尽管神经病变是神经毒性的重要表现形式，但现在逐渐认识到其他一些神经系统毒性的症状如运动协调障碍、感觉障碍、学习和记忆功能障碍等在神经病学或其他类型试验中无法反映。

8. 本神经毒性试验指南用来检测成年啮齿类动物的主要神经行为和神经病理变化。即使没有形态学变化，对神经行为的影响依然可以反映出机体的毒性作用，当然并不是所有的行为变化都是神经系统特异的。因此，所有观察到的变化要结合相关病理学、血液学或生化资料以及其他类型的系统毒性资料进行评价。本试验指南要求试验能够对神经毒性反应进行定性和定量，包括特定的组织病理学和行为学上的改变，行为学改变可能需要进一步的电生理和(或)生化检查支持。

9. 神经毒物可能通过多种机制作用于神经系统的多个靶器官。因而，没有一个单独的试验能完全评价所有化学品潜在的神经毒性，因此，对于某些观察到的或预期的特异的神经毒性可以联合使用其他的体内或体外试验。

10. 本试验指南可结合 OECD 神经毒性试验策略和方法的指导性文件设计试验，以便进一步确定毒性特征或增加剂量-反应的灵敏性，从而更好地估算出 NOAEL 水平或证实化学品已知或可疑的危险性。如，可以用来确定和评价神经毒性机制或对已有的、通过基本的神经行为和神经病理观察方法得到的资料进行补充。如果是在本指南推荐的标准试验程序下得到的相关资料并且不需要对结果进行解

释，则不必进行重复试验。

11. 神经毒性试验单独使用或与其他试验组合使用，可以提供以下信息：

- 鉴别受试物对神经系统影响是否可逆；
- 对化学品染毒引起的神经系统变化进行定性，了解具体机制；
- 探讨剂量-反应和时间-反应关系，确定 NOAEL（可用于确定化学品暴露的安全标准）。

12. 本试验指南适用于经口染毒受试物。其他染毒途径（如经皮或吸入）的受试物也适用，但需要对推荐方法进行适当修改。对染毒途径的选择要参照人群的暴露情况及可获得的毒理学或毒代动力学资料。

化学品 啮齿类动物神经毒性试验方法

1 范围

本标准规定了啮齿类动物神经毒性试验的范围、术语和定义、缩略语、试验基本原则、试验方法、试验数据和报告。

本标准适用于检测化学品的神经毒性。

2 术语和定义、缩略语

2.1 术语和定义

下列术语和定义适用于本标准。

2.1.1

有害作用 adverse effect

任何与处理因素有关的,引起机体存活、生殖或环境适应能力降低的变化。

2.1.2

剂量 dose

所受受试物的量,常以质量(g、mg)或动物单位体重所给予的受试物的量(mg/kg)来表示;如将受试物掺入饲料进行喂养染毒时,也可以用受试物在饲料中的恒定质量分数(mg/kg)来表示。

2.1.3

用量 dosage

包括染毒剂量、染毒次数及染毒期限在内的一般性术语。

2.1.4

神经毒性 neurotoxicity

由于暴露于化学、生物学或物理学因素而引起的神经系统结构或功能的有害变化。

2.1.5

神经毒物 neurotoxicant

能够引起神经毒性的化学、生物或物理因素。

2.1.6

无可见有害作用的剂量 no-observed-adverse-effect level(NOAEL)

未发现与染毒有关的有害作用的最高剂量。

2.2 缩略语

下列缩略语适用于本标准。

苏木精-伊红染色

H&E(haematoxylin and eosin)

3 试验基本原则

一定剂量范围的受试物经口对多组啮齿类动物进行染毒。试验通常需要多次染毒,染毒时间可以是28 d,亚急性(90 d)或慢性(1年或更长)。本试验指南的方法也可用于急性神经毒性试验。观察期间对神经毒物引起的行为变化进行评价,对行为和(或)神经系统异常进行检测或定性。试验结束时,对各组中两种性别的动物分别进行原位灌注固定,对大脑、脊髓和周围神经进行病理组织学检查。

单独使用该试验进行神经毒性筛选或对神经毒性作用定性时,不进行原位灌注和组织病理学检查的动物可用于进行特定的神经行为、神经病理、神经化学或电生理检查，从而对标准检查项目的资料进行补充。当经验观察或预期结果显示化学品可能具有特定类型或特定靶标的神经毒性时，补充的资料更为有用。另外，剩余的动物可用于啮齿类动物重复剂量试验的评价。

当本试验与其他试验联用时，动物数量要满足所有试验的要求。

4 试验方法

4.1 试验动物和饲养环境

4.1.1 动物种属

首选的啮齿类动物是大鼠，其他啮齿类动物如果有充分的证据，也可以使用。选用常用品系的健康成年动物。雌性动物为未生产过的和未怀孕的动物。动物应该在断奶后立即给药，最好不迟于6周，任何情况下均不得晚于9周。当本试验与其他试验联用时可做适当调整。试验开始前同一性别动物体重变化不应超过平均体重的20%。如果短期重复染毒试验作为长期毒性试验的预试验，两个试验所用动物的来源和品系要一致。

4.1.2 动物饲养

动物房温度应为22℃±3℃。环境相对湿度通常为50%～60%，除了打扫卫生外，不得低于30%或超过70%。采用人工照明，12 h明暗交替。低噪音，常规实验动物饲料，不限制饮水。如果受试物是掺入饲料中染毒，所选的饲料要能与受试物形成合适的混合物。动物单笼或少量同性别动物同笼饲养。

4.1.3 动物数量和性别

健康成年动物随机分成染毒组和对照组。笼具的放置应当使分笼效应降至最低。每只动物应有唯一的编号，适应时间不得少于5 d。如果作为单独的试验进行，处理组和对照组每组至少需要20只动物(雌雄各10只)用于评价临床症状和功能测试。试验结束时，至少选择10只(雌雄各半)进行原位灌注和神经病理学检查。如果某组只有有限动物进行神经毒性症状观察，则在有限的动物中选择进行原位灌注。如果该试验与重复染毒试验联合进行，则动物数量需要满足两个试验的要求。本试验与其他试验联合进行时每组所需的动物最少数量见表A.1。如果需要在试验过程中处死动物、设恢复组用来观察染毒结束后毒性作用是否可逆、毒性作用的持续时间和是否有迟发性毒性、需要增加额外的数据，在上述情况下均需要增加动物数量以确保可以进行症状观察和组织病理学检查。

4.2 可信度检查

进行本项试验的参考试验室要提供开展本实验的能力和试验操作方法敏感度的资料。这些资料要证明实验室具有检测推荐的各种观察终点(如自主症状、感觉反应、肌力和运动能力)变化并进行定量的能力。引起不同神经毒性反应类型的阳性物查询有关文献。如果关键的试验步骤一致，则也可以选用历史资料作为对照。推荐对历史资料定期更新。参考实验室试验的关键步骤有所变化，则要提供新的试验方法敏感性的资料。

4.3 剂量设计

剂量的选择要考虑之前观察到的受试物或相关物质的毒性和毒代动力学资料。最高剂量要能诱导出神经毒性或明显的系统毒性。递减的剂量水平应该能够反映剂量-反应关系；选用NOAEL作为最低剂量。原则上，选择的剂量应当能够区别神经系统毒性和系统毒性在神经系统的表现。对于递减的剂量水平，选择的上一剂量最好为下一剂量的2倍～3倍，如果选择了四个剂量组，则第三组与第四组的剂量差别要足够大，(可以超过10倍)。剂量选择还要考虑人群估算的暴露水平。

通常至少需要3个染毒组和1个对照组。如果从其他资料推测1 000 mg/(kg·d)重复染毒可能不会表现出毒性，则可进行限量试验。如没有资料可供参考，则需在一定的剂量范围进行预试验以确定最终的染毒剂量。除受试物外，染毒组与处理组应采用相同的处理方式。如果使用了溶剂，对照组应采用最大体积的溶剂剂量。

4.4 样品的配制

必要时可以选用恰当的溶剂，把受试物溶解或悬浮在溶剂中。溶剂首选水，把受试物配成水溶液或悬浮液；其次考虑用油（如玉米油），配成油溶液或悬浮液，最后选择其他溶剂。溶剂的毒性状况必须是已知的。另外，还要考虑溶剂以下特点：溶剂对受试物吸收、分布、代谢或贮留的影响，对受试物可能改变其毒性特性的化学性质的影响，对食物或饮水以及动物营养状况的影响。

4.5 染毒

本试验指南主要适用于经口染毒受试物，可以通过灌胃法、饮食、饮水或胶囊给药。如果通过其他途径染毒（如经皮或吸入），所推荐的试验步骤需做适当修改。动物染毒途径取决于人群暴露状况和可获得的毒理学或毒代动力学资料。如果对染毒途径以及试验程序进行修改，原因需要注明。

试验动物每天染毒 1 次，每周染毒 7 d，至少持续 28 d，如进行每周染毒 5 d 或更短时间，则需要有充分理由。如果通过灌胃法染毒，应使用灌胃针或其他合适的插管一次给予。液态受试物一次染毒的最大体积取决于实验动物的大小，应当不超过 1 mL/100 g。但对于水溶液，最多可达 2 mL/100 g。除刺激性和腐蚀性受试物外，其他受试物均应通过调整浓度，使各个剂量组动物染毒体积差别最小。对于刺激性和腐蚀性受试物，随着浓度的增加，其毒性会急剧增加。

如果受试物是掺入食物或饮水中进行染毒，需要确保受试物的量不会干扰正常的营养和水平衡。如果受试物是掺入食物中染毒，受试物应在食物中保持一个恒定的质量分数（mg/kg）或保持一个恒定的剂量水平，该水平根据动物体重而定；用任何一种方法都必须进行详细说明。对于通过灌胃法染毒的受试物，应该在每天同一时间染毒，并根据动物体重调整，使染毒剂量维持在一恒定水平。如果重复剂量试验作为长期慢性毒性研究的预试验，则两项研究需使用相同的饮食条件。对于急性毒性试验，如果选用分次给药，应在 24 h 完成。

4.6 限量试验

如使用本指南描述的试验方法，染毒剂量大于 1 000 mg/(kg・d)，没有观察到神经毒性作用；并且根据结构相关化合物的资料分析显示该物质可能没有毒性，则不需进行 3 个剂量水平的完整试验。不过，预期人群的暴露水平可能需要使用更高剂量水平染毒进行限量试验。对于其他染毒途径（如经呼吸道或经皮），受试物的理化特性决定了最大染毒剂量。急性经口染毒限量试验最小剂量为 2 000 mg/kg。

4.7 试验观察

4.7.1 观察频率

重复染毒试验，观察期要覆盖整个染毒期。急性毒性试验染毒后应观察 14 d。附加组在染毒后不再给药，但要观察相同时间。保证足够的观察和检测频率以确保能够检测出所有行为和（或）神经学异常。考虑到染毒后预期的毒作用有高峰期，每天最好在同一时间观察，临床观察和功能性检测的频率见附录 B。如先前的动力学研究或其他资料表明需要有不同的观察点、测试点或采用不同的染毒观察时间，则要有另外的时间表确保获取最多的信息。要说明表格修改的原因。

4.7.2 一般健康状况和发病率/病死率观察

所有动物健康状况至少每天观察一次，死亡率和发病率至少每天观察两次。

4.7.3 临床观察

根据不同的试验目的（见附录 A），受试动物在第一次染毒前（考虑到受试动物之间的比较）和染毒后的不同时间间隔对所选择的动物进行详细的临床观察，时间间隔则取决于试验持续的时间（见附录 B）。附加组的临床观察应持续到恢复期结束。临床观察应在饲养笼外标准的平台上进行。使用具有测试标准或评分量表的计分系统对所观察到的症状进行详细的记录。检测实验室使用的标准或量表要定义明确。试验条件的误差尽可能小（非处理因素的系统误差）。经过培训的观察人员通过盲法进行观察。

推荐观察采用有条理的方式进行，每只动物每次观察都有明确定义的标准（包括对正常范围的定义）。要有充分的记录才能确认是正常范围。要记录所有观察到的症状，并尽可能的对所观察的症状进行定量分级。临床观察应包括(但不限于)皮肤、皮毛、眼睛、黏膜、分泌物、排泄物等的变化和自主活动(如流泪、竖毛、瞳孔大小、不正常的呼吸模式和(或)用口呼吸、不正常的排尿或排便,以及尿颜色的异常)。

任何与体位、活动水平(如减少或增加标准活动场所的观察)、运动协调等不正常的反应都要记录。步态(如蹒跚、共济失调),姿势(如驼背)和对处理、放置或其他环境刺激产生的反应以及强制运动,抽搐或震颤,刻板症(如过度理毛、不正常的头部运动、反复转圈)或奇异行为(如嘶咬或过度舔食、自残、倒退、鸣声)或侵略等行为都要记录。

4.7.4 功能测试

与临床观察相同,根据试验目的(见附录 A)在染毒之前和之后对受试动物进行功能测试。功能测试的频率取决于试验的持续时间(见附录 B)。除了表 B.1 列出的观察期外,附加组恢复期动物功能测试尽量安排在接近处死前进行。功能测试包括不同模式刺激(如听觉、视觉和本体感觉刺激)下的感觉反应性、四肢肌力测定、运动活性测定。运动活性通过自动化装置测定其增加或减少。如使用其他的检测系统,则该系统必须能够定量且要注明敏感性和可靠性。应确保每个装置在不同时间的可靠性和不同装置间的一致性。试验程序的具体步骤可参见相关参考文献。若其他资料(如结构-活性,流行病学资料,其他毒理学资料)表明具有潜在神经毒性作用,要考虑使用更特异的方法检测可能对感觉和运动活性或学习记忆的影响。有关特定的检测方法及使用的其他信息见神经毒性试验策略和方法的指导性文件。

特别需要指出的是,如果中毒动物表现出的毒性症状干扰了功能测试,则该动物的功能测试结果要剔除,剔除的原因要说明。

4.7.5 动物体重和食物/水消耗

对于 90 d 毒性试验,所有动物至少每周称重 1 次,食物消耗量(当受试物经饮水染毒时要计算水消耗量)至少每周测算 1 次。长期毒性试验,所有动物前 13 周每周称重 1 次,之后至少每 4 周称重 1 次。如果动物健康状况或体重变化未出现异常,食物消耗量(当受试物经饮水染毒时要计算水消耗量)前 13 周每周测算 1 次,之后 3～4 个月间隔测算 1 次。

4.7.6 眼科检查

对于周期超过 28 d 的试验,在染毒前和试验结束时,应当用检眼镜或同等适当的仪器对动物进行眼科检查,最好对所有动物进行检查,至少对高剂量组和对照组。如检查到眼睛的病变或显示的临床症状需要,则对所有动物都要进行眼科检查。对于长期毒性试验,第 13 周进行眼科检查。如果其他相同剂量、类似时间的试验已得到相关眼科检查资料则不需重复。

4.7.7 血液和临床生化

神经毒性试验与重复染毒系统性试验联合进行,则血液学检查和临床生化检查要按照系统性毒性研究的相应的指南进行。样品收集所采用的方法,应当对神经行为的影响最小。

4.7.8 组织病理学检查

神经病理学检查是对体内试验观察的补充和扩展。至少对每组单一性别 5 只动物进行组织病理检查(见附录 A),采用公认的原位灌注和固定技术进行灌注固定,记录所有观察到的肉眼可见的变化。如果神经毒性试验单独用于神经毒性筛查或对神经毒性作用进行定性,则剩下的动物可进行特定的神经行为、神经病理、神经生化或电生理检查,但需补充试验程序和检查结果。剩余动物也可用来增加组织病理学检查的动物数,如果经验或预期结果表明受试物可能具有一种特定类型或靶标的神经毒性时,这些补充的试验项目尤为有用。另外,剩下的动物可用于重复染毒的常规病理检查。

所有组织样品进行石蜡包埋、常规染色如 H&E,并用显微镜观察。如果观察到或疑似周围神经病变,则需要对周围神经组织进行树脂包埋。临床症状也会表明可能需要对额外部位进行检查或使用特殊染色方法。额外部位的检查见指导性文件。有时可能使用特殊染色法检测特殊病理改变。

中枢和周围神经系统代表性切片也要进行组织学检查。检查区域通常包括前脑,大脑中部包括海马、中脑、小脑、脑桥、延髓、视神经和视网膜的眼球，脊髓颈膨大和腰膨大，背根神经节，背部和腹部的神经根，坐骨神经近端，胫神经近端和胫神经腓肠肌分支处。脊髓和周围神经切片应当包括横切面和纵切面。特别要注意神经的脉管系统。对骨骼肌特别是腓肠肌样品，也需要进行检查。特别要注意中枢神经系统(CNS)和 PNS 易受神经毒剂影响的细胞和纤维结构部位。

神经毒物引起的典型神经病理改变的指南查询有关文献。推荐对高剂量组组织样品分步检查，与对照组进行比较。如没有发现神经病理学变化，则不需要对其他各组进行分析。如高剂量组出现神经病理变化，则中间剂量组和低剂量组可能受影响的样品也要逐一进行编号、检查。

如果在定性检查中发现神经病理变化，则需要对神经系统所有表现这种变化的区域进行进一步检查。所有试验组可能受影响的区域的样品要进行编码并采用盲法随机检查。所有损伤发生的频率和严重程度都要记录。对所有试验组病检区域进行分级，然后打乱编码，对剂量-反应关系进行统计学分析。对不同损伤的严重程度进行描述。

神经行为学观察和测定资料结合其他已有或同时进行的受试物系统毒理学试验资料，对神经病理学观察结果进行评价。

5 试验数据和报告

5.1 试验数据

应当提供单只动物的资料。另外，应当以表格形式总结出以下资料：试验开始前每个试验组和对照组动物数、试验过程中死亡动物数及人道处死动物数以及死亡和人道处死时间、出现中毒症状动物数、观察到的中毒症状的描述(包括所有中毒症状开始的时间、持续的时间、类型和严重程度)、出现损伤的动物数(包括损伤的类型和严重程度)。

试验结果要根据发生率，严重程度以及与神经行为和神经病理(神经生化或电生理以及其他补充的资料)改变的相关性和观察到的其他毒性作用进行综合的评价。选用恰当公认的统计方法对资料进行统计分析。统计方法应当在试验设计时确定。

5.2 试验报告

试验报告应包括以下资料：

5.2.1 受试物

a) 物理性质(包括同分异构、纯度和理化特性)；

b) 名称和识别码。

5.2.2 溶剂

选择溶剂的原因。

5.2.3 动物

a) 动物种属、品系；

b) 动物数量、年龄和性别；

c) 来源、饲养条件、适应期、饲料等；

d) 试验开始前每只动物的体重。

5.2.4 试验条件

a) 受试物制剂/饲料制备的详细资料、浓度、稳定性和均一性；

b) 染毒剂量说明，包括溶剂的详细资料，使用体积和染毒物的物理形态；

c) 受试物染毒的详细资料；

d) 剂量水平选择的理由；

e) 染毒途径和染毒持续时间选择的理由；

f) 受试物掺入饮食/水浓度换算成实际剂量[mg/(kg·d)]；

g) 饲料和饮水质量的详细资料。

5.2.5 试验观察和测试步骤

a) 每组动物进行灌注分组的详细资料；

b) 评分系统的详细资料，包括每个临床观察测试指标的标准和评分量表；

c) 对不同模式刺激（如听觉、视觉和本体感觉）的感觉反应性功能测试；四肢肌力测定，运动活性（包括检测活性的自动化装置）测定以及使用的其他方法；

d) 眼科检查的详细资料、血液学检查和临床生化检查及其基准值的详细资料；

e) 特定神经行为、神经病理、神经生化或电生理方法的详细资料。

5.2.6 试验结果

a) 动物体重/体重变化，包括处死时动物体重；

b) 饲料消耗和水消耗量（如果需要）；

c) 不同性别和剂量水平的毒性反应资料，包括中毒症状和死亡率；

d) 临床症状（无论可逆与否）的性质，严重程度和持续时间（发病和病程）；

e) 功能测试结果的详细描述；

f) 尸检结果；

g) 所有神经行为、神经病理、神经生化或电生理结果的详细描述（如果有）；

h) 吸收和代谢资料（如果有）；

i) 结果的统计处理（如果需要）。

5.2.7 结果讨论

a) 剂量反应资料；

b) 受试物其他毒性作用与神经毒性的关系；

c) NOAEL。

5.2.8 结论

鼓励对受试物的神经毒性进行全面详细的描述。

附 录 A
（规范性附录）
神经毒性试验独立进行或与其他研究联合进行时每组所需最少动物数

A.1 神经毒性试验独立进行或与其他研究联合进行时每组所需最少动物数，见表A.1。

表 A.1 神经毒性试验独立进行或与其他研究联合进行时每组所需最少动物数

观察指标	神经毒性试验			
	独立进行	与28 d毒性试验联合进行	与90 d毒性试验联合进行	与慢性毒性试验联合进行
每组动物数	10只雌10只雄	10只雌10只雄	15只雌15只雄	25只雌25只雄
用于功能测试动物数（包括临床观察）	10只雌10只雄	10只雌10只雄	10只雌10只雄	10只雌10只雄
用于原位灌注神经病理数	5只雌5只雄	5只雌5只雄	5只雌5只雄	5只雌5只雄
用于重复染毒/亚慢性/慢性毒性观察，血液学、临床生化、组织病理等，如每个指南所示		5只雌5只雄	10只[a]雌10只[a]雄	20只[a]雌20只[a]雄
如合适，补充观察	5只雌5只雄			

[a] 在神经毒性研究中包括用于功能测试和临床观察的5只动物。

附 录 B
（规范性附录）
临床观察和功能测试频率

B.1 临床观察和功能测试频率，见表 B.1。

表 B.1 临床观察和功能测试频率

观察类型		试验周期			
		急性试验	28 d 毒性试验	90 d 毒性试验	慢性毒性试验
所有动物	一般状况	每天	每天	每天	每天
	发病率/死亡率	每天两次	每天两次	每天两次	每天两次
功能测试和临床观察动物	临床观察	初次染毒前 染毒 8 h 内毒效应的高峰期 染毒后 7 d 和 14 d	初次染毒前 初次染毒后每周一次	初次染毒前 染毒第 1 周或第 2 周 1 次 此后每月一次	初次染毒前 染毒第 1 个月结束时 1 次 此后的每 3 个月 1 次
	功能测试	初次染毒前 染毒 8 h 内毒效应的高峰期 染毒后 7 d 和 14 d	初次染毒前 染毒第 4 周，尽可能接近染毒结束	初次染毒前 染毒第 1 周或第 2 周 1 次 此后每月 1 次	初次染毒前 染毒第 1 个月结束时 1 次 此后的每 3 个月 1 次

ICS 13.300;11.100
A 80

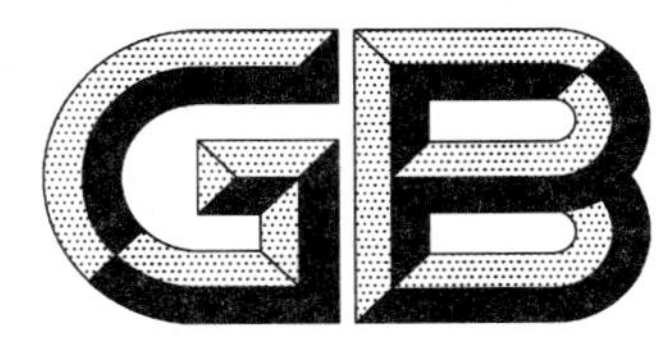

中华人民共和国国家标准

GB/T 21788—2008

化学品　慢性毒性与致癌性联合试验方法

Chemicals—Test method of combined chronic toxicity/carcinogenicity study

2008-05-12 发布　　2008-09-01 实施

中华人民共和国国家质量监督检验检疫总局
中国国家标准化管理委员会　发布

前　言

本标准等同采用经济合作与发展组织（OECD）化学品测试指南 No.453（1981 年）《慢性毒性与致癌性联合试验》（英文版）。

本标准作了以下编辑性修改：

——增加了范围；

——计量单位统一改为我国法定计量单位；

——删除 OECD 的参考文献部分。

本标准由全国危险化学品管理标准化技术委员会（SAC/TC 251）提出并归口。

本标准负责起草单位：中国疾病预防控制中心职业卫生与中毒控制所。

本标准参加起草单位：湖北出入境检验检疫局、辽宁出入境检验检疫局。

本标准主要起草人：孙金秀、崔海容、林铮、胡小钟、郭坚、叶诚、陈建军、徐家文。

OECD 前言

1．OECD 已经发布了很多文件用于慢性、致癌性毒理学或安全性评价；对这些文件的综合表明除了在操作和试验设计上有些差别两个方面是共同通用的。在编写这些指南时参考并引用了很多国家的指南草案。加上组内许多国家的专家努力，感谢世界卫生组织（WHO）和国际癌症研究中心（IARC）除了提供这些组织的专家的意见外，还提供的重要的文件。

2．检测哺乳动物的大部分生命期内或终生接触受试物后所引起的各种毒效应，包括主要的慢性毒性、致癌性和相应的剂量-反应关系。

3．该试验设计和操作除检测一般性毒性（包括对神经、生理、生化、血液系统以及与接触相关的病理形态学方面的作用）外，还应检测受试物诱发肿瘤的作用和潜在的致癌作用。

化学品　慢性毒性与致癌性联合试验方法

1　范围

本标准规定了啮齿类动物慢性毒性与致癌性联合试验的范围、试验基本原则、试验方法、试验报告。

本标准适用于化学品的慢性毒性与致癌性联合试验。

2　试验基本原则

在实验动物的大部分生命期间内以一定方式长期接触受试物，观察动物的中毒症状，并进行生化指标、血液学指标、病理组织学等检查，以评价受试物的慢性毒性；同时观察动物的肿瘤出现的数量、类型、发生部位及发生时间，评价受试物的潜在致癌性。

3　试验方法

3.1　经口染毒对试验受试物的基本要求

3.1.1　受试物为固体或液体等；

3.1.2　受试物化学识别性特征；

3.1.3　受试物的纯度(杂质和含量)；

3.1.4　受试物溶解度；

3.1.5　受试物稳定性(包括在与饲料、饮水混合后的制备物中的稳定性)；

3.1.6　水解与 pH 值的关系；

3.1.7　形成复合体的能力；

3.1.8　熔点/沸点。

3.2　吸入染毒试验对受试物的基本要求

3.2.1　气体、挥发性物质或气溶胶/颗粒物；

3.2.2　受试物化学识别性特征；

3.2.3　受试物纯度及杂质；

3.2.4　液体受试物：饱和蒸气压，沸点；

3.2.5　气溶胶/颗粒物受试物：颗粒大小，形状和分散度；

3.2.6　受试物闪点；

3.2.7　受试物爆炸性。

3.3　实验动物和饲养环境

3.3.1　动物的选择

在前期所进行的试验所提供的有关急性、亚急性、亚慢性与毒代动力学资料可为选择适当的动物(种属和品系)提供有力的依据。与其他实验指南所讨论的一样，小鼠和大鼠是评价受试物潜在致癌性应用最为广泛的动物，而大鼠和犬在慢性毒性试验中使用最多。

在慢性毒性/致癌结合评价试验中常规应选用大鼠，但也不排除使用其他动物。原则上，所选动物种属和品系对受试物的致癌作用和毒性作用应很敏感，但其肿瘤自发背景不应太高而影响对致癌作用进行有意义的评价。

3.3.2　饲养环境　实验动物的饲养、饲料和饮水

为了得到有意义的试验结果，必须严格控制饲养环境和动物管理操作技术。除严格控制外，对动物

的操作管理和观察要有监视设备，以减少出入动物室的频率。

饲养室环境条件、试验期间发生疾病、对动物应用药物治疗、饲料中的杂质、空气、水、垫料的质量以及对动物操作的熟练程度等因素都会对动物试验的结果有明显的影响。

如果啮齿动物饲养在无特殊致病生物的环境（SPF）中，那么，控制试验期间的患传染病和寄生虫就较容易。长期试验中作用的垫料应消毒。动物饲养室应该安静，通风条件良好，有可控制的照明、温度及湿度。动物应该在环境适应一定时间后再开始试验。对从外面来源的动物应有足够长的检疫期方能投入使用。

应该避免在一个饲养室内饲养不同种属的动物。为了防止染毒受试物造成相互暴露的交叉，一个饲养室内仅能饲养接触一种受试物的动物。对照动物应饲养在试验动物的饲养室内，如饲养在别的地方，会给资料的评价带来额外的问题。

试验笼、笼架和其他设备必须摆放有序和易于定期清洗，应避免使用消毒剂和农药，特别是动物有可能接触的地方，因为实验动物接触这些有生物活性的物质会对试验结果造成影响。详细的动物饲养的操作和管理可在科学文献、动物福利期刊和OECD规定的良好的实验室（GLP）的文件中查找到。

动物饲料应能满足所选择动物种属的营养需求，不应含可能会影响试验结果的杂质。因为饲料中的污染物和各种营养素的水平会改变实验动物的生理过程。应让啮齿类动物自由进食和饮水。对喂饲器内剩余的饲料每周至少要更新替换一次。

目前，主要有三种类型的饲料：常规饲料（标准饲料）、综合性饲料和各种任意配制的饲料。其中，前两种饲料被广泛的用于致癌性动物试验中。不论选择哪种类型的饲料，供应者必须定期检测基础饲料中的营养成分与杂质含量。最好能知道动物这样的饮食方式对代谢、动物的寿命及肿瘤的发展的影响。

当受试物本身是一种营养类物质，如工业制造的蛋白或淀粉、单细胞蛋白、辐照食物等，应特别注意饲料的配方，因为这些产品加入饲料的水平可高达饲料的20%～60%（如改良的淀粉与未改良的比较、单细胞蛋白与大豆比较），从而损害了相应的营养物（素）。

OECD对在全世界范围内工农业各种使用方式使用造成的化学品在饮食中化学污染物列出了名单。虽然如此，对通用的已知会影响致癌的饮食成分（如抗氧化剂、不饱和脂肪酸和硒）应不会达到干扰致癌作用的浓度。几种常见对致癌作用评价可能造成潜在影响的的饮食污染物应进行检测以确定其在饲料中是否存在，这些包括农药的残留、有机氯、多环芳烃、雌激素、重金属、亚硝胺和霉菌毒素。

此外，实验室应定期对基础饲料测定营养素、意外的污染物，包括致癌物质。应保留这些检查结果并在每个受试物的最终报告中列出。

如果受试物掺于水和饮食中时，受试物必需在其配制物中均匀稳定。在开始慢性实验之前测定受试物的在配制物中的稳定性和均匀性可用来估计饲料制备和抽样监测的次数。

对饲料进行消毒时应该知道消毒操作对受试物和营养成分的影响，根据影响的程度，应对饲料的营养水平进行适当调整。使用化学消毒剂时，要知道化学消毒剂（如氧化乙烯）对生物测试的影响。

致癌试验期间研究者必须知道对所用饮水中有无潜在污染物。虽然达到人体饮用水标准动物饮水的水质已能满足动物实验的要求，研究者也应该有对所供动物饮水中成分的检测报告资料。

3.3.3 动物的性别和开始试验的时间

应当使用两种性别的动物。进行慢性毒性和致癌性试验通常是使用断乳的动物作为起始试验的年龄。这样的操作程序能使动物在生命的绝大部分时间内接触受试物的对诱发的肿瘤作用充分发挥出来。对啮齿类动物应当在断乳后和检疫后尽早开始染毒，可能时最好在6周龄前就开始试验。

3.3.4 动物数量

为了保证试验结果的可靠性和满足统计学处理的要求，试验要征求统计学家的意见。十分重要的是动物进入试验组还是对照组应严格按照随机操作程序进行。所设计的动物数要保证试验结束时每组都有足够的动物数满足进行生物学和统计学分析的要求。

一般要求每一剂量组和同步对照组至少有50只雄性和50只雌性的动物；如果设计不同阶段需要

处死部分动物，应适当增加动物数量。如设高剂量附加组，该组是为了评价毒性组织病理学改变，而不是为了评价肿瘤发生率的。该组雌雄动物各 20 只，同时增设附加组的对照组，雌雄动物各 10 只。

需注意，在上述设计下，每组动物数量中等程度的增加不会对试验统计学强度有明显的增强作用。

3.4 剂量水平和染毒操作

为了达到致癌危险性评价的目的，至少要设三个剂量组的染毒组及一个同步对照组。最高剂量组可以引起轻微的毒性反应，如血清酶水平改变或体重减轻等（减少程度低于 10%），但不能明显缩短动物寿命（因肿瘤引起的除外）。对混于饲料内染毒，最高的浓度不能超过 5%。最低剂量组在不影响动物的正常生长、发育和寿命的同时，不能引起任何毒性反应，其剂量一般不应低于上一高剂量的 10%。中剂量应介于高剂量和低剂量之间，也可参照受试物的毒代动力学资料进行设计。

进行慢性毒性毒理学评价时，应增设高剂量附加染毒组和该附加组的同步对照。高剂量附加染毒组的染毒剂量应能产生明显毒性，用于显示受试物的毒理学作用特征。

剂量的设定应当根据已有的资料，首选是亚慢性毒性试验的资料。

通常每天均应染毒，但根据染毒途径可有不同。受试物加入饲料或饮水中进行经口试验时应当是连续染毒。染毒频率可根据毒物代谢动力学资料而调整。

3.5 对照组

必须设立对照组。对照组动物除了不接触受试物外其他条件均与染毒组相同。

在某些特殊的情况下，例如吸入染毒以及或经口染毒受试物的制备应用了生物活性不明的乳化剂等赋形剂，应增设赋形剂对照组。

3.6 染毒途径

经口、经皮和经呼吸道吸入是三种主要染毒途径。选择何种途径要根据受试样品的理化特性和人体有代表性的接触方式。

3.6.1 经口染毒

已有证据表明受试物能经胃肠道吸收，首选经口染毒。经口染毒可以有多种方式，混于饲料或溶于饮水中，或采取灌胃饲养的方式。如果受试物混于饲料或溶于饮水中染毒，动物接触受试物是连续性的。喂养染毒时混于饲料中受试物的浓度不能高于 5%（受试物如为营养素除外）。灌胃染毒时，理想的染毒次数是每周灌胃 7 次。虽然每周染毒 5 次，在未染毒的期间内可能存在恢复过程和毒性减退消失，可对试验结果造成影响和评价上的困难。然而，从实际上的考虑每周染毒 5 次也可以接受。

3.6.2 经皮染毒

采用皮肤染毒，可能用于模拟人类经皮接触受试物是主要途径，或用于诱发皮肤损伤的动物模型。染毒时，理想的染毒次数是每周 7 次。每周染毒 5 次，虽然可对试验结果造成影响和评价上的困难，然而，从实际上的考虑每周染毒 5 次也可以接受。本方法中不包括诱发皮肤肿瘤的特殊性试验的内容。

3.6.3 吸入染毒

在比起其他两种染毒方法，吸入染毒在技术上更加复杂，本标准提供了详细吸入染毒试验操作技术。在某些特定的情况下，推荐使用气管注入的方式染毒。

这种长期毒性试验，按工业职业性接触方式是每天吸入 6 h，每周 5 d（称间歇染毒方式）；按生活环境接触方式为每天染毒 22 h～24 h（留下约 1 h 给动物喂食和清理染毒装置），每周吸入 7 d（称连续染毒方式）。染毒时间实验动物吸入接触恒定的受试物浓度。动物在这两种染毒方式中的主要差别是间歇染毒的动物每天在接触后有 17 h～18 h 的恢复时间。如果是在每周染毒 5 d，在周末恢复时间更长。

采用哪种染毒方式要根据试验目的和需要模拟的人类的接触方式。但必须考虑到某些技术上会存在很大困难。如连续染毒方式虽然能够模仿环境接触情况，但染毒期间除了需提供饮水和饲料外，需要更为复杂的气溶胶（可靠度）、蒸汽的发生装置和浓度监测技术等。

3.6.3.1 染毒装置

推荐使用动式口—鼻吸入染毒装置，其对空气条件的要求与柜式基本形同。使用染毒柜时，其设计必须保证换气次数能达到12次/h～15次/h；柜内氧体积分数在19%左右；柜内受试样品浓度均匀；对照组与吸入染毒组动物用柜的结构和设计要保证动物接触条件除了吸入或不吸入受试物外，其他应完全相同；应保证笼内动物不太挤迫，使动物能最大限度接触受试物；通用的规则是柜体内空气环境的稳定，要求动物所占体积不超过染毒柜容积的5%；染毒柜应保持一定的负压，以防受试物扩散到周围环境中。

3.6.3.2 染毒环境条件的测定

下面的这些测定应特别小心，避免柜内气体体积分数的大幅波动或者染毒条件的改变：

3.6.3.2.1 气流流速测定：通过染毒装置的气流流速应采用连续监控。

3.6.3.2.2 染毒柜内气体受试物浓度测定：在染毒过程中，受试物的实际浓度应尽可能的保持不变。

3.6.3.2.3 温度和湿度测定：对啮齿类动物，其染毒环境温度应控制在22℃±3℃，相对湿度，除了水性气溶胶外，应最好保持在30%～70%。最好两个指标被同时连续监控。

3.6.3.2.4 粒度测定：对受试物在柜内空气中呈液体或固体气溶胶形式的粒度分布进行测定；气溶胶的颗粒大小应该是所使用动物的可呼吸性的空气动力学直径大小。应采集染毒柜中处于动物的呼吸带的气体样品，所采集的样品的粒径的分布是能代表性动物实际接触的。所有悬浮的气溶胶，即便是大部分粒子是非可呼吸性的样品粒度应采用不同粒径的数量或质量所占比例来表示。为保证染毒期间气溶胶的稳定，应在气溶胶发生器的研发阶段尽量多采集样品进行粒度大小分析、标定；在动物暴露期常在需要证明动物所接触的粒子分布恒定一致时才进行分析测定。

3.7 染毒周期

致癌试验的期限应是所选择动物的正常寿命的大部分。曾有建议试验期限是试验用所有动物的整个生命期间。但考虑到部分动物的寿命比平均寿命长许多，如果到全部动物死亡才结束，则试验可能不必要的被拖长，切实操作和对试验结果的评价复杂化。不如选择所用动物寿命大部分的时间染毒，因为绝大多数化学品，如果有致癌性，在这段时间出现诱发肿瘤的概率是很高的。建议：

3.7.1 通常试验染毒期限，小鼠和仓鼠应为18个月、大鼠为24个月；然而对于某些寿命较长或自发肿瘤较低的动物种系，小鼠和仓鼠可达24个月，大鼠可达30个月。

3.7.2 如果最低剂量或对照组动物存活率只有25%时，可以结束试验。如所引起的效应两性别有明显差异，应将每种性别动物试验分别视为单个试验，其结束的时间也可不同。个别情况下因受试物毒性作用造成高剂量组动物过早死亡，此时不应结束试验。

3.7.3 所设的高剂量的观察毒性的附加组（雌雄各20只和对照组雌雄各10只）应当至少染毒12个月以上。这些动物可按设计不同时间处死检查，其资料用于评价与受试样品有关的毒性作用，以区别老年性改变所导致的病理改变。

对试验结果评价为阴性结论，除了满足诱发肿瘤的条件外，必须满足下列全部条件：

a） 由于组织自溶、自食或管理不当所造成任何一组动物损失不超过10%。

b） 小鼠和仓鼠染毒18个月，大鼠染毒24个月后，各组动物的存活率不低于50%。

3.8 观察

3.8.1 临床观察

试验期内每天至少详细观察一次。在出现毒性作用时还应增加必要的每天观察次数以便死亡动物及时解剖、冷藏。对质弱或濒死动物及时或隔离、或处死、冷藏，并解剖检查，尽量减少因疾病、自溶或被同类所食造成的动物损失。除此之外仔细记录毒性作用的开始时间及其转归。应记录每一只动物的临床症状包括神经系统、眼部变化以及动物的死亡率等。应记录任何毒性作用包括疑似癌变的发生和发展情况。

3.8.2 体重

记录各组每只动物的体重，前13周每周记录体重一次，此后每4周记录一次。

3.8.3 动物摄食量

动物的摄食量在前13周每周记录一次，此后可3个月记录一次。但是在动物健康状况或体重异常需要时应适当增加测定次数。

3.9 血液检查

应在染毒后3个月、6个月，以后每隔6个月及试验结束时对非啮齿类动物的全部动物，或啮齿类动物20只/性别/组进行血液学检查，内容包括：血红蛋白含量，红细胞比积，红细胞总数，白细胞总数，血小板计数及其他凝血试验等。每次检查的动物最好相同。而白细胞分类计数通常先检查最高剂量组和对照组动物，需要时才对中剂量组动物进行检查。

在试验过程中临床观察提示动物健康状况不好的情况下，需对该动物作白细胞分类计数。

首先只对最高剂量组和对照组进行血细胞的分类计数检查，只有在最高剂量组与对照组主要的项目上出现差别时才对较低剂量组进行检查。

3.10 尿液检查

收集各组动物尿液进行分析，大鼠每组每性别可检查10只，每次检查的动物最好相同，检查时间间隔与血常规检查一致。或是以每只动物的尿样或是每组每性别动物的混合尿样进行分析。指标应包括：外观，体积与密度（需要每只动物的资料）；蛋白质，葡萄糖、酮体，潜血（半定量法）；沉淀物镜检（半定量法）。

3.11 临床化学检查

在每6个月及试验结束时进行检查。大鼠每组每性别可检查10只，每次检查的动物最好相同。从采集到的血液分离血浆，检查指标包括：总蛋白质量浓度；白蛋白质量浓度；肝功能检查（如碱性磷酸酶、丙氨酸氨基转移酶（ALT）和天门冬氨基转移酶（AST）活性，γ-谷氨酰转肽酶及鸟氨酸脱羧酶；碳水化合物代谢，如空腹血糖浓度；肾功能检查，如血液尿素氮；

3.12 病理学检查

病理学检查（包括大体解剖与组织病理学检查两部分）是慢性毒性/致癌结合试验的重要部分，必须给予充分的重视。应全面检查、详细描述和报告，包括结果的诊断。

3.12.1 大体解剖检查

好的大体解剖能为组织病理学检查提供很多有价值的信息，并且在某些情况下可对组织病理检查提出良好的建议。即使组织病理学检查很完善，也不能替代不充分的大体解剖检查。进行大体解剖时应有经过培训实验动物的病理学家在场指导。

所有动物（包括试验期间死亡的、因濒死处死的）皆应进行详细完整的大体解剖。动物处死前应收集血液以进行血细胞分类计数（differential blood counts）。所有肉眼可见病损、肿瘤或怀疑是肿瘤性改变的组织或脏器皆应保存。应试图找到大体解剖与病理组织之间的联系。

所有的器官组织都应保存并进行组织病理学检查，一般包括：脑*（延髓、桥脑、小脑皮层、大脑皮层）、垂体、甲状腺（包括甲状旁腺）、胸腺、肺（包括气管）、心脏、唾液腺、肝*、脾、肾脏*、肾上腺*、食道、胃、十二指肠、空肠、回肠、盲肠、结肠、直肠、膀胱、淋巴结、胰腺、性腺*、子宫、雌性乳腺、皮肤、肌肉、外周神经、脊髓（颈、胸、腰）、胸骨（带骨髓）、股骨（带关节）与眼。在吸入染毒试验，全部呼吸道包括咽、喉与鼻腔都应保存。

如果进行了其他临床检查，在进行组织病理学检查之前，应对从这些检查所得到的信息进行认真分析，可能会给病理学家提示许多有意义的指导。

3.12.2 组织病理学检查

所有肉眼可见的肿瘤和其他病损都应进行组织病理学检查。

---

*） 带*的器官是需要称重的器官：啮齿类动物从每组每性别10只、非啮齿类的所有动物，同时加上甲状腺和甲状旁腺。

此外，建议进行下列检查：

3.12.2.1　对在固定保存的器官和组织中组织病理学检查见到的所有损伤、异常的详细描述，包括：

3.12.2.1.1　在试验期间所有死亡或处死的动物；

3.12.2.1.2　高剂量组与对照组的；

3.12.2.2　由接触受试物引起的、或可能是受试物引起的、在较低的剂量组也检查出来的组织和器官异常；

3.12.2.3　试验结果提供动物正常寿命有明显改变的证据，或出现可能改变毒性效应的诱导作用，下一个剂量组也应进行相应的上述检查；

3.12.2.4　在所使用的实验动物种系正常的损伤发生率（在相同试验条件下，如历史对照数据）对正确的评价暴露组所观察到的异常改变是不可缺少的。

4　试验报告

试验报告应提出以下识别性信息：

4.1　进行试验的实验室名称与地址；

4.2　试验开始和结束日期；

4.3　每个人在进行试验、出具实验报告中所承担的任务和责任。

试验报告应包括所有必要的资料，以提供一个完整、准确的试验步骤和对结果评价。需要包括数据的汇总、数据分析和由分析得出的结论。摘要应着重在试验数据、观察结果和与对照组的差别大小，而这些差别可能是毒性作用的指标，包括组织增生、肿瘤前期与肿瘤病损的数据。

ICS 13.300
A 80

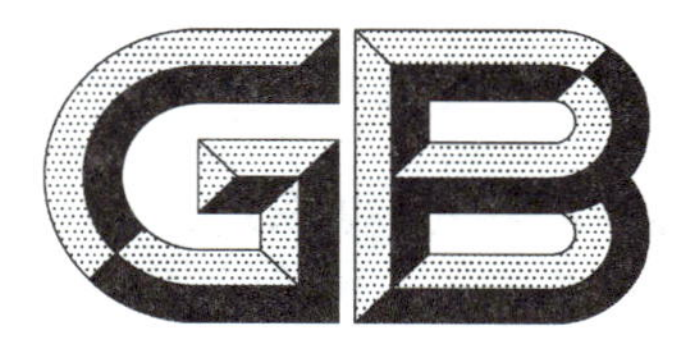

中华人民共和国国家标准

GB/T 21789—2008/ISO 13736:1997

石油产品和其他液体闪点的测定 阿贝尔闭口杯法

Petroleum products and other liquids—Determination of flash point—Abel closed cup method

(ISO 13736:1997,IDT)

2008-05-12 发布　　2008-09-01 实施

中华人民共和国国家质量监督检验检疫总局
中国国家标准化管理委员会　发布

前　言

本标准等同采用 ISO 13736:1997《石油产品和其他液体闪点的测定——阿贝尔闭口杯法》(英文版)。

为便于使用，本标准作了如下编辑性修改：

——取消了国际标准的前言，增加了我国标准的前言；

——为便于使用，部分规范性引用文件改为采用我国相应的行业标准；

——“本国际标准”一词改为“本标准”；

——原文中的附录 E 改为参考文献。

本标准附录 A、附录 B、附录 C、附录 D 为规范性附录。

本标准由全国危险化学品管理标准化技术委员会(SAC/TC 251)提出并归口。

本标准起草单位：广东出入境检验检疫局、辽宁出入境检验检疫局、中国石油股份有限公司石油化工科学研究院。

本标准主要起草人：张海峰、梁妙玲、陈强、钟志光、张震坤、谭智毅、陈洁、彭速标、郑建国、黎庆翔。

本标准为首次发布。

石油产品和其他液体闪点的测定 阿贝尔闭口杯法

警告:本标准使用中可能涉及危险品和设备。本标准不会专门指出在其使用中会出现的相关安全问题。应由本标准的使用者来确定相应的安全和健康措施,并制定使用前其受规章限制的可行性。

1 范围

本标准规定了采用闭口杯法测定闪点在-30℃~70℃间的石油产品和其他液体的方法。本标准的精密度仅适用于闪点在-5℃~66.5℃的样品。

本标准不适用于水性涂料,水性涂料可按ISO 3679进行测试。

注1:本标准适用于测量并描述被测物质、产品或混合物在控制试验条件下受热或接近火焰时的属性,不适用于描述或评价实际燃烧条件下物质、产品或混合物的火灾危害性或火险情况。但测试结果可作为火险评价的因素之一。

注2:闪点作为用于定义"可燃物质"和"易燃物质"的分级参数,用于运输、储存、操作和安全规定方面。分级的精确定义见各自的特定规程。

注3:闪点可指出在相对不易挥发或不易燃基体中存在易挥发性物质的可能性。

注4:由于需对小部分易挥发性物质的存在进行检测,所以接收样品后首先应进行闪点测试。

注5:含有卤素化合物的液体可能出现异常的结果。

2 规范性引用文件

下列文件中的条款通过本标准的引用而成为本标准的条款。凡是注日期的引用文件,其随后所有的修改单(不包括勘误的内容)或修订版均不适用于本标准,然而,鼓励根据本标准达成协议的各方研究是否可使用这些文件的最新版本。凡是不注日期的引用文件,其最新版本适用于本标准。

SY/T 5317—2006 石油液体管线自动取样法(ISO 3171:1988,IDT)

ISO 3170:1988 石油液体——手工取样法

ISO 3679:1983 油漆,亮光漆,石油和相关产品——闪点的测定——快速平衡法

3 术语和定义

下列定义适用于本标准。

3.1

闪点 flash point

在规定试验条件下,样品蒸气接触火焰并引起闪燃的最低温度(修正到101.3 kPa标准大气压下)。

4 原理

试样放入阿贝尔闪点仪的样品杯中以规定的速度加热。测试小火焰按规定的时间间隔导入样品杯内,火焰使试样上方蒸气点燃并在样品杯中有明显的闪燃的最低温度作为闪点。

注:闪点在-30℃~18.5℃范围与闪点在19℃~70℃范围的测试步骤将分别做详细说明。

5 试剂和材料

5.1 溶剂,用于清除样品杯上少量残余样品的低挥发性芳烃溶剂(不含苯)

溶剂的选择取决于前一个样品及残渣的黏性。混合溶剂如甲苯-丙酮-甲醇(TAM)是清洗胶质类沉积物的良溶剂。

5.2 加入抗腐蚀剂的乙二醇(乙烯基乙二醇)或丙三醇

5.3 硅润滑剂

6 仪器

6.1 阿贝尔闪点仪

使用附录A中的阿贝尔石油测试仪。

如使用自动测试仪器,应遵循厂商关于校准、检定和仪器操作的全部指南进行。如有争议时,则以手动仪器测试闪点为仲裁方法。

注:自动测试仪器若验证了其所获得的结果与手动方法的结果一致时可使用。

6.2 测试杯温度计

使用符合附录C中规格要求的测试杯温度计。温度计应固定在如附录B所示的套筒上。

6.3 加热浴温度计

使用符合附录C中规格要求的加热浴温度计。温度计应固定在如附录B所示的套筒上。

6.4 低温温度计

使用符合附录C中规格要求的低温温度计,或精度不低于温度计的热电偶。

6.5 计时器

可用下面其中一种:

a) 节拍器,频率75次/min~80次/min;

b) 钟摆器,有效长度610 mm,以从一个末端摆至另一末端为一个计算频率;

c) 电动/电子计时器,测量精度达到0.75 s~0.80 s或1 s。

6.6 气压计

使用动槽式(Fortin)或其他合适的气压计,精确至0.1 kPa。不要使用已预先校正到标准大气压的气压计,例如气象站和机场用的无液气压计。

6.7 冷却浴

使用液体,金属块,或循环冷却器。

6.8 测试杯绝热体

使用泡沫塑料套子,或毛纺材料。

7 取样

7.1 取样应按照ISO 3170:1988或SY/T 5317—2006的规定采取样品,密封存放于所采取样品适用的容器中。

7.2 样品不应被采取或存放于塑料容器中,因挥发性物质可能通过容器壁散发,或与容器反应。

8 仪器准备

将阿贝尔闪点仪放在平稳的桌面上。除非试验在无气流的房间内进行,否则需要在仪器的三面使用防护罩,每一边大约宽450 mm,高600 mm。

9 仪器检定

根据附录D对仪器进行定期检定。

10 步骤

10.1 液体闪点在-30℃~18.5℃范围内的测定步骤

10.1.1 在测试过程中,通过气压计(6.6)记录实验室环境压力,记录气压计周围的环境温度。

10.1.2 用等体积乙二醇(5.2)和水的混合溶液或较高比例的丙三醇(5.2)和水的混合溶液将加热浴注满,将包围测试杯的空气夹层注至深度不少于 38 mm。

10.1.3 使用冷却浴(6.7)或循环冷却器,调整加热浴温度至－35℃,或至少低于被测物质预期闪点 9℃,选二者较高的温度。用低温温度计(6.4)测量其温度。必要时进行闪点试探性试验。

降温时,或手动,或机械,或者以通过一根温度计套筒插入到加热浴底部的导管导入到加热浴的柔和空气流的方式,搅拌加热器中的水/乙二醇混合液或水/丙三醇混合液。

警告:佩戴护眼装备以防液体混合过程中液滴飞溅或液体可能溢出的危险。

10.1.4 从容器中取出样品前,应在－35℃或低于预期闪点至少 17℃的任一较高温度环境下的冷却浴或冰箱中冷却置于容器中的样品。用附有低温温度计(6.4)或适合的热电偶、气密性好的盖子取代样品容器原有的盖子检查样品温度,达到要求的温度后以原先的盖子取代附有温度计的盖子进行密封。保持样品在此温度或更低温度下,直到闪点测试完成。

冷却液体时要在高于其结晶点的温度下冷却。

10.1.5 用合适的溶剂(5.1)把测试杯中硅润滑剂的痕迹或前一次试验的残留物清洗干净,用洁净空气干燥。将低温温度计(6.4)插入测试杯盖中。将测试杯和盖装好,但不要紧闭。装入测试杯绝热体(6.8),放入冷却浴或冰箱里冷却至温度计显示－35℃或至少低于预期闪点 17℃以下的任一较高的温度。

如使用液体冷却浴,应确保可对闪点测定造成影响的冷却液及其蒸气在整个样品测试过程不会进入测试杯。

注 1:当冷却测试杯和盖子时,使用填充乙醇或甲苯的低温温度计可避免出现水银温度计在冷冻情况下结冰和破裂的情况。

注 2:有水沾湿的盖子或测试杯冷却到 0℃以下时会产生冰粘现象(如滑盖被粘附),因此在温度降至 0℃以下前用抹布或吸水纸擦干仪器以防止结冰,同样改用测试杯绝热体(6.8)套子以及用硅润滑剂(5.3)润滑测试杯外表面也可减少结冰。

10.1.6 把加热浴放置在稳固平面上。把测试杯放在仪器内(见附录 A.2)并用测试杯温度计(6.2)取代低温温度计。移开盖子加注未经摇动的样品,直到测试杯内填充至标记线位置,尽量避免形成气泡。加注样品后不要移动仪器。将盖子放到测试杯上并推下至适合位置。点燃测试火焰,调节火焰大小至其直径约 3.8 mm,在试验过程中经常与安装在测试杯盖子上的白色投影珠进行比较,保持火焰大小一致。

10.1.7 移开加热浴上低温温度计并插入加热浴温度计(6.3)。

10.1.8 升温加热浴,使测试杯中样品以 1℃/min 的速率升温。向下戳进样品,以约 0.5 r/s(30 r/min)或样品黏度所允许的最接近的速度顺时针搅动样品。测试黏性样品时应确保搅拌动作未使样品超过加注标记线。在测试过程持续以平稳的方式搅拌,但在使用测试火焰时不能搅拌。

10.1.9 当测试样品的温度达到－35℃或至少低于预期闪点 9℃时启动计时器(6.5),在计时器敲打三次时间内缓慢匀速地打开滑盖,使用测试火焰,在第四次敲打时关闭滑盖。如果使用以秒为单位校准的电子计时装置,应以 2 s 为一周期,缓慢匀速地打开滑盖使用测试火焰,后 1 s 内关闭。

如果发生闪燃则中断测试,放弃测试样品,按照 10.1.3 处理,在－35℃或至少低于之前开始温度 17℃的二者中较高温度下重新测试。如果未发生闪燃,按照 10.1.10 处理。如果在低于－30℃时闪燃,则中断测试,记录并报告实际情况。

10.1.10 以每升高 0.5℃使用一次测试火焰的方式直到测试杯内有明显的闪燃出现,或直到温度达到 18.5℃的修正温度。若闪燃发生,记录发生闪燃时样品的温度。

注:当大火焰出现时并即时在其表面进行自身扩散则认为测试样品已发生闪燃。

不要将真实闪点的闪燃与在测试火焰周围时而出现的蓝色光晕或在点火中引起真实闪燃的扩大火焰相混淆。

10.1.11 在测试火焰引起测试杯内有明显火焰出现时，记录此时温度计读数为观察闪点。

10.2 液体闪点在19℃～70℃范围内的测定步骤

10.2.1 在测试过程中，通过气压计(6.6)记录实验室环境压力，记录气压计周围的环境温度。

10.2.2 将加热浴完全注满水，并将测试杯周围的空气夹层注至深度不少于38 mm的水。

10.2.3 使用冷却浴(6.7)或循环冷却器，调整加热浴的温度至10℃或至少低于预期闪点9℃，选二者之中较高温度。必要时则进行闪点试探性试验。

10.2.4 从容器中取出样品前，应在2℃或低于预期闪点至少17℃的任一较高温度环境下的冷却浴或冰箱中冷却置于容器中的样品，必要时放在冷浴或冰箱中。保持样品在此温度或更低温度下，直到闪点测试完成。

10.2.5 用合适的溶剂(5.1)把测试杯中硅润滑剂的痕迹或前一次试验的残留物清洗干净，用洁净空气干燥。将测试杯温度计(6.2)插入测试杯盖中。将测试杯和盖装好，但不要紧闭，放入冰箱或冷浴里冷却至温度计显示2℃或低于预期闪点17℃的二者中的较高温度。

如使用液体冷却浴，应确保可对闪点测定造成影响的冷却液及其蒸汽在整个样品测试过程不会进入测试杯。

10.2.6 把加热浴放置在稳固平面上。把测试杯放在仪器内(见附录A.2)。移开盖子加注未经摇动的样品，直到测试杯内填充至标记线位置，尽量避免形成气泡。加注样品后不要移动仪器。将盖子放到测试杯上并推下至适合位置。点燃测试火焰，调节火焰大小至其直径约3.8 mm，在试验过程中经常与安装在测试杯盖子上的白色投影珠进行比较，保持火焰大小一致。

10.2.7 升温加热浴，使测试杯中样品以1℃/min的速率升温。向下戳进样品，以约0.5 r/s(30 r/min)、或样品黏度所允许的最接近的速度顺时针搅动样品。测试黏性样品时应确保搅拌动作未使样品超过加注标记线。在测试过程持续以平稳的方式搅拌，但在使用测试火焰时不能搅拌。

10.2.8 当测试样品的温度达到10℃或至少低于预期闪点9℃时启动计时器(6.5)，在计时器敲打三次时间内缓慢匀速地打开滑盖，使用测试火焰，在第四次敲打时关闭滑盖。如果使用以秒为单位校准的电子计时装置，应以2 s为一周期，缓慢匀速地打开滑盖使用测试火焰，后1 s内关闭。

如果发生闪燃则中断测试，放弃测试样品，按10.1.2或10.1.3处理，并在至少低于之前开始温度17℃的温度下重新开始测试。如果未发生闪燃，按10.2.9处理。

10.2.9 以每升高0.5℃使用一次测试火焰的方式直到测试杯内有明显的闪燃出现，或直到温度达到70℃的修正温度。若闪燃发生，记录发生闪燃时样品的温度。(见10.1.10注)

不要将真实闪点的闪燃与在测试火焰周围时而出现的蓝色光晕或在点火中引起真实闪燃的扩大火焰相混淆。

10.2.10 在测试火焰引起测试杯内有明显火焰出现时，记录此时温度计读数为观察闪点。

11 计算

11.1 如果10.1.1或10.2.1中气压计的读数单位不是千帕(kPa)，使用下列方式进行换算：

——以千帕(kPa)为单位的气压计读数等于以百帕(hPa)为单位的气压计读数乘以0.1；

——以千帕(kPa)为单位的气压计读数等于以毫巴(mbar)为单位的气压计读数乘以0.1；

——以千帕(kPa)为单位的气压计读数等于以毫米汞柱(mmHg)为单位的气压计读数乘以0.133 322。

注：为了修正标准气压下的闪点值，不必要将气压表读数修正到0℃时气压。但是有些气压表本来已设计为自动修正为0℃时的气压。

11.2 计算修正闪点 T_C，使用下列方程。

$$T_C = T_0 + 0.25(101.3 - P)$$

式中：

T_0——观察闪点，单位为摄氏度(℃)；

P——0℃时气压，单位为千帕(kPa)。

注：实际过程中 4 kPa 相当于闪点温度变化 1℃。

12 结果表示

报告修正后的结果，准确到 0.5℃。

13 精密度

13.1 重复性 *r*

同一操作者用同一仪器在相同的操作条件下对同一测试材料两次连续测试结果的差值，在按照测试方法正确操作的前提下，20 次测试中只会有一次超过下列数值：

$$r = 1.0℃$$

13.2 再现性 *R*

不同实验室不同操作人员对同一测试材料分别获得的两次测试结果的差值，在按照测试方法的标准正确的操作前提下，20 次测试中只会有一次超过下列数值：

$$R = 1.5℃$$

注：13.1 和 13.2 引用的精密度值适用于闪点范围在－5℃～66.5℃的闪点测定。

14 测试报告

测试报告至少应包括下列信息：

a) 注明本标准编号；

b) 测试样品进行完全鉴定所需的详细数据；

c) 测试结果(见第 12 章)；

d) 测试程序中规定允许或不允许的偏差；

e) 测试日期。

附 录 A
（规范性附录）
阿贝尔闪点仪

仪器应由如下所示的测试杯、盖子套件和加热浴构成。

A.1 测试杯

测试杯用黄铜按图 A.1 所示形状尺寸制成。

量表包括向上弯曲并最后成为一点的棒，并应在测试杯内沿杯壁的位置用银焊或铜焊固定。

A.2 测试杯盖套件

测试杯应配有用黄铜制成按图 A.1 所示尺寸形状的固定的盖子。向下突出边缘刚好达到测试杯上的边缘，用银焊或铜焊固定在其位置上。

在盖子上应安装温度计套筒，搅拌器衬套，支撑测试气体喷射的耳轴，一双可以滑动的导槽和一颗白珠。盖顶上应刺穿三个成矩形的直径对称的孔，其中一个在正中，另外两个尽量接近环的内边，并彼此相对。

这三个孔可以通过经处理过的合适的滑动导槽进行开启或关闭。滑动条应有两个穿孔，一个相应在盖的中间的孔，另一个在盖边上的其中一个孔里。滑动的动作应用适合的塞子来限制，它的长度和孔的位置也应如此，盖上在外面的孔滑动完全打开同时，里面的孔完全关闭。

支撑测试气体喷射装置的耳轴应装在导槽的顶端，气体喷射装置应装在耳轴上并能自由活动。测试气体喷射装置应安排好，使滑动条移动时把孔打开，活动的测试气体喷射装置用钉固定在滑动条上，并向中间的孔倾斜，倾斜的方式为当喷射装置在最低位置时，圆形对开盖较低边缘用喷射装置钻孔形成。火焰应在孔两个方向的中间位置。

温度计套应为分开管套的形式，安装在通过孔中间直径的右角，并符合温度计水银泡在盖中间的正下方以及恰当距离和角度。

搅拌器刷应安装在温度计安装位置直径上的相反方向。所设置的长度和角度应符合搅拌棒清理油层标线，以及使搅拌刀片在该水平以下并不会粘污温度计水银泡。搅拌器刷应尽可能接近盖的外层边缘。

由合适材料制成的白色珠尺寸代表测试火焰的大小。白色珠应安装在盖子上可以看到的位置。

A.3 搅拌器

搅拌器用铜制作，并符合图 A.1 的形状和尺寸。

搅拌器包括在底部焊接有四个刀片或螺旋浆的圆型棒。搅拌器刀片应设置成当搅拌器顺时针旋转时能向下插入液体。

为了当圆棒从下面插入搅拌刷时能够限制圆棒插入测试杯中的正确长度，应在圆棒上安装轴环。圆棒的末端应可以缩小和带有螺旋。

在顶端焊接有内部螺旋和硬节把手的长套应通过圆棒顶端和螺旋的根部。套筒的长度应为平面轴环的末端刚刚与搅拌刷的顶端相接触，并使搅拌器自由旋转。

当搅拌器不用时，应用平头圆柱型塞子塞住搅拌刷的孔。

A.4 加热浴

加热浴用铜制作，并符合图 A.2 的形状和尺寸。它包括两个平底圆柱型铜槽，两铜槽按同轴心安装在一起，并把它们的顶部与一水平铜环焊接起来，尺寸大的铜槽在外面，小的在里面使两铜槽间的空间完全封闭，并作为水浴。

单位为毫米

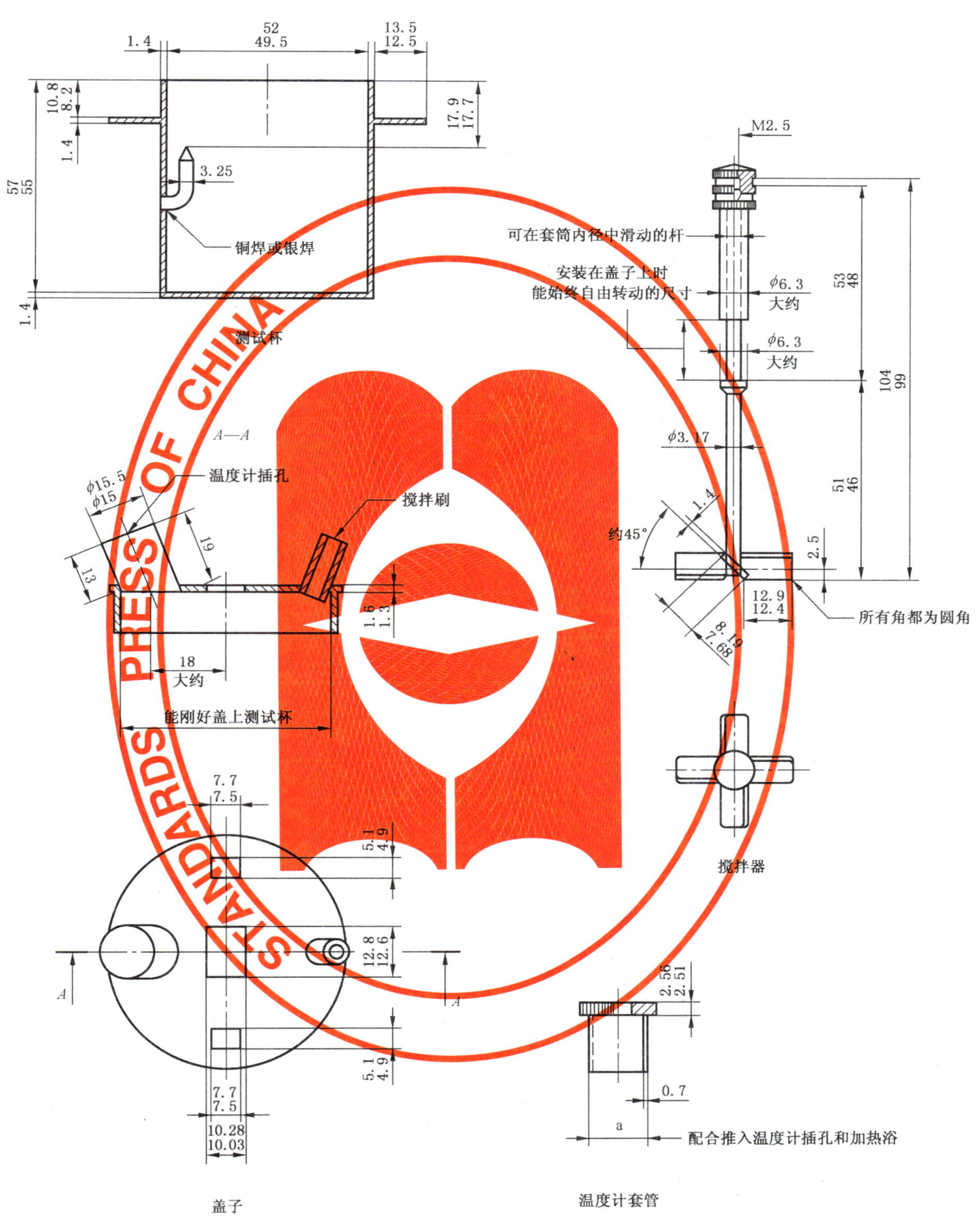

注：所有仪器都应用铜制造。

a 为实现可交换性，推荐温度计插孔内径在15.235和15.253之间，温度计夹外径在15.222和15.232之间。

图 A.1 阿贝尔闪点仪——测试杯、盖子、搅拌器和温度计套管

单位为毫米

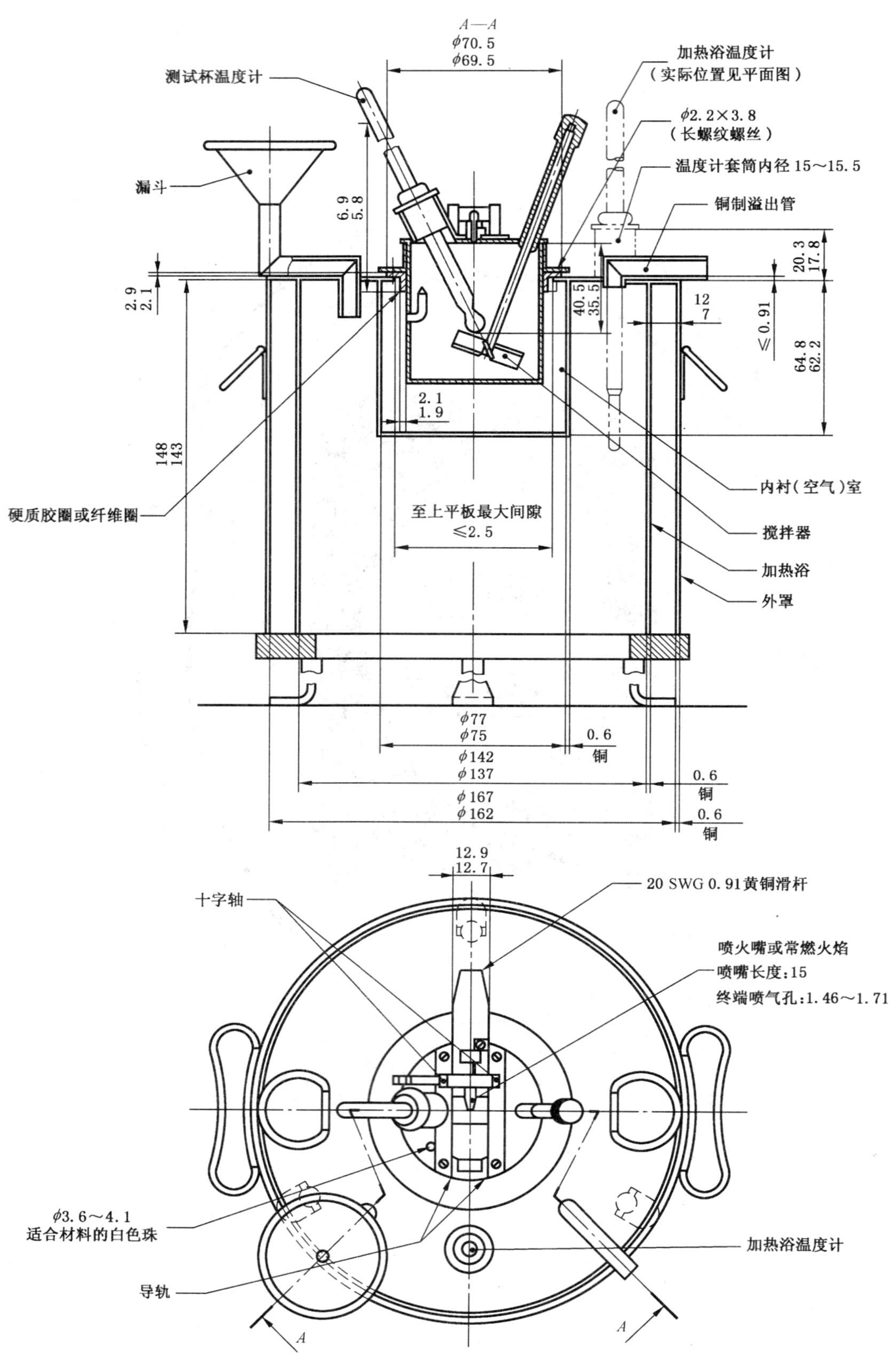

图 A.2 阿贝尔闪点仪——加热浴俯视图

在右角部分的硬质橡胶或者纤维环应与平环中央的孔相适合，作为加热浴的顶部。当设备在使用时，测试杯应能放入，并且它的边缘靠在硬质橡胶或纤维环上面，使测试杯安放在加热浴的中央。硬质橡胶或纤维环应由六颗凹陷小螺丝固定，以避免加热浴和测试杯的金属接触。

同样的在测试杯盖上有一垂直设置的分开管套，管套应允许温度计插入到水浴中。漏斗和溢流管也应通过顶部平台与水浴相连，并在其上提供两个环形手柄。

加热浴应用一铸铁三脚架连接在圆柱型铜外罩的环上，铜外罩在顶上内部边缘的厚度应不少于0.56 mm，加热浴的尺寸应符合当加热浴依靠在铁环上时，外部突出的边缘刚刚接触到铜外罩的内旋边缘。

A.5 加热器

使用任何合适的设备以加热加热浴，如：气体火焰、电子加热器或酒精灯等。

附 录 B
（规范性附录）
测试杯和在温度计夹扣中加热浴温度计的定位及固定

B.1 轴环要用黄铜制成，并符合下列尺寸：

a) 外径：大小应适合推入套管；

b) 管的厚度：0.69 mm～0.73 mm；

c) 法兰的厚度：2.515 mm～2.565 mm。

B.2 确保套筒中温度计符合图 B.1，采取下列方式之一固定：

a) 熟石膏和甘油的混合物；

b) 市售环氧树脂型粘合剂。

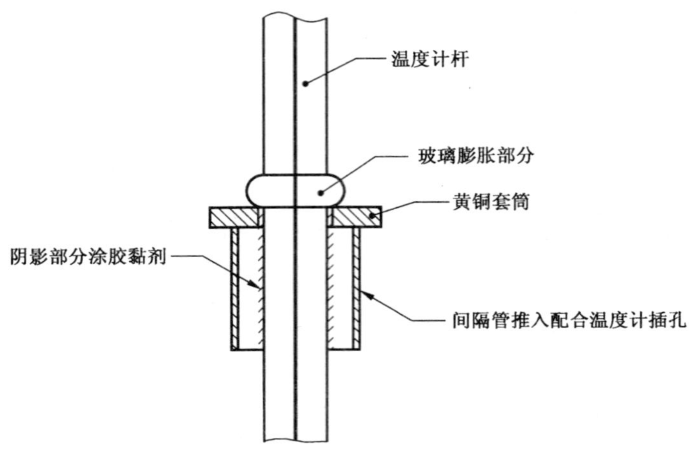

图 B.1 套筒内温度计杆的位置

附 录 C
（规范性附录）
温度计规格

C.1 测试杯温度计

见图 C.1 和表 C.1。

注：温度计 IP 74C 符合该要求。

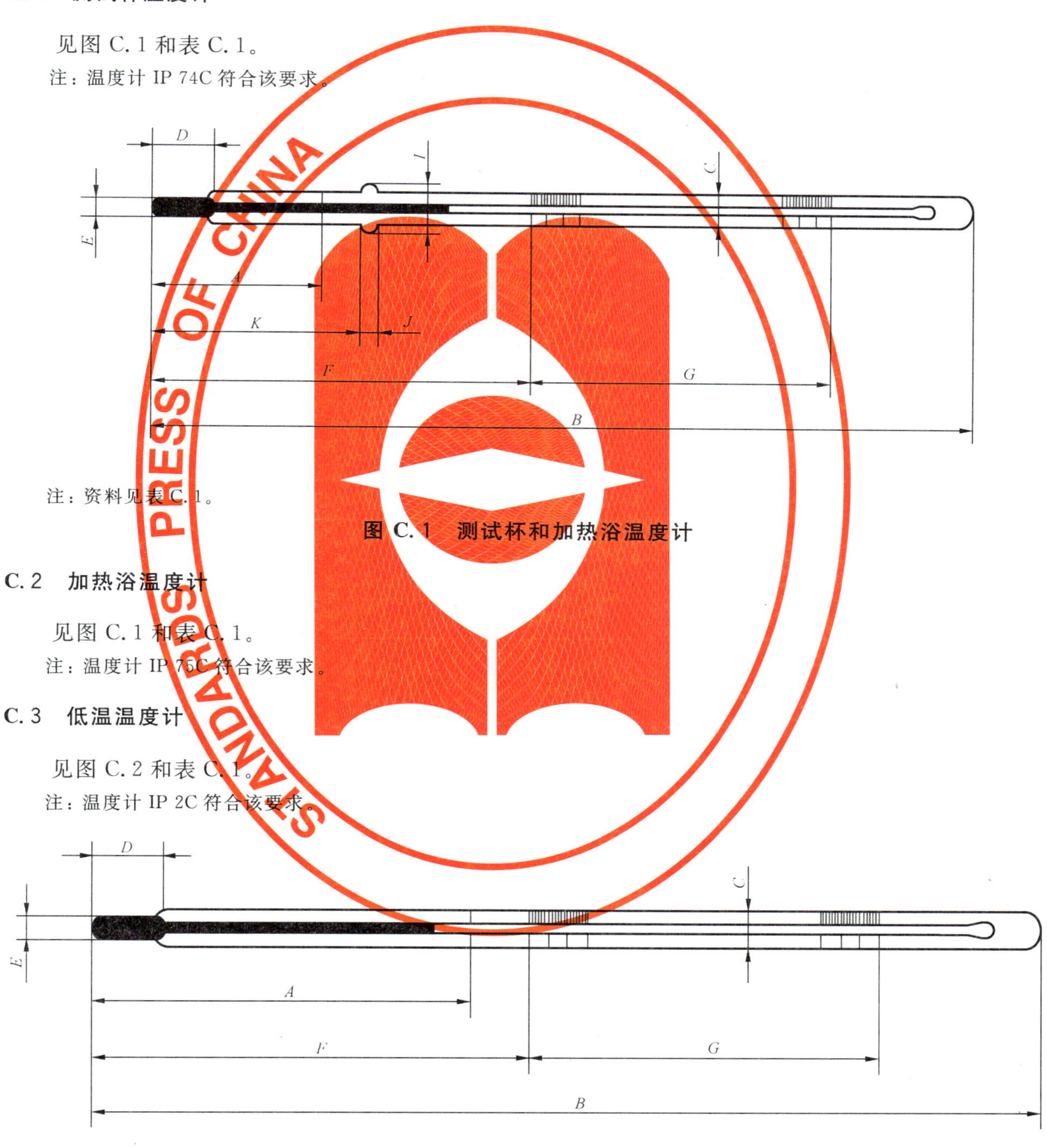

注：资料见表 C.1。

图 C.1 测试杯和加热浴温度计

C.2 加热浴温度计

见图 C.1 和表 C.1。

注：温度计 IP 75C 符合该要求。

C.3 低温温度计

见图 C.2 和表 C.1。

注：温度计 IP 2C 符合该要求。

注：资料见表 C.1。

图 C.2 低温温度计

表 C.1 温度计规格

温 度 计	阿贝尔测试杯（宽范围）	阿贝尔加热浴（宽范围）	低温温度计
温度范围/℃	−35～+70	−30～+80	−80～+20
A——浸没深度/mm	61	89	76
刻度线:分度值/℃	0.5	0.5	1
长线间隔/℃	1 和 5	1 和 5	5
数字间隔/℃	5	5	10
最大线宽/mm	0.15	0.15	0.15
示值允差/℃	0 以下 0.5 0 或 0 以上 0.2	0.5	−33 以上 1.0 −33 以下 2.0
安全泡:允许加热最高温度/℃	需要	需要	60
B——总长/mm	300～320	300～320	225～235
C——棒外径/mm	6～7	6～7	6.0～8.0
D——感温泡长度/mm	7.5～10.5	7.5～10.5	7～10
E——感温泡外径/mm	不大于温度计杆外径	不大于温度计杆外径	不大于杆外径
刻线位置:感温泡底部到刻线/℃	−35	−30	−70
F——距离/mm	70～80	100～110	100～120
G——刻度范围长度/mm	最小 195	最小 164	70～100
I——棒扩张部分外径/mm	9.5～10.5	9.5～10.5	—
J——棒扩张部分长度/mm	3～5	3～5	—
K——从膨胀底部到感温泡底部距离/mm	59.5～62.5	86.5～91.5	—

附 录 D
（规范性附录）
仪器性能校准

D.1 通则

仪器（手动或自动）性能应使用按照 ISO 导则 34，ISO 导则 35 生产的有证标准物质（CRM）或按照下述 D.2.2 方法之一制备的内部标样/标准样品（SWS）定期检定。仪器性能应按照 ISO 导则 33 和 ISO 4259 的指引进行评定。

若检定核查得到的数据偏离了已知的正常值则不能再使用，同样也不能作为日常闪点测定仪器校正。

D.2 检定核查标物

D.2.1 有证标准物质（CRM），包括稳定的纯烃或其他稳定物质，其闪点是按照 ISO 导则 34、ISO 导则 35 要求，通过特定的实验室间研究得到特定方法的有证结果。

D.2.2 标准样品（SWS），是一种稳定的石油产品或纯烃类或其他稳定物质，其闪点通过以下方式测定：

a) 通过用经 CRM 检定过的仪器测定选用的次级样品至少 3 次，统计分析结果，去除离群数据后计算结果算术平均值，或

b) 采用指定方法和测试程序在至少三家实验室内重复测试选用的样品。统计分析实验室数据后计算得到闪点值。

将 SWS 储存在容器里，保证其完整性，避免阳光直射，温度不超过 10℃。

各种烃类闭口杯闪点近似值在表 D.1 中列出。

表 D.1 各种烃类及其他化学品的闭口杯闪点近似值 单位为摄氏度

物质名称	标称闪点
2,2,4-三甲基戊烷	−9
甲苯	6
辛烷	14
1,4-二甲苯	26
壬烷	32
环己酮	43
癸烷	49
己醇-1	60
正十一烷	63
正十二烷	84
正十四烷	109
壬醇-1	109
正十六烷	134

D.3 步骤

D.3.1 选择在仪器测定闪点范围内的CRM或SWS。

注1：推荐使用CRM或SWS两种样品以便于可覆盖较宽的适用范围。

注2：推荐使用经多次测定其结果均可重现的CRM或SWS。

D.3.2 对于新仪器及在用的仪器每年至少进行一次按照第10章用CRM(D.2.1)进行检定测试。

D.3.3 对于期间检定，按照第10章用SWS(D.2.2)测试进行检定。

D.3.4 按照第11章记录气压计校正值结果。在日常记录中记录校正后的结果，准确到0.1℃。

D.4 测试结果评价

D.4.1 将校正结果值与CRM的有证数值或SWS确定的数值进行比较。

a) 单次测试

对于CRM或SWS单次测定结果与CRM的标定值或SWS定值之间的允许差为：

$$|x-u| \leqslant R/\sqrt{2}$$

式中：

x——测试结果平均值；

u——CRM标定值或SWS的定值；

R——测试方法再现性。

b) 多次测试

如果对于CRM或SWS进行n次测试，其结果平均值与CRM的标定值或SWS定值之间的允许差为：

$$|\bar{x}-u| \leqslant R_1/\sqrt{2}$$

式中：

$\bar{x}$——测试结果平均值；

u——CRM标定值或SWS的定值；

$$R_1=\sqrt{R^2-r^2\left(1-\frac{1}{n}\right)}$$

R——测试方法再现性；

r——测试方法重复性。

这些公式假设再现性和ISO 4259及CRM证书值或SWS的值相一致，并通过ISO导则35所设置的步骤获得，同时与测试方法的标准偏差比较，它的不确定度是很小的，因而与测试方法的再现性R相比较也是很小的。

D.4.2 如果测试结果在误差要求范围内，则要做常规记录。如果结果不在误差范围内，就要检查仪器的状态及操作是否与仪器说明书要求一致。

如果已经用SWS确定仪器的状态及操作与仪器说明书要求没有明显的不一致时，就要用CRM进行重新测定。

如果测试结果在误差要求范围内做好常规记录，否则处理掉SWS或重新测试它的赋值。

如果结果仍不在误差要求范围内，重新检查仪器是否与仪器说明一致。确认没有明显的不一致时，把仪器送回生产厂商检查。

参 考 文 献

[1] ISO 4259:1992 石油产品——测试方法数据精度测定和应用
[2] ISO 导则 33:1989 有证标准物质的使用
[3] ISO 导则 34:1996 标准物质生产质量体系方针
[4] ISO 导则 35:1989 有证标准物质——通则和统计原则

ICS 13.300
A 80

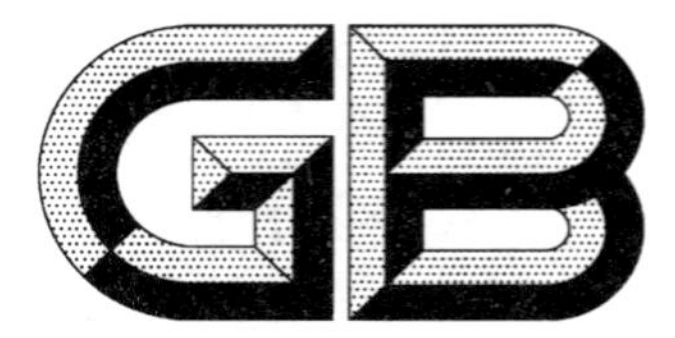

中华人民共和国国家标准

GB/T 21790—2008/ISO 3680:2004

闪燃和非闪燃测定　快速平衡闭杯法

Determination of flash/no flash—Rapid equilibrium closed cup method

(ISO 3680:2004,IDT)

2008-05-12 发布　　2008-09-01 实施

中华人民共和国国家质量监督检验检疫总局
中国国家标准化管理委员会　发布

前　言

本标准等同采用ISO 3680:2004《闪燃和非闪燃测定　快速平衡闭杯法》(英文版)。

本标准的附录A和附录B为规范性附录,附录C和附录D为资料性附录。

本标准由全国危险化学品管理标准化技术委员会(SAC/TC 251)提出并归口。

本标准负责起草单位:中华人民共和国上海出入境检验检疫局。

本标准参加起草单位:中华人民共和国湖北出入境检验检疫局、中华人民共和国深圳出入境检验检疫局。

本标准主要起草人:蒋伟、陈相、王海婷、朱洪坤、崔海容、郭坚、刘志红、吴景武、周韵、赵颐晴。

本标准为首次发布。

引　言

本标准描述了两种闭杯平衡法中的一种，用于测定色漆、清漆、色漆基料、溶剂、胶黏剂、石油及其相关产品的闪燃和非闪燃性能。当选择一种闭杯平衡方法进行测试时，需要结合另一种方法，参阅GB/T 21792《闪燃和非闪燃测定　闭杯平衡法》（见参考文献[4]）。当连接闪点检测器时（见A.1.6），本标准也适合脂肪酸甲基酯（FAME）的闪燃和非闪燃测定。

在本标准和GB/T 21792中，测试仅是在测试产品及测试容器内产品上方的空气和蒸气混合物处于温度平衡的状态下才能执行。

本测试方法并不测定产品的闪点，仅是在选定的平衡温度下使产品满足储存、运输和易燃产品使用的相关法律或法规的要求。因此，基于此点，没有必要确定产品的准确闪点，但是有必要确定产品在给定温度下是否闪火。

与GB/T 21792中的要求相比，本标准所叙述的仪器能够更快速、更少量的（试样量为2 mL或4 mL）得到相似的试验结果。此外，除运用在常规的实验室，该仪器可以制造成便携式，以利于现场实地测试。

协作工作（见参考文献[6]）表明使用此程序所获得的结果具有可比性。用本方法测试含有卤代烃溶剂的混合物时，可能会给出异常的结果，对其结果的阐述应慎重（见参考文献[7]）。

闪点值不是测试物质的一个物理化学性质常数。它们与仪器的设计、仪器使用的条件以及操作程序的执行密切相关。因此，闪点仅能根据一个标准测试方法来定义，并且通过使用和本标准中详述的不同的测试方法或者不同的仪器所获得的结果，它们之间没有普遍有效的相关性。

闪燃和非闪燃测定 快速平衡闭杯法

1 范围

本标准规定了在标准的测试条件下，色漆（包括水性涂料）、清漆、色漆基料、胶黏剂、石油及其相关产品，在－30℃～300℃的温度范围内所挥发出的易燃蒸气被测试火焰点燃的能力的一种方法。与闪点检测器（见 A.1.6）一起使用时，本标准也适合脂肪酸甲基酯（FAME）的闪燃和非闪燃测试。

2 规范性引用文件

下列文件中的条款通过本标准的引用而成为本标准的条款。凡是注日期的引用文件，其随后所有的修改单（不包括勘误的内容）或修订版均不适用于本标准，然而，鼓励根据本标准达成协议的各方研究是否可使用这些文件的最新版本。凡是不注日期的引用文件，其最新版本适用于本标准。

GB/T 3186—2006 色漆、清漆和色漆与清漆用原材料 取样（ISO 15528:2000，IDT）

GB/T 20777—2006 色漆和清漆 试样的检查和制备（ISO 1513:1992，IDT）

ISO 3170:2004 石油液体 手工取样法

ISO 3171:1988 石油液体 自动管线采样

ISO 3679:2004 闪点的测定 快速平衡闭杯法

3 术语和定义

下列术语和定义适用于本标准。

3.1

闪燃和非闪燃试验 flash/no flash test

在规定的温度条件下应用测试火焰，修正到大气压为 101.3 kPa，测定试验样品蒸气是否可以即刻点燃，火焰能否通过液体表面蔓延。

4 原理

在试验温度的条件下，将确定体积的试验样品引入试样杯中，在规定的时间后，应用测试火焰，观察是否出现闪燃。

5 试剂和材料

5.1 清洗溶剂

一种用于清洗样品杯和杯盖上残留的前次试验残留物适宜的溶剂。

注：溶剂的选择基于先前测试材料的性质和残余物的黏附能力。低挥发的芳香性溶剂（无苯的）适用于清除油残留物，而甲苯-丙酮-甲醇的混合溶剂用于去除胶状沉积物。

5.2 校准液体

一系列有证标准物质（CRM）和/或标准样品（SWS），参见附录 C。

6 仪器

6.1 概述

附录 A 中对仪器进行了描述，包括对试验杯和杯盖系统的叙述，以及它们的直径和特殊要求。上述内容包括在图 A.1 至图 A.5 中。在－30℃～300℃温度范围内的闪燃和非闪燃试验需要一台以上的仪器。

6.2 注射器

6.2.1 2 mL 注射器

移取 2.00 mL±0.05 mL 样品,如果需要,使用合适的探针作为测定不大于 100℃温度的装置。测试 FAME 的时候,每个测试温度的样品量均为 2 mL。

6.2.2 5 mL 注射器

移取 4.00 mL±0.10 mL 样品,如果需要,使用合适的探针作为测定大于 100℃温度的装置。测试 FAME 的时候,不需要使用 5 mL 注射器。

6.3 气压计

精确至 0.1 kPa。气压计应预先校准至标准大气压,气象站和机场的气压计不能使用。

6.4 加热浴或加热炉(可选择)

如果需要加热样品,温度应该控制在±5℃范围内。如果使用加热炉,需要考虑碳氢化合物蒸气带来的安全隐患。

推荐使用有爆炸保护设计的加热炉。

6.5 冷却浴或制冷器(可选择)

如果需要冷却样品,温度应该控制在低于选择的试验温度 10℃以下,并且温度的控制应该在±5℃的范围内。如果使用冷却器,应该有爆炸保护装置。

6.6 通风罩(可选择)

如果需要使通风设施最小化,可以考虑在仪器的背面和两侧进行安装。

注:选用高 350 mm、宽 480 mm、深 240 mm 的合适的通风罩。

6.7 试验杯内衬垫(可选择)

参见附录 D。

注:对于难以清除的样品,需要使用薄型的金属杯内衬垫。

7 仪器准备

7.1 概述

根据闪燃和非闪燃温度的要求选择适宜的仪器。如果需要根据特殊的温度条款和定义进行闪燃和非闪燃测试,需要在试验(见 11.2)前根据大气压调节温度。按照仪器制造商对仪器的说明正确使用、操作仪器。附录 D 叙述了使用样品杯插入物(见 6.7)来测试黏性材料的方法。

7.2 仪器的位置

将仪器(见附录 A)放置在水平、稳定的平面上,并保证处在避风的位置。

在不能实现避风放置时,推荐使用通风罩(见 6.6)。

注:如果试验物质能够产生有毒的蒸气,仪器需要放置在可以独立控制空气流动的通风柜中,以便在不引起样品杯周围的空气流动的前提下,使得蒸气能够顺利扩散。

7.3 试验杯及配件的清洁

使用合适的溶剂(见 5.1)清除前次试验留下的试验杯,杯盖及其配件中的树胶或残渣。根据仪器供应商的要求维护、操作仪器。

注 1:清洁的空气气流用于去除最后所使用的溶剂。

注 2:填充口便于管状清洁器进行清洁。

7.4 仪器校准

7.4.1 需要根据 ISO 3679:2004,使用有证标准物质(CRM)(见 5.2)对正常使用的仪器进行每年至少一次的校准工作。得到的测试结果与 CRM 值之差的绝对值应该等于或者小于 $R/\sqrt{2}$,此处,R 代表方法的再现性(见 13.3)。

推荐使用标准样品(SWS)(见 5.2)对仪器进行频繁校准核对。

注:附录 C 给出了使用 CRM 和 SWS 进行仪器校正的推荐步骤和 SWS 的产生过程。

7.4.2 校准后得到的数值不应该作为方法偏差，也不能用于该仪器进行任何有关闪点的校正。

如果仪器没有通过校准测试，推荐操作人员进行如下检查：

a) 与试验杯有蒸气密封作用的杯盖；

b) 提供点火的快门装置；

c) 球形温度计周围的大量的热传导糊状物质和温度计圆桶的浸没部分。

8 取样

8.1 除非另有规定，应根据 GB/T 3186—2006、ISO 3170、ISO 3171 取样。

8.2 在适合盛装液体的高度密闭的容器中加入适量的样品，出于安全方面的考虑，保证装样量占容器容积的 85%～95%。

8.3 样品的储存条件要适宜，尽量降低样品蒸气的损失和气压的增大。样品的存放温度应小于 30℃。

9 样品处理

9.1 石油产品和脂肪酸甲基酯

9.1.1 二次取样

在移取试样前，在冷却浴或冷却器(见 6.5)中进行冷却，或者调节样品和容器的温度在第一次选择的试验温度 10℃以下。如果在测试前能够保证对原始样品进行储存，保证容器中样品的体积至少为 85%。轻轻混合样品，使之均匀，在点火终点时，可使挥发性组分的损失降至最小。

注：如果容器中的样品容积小于 85%，则闪燃和非闪燃试验的结果将会受到影响。

9.1.2 在室温下为液态的样品

如果样品具有充分的流动性，在移取试样前，先轻轻地用手摇动混合样品，小心操作减少挥发性组分的损失。如果室温下样品太黏稠，则使用加热浴或加热炉(见 6.4)加热试样，控制温度在测试温度 10℃以下，此时可以轻轻振动使试样混匀。

9.1.3 固体或半固态的样品

如果测试时的样品因为不能有效流动未能通过样品孔进入样品杯，可以根据 9.1.2 的方法加热，将杯盖打开，用合适的工具(分散器或抹刀)将其转移至试样杯中。

9.2 色漆、清漆及相关产品

根据 GB/T 20777—2006 描述的操作步骤准备样品。

10 步骤

10.1 概述

10.1.1 使用式(1)确定测试温度。根据仪器制造商对仪器的说明设置要求的测试温度。

10.1.2 当测试脂肪酸甲基酯(FAME)的时候，应该使用闪点检测器(见 A.1.6)。

10.1.3 待测样品使用试验火焰不要超过一次。每次试验需使用新的样品。每次试验后，关闭指示器和气体控制阀的试验火焰，当试验杯的温度降至安全水平后，移出测试部分，清洁仪器设备。

10.1.4 不要将有些时候围绕在测试火焰周围的引发点火的蓝色光环与真正的闪火混淆。

注 1：可选择的闪点检测器(见 A.1.6)并不受光环的影响，不要求操作者在观察闪点实验时将其关闭。

注 2：如果在滑板打开引入测试火焰时，孔中出现连续的明亮的火焰，说明闪点小于测试温度。在这种情况下，可以运用 ISO 3679 测定实际的闪点。

10.1.5 使用气压计(见 6.3)记录试验时仪器附近的大气压。

注：虽然有些气压计会被设计成自动进行校正，但不需要将气压校正到 0℃时的气压。

10.2 不大于 100℃的闪燃和非闪燃测试步骤和所有温度下 FAME 的测试步骤

10.2.1 使用清洁、干燥的取样器(见 6.2.1)，调节温度至少低于预期闪点 10℃，取样 2 mL。移取溶液后立刻关闭样品容器以使挥发性组分的损失最小。

10.2.2 仔细将取样器转移至样品填充口，压下取样器活塞使将测试部分填充至样品杯中，移走取样器。

10.2.3 对于固态或半固态的样品，转移约等于2 mL的样品至样品杯中，并将其尽可能的分布在杯底部分。

10.2.4 打开1 min计时装置(见A.1.3)，开启气体控制阀门，点燃试验火焰，控制试验火焰的直径为4 mm。如果需要，重启闪点检测器(见A.1.6)。

10.2.5 当可以听得见的时间信号响起时，在2 s～3 s的时间内，均匀地打开、关闭滑板。转移测试火焰，检测闪点(见10.1.4和10.1.4的注2)，并记录结果。

10.3 大于100℃以上的闪燃和非闪燃测试步骤[测试FAME时例外(见10.2)]

10.3.1 使用清洁、干燥的取样器(见6.2.2)，取样4 mL。移取溶液后立刻关闭样品容器以使挥发性组分的损失最小。

10.3.2 仔细将取样器转移至样品填充口，压下取样器活塞使将测试部分填充至样品杯中，移走取样器。

10.3.3 对于固态或半固态的样品，转移约等于4 mL的样品至样品杯中，并将其尽可能的分布在杯底部分。

10.3.4 打开2 min计时装置(见A.1.3)，开启气体控制阀门，点燃测试火焰，调节阀门保证测试火焰的直径为4 mm。如果需要，重启闪点检测器(见A.1.6)。

10.3.5 当可以听得见的时间信号响起时，在2 s～3 s的时间内，均匀地打开、关闭滑板，转移测试火焰，检测闪点(见10.1.4和10.1.4的注2)并记录结果。

11 计算

11.1 大气压读数的转化

如果大气压的单位不是千帕(kPa)，根据下述的方式之一将其换算成千帕(kPa)：

——读数为百帕(hPa)，则乘上0.1换算成千帕(kPa)；

——若读数为毫巴(mbar)，则乘上0.1换算成千帕(kPa)；

——若读数为毫米汞柱(mmHg)，则乘上0.133 3换算成千帕(kPa)。

11.2 规定温度的转化

如果闪燃和非闪燃试验通过标准或定义的设定进行，测定前，在环境的大气压力下校准试验温度至规定温度的±0.5℃范围内。通过式(1)，确定要求的测试温度(T_T)：

$$T_T = T_s - 0.25(101.3 - p) \quad \cdots\cdots (1)$$

式中：

T_s——以摄氏度表示的规定温度；

p——以千帕表示的环境大气压。

注：上述公式在大气压在98.0 kPa至104.7 kPa的范围内是准确的。

12 结果的表示

报告如11.2中所规定的闪燃和非闪燃温度T_s，或者通过校正至标准压101.3 kPa的闪燃和非闪燃温度T_T(在±0.5℃范围内)，是否有闪燃和非闪燃现象。

报告仪器所处的环境大气压(见10.1.5)。

报告是否在孔中出现连续的明亮的火焰。

13 精密度

13.1 概述

本方法不要求提供精密度的数据。但是，当选定本方法其中的一个测试温度时，有关步骤的精密度程度需要用于评估结果的可靠性。使用相同仪器确定实际闪点的类似方法在 ISO 3679:2004 中对精密度加以描述。根据统计试验和实验室之间的结果获得的 ISO 3679:2004 中的精密度，在 13.2，13.3 和表 1 中给出。

13.2 重复性 *r*

同一操作者使用相同的仪器，相同的操作环境，相同的样品，以及正确操作下所得到的两次测试结果的差异，20 次测试中只会有一次超过下列数值（超出如下数值的几率仅为 1/20），见表 1。

13.3 再现性 *R*

不同检测机构的不同操作者，在不同的实验室里对相同的样品进行测试，正确操作下所得到的两次结果的差异，20 次测试中只会有一次超过下列数值（超出如下数值的几率仅为 1/20），见表 1。

表 1 精密度值

范围	重复性/℃	再现性/℃
石油及其相关产品		
20℃～70℃	0.5	$0.03(X+29)$
70℃以上	$0.022X^{0.9}$	$0.083X^{0.9}$
色漆，瓷漆，喷漆和清漆		
5.8 mm²/s，37.8℃及以下	1.7	3.3
大于 5.8 mm²/s，37.8℃	3.3	5.0
脂肪酸甲基酯(FAME)	1.9	15.0

注 1：*X* 是指对比结果的平均值。

注 2：以下数据是根据表 1 中石油及其相关产品计算的精密度数值。

温度/℃	重复性/℃	再现性/℃
20	0.5	1.4
70	0.5	2.9
93	1.3	4.9
150	2.0	7.5
200	2.6	9.9
260	3.3	12.4

14 试验报告

试验报告需要包括如下信息：

a) 注明本标准的编号；

b) 测试样品的类型和完整的信息；

c) 测试结果（见第 12 章）；

d) 经商定或其他方式确定的任何与所规定的试验程序的偏离；

e) 试验日期。

附　录　A
（规范性附录）
闪点测试仪器

A.1　仪器

A.1.1　试验杯组件

A.1.1.1　概述

图 A.1 至图 A.5 对试验杯组件的设计予以介绍。

A.1.1.2　金属块

用具有相似导热性的铝合金或非腐蚀的金属制成，圆柱形的（试验杯），边缘部分有一小孔用于容纳温度传感器（见 A.1.4）。同时，温度传感器（球形温度计）需要在周围围绕合适的热导性的热塑化合物（见下述注解）。

注：硅树脂热感应化合物是合适的。

A.1.1.3　杯盖

安装有可以打开的滑板和一个在滑板打开时，允许在试验杯中插入直径 4 mm±0.5 mm 的测试火焰的装置。插入测试火焰的时候，火焰喷嘴需要处于杯盖下方±0.1 mm 的平面内。杯盖需要配有一个小孔伸入试验杯中，用于注射样品并提供合适的夹具使得试验杯盖紧贴金属块。杯盖上的三个开口的直径需要小于试验杯。滑板需要配有发条或其他装置，保证其处在特定的位置。当滑板处在打开位置，杯盖上的其他两个开口需处在相应的位置上。O 形环需要由耐热材料组成，并在杯盖关闭的时候提供良好的密封作用。

注：一些仪器是自动引入测试火焰的。

A.1.1.4　电加热器

附在试验杯底部，用于提供有效的热量传递。加热器的控制需要有效维持试验杯温度，在不大于 100℃的范围内，温度控制在±0.5℃，大于 100℃的范围内，温度控制在±2.0℃。

A.1.2　测试火焰或引燃火焰

火焰可以用任何适宜的易燃气体作为燃料（如：天然气、民用煤气、液化石油气）。火焰的直径应为 4 mm。

A.1.3　计时装置

计时装置能够在 60 s±2 s 和 120 s±4 s 的时间发出可以听得见的信号。

A.1.4　温度传感器

玻璃液体温度计符合附录 B 规定的要求，或者可以是温度测量装置或准确度相当的装置。温度传感器的内部选择基于试验条件下样品的期望闪点。

A.1.5　试验杯冷却器（可选择的）

电帕尔贴效应冷却器。或其他合适的冷却装置。

A.1.6　闪点检测器（可选择的）

闪点火焰的检测使用低质量的热电偶装置。当 100 ms 内温度上升 6.0℃时，说明得到闪点。

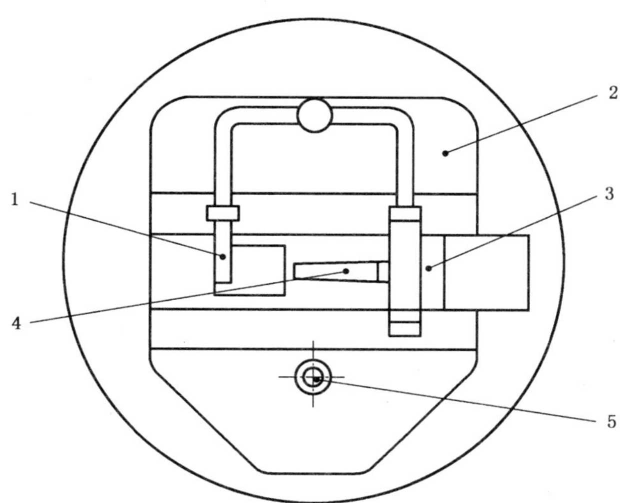

1——引导火焰的喷嘴；
2——杯盖；
3——滑板；
4——点火器；
5——加样孔。

图 A.1 试验杯组件的平面图

单位为毫米

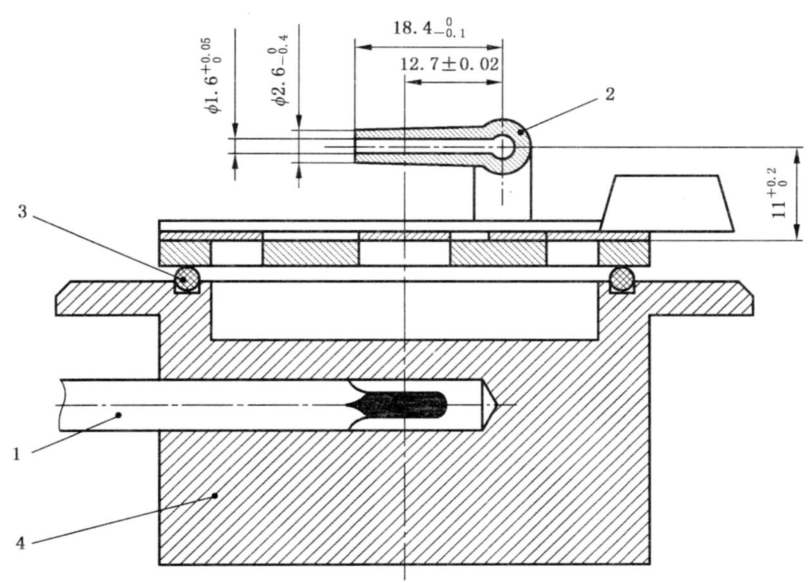

1——温度传感器；
2——点火器；
3——“O”型密封圈；
4——模块。

图 A.2 经点火器剖切闪点测定器的剖面图

单位为毫米

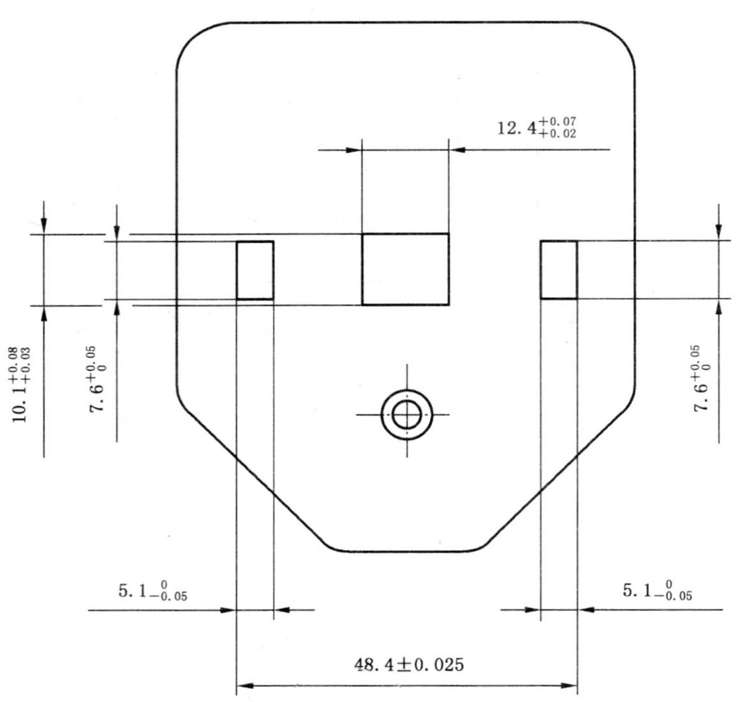

图 A.3 杯盖

单位为毫米

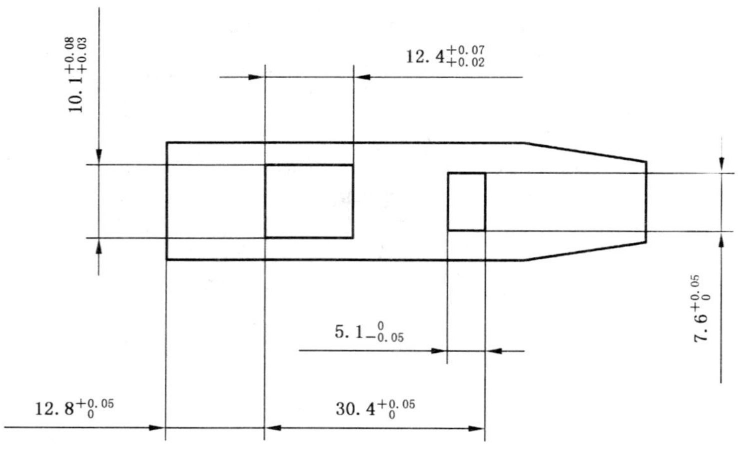

图 A.4 滑板

单位为毫米

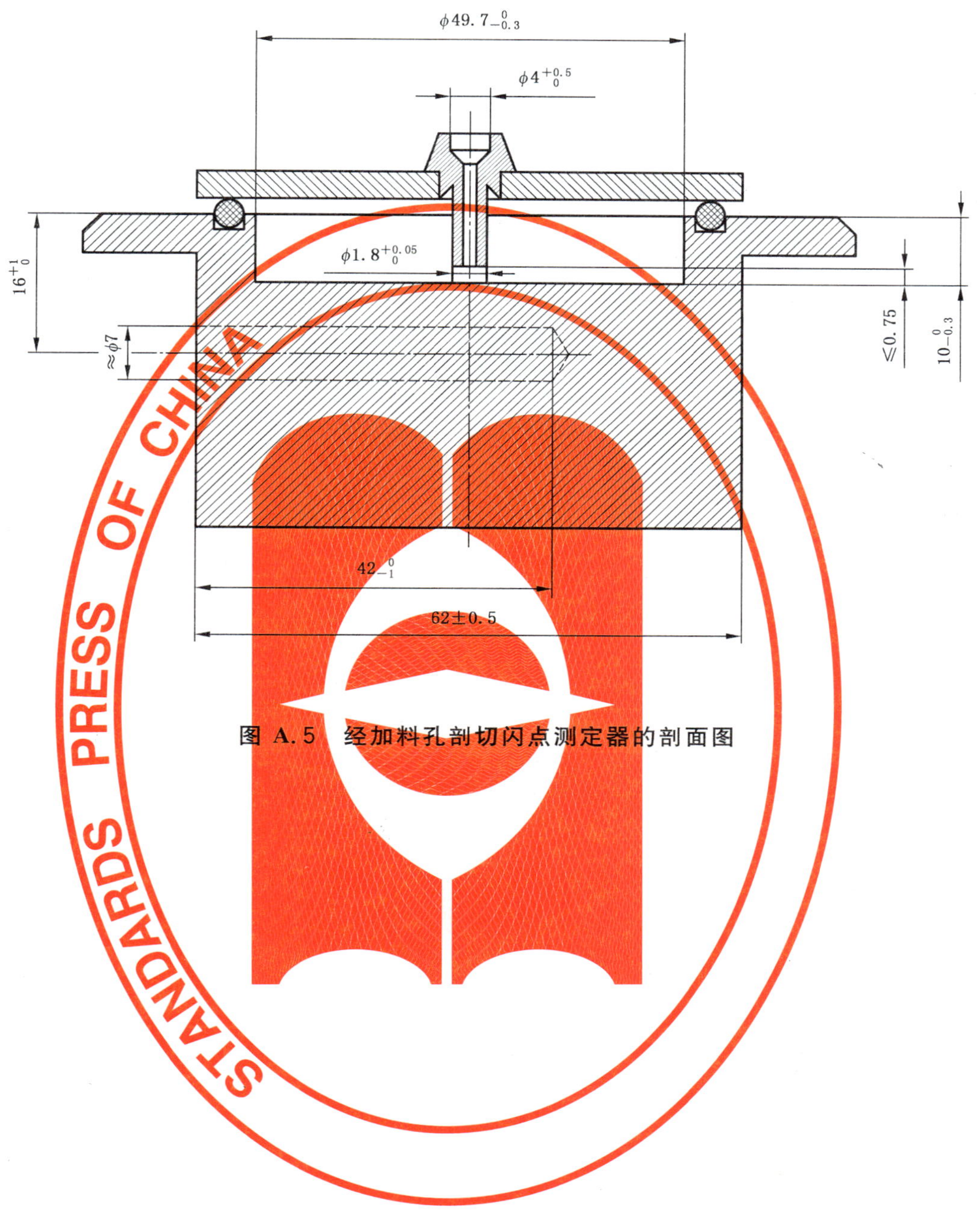

图 A.5 经加料孔剖切闪点测定器的剖面图

附 录 B
（规范性附录）
温度计规格

表 B.1 给出了 A.1.4 中关于玻璃液体温度计的规格。可替换的温度测量装置和/或系统需要满足这些温度计部分浸入特性的精确度的要求。

表 B.1 温度计规格

类型	摄氏零度以下	低范围	高范围
温度范围/℃	−30～100	0～110	100～300
浸没深度/mm	44	44	44
刻度标记/℃			
细分	1	1	2
每根长线	5	5	10
每个数字	10	10	10
最大线宽/mm	0.15	0.15	0.15
刻度误差(最大)/℃	0.5	0.5	2.0
气体膨胀室	要求	要求	要求
总长度/mm	195～200	195～200	195～200
茎外部直径/mm	6～7	6～7	6～7
球形长度/mm	10～14	10～14	10～14
球形外部直径/mm	4～6	4～6	4～6
刻度位置			
球形底部到线/℃	−30	0	100
距离/mm	57～61	48～52	48～52
刻度范围的长度/mm	115～135	115～135	115～135
注：IP91(低范围)和 IP98(高范围)温度计符合上述要求，目前，没有符合零度以下要求的温度计。			

附 录 C
（资料性附录）
仪器的校准

C.1 概述

本附录介绍了标准样品(SWS)的制定步骤，并且使用SWS和有证标准物质(CRM)进行校准核查的过程。仪器的性能应该根据ISO导则34[2]和ISO导则35[3]提供的CRM，或者根据C.2.2中给出的内部参考物质(SWS)。仪器的性能应该根据ISO导则33[1]和ISO 4259[5]给出的指导进行评估。

对于试验结果的真实性评估设定为95%的置信度。

C.2 校准核查标准

C.2.1 有证标准物质(CRM)

通过ISO导则34和ISO导则35，使用明确的方法通过不同实验室之间的研究得到特定物质的确定的闪点数值。这些特定物质由一个稳定的碳氢化合物或其他稳定的物质所组成。

C.2.2 标准样品(SWS)

由一个稳定的石油产品或单一的碳氢化合物或者是其他稳定的物质组成，它们的闪点测试可以通过以下任一方法获得：

a) 通过在已经用CRM校正过的一台仪器上对具有代表性的二次取样物质进行最少三次的闪点检测，对数据结果进行统计分析，去除异常值后，计算结果的算术平均值；

b) 在至少三个实验室间在相同的条件下对代表性的物质开展定义的闪点测试项目。通过对不同实验室间的数据进行统计分析后计算闪点数值。

将SWS保存在能够保存SWS性能的容器中，避光保存，温度不超过10℃。

C.3 步骤

C.3.1 选择CRM或SWS，使其闪点落在选用仪器的测量范围内。表C.1给出了近似的闪点数值。

推荐使用至少两种CRM或SWS以期覆盖较宽的检测范围。除此以外，推荐使用CRM和SWS的等分试样进行重复性实验。

C.3.2 对于新的仪器，或使用了一年的仪器，需要根据第10章使用CRM(参见C.2.1)进行校正检验。

C.3.3 对于中间校正，建议根据第10章通过使用SWS(参见C.2.2)进行校正检验。

C.3.4 根据第11章对数据结果进行大气压校正，记录校正后的数据，精确至0.1℃，作为永久记录。

C.4 试验结果的评估

C.4.1 概述

对比CRM或SWS的实验后的校正结果。

在C.4.1.1和C.4.1.2中给出公式中，再现性是通过ISO 4259[5]确定，CRM和SWS的确定值是通过ISO导则35给出的步骤得到。同时也假定不确定度与测定方法的标准偏差相比很小，与再现性R相比很小。

C.4.1.1 单次测试

对于CRM或SWS的单次测定，单次测试的结果与CRM、SWS的测定结果之间的差别应该在下述偏差范围之内：

$$|\chi-\mu|\leqslant\frac{R}{\sqrt{2}}$$

式中：

χ——检测结果；

μ——CRM 的确定值或 SWS 的赋值；

R——检测方法的再现性。

表 C.1 碳氢化合物闭杯闪点实验的大致数值

碳氢化合物	闪点/℃
2,2,4-三甲基戊烷(异辛烷)	−9.5
甲苯	6.0
辛烷	14
1,4-二甲苯	27
壬烷	2
癸烷	49
十一烷	63
十二烷	81
十四烷	109
十六烷	134

C.4.1.2 多次测试

如果重复实验的次数 n，基于 CRM 或 SWS，n 次测试的结果与 CRM、SWS 的测定结果之间的差别应该在下述偏差范围之内：

$$|\overline{\chi}-\mu|\leqslant\frac{R_1}{\sqrt{2}}$$

式中：

$\overline{\chi}$——检测结果的平均值；

μ——CRM 的确定值或 SWS 的赋值；

$R_1=\sqrt{R^2-r^2[1-(1-1/n)]}$。

式中：

R——实验方法的再现性；

r——实验方法的重复性；

n——CRM 和 SWS 进行实验的重复次数。

C.4.2 如果测试的结果在偏差要求范围内，记录事实情况。

C.4.3 如果实验结果证实不符合偏差要求，如果 SWS 已经使用过，用 CRM 重复进行实验。如果实验结果证实符合偏差要求，记录事实情况，去除 SWS 结果。

C.4.4 如果实验结果证实不符合偏差要求，检查仪器并查看仪器是否处于说明的工作状态要求。如果没有明显的不符合的情况，使用不同的 CRM 进行重新校正测试。如果结果符合偏差要求，记录事实情况，如果仍然不在偏差要求范围内，需将仪器送往仪器生产商处进行全面检修。

附 录 D
（资料性附录）
试验杯插入物的使用

D.1 概述

试验结束后，从试验杯中清除确定的样品是困难并耗时的。插在试验杯中，可任意使用的薄型金属杯解决了这个问题。

D.2 试验杯内衬垫的材质

任意金属薄膜，厚度约0.05 mm，如果金属薄膜的形状完全适合试验杯，则可以使用。

D.3 步骤

使用固体的金属块或合适的工具将薄膜在试验杯中成型。试验杯内衬垫需要适合试验杯本身。

D.4 校准

使用CRM或SWS(见7.4)对试验杯和试验杯内衬材料进行校准。

参 考 文 献

[1] ISO 导则 33:2000 标准物质的使用.

[2] ISO 导则 34:2000 标准样品生产者能力的通用要求.

[3] ISO 导则 35:1989 标准物质定值的一般原则和统计原理.

[4] GB/T 21792—2008 闪燃和非闪燃测定 闭杯平衡法(ISO 1516:2002,IDT).

[5] ISO 4259:1992 石油产品和试验方法相关的精密度数据的测定和使用.

[6] Bell,L. H. J. Inst. Petrol. ,57(556),July 1971.

[7] Rybicky,J. and Stevens,J. R. *J. Coatings Technol.* ,53(676),May 1981:40-42.

ICS 75.080
E 30

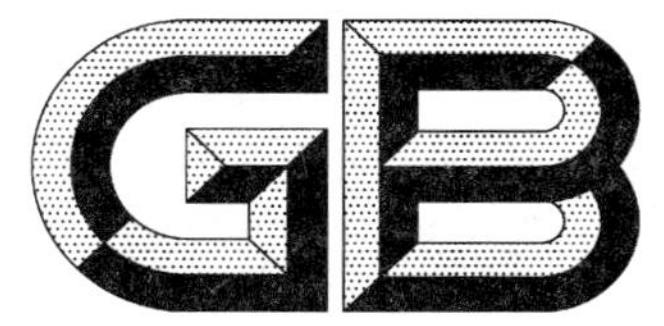

中华人民共和国国家标准

GB/T 21791—2008

石油产品自燃温度测定法

Determination of ignition temperature of petroleum products

2008-05-12 发布　　2008-09-01 实施

中华人民共和国国家质量监督检验检疫总局
中国国家标准化管理委员会　发布

前　　言

本标准等同采用德国国家标准 DIN 51794:2003《石油产品自燃温度测定法》(英文版)。

本标准由全国危险化学品管理标准化技术委员会(SAC/TC 251)提出并归口。

本标准起草单位:中国石油化工股份有限公司石油化工科学研究院、天津出入境检验检疫局、中化化工标准化研究所。

本标准主要起草人:杨婷婷、陈洁、郭涛、张君玺、周玮。

本标准为首次发布。

引　言

可燃物的自燃温度并非物理化学常数，而是取决于特定情形下主要条件因素的特性。由于可采用测量方法来评定暴露于热表面的可燃液体和气体的可燃性级别，本标准可为建立适当的抗燃电气和非电气设备的安全尺度提供依据。

对于混合物，尤其是油品来说，如果在加入试样后有空气进入燃烧容器，则容器中的试样在低于自燃温度（由本标准测定得到）下还可能观察到进一步的燃烧现象。“后自燃温度”可低于所测定的自燃温度 100℃以上。基于安全的考虑，在测定自燃温度时必须对是否存在后自燃温度进行检验确定[1]。

石油产品自燃温度测定法

1 范围

本标准规定了可燃液体和气体、石油产品及其混合物在75℃～650℃之间自燃温度的测定方法。自燃温度可衡量可燃物在与热物体相接触、且与空气相混合的条件下发生燃烧的倾向，依此对可燃物进行安全分类。

2 规范性引用文件

下列文件中的条款通过本标准的引用而成为本标准的条款。凡是注日期的引用文件，其随后所有的修改单(不包括勘误的内容)或修订版均不适用于本标准，然而，鼓励根据本标准达成协议的各方研究是否可使用这些文件的最新版本。凡是不注日期的引用文件，其最新版本适用于本标准。

GB/T 4793.1 测量、控制和实验室用电气设备的安全要求 第1部分：通用要求(GB/T 4793.1—2007，IEC 61010-1:2001，IDT)

DIN 17470 热导体合金 圆形和扁平导线的交接技术条件

DIN 51610 液化石油气取样法

DIN 51750-1 石油产品取样法 通则

DIN 51750-2 液体石油产品取样法

DIN EN ISO 4259 石油产品 试验方法精密度数据的确定和应用(DIN EN ISO 4259—1999，ISO 4259 Corr1:1993，IDT)

DIN ISO 1773 实验室玻璃器皿 细颈沸点烧瓶(DIN ISO 1773—1999，ISO 1773:1997，IDT)

3 术语和定义

下列术语和定义适用于本标准。

3.1

自燃温度 ignition temperature

在本标准规定的条件下，可燃物开始发生燃烧的最低温度。

3.2

自燃 ignition

在燃烧容器中，混合物所发生的伴随有明显的火焰增强或在5 min内有可能发生爆燃的反应。

3.3

燃火滞后 ignition delay

从试样放入燃烧容器中到试样开始燃烧的时间。

注：燃火滞后可从零点几秒到几分钟，但通常小于3 min。

4 单位

报告自燃温度的单位为：℃。

5 方法概要

在每次燃烧试验中，将少量的可燃物试样放入开口锥形烧瓶中。用电炉加热烧瓶，并观察在加热温度下试样是否发生燃烧。最后，将烧瓶中残留的可蒸发组分用空气吹出。

通过一系列改变温度和试样量的燃烧试验，确定试样的最低自燃温度。由数次试验系列所得的数个最低值中选择确定的结果作为试样的自燃温度。

6 取样

样品应根据 DIN 51750-1 和 DIN 51750-2 的规定进行采取。当样品不均匀时，试验前应采取措施以防止样品因挥发而使组分发生实质性改变，混合物的组分改变会对其自燃温度产生影响。

液化气体样品应根据 DIN 51610 采用 A1 型样品瓶进行采取。

7 仪器

7.1 概述

采用图 1～图 4 所示的试验装置测定试样的最低安全自燃温度，试验装置应符合 7.2～7.10 的技术要求。应当注意，试验结果会受燃烧容器的设计(如加热炉体积和形状等)的影响。应采用7.2～7.10 的仪器进行试验。

7.2 电阻加热炉

带金属内膛芯，可在 220 V 下加热燃烧容器(见图 1)。它可通过可调变压器在交流电下使用，或可通过可调电阻在直流电下工作。

最为理想的是，控制系统仅控制一部分加热电流开关，而未受控制的电流部分维持电炉处于所需的加热温度。

陶瓷管带有符合 DIN 17470 所规定的 CrA 1255 加热导线，线长 35.8 m，直径 1.2 mm，环绕管上时每圈间距为 1.2 mm。将加热线圈用耐高温粘结剂固定，并涂敷约 20 mm 厚的氧化铝绝热粉。管中插入具相同材质盖板的不锈钢圆柱形金属内膛芯，内膛芯与管的间隙应尽可能小。盖板(如图 2 所示)可用于支撑燃烧容器，由顶板和对开底板构成，中间为绝热材料制的对开环。

使用耐热密封条将燃烧容器嵌入盖板中，并通过旋紧两螺栓，推压对开环，使燃烧容器与盖板密合。

建议按 8.2 加热炉子至所需温度，开始预试验，使用约 6 A 的最大加热电流。如果使用温度控制器，加热和冷却周期应约为相同的时间。

推荐采用与盖板相匹配的某种装置作为移液管的支撑，以便向燃烧容器中加入试样。

也可使用其他任何相似的加热炉来加热燃烧容器，只要其所测定的 99.9%纯度的正庚烷和苯的自燃温度分别为 219℃±2.5℃和 558℃±5℃即可。

警告：由于处理苯时会有危害健康的风险，建议使用自燃温度为 540℃ ±5℃ 的丙酮作为替代物。

7.3 燃烧容器

由细颈锥形烧瓶构成，标称容量 200 mL，尺寸如图 3 所示，由符合 DIN ISO 1773 的耐热实验室玻璃制成。

7.4 热电偶

7.4.1 铁/康铜热电偶(线径 0.5 mm)：用于温度测量。热电偶的引线将穿过与盖板相接、与燃烧容器壁间距 1mm 之内的陶瓷外套管。热电偶导线应被紧固，使其端点与燃烧容器外壁紧密接触，并位于容器底部之上 25 mm±2 mm。导线由陶瓷外套管之上的固定套管固定位置。采用补偿电路测量热电偶的电压；如果使用 Lindech-Rothe 电路，建议采用 0.5 级的仪器(见 GB/T 4793.1)。对于长期使用的热电偶，推荐采用相同测量系统和经校准的热电偶(线径 0.2 mm)，将其端点与被测端点相接，进行校验。

7.4.2 可选的第二个热电偶：穿过炉子基座进入容器的内部，使其端点与燃烧容器的底部接触，试验温度可通过控制器进行调节。

7.5 1 mL 带刻度移液管：能够在室温下从 1 mL 蒸馏水中移取 35 滴～40 滴水。

7.6 1 mL 注射器：玻璃制，管径 0.75 mm。

7.7 经校准的气密活塞泵：玻璃制，换气容量 200 mL，带三通旋塞和不会被待测试样侵损的连接管。

7.8 手动球形泵：如图 4 所示，带玻璃毛过滤器、送气管和连接管。

7.9 镜子：位于燃烧容器上方，距盖板 250 mm 处。推荐此装备能够使燃烧容器中的燃烧过程在侧面被准确观察到。

7.10 附加盖板：可与燃烧容器和热电偶相匹配，作为替换物。这样可以方便进行连续数次的试验。

单位为毫米

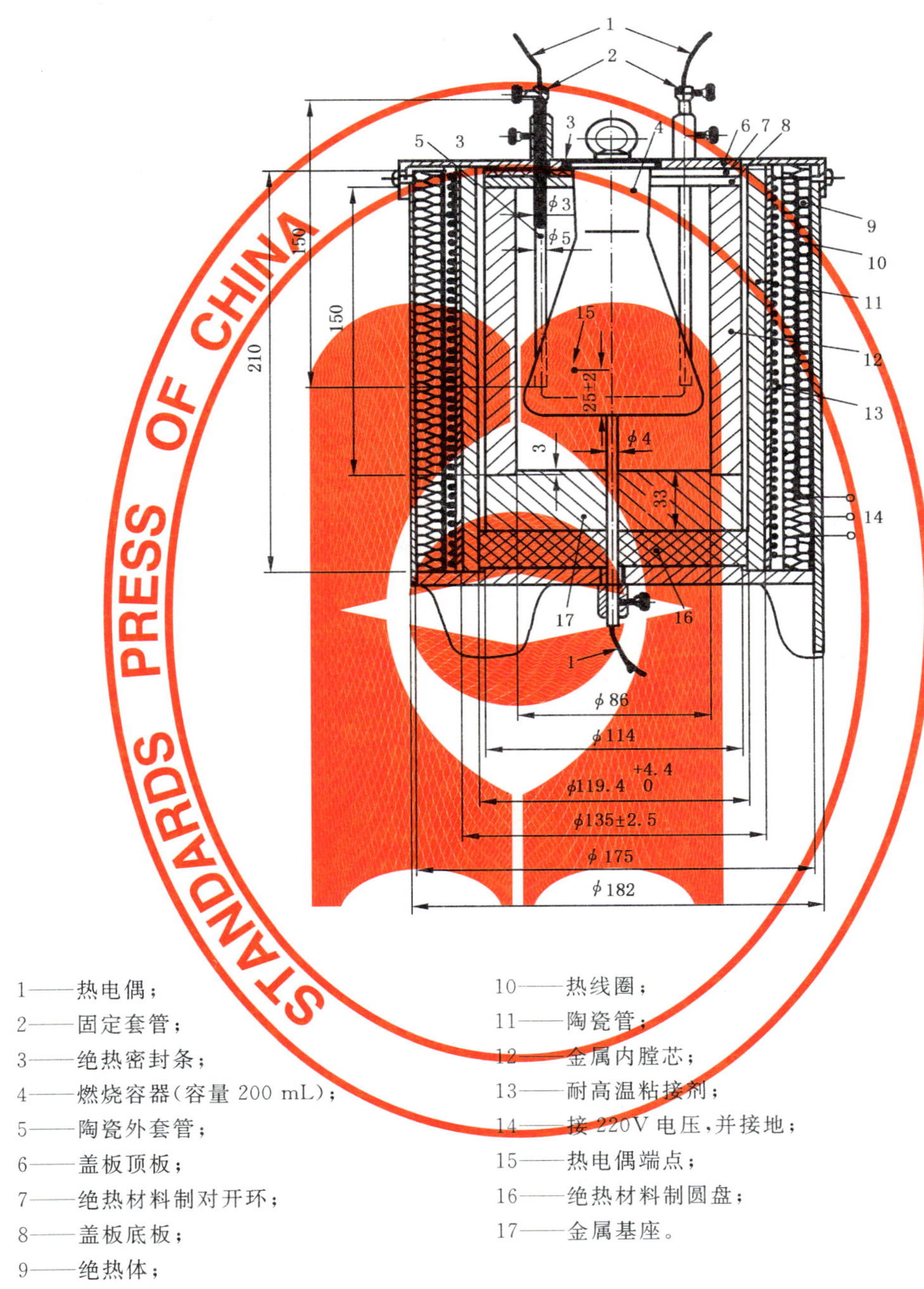

1——热电偶；
2——固定套管；
3——绝热密封条；
4——燃烧容器(容量 200 mL)；
5——陶瓷外套管；
6——盖板顶板；
7——绝热材料制对开环；
8——盖板底板；
9——绝热体；
10——热线圈；
11——陶瓷管；
12——金属内膛芯；
13——耐高温粘接剂；
14——接 220V 电压，并接地；
15——热电偶端点；
16——绝热材料制圆盘；
17——金属基座。

图 1　电阻加热炉

单位为毫米

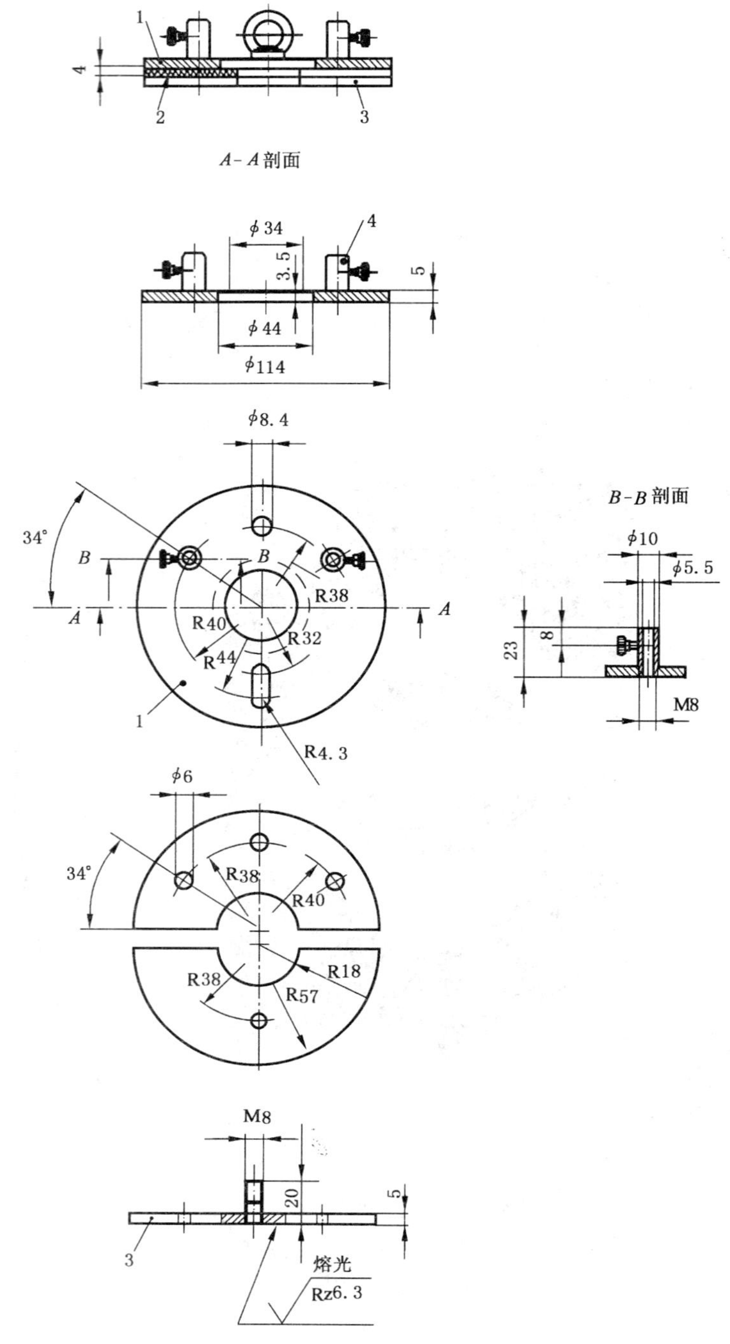

1——盖板顶板；

2——绝热材料制对开环；

3——盖板；

4——固定套管。

图 2 电阻加热炉盖板

单位为毫米

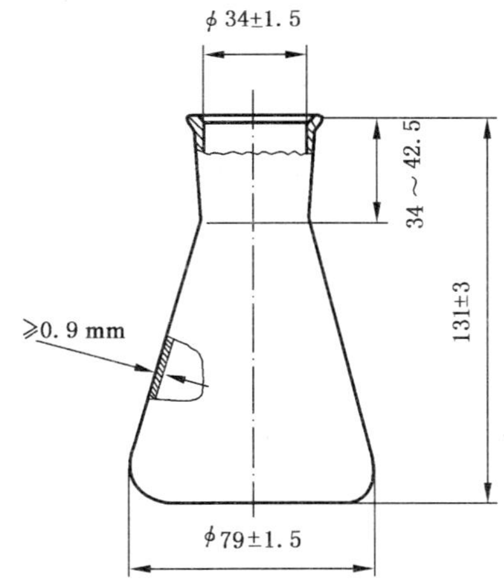

图 3　200 mL 细颈锥形烧瓶

单位为毫米

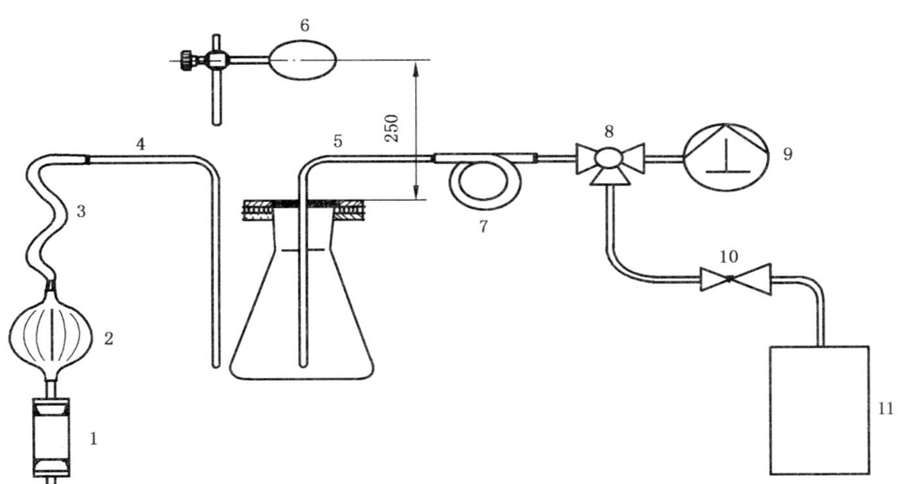

1——玻璃毛过滤器；
2——手动球形泵；
3——连接管；
4——送气管；
5——弯管；
6——镜子；
7——连接管；
8——三通旋塞；
9——活塞泵；
10——压力调节器；
11——样品容器。

图 4　气体试样自燃温度测定装置

8 试验步骤

8.1 将试样移入燃烧容器

8.1.1 对于液体试样采用移液管或对于动力黏度大于 50 mPa·s 的黏稠试样采用注射器,以快速但呈连续滴状的方式将试样移入燃烧容器中。在试样移取前,将初沸点小于 60℃ 的试样进行冷却,并将移液管或注射器冷却到沸点以下至少 30℃。在进行此操作时,应避免试样和仪器受到空气中水分的污染。

8.1.2 从样品容器的蒸气区采取气体试样,并将其按下述方式注入燃烧容器中:先从样品容器中去除一部分样品,如需要,可通过减压器采用活塞泵从支管连接处进行,并通过位于燃烧容器外的弯管排除。当所有的管线和弯管经数次冲洗完全充满待测气体试样,则将弯管放于图 4 所示的位置,并以约 25 mL/s的流速将所需量的气体试样注入燃烧容器中。

8.2 预试验

以 3℃/min～5℃/min 的速率加热燃烧容器,进行粗略的自燃温度预试验,每当温度升高约 20℃,便向容器中加入 5 滴液体试样或 50 mL 的气体试样。在每个温度下确定试样是否发生燃烧。在加入新的试样之前,采用手动球形泵吹扫容器,使容器保持清洁。在此条件下首次观察到的自燃温度将作为正式试验的初始温度。

8.3 正式试验

8.3.1 首次试验系列的最低值

在初始温度下开始正式试验,将与预试验相同量的试样加入燃烧容器中,以每次 5℃ 的幅度降低温度直至达到首次不发生燃烧的温度。然后,改变试样量,在此温度下继续燃烧试验。

如果在此过程中燃烧持续发生,则将燃烧容器的温度再降低 5℃ 后重复燃烧试验,并记录燃火滞后时间和加入的试样量。通过此方法,确定对任何量的待测试样均不发生燃烧的温度。然后在此温度和高 5℃ 的温度下进行进一步的试验,改变试验温度并少许改变试样量。在进行此操作时,建议从高的温度开始试验,后续试验温度以约 2℃ 的幅度递减,少许改变对应于每个试验温度最适宜的试样量在每一温度阶段进行试验。

在这些条件下仍可观察到燃烧的最低温度则作为首次试验系列的最低值。

8.3.2 正式试验的最低值

首次试验系列的最低值可受经常使用的燃烧容器中残留物的影响,因此不被作为最终结果。最终的最低值将通过正式试验后期的第二次试验系列得到,在第一次试验系列的最低值温度范围内,采用新的干净的燃烧容器,或用水、必要时用酸或其他溶剂冲洗后去除了内壁残留杂质后、经干燥的用过燃烧容器进行试验。此外,每次燃烧试验后,燃烧容器应经球形泵吹扫清洁。燃烧容器因冷空气吹扫而造成的少许温度下降,应在下一次燃烧试验开始前使其恢复。

8.4 重复试验

使用如 8.3.2 所述的新的或干净的燃烧容器,在正式试验的最低温度值范围做进一步的试验系列,直至得到至少三个正式试验的最低值,且这些试验值是:

a) 在不高于 300℃ 的温度下,相差不超过 10℃;

b) 在高于 300℃ 的温度下,相差不超过 20℃。

对于不高于 300℃ 的结果,如果按 8.3.1 所述得到的首次试验系列的最低值与正式试验所得最低值不超过 20℃,则首次试验系列的最低值可作为最低重复值(见第 9 章示例)。

当试样为液化气体时,在上述范围得到至少三个最低值后,再进行更多的重复试验,这些试验在取样前,将样品容器中高达 10% 的原样品经蒸发排除。

注:由上述条件得到的选择步骤目的在于尽量减少工作量。

9 结果的评价和表示

报告结果时，应引用本标准，并将按照8.4规定从数个最低值中选出的最低值修约至5℃的倍数。

示例：

首次试验系列的最低值：254℃

正式试验的最低值：252℃

首次重复试验的最低值：263℃

再次重复试验的最低值：258℃

测定结果：自燃温度为250℃

（当首次试验系列的最低值不符合8.4的规定时，其他三个最低值则应在所规定的10℃范围内。）

鉴于自燃温度对样品危险性评价的意义，试验结果不应报告平均值，而是报告最低值，且应经过修约。

结果的表示：

按GB/T 21791测定得到的自燃温度：250℃。

10 精密度

10.1 概述

本方法的目的和特殊性不允许按照DIN EN ISO 4259的方法处理出现的偏差，此处仅规定了可允许的最大偏差。如果10.2和10.3中所规定的要求未达到，在这两种情况下，均舍弃较高的自燃温度结果。

10.2 重复性

（同一操作者，同一仪器）

如果按第9章得到的连续测定结果之间的最大差值，对于不高于300℃的自燃温度不超过5℃，对于高于300℃的自燃温度不超过10℃，则其重复性符合要求。

10.3 再现性

（不同操作者，不同仪器）

如果按第9章得到的单独测定结果之间的最大差值，对于不高于300℃的自燃温度不超过10℃，对于高于300℃的自燃温度不超过20℃，则其再现性符合要求。

参 考 文 献

[1] Gutte, F. Messverfahren zur Bestimmung einer sicherheitstechnisch vertretbaren Zündtemperatur von Flüssigkeiten, insbesondere Ölen, in Anlehnung an die DIN 51794 (Methods of determining a safe ignition temperature for liquids, particularly oils, based on DIN 51794). Erdöl Erdgas Kohle, 1995:111(5), 203-207.

ICS 13.300
A 80

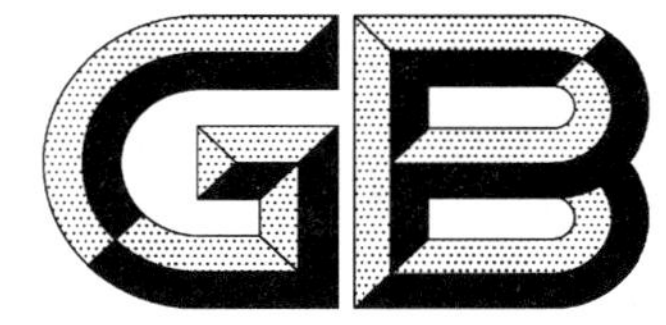

中华人民共和国国家标准

GB/T 21792—2008/ISO 1516:2002

闪燃和非闪燃测定　闭杯平衡法

Determination of flash/no flash—Closed cup equilibrium method

(ISO 1516:2002,IDT)

2008-05-12 发布　　2008-09-01 实施

中华人民共和国国家质量监督检验检疫总局
中国国家标准化管理委员会 发布

前　言

本标准等同采用 ISO 1516:2002《闪燃和非闪燃测定　闭杯平衡法》(英文版)。

本标准附录 A 为资料性附录。

本标准由全国危险化学品管理标准化技术委员会(SAC/TC 251)提出并归口。

本标准负责起草单位:中华人民共和国上海出入境检验检疫局。

本标准参加起草单位:中华人民共和国深圳出入境检验检疫局、中华人民共和国湖北出入境检验检疫局。

本标准主要起草人:蒋伟、陈相、刘丽、王海婷、朱洪坤、刘志红、崔海容、郭坚、周韵、蔡晓峰。

本标准为首次发布。

引　　言

本标准描述了两种闭杯平衡法中的一种，这种方法用于进行闪燃和非闪燃的测试。测试对象是：色漆、清漆、石油及其相关产品。当需要在这两种闭杯平衡法中选择一种方法进行测试时，需要结合另一种平衡法，参阅 GB/T 21790《闪燃和非闪燃测定　快速平衡闭杯法》(参考文献[2])。

本标准所使用的用于测定闪燃和非闪燃的仪器与 GB/T 21775《闪点的测定　闭杯平衡法》中所描述的一致。

本测试方法并没有在测试条件下去测定产品的闪点，仅是测定了在选定的平衡温度下，产品要求满足储存、运输和易燃产品使用的相关法律或法规的状态要求。因此，为了满足这一目的，测定产品的准确闪点是没有必要的，但是有必要测定产品在一个给定温度下是否会发生闪燃。根据测试程序的规定，通过产品及容器内被测液体上方的空气和蒸气混合物处于温度平衡的状态下进行试验，从而确保参照各种标准所设计的测试仪器之间的差别最小化。

闪燃和非闪燃测定　闭杯平衡法

1　范围

本标准规定了一种方法，当维持在一个选定的平衡温度并且处于测试条件之下时，其用于测定色漆、清漆、色漆基料、溶剂、石油及其相关产品是否能挥发出足够多的易燃蒸气，通过应用外部点火源以标准方式操作时，能引起点火。

本标准不适用于水性涂料，然而这类产品可使用GB/T 21790《闪燃和非闪燃测定　快速平衡闭杯法》来测试(参考文献[2])。

本标准适用的温度范围为－30℃～110℃，根据所采用的仪器不同，温度范围在表1中已经列出。

用本方法测试含有卤代烃溶剂的混合物时，可能会给出异常的结果，对其结果的阐述应慎重。

2　规范性引用文件

下列文件中的条款通过本标准的引用而成为本标准的条款。凡是注日期的引用文件，其随后所有的修改单(不包括勘误的内容)或修订版均不适用于本标准，然而，鼓励根据本标准达成协议的各方研究是否可使用这些文件的最新版本。凡是不注日期的引用文件，其最新版本适用于本标准。

GB/T 3186—2006　色漆、清漆和色漆与清漆用原材料　取样(ISO 15528:2000,IDT)

GB/T 20777—2006　色漆和清漆　试样的检查和制备(ISO 1513:1992,IDT)

GB/T 21775　闪点的测定　闭杯平衡法(ISO 1523:2002,IDT)

GB/T 21929　泰格闭口杯闪点测定法(ASTM D56:2005,IDT)

ISO 2719:2002　闪点的测定　宾斯基-马丁斯(Pensky-Martens)闭口杯法

ISO 3170:1988　石油液体　手工取样法

ISO 3171:1988　石油液体　自动管线采样

ISO 13736:1997　石油产品和其他液体　闪点的测定　阿贝尔闭口杯法

DIN 51755:1974　矿物油及其他可燃液体的测试，在闭式试验器中用阿贝尔-宾斯基(Abel-Pensky)法测定闪点

3　术语和定义

下列术语和定义适用本标准。

3.1

闪点　flash point

在规定的试验条件下，点火源使试验样品的蒸气发生燃烧并在液体的表面蔓延时，所得试样的最低温度即为闪点(校正到101.3 kPa气压下)。

4　原理

试验样品装在一个设计得与仪器相配的闭式杯子里，并把杯子安置在恒温控制浴中。使样品维持在设定的平衡温度条件下至少10 min，通过把小火焰直接放入试验杯中进行点火试验。观察试验样品上方的蒸气是否被点燃，记录结果。

5 化学药品和材料

5.1 清洗溶剂

清除试验杯和杯盖中前次试验样品的残留。

注：溶剂的选择取决于之前测试的物质和残留的粘附性。低挥发的芳香性溶剂(无苯的)可以用于清除油的残留，同时混合的溶剂，例如甲苯-丙酮-甲醇可以有效的清除胶状沉淀物。

5.2 校准液体

见 GB/T 21775。

6 仪器

6.1 试验杯和杯盖

试验杯应该配有一个可以紧密结合的杯盖和一个内部水平指示器，试验杯盖上装有可开关的滑板点火装置。当滑板打开时，能在杯盖开口大约中心的位置点燃一个直径为 3 mm ～4 mm 的火焰。火焰伸入时，点火装置的顶部应该在杯盖的上下表面的平面之间，以点火点为中心，半径穿过开口的中心。这个仪器的设计应该能使打开滑板，伸入和移出火焰喷嘴，关闭滑板的整个操作的时间控制在 2 s ～3 s 之间。如果能符合如上规范，则允许使用机械驱动装置来执行这一操作。

注：点火装置的火源可以是任何适合的易燃气体。

6.2 试验杯温度计

作为和试验杯配套使用的规定标准温度计适用的温度范围列在表 1 中。

注：只要精度符合要求，并满足表 1 中所列标准规定的其他类型的温度测量仪也可使用。

6.3 控温浴

含有适合的液体，控温并且能够调节至要求温度的±0.5℃。

表 1 适用的温度范围

单位为摄氏度

标准试验方法	温度范围
ISO 2719 宾斯基-马丁斯	10～110
ISO 13736 阿贝尔	−30～80
GB/T 21929 泰格	≤93
DIN 51755 阿贝尔-宾斯基	−30～65

6.4 控温浴温度计

能够测量试验温度，其精确度和试验杯温度计一致(见 6.2)。

6.5 支架

支架的设计能使试验杯浸没在控温浴中，并与控温浴中的液体直接接触，在这个位置，试验杯中样品的水平面应该和控温浴中液体的水平面相平，并且试验杯盖和上部边缘是水平的。图 1 解释了如何正确使用阿贝尔试验杯的方法。

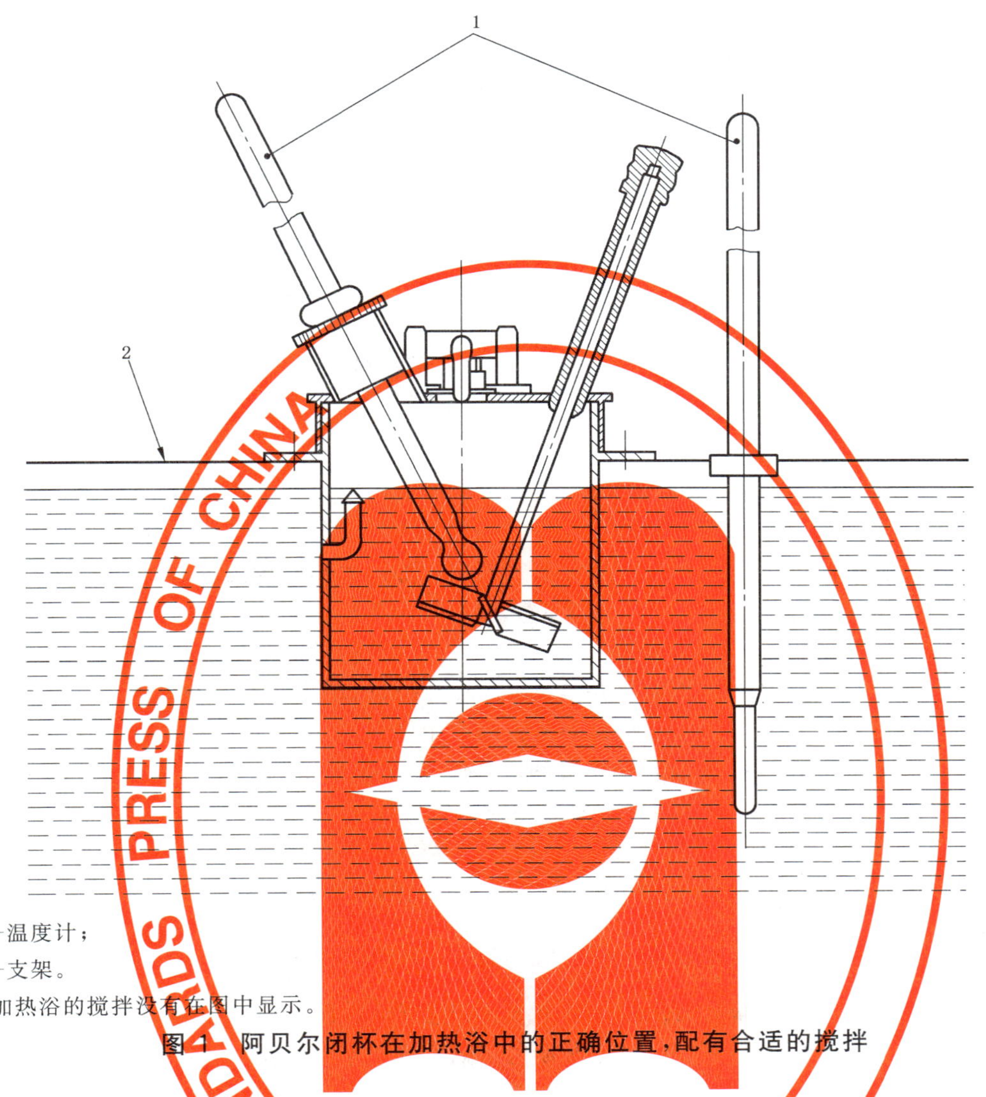

1——温度计；

2——支架。

注：加热浴的搅拌没有在图中显示。

图1 阿贝尔闭杯在加热浴中的正确位置，配有合适的搅拌

6.6 气压计

精确到 0.1 kPa。应将气压计预先校准至标准大气压，气象站和机场的气压计不能使用。

6.7 加热浴或者加热炉(如果需要)

能够符合样品预处理的需要，在室温下这些样品为半固体或者固体(见 9.1.4)。

6.8 冷却浴或者冷却部件(如果需要)

能够将样品冷却至少低于测试温度 10℃(见 9.3)。

7 仪器准备

7.1 仪器的放置

仪器应放置在避风和柔光处。

7.2 控温浴的准备

将控温浴(见 6.3)的温度维持在选定的平衡试验温度±0.5℃(见 10.3)。

7.3 闪点仪器的准备

仔细清洁和干燥试验杯(见 6.1)、杯盖以及温度计(见 6.2)，使它们的温度至少比选定的平衡试验温度低 2℃(见 10.3)。

7.4 仪器的校准

仪器至少每年用有证标准物质(CRM)(见5.2)校正一次。仪器的校正步骤已经在GB/T 21775中给出。

建议可经常用标准样品(SWS)对仪器进行校准。

8 取样

8.1 除非另有规定，应根据GB/T 3186—2006、ISO 3170、ISO 3171取样。

8.2 在适合盛装液体的高度密闭的容器中加入适量的样品，安全起见，保证装样量占容器容积的85%~95%。

8.3 样品的储存条件要适宜，尽量降低样品蒸气的损失和气压的增大。样品的存放温度应小于30℃。

9 样品处理

9.1 石油产品

9.1.1 二次取样

如果原始样品的一部分在测试前需储存，保证容器中样品的容积至少为50%。

注：如果容器中的样品容积小于50%，则闪点测定的结果将会受到影响。

9.1.2 含有不溶解的水的样品

如果样品中含有不溶解的水，在混合前应将水除去。闪点的结果可能会由于水的存在而受影响。对于某些燃料油和润滑剂，经常可能无法将样品从游离水中轻轻倒出。在这种情况下，在混合前应该用物理方法把水和样品分开，如果不可能进行分离，那么物质应该采用ISO 3679：2004方法来测试(参考文献[1])。

9.1.3 在室温下为液体的样品

在取出测试部分前先轻轻地用手摇动混合样品，小心操作减少挥发组分的损失，然后按照第10章和第11章的步骤继续实验。

9.1.4 在室温下是半固体或者固体的样品

将样品存放在容器中置于加热浴或者炉子(见6.7)内加热，控制加热浴或者炉子的温度为30℃±5℃，或者一个更高的温度，但最高不要超过比预期闪点低28℃，持续30 min。如果在30 min后样品仍然没有完全液化，那么根据需要再加热30 min。避免样品过热，因为这样可能导致样品易挥发组分的损失。轻轻搅动后，根据第10章和第11章的步骤继续实验。

9.2 色漆和清漆

按照GB/T 20777—2006来制备样品。

9.3 在低于室温下的试验样品

在冷却浴或者冷却部件(见6.8)中冷却样品，至少将样品冷却至低于初始测试温度10℃以下。

10 试验温度

10.1 大气压

用气压计(见6.6)测量并测试并记录环境的气压。

注：虽然有些气压计会被设计成自动进行校正，但不需要将气压校正到0℃时的气压。

10.2 大气压读数的转化

如果压力计的读数单位不是千帕(kPa)，那么可以用以下任何一种方式来进行换算：

——读数为百帕(hPa)，则乘上0.1换算成千帕(kPa)；

——若读数为毫巴(mbar)，则乘上0.1换算成千帕(kPa)；

——若读数为毫米汞柱(mmHg)，则乘上0.1333换算成千帕(kPa)。

10.3 计算试验温度并校正至标准大气压

如果有必要，将气压修正至标准大气压 101.3 kPa，再校正试验温度，计算试验温度 T_T 使用以下公式：

$$T_T = T_S - 0.25 \times (101.3 - p)$$

式中：

T_S——选定的试验温度，单位为摄氏度(℃)；

P——环境压力，单位为千帕(kPa)。

注：这一公式仅在气压范围为 98.0 kPa 至 104.7 kPa 之间是准确的。

11 步骤

11.1 将待测样品注入试验杯(见 6.1)中，直到内部的试样刻度线被液体表面淹没，或者注入要求的样品量(见注)。避免泡沫的生成，以及避免待测验样品和试样刻度线以上的试验杯壁接触。如果上述两者中的任意一种情况发生且较为严重，则倒空试验杯，并且在重新注入新的样品之前，根据 7.3 重新准备试验杯。

注：对于泰格闭杯试验器，要求样品用量为 50 mL±0.5 mL。

11.2 在将样品注入试验杯之后，立即盖上杯盖，并将温度计(见 6.2)放在适当的位置。将试验杯放在支架上，浸没在液浴(见 6.3)中，这时杯盖的位置是水平的，并且试验杯浸没在液浴的液体中，与之直接接触，而且试验样品平面与液浴中液体的平面保持水平。图 1 解释了如何正确使用阿贝尔试验杯的方法。

11.3 点燃点火装置，调节火焰为球形，直径 3 mm～4 mm。

11.4 如果仪器配有搅拌器，按照与试验杯匹配的测试步骤进行操作。

11.5 使待测样品的温度升高至选定的平衡试验温度(见 10.3)的±0.5℃，并持续 10 min。

11.6 适当地停止搅拌样品。在 2 s～3 s 的时间内打开滑板，降下或升起点火装置，关上滑板，进行点火试验。记录是否有闪燃出现。

11.7 如果没有观察到闪燃，那么试验样品在测试温度下再保持 10 min，并且重复试验。如果第二次测验结果有闪燃，产品将被认为在选定的平衡试验温度有闪燃。如果在第二次测试期间没有观察到闪燃，记录没有闪燃发生。

11.8 如果在试验时，试样混合蒸气接近闪点时，点火火焰的使用可能会产生光环，但只有出现相对大的蓝色火焰，并且在整个液体表面蔓延时，产品才能被认为已经闪燃。如果有疑问，应用新的试验样品来重复试验，如果第二次试验还是无法解决疑问，则样品应被认为有闪燃现象。

11.9 当滑板滑开，并且点火火焰被引入时，如果持续的发光火焰在孔中燃烧，那么闪点低于选定的平衡温度。

12 结果的表示

压力校正至标准大气压下，记录在选定试验温度的试验样品是否闪燃。

13 精密度

本方法没有可用的精密度数据；但是在选定的试验温度下的重复性和再现性的结果可以从 GB/T 21775获得，参见附录 A。

14 试验报告

试验报告应该包括以下信息：

a) 注明本标准的编号；

b） 测试样品的类型和完整的信息；
c） 描述使用的试验杯标准(见表 1)；
d） 试验时仪器周围的大气压(见 10.1)；
e） 试验温度(见第 10 章)；
f） 在试验温度下,试验样品是否闪燃；
g） 经商定或其他方式确定的任何与所规定的试验程序的偏离；
h） 试验日期。

附 录 A
（资料性附录）
GB/T 21775《闪点的测定　闭杯平衡法》的精密度数据

A.1 重复性 r

由相同的操作者，使用相同的仪器，在连续的操作条件下，对同一个测试物质，通过一般试验方法和修正过的试验方法的操作，进行两次不同的测试，20 次测试中只会有一次超过下列数值（超出如下数值的几率仅为 1/20）：

$$r = 2℃$$

A.2 再现性 R

不同检测机构的不同操作者，在不同的实验室里对相同的样品进行测试，正确操作下所得到的两次结果的差异，20 次测试中只会有一次超过下列数值（超出如下数值的几率仅为 1/20）：

$$R = 3℃$$

参 考 文 献

[1] ISO 3679:2004，闪点的测定　快速平衡闭杯法
[2] GB/T 21790 闪燃和非闪燃测定　快速平衡闭杯法

ICS 13.300;11.100
A 80

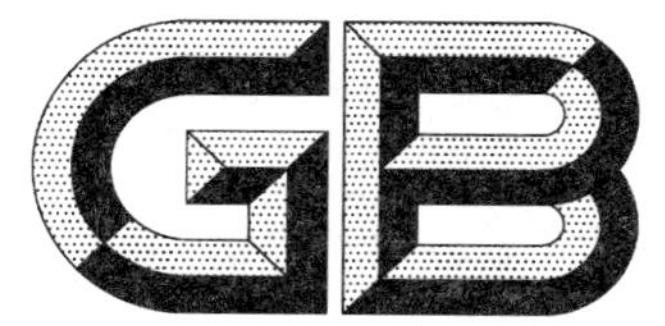

中华人民共和国国家标准

GB/T 21793—2008

化学品 体外哺乳动物细胞基因突变试验方法

Chemicals—Test method of in vitro mammalian cell gene mutation

2008-05-12 发布 2008-09-01 实施

中华人民共和国国家质量监督检验检疫总局
中国国家标准化管理委员会 发布

前　言

本标准等同采用经济合作与发展组织(OECD)化学品测试指南 No. 476(1997 年)《体外哺乳动物细胞基因突变试验》(英文版)。

本标准作了以下编辑性修改：

——增加了范围部分；

——计量单位改成我国法定计量单位；

——删除了 OECD 的参考文献部分。

本标准由全国危险化学品管理标准化技术委员会(SAC/TC 251)提出并归口。

本标准负责起草单位：中国疾病预防控制中心职业卫生与中毒控制所。

本标准参加起草单位：北京市疾病预防控制中心、天津市检验检疫科学技术研究院。

本标准主要起草人：吴维皑、穆啸群、李朝林、林铮、张园、李宁涛。

OECD 引言

1. 体外哺乳动物基因突变试验可用于检测化学品诱发的基因突变。可选用的细胞株包括 L5178Y 小鼠淋巴瘤细胞,CHO,中国仓鼠细胞的 AS52 和 V79 株,TK6 人淋巴样母细胞。在这些细胞株中,最常用的遗传学终点是检测胸苷激酶(TK)和次黄嘌呤-鸟嘌呤磷酸核糖基转移酶(HPRT)突变,以及黄嘌呤-鸟嘌呤磷酸核糖基转移酶(XPRT)的基因突变。TK、HPRT 和 XPRT 突变试验检测不同的遗传事件谱。TK 和 XPRT 位于常染色体,可检测 HPRT(位于 X 染色体)不能检测的遗传学事件,如大片段缺失。

2. 在体外哺乳动物细胞基因突变试验中,可使用已建立的细胞系或细胞株培养物。要根据在培养基中的生长能力和自发突变率是否稳定选择细胞。体外进行的试验通常都需要用外源性代谢活化系统。但外源性代谢活化系统不能完全模拟哺乳动物体内的代谢条件,因此应采取措施避免出现无法反映体内基因突变的情况。pH 值和重量渗透压浓度的改变或受试样品的细胞毒性较高等可致假阳性结果,从而使试验结果无法反映体内基因突变的真实情况。

3. 本试验可用于哺乳动物致突变剂和致癌剂的筛查。本试验中阳性的很多化合物都是哺乳动物致癌剂,然而本试验与致癌性之间并不存在良好的相关性。相关性取决于化学品的种类。越来越多的证据表明,很多致癌物因通过其他的、非遗传毒性机制发挥作用或因其致癌机制在这些细胞中不容易被检测出而无法在本试验中获得阳性结果。

化学品　体外哺乳动物细胞基因突变试验方法

1　范围

本标准规定了化学品体外哺乳动物细胞基因突变试验的范围、术语和定义、试验基本原则、试验方法、试验数据和报告。

本标准适用于检测体外哺乳动物细胞基因突变。

2　术语和定义

下列术语和定义适用于本标准。

2.1

正向突变　forward mutation

从原型(野生型)转变至突变型的基因突变,可引起酶活性和编码蛋白的改变和丢失。

2.2

碱基对置换突变剂　base pair substitution mutagens

能够引起 DNA 中一个或几个碱基对置换的物质。

2.3

移码突变剂　frameshift mutagens

能够引起 DNA 分子中单个或多个碱基对增加或缺失的物质。

2.4

表型表达时间　phenotypic expression time

新的突变细胞耗尽未改变的基因产物所需的时间。

2.5

突变频率　mutant frequency

所观察到的突变细胞数与存活细胞数之比值。

2.6

相对总生长数　relative total growth

与阴性对照组细胞数相比,整个过程中所增加的细胞数,等于悬浮生长数乘以相对集落形成效率之积。

2.7

相对悬浮生长　relative suspension growth

与阴性对照组相比,整个表达期细胞增加的数量。

2.8

细胞活性　viability

表达期结束后,接种在选择性培养基中细胞形成集落的效力。

2.9

细胞存活率　survival

处理结束后,接种的处理细胞形成集落的效力,通常以与对照组细胞数的存活率比值表示。

3　试验基本原则

3.1　由于 $TK^{+/-}$ 突变为 $TK^{-/-}$ 细胞缺乏 TK,突变体对嘧啶类似物三氟胸苷(TFT)细胞毒性效应产生抗性。而含 TK 丰富的细胞则对 TFT 敏感，从而引起细胞代谢抑制和细胞进一步分化。因此突变细胞能在 TFT 存在条件下迅速增长，而正常细胞由于含 TK 而无法生长增殖。同样地，缺乏 HPRT 或 XPRT 的细胞分别因其对 6-巯基鸟嘌呤(6-TG)和 8-氮鸟嘌呤(8-AG)具有抗性可被挑选出来。如受试的是碱基类似物或与选择剂在结构上相关的化合物，则在进行任一哺乳动物细胞基因突变试验时，应仔细考虑受试物的特性，判断是否适合进行本试验，例如，应研究受试样品对突变细胞和非突变细胞可能存在的选择性毒性。也就是说，在检测与选择剂结构相关的化合物时，必须核实选择系统/选择剂特性。

3.2　在加入或不加入代谢活化系统的条件下，悬浮或单层培养的细胞暴露于受试物一定时间，然后将细胞传代培养，测定细胞毒性，并在选择突变细胞前使其表型得到表达。细胞毒性一般通过检测细胞处理后的相对集落形成效率(生存能力)或集落的相对总生长数。处理后的细胞在培养液中保持足够时间后，根据所选细胞和突变位点的特性，使诱发的突变表型表达至临近可观察到的水平。突变率则通过在含选择剂的培养基中接种已知数目的细胞检测突变细胞数，或在不含选择剂的培养基中检测集落形成效率(生存能力)。孵育适当时间后，计数细胞集落。根据选择性培养液中突变集落数和非选择性培养液中集落数利用公式计算得出突变率。

4　试验方法

4.1　试验准备

4.1.1　细胞

4.1.1.1　本试验有多种细胞类型可供选择，包括 L5178Y 亚群、CHO、AS52、V79 或 TK6 细胞。用于本试验的细胞类型对化学性致突变物应具有明确的敏感性，高的集落形成效率以及稳定的自发突变率。应检测细胞是否被支原体感染，若已被感染则不能使用。

4.1.1.2　试验设计时应预先确定敏感性和检测能力(power)。所用细胞数，培养皿/瓶数和所设受试物剂量组应能反映这些特定的参数。经处理后仍存活的最小细胞数以及每一试验阶段所用的最小细胞数应根据自发突变率确定。总的原则是所用细胞数至少是自发突变率倒数的 10 倍。但推荐应用的细胞数量是至少 10^6 个细胞。实验室对所用的细胞体系应有合适的历史数据，以用于对试验结果的稳定性和可靠性进行评价。

4.1.2　培养基和培养条件

本试验宜选用适宜的培养基和孵育条件(培养皿、温度、CO_2 体积分数和湿度)。应根据试验所用的选择系统和细胞类型选择适宜的培养基。特别重要的是所选的培养条件，应确保在表达期细胞呈最佳生长状态且突变细胞和非突变细胞有形成集落的能力。

4.1.3　培养准备

从菌种培养基得到的细胞经繁殖后接种于培养基中，在 37℃ 培养。需预先清除受试细胞中的已突变的细胞。

4.1.4　代谢活化

细胞株应在有或无外源性哺乳动物代谢活化系统的条件下与受试样品接触。最常用的活化系统是经酶诱导剂处理的，从啮齿类动物肝脏制备的加有辅助因子的后线粒体组分(S_9)。所用的酶诱导剂包括 Aroclor 1254 或苯巴比妥和 β-萘黄酮的联合诱导。S_9 通常用在培养基中应用的终体积分数范围为 1%～10%。应根据受试样品的特点选择代谢活化系统及其应用条件。在某些情况下，可能使用一个以上的 S_9 浓度。随着代谢活化系统的不断发展，目前已构建了含有能表达特殊活性酶的基因工程细胞系，可以为细胞提供内源性代谢活化能力。但应按科学的方法选择所用的细胞系(例如分析细胞色素 P450 同功酶与受试物代谢之间的相关性)。

4.1.5　受试物/准备

固体受试样品应该溶解或混悬于合适的溶剂或赋形剂中，在处理细胞前如需要可进行适度稀释。液体受试样品可直接加入测定体系或在处理前适度稀释。应使用新鲜制备的受试物，否则应有资料证明溶液贮存是稳定的。

4.2 试验条件

4.2.1 溶剂/赋形剂

溶剂/赋形剂不应与受试样品发生化学反应，且对细胞的存活和 S_9 的活性无影响。若选用的不是常用的溶剂或赋形剂，应有资料支持其适用性。建议尽可能用水作溶剂或赋形剂。如受试样品对水不稳定，应首先考虑不含水的有机溶剂或赋形剂，水可用分子筛除去。

4.2.2 接触浓度

4.2.2.1 在确定最高浓度时应考虑受试物的细胞毒性、在试验系统中的溶解性和 pH 值或渗透性的变化。

4.2.2.2 在正式试验中，细胞的毒性需在有或无代谢活化系统存在的条件下分别测定，可用细胞完整性和生长程度作为指标，例如细胞集落形成效率(存活能力)或相对总生长数。在预试验中先测定细胞毒性和溶解性有利于正式试验的设计。

4.2.2.3 至少应选用 4 个可供分析的试验浓度。如有细胞毒性，浓度设计应涵盖产生最大毒性到产生最小或不产生毒性的范围，通常浓度间距应在 $2\sim\sqrt{10}$ 之间。如最高浓度可产生细胞毒性，那么细胞存活能力(相对集落形成效率)或相对总生长数应控制在 10%～20%范围内(但不应低于 10%)。而无细胞毒性或细胞毒性较小的受试样品，最高浓度至少应达到 5 mg/mL、5 μL/mL。

4.2.2.4 相对不溶的受试样品应尽量使其在培养条件下达到溶解度的限值。应观察细胞染毒时终处理液中不溶的证据。在处理开始和结束时评价其溶解度可获得有价值的资料，因为在试验体系中有细胞、S_9 和血清等成分存在，受试样品的溶解度在染毒过程中可能发生改变。不溶现象可通过肉眼观察。沉淀物不应干扰计数。

4.2.3 对照

4.2.3.1 每次试验均应在有和无代谢活化系统的条件下同时设置的阳性和阴性(溶剂或赋形剂)对照。在使用代谢活化系统时，选用的阳性物应是需要活化才具有致突变作用的间接致突变物。

4.2.3.2 可用作阳性对照的化学品有以下几种，见表 1。

表 1 可用作阳性对照的化学品

代谢活化条件	位点	化学品及其 CAS 编号
不需外源代谢活化系统	HPRT	甲基磺酸乙酯 ethylmethanesulfonate [CAS No. 62-50-0] 乙基亚硝基脲 ethylnitrosourea [CAS No. 759-73-9]
	TK (小和大的集落)	甲基磺酸甲酯 methylmethanesulfonate [CAS No. 66-27-3]
	XPRT	甲基磺酸乙酯 ethylmethanesulfonate [CAS No. 62-50-0] 乙基亚硝基脲 ethylnitrosourea [CAS No. 759-73-9]
需外源代谢活化系统	HPRT	3-甲基胆蒽 3-methylcholanthrene [CAS No. 56-49-5] N-亚硝基二甲胺 N-nitrosodimethylamine [CAS No. 62-75-9] 7,12-二甲苯并蒽 7,12-dimethylbenzanthracene [CAS No. 57-97-6]
	TK (小和大的集落)	环磷酰胺(一水合物) cyclophosphamide (monohydrate) [CAS No. 50-18-0 (6055-19-2)] 苯(a)并芘 benzo(a)pyrene [CAS No. 50-32-8] 3-甲基胆蒽 3-methylcholanthrene [CAS No. 56-49-5]
	XPRT	N-亚硝基二甲胺 N-nitrosodimethylamine (高浓度 S_9 条件下)[CAS No. 62-75-9] 苯(a)并芘 benzo(a)pyrene [CAS No. 50-32-8]

4.2.3.3 也可以使用其他适合的阳性对照参比物。如某试验室有5-溴2'-脱氧尿苷[CAS No. 59-14-3]的历史性数据,则也可以将其作为阳性对照参比物。如可能,也可考虑使用与受试物在化学结构上相关的化合物作为阳性对照。

4.2.3.4 在每次试验时,阴性对照除在试验培养基中只加入溶剂或赋形剂外,其余处理应与各处理组相同。另外,如果没有历史数据证明所用溶剂或赋形剂无毒性作用或致突变作用,还应设不做任何处理的空白对照组。

4.3 试验步骤

4.3.1 受试样品处理

4.3.1.1 在有或无代谢活化系统存在的情况下,分别使增殖细胞与受试样品接触适当时间(通常3 h~6 h即有效)。接触时间也可延长至一个或多个细胞周期。

4.3.1.2 受试样品的每个浓度可只用一个培养皿/瓶,也可做平行样。如只用一个培养皿/瓶,浓度组数量应增加以确保有足够数量的培养皿/瓶用于分析(如至少设8个可供分析的浓度)。还应设置阴性对照(溶剂)的平行样。

4.3.1.3 气态或挥发性物质应采用适当方式测试,例如在封闭的培养皿中进行。

4.3.2 存活能力、生存能力和突变率的检测

4.3.2.1 在受试物染毒末期,细胞经洗涤、培养,以检测存活能力,并使突变体的表型获得表达。细胞毒性的检测通常以染毒后开始测定的相对集落形成效率(存活能力)或相对总生长数来表示。

4.3.2.2 每个突变位点的新诱发突变体,其最佳表型表达需要经过(有)最短时间(HPRT和XPRT位点突变需要至少6 d~8 d,TK至少2 d)。细胞在含选择剂和不含选择剂的培养液中生长,以分别测定突变体数目和集落形成效率。生存能力的检测(用于计算突变效率)可以从表达期结束时开始,通过检测接种在非选择性培养基中的细胞来实施。

4.3.2.3 如果受试物在L5178Y $TK^{+/-}$试验中为阳性,至少应测定一个受试样品浓度(最高的阳性浓度)以及阴性和阳性对照中的集落大小。如受试样品在L5178Y $TK^{+/-}$试验结果为阴性,应测定阴性和阳性对照的集落大小。在使用TK6细胞株的$TK^{+/-}$试验中,也应测定集落大小。

5 试验数据及报告

5.1 结果的处理

5.1.1 数据应包括处理组和对照组的细胞毒性和生存能力,集落计数和突变率。如L5178Y $TK^{+/-}$试验结果为阳性,应分别计数至少一个受试样品浓度(最高阳性浓度)以及阴性和阳性对照的大集落和小集落数。大突变集落和小突变集落的分子和细胞遗传特性已有详细研究。在$TK^{+/-}$试验中,集落计数标准为正常生长集落(大集落)和慢生长集落(小集落)。小集落的成因是突变细胞受到严重的遗传损伤,导致倍增期延长,细胞数量增加缓慢,典型的此类损伤范围包括从整个基因的缺失至细胞核内可见的典型染色体畸变。小的突变集落的诱发与化学品诱发显著的染色体畸变有关。损伤较轻的突变细胞生长速率与亲代细胞相似,可形成较大的集落。

5.1.2 应提供存活能力(相对集落形成效率)或相对总的生长率数据。突变率可以用存活细胞数中突变细胞数所占比例来表示。

5.1.3 应提供每次培养的试验数据。此外,所有数据应以表格形式列出。

5.1.4 对明确的阳性结果无需进行验证试验。意义不明确的结果最好通过改进试验条件进一步试验来澄清。

阴性结果需视具体情况决定。如认为阴性结果无需进行验证试验,应提供依据。对可疑或阴性结果,在以后的试验中应改进试验参数以扩大试验条件范围,可改进的参数包括浓度间隔、代谢活化条件等。

5.2 结果评价和解释

5.2.1 阳性结果判定有多个标准。如有剂量反应关系，或突变率增加，且结果可重复。应首先考虑结果的生物学意义。统计学方法可用于帮助试验结果评价，但统计学意义不能作为阳性反应判定的唯一因素。

5.2.2 不符合以上标准的受试样品则被认为在本试验体系中无致突变性。

5.2.3 尽管大多数试验都能给出明确的阳性或阴性的结果，但也不排除极少数情况不能对受试物活性做出明确判断，例如，无论重复试验多少次，结果仍模棱两可或可疑。

5.2.4 体外哺乳动物细胞基因突变试验阳性结果，表明受试样品可引起所用哺乳动物细胞基因突变。有可重复的的浓度-反应关系意义较大。阴性结果表明在本试验条件下，受试样品不引起所用哺乳动物细胞的基因突变。

5.3 试验报告

试验报告应包括以下信息：

5.3.1 样品

a) 名称和识别码如 CAS 编号(如已知)；

b) 物理性质和纯度；

c) 与试验实施相关的物理化学特性；

d) 受试样品稳定性。

5.3.2 赋形剂

a) 选择溶剂/赋形剂的理由；

b) 受试样品在溶剂/赋形剂中的溶解性和稳定性(如已知)。

5.3.3 细胞

a) 细胞类型和来源；

b) 细胞培养皿/瓶数量；

c) 细胞传代的次数(如适用)；

d) 细胞培养的维护方法(如适用)；

e) 没有支原体的证据。

5.3.4 条件

a) 细胞浓度和细胞培养数量选择的理由，包括细胞毒性数据和溶解度限值等(如可能)；

b) 培养基成分、CO_2 体积分数；

c) 受试样品浓度；

d) 所加入的赋形剂和受试样品的体积；

e) 孵育温度；

f) 孵育时间；

g) 处理持续的时间；

h) 细胞处理时的密度；

i) 代谢活化系统的类型和成分，包括可接受的标准；

j) 阳性和阴性对照；

k) 表达时间长短(包括细胞接种数，传代和接种程序及所加培养液，如适用)；

l) 选择剂；

m) 认定试验阳性、阴性或可疑的标准；

n) 计数存活细胞和突变细胞的方法；

o) 集落大小和类型认定的定义(包括所谓小集落和大集落的标准，如适用)。

5.3.5 **结果**

a) 细胞毒性表现；

b) 沉淀现象；

c) 受试样品接触过程中的pH值和渗透性数据(如可确定)；

d) 集落大小(至少包括阴性和阳性对照组的数据)；

e) 实验室具备检测L5178Y $TK^{+/-}$体系小突变集落能力的说明(如适用)；

f) 剂量-反应关系(如可能)；

g) 统计学分析(如有)；

h) 同期的阴性(溶剂/赋形剂)和阳性对照数据；

i) 历史性的阴性(溶剂/赋形剂)和阳性对照资料，包括范围、均数、标准差；

j) 突变率。

5.3.6 **结果讨论**

5.3.7 **结论**

ICS 13.300;11.100
A 80

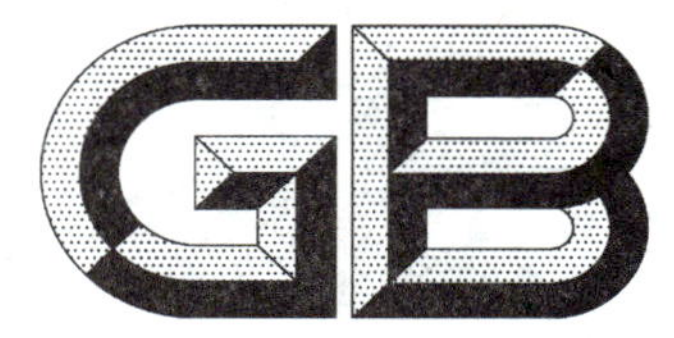

中华人民共和国国家标准

GB/T 21794—2008

化学品 体外哺乳动物细胞染色体畸变试验方法

Chemicals—Test method of in vitro mammalian chromosome aberration

2008-05-12 发布 2008-09-01 实施

中华人民共和国国家质量监督检验检疫总局
中国国家标准化管理委员会 发布

前　言

本标准等同采用经济合作与发展组织(OECD)化学品测试指南 No. 473(1997 年)《体外哺乳动物细胞染色体畸变试验》(英文版)。

本标准作了下列编辑性修改：

——增加了范围部分；

——剂量单位改成我国法定剂量单位；

——删除了 OECD 的参考文献部分。

本标准由全国危险化学品管理标准化技术委员会(SAC/TC 251)提出并归口。

本标准负责起草单位：中国疾病预防控制中心职业卫生与中毒控制所。

本标准参加起草单位：辽宁省职业病防治院、天津市检验检疫科学技术研究院。

本标准主要起草人：曲波、林铮、李雪飞、白羽、吴维皑、张国庆、李宁涛、张园。

OECD 引言

1. 本试验的目的是识别或鉴定可导致体外培养的哺乳动物细胞染色体结构畸变的化学致突变物。染色体结构畸变可有两种形式,即染色体型畸变和染色单体型畸变。大多数化学致突变物诱发染色单体型畸变,也可诱发染色体型畸变。多倍体增加表明受试物有导致染色体数目畸变的潜在作用。本方法不用于检测染色体数目畸变。染色体突变及其相关事件是很多人类遗传性疾病的原因,并且有充分证据表明,引起体细胞癌基因和肿瘤抑制基因改变的染色体畸变及其相关事件,与诱发人类及试验动物肿瘤有关。

2. 体外染色体畸变试验可选用已建立的细胞系、细胞株或原代细胞来培养。应根据培养的生长能力、核型的稳定性、染色体数目、染色体的类型和染色体畸变的自发频率选择所用的细胞。

3. 体外试验一般需要利用外源性代谢活化系统。外源性代谢活化系统不可能完全模拟哺乳动物体内的代谢条件。应注意避免不能真实反映致突变作用的假阳性结果,它可能是由于 pH 值、渗透压的变化或受试物的高细胞毒性所致。

4. 本试验用于筛选哺乳动物的潜在致突变物和致癌物。本试验结果为阳性的很多化学品是哺乳动物致癌物;但本试验结果与致癌性之间并无良好的相关性。相关性取决于化学品类别,并且有越来越多的证据表明,那些在本试验中未被检出的致癌物,不是通过直接损伤 DNA 的致癌机制起作用的。

化学品　体外哺乳动物细胞染色体畸变试验方法

1　范围

本标准规定了化学品体外哺乳动物细胞染色体畸变试验方法的范围、术语和定义、试验基本原则、试验方法、试验数据和报告。

本标准适用于化学品体外哺乳动物细胞染色体畸变试验。

2　术语和定义

下列术语和定义适用于本标准。

2.1

染色单体型畸变　chromatid-type aberration

表现为染色单体断裂或染色单体间断裂和重接的染色体结构损伤。

2.2

染色体型畸变　chromosome-tpe aberration

表现为两个染色单体在相同位点断裂或断裂重接的染色体结构损伤。

2.3

内复制　endoredupication

在DNA复制的S期后，细胞核并不进入有丝分裂期，而开始另一个S期的过程。结果是染色体含4、8、16…个染色单体。

2.4

裂隙　gap

显示为小于染色单体宽度的不着色的损伤，并伴有染色单体极小的错位。

2.5

有丝分裂指数　mitotic index

中期相细胞数与所观察的细胞总数之比值，是一项反映细胞增殖程度的指标。

2.6

数目畸变　numberial abrraton

染色体数目的改变，不同于所用细胞的染色体正常数目。

2.7

多倍体　polyploidy

单倍体染色体(n)数目的倍数，但不包括二倍体(即$3n$，$4n$等等)。

2.8

结构畸变　structral aberration

通过显微镜在细胞分裂中期相检测到的染色体结构改变，如染色体中间缺失和断裂，内交换或相互间交换。

3　试验基本原则

在加入和不加入代谢活化系统的条件下，使培养的哺乳动物细胞暴露于受试物。经过预先确定的时间间隔，以中期分裂相阻断剂（如秋水仙素）处理细胞，然后收获、染色，用显微镜观察分析中期分裂相细胞染色体畸变。

4 试验方法

4.1 准备

4.1.1 细胞

可用包括人细胞在内的多种细胞系、细胞株或原代细胞培养（如中国仓鼠），成纤维细胞、人或其他哺乳动物的外周血淋巴细胞。

4.1.2 培养基和培养条件

应使用合适的培养基和培育条件（培养管、CO_2 体积分数、温度和湿度）来维持所培养细胞的生长。应对已建立的细胞系或细胞株进行常规的染色体数目的稳定性和支原体污染情况检查，如有污染则不应使用。事先应了解正常的细胞周期和培养条件。

4.1.3 培养物准备

4.1.3.1 已建立的细胞系和细胞株：通过贮备的培养物繁殖获取细胞，细胞培养温度为 37℃，在培养基上接种的密度应使细胞在收获时未达到融合。

4.1.3.2 淋巴细胞：从健康的个体采得经抗凝剂（如肝素）处理的全血或分离的淋巴细胞，加入含促细胞分裂剂（如植物血球凝集素）的培养基，于 37℃ 培养。

4.1.4 代谢活化

在加入或不加入代谢活化系统的条件下，细胞暴露于受试物。最常用的代谢活化系统是以酶诱导剂如 Aroclorl254 或苯巴比妥和 β-萘黄酮联合处理后的啮齿类动物的肝制备的并补充辅助因子的去线粒体后组分（S_9）。S_9 在培养液中的终体积分数范围一般为 1%～10%，代谢活化系统的条件应取决于受试物的类别。在某些情况下，也可以采用一个以上的终浓度。有许多新的代谢活化系统，包括有特定激活酶的遗传工程构建的细胞系，可能具有内源性激活作用。细胞系的选择应有科学的理由（如：与代谢受试物的细胞色素 P450 同功酶的关系）。

4.1.5 受试物准备

固体受试物应溶于或悬浮于合适的溶剂/赋形剂中，在染毒细胞前要适当稀释。液体受试物可直接加入试验系统和/或于染毒前稀释。除非有资料证实贮存受试物是稳定的，否则应使用新鲜制备的受试物。

4.2 试验条件

4.2.1 溶剂/赋形剂

所用溶剂/赋形剂不应与受试物有发生化学反应之疑，并且应不影响细胞存活和 S_9 活性。如果采用不常用的溶剂/赋形剂，应有资料表明其对细菌存活率和 S_9 活性无影响。应首先考虑采用水作溶剂/赋形剂。当受试物在水中不稳定时，则所用的有机溶剂应该是无水的。可应用分子筛去除水。

4.2.2 染毒浓度

4.2.2.1 在确定最高浓度时应考虑受试物的细胞毒性、在试验系统中的溶解性以及 pH 值或渗透压的变化。

4.2.2.2 在加入和不加入代谢活化系统的条件下，可利用细胞完整性和细胞生长（如融合程度、存活细胞计数或有丝分裂指数）等合适的指标来测定细胞毒性，可先通过预试验测定细胞毒性和溶解性。

4.2.2.3 至少应设置 3 个染毒浓度组，在有细胞毒性时，浓度范围应包括最大细胞毒性至几乎无细胞毒性，组间距应设为 2 倍～10 倍。在收获细胞时，最高浓度组应见到明显的细胞融合、细胞计数或有丝分裂指数降低（均应大于 50%）。有丝分裂指数仅是反应细胞毒性或细胞生长抑制作用的间接指标，且取决于染毒后的时间。但是，当测定毒性的其他方法既麻烦又不实际时，则测定悬浮培养液的有丝分裂指数是可以接受的。细胞周期动力学资料如平均传代时间（AGT）可用作确定染毒浓度的补充资料。

但是，AGT是总的平均数，通常不能揭示有延缓的亚群存在。对于相对无细胞毒性的化学品，最高浓度应该是5 μL/mL，5 mg/mL，这是最低的浓度。

4.2.2.4 相对不溶的受试物，在接近不溶解浓度时仍无细胞毒性，最高剂量应采用染毒期结束时的最终培养液中溶解度限值以上的一个浓度。在某些情况下（如：毒性仅见于较高不溶解浓度），应设一个以上可见沉淀的浓度。应在染毒开始和结束时评价溶解性，因为在试验系统中存在细胞、S_9、血清等，在染毒过程中溶解性可能改变。不溶性可用肉眼检测。沉淀不应干扰结果计数。

4.2.3 对照

4.2.3.1 每个试验均应在加入和不加入代谢活化系统条件下，设平行的阳性和阴性（溶剂/赋形剂）对照组。在使用代谢活化系统时，阳性对照物应是需要经代谢活化过程才显示致突变作用的化学物。

4.2.3.2 阳性对照物应使用已知的断裂剂，其染毒水平应有明显超过本底值的、可重复的阳性结果，以证实试验系统的敏感性。阳性对照物的浓度应合理设计，最好是阳性结果既明显又不能使阅片者立即发现其为阳性对照组的标本片。

不需要外源性代谢活化的阳性对照物有：

甲磺酸甲酯（methyl methanesulphonate）[CAS No. 66-27-3]；

甲磺酸乙酯（ethyl methanesulphonate）[CAS No. 62-50-0]；

乙基亚硝酸脲（ethyl nitrosourea）[CAS No. 759-73-9]；

丝裂霉素C（mitomycinC）[CAS No. 50-07-7]；

4-硝基喹啉-n-氧化物（4-nitroquinoline-N-oxide）[CAS No. 56-57-5]。

需要外源性代谢活化的阳性对照物有：

苯并(a)芘（benzo(a)pyrene）[CAS No. 50-32-8]；

环磷酰胺（单水合物）（cyclophosphamide (monohydrate)）[CAS No. 50-18-0 (CAS No. 6055-19-2)]

4.2.3.3 也可使用其他合适的阳性对照物。如有可能，可利用与受试物化学结构相关的阳性对照物。

4.2.3.4 在每个收获时间都应包括相应的阴性对照。阴性对照指培养液中仅含有溶剂或赋形剂，不含有受试物，并与处理组相同的方法处置培养物。另外，应设空白对照，除非有历史对照资料证明所选用的溶剂无毒性或致突变作用。

4.3 试验步骤

4.3.1 染毒

4.3.1.1 在加入和不加入代谢活化系统条件下，给处在增殖期的细胞染毒受试物。淋巴细胞应在刺激有丝分裂后约48 h开始染毒。

4.3.1.2 每个染毒浓度，尤其是阴性/溶剂对照均应采用双份培养物。如果与历史资料比较证明双份培养物之间差异很小，则每个浓度仅用1个培养物也可以接受。

4.3.1.3 气态或挥发性物质应采用适当的方法试验，如用密闭的培养瓶。

4.3.2 收获时间

在首次试验时，细胞应在加入和不加入代谢活化系统条件下染毒3 h～6 h，并在开始染毒后约一个半正常细胞周期时采样。如在加入和不加入代谢活化系统条件下均为阴性结果，则应再进行一次不加入代谢活化系统的试验，并延长染毒时间至约一个半正常细胞周期时采样。一些化学品在染毒/采样时间长于一个半正常细胞周期时更易检测。在有代谢活化条件下得到的阴性结果，需要逐个重复验证。如认为阴性结果不必进行证实，应提供适当理由。

4.3.3 染色体制备

在收获前通常以秋水仙素或秋水仙碱处理细胞培养物1 h～3 h。收获每个细胞培养物并分别制备染色体。染色体制备包括细胞的低渗处理、固定和染色。

4.3.4 染色体分析

4.3.4.1 包括阳性和阴性对照在内的所有涂片，均应在镜检分析之前独立编号。由于固定过程可导致一定数量的中期分裂相细胞破损而丢失染色体，故计数的细胞含有许多着丝粒，其数目可等于各类细胞模式数的 $2n\pm2$(model number±2)；每个浓度组和对照组至少计数 200 个分散良好的中期分裂相细胞，如果可行，用 2 个平行培养物各计数 100 个细胞。如果观察到的染色体畸变数很高，计数的中期分裂相细胞数可以适当减少。

4.3.4.2 虽然本试验的目的是检测染色体结构畸变，但当有多倍体和内复制时，应注意做好记录。

5 试验数据和报告

5.1 数据处理

5.1.1 由于试验单位是细胞，因此应评价有染色体结构畸变的细胞的百分率。应列出染毒组和对照组不同类型染色体结构畸变的数目和频率。裂隙应单独记录，但报告时，一般不包括在总畸变频率中。

5.1.2 应记录整个畸变试验中所有同时测定的染毒组和阴性对照组的细胞毒性结果。

5.1.3 应提供各个培养物的资料，而且所有资料应以表格列出。

5.1.4 明确的阳性结果不要求验证。对可疑的结果应进一步试验，最好改变试验条件。对于阴性结果的证实，如前所述，需要重复试验。在进一步试验中应考虑改进试验参数，以扩展评价条件的范围。可以考虑改进的参数包括改变浓度间距和代谢活化条件。

5.2 结果评价

5.2.1 阳性结果的判断标准：染色体畸变细胞数的增加与浓度相关或含染色体畸变的细胞数的增加是可重复的。应首先考虑结果的生物学意义。可利用统计学方法帮助评价试验结果。但统计学显著性不应是确定阳性反应的惟一因素。

5.2.2 含多倍体的细胞数增加，表明受试物可抑制有丝分裂过程和诱发染色体数目畸变。含内复制染色体的细胞数增加可能表明受试物抑制细胞正常分裂周期的进程。

5.2.3 结果不符合上述标准的受试物可认为在本系统中无诱发染色体畸变作用。

5.2.4 虽然大多数试验将得到明确的阳性或阴性结果，但在少数情况下，所得到的资料并不能对受试物的致突变性作出明确的判断。有时虽经多次重复试验，结果可能仍然是不确切的或可疑的。

5.2.5 体外染色畸变试验的阳性结果表明，受试物可诱发体外培养的哺乳动物体细胞染色体结构畸变。阴性结果表明，在本试验条件下受试物不诱发体外培养的哺乳动物体细胞染色体结构畸变。

5.3 试验报告

试验报告应包括下列内容：

5.3.1 受试物

a) 名称和识别码如 CAS 编号(如已知)；

b) 物理性状和纯度；

c) 与本试验相关的理化特性；

d) 稳定性(如已知)。

5.3.2 溶剂/赋形剂

a) 选择依据；

b) 受试物在溶剂/赋形剂中的溶解性和稳定性(如已知)。

5.3.3 细胞

a) 细胞类型和来源；

b) 核型特征和所用细胞类型的理由；

c) 无支原体污染(如有资料)；

d) 细胞周期的长度；

e) 供血者性别，全血或分离淋巴细胞，所用促有丝分裂剂；

f) 细胞培养的代数(如适用)；

g) 细胞培养物的保养方法(如适用);

h) 模式(model)染色体数。

5.3.4 试验条件

a) 中期分裂相阻断剂名称、浓度和细胞染毒持续时间;

b) 选择受试物浓度和培养物数的理由,如细胞毒性资料和溶解性资料(如有资料);

c) 培养基成分和 CO_2 体积分数(如适用);

d) 受试物浓度;

e) 所加赋形剂和受试物的容积;

f) 培养温度;

g) 培养时间;

h) 染毒持续时间;

i) 接种的细胞密度(如适用);

j) 代谢活化系统的类型和组份,包括可接受的标准;

k) 阳性和阴性对照;

l) 制片方法;

m) 计数畸变的标准;

n) 被分析为中期分裂相的细胞数;

o) 测定细胞毒性的方法;

p) 判断试验结果为阳性、阴性或可疑的标准。

5.3.5 结果

a) 毒性表现,如融合程度、细胞周期资料、细胞计数、有丝分裂指数;

b) 沉淀迹象;

c) 处理基质的 pH 值和渗透压资料(如测定);

d) 畸变的定义,包括裂隙;

e) 对每个处理的和对照的培养物应分别提供有染色体畸变的细胞数,染色体畸变的类型;

f) 染色体倍数的改变(如观察到);

g) 剂量-反应关系(如可能);

h) 统计学分析(如进行);

i) 同时进行的阴性(溶剂/赋形剂)和阳性对照资料;

j) 历史性的阴性(溶剂/赋形剂)和阳性对照资料,包括范围、均数和标准差。

5.3.6 结果的讨论

5.3.7 结论

ICS 13.300;13.020.40
A 80

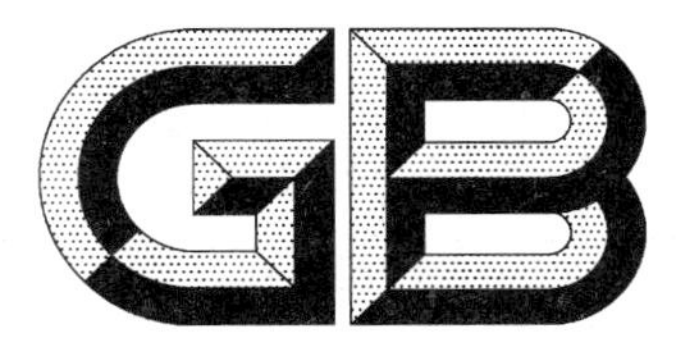

中华人民共和国国家标准

GB/T 21795—2008

化学品　模拟试验
污水好氧处理　生物膜法

Chemicals—Simulation test—
Aerobic sewage treatment—Biofilms

2008-05-12 发布　　　　2008-09-01 实施

中华人民共和国国家质量监督检验检疫总局
中国国家标准化管理委员会　发布

前　言

本标准等同采用经济合作与发展组织(OECD)化学品测试导则 No. 303B(2001 年)《模拟试验　污水好氧处理:生物膜法》(英文版)。

本标准做了下列编辑性修改:

——增加了术语和定义部分。

本标准的附录 A 和附录 B 为资料性附录。

本标准由全国危险化学品管理标准化技术委员会(SAC/TC 251)提出并归口。

本标准负责起草单位:环境保护部化学品登记中心。

本标准参加起草单位:中国环境科学研究院、中国检验检疫科学研究院。

本标准主要起草人:高映新、刘纯新、卢玲、李捍东、李霁、陈会明。

化学品 模拟试验
污水好氧处理 生物膜法

1 范围

本标准规定了化学品模拟试验污水好氧处理生物膜法的方法概述、试验准备、试验程序、质量保证与质量控制、数据与报告。

本标准适用于具有固有生物降解性但不具有快速生物降解性的化学品，也适用于需要更多信息的物质，特别是高登记吨位的化学品。

难溶于水的物质和挥发性物质需要通过特殊预处理后才能进行测试。

2 术语和定义

下列术语和定义适用于本标准。

2.1

快速生物降解性 ready biodegradability

受试物在限定时间内与接种物接触表现出的生物降解能力。

2.2

固有生物降解性 inherent biodegradability

最佳试验条件下，受试物长时间与接种物接触表现出的生物降解潜力。

2.3

溶解性有机碳 dissolved organic carbon，DOC

溶液中有机碳的含量，通常指通过 0.45 μm 滤膜过滤后液体中的有机碳含量，或经 4 000 r/min 转速离心 15 min 后上清液中的有机碳的含量。

2.4

总有机碳 total organic carbon，TOC

试验介质(包括溶液和悬浮液)中有机碳的总量。

3 受试物信息

a) 结构式；
b) 纯度；
c) 挥发性；
d) 水中溶解度；
e) 吸附性；
f) 微生物毒性。

4 方法概述

4.1 原理

将合成的或者生活污水以及受试物，混合或者单独地加到旋转管式反应器内，使生物膜建构在倾斜管的内壁上。选择反应器的操作条件，使之能够充分去除有机物。分析出水中溶解性有机碳(DOC)的含量或用特定方法分析其受试物的浓度。为了对比，不含受试物的对照组也在相同条件下操作。受试组与对照组测出水中DOC浓度的差别来源于受试物和它的代谢产物，两者之差可用来计算受试物的去除率。通过分析去除率-时间曲线可以显著区分生物降解作用和生物吸附作用。

4.2 参比物

脂肪酸，2-苯基苯酚，1-萘酚，联苯甲酸和1-萘甲酸。

5 仪器设备

旋转管式反应器(附录B中图B.1)：由一组长30.5 cm，内径5 cm的有机玻璃管组成。这些管子均有一个外突的缘，高度约0.5 cm，可将它们固定在金属支架内有橡胶边的轮子上。管子的内表面是由钢丝绒组成的毛面，上端有一个0.5 cm的内突的缘，用来蓄积液体。管子与水平面呈大约1度的夹角，这样可以使受试介质转移到新试管时获得足够的停留时间。旋转轮由一个非常缓慢，可变速的发动机带动。管子的温度由恒温装置控制。

膜过滤装置(孔径0.45 μm)或离心分离机(转速40 000 m/s^2)。

溶解性有机碳、总有机碳分析仪或COD分析装置。

特殊分析仪器(高效液相色谱或气相色谱等)。

pH计，温度计。

测定溶解氧和碱度的仪器。

如果试验在硝化条件下进行，还需要分析铵，亚硝酸盐，硝酸盐的仪器等。

6 试验准备

试验期间，应尽可能维持条件恒定。

6.1 试验生物

6.1.1 试验生物的选择

选择初沉池出水或活性污泥池进水的好氧微生物。

6.1.2 试验生物的驯化

从受试物加入开始，需要驯化1周～6周(特殊情况下，需要更长时间)。用特定的方法测定受试物的浓度。当去除百分率达到最大值，稳定状态保持3周左右，得到12～15个有效值，来确定平均去除百分率。如果去除百分率足够大，就可以认为测试结束。一般情况下，在加入受试物之后12周内完成试验。

6.2 试验用水

自来水，DOC小于3 mg/L。

蒸馏水或者去离子水，DOC小于2 mg/L。

6.3 培养基

合成污水、生活污水或者两者的混合物都可以用做有机培养基。如果仅使用生活污水，DOC的去除率会提高，甚至某些在OECD合成污水中无法进行生物降解的化学品也表现出生物降解特性。因此，推荐使用生活污水。

测试每批有机培养基的DOC(或COD)、pH。如果有机培养基酸度或碱度偏低，应加入缓冲溶液(碳酸氢钠或者磷酸氢钾)，使其pH值保持在7.5±0.5。

6.3.1 合成污水

在每升自来水中溶解：蛋白胨，160 mg；牛肉膏，110 mg；尿素，30 mg；无水磷酸二氢钾(KH_2PO_4)，28 mg；氯化钠(NaCl)，7 mg；二水合氯化钙($CaCl_2 \cdot 2H_2O$)，4mg；七水合硫酸镁($MgSO_4 \cdot 7H_2O$)，2 mg。

上述合成污水的DOC平均质量浓度为100 mg/L，与实际污水接近。

也可用蒸馏水制成浓缩合成污水，需要时用自来水稀释。浓缩合成污水在1℃可以保存1周。

6.3.2 生活污水

用当天从生活污水处理厂采集的经沉淀的新鲜污水作为生活污水。可以从初沉池的出口处或活性污泥池的进水处收集。

如果储存期间 DOC 浓度(或 COD)没有明显降低(小于 20%),污水可在 4℃左右储存几天。

为了减少对体系的干扰,应使每一批污水的 DOC(或 COD)浓度保持恒定。

7 试验程序

7.1 准备

7.1.1 主要设备仪器

7.1.1.1 旋转管式反应器

如附录 B 图 B.2 所示,容积为 20 L 的加料罐(A)内的有机培养基(可添加受试物),通过蠕动泵(B)24 h 不间断地输送到倾斜管的高端(C),最后从倾斜管的低端流到收集罐(D)中。进水槽与蠕动泵之间由硅胶管相连,蠕动泵与倾斜管之间由玻璃或有机玻璃输送管相连,输送管应插入倾斜管的高端 2 cm～4 cm。出水在分析之前要经过沉淀或者过滤。

7.1.1.2 过滤装置-离心分离机

用孔径为 0.45 μm 的滤膜过滤样品,该滤膜应几乎不吸附或释放有机物。如果使用释放有机碳的滤膜,可用热水仔细清洗滤膜来除去有机碳。也可以使用 40 000 m/s^2 的离心机分离样品。

7.1.2 主要溶液的配制

7.1.2.1 受试物储备液的配制

取一定量的可溶性受试物溶于去离子水或者合成污水中,使受试物质量浓度为 1 g/L～5 g/L。不溶受试物储备液的制备见附录 A。但是这种方法不适用于挥发性物质。分析储备液的 DOC 和 TOC 浓度,对于每一批新样品都要重新测定。如果 DOC 和 TOC 的差别超过 20%,则需要分析受试物的水溶性。用特定分析方法测定储备液的 DOC 浓度或测定受试物的浓度,来验证回收率是否达到要求(一般大于 90%)。由此判断,DOC 是否可以作为分析参数或者只能用特定的分析方法测定受试物的浓度。对每一批新的样品,都要分析 DOC、COD 或者用特定的分析方法测定受试物的浓度。

确定储备液的 pH。极值预示着加入该物质可能会影响测试系统中活性污泥的 pH。这时就要用少量的无机酸或者无机碱来中和储备液,使 pH 值保持在 7±0.5,要避免受试物沉淀。

7.1.2.2 润滑剂

甘油或者橄榄油可以用做蠕动泵滑轮的润滑剂,对于硅胶管也同样适用。

7.1.2.3 有机培养基的供给准备

合成污水必须每天新制,或者由储备液经自来水稀释得到。用量筒量取适量合成污水,加入到洁净的进水管中。如果需要的话,在稀释之前,可将一定量的受试物储备液或参比物加入到合成污水中。为了避免受试物的损失,可将受试物的稀释液加入到一个专用的蓄水池中,通过供料泵输送到倾斜管中。如果条件允许,可每天收集沉降过的新鲜生活污水。

7.2 操作

7.2.1 旋转管式反应器的操作

为了评估受试物的生物降解特性,需要用两个相同的旋转管式反应器,置于 22℃±2℃的恒温室中反应。

调节蠕动泵,将不含受试物的培养基以 250 mL/h±25 mL/h 的流量输送到旋转管式反应器(旋转速度为 18 r/min±2 r/min)中。为了确保特有的功能以及延长管子的使用寿命,在试验开始,以及试验进行过程中,定时加润滑剂。

调整试管的倾斜角度,使培养基在清洁试管中的停留时间为 125 s±12.5 s。停留时间可通过添加非生物的标记(如 NaCl,惰性染料)来估算,出水浓度达到最大值的时间定为平均停留时间。

通过调节培养基的供给速率、管的旋转速度及培养基的停留时间使 DOC(或 COD)去除率大于 80%,并产生硝化出水。如果去除率达不到 80%或者要模拟的是一个特殊污水处理厂,就需要调节水流的速度。在第二种情况下,应调整有机培养基的供给速度,直到反应器与所模拟的处理厂的性能一致。

7.2.2 **接种**

使用合成污水时,有氧接种可以保证微生物开始生长,其他情况下则需连续 3 d 投加 1 mL/L 沉降过的污水。

7.2.3 **测试**

定期检查培养基的供给速度和倾斜管的旋转速度是否在限定范围内。另外,应定期测试出水的 pH,特别是预计有硝化作用存在时。

7.2.4 **取样和分析**

取样的方法、模式和频率必须符合试验的需要,如采样量和采样间隔时间。在第一阶段,没有投加受试物前,可 1 周采两次样。样品分析前需经微孔滤膜(孔径 0.45 μm)过滤,或者用 40 000 m/s^2 的离心机,离心 15 min。在用膜过滤之前,需要沉淀或者先粗滤一遍样品。如果需要的话,还要测 BOD、铵和亚硝酸盐/硝酸盐的含量。

样品采集后应尽快分析,如不能及时分析,应将样品密封后于 4 ℃避光保存。如样品要储存 48 h 以上,应将样品酸化或者加入适量的毒性物质(每升样品中加入 20 mL 质量浓度为 10 g/L 的氯化汞),冷冻储存。确保储存技术不影响分析结果。

7.2.5 **启动期**

这个阶段,生物膜达到最佳厚度,一般需要 2 周,最多不超过 6 周。在此期间,管式反应器中有机物培养基的 DOC(或 COD)去除率逐渐升高并达到一个稳定值。当两个管式反应器的稳定值相近时,选择一个作为对照,在接下来的试验阶段,两个反应器的性能应保持恒定。

7.2.6 **投加受试物**

这个阶段,将含有一定量受试物的培养基(通常质量浓度为 10 mg/L ～20 mg/L,以碳计)加入一个反应器中,作为对照组的另一个反应器仍连续供给有机培养基。

7.2.7 **驯化阶段**

为了评价受试物的生物降解能力,需要连续 2 周分析 DOC(或 COD),并用特定的方法测定受试物的浓度。从受试物加入开始,需要驯化 1 周～6 周(特殊情况下,需要更长时间)。当受试物去除百分率达到最大值,稳定期持续 3 周左右,在稳定期采集 12～15 个有效数据估算受试物平均去除百分率。如果去除百分率足够大,就可以认为测试结束。一般,在加入受试物之后 12 周内完成测试。

7.2.8 **脱膜**

生物膜会定期有规律从管子上脱落。为了保证试验结果的可比性,整个测试应该包含膜生长和膜脱落两个完整的过程。

8 质量保证与质量控制

a) 试验过程中,如果没有异常发生,对照组中 DOC(或 COD)的去除率(D_B)在 2 周之后大于 80%,就要考虑测试的有效性;

b) 如果受试物易发生生物降解,那么生物降解率应大于 90%,且两次测量的误差不超过 5%。如果两个指标不符合,就要重新检查试验过程,或者从其他地方采集生活污水;

c) 平行试验的误差不能超过 5%。如果不能达到这个指标,且受试物的去除率很高,应再做 3 周的测试。如果受试物的去除率很低,则应考虑受试物对微生物的抑制作用,可降低受试物的初始浓度重复试验;

d) 整个试验的过程中都要保证进水容器、出水容器、进水管和出水管清洁,没有微生物生长。

9 数据与报告

9.1 数据处理

9.1.1 统计参数

a) t 时刻受试物的 DOC(或 COD)去除百分率(D_t)；

b) 有机培养基 DOC(或 COD)的去除百分率(D_B)；

c) 受试物的去除百分率(D_{ST})。

9.1.2 统计分析方法

a) 结果处理：

t 时刻受试物的 DOC(或 COD)去除百分率的计算见式(1)：

$$D_t = [C_s - (E - E_0)]/C_s \times 100 \qquad (1)$$

式中：

D_t——t 时刻 DOC(或 COD)的去除百分率，以%表示；

C_s——进水中受试物 DOC(或 COD)质量浓度的数值(由加入储备液的浓度、体积决定)，单位为毫克每升(mg/L)；

E——t 时刻受试组出水中 DOC(或 COD)质量浓度的数值，单位为毫克每升(mg/L)；

E_0——t 时刻对照组出水中 DOC(或 COD)质量浓度的数值，单位为毫克每升(mg/L)。

如果测试了参比物，也用式(1)计算其 DOC(或 COD)去除百分率。

b) 对照组反应器的性能：

在对照组中，有机培养基 DOC(或 COD)的去除百分率(D_B)有助于评价生物膜的生物活性，见式(2)：

$$D_B = (1 - E_0/C_m) \times 100 \qquad (2)$$

式中：

C_m——对照组进水有机培养基的 DOC(或 COD)，单位为毫克每升(mg/L)。

c) 受试物的去除百分率(D_{ST})，见式(3)：

$$D_{ST} = (1 - S_e/S_i) \times 100 \qquad (3)$$

式中：

S_i——受试组进水中受试物质量浓度的数值，单位为毫克每升(mg/L)；

S_e——t 时刻受试组出水中受试物质量浓度的数值，单位为毫克每升(mg/L)。

如果该特殊分析方法测得未处理污水中受试物的质量浓度为 S_c(mg/L)，受试物去除百分率(D_{SC})的计算见式(4)：

$$D_{SC} = (S_i - S_e + S_c)/(S_i + S_c) \times 100 \qquad (4)$$

d) 结果表达式：

绘制去除百分率 D_t、D_{ST} 与时间的曲线。取稳定期的 12～15 个 D_t(D_{ST})值的平均数和标准偏差作为受试物的去除百分率。从去除曲线上可以获得去除过程中的一些信息。

e) 吸附：

如果测试开始时 DOC 的去除率就很高，那么受试物很可能是吸附到生物膜上了。这可以通过分析从膜上脱离下的固体物质中所吸附受试物的量来证实。一般因吸附作用产生的 DOC 去除率不会在整个试验过程中都很高，通常最初有一个较高的值，随后逐渐降低到一个平衡值。然而，如果微生物能够适应吸附在生物膜上的受试物，则受试物的 DOC 的去除率会渐渐增加，达到一个高的稳定状态。

f) 滞后期：

与静态筛选试验类似，许多受试物在生物降解发生之前都存在一个滞后期。在滞后期，微生物先有一个适应过程，此阶段受试物几乎没有被去除；之后这些微生物开始繁殖。当受试物的去除率达到10%左右的时候，滞后期就结束了，降解期开始。滞后期一般具有较大的变化，而且重复性很差。

g) 稳定期：

连续试验去除曲线中的稳定期是指最大生物降解发生的阶段。这个阶段应该至少持续3周，可以获得12～15个有效数据。

h) 受试物的平均去除率：

用稳定期受试物的去除率 D_t(D_{ST})来计算平均值。取整数值(四舍五入精确到1%)，即为受试物的去除率。同时建议计算平均值的95%置信区间。对照组中有机培养基的平均去除率(D_B)用同样的方法计算。

i) 生物降解的表征：

如果受试物没有明显地吸附到生物膜上，去除曲线应该是一个有滞后期、降解期和稳定期的典型生物降解曲线，降解可以完全归结为生物降解。如果初始降解率很高，那么模拟试验就无法区分生物降解和非生物去除过程。在这种情况下，或者在对生物降解有疑问的情况下(例如发生脱膜)，就要分析膜上吸附的受试物或者做一些其他可以证明生物降解的试验，比如静态(筛选)测试。可用反应器中未暴露的生物膜作为接种体，进行耗氧量试验或者 CO_2 释放量试验。

如果同时测量了DOC和受试物的去除率，而且去除率之间存在较大的差别(前者低于后者)，说明出水中存在难降解的有机中间产物，这一点应该加以研究。

9.2 试验报告

测试报告应该包括以下内容：

a) 受试物：

——物理属性以及相关的物理化学性质；

——标识数据。

b) 测试条件：

——测试系统的修改，特别是受试物为不溶或者挥发性物质时；

——有机培养基的类型；

——污水中工业废水的比例和特性；

——接种方法；

——受试物储备液，DOC(溶解性有机碳)和TOC(总有机碳)浓度；如果是悬浊液，如何制备；如果DOC质量浓度在10 mg/L～20 mg/L范围之外，使用受试物的浓度，应说明原因；初次添加的日期；浓度的任何变化；

——平均水力停留时间；管子的旋转速度、倾斜角度(如果可以得到)；

——脱膜的细节、时间和强度；

——测试的温度和范围；

——采用的分析方法。

c) 测试结果：

——所有测试数据DOC，COD，特定分析法，pH，温度，含N化合物(如果相关)；

——所有计算的数据 D_t，D_B，D_{ST} 以表格或者去除率曲线的形式给出；

——滞后期和稳定期的信息，测试持续的时间，受试物的去除率、参比物(如果已测试)和有机培养基(未加受试物)的去除率，以及统计数据和生物降解和测试结果的描述。

d) 结果讨论。

附 录 A
（资料性附录）
难溶于水的物质和挥发性物质的预处理

A.1 难溶于水的物质

没有一种特定的溶解方法适用于所有的不溶物质。ISO 10634:1995 介绍的 4 种方法中，有 2 种方法可能适用于模拟试验中受试物的溶解——使用乳化剂或超声溶解，这两种方法可以确保受试物至少在 24 h 内是稳定分散的。稳定的受试物溶液应存储于持续搅拌的容器中，并与生活(或合成)污水分开加入到反应器中。

如果溶液稳定，应研究如何检测分散状态下的受试物。在这种状态下，测定 DOC 可能并不适合。必须建立受试物的特定分析方法用于测定流出液、流出固体物和活性污泥中受试物的浓度。活性污泥模拟试验中受试物的归趋，可以通过分析受试物在溶解态和固态中的含量来获得。因此，根据"质量守恒"原理，可以判断受试物是否被生物降解。但是，这种方法只能表征初级生物降解。最终生物降解必须通过呼吸试验来表征。

A.2 挥发性物质

挥发性物质的污水处理模拟试验是存在问题、有争议的。与难溶受试物相比，关于挥发性物质模拟试验的报道非常少。完全混合装置由密封通气管和沉淀池组成，由流量计来测量并控制空气流量，使排出气体通过收集装置来收集挥发性有机物。一般情况下，可用真空泵使排出的气体通过冷却装置或者填充了 2,6-二苯基对苯醚的多孔聚合物单体(Tenax 色谱填料)和硅胶的净化收集装置，用气相色谱分析收集装置里的受试物。

试验分为两部分。首先将合成污水和一定量的受试物加入到反应器中，不加污泥。连续几天收集并测试进水、出水及排出气体中受试物的浓度。通过测得的数据可以计算出系统中受试物的去除率(R_{VP})。

正式生物试验(加入污泥)的试验条件应与非生物试验(不加污泥)相同。可通过分析 DOC 和 COD 含量确认试验是否正常运行。试验的第一阶段(适应期)可偶尔测试进水、出水和排出气体中受试物的浓度，适应期过后要经常测试受试物的浓度。通过分析稳定状态下受试物的浓度，可以计算出所有作用(物理作用和生物作用)下，液相中受试物的去除率(R_T)。同样可以计算试验系统中受试物的去除率(R_V)。

计算：

a) 在非生物试验中，系统中受试物的去除率(R_{VP})的计算见式(A.1)：

$$R_{VP}=\frac{S_{VP}}{S_{IP}}\times 100 \qquad \text{(A.1)}$$

式中：

R_{VP}——在非生物试验中，由于挥发导致的受试物的去除率，以%表示；

S_{VP}——在非生物试验中，收集装置中受试物质量浓度的数值(换算为液相浓度)，单位为毫克每升(mg/L)；

S_{IP}——在非生物试验中，进水中受试物质量浓度的数值，单位为毫克每升(mg/L)

b) 生物试验中，系统中受试物的去除率(R_V)的计算见式(A.2)：

$$R_V=\frac{S_V}{S_I}\times 100 \qquad \text{(A.2)}$$

式中：

R_V——生物试验中，由于挥发导致的受试物的去除率，以%表示；

S_V——生物试验中，收集装置中受试物质量浓度的数值(换算为液相浓度)，单位为毫克每升(mg/L)；

S_I——进水中受试物的浓度，单位为毫克每升(mg/L)。

c) 生物试验中所有作用下受试物的去除率(R_T)的计算见式(A.3)：

$$R_T = 1 - \frac{S_E}{S_I} \times 100 \qquad \cdots\cdots(A.3)$$

式中：

S_E——液相出水中受试物质量浓度的数值，单位为毫克每升(mg/L)。

d) 由于生物作用和吸附作用产生的受试物去除率(R_{BA})，见式(A.4)：

$$R_{BA} = (R_T - R_V) \qquad \cdots\cdots(A.4)$$

受试物是否存在吸附作用必须通过其他试验验证；如果有吸附作用存在，上式必须进行修正。

e) 通过对生物试验与非生物试验系统中受试物去除率的比较，可以看出生物作用对受试物挥发性的影响。

示例：苯

污泥停留时间＝4 d

合成污水停留时间＝8 h

$S_{IP} = S_I = 150$ mg/L

$S_{VP} = 150$ mg/L ($S_{EP} = 0$)

$S_V = 22.5$ mg/L

$S_E = 50$ μg/L

因此，

$R_{VP} = 100\%$，$R_V = 15\%$

$R_T = 100\%$，$R_{BA} = 85\%$

假定苯不会吸附在污泥中。

附　录　B
（资料性附录）
旋转管式反应器

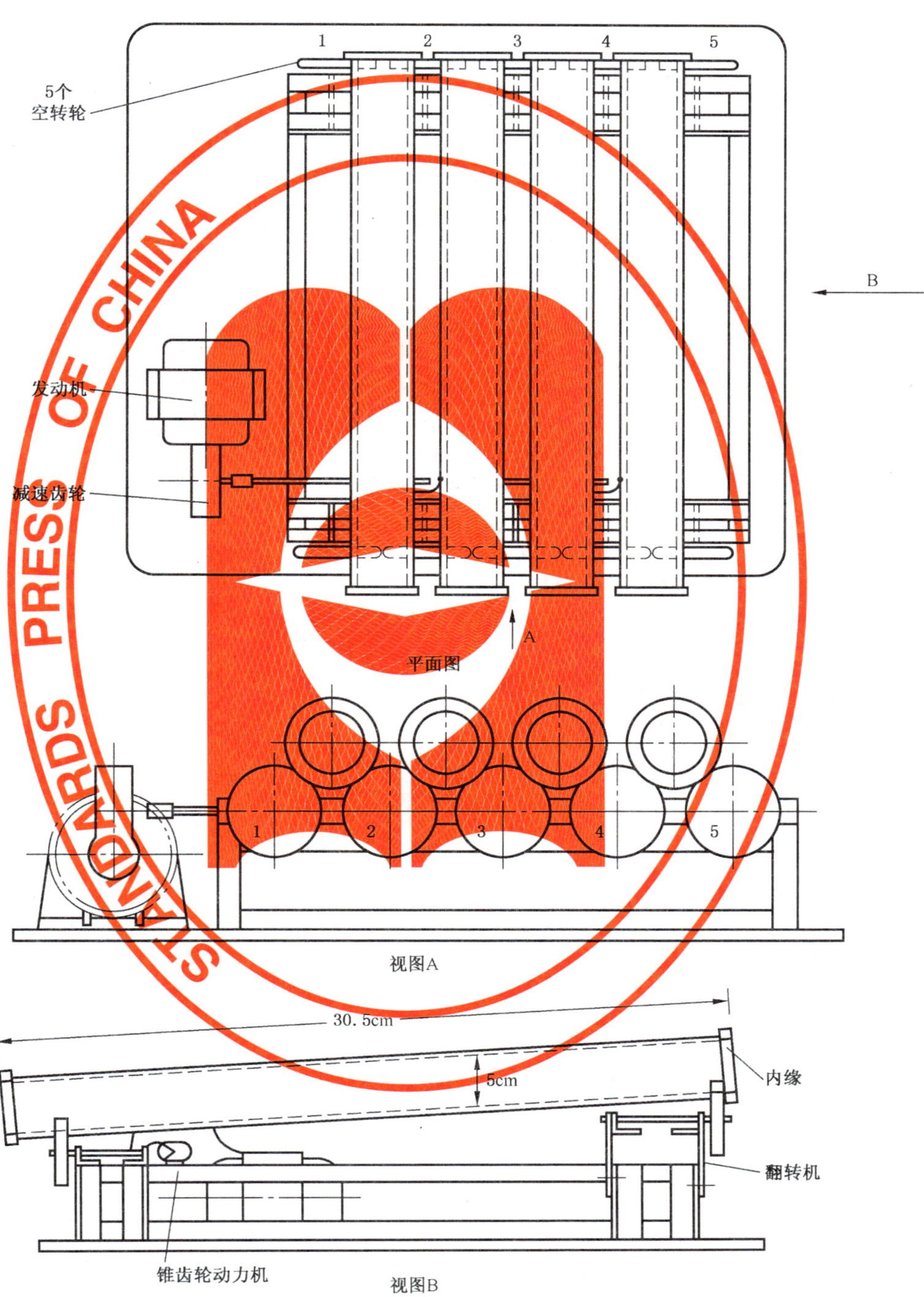

1、3、5——空转轮；

2、4——从动轮。

图 B.1　旋转管式反应器示意图

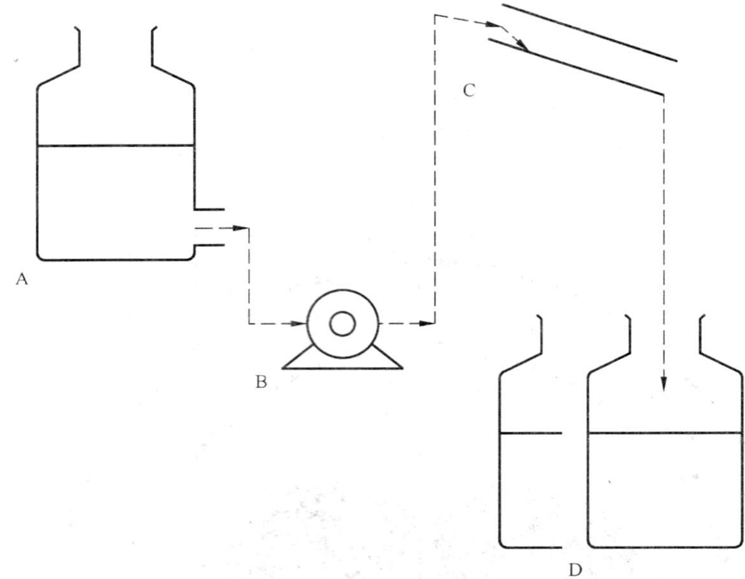

A——加料罐；
B——蠕动泵；
C——倾斜管；
D——流出物收集罐。

图 B.2 流程图

参 考 文 献

[1] Gerike P, Fischer W, Holtmann W (1980). Biodegradability determinations in trickling filter units compared with the OECD Confirmatory Test. Wat. Res., 14, 753-758.

[2] Truesdale GA, Jones K, Vandyke KG (1959). Removal of synthetic detergents in sewage treatment processes: Trials of a new biologically attackable material. Wat. Waste Tr. J., 7, 441-444.

[3] Baumann U, Kuhn G and Benz M. (1998) Einfache Versuchsanordnung zur Gewinnung gewässerökologisch relevanter Daten, UWSF - Z. Umweltchem. Ökotox., 10, 214-220.

[4] Gloyna EF, Comstock RF, Renn CE (1952). Rotary tubes as experimental trickling filters. Sewage ind. Waste, 24, 1355-1357.

[5] Kumke GW, Renn CE (1966). LAS removal across an institutional trickling filter. JAOCS, 43, 92-94.

[6] Tomlinson TG, Snaddon DHM, (1966). Biological oxidation of sewage by films of microorganisms. Int. J. Air Wat. Pollut., 10, 865-881.

[7] Her Majesty's Stationery Office (1982). Methods for the examination of waters and associated materials. Assessment of biodegradability, 1981, London.

[8] Her Majesty's Stationery Office (1984). Methods for the examination of waters and associated materials. Methods for assessing the treatability of chemicals and industrial waste waters and their toxicity to sewage treatment processes, 1982, London.

[9] OECD Guidelines for the Testing of Chemicals (1993). Ready Biodegradability 301 A-F.

[10] ISO 14593 (1998) Water Quality-Evaluation in an aqueous medium of the ultimate biodegradability of organic compounds. Method by analysis of released inorganic carbon in sealed vessels. 14pp.

ICS 13.300;13.020.40
A 80

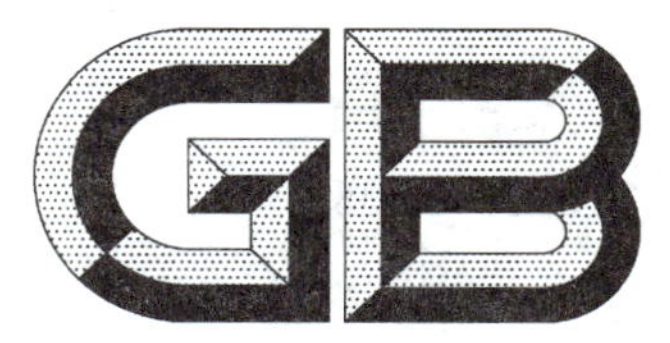

中华人民共和国国家标准

GB/T 21796—2008

化学品 活性污泥呼吸抑制试验

Chemicals—Activated sludge, respiration inhibition test

2008-05-12 发布 2008-09-01 实施

中华人民共和国国家质量监督检验检疫总局
中国国家标准化管理委员会 发布

前　　言

本标准等同采用经济合作与发展组织(OECD)化学品测试导则 No.209(1984 年)《活性污泥呼吸抑制试验》(英文版)。

本标准做了下列编辑性修改:

——将计量单位改为我国法定计量单位。

本标准由全国危险化学品管理标准化技术委员会(SAC/TC 251)提出并归口。

本标准负责起草单位:环境保护部化学品登记中心。

本标准参加起草单位:环境保护部南京环境科学研究所、中国检验检疫科学研究院、广东省微生物研究所。

本标准主要起草人:刘纯新、卢玲、沈英娃、刘济宁、周军英、陈会明、梅承芳。

化学品
活性污泥呼吸抑制试验

1 范围

本标准规定了化学品活性污泥呼吸抑制试验的方法概述、试验准备、试验程序、质量保证与质量控制、数据与报告。

本标准适用于大多数水溶性、低挥发性、易滞留于水体的物质；不适用于在氧作用下可能发生磷酸化而分解的物质。对于水溶性有限的受试物，可能无法测定半效应浓度。

本标准提供一种快速筛选方法，鉴定哪些物质可能对污水处理厂的好氧微生物产生不利影响，并为生物降解试验提供相应的无抑制受试物浓度。

2 术语和定义

下列术语和定义适用于本标准。

2.1

呼吸速率 respiration rate

单位时间内污泥或污水中好氧微生物消耗的氧气量，通常以每小时每升污泥或污水消耗的氧气毫克数表示[mg/(L·h)]。

2.2

半数效应浓度 median effective concentration，EC_{50}

与对照组比较，引起微生物呼吸速率下降50％的受试物浓度。

3 受试物信息

a) 结构式；

b) 纯度；

c) 水中溶解度；

d) 蒸汽压。

4 方法概述

4.1 原理

在活性污泥中加入一定量的合成污水，接触30 min或3 h，测定好氧微生物呼吸速率。在相同的条件下，测定试验系统中加入不同浓度受试物后同一活性污泥的呼吸速率。用占两个对照组呼吸速率均值的百分数表示特定浓度受试物的抑制效应。由不同浓度的测定结果计算出EC_{50}值。

4.2 参比物

本标准推荐3，5-二氯苯酚作为参比物。

4.3 注意事项

活性污泥可能含有潜在致病生物，应小心处理。

5 试验准备

5.1 仪器和设备

a) 测定装置，见图1(包括磁力搅拌器，平底烧瓶)；

b) 曝气装置；

c) pH 计；

d 氧电极。

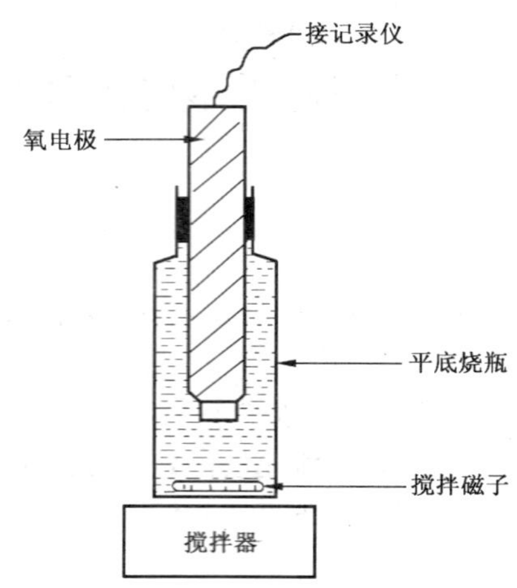

注：该装置为非标准装置，但需确保试液装满烧瓶顶部，电极探头与烧瓶瓶颈紧密相配，隔绝瓶外空气。

图 1 测定装置

5.2 微生物接种液

采用主要处理生活污水的污水处理厂的活性污泥作为接种物。污泥取回实验室后用自来水冲洗，离心，倒出上清液。重复操作 3 次。取少量洗过的污泥称重、干燥，计算出试验所需污泥的量(湿重)。配制浓度为 4 g/L±0.4 g/L 的活性污泥混合悬浮液。若采集的活性污泥当天不使用，应在每升上述活性污泥中加入 50 mL 合成污水，在 20 ℃ ± 2 ℃下曝气培养，使用前测定 pH，必要时用碳酸氢钠溶液调节 pH 值至 6.0～8.0，并测定混合液中悬浮物含量。

5.3 试验用水

曝气除氯的自来水。

5.4 合成污水配制

分别称取 16 g 蛋白胨、11 g 牛肉膏、3 g 尿素、0.7 g NaCl、0.4 g $CaCl_2 \cdot 2H_2O$、0.2 g $MgSO_4 \cdot 7H_2O$ 和 2.8 g K_2HPO_4，用水溶解，定容至 1 L。

6 试验程序

6.1 受试物贮备液

若受试物水溶解度大于 1 g/L，则称取 0.5 g，用蒸馏水溶解并定容至 1 L，得 0.5 g/L 的贮备液。否则，将受试物直接加入试验容器中，或者用有机溶剂配置贮备液。若使用有机溶剂，则该溶剂应对微生物无明显的吸呼抑制或促进作用。此外，需增加含活性污泥和溶剂但不含受试物的对照。

6.2 参比物配制

用 10 mL 的 1 mol/L NaOH 溶解 0.5 g 3,5-二氯苯酚，用蒸馏水稀释到约 30 mL，边振荡边加入 0.5 mol/L H_2SO_4 直到刚刚出现沉淀，大约需要 H_2SO_4 4 mL，最后用蒸馏水稀释到 1 L，pH 值为7～8。

6.3 试验操作

受试物和参比物的 3 h 接触试验可按下述步骤进行：

准备一定数量的烧杯(如 1 L 的烧杯)。

试验开始时(0 时刻)把 16 mL 合成污水加试验用水至 300 mL，再加 200 mL 微生物接种液，混合为 500 mL，倒入第一个烧杯中，为对照组 1(C_1)。在 20℃ ± 2℃条件下，用洁静无油空气以 0.5 L/min ～ 1 L/min 的速度曝气培养。

在 15 min 时(15 min 的时间间隔是任意选定的)，在 16 mL 合成污水中加入 100 mL 受试物贮备液，再加水至 300 mL，然后再加 200 mL 微生物接种液，充分混合为 500 mL。混合液倒入第二个烧杯曝气培养。随后，每隔 15 min 按此法制备试验液，受试物溶液用量根据浓度设计选定，从而得到一系列不同浓度的受试物试验液。受试物至少设置 5 个浓度组，参比物最少设置 3 个浓度。最后制备对照组2(C_2)。

3 h 后，把 C_1 试验液倒入测定装置，测定 10 min 的呼吸速率，也可直接在烧杯中测量。同法测定其他处理液及 C_2。每批微生物接种液，都要按同样的方法用参比物溶液检验其活性。

如果试验周期为 30 min，试验体系可根据情况作相应改动。

7 质量保证与质量控制

两组空白对照呼吸速率差不高于 15%。

参比物 3,5-二氯苯酚 3 h 的 EC_{50} 为 5 mg/L ～30 mg/L。

8 数据与报告

8.1 数据处理

可以根据记录仪所画的曲线在 6.5 mg/L 和 2.5 mg/L 之间计算呼吸速率，如果呼吸速率低，可根据 10 min 以上的耗氧量计算，测定呼吸速率的呼吸作用曲线部分应为线性。

根据溶解氧测定值计算呼吸速率，为了计算受试物的抑制效应，将呼吸速率以两组空白对照呼吸速率的百分比形式表达。见下式：

$$R = 1 - \frac{2R_s}{R_{C_1} + R_{C_2}} \times 100$$

式中：

R——受试物呼吸抑制率，%；

R_s——受试物受试浓度的耗氧速率，单位为毫克每升小时[mg/(L・h)，以 O_2 计]；

R_{C_1}——对照组 1(C_1)的耗氧速率，单位为毫克每升小时[mg/(L・h)，以 O_2 计]；

R_{C_2}——对照组 2(C_2)的耗氧速率，单位为毫克每升小时[mg /(L・h)，以 O_2 计]。

按上述公式计算每一试验浓度的抑制百分率，在对数-正态(或对数-概率)纸上绘制抑制百分率对浓度的曲线，计算出 EC_{50}。

EC_{50} 值的 95% 置信限可用标准程序计算求得。鉴于结果的可变性，推荐用量级大小表示试验结果，例如小于 1 mg/L，1 mg/L～10 mg/L，10 mg/L～100mg/L 等。

8.2 结果报告

试验报告应包括以下内容：

a) 受试物：

——化学特性鉴别数据。

b) 试验条件：

——接种物：状态和取样地点，浓度和预处理方式；

——试验周期与温度；

——受试物和参比物的 EC_{50}；

——非生物耗氧量(若存在)。

c) 结果：

——测量数据；

——呼吸抑制曲线和 EC_{50} 计算方法；

——EC_{50}(有条件，提供 95% 置信限)、EC_{20} 和 EC_{80}。

——所有观测结果以及任何偏离本方法并可能影响试验结果的情况。

d) 结果讨论。

参 考 文 献

[1] International Standard ISO/TC 147/SC 5/WC 1, N53 No. D (1981)
[2] B. Broecker and R. Zahn, Water Research 11, 165 (1977)
[3] D. Brown, H. R. Hitz and L. Schaefer, Chemosphere 10, 245 (1981)
[4] ETDA (Ecological and Toxicological Association of Dyestuffs Manufacturing Industries)
[5] B. Robra, Wasser/Abwasser 117, 80 (1976)
[6] W. Schefer, Textilveredlung 6, 247 (1977)

ICS 13.300;11.100
A 80

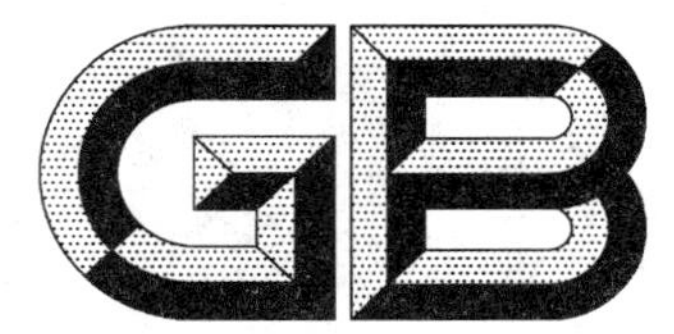

中华人民共和国国家标准

GB/T 21797—2008

化学品 有机磷化合物 28天重复剂量的迟发性神经毒性试验

Chemicals—Delayed neurotoxicity of organophosphorus substances 28-day repeated dose study

2008-05-12 发布　　　　2008-09-01 实施

中华人民共和国国家质量监督检验检疫总局
中国国家标准化管理委员会　发布

前　言

本标准等同采用经济合作与发展组织(OECD)化学品测试导则 No.419(1995年)《有机磷化合物28天重复剂量的迟发性神经毒性试验》(英文版)。

本标准做了下列编辑性修改：

——将 OECD 的介绍和初衷部分合并归附到 OECD 引言；

——增加了范围；

——将附录中的定义移到正文中；

——将计量单位改为我国法定计量单位；

——删除 OECD 的参考文献部分。

本标准由全国危险化学品管理标准化技术委员会(SAC/TC 251)提出并归口。

本标准负责起草单位：环境保护部化学品登记中心。

本标准参加起草单位：沈阳化工研究院安全评价中心、中国环境科学研究院、中国国家疾病控制中心、宁波出入境检验检疫局。

本标准主要起草人：廖雪、吕耀中、周红、李捍东、林振兴、马中春、龙再浩、陈小青。

OECD 引言

1. OECD 导则根据科学最新发展和考虑动物福利要定期对试验指南进行修改，本次更新的指南包括测量神经病靶酯酶(NTE；以前称神经毒性酯酶)效应方法的修订。染毒后 24 h～48 h 内脑和脊髓 NTE 的抑制与迟发性神经毒性的临床和形态学效应有很好的关联性。已发现 NTE 试验模型对所有已知能引起人体迟发性神经病症的有机磷酯类物质都有效。因此，在某些临床表现不明显或组织病理数据不明确时，NTE 抑制的定量数据将显著提高对上述现象是否存在潜在迟发性神经毒性的判断能力。与上次版本要求的 90 d 染毒期限不同，本次修订要求至少要染毒 28 d。通常 28 d 重复剂量足以有效评价重复接触有机磷化合物引起迟发性神经病。对多数农药来说，28 d 的接触方式要比 90 d 的接触方式更接近实际情况。
2. 本次导则 419 更新版本来源于 1992 年 2 月在巴黎召开的专家工作组关于系统性短期和迟发性神经毒性协调会议。这一更新版本主要由 1990 年 3 月 OECD 在华盛顿举行的有关神经毒性试验的特别会议上讨论形成的初稿和从各成员国收到的意见的基础上进行修订的。
3. 本导则用于评价有机磷化合物的毒性作用。通常重复染毒的迟发性神经毒性的测定是在完成急性迟发性神经毒性试验(导则 418)之后进行的。从急性迟发性神经毒性试验和其他试验所得到的结果，对设计重复染毒的迟发性神经毒性试验是有帮助的。
4. 28 d 迟发性毒性试验可提供在规定的时间内重复染毒受试物对健康危害的信息；并可为剂量-反应关系和制定安全接触水平的无可见有害作用剂量水平(NOAEL)的估算提供信息。
5. 根据有些物质的用途(如增塑剂)可能需要更长时间的染毒(90 d)。在某些情况下，为了解决外推资料解释的困难，或者为了弄清某些特殊物质更为详细的使用特点，可能需要进一步的试验。

化学品 有机磷化合物
28天重复剂量的迟发性神经毒性试验

1 范围

本标准规定了化学品有机磷化合物28天重复剂量的迟发性神经毒性试验的术语和定义、试验基本原则、试验步骤、试验报告和结果解释。

本标准适用于检测化学品有机磷化合物对神经系统的迟发性神经毒性反应。

2 术语和定义

下列术语和定义适用于本标准。

2.1

迟发性神经毒性 delayed neurotoxicity

指一组神经系统综合征,主要表现为迟发出现的共济失调,脊髓和周围神经远轴突病变,以及神经组织中神经病靶酯酶的抑制和老化。

2.2

有机磷化合物 organophosphorus substance

包括不带电荷的有机磷酸酯、硫代磷酸酯或有机磷酸酐、有机膦酸,或有机磷酸一酰胺或有关的硫代磷酸、硫代膦酸或硫代亚磷酰胺酸,或其他可引起这类神经毒性的物质。

3 试验基本原则

用受试物每日一次经口染毒家养母鸡,共28 d。每天至少观察一次动物是否有异常行为、共济失调和麻痹,连续观察直至停止染毒后14 d 。末次染毒后(一般为24 h和48 h),每组随机选取动物进行生化检查,特别是测定神经病靶酯酶(neuropathy target esterase, NTE)。在末次染毒后14 d,处死存活母鸡,对神经组织进行病理组织学检查。

4 试验步骤

4.1 实验动物

4.1.1 动物种属

选用初成年(8～12月龄)家养产卵家鸡(*Gallus gallus domesticus*),正常体重范围及标准种属和品系。动物应是在能自由活动的环境条件下长大。

4.1.2 饲养环境

在正常条件下饲养母鸡,单笼饲养;鸡笼应足够大,以使动物能够自由活动,并易于观察步态;采用人工照明时,保持每日光照12 h和黑暗12 h,应给予合适的饲料及自由饮水。

4.1.3 动物准备

使用健康初成年母鸡,要确保无病毒性疾病、没有接受过药物治疗和无步态异常,将其随机分成对照组和染毒组。在试验开始前,动物要检疫驯化并适应实验室条件至少5 d时间。

4.2 染毒途径和受试物制备

4.2.1 每天经口染毒,每周7 d,最好选择灌胃或胶囊方式染毒。

4.2.2 如果受试物是液体,可以不稀释或用适当的赋形剂进行稀释,如玉米油;如果受试物是固体,由于大剂量固体用胶囊可能会影响有效吸收,应当尽可能溶解在赋形剂中。如果使用的赋形剂不是水,应当了解它的毒性特征,如果不明确,应在试验前测定其毒性。

4.3 动物数量及分组

4.3.1 每组要有足够数量的动物,以确保有 6 只动物用于生化检测(两个时间点,每次 3 只)和停止染毒后的 14 d 观察期结束时有 6 只动物用于病理检查。

4.3.2 通常情况下,每次试验要设置至少 3 个染毒组和 1 个赋形剂对照组,但如果根据其他数据(例如急性一次染毒试验、体外筛选试验或结构活性关系)进行评价表明染毒剂量 1 000 mg/(kg · d)不会产生毒性效应,那么可以只进行限量试验。

4.3.3 赋形剂对照组和每个染毒组至少应有 6 只母鸡用于生化检测和 6 只母鸡用于病理检查。除了不给予受试物外,赋形剂对照组的处理方式与染毒组是相同的。

4.4 剂量选择

剂量选择应当参考受试物急性迟发性神经毒性试验的结果以及受试物已知的毒性或动力学数据。选择的受试物最高剂量要诱导动物出现毒性效应,最好是迟发性神经毒性,但不能使动物死亡或出现明显的痛苦。因此应选择递减次序的不同剂量水平,以证明剂量-反应关系和在最低剂量组确定无可见有害作用剂量水平。

4.5 限量试验

如果使用本标准规定的程序进行试验,试验中受试物染毒剂量不低于 1 000 mg/(kg · d),结果没有观察到毒性效应,或根据结构相关的化合物进行分析获得的数据表明也不会产生毒性,那么不必进行更高剂量的试验。当人体暴露水平表明需要进行更高剂量试验时,不应选用限量试验。

4.6 观察

染毒开始后立即开始观察动物,在 28 d 染毒期间应仔细观察每只母鸡,每天至少观察一次,染毒停止后再观察 14 d,或直至母鸡按试验设计全部处死为止。必须详尽记录动物出现的全部中毒症状,包括开始时间、类型、严重程度以及持续时间。观察内容包括(但不局限于)行为异常。共济失调可通过至少由 4 级水平构成的评分量表来评价,并记录动物麻痹状况。为了易于观察到最轻微的毒性效应,至少一周 2 次从笼内取出母鸡,进行强迫性运动,比如爬楼梯。取出并处死所有的濒死动物,进行大体解剖检查。

4.7 体重称量

在染毒前,对全部母鸡称体重 1 次,之后每周称体重 1 次。

4.8 生化测定

4.8.1 在末次染毒最初几天内,从染毒组和溶剂对照组随机选择并处死 6 只母鸡(两个时间点,每个时间点 3 只),取脑和脊髓,测定其神经病靶酯酶(NTE)活力。此外,制备和测定坐骨神经的神经病靶酯酶(NTE)活力,也是有意义的。通常在末次染毒后的 24 h 与 48 h,分别从对照组和每个染毒组中,各取 3 只母鸡处死进行生化检查。但是如果从急性迟发性神经毒性试验或其他研究(例如毒物代谢动力学)中获得的数据表明,在末次染毒后的其他时间内处死动物更合理,那么就可以选择其他处死时间,同时要在试验报告中说明理由。

4.8.2 必要时,可测定上述神经组织样品的乙酰胆碱酯酶(AchE)活力。但在体内,乙酰胆碱酯酶可以发生自发复活,因而会导致低估受试物抑制乙酰胆碱酯酶的能力。

4.9 病理检查

4.9.1 大体解剖

将所有动物(包括濒死动物和按计划处死动物),进行大体解剖,肉眼观察脑和脊髓的外观。

4.9.2 组织病理学

主要对动物的神经组织进行镜检，神经组织取材于观察期存活（未用于生化检查）的动物。使用灌注法技术对组织进行原位固定。组织切片必须包括小脑（中间纵向水平）、延髓，脊髓和外周神经。脊髓切片应包括上颈段，中胸段和腰骶部。外周神经切片部位应包括坐骨神经、胫骨神经及其支配腓肠肌的分支远端区。应用适当的髓鞘和轴突特异性染色方法对切片进行染色。镜检时要首先检查对照组和高剂量组动物的组织。如果发现在高剂量组的组织切片中出现病理改变，则应对中、低剂量组的组织切片进行镜检。

5 数据与试验报告

5.1 数据

必须提供包括每一个体动物的数据。所有数据应以表格的形式给出，列出试验开始时各染毒组的动物数，出现损伤、行为异常或生化改变的动物数，以及损伤或毒性效应的类型和严重程度，以及相应的百分率。

5.2 结果评价

将试验组与对照组所见的行为异常、生化和组织病理学改变等毒性效应发生率、严重程度及相关性作出全面的结果评价，对得出的数据，应用合适的统计学方法进行统计学处理。在试验设计时应选定统计分析方法。

5.3 试验报告

试验报告至少应包括以下内容：

a) 受试物：
——物理属性（包括异构化、纯度和理化性质）；
——标识鉴定资料。

b) 赋形剂：
——若使用了水以外的其他溶剂或赋形剂，应说明理由。

c) 实验动物：
——动物品系；
——动物数量和年龄；
——动物来源，饲养条件等；
——试验开始时每只动物的体重。

d) 试验条件：
——详述受试物的制备、稳定性和均匀度；
——详述受试物的染毒途径；
——饲料和饮水质量；
——剂量设计的理由；
——详述染毒情况，包括赋形剂或溶剂的详细情况，染毒体积以及受试物的物理状态。

e) 试验结果：
——体重数据；
——各剂量组毒性反应数据，包括死亡率；
——NOAEL（未观察到有害作用的剂量水平）；
——临床观察到症状的性质、严重程度、持续时间（是否可逆）；
——详述生化测定方法和结果；
——大体解剖检查结果；
——详述组织病理学检查的全部结果；

——结果的统计学处理。

f） 结果讨论。

g） 结论。

6 结果解释

本试验所得结果可为重复暴露或一段时间内接触有机磷化合物可能产生健康危害提供信息，推算出人体 NOAEL 值，为制定有机磷化合物安全的人体暴露水平标准提供依据，但由于有机磷化合物对人体 AchE 的抑制作用的 NOAEL 远低于诱发迟发性神经病的 NOAEL，因此其在制定安全接触水平中的作用并无实际意义。

ICS 13.300;11.100
A 80

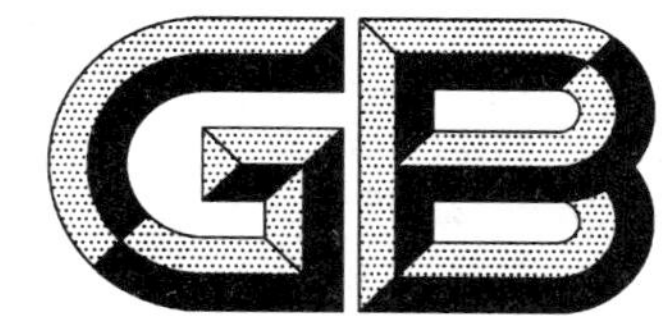

中华人民共和国国家标准

GB/T 21798—2008

化学品 小鼠可遗传易位试验方法

Chemicals—Test method of mouse heritable translocation

2008-05-12 发布 2008-09-01 实施

中华人民共和国国家质量监督检验检疫总局
中国国家标准化管理委员会 发布

前　言

本标准等同采用经济合作与发展组织(OECD)化学品测试指南 No.485(1986 年)《遗传毒理学:小鼠可遗传易位试验》(英文版)。

本标准作了下列编辑性修改:

——增加了范围部分;

——计量单位改成我国法定计量单位;

——删除了导论。

本标准由全国危险化学品管理标准化技术委员会(SAC/TC 251)提出并归口。

本标准负责起草单位:天津市检验检疫科学技术研究院。

本标准主要起草人:张园、于智睿、赵琢、李学洋、王华、赵青。

化学品　小鼠可遗传易位试验方法

1　范围

本标准规定了小鼠可遗传易位试验的范围、试验基本原则、试验方法、试验数据和报告。

本标准适用于检测化学品对雄性小鼠诱发可遗传给子代的染色体相互易位的能力。

2　试验基本原则

小鼠可遗传易位试验用来检测小鼠子一代生殖细胞中染色体结构和数目的变化。该试验系统用来检测染色体相互易位，如果子代是雌性，还要检测 X 染色体丢失情况。染色体易位和 XO 雌性鼠都说明小鼠生殖能力下降，根据生殖能力选择 F_1 代进行细胞遗传学分析。某些类型的易位（X-染色体和 c-t 型）可引起小鼠完全不孕不育。F_1 代雄性鼠或 F_1 代雌性鼠的雄性子代终变期-中期Ⅰ的减数分裂细胞均可观察到染色体易位；而在 XO 雌性鼠骨髓细胞的有丝分裂相中，则仅见 39 条染色体。

3　试验方法

3.1　受试样品

受试物溶于等渗盐溶液中。非水溶性受试物可溶于或悬浮于适当的赋形剂中，受试物应在使用前新鲜配制。如果使用赋形剂助溶，则赋形剂不应干扰受试物的特性，也不能产生毒作用。

3.2　试验动物

为方便喂养和便于细胞学验证，试验选用小鼠。对小鼠品系无特殊要求。但要求所用品系的平均窝仔鼠应大于 8 只，且相对稳定。应选用健康、性成熟的动物。

3.3　动物数量

动物数量根据自发易位频率和阳性结果需要的最低诱导率而定。本试验通过分析雄性 F_1 代完成，每个剂量水平至少需 500 只 F_1 代雄性鼠。如果包括雌性 F_1 代，则需要 300 只雄性和 300 只雌性。

3.4　对照

对照资料必须充分，可以采用平行对照和历史对照。同一实验室近期的可用阳性结果可以代替试验的平行阳性对照。

3.5　剂量水平

通常把能产生极小毒作用但不影响生殖行为且不造成死亡的最高剂量作为试验剂量。为了建立剂量-反应关系，还需另设两个低剂量组。对于无毒受试物，使用染毒所能达到的最高剂量。

3.6　染毒途径

常用的染毒途径为经口灌胃和腹腔注射，也可用其他合适的途径。采用与人暴露途径一致的方式染毒，所得的试验结果对危险度评价最有效。

3.7　操作步骤

3.7.1　处理和交配

有两种染毒方法，最常用的为一次染毒法；也可采用每周 7 d，连续 35 d 染毒法。根据染毒方法确定染毒后交配的次数，以保证每一阶段染毒精细胞有同等受孕机会。在交配结束时，雌鼠要单笼饲养。记录雌性鼠分娩的时间、窝产仔鼠数和子鼠性别。除试验要求外，应弃去雌性鼠；所有的雄性子代饲养至断奶。

3.7.2　易位杂合试验

有两种方法可用：

——F_1 子代生殖试验初筛和细胞遗传学分析检测可能的易位携带者；

——不通过生殖试验初筛，直接用细胞遗传学方法检测所有的雄性 F_1 子代。

3.7.2.1 生育试验

通过窝产仔鼠数和/或雌鼠子宫内容物来判断 F_1 代个体的生殖能力是否下降。

鉴定生殖能力正常或者下降的标准必须建立在所用的小鼠品系基础上。

仔鼠数目观察：每只 F_1 代雄性鼠分别与该试验的雌性鼠或者同一批的雌性鼠同笼。交配后第 18 天开始每天观察。记录 F_2 代子鼠出生时的数量和性别，然后丢弃。如果使用雌性 F_1 代进行试验，数目较少的 F_2 代仔鼠可以用来进一步试验。细胞遗传学分析雄性后代的易位来检测雌性易位携带者的易位情况。XO-雌性鼠可通过后代的雄性：雌性比由 1∶1 变成 1∶2 来辨认。在随后的试验中，如果F_2 代仔鼠达到或者超过了预先制定的正常值，那么 F_1 代动物视为正常，不需要进一步的试验，否则要观察第二窝或者第三窝 F_2 代仔鼠。

如果观察了三窝 F_2 代动物仍不能确认 F_1 代动物是否正常，则需要进行雌性鼠子宫内容物分析或者直接进行细胞遗传学分析。

子宫内容物分析：由于部分胚胎死亡，染色体易位携带者产仔数减少。因此，试验中子宫植入物死亡数增高是染色体易位的表现。每只 F_1 代雄性鼠与 2 只～3 只未交配过的雌性鼠交配，每日清晨通过观察阴栓判断雌性鼠受孕情况。受孕后 14 d～16 d，处死雌性鼠，记录子宫内存活胎数和吸收胚胎数。

3.7.2.2 细胞遗传学分析

使用空气-干燥技术进行试验前准备。观察到 2 个以上终变期-中期Ⅰ的初级精母细胞出现多价体结构即可确认受试动物是易位携带者。

如果没有做喂养选择，那么所有 F_1 代雄性都要做细胞遗传学分析。每只雄性鼠显微镜下至少记录 25 个终变期-中期Ⅰ细胞。睾丸减小或者终变期前减数分裂终止的 F_1 代雄性鼠，以及怀疑为 XO-F_1 代雌性鼠，都需要观察精原细胞或者骨髓细胞有丝分裂中期相。10 个细胞出现异常的长和/或短的染色体即是雄性不育易位(c-t 型)。某些由 X-染色体易位引起雄性鼠不育只能通过有丝分裂染色体的显带进行分析鉴定。在 10 个细胞有丝分裂相中都观察到 39 条染色体即为 XO 雌性鼠。

4 试验数据和报告

4.1 结果处理

数据应以表格形式提交。

记录每次交配的雌性鼠产仔和断奶时的平均 F_1 代仔鼠数及仔鼠性别比例。

为评价 F_1 代动物生殖能力，要列出正常交配动物的窝仔平均数和每只 F_1 代易位携带动物的窝仔数。对于子宫内容物分析，要列出正常鼠交配后胎鼠存活和植入死亡的平均值以及每只 F_1 代易位携带者的胎鼠存活和植入死亡数。

终变期-中期Ⅰ的细胞遗传学分析，要列出每只易位携带者的多价体结构的数目和类型以及细胞总数。

对于不育的 F_1 代个体，要列出交配次数和交配时间，睾丸重量和细胞遗传学分析的详细资料。

对于 XO 雌性鼠，要列出 F_2 代平均窝仔数、性别比例和细胞遗传学分析结果。

如果可能，通过生殖试验筛出 F_1 代易位携带者。表格必须列出证实为易位杂合子的数目。

应同时给出阴性对照和阳性对照的数据。

4.2 结果评价

如果至少在一个剂量水平观察到可重复的且具有统计学意义的易位率增加，或易位率的增加与受试物剂量的增加有相关性且具有统计学意义，则试验结果可判断为阳性；否则应认为该受试物在本测试系统中的结果为阴性。

4.3 试验报告

试验报告应包括以下内容：

——小鼠品系，月龄，体重；

——实验组和对照组中亲代每一性别的动物数；

——平行对照或者历史对照资料（如使用和/或设置）；

——试验条件、动物处理的详细描述、受试物剂量水平、使用的赋形剂，交配的程序；

——每只雌性鼠子代的数目和性别，进行易位分析的子代数目和性别；

——易位分析的时间和标准；

——易位携带者的数量、喂养资料、子宫内容物资料的详细描述（如果适用）；

——细胞遗传学分析过程和显微镜分析的详细资料，最好附照片；

——统计学评价；

——结果讨论；

——结果解释。

ICS 13.300;11.100
A 80

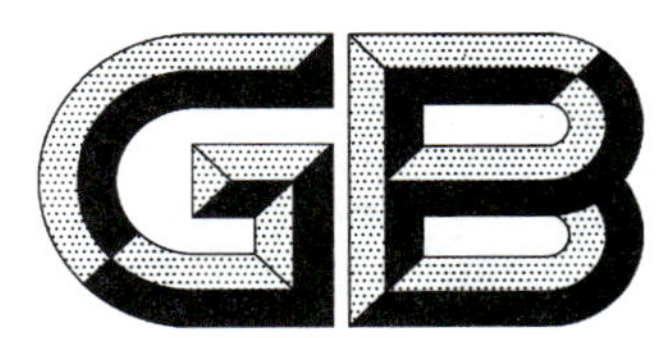

中华人民共和国国家标准

GB/T 21799—2008

化学品 小鼠斑点试验方法

Chemicals—Test method of mouse spot

2008-05-12 发布　　2008-09-01 实施

中华人民共和国国家质量监督检验检疫总局
中国国家标准化管理委员会 发布

前　言

本标准等同采用经济合作与发展组织(OECD)化学品测试指南 No.484(1986年)《遗传毒理学:小鼠斑点试验》(英文版)。

本标准作了下列编辑性修改:

——增加了范围部分;

——计量单位改成我国法定计量单位;

——删除了导论。

本标准由全国危险化学品管理标准化技术委员会(SAC/TC 251)提出并归口。

本标准负责起草单位:天津市检验检疫科学技术研究院。

本标准主要起草人:张园、王华、冯智劼、李学洋、赵琢、于智睿。

化学品　小鼠斑点试验方法

1 范围

本标准规定了小鼠斑点试验的范围、试验基本原则、试验方法、试验数据和报告。

本标准适用于检测化学品致小鼠体细胞的基因突变。

2 试验基本原则

这是将发育中的胚胎暴露于化合物的体内试验。靶细胞是发育胚胎的成黑色素细胞，靶基因是控制皮毛色素沉着的基因。发育中小鼠胚胎的这种皮毛色素基因有许多都是杂合子。成黑色素细胞显性等位基因突变（通过各种各样的遗传事件）导致其后代细胞中隐性表型的表达，从而在受试小鼠的皮毛中形成一个改变了颜色的斑点。然后将受试组中这类斑点的出现频率要与对照组进行比较。

3 试验方法

3.1 受试样品

受试物应尽可能溶于或悬浮于等渗盐溶液中。不溶于水的化合物可溶于或悬浮于合适的赋形剂中。所用的赋形剂既不应干扰受试物，也不应产生毒作用。受试物应临用前新鲜配置。

3.2 试验动物

T 系的小鼠（非刺鼠，a/a；灰鼠，粉红色眼睛，c^{ch}p/c^{ch}p；棕色，b/b；淡色，短耳，d se/d se；花斑，s/s）与 HT 系（淡色，非刺鼠，短足，pa a bp/pa a bp；铅灰色绒毛，1n fz/1n fz；蓝灰色 pe/pe）或 C57/B1（非刺鼠，a/a）交配。其他合适杂交，比如 NMRI（非刺鼠，a/a；白化体，c/c）和 DBA（非刺鼠，a/a；棕色 d/d；淡色 d/d）也可以使用繁殖非刺鼠小鼠。

3.3 数量和性别

每个剂量组都要有足够的染毒孕鼠用来繁殖足够数量的存活小鼠。通过观察处理组的斑点数目和对照组的比例来决定样本数大小。

3.4 染毒途径

常用的染毒途径为给孕鼠经口灌胃和腹腔注射，必要时也可用吸入或其他适当的途径染毒。腹腔注射可能更适合于鉴定先天性突变。采用与人接触途径一致的方式染毒，所得的试验结果对危险度评定最为实用。

3.5 染毒剂量

至少使用两个有适当间隔的剂量，包括一个产生毒性作用体征或使仔鼠数目减少的剂量。受试物相对无毒时测试剂量应达到 1 g/(kg・d)，如不可能达到如此高剂量，也应测试到能达到的最高剂量。

3.6 对照

应设与染毒小鼠同时进行的只含赋形剂的阴性对照。同一个实验室的相同小鼠的历史数据也可以作为对照。近期内（一般不超过 12 个月）同一个试验室进行的满意的阳性对照结果，也可以来代替同步的阳性结果。

3.7 染毒程序

通常在受孕的第 8 天，第 9 天和第 10 天一次性染毒孕鼠，查到阴栓那天计为第 1 天。这些天数与受孕后的 7.25 天，8.25 天和 9.25 天相符合。也可以在这些天数中作连续染毒处理。

3.8 结果观察

给小鼠编号并计数出生后 3 周～4 周之间的小鼠斑点，分为三类：

3.8.1 在距腹中线 5 mm 范围内的白色斑点，可能由于受试物对黑色素细胞有毒性效应导致细胞死亡所致（WMVS）。

3.8.2 在乳房、生殖器、咽喉、腋下、腹股沟区以及前中额部的黄色、野灰色斑点，可能是分化异常所致（MDS）。

3.8.3 随机分布在被毛处的含色素的白色斑点，可能是体细胞突变所造成的(RS)。

上述三类斑点都需要计数，但是只有 RS 与遗传损伤有关。MDS 和 RS 之间的区别可以用荧光显微镜观察皮毛样品来区分。

4 试验数据和报告

4.1 结果处理

数据应用表格形式呈现。

数据应包括小鼠总数和由体细胞突变引起的斑点数，也应该提供每窝仔鼠的有关数据。资料要用合适的统计方法进行评价。

4.2 结果评价

如果与遗传有关的斑点发生率与染毒剂量相关且具有统计学意义，或至少在一个剂量水平上产生有统计学意义的、可重复的斑点发生率增加，则试验结果为阳性。否则可认为受试物在此系统中的结果为阴性。

4.3 试验结果报告

测定结果报告应尽可能包含以下内容：

——杂交的动物品系；

——实验组和对照组的孕鼠数目；

——实验组和对照组出生和断奶时的平均窝仔大小；

——孕鼠染毒时间、染毒途径；

——被测试的小鼠总数，实验组和对照组中的 MWVS，MDS 和 RS 数目；

——被测试窝仔总数，实验组和对照组(如有)中的 MWVS，MDS 和 RS 数目；

——大体形态异常；

——RS 是否是剂量-反应关系；

——统计评价；

——结果讨论；

——结果解释。

ICS 13.300;13.020.40
A 80

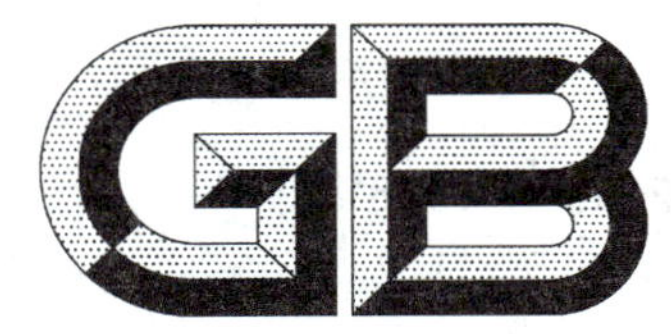

中华人民共和国国家标准

GB/T 21800—2008

化学品 生物富集 流水式鱼类试验

Chemicals—Bioconcentration—Flow-through fish test

2008-05-12 发布 2008-09-01 实施

中华人民共和国国家质量监督检验检疫总局
中国国家标准化管理委员会 发布

前　言

本标准等同采用经济合作与发展组织(OECD)化学品测试导则 No.305(1996年),《生物富集:流水式鱼类试验》(英文版)。

本标准做了下列编辑性修改:

——将计量单位改为我国法定计量单位。

本标准的附录A、附录B、附录C、附录D和附录E为资料性附录。

本标准由全国危险化学品管理标准化技术委员会(SAC/TC 251)提出并归口。

本标准负责起草单位:环境保护部化学品登记中心。

本标准参加起草单位:上海市检测中心、上海市环境科学研究院、环境保护部南京环境科学研究所。

本标准主要起草人:于相毅、毛岩、卢玲、赵华清、殷浩文、沈根祥、孔德洋。

化学品　生物富集　流水式鱼类试验

1　范围

本标准规定了化学品生物富集流水式鱼类试验的方法概述、试验准备、试验程序、质量保证与质量控制、数据与报告。

本标准适用于测试与评价 $\lg P_{ow}$值在 1.5～6.0 之间的稳定的有机化学品的生物富集性，也适用于测试与评价 $\lg P_{ow}>6.0$ 的高度亲脂性的物质的生物富集性。

2　术语和定义

下列术语和定义适用于本标准。

2.1

生物富集　bioconcentration

试验生物体(或特定组织)内某种受试物的浓度相对于试验介质中该物质浓度的增加。

2.2

生物富集系数　bioconcentration factor，BCF

试验吸收阶段的任何时间，试验生物体(或特定组织)内某种受试物浓度与试验介质中该物质浓度的比率。BCF 也可由动力学方程速率常数(K_1/K_2)直接计算得到，记为 BCF_K。

2.3

稳定态　plateau or steady-state

受试物在鱼体中浓度对应时间所绘的曲线与时间轴趋于平行(变化幅度在±20%)时状态。

2.4

稳定态生物富集系数/稳定态生物蓄积系数　steady state bioconcentration factor，BCF_{ss}

在稳定态下，试验生物体(或特定组织)内某种受试物浓度与试验介质中该物质浓度的比率。

2.5

正辛醇-水分配系数　octanol-water partition coefficient，P_{ow}

物质在正辛醇-水两相介质中达到平衡时的浓度之比。通常以 P_{ow}表示。

2.6

吸收速率常数　uptake rate constant，K_1

受试鱼暴露于含有受试物质的介质中，鱼体或其特定组织中受试物浓度增加速率。通常以 d^{-1}表示。

2.7

清除速率常数　depuration (loss) rate constant，K_2

受试鱼从含有受试物质的介质中转移到不含受试物质的介质中后，鱼体或其特定组织中受试物浓度降低的速率。通常以 d^{-1}表示。

3　受试物信息

a)　水中溶解度；

b)　正辛醇-水的分配系数(P_{ow})；

c)　水解性；

d） 在太阳光或模拟太阳光和在生物富集试验光照条件下，测定化学品在水中的光转化作用；

e） 表面张力（若无 P_{ow} 时）；

f） 蒸气压；

g） 快速生物降解性试验结果；

h） 受试物质对受试鱼的毒性，如 LC_{50} 值；

i） 合适的分析方法（已知准确度、精确度和灵敏性）；

j） 样品制备和储存的详细资料；

k） 受试物质在水中和鱼体内的分析检测限；

l） 当受试物质使用 ^{14}C 标记时，应了解放射物质携带杂质的百分率。

4 方法概述

4.1 原理

生物富集试验包括两个阶段：暴露（吸收）阶段和暴露后（清除）阶段。

在吸收阶段，将受试鱼暴露于两个或两个以上浓度的受试物溶液中。吸收阶段一般为 28 d，除非能证明在此之前已达到吸收平衡。附录 C 中的方程式可用于预测吸收阶段的天数和稳定状态时间。如果在 28 d 内尚未达到稳定状态，吸收阶段应延长直至稳定状态为止，最长为 60 d。

在吸收达到稳定状态后，将受试鱼转入不含有受试物的相同的介质，清除阶段开始。清除阶段必不可少，除非在吸收阶段受试物的吸收量可忽略（如，BCF<10）。

在整个测试过程中，定时测定鱼体（或其特定组织）中的受试物含量。除两组不同浓度的受试物试验之外，应设置空白对照组。

生物富集系数（BCF）的计算选用一次指数模型。如果一次指数模型明显不适用时，应选用更复杂的模型（见附录 E）。

用实测的受试物在鱼体内的浓度和溶液中的浓度拟和模型，并计算吸收速率常数、清除速率常数和生物富集系数的置信限。

BCF 值一般以鱼体总湿重表示。如果鱼体足够大或鱼可以分为可食用部分（鱼肉）和非食用部分（内脏）时，可用特定组织或器官（如肌肉、肝）进行分析。对于高亲脂性受试物质（$P_{ow}>3$），在测定受试物质在受试鱼体内浓度的同时，应测定受试鱼体的脂肪含量。

4.2 参比物

无推荐参比物。

5 仪器设备

a） 溶解氧测定仪；

b） 水硬度计；

c） pH 计；

d） 分析天平；

e） TOC 分析仪；

f） 受试物分析仪器；

g） 样品前处理仪器设备；

h） 连续配制和分配系统；

i） 水质测定仪器；

j） 化学惰性材料制成的水族工具；

k） 温度控制设备。

6 试验准备

6.1 受试鱼类

6.1.1 鱼种的选择

鱼种选择的标准:易于获得、大小合适和实验室内易于驯养。也包括娱乐、商业、生态学价值以及相对灵敏和已成功选用等。

推荐使用的试验鱼种见附录 B。也可用其他鱼种,但试验条件应作相应调整,并在报告中说明鱼种选择理由和试验方法。

6.1.2 鱼的驯养

受试鱼应在与试验温度相同的水中驯养 2 周以上,每天投喂相当于鱼体重 1%～2%的饵料。应测定饵料的脂肪和总蛋白含量。建议测定农药和重金属含量。

在受试鱼开始驯养 48 h 内,记录其死亡率并按下列标准评判:

a) 7 d 内试验鱼死亡率大于 10%:舍弃整批鱼;
b) 7 d 内试验鱼死亡率在 5%～10%之间:再驯养 7 d;
c) 7 d 内试验鱼死亡率小于 5%:接收本批鱼。如果在第二个 7 d 内,试验鱼死亡率超过 5%,舍弃整批鱼。

畸形或患病鱼不能作为受试鱼,应舍弃。试验期间及试验前两周不应对鱼做任何防治疾病处理。

如果试验中使用成年鱼,应报告受试鱼是雄性还是雌性或两者混用。如果试验中雄鱼和雌鱼混用时,两者的脂肪含量应没有显著性差异。雄鱼和雌鱼应一起喂养。

6.2 驯养用水

驯养用水一般来源于无污染、相同水质的天然水。受试鱼种在驯养用水中能够存活、成长和繁殖,并且在驯养期间不产生任何外观或行为异常。水的特性指标至少应包括 pH、硬度、颗粒物、总有机碳、铵及亚硝酸盐的含量、碱度和含盐量(仅对海水鱼类而言)。附录 A 推荐了淡水和海水的部分参数的最大浓度值。

7 试验程序

7.1 准备

7.1.1 试验容器

试验容器应使用化学惰性材料制成,对受试验物质没有明显的吸附。建议使用特氟龙材料、不锈钢或玻璃管,将塑料软管减少到最小量。对于有高吸附系数的物质,要求使用硅烷化玻璃。使用过的容器必须废弃。

7.1.2 试验用稀释水

稀释水来源和水质同驯养用水。

在整个试验期间,试验用水的质量应保持稳定不变,pH 值应保持 6.0～8.5,pH 值的变化幅度应保持±0.5 的范围。稀释水应定期取样分析,包括测定重金属(如 Cu,Pb,Zn,Hg,Cd,Ni)、主要的阴离子和阳离子(如 Ca^{2+},Mg^{2+},Na^{+},K^{+} Cl^{-} $SO_4{}^{2-}$、杀虫剂(如总有机磷和总有机氯农药)、总有机碳和悬浮物。

稀释水中的天然颗粒物最大可接受质量浓度为 5 mg/L(孔径 0.45 μm 滤膜的截留干物质),总有机碳最大可接受数值为 2 mg/L(见附录 A)。整个试验过程中,试验容器内其他来源的有机碳不应超过来自于受试物的有机碳。如使用助溶剂,不应超过 10 mg/L(±20%)。

7.1.3 受试物溶液的配制

配制适当浓度的受试物贮备液。

建议在稀释水中通过简单地混合或搅拌受试物来配制贮备液。应尽量不用或慎用助溶剂或分散剂。可以使用的助溶剂有乙醇、甲醇、乙二醇一甲基醚、乙二醇二甲醚、二甲基甲酰胺和三甘醇。可以使用的分散剂有 Cremophor RH40(乙氧基化氢化蓖麻油)、吐温 80(脱水山梨醇单油酸酯聚氧乙烯醚)、0.01%甲基纤维素和 HCO-40(乙氧基化氢化蓖麻油)。

每天至少更换试验槽 5 倍体积的水量。试验开始前 48 h 应检查贮备液和稀释水的流速,试验期间每天至少核查一次。检查每个试验槽的水流流速,以保证每个试验槽内或各个试验槽之间水流流速变化均不超过 20%。

7.2 试验操作

7.2.1 预备试验

优化试验条件,如受试物浓度的选择、吸收阶段和清除阶段持续时间。

7.2.2 试验设计

鱼类要暴露在受试物至少 2 个浓度的水溶液中。通常,较高(或最高)的浓度应为急性 LC_{50} 的 1%,同时该浓度应为水中受试物的分析方法检出限的 10 倍以上。最高测试浓度也可以通过 96 h LC_{50} 除以恰当的急慢性比率来估计。如果可能,也可以选择其他的浓度系列。如果受到 LC_{50} 的 1%和分析下限的限制而不能配制上述浓度时,可以采用小于 10 倍的浓度级差,或考虑使用 ^{14}C 标记的受试物。任何情况下不得采用大于受试物溶解度的浓度。

当试验中使用了助溶剂时,其体积浓度应小于 0.1 mL/L,而且在所有试验容器中的浓度应相同。应测定助溶剂的有机碳含量。

应设立稀释水对照组或助溶剂对照组。

7.2.3 暴露条件

7.2.3.1 吸收阶段的持续时间

吸收阶段持续时间的预测可以从实践经验或凭借一定的经验关系式获得,如利用受试物的水溶解性或辛醇-水的分配系数(见附录 C)。

吸收阶段的持续时间应持续 28 d,除非能证实试验可以较早达到平衡。如果 28 d 时还未达到稳定状态,应延长吸收阶段,进一步测定,直到达到稳定状态或 60 d。选时间较短的一种方法。

7.2.3.2 清除阶段的持续时间

清除阶段的时间一般为吸收阶段时间的一半(见附录 C 对估算的解释)。如果达到 95%清除量所需的时间过长,例如超过了样品吸收阶段的 2 倍时间(如超过 56 d),那么清除阶段的时间可以缩短(例如到受试物浓度小于稳定状态浓度的 10%为止)。

使用一次指数模型的化学物质,需要较长的清除时间以测定清除速率常数。清除阶段时间应取决于鱼体内受试物浓度测定的分析下限。

7.2.3.3 受试鱼的数量

各试验浓度所需受试鱼的尾数应保证每次取样测定,每次取样最少 4 尾鱼。如果要求的更大的统计样本,则需要更多鱼尾数。

试验时,应选择体重相近的受试鱼,最小的鱼体重不小于最大鱼体重的三分之二。所有的受试鱼应是相同鱼龄,相同来源。应准确记录受试鱼的质量和鱼龄。建议在试验前对受试鱼取样称重。

7.2.3.4 承载量

推荐使用的承载率为鱼重(湿重)0.1 g/(d·L)~1.0 g /(d·L)。如果受试物浓度波动能保持在±20%内,并且溶解氧浓度不低于 60%饱和值时,可以提高承载量。

在选择适当的承载量时,应考虑鱼种要求的正常生长环境。

7.2.3.5 喂养

在试验期内,使用驯养期间相同的饵料。每天投喂相当于鱼体重 1%~2%的饵料。建议在试验前对受试鱼取样称重。可根据最近取样的鱼体重来估算各试验槽中鱼的质量,不得称量在试验槽中的鱼的质量。

每天喂食之后的 30 min～60 min 以内，用虹吸清除试验槽中剩余的饵料和鱼类排泄物。在整个试验期间尽可能地保持试验槽干净，以保证有机物的浓度尽可能的低。

7.2.3.6 光照和温度

试验期间，光周期应为 12 h～16 h，温度应控制在受试鱼种最适宜温度的±2 ℃以内(见附录 B)。

7.2.4 水质测定的频率

试验时应测定所有试验容器中的溶解氧、TOC、pH 和温度，对照组和较高或最高试验浓度组应测定总硬度和盐度。在吸收阶段，至少应测定 3 次溶解氧，即试验开始时、吸收阶段中期和结束时。清除阶段每周 1 次。TOC 的测定应在投入受试鱼前(吸收阶段前 24 h～48 h)、吸收阶段和清除阶段至少每周 1 次。pH 应在各个阶段的开始和结束时测定。每个试验测定 1 次硬度。每日应测量温度，至少要连续监测一个试验容器中的温度。

7.2.5 受试鱼和水的取样及分析

7.2.5.1 受试鱼和水的取样计划

在加入受试鱼之前、吸收阶段和清除阶段，均应采集试验槽中的水样进行受试物浓度测定。水样采集频率应不小于鱼样采集频率，且应在投饵之前进行。

在吸收阶段至少采集鱼样 5 次；在清除阶段，至少 4 次。在有些情况下，仅这几个样品很难计算出一个足够精确的 BCF 值，因此在两个阶段中建议增加取样次数(参见附录 D)。

附录 D 给出一个取样计划表样例。用其他 P_{ow}的估算值去计算吸收 95%的暴露时间，也可得出相关的计划表。

在吸收阶段应连续取样测定，直到出现稳定态或 28 d 试验期(二者取其短)。如果 28 d 里尚未达到稳定态，应继续取样直到达到稳定态或达 60 d(二者取其短)。在清除阶段开始前，把试验鱼转入清水容器中。

7.2.5.2 取样和样品制备

按虹吸原理，使用惰性材料管从试验槽的中部区域采集水样供分析测定。应保持容器尽可能的干净，并在吸收和清除阶段检测总有机碳的含量。

每次取鱼样时，从试验槽取出适当数量的受试鱼(最少 4 尾)，快速用水冲洗受试鱼，吸干体表水分，用最人道的方法快速致死后称重。

鱼样和水样采集后应尽快测定，以避免降解或其他方面的损失，并近似计算吸收和清除速率。

不能即时测定样品时应用适当的方法保存样品。试验开始前应掌握保存特定受试物的方法、贮存时间和提取方法等。

7.2.5.3 分析方法

对于特定的受试物，需要检查分析方法的准确性和重现性，以及水和鱼体中该受试物的回收率。另外，稀释水中不得检出受试物。必要时，应校正试验中测得的 C_w 和 C_f 值。

7.2.5.4 鱼样测定

在试验中使用了放射性标记物质时，则能够测定放射标记物总量(包括母体和代谢物)，或者清洗样品后单独测定母体受试物，在稳定态或吸收阶段末(二者取其短)也可鉴定代谢主产物。如果根据放射性标记残余物总量得到的 BCF 值不小于 1 000，则有必要鉴别稳定态时鱼体组织中的受试物总残留的降解率是否不小于 10%，特别对于农药等特殊类别的受试化合物。如果鱼体组织中的受试物总残留的降解率不小于 10%，则需测定受试物在水中的降解。

通常应测定每尾鱼体内的受试物含量，如果这不可能做到，则每次取样后将相同试验浓度的受试鱼合并，但这将无法进行数理统计分析。如果确实需要进行数理统计，在试验设计时就需充分考虑样品量(受试鱼尾数)。

BCF 值可表达为试验鱼体总湿重的函数，对于高亲脂性物质，也可表达为鱼体脂肪含量的函数。如果可能，每次取样都测定鱼样的脂含量。推荐三氯甲烷/甲醇萃取法为标准方法。不同的测试方法得到的结果不会完全相同，所以应给出所用方法的详细步骤。如果可能，脂肪测定和受试物测定应使用相同的样品萃取物，因为受试物测定的色谱分析通常都要去除脂肪。试验结束时与开始时的试验鱼的脂肪含量（以 mg/kg 湿重表示）差值应不大于±25%，同时应报告鱼体组织干重，以了解脂肪含量从湿重转化为干重的比率。

8 质量保证与质量控制

有效的试验应满足以下的条件：

a) 温度变动小于±2 ℃；

b) 溶解氧浓度不小于 60%空气饱和值；

c) 控制受试物在试验照明条件下发生光转化作用，滤除波长小于 290 nm 的紫外辐射，避免试验鱼暴露于异常的光化产物；

d) 在吸收期，试验容器中的受试物浓度保持在测定平均值的±20%范围内；

e) 直至试验结束时，对照和试验组鱼的死亡率或其他不良影响或疾病小于 10%；当试验延长数周或数月时，两组中试验鱼死亡或其他不利影响每月应小于 5%，并且在整个过程中不大于 30%。

9 数据与报告

9.1 数据处理

将鱼体（或鱼体特定组织）的受试物浓度按时间绘制在坐标纸上形成曲线，如果曲线已经达到了一个稳定的状态，也就是说，对于时间轴已经变成了一条近似的渐近线，用式(1)计算稳定状态的生物富集系数（BCF_{ss}）：

$$BCF_{ss} = \frac{C_f}{C_w} \quad \cdots\cdots(1)$$

式中：

C_f——鱼体组织中受试物的平均浓度；

C_w——试验液中的受试物平均浓度。

当稳定状态没有达到时，也能够计算出 80%或 95%稳定态的 BCF_{ss}值。

动力学富集系数（BCF_K）也可用一次指数方程的吸收速率常数 K_1 和清除速率常数 K_2 的比率来确定。清除速率常数 K_2 通常通过清除曲线（即在图上描绘出的鱼体中受实物浓度对时间的曲线）来确定。吸收速率常数 K_1 则可根据给定的 K_2 值和来自于吸收曲线的 C_f 值计算获得，详见附录 E。求取 BCF_K 和 K_1、K_2 的更好方法是应用非线性参数估计方法软件，否则可用图表法计算 K_1、K_2 值。如果清除曲线明显不是一次指数方程，则应使用更复杂的方法（见附录 C）和生物统计学方法。

9.2 试验报告

试验报告必须包括以下资料：

a) 受试物：

——物理属性及相关的物理化学性质；

——化学性质数据，包括有机碳含量；

——如果使用放射性标记物质，标记原子的准确位置和有关放射性杂质的百分比。

b) 试验生物：

——学名、品系、来源、预处理、驯养、年龄和个体大小等。

c) 试验条件：

——所用试验程序；

——所用光源类型、特性及光照周期；

——试验设计，例如试验槽的大小和数量、换水频率、重复数、每个重复的试验鱼数、受试物浓度的个数、吸收期和清除期的持续时间、鱼和水的取样频率；
——制备试验储备液的方法和储备液更新的频率（当使用了溶剂时，其浓度、对试验液的有机碳含量贡献率）；
——设定的试验浓度、试验容器中测定的浓度平均值和其标准偏差、分析方法；
——稀释水来源、预处理描述、试验鱼在水中生活能力的表现和水质特性：pH、硬度、温度、溶解氧浓度、余氯水平（如果有测定）、总有机碳、悬浮颗粒物、试验介质的含盐量和任何其他测定结果；
——试验容器中的水质、pH、硬度、TOC、温度、溶解氧；
——喂食的详细信息，如饵料类型、来源、成分（至少包括脂肪和蛋白质含量）、投喂量和频率；
——鱼和水样的处理的信息，包括详细的准备、贮存、萃取、对受试物和脂肪含量的分析程序和精确度。

d) 结果：

——预备试验得到的结果；
——对照组和各暴露组的鱼的死亡率、观察到的鱼的异常行为；
——鱼的脂肪含量；
——曲线（包括所有测试数据），表明直到稳定态吸收和清除阶段鱼体中的受试物情况；
——对所有取样时间的 C_f 和 C_w 值（包括标准偏差和变化范围）、对照组 C_w 值以及本底值（C_f 用 mg/g 整个鱼体湿重或鱼体特殊组织如脂肪湿重或 mg/kg 表示，C_w 用mg/g或 mg/kg 表示）；
——稳定态生物富集系数（BCF_{ss}）和动力学富集系数（BCF_K），如有可能，95%置信限的吸收和清除速率常数（以相关的整鱼、鱼体总脂肪含量或其特殊组织表示），置信限和标准偏差，以及各受试物浓度的计算和数据分析方法；
——当使用放射性标记物质时，在需要的情况下，测得的任何代谢产物；
——试验中的任何异常情况、试验程序的调整及其他相关信息；
——其他说明事项。

e) 结果讨论：

——测定方法研究的预试验结果应尽可能避免出现类似“方法检测限下未检测到”的结果，因为这将无法用于计算速率常数。

附 录 A
（资料性附录）
合格稀释水的化学特性

合格稀释水的化学特性见表 A.1。

表 A.1 合格稀释水的化学特性

物 质	极限浓度
颗粒物质	5 mg/L
总有机碳	2 mg/L
游离氨	1 μg/L
余氯	10 μg/L
总有机磷农药	50 ng/L
总有机氯农药与多氯联苯	50 ng/L
总有机氯	25 ng/L
铝	1 μg/L
砷	1 μg/L
铬	1 μg/L
钴	1 μg/L
铜	1 μg/L
铁	1 μg/L
铅	1 μg/L
镍	1 μg/L
锌	1 μg/L
镉	100 ng/L
汞	100 ng/L
银	100 ng/L

附 录 B
（资料性附录）
推荐使用的试验鱼

B.1 推荐使用的试验鱼（表 B.1）

表 B.1 推荐使用的试验鱼

试验鱼	试验温度范围/℃	试验用鱼体长/cm
斑马鱼（*Brachydanio rerio*）	20～25	3.0±0.5
稀有鮈鲫（*Gobiocypris rarus*）	21～25	3.0±0.5
剑尾鱼（*Xiphoporus helleri*）	21～25	3.0±0.5
黑头软口鲦（*Pimephales promilas*）	20～25	5.0±2.0
鲤鱼（*Cyprinus carpio*）	20～25	5.0±3.0
青鳉（*Oryzias latipes*）	20～25	4.0±1.0
孔雀鱼（*Poecilia reticulata*）	20～25	3.0±1.0
蓝鳃太阳鱼（*Lipomis macrochirus*）	20～25	5.0±2.0
彩虹大马哈鱼（*Oncorhynchus mykiss*）	13～17	8.0±4.0
三刺鱼（*Gasterosteus aculeatus*）	18～20	3.0±1.0

上表所列淡水鱼易饲养且常年都可采集得到，然而海水鱼种和河口鱼种可能难于采集。在控制疾病或寄生菌的条件下，它们也可以在养鱼场或实验室中饲养和繁殖，这样就能保证试验鱼的健康和知其来源。

附 录 C
（资料性附录）
吸收阶段和清除阶段持续时间的预测

C.1 吸收阶段持续时间的预测

在试验开始前，估算 K_2 值。根据 K_2 和 P_{ow} 或水溶解度（S）的经验关系式估计达到一定百分比稳定态的时间。

例如从经验关系式（C.1）中可以得到 K_2 的估算值：

$$\lg K_2 = -0.414\lg P_{ow} + 1.47 \quad (r^2 = 0.95) \qquad \text{(C.1)}$$

如果分配系数 P_{ow} 未知，可用受试物水溶性估算 P_{ow} 的值，见式（C.2）：

$$\lg P_{ow} = 0.862\lg S + 0.710 \quad (r^2 = 0.994) \qquad \text{(C.2)}$$

式中：

S——水溶解度，单位为摩尔每升（mol/L）（$n=36$）。

这些关系式仅适用于 $\lg P_{ow}$ 值在 2～6.5 之间的化学品。

到达一定百分比稳定态的时间，可用 K_2 值根据描述吸收和清除的一次指数方程来估算，见式（C.3）：

$$\frac{dC_f}{dt} = K_1 \cdot C_w - K_2 \cdot C_f \qquad \text{(C.3)}$$

当 C_w 是常数时，

$$C_f = \frac{K_1}{K_2} \cdot C_w(1 - e^{-K_2 t})$$

当接近稳定态时（t→∞），式（C.3）简化为：

$$C_f = \frac{K_1}{K_2} \cdot C_w$$

或

$$\frac{C_f}{C_w} = \frac{K_1}{K_2} = \text{BCF}$$

那么 $\frac{K_1}{K_2} \cdot C_w$ 就是稳定态鱼体中受试物浓度的近似值（$C_{f,s}$）。

式（C.3）可改写为：

$$C_f = C_{f,s} \cdot (1 - e^{-K_2 t}) \qquad \text{(C.4)}$$

或

$$\frac{C_f}{C_{f,s}} = 1 - e^{-K_2 t}$$

当 K_2 用式（C.1）或式（C.2）估算出后，应用式（C.4）就可估计达到一定百分比稳定态的时间。

作为一个准则，为得到统计上可接受数据（BCF_K），统计上最合适的吸收阶段的时间，是指在鱼体中受试物浓度的对数对线性时间轴绘制曲线，达到稳定态的中点或 $1.6/K_2$（即 80%稳定态）、但小于 $3.0/K_2$（即 95%稳定态）。

根据式（C.4），达到 80%稳定态的时间为：

$$0.80 = 1 - e^{-K_2 t_{80}} \qquad \text{(C.5)}$$

或

$$t_{80} = \frac{1.6}{K_2}$$

同样，达到 95%稳定态的时间为：

$$t_{95}=\frac{3.0}{K_2} \qquad (C.6)$$

示例：

受试物 $\lg P_{ow}=4$ 的吸收阶段的持续时间可用式(C.1)、式(C.5)和式(C.6)来计算：

$$\lg K_2=-0.414\times4+1.47$$

$K_2=0.652\ \mathrm{d}^{-1}$

80%稳定态时间＝1.6÷0.652，即 2.45 d(59 h)

或

95%稳定态时间＝3.0÷0.652，即 4.60 d(110 h)

类似地，受试物溶解度 $S=10^{-5}$ mol/L(即 $\lg S=-5.0$)的吸收阶段持续时间可用式(C.1)、式(C.2)、式(C.5)和式(C.6)计算：

$\lg(P_{ow})=-0.862\times(-5)+0.710=5.02$

$\lg K_2=-0.414\times5.02+1.47$

$K_2=0.246\ \mathrm{d}^{-1}$

80%稳定态时间＝1.6÷0.246，即 6.5d(156 h)

或

95%稳定态时间＝3.0÷0.246，即 12.2 d(293 h)

或者用 $t_{eq}=6.54\times10^{-3}P_{ow}+55.31$(h)来计算达到充分稳定态的时间。

C.2 清除阶段持续时间的预测

试验鱼体内受试物起始浓度下降一定百分比所需要的时间可通过描述吸收和清除的一阶指数方程来预测。

对于清除阶段，C_w 假设为零，则方程式变为式(C.7)：

$$\frac{dC_f}{dt}=-K_2\cdot C_f \qquad (C.7)$$

或：

$$C_f=C_{f,0}\cdot e^{-K_2t}$$

式中：

$C_{f,0}$——起初阶段的起始浓度。

达到 50%清除率所需要的时间(t_{50})，见式(C.8)：

$$\frac{C_f}{C_{f,0}}=\frac{1}{2}=e^{-K_2t_{50}}$$

或：

$$t_{50}=\frac{0.693}{K_2} \qquad (C.8)$$

同样，达到 95%清除率的时间(t_{95})，见式(C.9)：

$$t_{95}=\frac{3.0}{K_2} \qquad (C.9)$$

假设在吸收阶段吸收了 80%($1.6/K_2$)，在清除阶段要清除 95%($3.0/K_2$)，那么清除阶段持续时间约为吸收阶段的两倍。

这些估算均以吸收和清除模式都遵循一次指数方程为假定条件。如果明显没有遵从一次指数方程，则应该采用更复杂的模型。

附 录 D
（资料性附录）
$\lg P_{ow}$为 4 的受试物的生物浓度试验取样的理论样例

$\lg P_{ow}$为 4 的受试物的生物浓度试验取样的理论样例见表 D.1。

表 D.1 $\lg P_{ow}$为 4 的受试物的生物浓度试验取样的理论样例

试验鱼取样	取样时间		水样数	每次鱼样的尾数
	要求最低的频率/d	额外取样/d		
吸收阶段	−1		2[a]	加入 45～80 尾鱼
	0		2	
第一次	0.3		2	4
		0.4	(2)	(4)
第二次	0.6		2	4
		0.9	(2)	(4)
第三次	1.2		2	4
		1.7	(2)	(4)
第四次	2.4		2	4
		3.3	(2)	(4)
第五次	4.7		2	6
清除阶段				把鱼转至清水中
	5.0			4
第六次		5.3		(4)
	5.9			4
第七次		7.0		(4)
	9.3			4
第八次		11.2		(4)
	14.0			6
第九次		17.5		(4)

注：对于 $\lg P_{ow}$为 4.0 的受试物 K_2 的试验前估算为 0.625 d^{-1}。那么试验总时间为 3×吸收阶段＝3×4.6 d，即 14 d。具体计算见附录 C。

[a] 最少替换 3 个试验槽体积的水之后采水样。

如果有额外取样，括号中的数是鱼或水的样品数。

附 录 E
（资料性附录）
生物富集系数指数模型的计算

E.1 模式识别

大多数生物富集过程可用简单的二次/二参数模型来描述，在清除阶段，将鱼体内受试物浓度描绘在半对数纸上，可得到一条直线（若清除过程的图形不是直线，则应使用更复杂的模型）。

E.2 图解法计算清除速率常数 $\boldsymbol{K_2}$

在半对数纸上绘出时间对鱼体中受试物浓度的曲线，该线的斜率即为 K_2。

$$K_2 = \frac{\ln(C_{f1}/C_{f2})}{t_2 - t_1}$$

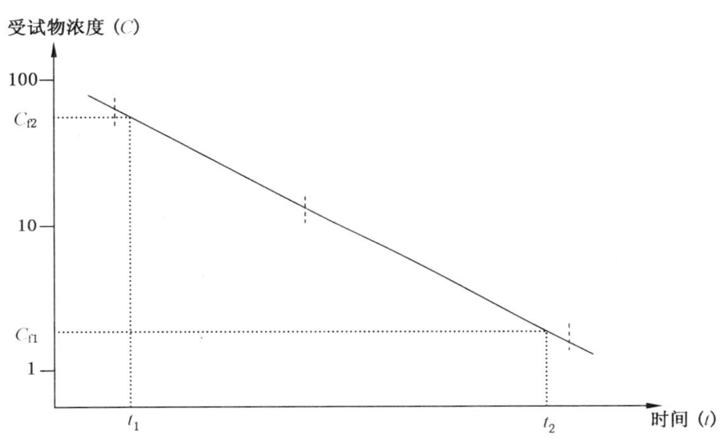

图 E.1 计算清除速率常数 $\boldsymbol{K_2}$ 图解

值得指出的是，回归直线如果有较大的偏差意味着该化学品可能有比一次指数方程更复杂的降解模型。图解法可直观地判断降解是否属于一次指数方程类型。

E.3 图解法计算吸收速率常数 $\boldsymbol{K_1}$

给定 K_1，可用式（E.1）计算 K_1：

$$K_1 = \frac{C_f K_2}{C_w \times (1 - e^{-K_2 t})} \qquad \text{（E.1）}$$

C_f值可平滑吸收曲线的中点读取，此曲线用鱼体中受试物浓度的对数值对时间绘制。

E.4 吸收和清除速率常数的计算机模型

求取生物富集系数、速度常数 K_1 和 K_2 的最佳方法是用计算机来进行非线性参数估算，在给定一组连续时间的浓度数据下，程序可以求出 K_1 和 K_2 值，数学模型为：

$$C_f = C_w \cdot \frac{K_1}{K_2} \times (1 - e^{-K_2 t}) \quad \text{当 } 0 < t < t_c \text{ 时} \qquad \text{（E.2）}$$

$$C_f = C_w \cdot \frac{K_1}{K_2} \times [e^{-K_2(t-t_c)} - e^{-K_2 t}] \quad 当\ t > t_c\ 时 \qquad \cdots\cdots\cdots\cdots(E.3)$$

式中：

t_c——吸收阶段结束的时间。

用此模型可得出 K_1 和 K_2 标准差估计值。

在大多数情况下，K_2 可以比较精确地从清除曲线进行估算，并且如果同时估算 K_1 和 K_2 两个参数的话，它们之间存在着显著的相关性，因此建议首先从清除曲线仅估算 K_2 值，然后再用非线性回归方法从吸收曲线估算 K_1 值。

参考文献

[1] OECD, Paris (1993). OECD Guidelines for testing of chemicals.

[2] CEC, Bioaccumulation of chemical substances in fish: the flow-through method - Ring Test Programme, 1984-1985 Final report, March 1987. Authors: P. Kristensen and N. Nyholm.

[3] OECD, Paris (1996). Direct Phototransformation of chemicals in water. Environmental Health and Safety Guidance Document Series on Testing and Assessment of Chemicals No. 3.

[4] Connell D. W. (1988). Bioaccumulation behaviour of persistent chemicals with aquatic organisms. Rev. Environ. Contam. Toxicol. Vol. 102, pp. 117-156.

[5] Bintein S., Devillers J. and Karcher W. (1993). Nonlinear dependance of fish bioconcentration on n-octanol/water partition coefficient. SAR and QSAR in Environmental Research 1: 29-390, 1993.

[6] Kristensen P. (1991). Bioconcentration in fish: comparison of bioconcentration factors derived from OECD and ASTM testing methods; influence of particulate organic matter to the bioavailability of chemicals. Water Quality Institute, Denmark.

[7] US EPA 822-R-94-002 (1994). Great Lake Water Quality Initiative Technical Support Document for the Procedure to Determine Bioaccumulation Factors.

[8] US Food and Drug Administration. Revision. Pesticide analytical manual. Vol. 1. 5600 Fisher's Lane, Rockville, MD 20852, July 1975.

[9] US EPA (1974). Section 5, A(1) Analysis of Human or Animal Adipose Tissue, in Analysis of Pesticide Residues in Human and Environmental Samples, Thompson J. F. (ed), Research Triangle Park, N. C; 27711.

[10] Compaan H. (1980) in The determination of the possible effects of chemicals and wastes on the aquatic environment: degradation, toxicity, bioaccumulation. Ch. 2. 3 in Part Ⅱ. Government Publishing Office, The Hague, The Netherlands.

[11] Gardner et al., (1995). Limnol. & Oceanogr., 30: 1099-1105.

[12] Randall R. C., Lee H., Ozretich R. J., Lake J. L. and Pruell R. J. (1991). Evaluation of selected lipid methods for normalizing pollutant bioaccumulation. Environ. Toxicol. Chem. Vol. 10, pp. 1431-1436.

[13] ASTM E-1022-84 (Reapproved 1988). Standard Practice for conducting Bioconcentration Tests with Fishes and Saltwater Bivalve Molluscs.

ICS 13.300;13.020.40
A 80

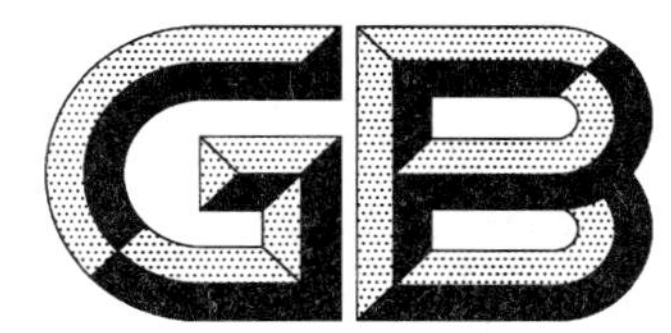

中华人民共和国国家标准

GB/T 21801—2008

化学品　快速生物降解性
呼吸计量法试验

Chemicals—Ready biodegradability—Manometric respirometry test

2008-05-12 发布　　2008-09-01 实施

中华人民共和国国家质量监督检验检疫总局
中国国家标准化管理委员会　发布

前　　言

本标准等同采用经济合作与发展组织(OECD)化学品测试导则 No. 301F (1992 年)《快速生物降解性:呼吸计量法试验》(英文版)。

本标准做了下列编辑性修改:

——将计量单位改为我国法定计量单位。

本标准的附录 A、附录 B、附录 C、附录 D 和附录 E 为资料性附录。

本标准由全国危险化学品管理标准化技术委员会(SAC/TC 251)提出并归口。

本标准负责起草单位:环境保护部化学品登记中心。

本标准参加起草单位:上海市检测中心、上海市环境科学研究院、环境保护部南京环境科学研究所。

本标准主要起草人:聂晶磊、刘纯新、渠开山、陈晓倩、殷浩文、沈根祥、刘济宁。

化学品　快速生物降解性
呼吸计量法试验

1　范围

本标准规定了化学品快速生物降解性呼吸计量法试验的方法概述、试验准备、试验程序、质量保证与质量控制、数据与报告。

本标准适用于测试与评价化学有机物的快速生物降解性。

2　术语和定义

下列定义和术语适用于本标准

2.1

快速生物降解性　ready biodegradability

受试物在限定时间内与接种物接触表现出的生物降解能力。

2.2

初级生物降解　primary biodegradation

受试物在生物作用下化学结构发生变化致使特性丧失的过程。

2.3

溶解性有机碳　dissolved organic carbon,DOC

溶液中有机碳的含量,通常指通过 0.45 μm 滤膜过滤后液体中的有机碳含量,或经 4 000 r/min 转速离心 15 min 后上清液中的有机碳含量。

2.4

生化需氧量　biochemical oxygen demand,BOD

微生物分解有机物所消耗氧的量,可表示为每毫克受试物消耗的氧气毫克数(mg/mg)。

2.5

化学需氧量　chemical oxygen demand,COD

在强酸并加热条件下,一定量的重铬酸盐氧化水样中还原性物质所消耗氧化剂的量,可表示为每毫克受试物消耗的氧毫克数(mg/mg)。

2.6

理论需氧量　theoretical oxygen demand,ThOD

根据分子式计算得到的受试物完全被氧化需要的氧的总量,可表示为每毫克受试物消耗的氧气毫克数(mg/mg)。

2.7

停滞期　lag phase

试验开始到降解率达到 10%的时期。

2.8

十天观察期　10-d window

生物降解率达到 10%之后的 10 d 试验时间。

2.9

降解期　degradation phase

停滞期结束到降解率达到最大降解率的 90%的时期。

3 受试物信息

a） 分子式；
b） 水中溶解度；
c） 蒸气压；
d） 结构式；
e） 纯度；
f） 主要成分组成比例；
g） 吸附性；
h） 微生物毒性。

4 方法概述

4.1 原理

向一定体积并已接种的无机物培养基中加入适量受试物(100 mg/L 受试物至少预留 50 mg/L～100 mg/L 的理论需氧量)作为唯一的有机碳源，密闭烧瓶后在恒温下(变化小于±1℃)连续搅拌 28 d。通过测定为维持呼吸烧瓶内气压而电解产生氧气的量，或者用仪器测定瓶内气体体积或压力(或二者)的变化，可得到耗氧量。释放的二氧化碳用氢氧化钾溶液或其他适当的吸收剂吸收。在受试物生物降解的过程中(用平行试验中的空白接种物的摄入来校正)，微生物种群吸收氧的量以 ThOD 的百分率来表示，或用效果略差的 COD 来表示。另外，通过化学分析测定试验开始和结束时受试物浓度，可以确定受试物的初级生物降解性。通过 DOC 分析，可以确定受试物的最终生物降解率。

4.2 参比物

本标准推荐苯胺(新蒸馏)、醋酸钠或苯甲酸钠作为参比物。若使用其他参比物，试验报告中应加以说明。

5 试验准备

5.1 设备

a） 呼吸计；
b） 温度控制器(±1℃)；
c） 膜过滤器；
d） 碳分析仪。

5.2 接种物

5.2.1 接种物选择

接种物可以有多种来源：活性污泥、污水、地表水和土壤，或以上几种的混合物。

5.2.2 活性污泥接种物

活性污泥采自污水处理厂或主要处理生活污水的中试规模的处理装置曝气池中的新鲜样品，并保持有氧状态。在通过细过滤网去除粗糙的颗粒后，沉淀或离心分离(如：1 100 g，离心 10 min)将浮在表面上的杂质除去。污泥可用试验培养基进行清洗，使活性污泥在试验培养基中质量浓度为 3 g/L～5 g/L，保持有氧培养直至使用。

当污泥中可能含有抑制剂时，应清洗。将污泥与试验培养基充分混合后沉淀或离心分离后再悬浮，去掉悬浮物，再用试验培养基悬浮洗过的污泥。重复这一操作直到污泥中认为不含酶和抑制剂。试验前从悬浮污泥中抽取一份样品，确定活性污泥的干重。

也可用匀浆器以中等速度将活性污泥搅拌 2 min，使其均质化(3 g/L～5 g/L)，沉淀 30 min 或更长(如有需要)，与试验培养基按大约 10 mL/L 的比率，轻轻倒出液体作为接种物。

5.2.3 其他来源的接种物

接种物也可采自污水处理厂或主要处理生活污水的中试装置的二级出水。采集一个新鲜样品并在运输中保持有氧状态。样品沉淀 1 h 或用粗滤纸过滤后，保持上清液或滤出液在有氧状态直至使用。每升培养基可添加 100 mL 该接种物。

接种物的另一个来源是地表水。收集一份地表水样品，如河水、湖水并保持有氧状态直至使用。如有必要，可通过过滤器或离心将接种物浓缩。

5.2.4 接种物的预处理

接种物可在试验条件下预处理，但不是对受试物的预驯化。预处理包括在试验培养基(不添加受试物)中对活性污泥或在试验温度下对二级出水曝气培养 5 d～7 d。

5.3 试验用水

为避免较高空白值，应使用去除毒性物质（如 Cu^{2+}）的高纯度去离子水或蒸馏水，确保有机碳含量小于或等于受试物浓度的 10%，对于每组系列试验使用同一批水。

5.4 培养基

5.4.1 培养基贮备液

用分析纯试剂配制下列贮备液：

a) 磷酸缓冲液：称取 8.50 g 磷酸二氢钾(KH_2PO_4)、21.75 g 磷酸氢二钾(K_2HPO_4)、33.40 g 二水合磷酸氢二钠($Na_2HPO_4 \cdot 2H_2O$)和 0.5 g 氯化铵(NH_4Cl)，用水溶解，定容至 1 L，pH 为 7.4。

b) 氯化钙溶液：称取 27.50 g 无水氯化钙($CaCl_2$)或 36.40 g 二水合氯化钙($CaCl_2 \cdot 2H_2O$)，用水溶解，定容至 1 L。

c) 硫酸镁溶液：称取 22.50 g 七水合硫酸镁($MgSO_4 \cdot 7H_2O$)，用水溶解，定容至 1 L。

d) 氯化铁溶液：称取 0.25 g 六水合氯化铁($FeCl_3 \cdot 6H_2O$)，用水溶解，定容至 1 L。加入 0.05 mL浓盐酸或 0.4 g/L EDTA 二钠盐缓冲溶液保存。

上述贮备液中如果出现沉淀，则需重新配制。

5.4.2 试验培养基的制备

将 10 mL 磷酸缓冲液加 800 mL 蒸馏水，再加氯化钙溶液、硫酸镁溶液和氯化铁溶液各 1 mL，加蒸馏水定容至 1 L。

6 试验程序

6.1 组别设计

a) 通常，试验中需要设置下列组别：

——含受试物和接种物的试验组(两个烧瓶平行)；

——仅含接种物的接种物空白对照组(两个烧瓶平行)；

——含参比物和接种物的程序对照组。

b) 必要时：

——含受试物和消毒剂的无菌消毒对照组；

——含受试物、接种物和消毒剂的吸附对照组；

——含受试物、参比物和接种物的毒性对照组(见附录 A)。

6.2 受试物贮备液

受试物或参比物的水中溶解度若超过 1 g/L，则称取 1 g～10 g，用试验用水溶解并定容至 1 L。否则，将受试物直接加入试验培养基中，确保受试物溶液均质化。

6.3 烧瓶的准备

在试验培养基中用贮备液分别配制受试物和参比物溶液，一般浓度为 100 mg/L 受试物(50 mg/L～

100 mg/LThOD)。应按形成铵盐的方法计算 ThOD,但如果有硝化作用发生时,应根据硝酸盐的形成来计算(见附录 C)。确定 pH 值,必要时调整到 7.4±0.2。

试验组和空白对照组至少设两个平行。如果受试物具有毒性,则增加毒性对照组,同时加入受试物和参比物,浓度与前相同。如果需测定非生物降解,则增加非生物消毒对照组,通常浓度为 100 mg/LThOD。

如果受试物是难溶解物质,根据重量或体积或如附录 B 中所述方式在此阶段直接加入受试物。向二氧化碳吸收单元,加入氢氧化钾、碱石灰或其他吸收剂。

6.4 试验操作

烧瓶达到适合的温度,加入适量的接种物,悬浮固体浓度不大于 30 mg/L。密闭烧瓶,开启搅拌器,检查气密性,开始测定氧吸收的量。在试验中,定期读取足够的数据,易于十天观察期的识别。每日检查试验系统,保证温度正确和搅拌充分。

在试验结束时,一般是 28 d,测定烧瓶内溶液的 pH。如果是含氮化学品,氧吸收量低于或高于按形成铵盐的方法计算的 ThOD,必须测定。

需要时,在试验开始和结束时从呼吸烧瓶中采样测定 DOC 或做特定化学物质分析(见附录 C)。在试验开始时采样后应确保留在烧瓶中的受试悬浮液的体积是已知的。当含氮受试物吸收氧时,28 d 后应测定亚硝酸盐和硝酸盐浓度增加量,以计算硝化作用的氧消耗(见附录 D)。

7 质量保证与质量控制

a) 在稳定期、试验结束时或十天观察期结束时,平行试验间的降解率最大差别应低于 20%;

b) 试验进行到第 14 天时,参比物程序对照的降解率以 DOC 计不低于 70%、以 ThOD 计不低于 60%;

c) 接种物空白对照组的氧消耗量通常在 20 mg/L~30 mg/L(以 O_2 计);28 d 试验期间,氧消耗不大于 60 mg/L(以 O_2 计)。若氧消耗量大于 60 mg/L,应复查;

d) 若 pH 值超出 6~8.5 范围,且受试物氧消耗量小于 60%,应设置较低的受试物浓度,重新试验。

8 数据与报告

8.1 数据处理

首先用受试物氧吸收量除以受试物重量并经接种空白对照校正来计算各时段的每毫克受试物的氧消耗量(BOD)(mg/mg),见式(1):

$$\mathrm{BOD} = \frac{a - b_m}{C_0 V} \qquad \cdots\cdots(1)$$

式中:

a——受试物氧消耗量,单位为毫克(mg);

b_m——空白对照试验氧消耗量平均值,单位为毫克(mg);

C_0——介质中的起始浓度,单位为毫克每升(mg/L);

V——进行试验的反应液体积,单位为升(L)。

生物降解百分率可从式(2)或式(3)中获得:

$$D = \frac{\mathrm{BOD}}{\mathrm{ThOD}} \times 100 \qquad \cdots\cdots(2)$$

$$D = \frac{\mathrm{BOD}}{\mathrm{COD}} \times 100 \qquad \cdots\cdots(3)$$

式中:

D——生物降解率,%。

ThOD 和 COD 的计算和确定见附录 C。

注意这两种方法可能得到不同的降解率，本标准推荐使用前者。

当测定特定受试物或 DOC 时，降解百分率计算见式(4)：

$$D_t = \left[1 - \frac{C_t - C_{bl(t)}}{C_0 - C_{bl(0)}}\right] \times 100 \quad \cdots\cdots(4)$$

式中：

D_t——t 时刻的降解百分率，%；

C_0——含受试物和接种物的试验组的初始 DOC 浓度，单位为毫克每升(mg/L)；

C_t——含受试物和接种物的试验组 t 时刻的 DOC 浓度，单位为毫克每升(mg/L)；

$C_{bl(0)}$——空白对照组的初始 DOC 浓度，单位为毫克每升(mg/L)；

$C_{bl(t)}$——t 时刻空白对照组的 DOC 浓度，单位为毫克每升(mg/L)。

所有浓度在试验中测定得到。

当受试物含氮时，根据已知或估计出现的硝化作用选择使用适当的 ThOD(NH_4 或 NO_3)。如果硝化作用不完全，可根据 28 d 试验期的硝酸根和亚硝酸根浓度校正硝化作用的氧消耗(见附录 D)。

8.2 结果报告

试验报告应包括以下内容：

a) 受试物：

——分子式等基本信息；

——物理属性，及基本理化性质；

——鉴定信息；

——样品保存条件等。

b) 试验条件：

——接种物：状态和取样地点，浓度和预处理方式；

——污水中工业废水的比例和状况(若已知)；

——试验周期与温度；

——受试物溶液/悬浮液制备方法；

——程序改变的原因及解释说明。

c) 结果：

——将数据填入“数据表”(见附录 E)；

——任何观察到的抑制现象；

——任何观察到的非生物降解；

——特定化学物质分析数据(若适用)；

——受试物降解产物的分析数据(若适用)；

——受试物及参比物的降解曲线，包括停滞期、降解期和十天观察期；

——稳定期、试验结束时和(或)十天观察期结束时的降解率。

d) 结果讨论。

附　录　A
（资料性附录）
受试物对接种物生长抑制作用的处理

若同时含有受试物和参比物的毒性对照组 14 d 内以 DOC 计降解率低于 35%，则可认为受试物对接种物有抑制作用，试验时应设置较低的受试物浓度，和（或）较高浓度的接种物（但不大于 30 mg/L）。

当快速生物降解试验中受试物表现为无生物降解性时，为判别是源于受试物对接种物的抑制作用还是因为受试物的惰性，推荐采用以下措施：

微生物毒性试验和生物降解试验采用类似或相同的接种物；

微生物毒性试验可以单独或联合采用以下方法：活性污泥呼吸抑制试验、BOD 和（或）微生物生长抑制试验；

生物降解性试验中，为避免受试物抑制接种物的活性，建议受试物浓度设置为 EC_{50} 的 1/10（或低于 EC_{20}）。若受试物对接种物的 $EC_{50}>300$ mg/L 时，可判定受试物对接种物无抑制影响；

当受试物对接种物的 $EC_{50}<20$ mg/L 时，应设置较低的受试物浓度。推荐采用密闭瓶法试验或使用 ^{14}C 标记材料评价生物降解性；若采用经受试物驯化的接种物，试验时可设置较高的受试物浓度，但试验结果不能用于评价快速生物降解性。

附　录　B
（资料性附录）
难溶性受试物的处理

对于难溶于水的受试物的生物降解性试验，应特别注意以下问题：

鉴于均质的液体很少有采样问题，因此应采用适当的方法使固体物质均质化，避免非均质造成的误差。当需要从混合物或含大量杂质的受试物中采集几毫克的代表样品时，尤其应特别小心；

试验过程中可采用多种搅拌方式，要注意搅拌到足以使受试物分散、但又不致于出现过热、泡沫过多或过强的分散力；

可使用乳化剂使受试物呈稳定的分散状态，但乳化剂在试验条件下应对接种物无毒、不降解，也不起泡；

对溶剂的要求同乳化剂；

对于固体受试物，乳化剂不得属于固体载运剂，但油性受试物可以使用载运剂；

当使用辅助物质如乳化剂、溶剂和载运剂时，应设置辅助物质空白对照。

附 录 C
（资料性附录）
相应参数的计算和确定

C.1 含碳量

含碳量可以从已知的元素组成中计算，或从受试物的元素分析中得出。

C.2 理论耗氧量（ThOD）

当元素组成确定或已知时，理论耗氧量可以计算得出。对于化合物 $C_cH_hCl_{cl}N_NNa_{na}O_oP_pS_s$，当无硝化作用时，其理论需氧量见式(C.1)：

$$ThOD_{NH_4}=\frac{16\left[2c+\frac{1}{2}(h-cl-3n)+3s+\frac{5}{2}p+\frac{1}{2}na-o\right]}{MW} \qquad \cdots\cdots\cdots\cdots(C.1)$$

当有硝化作用时，其理论需氧量见式(C.2)：

$$ThOD_{NO_3}=\frac{16\left[2c+\frac{1}{2}(h-cl)+\frac{5}{2}n+3s+\frac{5}{2}p+\frac{1}{2}na-o\right]}{MW} \qquad \cdots\cdots\cdots\cdots(C.2)$$

式(C.1)和式(C.2)中：

ThOD——理论需氧量，以每毫克化学品消耗的氧气量表示(mg/mg)；

c——化合物分子中碳原子个数；

h——化合物分子中氢原子个数；

cl——化合物分子中氯原子个数；

n——化合物分子中氮原子个数；

s——化合物分子中硫原子个数；

p——化合物分子中磷原子个数；

na——化合物分子中钠原子个数；

MW——化合物相对分子质量。

C.3 化学需氧量（COD）

水中可溶性有机物的化学需氧量可用现有方法进行测定。

化学需氧量通常最好用其他方法来测定，即有压力平衡装置的密闭系统 Kelkenberg 法，特别是对于难溶物质的试验，用该方法可以测定常规方法很难测定的化合物。然而，对于像嘧啶那样的物质，该方法会失败。若重铬酸钾的浓度从 0.002 6 mol/L 增至 0.041 6 mol/L，就可容易地测定 5 mg～10 mg 直接称量加入的物质，这将满足难溶于水物质的化学需氧量测定。

C.4 溶解性有机碳（DOC）

从试验容器中取出样品后立即用适当的过滤器和滤膜过滤，舍去最初的滤出液 20 mL（当使用小过滤器时，此量可相应减少），保留 10 mL～20 mL（取决于碳分析需要的体积）供碳分析，用有机碳分析仪测定 DOC 浓度。有机碳分析仪能够精确测量相当于或低于在试验所用的起始 DOC 浓度的 10%的量。

在同一工作日内不能测定滤液样品时，可在冰箱中 4℃下保存样品，但保存时间不得超过 48 h，在

—18℃可保存时间更长一些。

注1：滤膜表面通常涂有亲水性涂层物质，这样，过滤器就可能含有溶解性有机碳，影响生物降解性的测定。将过滤器放入去离子水中煮沸3次、每次1 h，可去除涂层物质和溶解性有机物，其后过滤器可在去离子水中保存一星期。如果使用一次性的过滤器，则每批都应检查确保其不释放出溶解性有机碳。同时确保受试物不被过滤器吸附。

注2：在离心力4 000 g(约为40 000 m/s^2)下离心15 min可代替过滤，由于不是全部的细菌都能去除，或者细菌体的部分有机碳会再溶解，该方法不适用于分析DOC初始浓度低于10 mg/L的样品。

附 录 D
（资料性附录）
硝化作用氧消耗的校正

在呼吸计量法中，铵氧化过程消耗的氧将显著影响试验氧消耗的测定。

用氧消耗法对不含氮受试物进行生物降解性试验时，即使试验和对照瓶中介质含的铵氮随机发生氧化，不考虑硝化作用的结果误差也很小（≤5%）；但对于含氮受试物，如果不校正铵氧化为硝酸根和亚硝酸根所消耗的氧，试验结果将严重失真。当发生完全的硝化作用或铵转化硝酸根时，氧化过程见式（D.1）：

$$NH_4^{+} + 2O_2 \rightarrow NO_3^{-} + 2H^{+} + H_2O \qquad (D.1)$$

氧化 14 g 氮成为硝酸根将消耗 64 g 氧，亦即生成硝酸根消耗的氧是硝态氮增加量乘以 4.57。如果发生不完全硝化作用，氧化过程见式（D.2）（D.3）：

$$NH_4^{+} + 3/2O_2 \rightarrow NO_3^{-} + 2H^{+} + H_2O \qquad (D.2)$$

$$NO_2^{-} + 1/2O_2 \rightarrow NO_3^{-} \qquad (D.3)$$

氧化 14 g 氮成为亚硝酸根将消耗 48 g 氧，即换算系数为 3.43。

根据存在的微生物菌种的不同，上述两个反应是连续的平衡反应，即亚硝酸根含量可能增加也可能减少，而在后一情形，则生成等摩尔的硝酸根。这样，生成硝酸根的耗氧量是硝态氮含量增加量乘以 4.57，而生成亚硝酸根的耗氧量是亚硝态氮含量增加量乘以 3.43。

如果仅测定了被氧化的总氮，其耗氧量最好计为氧化态氮增加量乘以 4.57。

生物降解率则计算为经校正后的碳氧化耗氧量除以无消耗作用的理论耗氧量（$ThOD_{NH_3}$ 的计算见附录 C）。

E.9 非生物降解(可选)

见式(E.2)和式(E.3)。

$$BOD = \frac{a}{C_0 V} \qquad \cdots\cdots (E.2)$$

$$D = \frac{a}{C_0 V \times ThOD} \times 100 \qquad \cdots\cdots (E.3)$$

式中：

a——试验结束时在消毒对照瓶中的氧消耗量，单位为毫克(mg)。

ICS 13.300;13.020.40
A 80

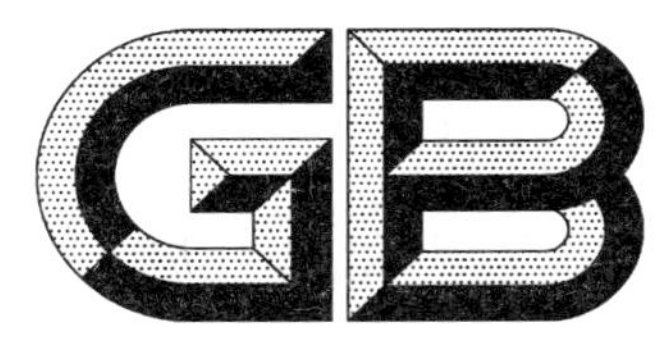

中华人民共和国国家标准

GB/T 21802—2008

化学品　快速生物降解性 改进的 MITI 试验(Ⅰ)

Chemicals—Ready biodegradability—Modified MITI test(Ⅰ)

2008-05-12 发布　　2008-09-01 实施

中华人民共和国国家质量监督检验检疫总局
中国国家标准化管理委员会　发布

前　言

本标准等同采用经济合作与发展组织(OECD)化学品测试导则 No. 301C(1992 年)《改进的 MITI(Ⅰ)试验》(英文版)。

本标准做了下列编辑性修改：

——将计量单位改为我国法定计量单位。

本标准的附录 A、附录 B 和附录 C 为资料性附录。

本标准由全国危险化学品管理标准化技术委员会(SAC/TC 251)提出并归口。

本标准负责起草单位：环境保护部化学品登记中心。

本标准参加起草单位：环境保护部南京环境科学研究所、上海市检测中心、沈阳化工研究院安全评价中心。

本标准主要起草人：杨力、刘纯新、高映新、单正军、刘济宁、陈晓倩、丁琦。

化学品　快速生物降解性
改进的MITI试验(Ⅰ)

1　范围

本标准规定了化学品快速生物降解性改进的MITI试验(Ⅰ)的方法概述、试验准备、试验程序、质量保证与质量控制、数据与报告。

本标准适用于可溶于水的或难溶于水的、吸附性、易挥发或非挥发性化学品的快速生物降解性。

2　术语和定义

下列术语和定义适用于本标准。

2.1

快速生物降解性　ready biodegradability

受试物在限定时间内与接种物接触表现出的生物降解能力。

2.2

初级生物降解　primary biodegradation

受试物在生物作用下化学结构发生变化致使特性丧失的过程。

2.3

溶解性有机碳　dissolved organic carbon,DOC

溶液中有机碳的含量,通常指通过0.45 μm滤膜过滤后液体中的有机碳含量,或经4 000 r/min转速离心15 min后上清液中的有机碳含量。

2.4

生化需氧量　biochemical oxygen demand,BOD

微生物分解有机物所消耗氧的量,可表示为每毫克受试物消耗的氧气毫克数(mg/mg)。

2.5

理论需氧量　theoretical oxygen demand,ThOD

根据分子式计算得到的受试物完全被氧化需要的氧的总量,可表示为每毫克受试物消耗的氧气毫克数(mg/mg)。

2.6

停滞期　lag phase

试验开始到降解率达到10%的时期。

2.7

十天观察期　10-d window

生物降解率达到10%之后的10d试验时间。

2.8

降解期　degradation phase

停滞期结束到降解率达到最大降解率的90%的时期。

3　受试物信息

a)　分子式;

b） 水中溶解度；

c） 蒸气压；

d） 结构式；

e） 纯度；

f） 主要成分组成比例；

g） 吸附性；

h） 微生物毒性。

4 方法概述

4.1 原理

受试物溶解或悬浮在试验培养基中，加入未经驯化的接种物，在黑暗、密闭、搅拌和 25℃ ± 1℃条件下培养 28 d，用碱石灰吸收产生的二氧化碳，连续测定耗氧量。受试物生物降解时接种物消耗的氧量经平行试验空白对照校正后，以占 ThOD 的百分数表示降解率。另外，通过化学分析测定试验开始和结束时受试物浓度，可以确定受试物的初级生物降解性。通过 DOC 分析，可以确定受试物最终生物降解率。

4.2 参比物

本标准推荐苯胺（新蒸馏）、醋酸钠或苯甲酸钠作为参比物。

5 试验准备

5.1 设备

a） BOD 测定仪或呼吸测定仪（配 6 个 300 mL 烧瓶和 CO_2 吸收杯多个）；

b） 培养箱或水浴（25℃ ± 1℃）；

c） 膜过滤器（可选）；

d） 有机碳分析仪（可选）。

5.2 接种物

从使用和排放各种化学物质的不少于 10 个场所采集接种物，这些场所包括城市污水处理厂、工业污水处理厂、河流、湖泊和沿海。采集活性污泥、表层土壤、水等样品各 1 L 将它们混合在一起，去除漂浮物静置，以氢氧化钠或磷酸调节上清液 pH 值为 7±1，曝气培养 23.5 h 后静置 30 min，弃去上清液的三分之一并加入等体积的含葡萄糖、蛋白胨和磷酸钾各 0.1%的溶液（pH 值为 7），再次曝气。培养过程每天操作 1 次。接种物中应出现原生动物，并且至少每 3 个月用参比物测定活性 1 次。接种物培养 1 个月后方可使用，但不能超过 4 个月。每 3 个月从 10 个场所采集接种物，并与正使用接种物等量混合，培养 18 h～24 h 后方可作为新的试验接种物。

5.3 试验用水

使用高纯度去除毒性物质（如 Cu^{2+}）的去离子水或蒸馏水，确保有机碳含量不得高于受试物浓度的 10%，每组系列试验使用一批水。

5.4 培养基

5.4.1 试验培养基贮备液

用分析纯试剂制备下列贮备液：

a） 磷酸缓冲液：称取 8.50 g 磷酸二氢钾（KH_2PO_4）、21.75 g 磷酸氢二钾（K_2HPO_4）、44.60 g 十二水合磷酸氢二钠（$Na_2HPO_4 \cdot 12H_2O$）和 1.70 g 氯化铵（NH_4Cl），用水溶解，定容至 1 L，pH 值为 7.2。

b） 氯化钙溶液：称取 27.50 g 无水氯化钙（$CaCl_2$）或 36.40 g 二水合氯化钙（$CaCl_2 \cdot 2H_2O$），用水溶解，定容至 1 L。

c) 硫酸镁溶液：称取 22.50 g 七水合硫酸镁($MgSO_4 \cdot 7H_2O$)，用水溶解，定容至 1 L。

d) 氯化铁溶液：称取 0.25 g 六水合氯化铁($FeCl_3 \cdot 6H_2O$)，用水溶解，定容至 1 L。加入 0.05 mL浓盐酸或 0.4 g/LEDTA 二钠盐缓冲溶液保存。

上述贮备液中如果出现沉淀，则需重新配制。

5.4.2 试验培养基的制备

取磷酸缓冲液、氯化钙溶液、硫酸镁溶液、氯化铁溶液各 3 mL，用试验用水溶解并定容至 1 L。

6 试验程序

6.1 组别设计

a) 通常，试验中需要设置下列组别：
   ——瓶 1：非生物降解对照组(含受试物和去离子水，质量浓度为 100 mg/L)；
   ——瓶 2、瓶 3、瓶 4：含受试物、试验培养基和接种物的试验组(受试物质量浓度为 100 mg/L)；
   ——瓶 5：含参比物、试验培养基和接种物的程序对照组(参比物质量浓度为 100 mg/L)；
   ——瓶 6：仅含接种物和试验培养基的空白对照组。

b) 必要时：
   ——含受试物、参比物和接种物的毒性对照组(见附录 A)。

6.2 受试物贮备液

受试物或参比物的水溶解度若超过 1 g/L，则称取 1 g～10 g，用试验用水溶解并定容至 1 L。否则，将受试物直接加入试验培养基中，确保受试物溶液均质化。

6.3 试验操作

难溶受试物试验中不能使用助溶剂和乳化剂，可采用研磨或超声分散等适当方式使溶液均质化。试验瓶 2，瓶 3 和瓶 4(试验组)，瓶 5(程序对照)和瓶 6(接种物的空白对照组)加入接种物质量浓度为 30 mg/L，瓶 1 中不加入接种物而作为非生物对照，CO_2 吸收杯加入 CO_2 吸收剂，装好设备，检查气密性，开始搅拌，在黑暗条件下开始测量氧消耗。每天检查温度和搅拌器状态，定期测定溶解氧浓度，并观察试验瓶中颜色变化。28 d 试验结束时，测定各瓶试验溶液 pH，测定瓶 1 中受试物浓度或代谢中间产物的浓度。如可能发生硝化作用，测定硝酸盐或(和)亚硝酸盐浓度。

7 质量保证与质量控制

a) 在稳定期、试验结束时或十天观察期结束时，平行试验间的降解率最大差别低于 20%；
b) 试验进行到 7 天和 14 天时，参比物降解率分别高于 40%和 65%；
c) 接种物空白对照组的氧消耗量通常在 20 mg/L～30 mg/L(以 O_2 计)；28 d 试验期间，氧消耗不高于 60 mg/L(以 O_2 计)；
d) 若 pH 值超出 6～8.5，且受试物氧消耗量低于 60%，则设置较低的受试物浓度，重新试验。

8 数据与报告

8.1 数据处理

一定时间后，受试物氧消耗量(mg)经同时刻段的接种物空白对照校正后除以受试物质量(mg)，得到用毫克氧每毫克受试物(mg/mg)表示的 BOD，见式(1)：

$$\mathrm{BOD} = \frac{m_1 - m_2}{m_3} \qquad \cdots\cdots (1)$$

式中：

m_1——受试物氧消耗，单位为毫克(mg)；

m_2——空白对照氧消耗，单位为毫克(mg)；

m_3——受试物加入量，单位为毫克(mg)。

生物降解率可从式(2)中获得：

$$D = \frac{\text{BOD}}{\text{ThOD}} \times 100 \quad \cdots\cdots(2)$$

式中：

D——生物降解率，%。

对于混合物，ThOD 的计算可通过元素分析，将其当作单个化合物，根据硝化作用是否发生选取适当的 ThOD($\text{ThOD}_{\text{NH}_4}$ 或 $\text{ThOD}_{\text{NO}_3}$)(见附录 B)。当硝化作用发生但反应不完全时，可通过从硝酸盐和亚硝酸盐的浓度变化校正硝化作用的氧消耗。

若瓶 1 中的受试物有减少，计算非生物降解率，用该瓶中 28 d 后受试物的浓度(S_b)去计算降解率，见式(3)：

$$D_a = \frac{S_b - S_a}{S_b} \times 100 \quad \cdots\cdots(3)$$

式中：

D_a——非生物降解率，%；

S_b——试验开始时瓶 1 中受试物浓度，单位为毫克每升(mg/L)；

S_a——试验结束时瓶 1 中受试物残留浓度，单位为毫克每升(mg/L)。

当采用 DOC 测定时(可选)，计算 t 时刻的最终生物降解率，见式(4)：

$$D_t = \left[1 - \frac{C_t - C_{\text{bl}(t)}}{C_0 - C_{\text{bl}(0)}}\right] \times 100 \quad \cdots\cdots(4)$$

式中：

D_t——t 时刻的降解率，%；

C_0——含受试物和接种物的试验组的初始 DOC 浓度，单位为毫克每升(mg/L)；

C_t——含受试物和接种物的试验组 t 时刻的 DOC 浓度，单位为毫克每升(mg/L)；

$C_{\text{bl}(0)}$——空白对照组的初始 DOC 浓度，单位为毫克每升(mg/L)；

$C_{\text{bl}(t)}$——t 时刻空白对照组的 DOC 浓度，单位为毫克每升(mg/L)。

当有无菌对照时，化学分析测定受试物母体化合物含量，见式(5)。

$$D_a = \frac{C_{\text{s}(0)} - C_{\text{s}(t)}}{C_{\text{s}(0)}} \times 100 \quad \cdots\cdots(5)$$

式中：

D_a——非生物降解率，%；

$C_{\text{s}(0)}$——瓶 1 受试物初始 DOC 浓度，单位为毫克每升(mg/L)；

$C_{\text{s}(t)}$——t 时刻瓶 1 受试物 DOC 浓度，单位为毫克每升(mg/L)。

8.2 结果报告

a) 受试物：

——物理属性，及基本理化性质；

——受试物鉴别数据。

b) 试验条件：

——接种物：状态和取样地点，浓度和预处理方式；

——污水中工业废水的比例和状况(若已知)；

——试验周期与温度；

——水中难溶受试物溶液/悬浮液制备方法；

——程序改变的原因及解释说明。

c) 结果：

——将数据填入“数据表”(见附录C)；

——任何观察到的抑制现象；

——任何观察到的非生物降解；

——化学物质分析数据(若适用)；

——受试物降解产物的分析数据(若适用)；

——受试物及参比物的降解曲线，包括停滞期、降解期、十天观察期和下降期；

——稳定期、试验结束时和(或)十天观察期结束时的降解率。

d) 结果讨论。

附 录 A
（资料性附录）
受试物对接种物的生长抑制的处理

当快速生物降解试验中受试物表现为无生物降解性时，为判别是源于受试物对接种物的抑制作用还是因为受试物的惰性，推荐采用以下措施：

微生物毒性试验和生物降解试验采用类似或相同的接种物。

微生物毒性试验可以单独或联合采用以下方法：污泥呼吸速率抑制试验、BOD和（或）微生物生长抑制试验。

生物降解性试验中，为避免受试物抑制接种物的活性，建议受试物浓度设置为 EC_{50} 的1/10（或低于 EC_{20}）。若受试物对接种物 EC_{50} 大于300 mg/L时，可判定受试物对接种物无抑制影响；

当受试物对接种物 EC_{50} 低于20 mg/L时，应设置较低的受试物浓度。推荐采用密闭瓶法试验或使用 ^{14}C 标记材料评价生物降解性；若采用经受试物驯化的接种物，试验时可设置较高的受试物浓度，但试验结果不能用于评价快速生物降解性。

附 录 B
（资料性附录）
有关参数的计算和确定

B.1 理论需氧量（ThOD）

当元素组成确定或已知时，可以计算得出理论需氧量。对于化合物 $C_cH_hCl_{cl}N_nNa_{na}O_oP_pS_s$，通常基于形成铵盐的降解方式计算 ThOD，其理论需氧量见式（B.1）：

$$ThOD_{NH_4} = \frac{16\left[2c + \frac{1}{2}(h - cl - 3n) + 3s + \frac{5}{2}p + \frac{1}{2}na - o\right]}{MW} \quad \cdots\cdots\cdots (B.1)$$

如果预测到或可确定发生硝化作用时，就要基于形成硝酸盐的降解方式来计算 $ThOD_{NO_3}$，其理论需氧量式（B.2）：

$$ThOD_{NO_3} = \frac{16\left[2c + \frac{1}{2}(h - cl) + \frac{5}{2}n + 3s + \frac{5}{2}p + \frac{1}{2}na - o\right]}{MW} \quad \cdots\cdots\cdots (B.2)$$

式（B.1）和式（B.2）中：

ThOD——理论需氧量，以每毫克化学品消耗的氧气量（mg/mg）表示；

c——化合物分子中碳原子个数；

h——化合物分子中氢原子个数；

cl——化合物分子中氯原子个数；

n——化合物分子中氮原子个数；

s——化合物分子中硫原子个数；

p——化合物分子中磷原子个数；

na——化合物分子中钠原子个数；

o——化合物分子中氧原子个数；

MW——化合物相对分子质量。

若硝化作用不完全但确已发生，则需通过测定硝酸盐和亚硝酸盐的浓度进行校正 ThOD。

B.2 溶解性有机碳（DOC）

从试验容器中取出样品后立即用适当的过滤器和滤膜过滤，舍去最初的滤出液 20 mL（当使用小过滤器时，此量可相应减少），保留 10 mL～20 mL（取决于分析需要的体积）供有机碳分析，用有机碳分析仪测定 DOC 浓度，有机碳分析仪必须能够精确测量相当于或低于在试验所用的起始 DOC 浓度的 10％的量。

在同一工作日内不能测定滤液样品时，可在冰箱中 4 ℃下保存样品，但保存时间不得超过 48 h，在－18 ℃可保存较长时间。

注：滤膜表面通常涂有亲水性涂层物质，这样，过滤器就可能含有溶解性有机碳，影响生物降解性的测定。将过滤器放入去离子水中煮沸 3 次、每次 1 h，可去除涂层物质和溶解性有机物，其后过滤器可在去离子水中保存 1 周。如果使用一次性的过滤器，则每批都应检查确保其不释放出溶解性有机碳。同时确保受试物不被过滤器吸附。

在离心力 4 000 g（约为 40 000 m/s^2）下离心 15 min 可代替过滤，由于不是全部的细菌都能去除，或者细菌体的部分有机碳会再溶解，该方法不适用于分析 DOC 初始浓度低于 10 mg/L 的样品。

附　录　C
（资料性附录）
改进的 MITI 试验（Ⅰ）数据表

C.1　实验室

C.2　试验开始日期

C.3　受试物

名称：
受试物储备液的浓度：mg/L 以化学物质的质量计
试验培养基的初始浓度，C_0：mg/L 以化学物质的质量计
进行试验的反应液体积：mL
ThOD：mg/L（以 O_2 计）

C.4　接种物

污泥采样的地点：
驯化后活性污泥的悬浮物浓度：mg/L
在每升最后介质中加入的污泥体积：mL
在最后介质中污泥的浓度：mg/L

C.5　生物降解性的氧消耗量

表 C.1　氧消耗量测定结果

	时间 d			
	n_1	n_2	n_3	n_x
试验组的氧消耗/mg： $a1$ $a2$ $a3$				
空白对照组的氧消耗/mg： b				
氧消耗修正值/mg： $a1-b$ $a2-b$ $a3-b$				
BOD/(mg/mg)： $(a1-b)/C_0V$ $(a2-b)/C_0V$ $(a3-b)/C_0V$				

表 C.1(续)

	时间 d			
	n_1	n_2	n_3	n_x
降解率(BOD/ThOD×100)/% 1 2 3 平均值[a]				
注:参比物可使用类似的格式。				
[a] 在重复试验中有相当大的差别时不要取平均值。				

C.6 碳分析(可选)

表 C.2 碳分析测定结果

烧瓶	DOC				DOC 去除率/%	平均值
	测量值		修正值			
去离子水+受试物	a					
活性污泥+受试物	$b1$		$b1-c$			
活性污泥+受试物	$b2$		$b2-c$			
活性污泥+受试物	$b3$		$b3-c$			
空白对照组	c		—		—	—

$$D=\frac{a-(b-c)}{a}\times 100 \qquad \cdots\cdots(C.1)$$

C.7 特定化学物质分析

表 C.3 受试物残留量测定结果

	试验结束时受试物的残留量	初级生物降解率/%
去离子水非生物降解对照组	S_b	
含接种物的试验组	S_{a1} S_{a2} S_{a3}	

$$D_a=\frac{S_b-S_a}{S_b}\times 100 \qquad \cdots\cdots(C.2)$$

分别计算瓶 $a1$,$a2$,$a3$ 的初级降解率。

C.8 BOD 与时间的曲线图

如有 BOD 与时间的曲线图,应附上。

ICS 13.300;13.020.40
A 80

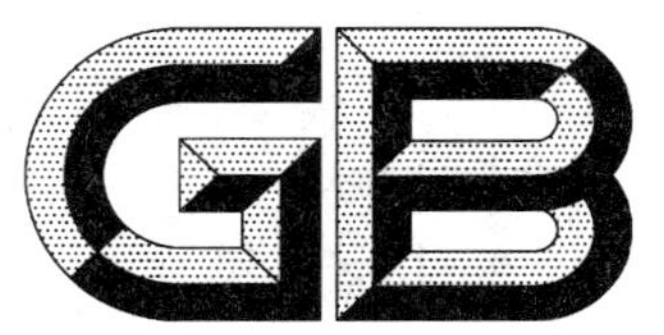

中华人民共和国国家标准

GB/T 21803—2008

化学品 快速生物降解性 DOC 消减试验

Chemicals—Ready biodegradability—DOC die-away test

2008-05-12 发布 2008-09-01 实施

中华人民共和国国家质量监督检验检疫总局
中国国家标准化管理委员会 发布

前 言

本标准等同采用经济合作与发展组织(OECD)化学品测试导则 No. 301A(1992 年)《DOC 消减试验》(英文版)。

本标准做了下列编辑性修改:

——将计量单位改为我国法定计量单位。

本标准的附录 A、附录 B 和附录 C 为资料性附录。

本标准由全国危险化学品管理标准化技术委员会(SAC/TC 251)提出并归口。

本标准负责起草单位:环境保护部化学品登记中心。

本标准参加起草单位:环境保护部南京环境科学研究所、上海市检测中心、上海市环境科学研究院。

本标准主要起草人:孙锦业、刘纯新、胡征、刘济宁、单正军、陈晓倩、沈根祥。

化学品　快速生物降解性 DOC 消减试验

1　范围

本标准规定了化学品快速生物降解性 DOC 消减试验的方法概述、试验准备、试验程序、质量保证与质量控制、数据与报告。

本标准适用于测试非挥发、水中溶解度不低于 100 mg/L 的化学品的快速生物降解性。

2　术语和定义

下列术语和定义适用于本标准。

2.1

快速生物降解性　ready biodegradability

受试物在限定时间内与接种物接触表现出的生物降解能力。

2.2

初级生物降解　primary biodegradation

受试物在生物作用下化学结构发生变化致使特性丧失的过程。

2.3

溶解性有机碳　dissolved organic carbon，DOC

溶液中有机碳的含量，常指通过 0.45 μm 滤膜过滤后液体中的有机碳含量，或经 4 000 r/min 转速离心 15 min 后上清液中的有机碳含量。

2.4

停滞期　lag phase

试验开始到降解率达到 10%的时期。

2.5

十天观察期　10-d window

生物降解率达到 10%之后的 10 d 试验时间。

2.6

降解期　degradation phase

停滞期结束到降解率达到最大降解率的 90%的时期。

3　受试物信息

a)　分子式和结构式；

b)　水中溶解度；

c)　蒸气压；

d)　碳含量；

e)　纯度；

f)　主要成分组成比例；

g)　吸附性；

h)　微生物毒性。

4 方法概述

4.1 原理

在一定体积已接种的无机培养基中，以受试物（10 mg/L～40 mg/L，以 DOC 计）作为唯一的有机碳源，在温度为 22℃±2℃、黑暗或散射光条件下曝气培养。28 d 培养期间，以固定时间间隔测定 DOC，用 DOC 去除浓度计算受试物快速生物降解率。另外，通过化学分析测定试验开始和结束时受试物浓度，可以确定受试物的初级生物降解性。

4.2 参比物

本标准推荐苯胺（新蒸馏）、醋酸钠或苯甲酸钠作为参比物。若使用其他参比物，试验报告中应加以说明。

5 试验准备

5.1 设备

试验中应配备下列设备：

a) 圆锥形烧瓶（250 mL～2 L）；

b) 振荡器（±2℃）；

c) 微孔滤膜过滤器；

d) DOC 分析仪；

e) 溶解氧测定仪；

f) 离心机。

5.2 接种物

5.2.1 接种物选择

接种物可以来自活性污泥、污水处理厂出水、地表水和土壤，或以上几种的混合物。

5.2.2 活性污泥接种物

活性污泥采自污水处理厂或主要处理生活污水的中试规模的处理装置曝气池中的新鲜污泥样品，并保持有氧状态。在通过细过滤网去除粗糙的颗粒后，沉淀或离心分离（如：1 100 *g*，离心 10 min）将浮在表面上的杂质除去。污泥可用试验培养基进行清洗，使活性污泥在试验培养基中质量浓度为3 g/L～5 g/L，保持有氧培养直至使用。

当污泥中可能含有抑制剂时，应清洗。将污泥与试验培养基充分混合后沉淀或离心分离后再悬浮，去掉悬浮物，再用试验培养基悬浮洗过的污泥。重复这一操作直到污泥中认为不含酶和抑制剂。试验前从悬浮污泥中抽取一份样品，确定活性污泥的干重。

也可用匀浆器以中等速度将活性污泥搅拌 2 min，使其均质化（3 g/L～5 g/L），沉淀 30 min 或更长（如有需要）。与试验培养基按大约 10 mL/L 的比例，轻轻倒出液体作为接种物。

5.2.3 其他来源的接种物

接种物也可采自污水处理厂或主要处理生活污水的中试装置的二级出水。采集一个新鲜样品并在运输中保持有氧状态。样品沉淀 1 h 或用粗滤纸过滤后，保持上清液或滤出液在有氧状态直至使用。每升培养基可添加 100 mL 该接种物。

接种物的另一个来源是地表水。收集一份地表水样品，如河水、湖水并保持有氧状态直至使用。如有必要，可通过过滤或离心将接种物浓缩。

5.2.4 接种物预处理

如有需要，接种物可在试验条件下预处理，但不是对受试物的预驯化。预处理包括在试验培养基（不添加受试物）中对活性污泥或在试验温度下对二级出水曝气培养 5 d～7 d。

5.3 试验用水

为避免较高空白值，应使用去除毒性物质（如 Cu^{2+}）的高纯度去离子水或蒸馏水，确保有机碳含量小于或等于受试物浓度的 10%，对于每组系列试验使用同一批水。

5.4 培养基

5.4.1 培养基贮备液

用分析纯试剂制备下列贮备液：

a) 磷酸缓冲液：称取 8.50 g 磷酸二氢钾（KH_2PO_4）、21.75 g 磷酸氢二钾（K_2HPO_4）、33.40 g 二水合磷酸氢二钠（$Na_2HPO_4 \cdot 2H_2O$）和 0.5 g 氯化铵（NH_4Cl），用水溶解，定容至 1 L，pH 值为 7.4。

b) 氯化钙溶液：称取 27.50 g 无水氯化钙（$CaCl_2$）或 36.40 g 二水合氯化钙（$CaCl_2 \cdot 2H_2O$），用水溶解，定容至 1 L。

c) 硫酸镁溶液：称取 22.50 g 七水合硫酸镁（$MgSO_4 \cdot 7H_2O$），用水溶解，定容至 1 L。

d) 氯化铁溶液：称取 0.25 g 六水合氯化铁（$FeCl_3 \cdot 6H_2O$），用水溶解，定容至 1 L。加入 0.05 mL浓盐酸或 0.4 g/L EDTA 二钠盐缓冲溶液保存。

上述贮备液中如果出现沉淀，则需重新配制。

5.4.2 试验培养基的制备

取 5.4.1 中磷酸缓冲液 10 mL 加入 800 mL 试验用水，再加氯化钙溶液、硫酸镁溶液和氯化铁溶液各 1 mL，定容至 1 L。

6 试验程序

6.1 组别设计

a) 通常，试验中需要设置下列组别：

——含受试物和接种物的试验组（两个烧瓶平行）；

——仅含接种物的接种物空白对照组（两个烧瓶平行）；

——含参比物和接种物的程序对照组。

b) 必要时：

——含受试物和消毒剂的无菌对照组；

——含受试物、接种物和消毒剂的吸附对照组；

——含受试物、参比物和接种物的毒性对照组（见附录 A）。

6.2 受试物贮备液

受试物或参比物的水中溶解度若超过 1 g/L，则称取 1 g～10 g，用试验用水溶解并定容至 1 L。否则，将受试物直接加入试验培养基中，确保受试物溶液均质化。

6.3 试验操作

以 2 L 烧瓶装 1 L 悬浮液为例，烧瓶中先装入 800 mL 试验培养基，再加入受试物贮备液，使烧瓶中 DOC 的质量浓度为 10 mg/L～40 mg/L，调节 pH 值至 7.4，烧瓶中接种物质量浓度不大于 30 mg/L，用试验培养基定容至 1 L，混合后用铝箔将烧瓶口盖住，并确保烧瓶中试验药液和外界空气能自由交换，将烧瓶置入振荡器中培养。同样用试验培养基配制空白对照组，只加接种物，不加受试物。混合之后，从每个烧瓶取样测定其初始 DOC 浓度。

用试验培养基接种一瓶同时含有受试物和参比物的溶液，检查受试物对接种物的抑制影响。

用经灭菌的未接种的受试物溶液检查受试物是否发生非生物降解。可采用滤膜（0.2 μm～0.45 μm）过滤或加入适当的有毒物质来灭菌。

另外，可采用一个含有受试物、接种物和消毒剂的吸附对照组烧瓶检验受试物在污泥、容器壁上的吸附性，评价受试物的吸附程度。

28 d 培养期间，间隔一定时间取样，取样前加适量水补充试验中蒸发掉的水分，并将培养基充分混合确保在取样时粘附在容器壁上的受试物再次溶解或悬浮。取样次数应保证可以评价十天观察期降解率，取样后用滤膜过滤或离心分离（见附录 B），如能当天分析试验药液浓度，则可依据测定结果确定下次取样时间；否则，样品可在 2℃～4℃下保存 48 h 或在 −18℃长期保存，分析测定时可先分析最后取的样品，用逐步倒退法选择分析其他样品，以相对较少的分析次数获得较好的生物降解曲线。若第 28 天样品显示没有发生降解，则其他样品无需分析。

7 质量保证与质量控制

a) 在稳定期、试验结束时或十天观察期结束时，平行试验间的降解率最大差别应低于 20%。

b) 试验进行到 14 d 时，参比物程序对照的降解率（以 DOC 计）不低于 70%。

8 数据与报告

8.1 结果处理

对于含受试物和接种物的试验悬浮液处理，用 DOC 测定平均值计算每次取样时两个试验组烧瓶的降解率（D_t）。见式（1）：

$$D_t = \left[1 - \frac{c_t - c_{\mathrm{bl}(t)}}{c_0 - c_{\mathrm{bl}(0)}}\right] \times 100 \qquad \cdots\cdots(1)$$

式中：

D_t——t 时刻的降解百分率，%；

c_0——含受试物和接种物的试验组的初始 DOC 平均质量浓度，单位为毫克每升（mg/L）；

c_t——含受试物和接种物的试验组 t 时刻的 DOC 平均质量浓度，单位为毫克每升（mg/L）；

$c_{\mathrm{bl}(0)}$——空白对照组的初始 DOC 平均质量浓度，单位为毫克每升（mg/L）；

$c_{\mathrm{bl}(t)}$——t 时刻空白对照组的 DOC 平均质量浓度，单位为毫克每升（mg/L）。

所有浓度值为试验中测得。

用含有受试物的两个烧瓶的平均值，绘图表示降解过程，如果试验符合有效性标准，指出十天观察期。计算和报告在稳定期、试验结束和在十天观察期结束时的去除百分率。

当有无菌对照时，用式（2）计算非生物降解百分率：

$$D_a = \frac{c_{\mathrm{s}(0)} - c_{\mathrm{s}(t)}}{c_{\mathrm{s}(0)}} \times 100 \qquad \cdots\cdots(2)$$

式中：

D_a——非生物降解百分率，%；

$c_{\mathrm{s}(0)}$——无菌对照组的初始 DOC 质量浓度，单位为毫克每升（mg/L）；

$c_{\mathrm{s}(t)}$——t 时刻无菌对照组的 DOC 质量浓度，单位为毫克每升（mg/L）。

8.2 结果报告

试验报告应包括以下内容：

a) 受试物：

——物理属性，及基本理化性质；

——受试物鉴别数据。

b) 试验条件：

——接种物：状态和取样地点，浓度和预处理方式；

——污水中工业废水的比例和状况（若已知）；

——试验周期与温度；

——如果受试物是非常难溶的物质，提供受试物溶液/悬浮液制备方法；

——程序改变的原因及解释说明。

c） 结果：

——将数据填入“数据表”（见附录C）；

——任何观察到的抑制现象；

——任何观察到的非生物降解；

——化学物质分析数据（如果有）；

——受试物降解产物的分析数据（如果有）；

——受试物及参比物的降解曲线，包括停滞期、降解期和十天观察期和斜率；

——稳定期、试验结束时和（或）十天观察期结束时的降解百分率。

d） 结果讨论。

附　录　A
（资料性附录）
受试物对接种物生长抑制作用的处理

当快速生物降解试验中受试物表现为无生物降解性时，为判别是源于受试物对接种物的抑制作用还是因为受试物的惰性，推荐采用以下措施：

微生物毒性试验和生物降解试验采用类似或相同的接种物；

微生物毒性试验可以单独或联合采用以下方法：活性污泥呼吸抑制试验、BOD 和（或）微生物生长抑制试验；

生物降解性试验中，为避免受试物抑制接种物的活性，建议受试物浓度设置为 EC_{50} 的 1/10（或低于 EC_{20}）。若受试物对接种物 EC_{50} 大于 300 mg/L 时，可判定受试物对接种物无抑制影响；

当受试物对接种物 EC_{50} 低于 20 mg/L 时，应设置较低的受试物浓度。推荐采用密闭瓶法试验或使用 ^{14}C 标记材料评价生物降解性；若采用经受试物驯化的接种物，试验时可设置较高的受试物浓度，但试验结果不能用于评价快速生物降解性。

附　录　B
（资料性附录）
有关参数的计算和确定

B.1　溶解性有机碳（DOC）

根据定义，溶解性有机碳是指任何化合物或混合物中溶于水并能通过 0.45 μm 滤膜的有机碳。

从试验容器中取出样品后立即用适当的过滤器和滤膜过滤，舍去最初的滤出液 20 mL（当使用小过滤器时，此量可相应减少），保留 10 mL～20 mL（取决于分析需要的体积）供有机碳分析，用有机碳分析仪测定 DOC 浓度，有机碳分析仪必须能够精确测量相当于或低于在试验所用的起始 DOC 浓度的 10% 的量。

在同一工作日内不能测定滤液样品时，可在冰箱中 4℃ 下保存样品，但保存时间不得超过 48 h，在 −18℃ 可保存较长时间。

注：滤膜表面通常涂有亲水性涂层物质，这样，过滤器就可能含有溶解性有机碳，影响生物降解性的测定。将过滤器放入去离子水中煮沸 3 次、每次 1 h，可去除涂层物质和溶解性有机物，其后过滤器可在去离子水中保存一星期。如果使用一次性的过滤器，则每批都应检查确保其不释放出溶解性有机碳。同时确保受试物不被过滤器吸附。

在离心力 4 000 g（约为 40 000 m/s^2）下离心 15 min 可代替过滤，由于不是全部的细菌都能去除，或者细菌体的部分有机碳会再溶解，该方法不适用于分析 DOC 初始浓度低于 10 mg/L 的样品。

附 录 C
（资料性附录）
DOC 消减试验数据表

C.1 实验室

C.2 试验开始日期

C.3 受试物

名称：

受试物贮备液浓度：mg/L（以化学物质的质量计）

试验培养基的初始浓度，t_0：mg/L（以化学物质的质量计）

C.4 接种物

来源：

处理方式：

预处理，如有：

在反应混合物中悬浮固体浓度：mg/L

C.5 碳测定

结果见表 C.1。

表 C.1 DOC 测定结果

	瓶号		n 天以后的 DOC 浓度/(mg/L)				
			0	n_1	n_2	n_3	n_x
含受试物和接种物的试验组	1	a_1					
		a_2					
		平均值 $c_{a(t)}$					
	2	b_1					
		b_2					
		平均值 $c_{b(t)}$					
仅含接种物的空白对照组	3	c_1					
		c_2					
		平均值 $c_{c(t)}$					
	4	d_1					
		d_2					
		平均值 $c_{d(t)}$					
	平均值 $c_{\mathrm{bl}(t)}=\frac{c_{c(t)}+c_{d(t)}}{2}$						

C.6 原始数据的评价

见表 C.2。

表 C.2 降解率测定结果

瓶号	计算结果	n 天以后的降解/%				
		0	n_1	n_2	n_3	n_x
1	$D_1=\left[1-\frac{c_{a(t)}-c_{bl(t)}}{c_{a(0)}-c_{bl(0)}}\right]\times100$	0				
2	$D_2=\left[1-\frac{c_{b(t)}-c_{bl(t)}}{c_{b(0)}-c_{bl(0)}}\right]\times100$	0				
平均值[a]	$D_t=\frac{D_1+D_2}{2}$	0				
注：参比物和毒性对照试验可以使用相似的格式。						
[a] D_1 和 D_2 如果有相当大的差异，则不应取其平均值。						

C.7 非生物降解(可选)

非生物降解测定结果见表 C.3，非生物降解率按式(C.1)计算。

表 C.3 非生物降解测定结果

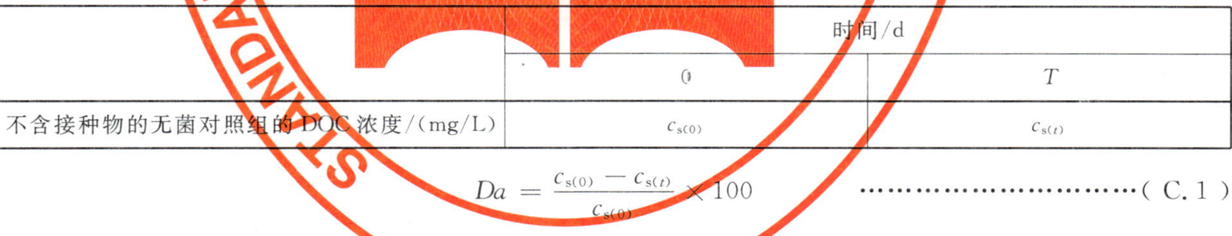

	时间/d	
	0	T
不含接种物的无菌对照组的 DOC 浓度/(mg/L)	$c_{s(0)}$	$c_{s(t)}$

$$Da=\frac{c_{s(0)}-c_{s(t)}}{c_{s(0)}}\times100 \quad \cdots\cdots(C.1)$$

C.8 化学物质分析(可选)

受试物残留量测定结果见表 C.4。

表 C.4 受试物残留量测定结果

	试验结束时受试物的残留量	初级降解/%
不含接种物的无菌对照组	S_b	
含接种物的试验组	S_a	$\frac{S_b-S_a}{S_b}\times100$

ICS 13.300;11.100
A 80

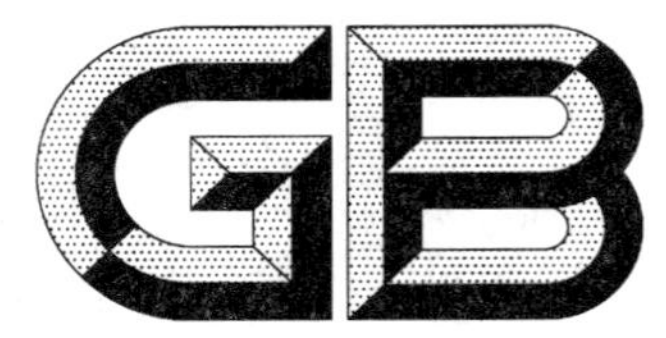

中华人民共和国国家标准

GB/T 21804—2008

化学品
急性经口毒性固定剂量试验方法

Chemicals—Test method of acute oral toxicity-fixed dosed procedure

2008-05-12 发布　　　　2008-09-01 实施

中华人民共和国国家质量监督检验检疫总局
中国国家标准化管理委员会　发布

前　言

本标准等同采用经济合作与发展组织(OECD)化学品测试指南 NO.420(2001年)《急性经口毒性：固定剂量法》(英文版)

本标准作了下列编辑性修改：

——增加了范围部分；

——增加了前言和OECD引言部分；

——计量单位改成我国法定的计量单位；

——删除OECD的参考文献部分。

本标准附录A、附录B和附录C为规范性附录。

本标准由全国危险化学品管理标准化技术委员会(SAC/TC 251)提出并归口。

本标准负责起草单位：天津市检验检疫科学技术研究院。

本标准主要起草人：王利兵、张园、于智睿、李学洋、赵琢、王华。

OECD 引言

1. OECD 化学品试验指南随着科学的进步和实践操作标准的改变而进行周期性的修订。最早的 OECD 420 于 1992 年 7 月发布作为 OECD 401(常规的急性经口毒性试验)的第一备选方案。基于多次专家会议的建议,认为本标准应该进行修订,原因如下:1)用 LD_{50} 值代替 1992 年推荐的临界值作为化学物质分类的标准已经达成广泛的共识,2)认为单一性别动物(通常用雌性)试验的结果是可信的。

2. 传统的急性经口毒性鉴定方法是以动物死亡作为毒性终点。1984 年英国毒理学会(BTS)根据固定剂量法提出一种新的急性毒性测试方法。此种方法可以避免以动物死亡作为毒性终点,而是观察一系列不同的固定剂量中所出现的明显毒性反应。通过英国和世界范围内的体内验证实验,该方法于 1992 年被理事会采纳为试验指南。接下来,通过一系列试验利用数学模型评价了固定剂量法的统计学意义。体内实验和模型研究共同证明了该方法可重复性好,与传统方法相比可以节省动物,使动物遭受较少的痛苦;此方法与其他急性毒性方法(方法指南 423 和 425)一样能对物质进行毒性划分。

3. 在急性经口毒性的指导性文件中提供了如何根据特定的实验目的选择最合适的试验方法的指导,这个指导性文件同时提供了关于 420 的实施和解释。

4. 固定剂量法的原则,在正式试验中只选用中等毒性剂量,不选用致死剂量,也不选择由腐蚀或严重刺激作用引起的或已知会产生明显疼痛或痛苦的染毒剂量。如果发现濒死动物或动物出现明显的疼痛或严重痛苦的症状时,从人道原则出发将其处死,在结果解释时,这些处死的动物应同试验中死亡的动物一样进行解释。指南文件中有专门的部分关于如何判断动物濒死和遭受巨大痛苦和是否应该处死这些动物的标准。

5. 该方法用于提供物质有害属性的信息,使得该物质可以按照 GHS 对化学物质急性毒性划分的标准进行分类定级。

6. 在试验进行前需要收集受试物的所有相关信息。包括物质的标准分类和化学结构;理化性质;有关该物质的各种体内和体外毒理试验结果;与该物质结构相似物质的毒性数据和该物质预期的用途。这些信息是保护人类健康的一类试验所必须收集的信息,并有助于选择合适的起始剂量。

化学品 急性经口毒性固定剂量试验方法

1 范围

本标准规定了化学品急性经口毒性固定剂量试验的范围、术语和定义、试验基本原则、试验方法、试验数据和报告。

本标准适用于化学品的急性经口毒性测定。

2 术语和定义

下列术语和定义适用于本标准。

2.1

急性经口毒性　acute oral toxicity

将受试物在 24 h 内给试验动物进行一次经口或多次经口染毒时所产生的有害效应。

2.2

延迟死亡　delayed death

48 h 内动物未发生死亡，而死亡发生在 14 天观察期内。

2.3

剂量　dose

所受受试物的量，常以质量(g、mg)或动物单位体重所给予的受试物的量(mg/kg)来表示；如将受试物掺入饲料进行喂养染毒时，也可以用受试物在饲料中的恒定浓度(mg/kg)来表示。

2.4

明显毒性　evident toxicity

给予受试样品后出现的明确的毒作用表现，可作为危险度评价的充分证据，预期随染毒剂量的增加可发展为严重的中毒症状直至死亡。

2.5

化学品分类及标记全球协调制度(GHS)　globally harmonised classification system for chemical substance and mixture

是经合组织(OECD)中人类健康和环境部分，联合国危险品运输规范中的理化性质内容和国际劳工组织(ILO)中有关危险品运输部分的结合，并与化学品有效管理机构间规划组织(IOMC)协调一致。

2.6

临近死亡　impending death

如果预测到在下一个要做的剂量的观察期间会发生动物濒死或死亡。啮齿类动物处于临近死亡状态的表现有抽搐、侧卧、躺卧和震颤。

2.7

半数致死口服剂量 median lethal oral dose;LD_{50}

是通过统计学推断出来的能够导致经口染毒动物一半死亡的一次染毒剂量。LD_{50}值的表示方法为(mg/kg),即每公斤体重的受试物染毒剂量。

2.8

限量试验 limit dose

在最高剂量上进行试验(2 000 mg/kg 或 5 000 mg/kg)。

2.9

濒死状态 moribund status

处于临死或经过治疗也不能存活的状态。

2.10

可预测的死亡 predicatable death

通过临床表现可以预测在试验结束之前的某个时候会发生死亡,如不能饮食或进食。

3 试验基本原则

试验中各组选用同性别(一般选用雌性)动物,以固定的剂量间距(5 mg/kg,50 mg/kg,300 mg/kg 和 2 000 mg/kg,如有特殊需要再考虑 5 000 mg/kg)顺次进行经口染毒。起始剂量是依照预试验的结果确定的,是能够产生毒性反应但不产生严重的毒性反应或死亡的剂量。根据毒性反应和死亡的有无来确定是否在更高剂量或更低剂量继续做试验。出现下列情况结束试验:1)当出现明显的毒性反应或已确认不多于一只动物死亡;2)最高剂量未出现毒性反应;3)最低剂量动物出现死亡。

4 试验方法

4.1 实验动物

4.1.1 动物的选择

大鼠为首选。鼠龄为 8 周～12 周。试验动物体重变异不应超过平均体重的 20%。常用体重范围:大鼠为 180 g～240 g,小鼠为 18 g～25 g。雌性动物应该是未怀孕或生产过。在缺乏构效关系或无提示雄性更为敏感性别动物的前提下,一般选用雌性动物进行试验。

4.1.2 饲养环境和条件

动物房的室温控制在 22℃±3℃,相对湿度为 30%～70%(清洁时应达到 50%～60%)。饲养室内宜采用人工光源,应保持 12 h 明、12 h 暗。动物食用标准饲料自由饮水。每个剂量组分笼饲养。每笼子动物数以不干扰活动及不影响观察为度。

4.1.3 动物的准备

试验前要对动物进行标记,用于个体识别。试验前动物要在试验环境中至少适应 5 d。

4.2 受试物

4.2.1 受试物准备

4.2.1.1 一般试验中,受试物染毒时需要固定染毒体积(通过配置不同浓度的受试物溶液实现)。一般使用液体或者液状混合物染毒,但是如果使用未加稀释的受试物(恒定浓度),则后期需要进行相关的危险度评价并需要相应的管理。

4.2.1.2 一般情况下不能超过最大的染毒体积。每次能染毒的最大体积取决于实验动物的大小。对于啮齿类动物,一般染毒体积不超过 1 mL/100 g,但是对于液体溶液也可以考虑 2 mL/100 g。

4.2.1.3 应使用液体溶液/悬浮液/乳化液助溶(如植物油),或使用其他增加溶解度的方法。需要了解助溶剂的毒性。

4.2.1.4 溶液一般需要新鲜配置，除非有证据表明受试物溶液具有较好的稳定性，放置一阵时间后结果不受影响。

4.3 染毒

4.3.1 染毒方式和时间

通过胃管或合适的插管灌胃一次性染毒，如果不能够一次染毒，则一次给一部分，但整体染毒时间不能超过 24 h。

4.3.2 禁食

染毒前动物需要禁食(大鼠禁食不禁水过夜；小鼠禁食不禁水 3 h～4 h)。禁食后染毒前需要对动物进行称重。染毒后仍需继续禁食(大鼠 3 h～4 h，小鼠 1 h～2 h)。如果染毒是在一个时期内完成的，则应该给动物提供水和食物，这取决于禁食时间的长短。

4.4 预试验

4.4.1 起始剂量

根据相关的毒理学资料从 5 mg/kg，50 mg/kg，300 mg/kg 和 2 000 mg/kg 中选择一个作为起始剂量。如果无相关的毒理学资料一般以 300 mg/kg 作为起始剂量。如果无明确的资料可以证明急性毒性试验对人类、动物健康和环境保护有重大意义，出于动物福利的考虑，应不做 5 000 mg/kg，具体可以参照附录 C。

4.4.2 染毒步骤

每次取一只动物，按照附录 A 进行预试验，仔细观察并记录染毒后动物的毒性表现，间隔 24 h 后，再给另一只动物染毒。所有试验动物至少观察 14 d。

4.4.3 结果解释

4.4.3.1 一般结果

预试验结果为正式试验提供起始剂量。

4.4.3.2 附加程序

预试验中，如果在最低剂量(5 mg/kg)试验动物发生死亡，根据试验程序，应停止试验，将该物质划为 GHS 急性毒性，危险类别为 1 类(见附录 A)。但为了获取更为确证的试验结果，应选取第二只试验动物按照 5 mg/kg 染毒，如果第二只动物死亡，结束试验，该物质划为 GHS 急性毒性，危险类别为1 类；如果该动物无死亡，最多再选 3 只顺序按 5 mg/kg 染毒。出于动物福利的考虑，应一只一只动物顺序试验，观察间隔为确定上一只动物已经存活。只要有第二只动物死亡则试验结束(此时已经可以按照附录 B 进行分级)。

4.5 正式试验

4.5.1 剂量选择

从预试验中选取只产生明显毒性而不引起死亡的剂量作为正式试验起始剂量。如果在正式试验时选择的起始剂量未见明显毒性，应接着进行下一个较高剂量的染毒。如果在正式试验时选择的起始剂量中试验动物死亡或严重毒性反应时，应从保护动物免受痛苦出发，选择下一个较低剂量进行试验。

4.5.2 动物数量

每个剂量组 5 只，5 只动物应包含预试验中该剂量组使用的一只动物(除非正式试验所选用的剂量未做预试验)。

4.5.3 染毒步骤

4.5.3.1 一般程序

在预试验所得结果的基础上，遵照附录 B 的程序进行染毒。

4.5.3.2 染毒时间间隔

应在确定前一剂量组的动物存活后，才可进行下一剂量的试验。一般两个剂量组试验之间要间隔 3 d～4 d，以有助于更好地观察迟发的毒性反应。间隔时间可以根据实际情况进行调整。

4.5.3.3 如果要做 5 000 mg/kg 的剂量，要遵从附录 C 的要求。

4.5.4 限量试验

4.5.4.1 要求

如果有相关的资料表明受试物可能无毒(如只在限制值以上表现出毒性),可以进行限量试验。受试物的毒性资料可以通过其类似化合物或类似混合物(根据性质和所占的比例判断受试物所占的毒性重要性)的毒性资料获得。如无确切的证据表明该物质无毒,或者预计该受试物有毒,就不能进行限量试验。

4.5.4.2 程序

按照一般程序,染毒剂量为 2 000 mg/kg(5 000 mg/kg),选取另外 4 只动物进行试验。

4.6 临床观察和检查

4.6.1 观察频率和期限

在给动物染毒的当天应该在染毒后的 30 min 和 4 h 各做一次仔细的临床观察,以后每天一次。除非动物过度痛苦需及时处死外,一般在染毒后应对动物观察 14 d。观察期一般取决于毒性反应、发生体征的快慢和恢复时间的长短。如果中毒体征有迟发性倾向时,应延长观察期。如果动物持续表现出毒性则需要进行附加的观察。

4.6.2 观察内容

4.6.2.1 体重

应在染毒后称重每只动物。以后至少每周一次,并做好体重记录,计算体重变化。试验结束时应对存活动物进行称重,然后进行人道主义处死。

4.6.2.2 大体观察

观察应该包括皮肤,被毛,眼睛和黏膜变化,也应观察呼吸,循环,植物神经和中枢神经系统的体征,肢体活动状况及行为变化。如果动物出现震颤、抽搐、腹泻、流涎、嗜睡和昏迷的情况时应该特别注意。应该参考人类临终指导中的原则和标准,对处于濒死状态、出现明显疼痛或严重痛苦表现的动物应实施人道主义处死。当因人道原因处死动物或发现死亡时,因该尽可能准确记录死亡时间。

4.7 病理组织学检查

应对全部染毒动物(包括试验期间死亡的或因人道原因处死的动物)进行大体解剖;记录全部肉眼可见的病损。染毒后存活 24 h 以上的动物中出现明显肉眼所见病损的器官应作病理组织学检查。

5 试验数据与报告

5.1 数据

应该提供每一只动物的资料。按各剂量水平将染毒动物的观察结果以表格形式进行总结;描述使用的动物数目;出现中毒体征的动物数;试验中引起死亡或处于人道主义处死的动物数,每只动物的死亡时间;描述毒性反应及恢复的时间及大体解剖的结果。

5.2 试验报告

试验报告应包括预备试验和正式试验所得的下述资料:

5.2.1 受试物

——物理性状、纯度和相关的理化性质(包括异构体);
——名称和识别码如 CAS 编号;
——助溶剂(如果试验中用到);
——如果助溶剂不是用水,则需要对助溶剂进行评价。

5.2.2 试验动物

——动物的品系;
——微生物学性状;
——动物数目、年龄和性别(是否使用了雄性动物替代了雌性动物);
——动物来源、饲养条件及饲料等。

5.2.3　**试验条件**

——受试物成分的详细信息，包括染毒时的剂型；

——染毒的剂量和时间；

——饲料和饮水的质量（饲料的类型/来源、水的来源）；

——起始剂量的选择。

5.2.4　**结果**

——制作记录不同剂量水平每只动物的数据的表格（例如，动物出现毒性反应性质，轻重程度和毒效应，持续时间）；

——制表记录动物体重和体重变化的表格；

——染毒后动物的体重，以后每周一次，直到动物死亡或试验结束时被处死；

——如果在动物宰杀之前动物死亡，记录死亡日期和时间；

——出现毒性反应的时间和持续时间，每只动物是否恢复；

——每只动物大体解剖的结果，如果有需要还应该包括组织学结果。

5.2.5　**结果的讨论和解释**

5.2.6　**结论**

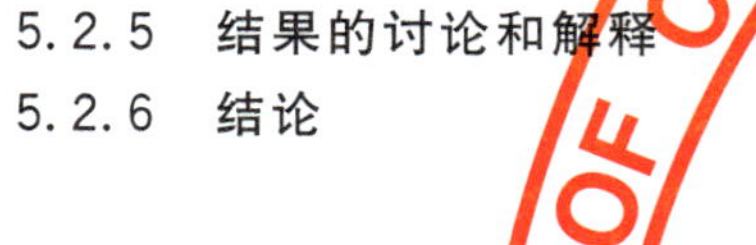

附　录　A
（规范性附录）
预试验流程

A.1　预试验流程图（见图 A.1～图 A.4）

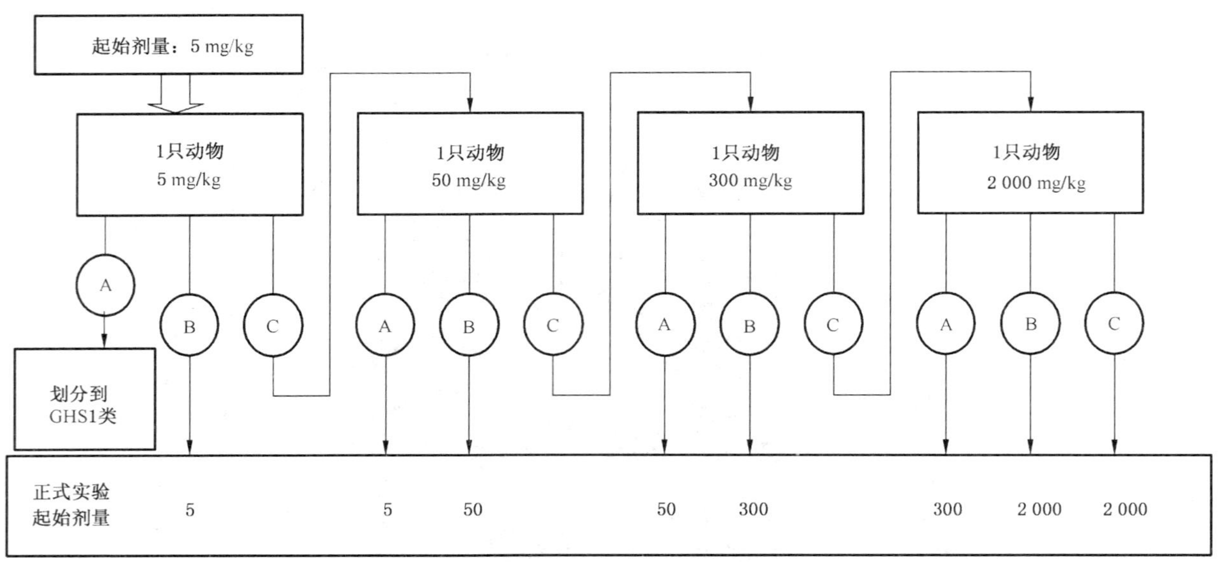

图 A.1　预试验流程图（起始剂量：5 mg/kg）

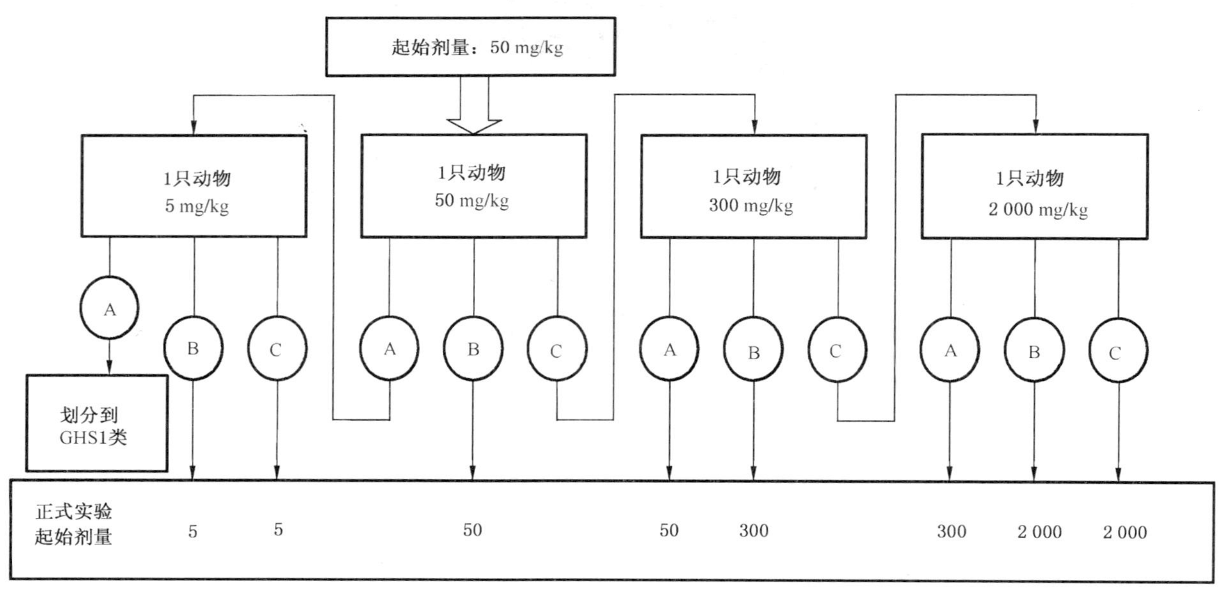

图 A.2　预试验流程图（起始剂量：50 mg/kg）

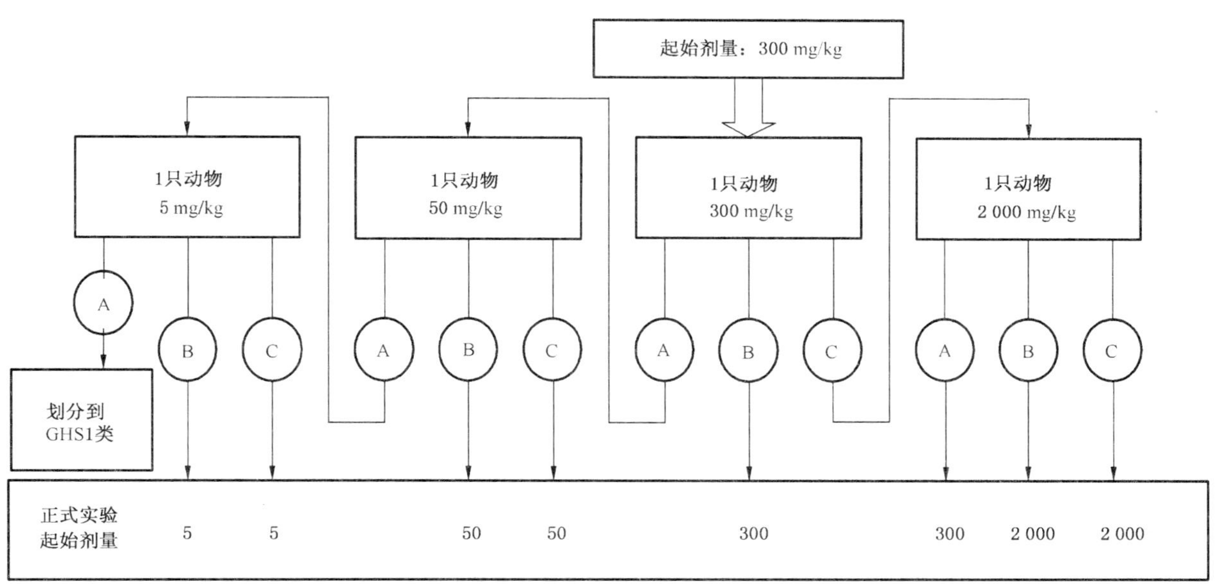

图 A.3 预试验流程图(起始剂量:300 mg/kg)

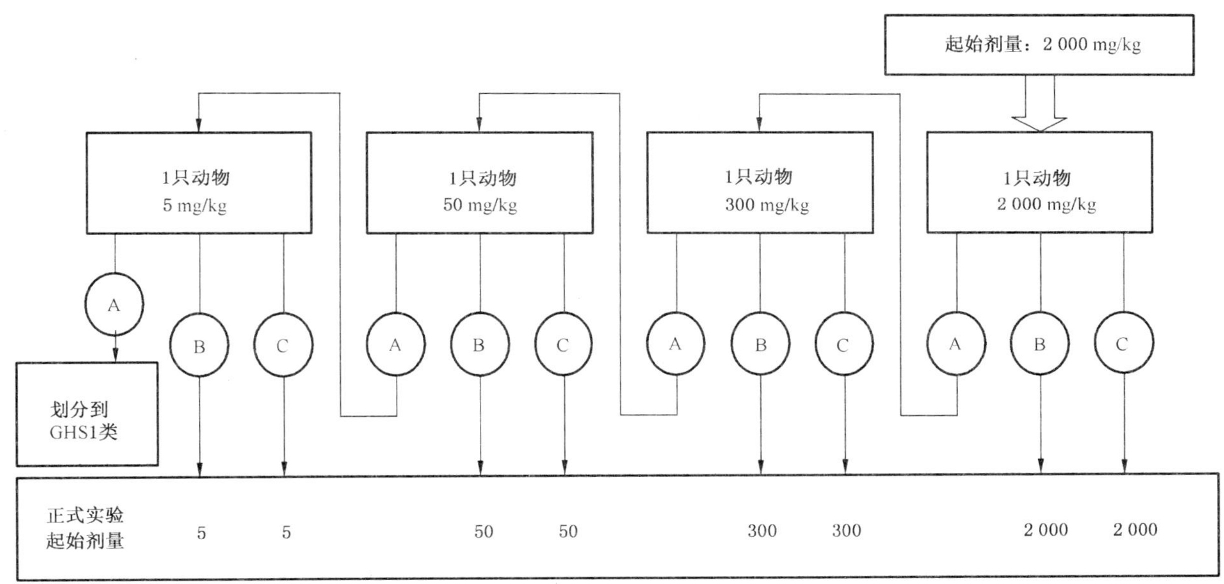

图 A.4 预试验流程图(起始剂量:2 000 mg/kg)

注：A——死亡；B——明显毒性；C——无毒性。如在 5 mg/kg 剂量下出现结果 A，应按照 4.4.3.2 附加程序方法划分该物质的 GHS 急性毒性危险类别。

附 录 B
（规范性附录）
正式试验流程

B.1 正式试验流程图（见图 B.1～图 B.4）

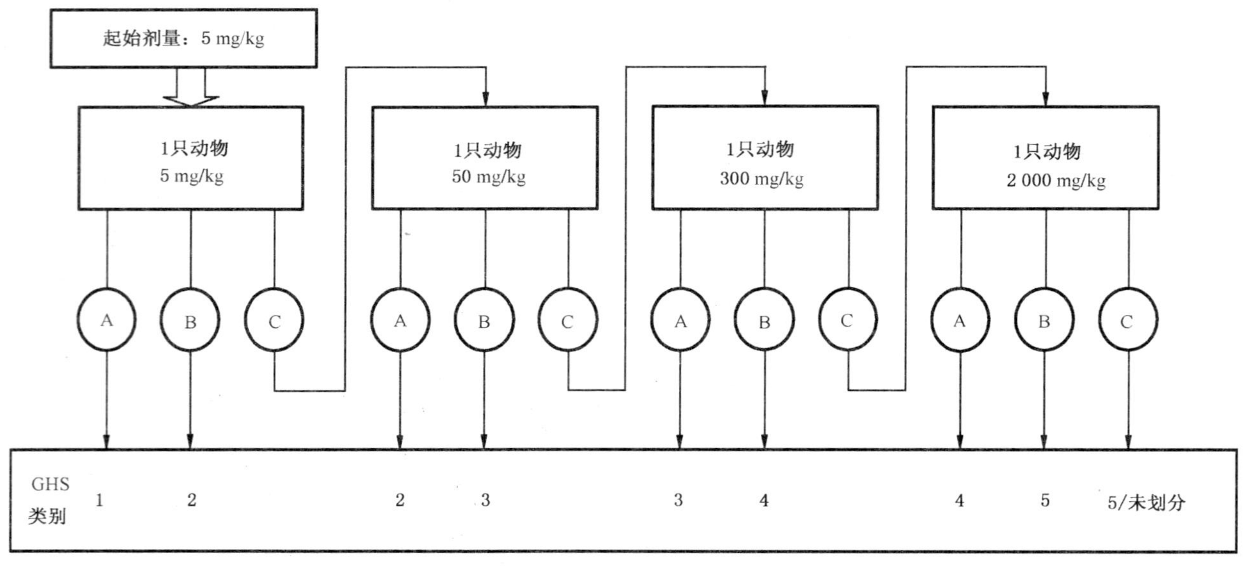

图 B.1 正式试验流程（起始剂量：5 mg/kg）

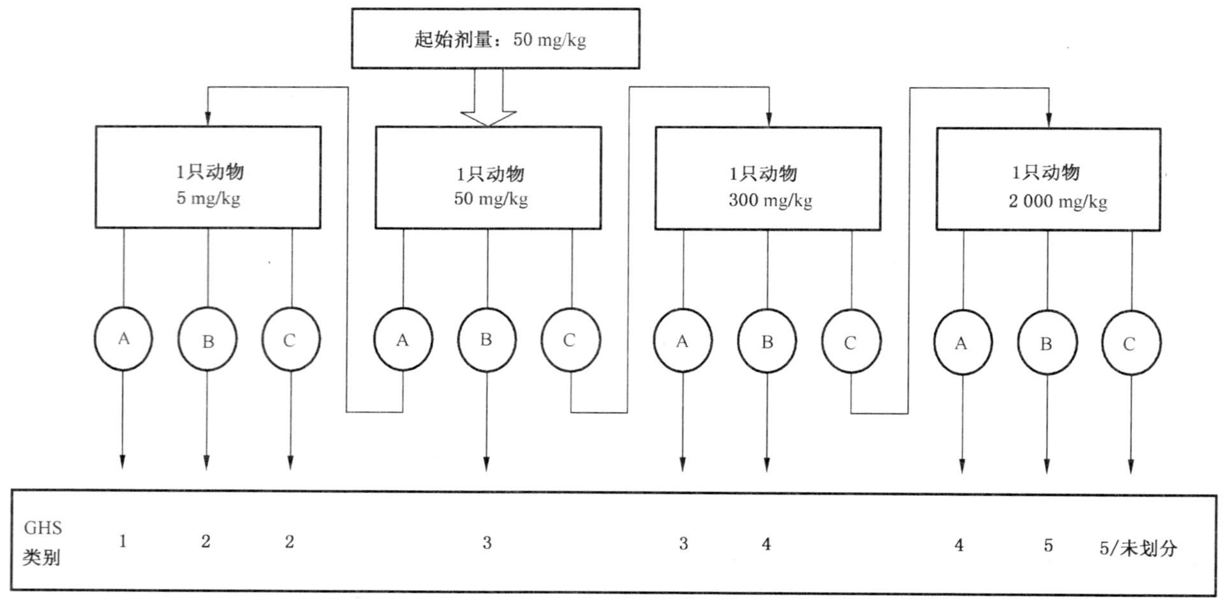

图 B.2 正式试验流程（起始剂量：50 mg/kg）

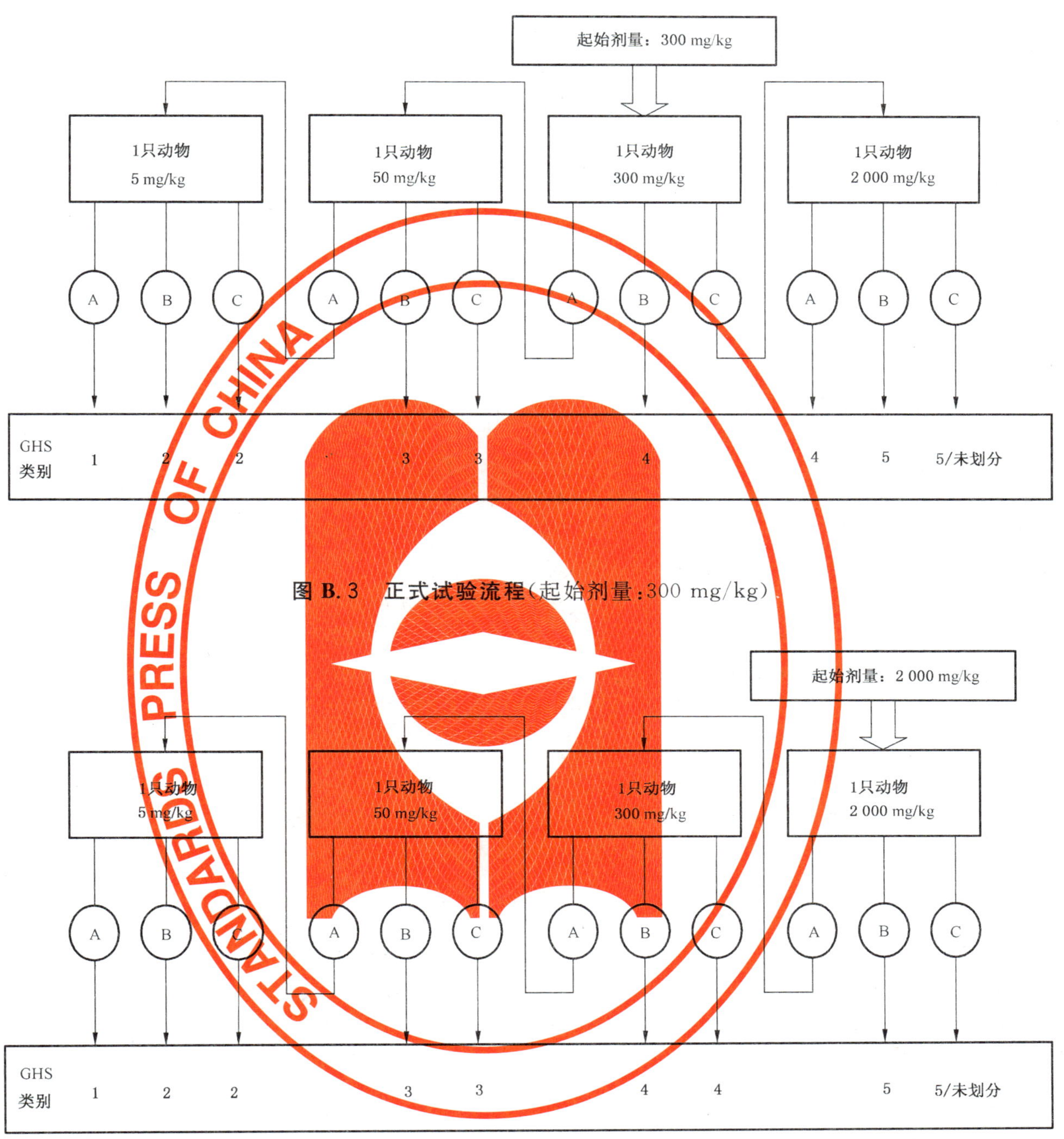

图 B.3　正式试验流程(起始剂量:300 mg/kg)

图 B.4　正式试验流程(起始剂量:2 000 mg/kg)

注：A——死亡数大于或等于 2 只；B——观察到明显毒性大于或等于 1 只，或者 1 只死亡；C——无毒性。正式试验中5 只动物应包含预试验中该剂量组使用过的一只动物。

附　录　C
（规范性附录）
试验剂量在 2 000 mg/kg 的分类说明

C.1　对于 LD_{50} 大于 2 000 mg/kg 无需试验的受试物的分类标准

C.1.1　GHS 分类急性毒性危险类别为 5 的物质具有相对较低的急性毒性，在某些特定的情况下可能对某些比较脆弱的人群带来危险。这类物质经口或经皮 LD_{50} 值预计在 2 000 mg/kg～5 000 mg/kg。或其他染毒途径获得的类似结果。

C.1.2　在下列情况下，受试物可以划为 2 000 mg/kg < LD_{50} < 5 000 mg/kg(GHS 具有急性毒性，危险类别为 5)：

C.1.2.1　通过附录 B 的试验步骤，根据致死率可以直接将受试物划分到第 5 类物质。

C.1.2.2　有确定的证据表明受试物的 LD_{50} 在 2 000 mg/kg < LD_{50} < 5 000 mg/kg 范围内，或者其他动物试验以及人类毒性反应表明该物质对人类健康具有急性毒性。

C.1.2.3　具有下列任意一种情况，且通过对数据的外推、预测或衡量不能将该物质划分到更为严重的毒性物质：

——在急性毒性类别 4 的经口毒性试验中具有致死性；

——在按照急性毒性类别 4 试验时专家判断出现了较为严重的毒性反应，除了腹泻，竖毛或不太明显的症状；

——通过专家对其他动物试验的判断认为有足够的证据表明该物质有比较明显的潜在急性毒性；

——有其他动物试验以及人类毒性反应表明该物质对人类具有毒性效应。

C.2　试验剂量大于 2 000 mg/kg

只有在特殊情况下才使用 5 000 mg/kg 的剂量。如果无明确的资料可以证明做 5 000 mg/kg 的试验对人类、动物健康和环境保护有重大意义，出于动物福利的考虑，不做 5 000 mg/kg。

C.3　预试验

附录 A 中的试验准则适用于 5 000 mg/kg。如果预试验开始于 5 000 mg/kg，结果为 A，应用第二只动物在 2 000 mg/kg 剂量开始试验；如果出现了结果 B 或 C(明显毒性或无毒性)则选取5 000 mg/kg 作为正式试验的起始剂量。对于在 2 000 mg/kg 剂量的试验结果出现 B 或 C，应将试验推进到 5 000 mg/kg，如果 5 000 mg/kg 的试验结果为 A，则正式试验的起始剂量为2 000 mg/kg，如果结果为 B 或 C，则正式试验的起始剂量为 5 000 mg/kg。

C.4　正式试验

附录B 的试验准则适用于 5 000 mg/kg。如果正式试验开始于 5 000 mg/kg，结果 A(大于或等于 2 只死亡)需要选第二组动物在 2 000 mg/kg 上进行试验；如果出现结果 B(明显毒性和/或小于或等于 1 只死亡)或 C(无毒性)表明该受试物不能按照 GHS 的标准进行划分类别。在 2 000 mg/kg 剂量上的试验出现结果 B 或 C，应将试验推进到 5 000 mg/kg，如果 5 000 mg/kg 的试验结果为 A，则该物质被划分到 GHS 急性毒性，类别为 5，如果结果为 B 或 C，则该受试物不能按照 GHS 的标准进行划分类别。

ICS 13.300;13.020.40
A 80

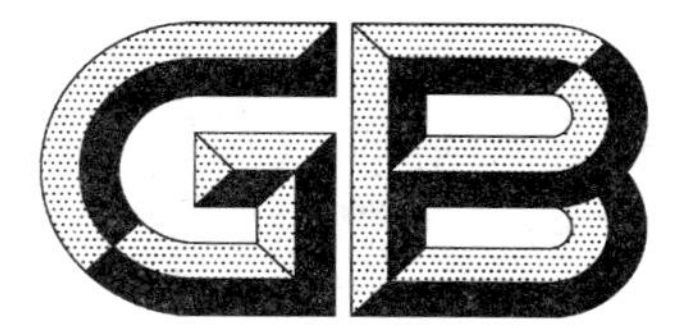

中华人民共和国国家标准

GB/T 21805—2008

化学品　藻类生长抑制试验

Chemicals—Alga growth inhibition test

2008-05-12 发布　　2008-09-01 实施

中华人民共和国国家质量监督检验检疫总局
中国国家标准化管理委员会　发布

前　言

本标准等同采用经济合作与发展组织(OECD)化学品测试导则 No. 201(2006 年)《藻类生长抑制试验》(英文版)。

本标准做了下列编辑性修改:

——将计量单位改为我国法定计量单位。

——将原附录 1 术语和定义调整为正文。

——增加了普通小球藻(*Chlorella Vulgaris*)为受试生物。

——将原附录 4 的内容调整到正文 6.1.2 藻类的储备培养和 6.1.3 藻类的预培养。

——删除了原附录 2 中"藻种来源"相关内容。

本标准的附录 A、附录 B 和附录 C 为资料性附录。

本标准由全国危险化学品管理标准化技术委员会(SAC/TC 251)提出并归口。

本标准负责起草单位:环境保护部化学品登记中心。

本标准参加起草单位:沈阳化工研究院安全评价中心、上海市检测中心、上海市环境科学研究院。

本标准主要起草人:周红、菅小东、马馨、蔡磊明、赵玉艳、戎志毅、沈根祥。

化学品　藻类生长抑制试验

1　范围

本标准规定了化学品　藻类生长抑制试验的方法概述、试验准备、试验程序、质量保证与质量控制、数据与报告。

本标准适用于测试试验条件下溶于水的化学品。如果要测试挥发性、强吸附性、有颜色、不溶或难溶于水的化学品，以及可能影响培养基中营养物质有效利用的化学品，需要对所述试验程序进行修改（如采用密闭系统、适当的试验容器）。参考文献[2]、[3]和[4]提供了部分修改方案。

2　术语和定义

下列术语和定义适用于本标准。

2.1

生物量　biomass

单位体积试验介质内活体生物的干重，例如毫克藻每升试验溶液。生物量通常被定义为质量，但在本标准中，定义为单位体积的质量，且以单位体积内细胞数量或荧光性等的测定替代生物量的测定。

2.2

变异系数　coefficient of variation

标准差与平均数之比，通常以百分比表示，记作 CV%。变异系数是一个无量纲的数，因而便于样本间的相互比较。对照组各平行平均比生长率的变异系数的平均值按以下方式计算：

a)　分别计算试验各阶段各平行的平均比生长率；

b)　计算试验各阶段对照组各平行平均比生长率的变异系数的平均值。

2.3

效应浓度　EC_x

引起受试生物生长或生长率比对照下降 x%（如 50%）时的受试物浓度。EC 有基于生长率的 E_rC 和基于生长量的 E_yC 之分。

2.4

藻类生长培养基　growth medium

含有特定营养成分的液体或胶状物质。藻类在培养基中生长并暴露于受试物。通常是将受试物溶于培养基中。

2.5

生长率　growth rate

即平均比生长率（average specific growth rate），是暴露期间藻类生物量的指数增长率。

2.6

最低可观察效应浓度　lowest observed effect concentration；LOEC

在一定暴露期内，与对照相比，对藻类生长有明显（$p<0.05$）抑制效应的最低受试物设置浓度。高于 LOEC 的所有试验浓度均可观察到与 LOEC 时相同的或更严重的毒性影响。如果未满足上述条件，应就 LOEC（以及 NOEC）的选择进行详细说明。

2.7

无可观察效应浓度　no observed effect concentration；NOEC

直接低于最低可观察效应浓度（LOEC）的受试物设置浓度。

2.8

响应变量 response variable

可替代生物量评价受试物对藻类的毒性的各种参数，如生长率和生长量。

2.9

比生长率 specific growth rate

试验期间，每天生物量的增长。生物量自然对数之差与时间之差的商。

2.10

生长量 yield

试验期间，生物量增长的测定值。试验结束时各试验容器中藻类生物量与试验开始时各试验容器中藻类生物量之差。

3 受试物信息

a) 结构式；
b) 纯度；
c) 蒸气压；
d) 水中溶解度；
e) 正辛醇-水的分配系数(P_{ow})；
f) 水溶液中的定量分析方法，包括添加回收率和仪器检测限；
g) 光化学稳定性；
h) 在水中的生物降解性；
i) 在试验条件下的稳定性；
j) 光吸收性；
k) 水解离常数(pKa)。

4 方法概述

4.1 原理

受试物的浓度不同，会对藻类生长产生不同程度的抑制效应。将处于指数生长期的淡水绿藻和(或)蓝藻暴露于含有不同浓度受试物的水溶液中，试验周期为72 h，测定并记录24 h、48 h和72 h藻类的生物量，计算抑制率(与对照相比)，得出EC_{50}及其95%置信区间，并统计得出最低可观察效应浓度(LOEC)和(或)无可观察效应浓度(NOEC)。虽然试验周期相对较短，但是通过藻类若干代的繁殖可以评价其效应。

测定不同时间藻类的生物量，以量化藻类的生长和生长抑制。由于藻类干重难以测定，多使用其他参数替代，如细胞浓度、荧光性和光密度等。应知晓所使用的替代参数与生物量之间的换算系数。

测定终点为生长抑制。可以试验期间平均比生长率或生物量的增加来表达。从一系列试验浓度下的平均比生长率或生长量可以获得致使藻类生长率或生长量受到x%抑制(如50%)的被试物质浓度，并表达为E_rC_x或E_yC_x(如E_rC_{50}或E_yC_{50})。

4.2 参比物

本标准使用3,5-二氯苯酚作为参比物[1]。对于绿藻，也可使用重铬酸钾作为参比物。

定期测试参比物对藻类生长的影响，至少每年两次。

5 仪器和设备

5.1 试验容器

试验容器和其他与试验液直接接触的器皿应完全为玻璃或其他化学惰性材料制成，用于测试前应彻底清洗并灭菌。

试验容器为具有一定容积的玻璃瓶，如三角瓶，以保证试验期间有足够的试验液用于测试，同时也保证 CO_2 的充分交换（要有一定的表面积-体积比：125 mL 三角瓶中试验液的体积应为 40 mL～60 mL，250 mL 三角瓶应为 70 mL～100 mL，500 mL 三角瓶应为 100 mL～150 mL。）注意必须保证有足够的液体用作分析测定。

为了防止有机或无机污染物影响藻类的生长和培养基的组成，容器应用棉塞、海绵塞、滤纸、纱布（2 层～3 层）、锡箔纸等封闭。

挥发性化学品试验时应用磨口玻璃塞完全密封。

同一批试验的容器应规格一致。

5.2 培养设备

使用可控制温度在±2℃范围内的光照培养箱。

5.3 照度计

测定光照强度的仪器：注意，光照强度的测定方法非常重要，使用不同类型的光接受器得到的结果可能不同。最好使用 4 π 的球面照度计（可接受来自各方向各角度的直射或反射光照）或 2 π 球面照度计（可接受来自上方各角度的直射或反射光照）。

5.4 测定藻类生物量的仪器设备

细胞计数是最常用的替代参数，用于计数的仪器设备主要有电子颗粒计数仪、显微镜、浮游植物计数框或血球计数板、手动计数器等。应明确细胞计数和干重之间的转换关系。

也可使用分光光度计、比色计、荧光计、流动细胞计数仪等测定其他替代参数。

为了在低生物量时进行有效测定，使用分光光度计吸收池的光径必须至少为 4 cm。

5.5 其他仪器设备

——pH 计；

——电子分析天平；

——高压灭菌锅；

——机械振荡器等。

6 试验准备

6.1 受试生物

6.1.1 受试生物的选择

选择一些不易附着于瓶壁上的绿藻和蓝藻作为受试生物。

a) 绿藻

——羊角月芽藻（*Pseudokirchneriella subcapitata*）；

——栅藻（*Desmodesmus subspicatus*）；

——普通小球藻（*Chlorella vulgaris*）。

b) 硅藻

——舟形藻（*Navicula pelliculosa*）。

c) 蓝藻

——水华鱼腥藻（*Anabaena flos-aquae*）；

——聚球藻（*Synechococcus leopoliensis*）。

上述藻类的详细信息见附录 A。

也可选用其他藻类，但应在报告中说明其品系和（或）来源，并确保在试验期间相应的试验条件下保持指数生长。

6.1.2 藻类的储备培养

得到纯藻种后，需要加以保存，以备试验时用。

藻种可在试管内固体培养基斜面上保存。在培养基中加入 0.8% 的琼脂，灭菌后倒入试管，冷却成斜面，然后接种藻类，棉塞封闭，在较低光照和温度条件下可保存较长时间。大约每隔 2 个月转接一次。

如果经常进行试验，储备培养物应在液体培养基中保存。在三角瓶中加入约 100 mL 培养基，接种藻类，在试验要求的相同温度和光照条件下培养，每周转接一次，以保持培养物生长良好，随时有足够的数量可用于试验。对于生长快速的藻类，接种量为转接前藻细胞浓度的 1%。一般应在藻类进入生长停滞期前转接。

应该经常检查储备培养中藻类的生长情况，包括形态和生长速度，以及有无菌类和其他藻类的污染。培养物有畸形生长或受到其他藻类或菌类的污染时应予废弃或采取纯化、复壮等措施。

为了避免藻种受到细菌和其他藻类的污染，必须在无菌室进行操作。

6.1.3 藻类的预培养

自储备培养物中取出一定量的藻液，接种到新鲜的无菌培养基中，在试验要求的相同条件下培养。应使藻类在 2 d～4 d 内达到指数生长，镜检，若藻类生长良好即可用于试验，若藻类被污染或生长异常（如畸形等）应废弃。

6.2 试验条件

6.2.1 培养基

使用 OECD 和 AAP 的藻类培养基，见附录 B。两种培养基的 pH 值和缓冲量不同，因此，同一受试物在不同培养基中对同一藻类的影响可能不同，尤其是当受试物在水中离子化程度较高时。

当受试物为金属和螯合物或测定不同 pH 值条件下对藻类的影响时，可适当修改培养基，但在报告中应说明修改后培养基的组分，并阐明使用该培养基的合理性[3]、[4]。

6.2.2 其他条件

温度 21℃～24℃，同一试验中，温差不大于 2℃。将容器随机摆放并每天改变其在培养箱中的位置。如果使用了非附录 A 推荐的藻种，例如热带藻种，为了符合质量控制的要求，可能需要适当提高培养温度。

连续均匀光照，绿藻和蓝藻的品系不同，对光照的要求也不同。光照强度应适宜于被试生物。光谱范围 400 nm～700 nm。所推荐的绿藻生长的适宜光照强度为 4 440 lx～8 880 lx（60 $\mu E \cdot m^{-2} \cdot s^{-1}$～120 $\mu E \cdot m^{-2} \cdot s^{-1}$）。对于其他推荐藻种，特别是水华鱼腥藻（*Anabaena flos-aquae*）在光照强度为 2 960 lx～4 440 lx（40$\mu E \cdot m^{-2} \cdot s^{-1}$～60 $\mu E \cdot m^{-2} \cdot s^{-1}$）时生长较好。光照强度差异应保持在 ±15% 范围内。

机械振荡器：(100±10)次/min 或定时人工摇动若干次。

7 试验程序

7.1 制备

7.1.1 受试物溶液的制备

如果受试物为易溶于水的化学物质，用经灭菌后的新鲜培养基配制受试物的储备液，其浓度为测试时所需最高浓度的 2 倍。用此储备液稀释配制成一系列不同浓度的受试物溶液，其浓度也分别为测试时所需浓度的 2 倍。

如果受试物为难溶于水的化学物质，用适当的溶剂，例如丙酮、t-丁基乙醇和二甲基甲酰胺[2]、[3]等，制备受试物的储备液，其浓度应是测试时所需最高浓度的 10^4 倍。用此储备液稀释配制成一系列不同浓度的受试物溶液，其浓度也分别为测试时所需浓度的 10^4 倍。应选用对藻类生长无影响的溶剂，试验液中溶剂最大允许使用量为 100 $\mu g/L$。

7.1.2 藻液的制备

镜检并计数预培养的藻类，若藻类生长良好即可用于试验。试验液中藻类的初始生物量（干重）应小于0.5 mg/L，因此，各种藻类在试验液中的初始细胞浓度如下：

a) 羊角月芽藻（*Pseudokirchneriella subcapitata*），$5\times(10^3\sim10^4)$个/mL；

b) 栅藻（*Desmodesmus subspicatus*），$(2\sim5)\times10^3$个/mL；

c) 普通小球藻（*Chlorella vulgaris*）10^4个/mL；

d) 舟形藻（*Navicula pelliculosa*），10^4个/mL；

e) 水华鱼腥藻（*Anabaena flos-aquae*），10^4个/mL；

f) 聚球藻（*Synechococcus leopoliensis*），$5\times(10^4\sim10^5)$个/mL。

如果受试物为易溶于水的化学物质，藻液中的藻细胞浓度为初始细胞浓度的2倍；如果受试物为难溶于水的化学物质，藻液中的藻细胞浓度为初始细胞浓度。

7.1.3 试验液的制备

如果受试物为易溶于水的化学物质，将受试物溶液和藻液以1∶1的比例混合，即为试验液。对照组不加入受试物溶液而加入同体积的无菌培养基。

如果受试物为难溶于水的化学物质，向一定体积的藻液中加入10 μL受试物溶液，即为试验液。增设溶剂对照组，其中加入10 μL溶剂。

7.2 试验操作

7.2.1 预备试验

正式试验之前，先进行较大范围浓度系列的预备试验，为正式试验设置受试物的浓度提供依据。预备试验不设平行。

7.2.2 正式试验

根据预备试验的结果进行正式试验，最好在对藻类产生5%～75%生长抑制效应之间以几何级数设置受试物浓度系列。正式试验至少设5个浓度，浓度的间隔系数大于或等于3.2，每个浓度3个平行。

如果试验不需要得出无可观察效应浓度（NOEC），可以适当减少平行数而增加试验浓度。

应同时设置空白对照组，若使用溶剂，还应增设溶剂对照组，对照组至少设3个平行。如果条件允许，对照组平行数为处理组的2倍。

7.2.3 试验周期

试验周期为72 h。但如果为了满足质量保证与质量控制的各项要求，也可根据实际情况缩短或延长试验周期。

7.2.4 藻类生长情况测定

试验开始后，每隔24 h，即在24 h、48 h、72 h时，从每个试验容器中取样镜检并进行生长测定。吸取少量试验液进行测定，测定完成后，严禁将取出的试验液放回至试验容器中。测定项目包括藻细胞浓度、光密度或叶绿素等，测定方法如下：

a) 细胞计数：在显微镜下，用0.1 mL计数框或血球计数板对藻细胞的数量计数。用计数框时可采用视野法，即对显微镜视野中的所有细胞计数。放大倍数40×10，每片至少计数10个视野，如果藻细胞密度小，则要适当增加计数视野，藻数按视野累加。每次计数（同一批取样的样品）应采用相同方法（视野数目、放大倍数等）。每一样品至少计数2次，如计数结果相差大于15%，应予重复计数。如工作量过大，可先取样，用鲁哥氏液固定后保存，留待以后计数。镜检计数工作量较大，有条件时可采用电子颗粒计数仪。

b) 光密度：取一定量的测试液在分光光度计上测定其光密度，波长可选用650 nm、663 nm或其他波长。亦可用荧光光度计测定。

c) 叶绿素：样品经离心或过滤后，用丙酮、乙醇或其他溶剂萃取，进行分光测定。亦可用荧光光度计测定。

7.2.5 分析检测

试验开始和结束时，应测定对照组和各处理组试验液的 pH 值，pH 值的差异小于 1.5。如果受试物是金属或混合物，且在试验的 pH 值左右发生部分离子化，那么必须限制 pH 值的偏移，以确保获得可重复的试验结果。偏移小于 0.5 在理论上是可行的，并且可以通过确保有充足的 CO_2 在空气和试验液间交换来实现，例如增大摇动频率。另一个途径是减少初始生物量或缩短试验周期来减少对 CO_2 的需求。

建立试验液中受试物浓度的分析测定方法，试验开始和试验期间定期取样测定，以验证各处理组试验液的初始浓度以及试验期间的暴露浓度。如果试验期间受试物的浓度能维持在设定浓度（或初始测定浓度）±20%的范围内，测定试验开始和结束时一个高浓度组、一个浓度组和约 50%生长抑制浓度组试验液中受试物的浓度；如果不能，则测定各浓度组试验液中受试物的浓度。如果受试物具有挥发性、不稳定性或强吸附性，则每隔 24 h 应测定一次。

用于受试物浓度分析的培养基应与试验用培养基经过同样的处理，即它必须接种了绿藻且在与试验相同的条件下培养。如果需要分析溶解的受试物浓度，必须将藻类从培养基中分离出来。最好使用离心法进行分离，较低转速就可使藻类沉淀。

结果计算以测定浓度为准。如果测定浓度为设定浓度（或初始测定浓度）的 80%～120%，可以用设定浓度或初始测定浓度来计算；如果超出该范围，则使用测定浓度的几何平均值或受试物浓度下降的模型进行结果计算[3],[7]。

相对于其他绝大多数的短期水生生物毒性试验而言，藻类生长抑制试验是一个动态的试验系统。试验中实际的暴露浓度难以确定，尤其是对于强吸附性物质在低浓度时。因此，由于吸附于生物量增加的藻类上，试验液中被试物质的消失并不意味着它从该试验系统中消失。结果计算时，须核查在被试物质浓度降低过程中是否伴随着藻类生长抑制效应的减小。如果发生此类情况，建议应用合适的被试物质浓度下降的模型。如果未发生此类情况，最好采用初始浓度（设定或测定）的分析结果进行计算。

7.2.6 试验观察

试验结束时，镜检试验液中藻细胞生长是否健康正常，记录并说明细胞的任何异常情况，如畸形等（暴露于受试物中引起的）。

7.3 限度试验

若预试验的结果表明，受试物在 100 mg/L 的浓度下（或在试验溶液中的最大溶解度下，该溶解度大于 100 mg/L）对受试藻类没有产生任何可观察效应，正式试验可使用限度试验，限度试验的浓度为 100 mg/L，如果受试物在试验溶液中的最大溶解度大于 100 mg/L，则取该最大溶解度作为限度试验的浓度。

限度试验设 6 个重复，对照组与处理组应同时进行。所有上述有关试验条件和质量保证与质量控制的内容均适用于限度试验。对照组和处理组中测得的响应变量需用统计学方法进行比较分析，例如学生氏（Student ）t 检验。如果两组所得变量不规则，应调整 t 检验的方法。

8 质量保证与质量控制

试验达到以下指标方为有效：

a) 试验开始的 72 h 内，对照组藻细胞浓度应至少增加 16 倍，即比生长率不小于 0.92 d^{-1}。对于常用的试验藻种，生长率远高于此（见附录 A）。如果试验使用了其他生长较慢的藻种，该指标可能不能被满足。如果发生此类情况，应延长试验周期，直至对照组藻细胞呈指数增长且浓度增加 16 倍。同时，也可缩短试验周期，但至少应为 48 h 且供给充足，同样应达到对照组藻细胞呈指数增长且浓度增加 16 倍。

b) 试验各阶段，如 0 d～1 d、1 d～2 d 和 2 d～3 d，对照组比生长率的变异系数的平均值小于35%。

c) 整个试验期间，对照组各平行的平均比生长率的变异系数，羊角月芽藻（*Pseudokirchneriella subcapitata*）和栅藻（*Desmodesmus subspicatus*）不大于7%，其他推荐藻类不大于10%。

9 数据与报告

9.1 数据处理

9.1.1 绘制生长曲线

用测定的替代参数（如藻细胞浓度、荧光性）表示试验容器中藻类的生物量。

以表格形式列出24 h、48 h和72 h对照组和各处理组的试验容器中的藻类生物量。

以时间为横轴，藻类生物量为纵轴，取各平行的平均值，绘制对照组和各处理组的藻类生长曲线。对数坐标轴和直线坐标轴均可使用，但是用对数坐标轴作出的生长曲线是一条直线，其斜率就是藻类的比生长率，它可以更好地表达藻类的生长模式。

观察生长曲线，检查试验期间对照组的指数生长是否达到预期的生长率。仔细检查所有数据点和相关图表，核对原始数据和可能产生误差的环节。仔细检查可能偏离系统误差的所有数据点。如果发现了明显的程序上的错误或该错误发生的可能性非常高，将相关的数据点标为异常值，并在进行下一步的统计分析时剔除这些数据（如果其中一个平行中藻类的浓度为零，那可能是该平行试验液中未接入藻类或器皿的洗涤方法不正确）。试验报告中对于作为异常值被剔除的数据应阐明其原因。可以接受的原因仅仅只限于程序上的错误和精密度差。判定异常值的统计学程序仅仅适用于此类问题，它并不能代替专家评审。最好在之后出现的图表中保留异常值。

9.1.2 参数计算

本标准应计算以下参数以评价受试物对藻类的影响：

a) 比生长率：试验期间，每天生物量的增长，见式(1)：

$$\mu_{i-j}=\frac{\ln X_j-\ln X_i}{t_j-t_i} \quad \cdots\cdots(1)$$

式中：

μ_{i-j}——从 i 时间到 j 时间的比生长率，单位为每天(d^{-1})；

X_i——i 时间的生物量；

X_j——j 时间的生物量。

对于各处理组和对照组，计算各平行的平均值进行毒性评价。

采用初始接种生物量的设定值计算整个试验周期（通常0 d～3 d）的平均比生长率，比采用测量值计算的更精确。特别是生物量浓度低时，如果测定生物量时使用了非常精密的仪器（如流动血细胞计数仪），可使用初始生物量浓度的测量值进行计算。计算并评估试验过程中每天的（0 d～1 d、1 d～2 d和2 d～3 d）比生长率，并检查对照组的生长率是否符合质量保证与质量控制的要求。如果与总平均比生长率相比，第一天的比生长率相当低，说明第一天藻类处于生长停滞期。通过预培养消除对照组中的生长停滞期或使其最小化，暴露组中的生长停滞表明藻类经受试物作用后可能恢复或由于受试物的损失（包括吸附于藻类）暴露量减少了。因此，为了评价暴露期间发生的受试物对藻类生长的影响，应评价试验各阶段的生长率。如果平均比生长率和各阶段生长率间存在显著差异，说明藻类未保持持续指数增长，因此，要仔细检查生长曲线。

b) 以比生长率为基础的抑制率，见式(2)：

$$I_r=\frac{\mu_C-\mu_T}{\mu_C}\times 100 \quad \cdots\cdots(2)$$

式中：

I_r——以比生长率为基础的抑制率，%；

μ_C——对照组各平行比生长率的平均值；

μ_T——处理组各平行的比生长率。

c) 生长量：试验期间，生物量的增长，见式(3)：

$$I_y = \frac{(Y_C - Y_T)}{Y_C} \times 100 \quad \cdots\cdots(3)$$

式中：

I_y——以生长量为基础的抑制率，%；

Y_C——对照组各平行生长量的平均值；

Y_T——处理组各平行的生长量。

如果试验设置了溶剂对照组，进行抑制率计算时，应以溶剂对照组为准。

由比生长率和生长量分别得出的毒性数据没有可比性，在应用试验结果时应注意区分。由于计算方法的不同，由平均比生长率得出的 EC_x（即 E_rC_x）一般高于由生长量得出的 EC_x（即 E_yC_x）。由于仅仅是所使用的计算方法不同，两个变量灵敏度的差异不用特别说明。平均比生长率的定义基于在营养充足的条件下藻类的指数生长模式，毒性评价是依据受试物对生长率的影响，而不是依据对照组比生长率的绝对水平、剂量-效应曲线的斜率或试验周期。相对而言，基于生长量得出的结果是根据所有这些其他变量得出的。由于种类和品系的不同，基于各试验中藻种的平均比生长率和最大比生长率得出的 E_yC_x 也不同。该响应变量不能用于比较不同种类和品系的藻类对有毒物质的灵敏度。用平均比生长率进行毒性评价更科学。

9.1.3 绘制剂量-效应曲线

以受试物浓度的对数值为横坐标，比生长率的抑制率或生长量的抑制率为纵坐标，作回归曲线，即为剂量-效应曲线。作回归曲线时应忽略上一阶段已定为异常值的数据。

采用直线内插法或其他计算机统计软件得出 EC_{50}、EC_{10} 和(或)EC_{20} 这些关键值。但该方法有时可能不适用：

a) 计算机统计软件不适用于所得数据，专家评审更有利于得到更可靠的结果，这种情况下，一些软件甚至不能给出一个可靠的解决办法（叠代不集中等）。

b) 一般的计算机统计软件不适于处理刺激效应的数据。

9.1.4 统计分析

通过回归分析得出量化的剂量-效应关系。对数据进行线性转化后——例如概率单位、对数或韦布尔(Weibull)单位[8]，可能可以用加权线性回归进行统计，但是非线性回归是能够更好地处理不规则和偏离曲线但又不能忽略不计的数据的首选方法。对于像接近0%抑制率或100%抑制率这样不规则的难以进行分析的数据，通过转化可能被放大。注意使用概率单位、对数或韦布尔(Weibull)单位转化的标准方法是针对量子（如死亡率或存活率）数据的，为了使其与生长和生物量的数据相兼容，必须进行改良。由连续数据确定 EC_x 的特殊程序见参考文献[9]、[10]和[11]。附录C详细说明了非线性回归分析的应用。

统计分析各响应变量，通过剂量-效应关系求出 EC_x 及其95%置信区间（如果可能）。最好作图或统计分析响应数据是否与回归模型相符。采用各平行所得数据而不是各平行的平均值进行回归分析。如果数据过于分散，难以或不能采用非线性曲线，需用各平行的平均值进行回归，这样可以减少来自可疑异常值的影响。如果选择这样处理，在报告中应将其作为对常规程序的背离进行说明和验证，因为曲线与个别平行相符并不是个好结果。

如果所得数据无法通过可以利用的回归模型/方法求出 EC_{50} 及其95%置信区间，可采用直线内插法。

通过单因素方差分析(ANOVA)，比较各处理组受试物对藻类生长影响的平均值，得出LOEC和NOEC。必须采用适当的多重比较方法，比较各处理组的平均值和对照组的平均值是否存在显著性差异。建议采用邓恩特(Dunnett)法或威廉(Williams)法进行多重比较,见参考文献[12]、[14]、[15]、[16]、[17]。必须评估ANOVA中变量具有齐次性的假设是否成立。可通过作图或试验[17]进行评估。建议采用列文(Levene)法或巴特利特(Bartlett)法检验变量是否具有齐次性,如果结果是否定的,则应通过对数转换进行校正。如果非齐次性异常显著,难以通过数据转换来较正,建议采用递减的Jonkheere趋势检验进行分析。其他确定NOEC的准则见参考文献[11]。

近来科学的发展力主抛弃NOEC的概念而用EC_x替代。对于藻类试验而言,x表示多少最合适尚未定论。10%～20%范围内的值都比较合适(根据响应变量的不同),最好能同时给出EC_{10}和EC_{20}。

9.1.5 生长刺激

试验有可能观察到低浓度生长刺激效应(负抑制率)。产生此效应的原因可能是毒物兴奋效应(毒物刺激效应)或受试物中刺激生长的因子加入至最少量的培养基中所致。注意,加入无机营养盐并不会产生直接的影响,因为试验期间培养基中的营养成分是保持过剩状态的。计算EC_{50}时,如果观察到明显的刺激效应或需要求解的EC_x中x值较低,建议采用毒物兴奋效应模型。否则可忽略不计。计算时尽可能避免从原始数据中删除刺激效应的部分。如果所使用的统计软件不容许刺激效应(次要地位)的出现,则采用直线内插法。

9.1.6 非受试物毒性引起的藻类生长抑制

由于遮挡会减少有效光照,对于具有光吸收性的受试物来说,生长抑制现象加剧。应通过修改试验条件和试验方法等来区分由于理化性质等造成的对藻类生长的影响。相关准则见参考文献[2]和[3]。

9.2 试验报告

试验报告应包括以下内容:

a) 受试物

——物理属性和相关理化性质,包括水中溶解度;

——化学特性(如CAS编号),包括纯度。

b) 受试生物

——藻类的种类、来源或提供者,以及培养条件。

c) 试验条件

——试验开始日期和持续时间;

——试验设计:试验容器、培养体积和试验开始时的生物量密度;

——培养基的成分;

——试验浓度和平行(如平行数、试验浓度数及其公比);

——试验溶液的配制,包括溶剂的使用;

——培养设备;

——光照强度和光质(来源,是否均匀);

——温度;

——浓度测定:设定浓度和所有实测浓度,应说明添加回收试验的方法和仪器的最低检测限;

——对本标准的所有背离;

——生物量的测定方法,以及所测参数和干重的关系。

d) 结果

——试验开始和结束时各处理组的pH值;

——生物量的测定方法,以及各测定点时各试验容器中的生物量;

——生长曲线(生物量-时间);

——计算出的各平行的各参数值,及其平均值和变异系数;

——剂量-效应曲线;

——评估受试物对藻类的毒性,如EC_{50}、EC_{10}、EC_{20}及其置信区间。LOEC和NOEC及其统计

方法(可选);

——如果采用单因素方差分析(ANOVA)进行统计,说明最小显著差数;

——各处理组中任何对藻类生长有刺激效应的结果;

——观察到的其他效应,如藻类在形态学上的改变;

——结果讨论,包括对偏离的解释说明。

附 录 A
（资料性附录）
试验藻种

A.1 生物品系

A.1.1 绿藻

羊角月芽藻（*Pseudokirchneriella subcapitata*）；

栅藻（*Desmodesmus subspicatus*）。

A.1.2 硅藻

舟形藻（*Navicula pelliculosa*）。

A.1.3 蓝藻

水华鱼腥藻（*Anabaena flos-aquae*）；

聚球藻（*Synechococcus leopoliensis*）。

A.2 外观和特征（见表 A.1）

表 A.1 试验藻种的外观和特征

项目	*P. subcapitata*	*D. subspicatus*	*N. pelliculosa*	*A. flos-aquae*	*S. leopoliensis*
外观	新月形或链形，单个细胞	椭圆形，单个细胞	杆状细胞	椭圆形，链状细胞	杆状细胞
大小（宽×长）/（μm×μm）	(2～3)×(8～14)	(3～12)×(7～15)	3.7×7.1	3×4.5	1×6
细胞体积/(μm^3/个)	40～60[a]	60～80[a]	40～50[a]	30～40[a]	2.5[b]
细胞干重/(mg/个)	$(2\sim3)\times10^{-8}$	$(3\sim4)\times10^{-8}$	$(3\sim4)\times10^{-8}$	$(1\sim2)\times10^{-8}$	$(2\sim3)\times10^{-9}$
生长率[c]/d^{-1}	1.5～1.7	1.2～1.5	1.4	1.1～1.4	2.0～2.4

[a] 用电子颗粒计数仪测定的结果。

[b] 用细胞大小计算的结果。

[c] 培养条件为 OECD 藻类培养基，光照强度 70 $\mu E \cdot m^{-2} \cdot s^{-1}$，温度 21℃。

A.3 试验藻种的培养与测定

A.3.1 羊角月芽藻（*Pseudokirchneriella subcapitata*）和栅藻（*Desmodesmus subspicatus*）

多种培养基适用于这两种绿藻。合适的培养基类型可由提供单位获取。单个细胞，细胞密度的测定比较简单，可用电子颗粒计数仪或显微镜。

A.3.2 水华鱼腥藻（*Anabaena flos-aquae*）

多种培养基适用于此藻。注意，必须在藻类进入生长停滞期前转接，否则将难以恢复。

水华鱼腥藻（*Anabaena flos-aquae*）会生长成链状细胞的集合体。根据培养条件的不同，形成的集合体大小形状也不同。进行显微镜下细胞计数或电子颗粒计数仪计数时必须破坏该集合体。

为了减小计数差异，取样并进行超声波处理以破坏细胞的链状结构。经超声波处理后，链状细胞链长变短，但是超声时间过长会破坏细胞。各处理组超声的强度和时间应相同。

计数足够的视野数(血球计数板,至少400个小格)有利于补偿计数差异。这可以改善显微镜下测定密度的可靠性。

可以使用电子颗粒计数仪测定经超声断链处理的总细胞体积。

将藻种接种至试验容器中时,采用搅拌或其他类似方法使接种物悬浮。

持续振荡(150 r/min)或定时剧烈摇动试验容器,以防鱼腥藻聚团。如果已形成团状物,在取样进行测定时应剧烈摇动,以破坏藻团并使藻细胞均匀分布。

A.3.3 聚球藻(*Synechococcus leopoliensis*)

多种培养基适用于此藻。合适的培养基类型可由提供单位获取。

单个杆状细胞。细胞非常小,用显微镜计数很复杂也很困难。使用电子颗粒计数仪时,粒径范围应调至1 μm。也可使用体外荧光计进行测定。

A.3.4 舟形藻(*Navicula pelliculosa*)

多种培养基适用于此藻。合适的培养基类型可由提供单位获取。注意培养基中硅酸盐的量。

在某些生长条件下会形成团状物。该藻类细胞有时能够产生脂类,因此在液面可能积聚成膜。基于以上原因,为了获得具有代表性的样品,在取样测定时需采用某些特殊的方法。例如使用漩涡搅拌器剧烈搅动。

附　录　B
（资料性附录）
培养基

B.1　OECD 藻类培养基

OECD 藻类培养基同 ISO 8692 中所述培养基，配制方法见表 B.1。

表 B.1　OECD 藻类培养基

营养盐	储备液中的质量浓度	取用体积	最终定容体积
储备液 1：常量营养盐		10 mL	1 000 mL
NH_4Cl	1.5 g/L		
$MgCl_2 \cdot 6H_2O$	1.2 g/L		
$CaCl_2 \cdot 2H_2O$	1.8 g/L		
$MgSO_4 \cdot 7H_2O$	1.5 g/L		
KH_2PO_4	0.16 g/L		
储备液 2：Fe-EDTA		1 mL	
$FeCl_3 \cdot 6H_2O$	64 mg/L		
$Na_2EDTA \cdot 2H_2O$	100 mg/L		
储备液 3：微量元素		1 mL	
H_3BO_3	185 mg/L		
$MnCl_2 \cdot 4H_2O$	415 mg/L		
$ZnCl_2$	3 mg/L		
$CoCl_2 \cdot 6H_2O$	1.5 mg/L		
$CuCl_2 \cdot 2H_2O$	0.01 mg/L		
$Na_2MoO_4 \cdot 2H_2O$	7 mg/L		
储备液 4：$NaHCO_3$		1 mL	
$NaHCO_3$	50 g/L		
$Na_2SiO_3 \cdot 9H_2O$			

将配制好的储备液经 0.2 μm 滤膜过滤或高压灭菌（120℃，15 min），4℃避光冷藏保存。储备液 2 和储备液 4 只能通过滤膜过滤灭菌。

B.2　APP 藻类培养基

APP 藻类培养基同 ASTM 中所述培养基，配制方法见表 B.2。

表 B.2　APP 藻类培养基

营养盐	称药量	定容体积	取用体积	最终定容体积
储备液 1：常量营养盐		500 mL	1 mL	1 000 mL
$NaNO_3$	12.750 g			
$MgCl_2 \cdot 6H_2O$	6.082 g			
$CaCl_2 \cdot 2H_2O$	2.205 g			

表 B.2（续）

营养盐	称药量	定容体积	取用体积	最终定容体积
储备液 2:微量营养盐		500 mL	1 mL	1 000 mL
H_3BO_3	92.760 mg			
$MnCl_2 \cdot 4H_2O$	207.690 mg			
$ZnCl_2$	1.635 mg			
$FeCl_3 \cdot 6H_2O$	79.880 mg			
$CoCl_2 \cdot 6H_2O$	0.714 mg			
$Na_2MoO_4 \cdot 2H_2O$	3.630 mg			
$CuCl_2 \cdot 2H_2O$	0.006 mg			
$Na_2EDTA \cdot 2H_2O$	150.000 mg			
$Na_2SeO_4 \cdot 5H_2O$	0.005 mg[b]			
储备液 3:$MgSO_4 \cdot 7H_2O$		500 mL	1 mL	
$MgSO_4 \cdot 7H_2O$	7.350 g			
储备液 4:K_2HPO_4		500 mL	1 mL	
K_2HPO_4	0.522 g			
储备液 5:$NaHCO_3$		500 mL	1 mL	
$NaHCO_3$	7.500 g			
储备液 6:$Na_2SiO_3 \cdot 9H_2O$		—	—	
$Na_2SiO_3 \cdot 9H_2O$	a			

[a] 只有硅藻试验需要。可直接加入(202.4 mg)或制备储备液，只要保证最终浓度为 20 mg/L(以 Si 计)即可；

[b] 只有硅藻的储备培养时需要。

定容用水为去离子水或蒸馏水。

使用 0.1 mol/L 或 1.0 mol/L 的 NaOH 或 HCl 调节培养基的 pH 值至 7.5±0.1。

将配制好的培养基经 0.22 μm 滤膜(使用电子颗粒计数仪进行细胞计数时)或 0.45 μm 滤膜(不使用电子颗粒计数仪进行细胞计数时)过滤灭菌，4℃避光冷藏保存直至用于实验。

B.3 OECD 藻类培养基和 AAP 藻类培养基中各成分的比较(见表 B.3)

表 B.3 OECD 藻类培养基和 AAP 藻类培养基中各成分的比较

成分	OECD		AAP	
	mg/L	mM	mg/L	mM
$NaHCO_3$	50.0	0.595	15.0	0.179
$NaNO_3$			25.5	0.300
NH_4Cl	15.0	0.280		
$MgCl_2 \cdot 6H_2O$	12.0	0.059 0	12.16	0.059 8
$CaCl_2 \cdot 2H_2O$	18.0	0.122	4.41	0.030 0
$MgSO_4 \cdot 7H_2O$	15.0	0.060 9	14.6	0.059 2
K_2HPO_4			1.044	0.005 99
KH_2PO4	1.60	0.009 19		
$FeCl_3 \cdot 6H_2O$	0.064 0	0.000 237	0.160	0.000 591
$Na_2EDTA \cdot 2H_2O$	0.100	0.000 269	0.300	0.000 806
H_3BO_3	0.185	0.002 99	0.186	0.003 00

表 B.3（续）

成分	OECD		AAP	
$MnCl_2 \cdot 4H_2O$	0.415	0.002 10	0.415	0.002 01
$ZnCl_2$	0.003 00	0.000 022 0	0.003 27	0.000 024
$CoCl_2 \cdot 6H_2O$	0.001 50	0.000 006 30	0.001 43	0.000 006
$Na_2MoO_4 \cdot 2H_2O$	0.007 00	0.000 028 9	0.007 26	0.000 030
$CuCl_2 \cdot 2H_2O$	0.000 01	0.000 000 06	0.000 012	0.000 000 07
pH	8.1		7.5	

EDTA 的摩尔比率略高于单位元素的。这样可以避免离子沉淀，同时使重金属离子的螯合作用最小化。

在使用舟形藻（*Navicula pelliculosa*）作为受试生物时，两种培养基中都需补充 $Na_2SiO_3 \cdot 9H_2O$，使其浓度达到 1.4 mg/L（以 Si 计）。

培养基的 pH 值是液体中的碳酸盐和空气中 CO_2 的部分压力之间平衡的结果。25℃时的 pH 值与重碳酸盐的摩尔浓度之间的近似关系见式（B.1）：

$$pH_{eq} = 11.30 + \lg[HCO_3] \qquad \cdots\cdots (B.1)$$

式中：

$NaHCO_3$ 为 15 mg /L 时，$pH_{eq}=7.5$（AAP 培养基）；

$NaHCO_3$ 为 50 mg /L 时，$pH_{eq}=8.1$（OECD 培养基）。

B.4 OECD 和 AAP 培养基中各元素的比较（见表 B.4）

表 B.4 OECD 和 AAP 培养基中各元素的比较

元素	培养基中各元素浓度/(mg/L)	
	OECD	AAP
C	7.148	2.144
N	3.927	4.202
P	0.285	0.186
K	0.459	0.469
Na	13.704	11.044
Ca	4.905	1.202
Mg	2.913	2.909
Fe	0.017	0.033
Mn	0.115	0.115

附 录 C
（资料性附录）
非线性回归数据的统计

C.1 概述

在藻类及其他微生物生长试验中，响应变量即生物量的生长是持续呈比例变化的。过程速率（如果采用生长率）及其全积分（如果采用生物量），二者都将引用非暴露条件下重复测定的平均值，非暴露条件相对于暴露条件显示了最大的响应值，在藻类试验中光照和温度是主要的影响因素。如果不考虑单个细胞，可以认为试验系统中生物量是持续的。该系统中由于响应类型不同变量的分布仅与试验因素有关（被描述为错误的对数正态分布或正态分布）。这与典型的生物测定响应值相反，生物测定响应值使用个体公差（典型的二项式分布）量化数据，而个体公差量化数据经常被假定是主要导致变异性的因素。这里的空白值为零或背景值。

在不复杂的情况下，规一化的或相关的响应值（r），只是简单的从1（0%抑制）下降到0（100%抑制）。注意，所用的响应值都有一个误差相伴，且明显的负抑制率仅是随机误差计算的结果。

C.2 回归分析

C.2.1 模型

回归分析的目的是能够用数学回归函数定量描述浓度响应曲线，这个数学函数是 $Y=f(C)$ 或更经常使用的 $F(Z)$，当 $Z=\lg C$ 时。而反过来可以用 $C=f^{-1}(Y)$ 计算 EC_x，包括 EC_{50}，EC_{10} 和 EC_{20} 及其他们的95%置信区间。已经证明一些简单的数学函数可以在藻类生长抑制试验中成功地描述浓度与响应值之间的关系。函数包括对数方程式，非对称韦布尔（Weibul）方程和正态分布的对数函数，所有的方程曲线均为渐进的S形曲线，C 趋近于零或无穷大。

连续阈值的函数模型（例如Kooijman模型，Kooijman等在1996年用于“数量生长抑制”）是最近提出的或作为渐进模型的替换模型。这个模型假设在低于一定阈值 EC_0+ 时，浓度不起作用。这时用外推法估测的浓度响应关系与用简单的连续函数在浓度轴上截取的值在起点上没有区别。

注意可用最小二乘法分析（假设变量恒定）或者权重法，如果变量不一致时需要补偿。

C.2.2 程序

程序要点如下：选择一个合适的函数方程，$Y=f(C)$，用非线性回归试验数据。对每个试验容器选择更合适的测量法比用结果的平均值更好，这样做其目的是从数据中获取尽可能多的信息。而另一方面，如果数据之间很不一致，实际的试验经验告诉我们重复试验之间的平均值可以提供比个体数据更精确的估计，这种估计受系统误差的影响更小。

绘制合适的曲线，整理数据，检查曲线是否合适。分析残量对达到该目的有一定帮助。如果选择的适用于浓度响应的函数关系不能很好描述整个曲线或者不适用于它本质的一些部分，例如在低浓度的响应值，选择另一曲线适合它。例如，用非对称曲线如韦布尔（Weibul）函数曲线代替对称曲线。负抑制可能是对数正态分布函数遇到的同样的问题。它同样需要可替代的回归函数。并不推荐制定用0或一个小的正值来替代这样的负值，因为这样会歪曲误差分布。合适的做法是在这一段内绘制一个单独的曲线例如用低抑制部分去估测 $EC_{\mathrm{low}\,x}$ 图。用合适的方程进行计算（通过“反估测”$C=f^{-1}(Y)$），特征点估测 EC_x's，报告 EC_{50} 的最小值和1或2个 $EC_{\mathrm{low}x}$ 估测值。实际经验表明，如果数据点足够（除非在低浓度出现了刺激效应混淆了结果），藻类试验的精密度通常允许在±10%抑制率。通常被认为 EC_{20}

估测的精密度高于 EC_{10}，因为 EC_{20} 经常位于浓度响应曲线中心最大的线性部分。由于低浓度生长刺激效应的产生，EC_{10} 很难解释。因此 EC_{10} 值在足够准确的情况下才能获得。在报告中推荐用 EC_{20}。

C.2.3 加权因子

包括成比例的部分在内，试验变量通常不是恒定的，因此，加权回归更有利于得出精密度高的试验结果。对于这样的分析，加权因子通常被假设与方差成反比，见式(C.1)：

$$W_i = \frac{1}{Var(r_i)} \qquad \cdots\cdots(C.1)$$

许多回归程序允许选择加权回归分析，同时将加权因子列于表中，加权因子常通过 $n/\sum w_i$ 将它们相乘(n 为数据编号)，所以它们的总数是一个。

C.2.4 归一化响应

归一化通过对照的平均响应值给出一些原理问题并使问题上升到更为复杂的方差结构。通过对照的平均响应区分响应值以得到抑制率，使得在对照平均值上的误差值又引入了另外一个误差。除非这个误差可以小到忽略不计，否则，必须依据对照用的协方差(Draper and Smith，1981)，校正回归中的加权因子和置信限。注意，对照的平均响应值的估计的高精密度非常重要，目的在于使相对响应值的整体方差最小。这个方差如式(C.2)：

$$Y_i = r_i/r_0 = 1 - I = f(C_i) \qquad \cdots\cdots(C.2)$$

式中：

Y_i——相对响应；

i——受试物处理组；

0——对照组。

有一个方差 $Var(Y_i) = Var(r_i/r_0) \cong (\partial Y_i/\partial r_i)^2 \cdot Var(r_i) + (\partial Y_i/\partial r_0)^2 \cdot Var(r_0)$，并且从 $(\partial Y_i/\partial r_i) = 1/r_0$ 和 $(\partial Y_i/\partial r_0) = r_i/r_0^2$，用正态分布数据 m_i 和 m_0 重复值：$Var(r_i) = \sigma^2/m_i$。

这样，相对响应的总体方差如式(C.3)：

$$Var(Y_i) = \sigma^2/(r_0^2 \cdot m_i) + r_1^2 \cdot \sigma^2/r_0^4 \cdot m_0 \qquad \cdots\cdots(C.3)$$

对照平均值的误差与对照重复平均值的平方根成反比，它可以用历次数据进行校正，用这种方法可以大大降低误差。还可以不将数据归一化而是使其完全响应，包括对照响应数据，但是为了符合非线性回归的要求，引入对照响应值作为额外参数。用通常的 2 参数回归方程，这个方法对适合 3 参数是必要的，因此要求更多的数据点而不是数据的非线性回归，这些数据用预先设置的对照响应归一化。

C.2.5 反置信区间

用反估测法计算非线性回归的置信区间是非常复杂的，并且在常规的计算机统计程序中没有现成的可选用的标准方法。近似的置信限可以通过标准的非线性回归程序特征重构获得(Bruce and Versteeg，1992)。其中包括用期望点重写数学方程，例如用 EC_{10} 和 EC_{50} 作为估测参数。(使函数为 $I = f(\alpha, \beta, 浓度)$ 并利用定义关系 $f(\alpha, \beta, EC_{10}) = 0.1$ 和 $f(\alpha, \beta, EC_{50}) = 0.5$ 来代替 $f(\alpha, \beta, 浓度)$，等价函数 $g(EC_{10}, EC_{50}, 浓度)$。

通过保留最初方程完成更直接的计算(Andersen et al，1998)，并用了 Taylor 扩展法扩展到 r_i 和 r_0。最近的"boot strap"法应用越来越广泛，该方法使用标准数据和随机编号机可控的频繁的反复取样来估测经验方差分布。

C.3 参考文献

[1] Kooijman，S. A. L. M.；Hanstveit，A. O.；Nyholm，N. (1996)：No-effect concentrations in algal growth inhibition tests. *Water Research*，30，1625-1632.

[2] Draper，N. R. and Smith，H. (1981). Applied Regression Analysis，second edition. Wiley，

New York. Bruce, R. . D. and Versteeg, , D. J. (1992) A Statistical Procedure for Modelling Continuous Ecotoxicity Data. *Environ. Toxicol. Chem.* 11, 1485-1492.

[3] Andersen, J. S. , Holst, H. , Spliid, H. , Andersen, H. , Baun, A. & Nyholm, N. . (1998): Continuous ecotoxicological data evaluated relative to a control response. *Journal of Agricultural, Biological and Environmental Statistics*, 3, 405-420.

参 考 文 献

[1] International Organisation for Standardisation. ISO 8692 Water quality-Algal growth inhibition test,1993.

[2] International Organisation for Standardisation. ISO/DIS 14442. Water quality-Guidelines for algal growth inhibition tests with poorly soluble materials,volatile compounds,metals and waster water,1998.

[3] OECD. Guidance Document on Aquatic Toxicity Testing of Difficult Substances and mixtures. Environmental Health and Safety Publications. Series on Testing and Assessment, no. 23. Organisation for Economic Co-operation and Development,Paris,2000.

[4] International Organisation for Standardisation. ISO 5667-16 Water quality-Sampling-Part 16: Guidance on Biotesting of Samples,1998.

[5] Mayer, P. , Cuhel, R. and Nyholm, N. A simple in vitro fluorescence method for biomass measurements in algal growth inhibition tests. *Water Research*,1997, 31:2525-2531.

[6] Slovacey,R. E. and Hanna,P. J. In vivo fluorescence determinations of phytoplankton chlorophyll,Limnology & Oceanography 1997,22(5):919-925.

[7] Simpson,S. L. ,Roland,M. G. E. ,Stauber,J. L. and Batley,G. E. Effect of declining toxicant concentrations on algal bioassay endpoints. *Environ. Toxicol. Chem.* ,2003,22:2073-2079.

[8] Christensen, E. R. , Nyholm, N. Ecotoxicological Assays with Algae: Weibull Dose- Response Curves. *Env. Sci. Technol.* ,1984,19:713-718.

[9] Nyholm,N. Sorensen,P. S. ,Kusk,K. O. and Christensen,E. R. Statistical treatment of data from microbial toxicity tests. *Environ. Toxicol. Chem.* ,1992,11:157-167.

[10] Bruce,R. D. ,and Versteeg,D. J. A statistical procedure for modelling continuous toxicity data. *Environ. Toxicol. Chem.* ,1992,11:1485-1494.

[11] OECD. Current Approaches in the Statistical Analysis of Ecotoxicity Data: A Guidance to Application. Organisation for Economic Co-operation and Development,Paris,2005.

[12] Dunnett,C. W. A multiple comparisons procedure for comparing several treatments with a control. J. Amer. Statist. Assoc. ,1955,50:1096-1121.

[13] Norberg-King T. J. An interpolation estimate for chronic toxicity: The ICp approach. National Effluent Toxicity Assessment Center Technical Report 05-88. US EPA,Duluth,MN,1988.

[14] Dunnett,C. W. New tables for multiple comparisons with a control. Biometrics,1964,20: 482-491.

[15] Williams,D. A. A test for differences between treatment means when several dose levels are compared with a zero dose control. Biometrics,1971,27:103-117.

[16] Williams,D. A. The comparison of several dose levels with a zero dose control. Biometrics, 1972,28: 519-531.

[17] Draper, N. R. and Smith, H. Applied Regression Analysis, second edition. Wiley, New York,1981.

[18] Brain,P. and Cousens,R. An equation to describe dose-responses where there is stimulation of growth at low doses. *Weed Research*,1989,29:93-96.

ICS 13.300;13.020.40
A 80

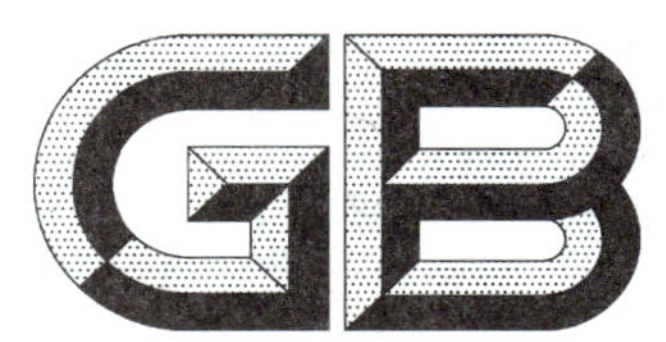

中华人民共和国国家标准

GB/T 21806—2008

化学品　鱼类幼体生长试验

Chemicals—Fish, juvenile growth test

2008-05-12 发布　　2008-09-01 实施

中华人民共和国国家质量监督检验检疫总局
中国国家标准化管理委员会　发布

前　言

本标准等同采用经济合作与发展组织(OECD)化学品测试导则 No.215(2000 年)《鱼类幼体生长试验》(英文版)。

本标准做了下列编辑性修改:

——推荐鱼种增加了稀有鮈鲫(*Gobiocypris rarus*)和剑尾鱼(*Xiphophorus helleri*),并增加了相应的试验条件;

——将术语和定义从原文的附录调整为正文内容。

本标准的附录 A、附录 B 和附录 C 为资料性附录。

本标准由全国危险化学品管理标准化技术委员会(SAC/TC 251)提出并归口。

本标准负责起草单位:环境保护部化学品登记中心。

本标准参加起草单位:上海市环境科学研究院、环境保护部南京环境科学研究所、沈阳化工研究院安全评价中心。

本标准主要起草人:卢玲、沈英娃、周红、梁丹涛、胡双庆、韩志华、陈光。

化学品　鱼类幼体生长试验

1　范围

本标准规定了化学品　鱼类幼体生长试验的方法概述、试验准备、试验程序、质量保证与质量控制、数据与报告。

本标准适用于评价化学物质对幼鱼生长的延长暴露影响。

2　术语和定义

下列术语和定义适用于本标准。

2.1

最低可观察效应浓度　lowest observed effect concentration，LOEC

与对照相比，对试验生物产生显著($p<0.05$)效应的最低受试物浓度。

2.2

无可观察效应浓度　no observed effect concentration，NOEC

试验中直接低于 LOEC 的受试物设置浓度。

2.3

效应浓度　EC_x

与对照组相比较，引起受试鱼生长率变化 x%的受试物浓度。

2.4

负荷率　loading rate

每升水中鱼的鲜重。

2.5

饲养密度　loading rate

每升水中的鱼的数目。

2.6

单尾鱼比生长率　individual fish specific growth rate

根据单尾鱼的初始重量得出的生长率。

2.7

容器平均比生长率　tank-average specific growth rate

某浓度下某个容器中鱼的平均生长率。

2.8

假定比生长率　pseudo specific growth rate

与整个容器中鱼的初始平均重量相比较而得出的单尾鱼平均生长率。

3　受试物信息

a)　结构式；
b)　纯度；
c)　水中溶解度；
d)　蒸气压；
e)　水解离常数(pKa)；

f) 正辛醇-水的分配系数(P_{ow});
g) 在水中和光中的稳定性;
h) 在试验条件下的稳定性;
i) 同一受试鱼种的 LC_{50} 值;
j) 快速生物降解性试验结果;
k) 在试验液中受试生物的可靠定量分析方法及其精确度、检测限。

4 方法概述

4.1 原理

处于指数生长阶段的幼鱼,在受试物的亚致死浓度范围内暴露于流水式试验条件或半静态试验条件。试验周期为 28 d。每天投饵,投饵量根据鱼的初始重量计算,14 d 后重新计算投饵量。试验前后称重鱼。通过回归模型来估算引起百分之 x 生长率变化的浓度,并分析对其生长率的影响。通过与对照组的比较确定最低可观察效应浓度(LOEC),以及无可观察效应浓度(NOEC)。

4.2 参比物

无推荐的参比物。

5 仪器设备

实验室常规仪器设备;
溶解氧和 pH 测定仪;
测定水硬度、碱度的设备;
温度控制及连续测温设备;
适宜的精密天平(至少精确到±0.5%);
用化学惰性材料制成的试验容器,其容积应适于推荐的负荷和饲养密度(见附录 A)。

6 试验准备

6.1 系统选择

试验期间,应尽可能维持条件恒定,使用流水式试验系统或半静态试验系统。

6.2 试验鱼类

6.2.1 试验鱼类的选择

推荐使用的淡水鱼种为稀有鮈鲫(*Gobiocypris rarus*)、斑马鱼(*Brachydanio rerio*)和剑尾鱼(*Xiphophorus helleri*),见附录 A。

如果使用其他鱼种,试验过程需调整相应的试验条件,并在报告中说明试验鱼种和试验方法选择的理由。

6.2.2 试验鱼的驯养

试验鱼应来自单一种群,并来自同一批卵或幼鱼。试验前应在与试验相同的条件下驯养 14 d 以上。驯养及试验期间,每天投饵量应为体重的 2%~4%。

驯养开始 48 h 后,记录死亡率,并按下列标准处理:

——驯养 7 d 内,死亡率大于 10%,舍弃全组鱼;
——死亡率在 5%~10%之间,继续驯养 7 d;在继续驯养的 7 d 内死亡率超过 5%,舍弃全组鱼;
——驯养 7 d 内,死亡率小于 5%,接受该组鱼试验。

试验开始前的两周内及试验期间不对鱼进行任何疾病处理。

6.3 试验用水

6.3.1 水质

试验用水的pH值应为6.5～8.5，在试验期间变化幅度应保持在±0.5的范围之内。推荐硬度($CaCO_3$)大于140 mg/L。定期取样进行分析，分析测定重金属(如Cu,Pb,Zn,Hg,Cd,Ni)，主要的阴、阳离子(如Ca,Mg,Na,K,Cl,SO_4)，农药(如总有机磷和总有机氯农药)，总有机碳和悬浮物。合格稀释水的要求参见附录B。试验期间水质应恒定。

6.3.2 试验溶液

通过稀释贮备液的方法来配制所确定浓度的试液。贮备液的配制推荐采用机械方式(例如搅拌或超声)使受试物在稀释水中进行简单的混合或搅动。需要使用助溶剂或分散剂时，助溶剂对照组不能对幼鱼生长有明显影响，也不能对幼鱼有任何可观察的不利影响。推荐的助溶剂：丙酮、乙醇、甲醇、二甲基亚砜、二甲基替甲酰胺、三甘醇。推荐的分散剂：聚氧乙烯化脂肪酸甘油酯、吐温80、0.01%的纤维素甲醚、聚氧乙烯化氢化蓖麻油。

流水式试验应具备连续分配和稀释受试物贮备液的系统。每天定时检查贮备液和稀释水的流速，变化应小于或等于10%。

半静态试验中，试液的更新频率取决于受试物的稳定性。浓度不稳定的受试物，采用流水式试验。

7 试验程序

7.1 设计

7.1.1 回归分析设计

试验设计原则：

a) 试验设计的浓度应包含效应浓度。应设计预备试验；

b) 试验包括1个空白对照组及5个浓度梯度试验组。试验中使用助溶剂时，需增设助溶剂对照组；

c) 采用几何级数系列或对数系列(见附录C)设置试验浓度，推荐对数间隔；

d) 试验容器超过6个时，超出的部分容器可设置为平行，或用于增加梯度浓度；

e) 回归分析优于方差分析。没有合适的回归模型($r^2<0.9$)时，使用NOEC或LOEC。

7.1.2 方差分析估计NOEC/LOEC值的设计

每个浓度设置平行，对试验组进行统计分析。没有平行组时，对处于相同条件下的各试验鱼进行统计分析。

设置5个浓度组，以几何级数分布，浓度间隔系数小于或等于3.2。

平行对照组的容器数量及试验鱼的数量应为每个试验浓度组数量的两倍。不设置平行时，对照组鱼的数量应与每个试验浓度组数量相同。

根据容器数量进行方差分析(ANOVA)，需要足够的平行组，标准差自由度应大于或等于5。

7.2 准备条件

7.2.1 试验鱼的选择和称量

试验前取样称量，保持试验鱼的重量差异小。推荐试验用鱼的大小范围见附录A。试验用鱼的个体重量应在平均体重的±10%内，任何情况下都不得超过25%。试验前取部分鱼样品称量以测定平均体重。

试验前24 h停止喂食，随机挑选试验鱼。常规麻醉剂麻醉，逐尾称鲜重至相应精度(附录A)。合适重量的鱼随机分配到每个试验容器。记录容器中鱼的总鲜重。对幼鱼的处理应尽量小心以避免对试验动物的协迫与损伤。

试验 28 d 后对鱼再次称重。需要重新计算饵料投喂量时，在试验 14 d 进行称重。

7.2.2 暴露条件

试验持续时间：大于或等于 28 d。

负荷率与饲养密度应与试验所使用的鱼种（见附录 A）相适应。在任何情况下，负荷率应保持溶解氧浓度不小于 60%空气饱和值。试验期间推荐的水质更新频率为 6 L/(g·d)。

投喂适量饵料（见附录 A）。称重前 24 h 内不投喂。每天喂食的量可分为同等的两份，并分次投喂。每天用吸管清除容器底部的饵料残渣和排泄物。

光照周期与水温应适合试验鱼种（见附录 A）。

7.2.3 试验浓度

设置 5 个受试物浓度。试验浓度低于 5 个应说明理由。设置的最高浓度不得超过受试物的水中溶解度。

若使用助溶剂，其最终浓度应小于或等于 0.1 mL/L。尽量避免使用该类物质。

稀释水对照组的数量依据试验设计而定。使用助溶剂时，助溶剂对照组的数量应与稀释水对照组相同。

7.3 试验操作

7.3.1 分析测试

试验期间定期测试受试物浓度。

流水式试验时，每天检测稀释水与受试物贮备液的流速，流速变动小于或等于 10%。受试物浓度在配制浓度的±20%内，在试验开始时及其后每周 1 次，测定最高及最低浓度组的浓度。受试物浓度超出配制浓度的±20%，应分析所有试验浓度组的水样，分析测试频率同上。

半静态试验时，受试物浓度在设定值的±20%内，在试验开始时及其后每周 1 次，分析测定新配制的试液和原试液，样品取自最高及最低浓度组。试验期间受试物浓度超出配制浓度的±20%，应分析测定所有试验浓度，测试频率同上。

试验结果应以测定浓度为准。试验期间受试物浓度保持在配制浓度的±20%内，结果可采用配制浓度。

用 0.45 μm 孔径的滤膜对水样进行过滤或离心，推荐离心。

试验期间应测定所有试验容器中的溶解氧、pH 值和水温。测定对照组和 1 个最高浓度组中的总硬度、碱度、盐度。半静态试验，每次试液更新前后应测试溶解氧和 pH 值。流水式试验至少每周测试 1 次 pH 值。每个试验应测定硬度和碱度。在 1 个试验容器中连续监测水温。

7.3.2 观察

试验结束时，对所有存活的鱼按试验容器称总鲜重或逐尾称鲜重。推荐称量总重。

试验期间每天观察记录所有外部异常现象和反常行为。记录所有死亡率，尽快移除死鱼。不替换死鱼，负荷率和饲养密度应符合试验鱼的需求，以避免因试验容器中鱼数变化对试验鱼的生长造成影响，投喂量需相应调整。

8 质量保证与质量控制

a) 试验结束时对照组鱼的死亡率小于或等于 10%；

b) 对照组鱼的平均重量的增长，应大于或等于 50%初始平均重量；

c) 试验期间溶解氧浓度大于或等于 60%空气饱和值；

d) 试验期间各试验容器间的水温差小于或等于±1℃，并应保持在受试生物适宜温度的±2℃范围内（见附录 A）。

9 数据与报告

9.1 数据处理

9.1.1 统计参数

对死亡率超过10%的容器不计算生长率。说明所有试验浓度的死亡率。

介于时间 t_1 和 t_2 间的比生长率 r 的计算方法见式(1)、式(2)和式(3)：

$$r_1=\frac{\log_e W_2-\log_e W_1}{t_2-t_1}\times 100 \qquad (1)$$

$$r_2=\frac{\overline{\log_e W_2}-\overline{\log_e W_1}}{t_2-t_1}\times 100 \qquad (2)$$

$$r_3=\frac{\log_e W_2-\overline{\log_e W_1}}{t_2-t_1}\times 100 \qquad (3)$$

式中：

r_1——单尾鱼的比生长率，单位为每天(d^{-1})；

r_2——每个容器的鱼的平均比生长率，单位为每天(d^{-1})；

r_3——假定比生长率，单位为每天(d^{-1})；

W_1，W_2——某尾鱼分别在时间 t_1 与 t_2 时的重量，单位为克(g)；

$\log_e W_1$——试验开始期间单尾鱼的体重对数；

$\log_e W_2$——试验结束期间单尾鱼的体重对数；

$\overline{\log_e W_1}$——试验开始期间容器中鱼重 W_1 的对数平均值；

$\overline{\log_e W_2}$——试验结束期间容器中鱼重 W_2 的对数平均值；

t_1，t_2——试验开始与试验结束的间隔时间，单位为天(d)。

r_1，r_2，r_3 根据0 d～28 d计算，理想的结果按0 d～14 d和14 d～28 d计算(例如在试验进行14 d时测量)。

9.1.2 统计分析方法

9.1.2.1 结果的回归分析(浓度-反应模型)

符合比生长率与浓度之间的数学关系，用于估算 EC_x。根据 r 的容器平均值(r_2)进行分析，适用于个体较小鱼种。

绘制容器平均比生长率(r_2)与浓度的关系图。

选择恰当的模型，有适当的理论支持。

当容器中存活的鱼数量不等，建立模型时应称重。

拟合模型图应显示与数据的关系。

9.1.2.2 LOEC的估计结果分析

试验中每个浓度组都有平行，LOEC根据容器平均比生长率的方差分析(ANOVA)估算。存在显著性差异(以 $p=0.05$ 为界限)时，采用邓恩特(Dunnett)或威廉(William)检验，将每个浓度组的 r 平均值与对照组的 r 平均值比较，确定最低浓度。当参数法不能满足正态分布(例如萨皮罗-威尔克 Shapiro-Wilk 检验)或非齐次性差异(巴特利特 Bartlett 检验)时，在方差分析前将数据转换为齐次性差异，或进行加权方差分析。

试验中每个浓度没有平行，根据由单尾鱼得出的假定比生长率 r_3 来进行方差分析。

将每个试验浓度组的平均值 r_3 与对照组的平均值 r_3 进行比较，确定LOEC。

9.2 试验报告

试验报告应包括：试验名称、目的、试验原理、试验的准确起止日期以及下列内容：

a) 受试物

——物理属性和相关理化特性；

——化学标识数据，包括受试物纯度、所用的定量分析方法等。

b) 供试鱼种

——学名、品系、个体大小、来源以及所有的前处理等。

c) 试验条件

——试验程序；

——试验设计；

——贮备液的配制方法与试液更新频率；如使用助溶剂，应给出其化学名和浓度；

——试验的设置浓度、实测浓度及其标准差，以及分析测量方法等；

——稀释水特性：pH 值、硬度、碱度、温度、溶解氧浓度、残留氯水平（如测定），总有机碳、悬浮物、盐度（如测定）以及其他所做的测定；

——试验容器中水质，pH、硬度，温度和溶解氧浓度；

——饵料的详细信息。

d) 试验结果

——对照组总存活率，是否符合该鱼种的有关标准，符合有效存活标准的证据，以及所有试验浓度组中的死亡率数据；

——所用的统计分析技术，依据平行或鱼进行统计，数据处理与所用技术的理由；

——列表数据包括：在 0 d、14 d 以及 28 d 时的个体重或平均鱼重，或者 0 d～28 d 期间或 0 d～14 d 和 14 d～28 d 期间的容器平均鱼重或假定的比生长率。

——统计分析结果，以表格和图形表示，包括标准差，以及 LOEC($p=0.05$)和 NOEC 或 EC_x。

——所有鱼的异常反应发生率，以及由受试物引起的各种可观察效应。

e) 结果讨论

——结果讨论，对偏离测试准则之处加以说明。如果试验溶液中的受试物实测浓度在数量级上接近分析方法的检测限，或半静态试验中，新配制的试液与更新前的试液之间出现受试物浓度下降时，应慎重解释结果。

附　录　A
（资料性附录）
试验鱼种及适宜的试验条件

A.1　试验鱼种及适宜的试验条件见表 A.1。

表 A.1　试验鱼种及适宜的试验条件

鱼种	推荐的试验温度范围/℃	光周期/h	推荐的初始鱼重范围/g	测量精度	负荷率/(g/L)	饲养密度/(尾/L)	饵料	试验周期/d
斑马鱼 *Brachydanio rerio*	21～25	12～16	0.050～0.100	1 mg	0.2～1.0	5～10	活饵料(*Brachionus Artemia*)	≥28
稀有鮈鲫 *Gobiocypris rarus*	21～25	12～16	0.050～0.100	1 mg	0.2～1.0	5～10	活饵料(*Brachionus Artemia*)	≥28
剑尾鱼 *Xiphophorus helleri*	21～25	12～16	0.5～2.5	50 mg	1.2～2.0	4	活饵料(*Brachionus Artemia*)	≥28
虹鳟鱼 *Oncorhynchus mykiss*	12.5～16.0	12～16	1～5	100 mg 左右	1.2～2.0	4	干的鲑鱼鱼苗食品	≥28
青鳉 *Oryzias latipes*	21～25	12～16	0.050～0.100	1 mg 左右	0.2～1.0	5～20	活饵料(*Brachionus Artemia*)	≥28

附　录　B
（资料性附录）
合格稀释水的化学特性

B.1　合格稀释水的化学特性见表 B.1。

表 B.1　合格稀释水的化学特性

物　　质	浓　　度
颗粒物	＜20 mg/L
总有机碳	＜2 mg/L
游离氨	＜1 μg/L
残留氯	＜10 μg/L
总有机磷农药	＜50 ng/L
总有机氯农药与多氯联苯(PCB)	＜50 ng/L
总有机氯	＜25 ng/L

附 录 C
（资料性附录）
毒性试验的浓度对数系列

C.1 毒性试验的浓度对数系列见表C.1。

表 C.1 毒性试验的浓度对数系列[1]

栏(在100和10之间,或在10和1之间的浓度数目)[a]						
1	2	3	4	5	6	7
100	100	100	100	100	100	100
32	46	56	63	68	72	75
10	22	32	40	46	52	56
3.2	10	18	25	32	37	42
1.0	4.6	10	16	22	27	32
	2.2	5.6	10	15	19	24
	1.0	3.2	6.3	10	14	18
		1.8	4.0	6.8	10	13
		1.0	2.5	4.6	7.2	10
			1.6	3.2	5.2	7.5
			1.0	2.2	3.7	5.6
				1.5	2.7	4.2
				1.0	1.9	3.2
					1.4	2.4
					1.0	1.8
						1.3
						1.0

[a] 5个(或更多)连续系列浓度可从一个栏中选择。栏(x)的中点浓度亦存在于栏($2x+1$)中。表中所列数值以(mg/L或μg/L)表示,亦可将数值乘以或除以10。如果不能确定毒性水平,可考虑使用栏1的数值。

C.2 参考文献

[1] Environment Canada. (1992). Biological test method: toxicity tests using early life stages of salmonid fish (rainbow trout, coho salmon, or Atlantic salmon). Conservation and Protection, Ontario, Report EPS 1/RM/28, 81 p.

参 考 文 献

[1] Solbe J. F de L G. Environmental Effects of Chemicals (CFM 9350 SLD). Report on a UK Ring Rest of a Method for Studying the Effects of Chemicals on the Growth rate of Fish. WRc Report No. PRD 1388-M/2,1987.

[2] Ashley S., Mallett M. J. and Grandy N. J. EEC Ring Test of a Method for Determining the Effects of Chemicals on the Growth Rate of Fish. Final Report to the Commission of the European Communities. WRc Report No EEC 2600-M,1990.

[3] Crossland N. O. A method to evaluate effects of toxic chemicals on fish growth. Chemosphere,1985,14:1855-1870.

[4] Nagel R., Bresch H., Caspers N., Hansen P. D., Market M., Munk R., Scholz N., and Höfte B. B. Effect of 3,4-dichloraniline on the early life stages of the Zebrafish (Brachydanio rerio): results of a comparative laboratory study. Ecotox. Environ. Safety,1991, 21:157-164.

[5] Yamamoto, Tokio. Series of stock cultures in biological field. Medaka (killifish)biology and strains. Keigaku Publish. Tokyo, Japan,1975.

[6] Holcombe, G. W., Benoit, D. A., Hammermeister, D. E., Leonard, E. N. and Johnson, R. D. Acute and long-term effects of nine chemicals on the Japanese medaka (Oryzias latipes). Arch. Environ. Conta. Toxicol.,1995,28:287-297.

[7] Benoit, D. A., Holcombe, G. W. and Spehar, R. L. Guidelines for conducting early life toxicity tests with Japanese medaka (Oryzias latipes). Ecological Research Series EPA-600/3-91-063. U. S. Environmental Protection Agency, Duluth, Minesota,1991.

[8] OECD. OECD Guidelines for the Testing of Chemicals. Paris,1993.

[9] Stephan C. E. and Rogers J. W. Advantages of using regression analysis to calculate results of chronic toxicity tests. Aquatic Toxicology and Hazard Assessment: Eighth Symposium, ASTM STP 891, R C Bahner and D J Hansen, Eds., American Society for Testing and Materials, Philadelphia,1985:328-338.

[10] Environment Canada. Biological test method: toxicity tests using early life stages of salmonid fish (rainbow trout, coho salmon, or atlantic salmon). Conservation and Protection, Ontario, Report EPS 1/RM/28, 81 p. 215 OECD/OCDE,1992.

[11] Cox D. R. Planning of experiments. Wiley Edt,1958.

[12] Pack S. Statistical issues concerning the design of tests for determining the effects of chemicals on the growth rate of fish. Room Document 4, OECD Ad Hoc Meeting of Experts on Aquatic Toxicology, WRc Medmenham, UK, December 1991:10-12.

[13] Dunnett C. W. A multiple comparisons procedure for comparing several treatments with a control. J. Amer. Statist. Assoc., 1955,50: 1096-1121.

[14] Dunnett C. W. New tables for multiple comparisons with a control. Biometrics,1964,20: 482-491.

[15] Williams D. A. A test for differences between treatment means when several dose levels are compared with a zero dose control. Biometrics,1971,27:103-117.

[16] Johnston, W. L., Atkinson, J. L., Glanville, N. T. A technique using sequential feedings of different coloured foods to determine food intake by individual rainbow trout, Oncorhynchus mykiss: effect of feeding level. Aquaculture,1994,120:123-133.

[17] Quinton, J. C. and Blake, R. W. The effect of feed cycling and ration level on the compensatory growth response in rainbow trout, Oncorhynchus mykiss. Journal of Fish Biology, 1990, 37: 33-41.

[18] Post, G. Nutrition and Nutritional Diseases of Fish. Chapter IX in Testbook of Fish Health. T. F. H. Publications, Inc., Neptune City, New Jersey, USA., 1987: 288.

[19] Bruce, R. D. and Versteeg D. J. A statistical procedure for modelling continuous toxicity data. Environ. Toxicol. Chem. 1992, 11: 1485-1494.

[20] DeGraeve, G. M., Cooney, J. M., Pollock, T. L., Reichenbach, J. H., Dean, Marcus, M. D. and McIntyre, D. O. Precision of EPA seven-day fathead minnow larval survival and growth test: intra and interlaboratory study. Report EA-6189 (American Petroleum Institute Publication, No 4468). Electric Power Research Institute, Palo alto, CA, 1989.

[21] Norbert-King T. J. An interpolation estimate for chronic toxicity: the ICp approach. US Environmental Protection Agency. Environmental Research Lab., Duluth, Minesota. Tech. Rep. No 05-88 of National Effluent Toxicity Assessment Center. Sept. 1988: 12.

[22] Williams D. A. The comparison of several dose levels with a zero dose control. Biometrics, 1972, 28: 510-531.

ICS 13.300;13.020.40
A 80

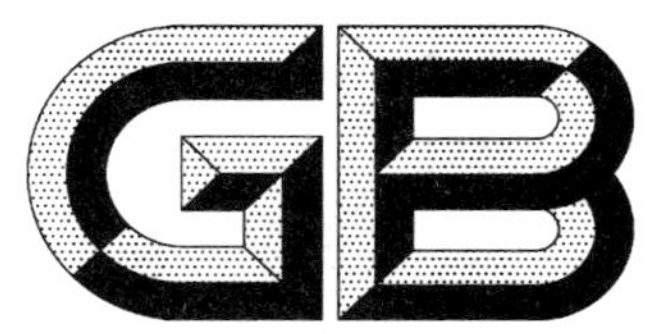

中华人民共和国国家标准

GB/T 21807—2008

化学品　鱼类胚胎和卵黄囊仔鱼阶段的短期毒性试验

Chemicals—Fish, short-term toxicity test on embryo and sac-fry stages

2008-05-12 发布　　2008-09-01 实施

中华人民共和国国家质量监督检验检疫总局
中国国家标准化管理委员会　发布

前　言

本标准等同采用经济合作与发展组织(OECD)化学品测试导则 No.212(1998 年)《鱼类胚胎和卵黄囊仔鱼阶段的短期毒性试验》(英文版)。

本标准做了下列编辑性修改:

——推荐鱼种增加了稀有鮈鲫(*Gobiobypis rarus*),并相应增加其驯养、繁殖、试验条件及周期等内容;

——将术语和定义从原文的附录调整为正文内容。

本标准的附录 A、附录 B、附录 C 和附录 D 为资料性附录。

本标准由全国危险化学品管理标准化技术委员会(SAC/TC 251)提出并归口。

本标准负责起草单位:环境保护部化学品登记中心。

本标准参加起草单位:上海市环境科学研究院、环境保护部南京环境科学研究所、沈阳化工研究院安全评价中心。

本标准主要起草人:卢玲、沈英娃、周红、胡双庆、梁丹涛、卜元卿、蔡翔。

化学品　鱼类胚胎和卵黄囊仔鱼阶段的短期毒性试验

1　范围

本标准规定了化学品　鱼类胚胎和卵黄囊仔鱼阶段的短期毒性试验的方法概述、试验准备、试验程序、质量保证与质量控制、数据与报告。

本标准适用于确定化学品对受试鱼种在特定阶段的致死效应和一定程度上的亚致死效应。

2　术语和定义

下列术语和定义适用于本标准。

2.1

最低可观察效应浓度　lowest observed effect concentration；LOEC

与对照相比，对试验生物产生显著($p \leq 0.05$)效应的最低受试物浓度。

2.2

无可观察效应浓度　no observed effect concentration；NOEC

试验中直接低于LOEC的受试物设置浓度。

3　受试物信息

a)　结构式；

b)　纯度；

c)　水中溶解度；

d)　蒸气压；

e)　pKa值；

f)　正辛醇/水的分配系数(P_{ow})；

g)　在水中和光中的稳定性；

h)　在试验液中受试生物的可靠定量分析方法及其精确度、检测限；

i)　在试验条件下的稳定性；

j)　同一受试鱼种的LC_{50}值；

k)　快速生物降解性试验结果。

4　方法概述

4.1　原理

将胚胎—卵黄囊阶段的鱼苗暴露于一定浓度范围的受试物水溶液中。试验方式为半静态式或流水式。试验从受精卵放入试验容器中后开始，直至任一幼体的卵黄囊完全被吸收前或对照组鱼因饥饿开始死亡前结束试验。计算致死和亚致死效应，并与对照组值相比较来确定LOEC和NOEC。此外，可用回归模型分析估算引起百分之x试验生物产生某一特定反应的效应浓度，即LC_x或EC_x。

4.2　参比物

无推荐参比物。

5 仪器设备

实验室常规仪器设备；

测定水温、pH 值、溶解氧和硬度的仪器；

温度控制仪；

实验容器或装置：全玻璃、不锈钢或其他化学惰性材质制成，容器的尺寸符合负荷率标准。流水式试验方法采用流水式试验装置，具备受试物贮备液连续分配和稀释系统，并具控温、充气、流量等装置。

6 试验准备

6.1 系统选择

试验期间应尽可能维持条件的恒定，推荐流水式试验系统或半静态试验系统。

6.2 试验生物

6.2.1 试验生物的选择

推荐使用的淡水鱼种为稀有鮈鲫(*Gobiocypris rarus*)和斑马鱼(*Brachydanio rerio*)等，见表 1。

表 1 推荐的受试鱼种

淡水
Brachydanio rerio 斑马鱼[7]、[17]、[18] *Gobiocypris raru* 稀有鮈鲫 *Oncorhynchus mykiss* 虹鳟鱼[9]、[16] *Cyprinus carpio* 鲤鱼[8]、[19] *Oryzias latipes* 青鳉[20]、[21] *Pimephales promelas* 黑头软口鲦[8]、[22]

如使用其他鱼种(表 2)，试验过程及试验条件需相应调整，且在报告中说明试验鱼种和试验方法选择的理由。

表 2 其他已有良好记录的受试鱼种范例

淡水	咸水
Carassius auratus 金鱼[8] *Lepomis macrochirus* 蓝鳃鱼[8]	*Menidia peninsulae* 半岛银汉鱼[23]、[24]、[25] *Clupea harengus* 大西洋鲱[24]、[25] *Gadus morhua* 大西洋鳕[24]、[25] *Cyprinodon variegatus* 鳉[23]、[24]、[25]

有关斑马鱼(*Brachydanio rerio*)的胚胎—卵黄囊阶段毒性试验的实施，见附录 A。

6.2.2 试验生物的驯养

亲鱼驯化的条件要求见表 3。

表 3 受试生物及其喂养、繁殖操作要求

种类	食物					孵化后转移时间（如适用）	首次喂食时间
	繁殖亲鱼	初孵仔鱼	稚鱼				
			种类	数量	频率		
Gobiocypris rarus 稀有鮈鲫	FBS，BSN48	[a]	BSN48	适量	(2～3)次/d	不必	产卵后 4 d～5d
Brachydanio rerio 斑马鱼	BSN48，片状食物	原生动物[b]，蛋白质[c]	BSN48	适量		不必	产卵后 6 d～7d

注 1：FBS——冷冻的卤虫(也称盐水丰年虫，*Artemia* sp.) 成体。

注 2：BSN——卤虫幼体，刚孵出的(无节幼体)。

注 3：BSN48——卤虫幼体，孵出约 48 h。

[a] 卵黄囊仔鱼(或称早期仔鱼)不需食物。

[b] 混合培养过滤。

[c] 经发酵的小颗粒。

亲鱼繁殖前应在符合下列条件的环境中驯养至少 2 周：

a) 温度：与试验鱼种相适宜；

b) 光照：每天 12 h～16 h 光照；

c) 溶解氧：不小于 80%空气饱和值；

d) 疾病处理：避免任何疾病处理；

e) 喂养：每天喂食，且提供的饵料应多样化。

6.3 试验用水

6.3.1 水质

试验用水应符合附录 D 的要求，或对照组中试验用鱼的存活数量满足附录 B 和附录 C 的条件。

试验期间水质保持恒定。pH 值的变化保持在±0.5 的范围内。定期分析水样，测定重金属(如 Cu，Pb，Zn，Hg，Cd，Ni)，主要的阴、阳离子(如 Ca，Mg，Na，K，Cl，SO_4)，农药(如总有机磷和有机氯农药)，总有机碳和悬浮物。

6.3.2 试验溶液

通过稀释贮备液配制试验溶液。必要时使用低毒的助溶剂或分散剂。推荐的溶剂有：丙酮、乙醇、甲醇、二甲基亚砜、二甲基替甲酰胺、三甘醇。适合的分散剂有：聚氧乙烯化脂肪酸甘油酯、吐温 80、0.01%的纤维素甲醚、聚氧乙烯化氢化蓖麻油。当使用某种助溶剂时，相应的溶剂对照组不能对胚胎和幼体的存活有明显影响，也不能在早期生活阶段对其有任何可观察的不利影响。应尽量避免使用此类物质。

半静态试验更换溶液时，将受精卵和幼体转移至新的试验液中，避免暴露空气；或将受试生物体留在试验容器内，部分更新试验溶液(不小于 3/4)。试验溶液更新的频率取决于受试物的稳定性，推荐每天更新。当受试物浓度变化超出 20%，应采用流水式试验。

流水式试验需具备连续分配和稀释受试物贮备液的系统。定期检查贮备液和稀释水的流速，试验期间的变动不大于 10%。24 h 的流量至少为试验容器容积的 5 倍。

7 试验程序

7.1 准备

7.1.1 胚胎和幼体的处理

试验开始时，将胚胎和幼体暴露在置于大容器中的小容器。在半静态试验中推荐使用巴斯德吸量管移动胚胎和幼体。

幼体孵化后，将大容器内的小容器、格栅或网移开。转移幼体时，不得暴露在空气中，也不得用网具捞取。容器的容积满足负荷要求时，不必转移胚胎和幼体。

7.1.2　暴露条件

a)　持续时间：应在卵受精后 30 min 内开始试验。在胚胎开始分裂前或胚胎开始分裂后尽可能快地将胚胎放入试验液，在任何情况下必须在原肠期前开始试验。最迟不能迟于在卵受精后 8 h 内开始试验。暴露期间不投饵。当任一试验容器中的幼体的卵黄囊完全被吸收前，或对照组中幼体因饥饿而导致死亡发生前，应结束试验。应根据所选择的试验鱼种确定试验的持续时间，参见附录 B 和附录 C。

b)　负荷：受精卵的数量应满足统计学要求。受精卵随机分配各处理组，每一浓度 30 粒受精卵，平分到三个平行试验容器。保证试验液溶解氧浓度保持在空气饱和值的 60%以上。流水式试验中，负荷率不大于 0.5 g/L/24 h，且不大于 5 g/L。

光照和温度：光周期和试验水温应适合供试鱼种，见附录 B 和附录 C。

7.1.3　试验浓度

根据 96 h LC_{50} 值确定试验浓度范围，试验最高浓度组不得高于 96 h LC_{50} 值或 10 mg/L。

以几何级数浓度系列设置 5 个受试物浓度，浓度的间隔系数不大于 3.2。极限试验的浓度组设置可少于 5 个浓度。浓度设置少于 5 个时需说明理由。

避免使用助溶剂，如必须使用，其所有浓度应不大于 0.1 mL/L。

每个浓度系列设置稀释水对照组和相应的溶剂对照组。

7.2　操作

7.2.1　分析测量的频次

试验期间，应定期测定受试物浓度。

半静态试验条件下，如受试物浓度保持在设定值的±20%内，在整个试验期间应对最高试验浓度和最低试验浓度组至少取样测定 3 次，样品为新配制的试液和即将更换前的试液。如果试验中受试物浓度不能保持在设定值的±20%内（根据受试物的稳定性数据），就必须在新配制试验溶液和更新试验溶液时，对所有试验浓度取样进行分析，取样的次数、间隔及方式相同，除非之后状况相同（即试验期间至少平均间隔取样 3 次）。更换试验溶液前对每个试验浓度中的一个平行容器取样测定受试物浓度，且测定间隔不应超过 7 d。试验结果应以测定浓度为准。但如果整个试验期间受试物浓度保持在设定值或初始浓度值的±20%内，则结果可以设定值或起始测定值为准。

流水式试验，取样方式与半静态试验中相同。若试验持续时间超过 7 d，第 1 周内应采样测定 3 次。

对样品进行离心或过滤（例如使用 0.45 μm 孔径滤膜）。当两者均无法分离受试物的非生物利用部分与生物利用部分，无需进行样品处理。

试验期间，应测定所有试验容器中的溶解氧、pH 值和水温。也应测定对照组和最高浓度组中一个试验容器的总硬度和盐度。溶解氧、盐度应至少测定三次，即试验开始、中间和试验结束。半静态试验应增加溶解氧的测试频率，尤其是每次试验溶液更新前和更新后，或至少一周一次。在半静态试验中，应在每次试验溶液更新的开始和结束时测定 pH 值，流水式试验中则至少每周测定一次 pH 值。硬度每次试验测定一次，温度应每天进行测量，且至少在一个试验容器中进行连续检测。

7.2.2　观察

7.2.2.1　胚胎发育阶段

选择代表性的卵样准确核查胚胎发育阶段。

7.2.2.2　孵出和存活

每天观察一次孵出与存活情况，记录数量。试验开始 3 h 内每 30 min 观察一次。及时移去死亡的胚胎和幼体。

各生活阶段的死亡标准：

——卵：特别是在早期阶段，由于蛋白质的凝固作用和/或沉降作用，引起半透明状显著丧失（变为不透明）兼有颜色上的变化。

——胚胎：没有身体运动、没有心脏跳动、幼体通常由半透明变为不透明。

——幼体：静止不动、无呼吸运动、无心脏跳动、中枢神经系统呈白色不透明颜色、对机械刺激无反应。

7.2.2.3 异常表征

定期记录畸形或变色的幼体数量，以及卵黄囊吸收的阶段，间隔时间取决于试验周期和畸形情况。记录对照组中异常胚胎和幼体的自然发生率。移走死亡的畸形个体。

7.2.2.4 异常行为

定期记录异常行为，如呼吸急促、不协调的游动和反常的静止。

7.2.2.5 长度

试验结束时，建议逐一测量个体长度；采用标准长（即体长）或全长。尾鳍腐烂或腐蚀时应采用体长。对照组平行组间的长度变化率不大于20%。

7.2.2.6 重量

试验结束时，逐尾称重，干重（60℃，24 h）优于湿重。对照组平行组间的重量变化率不大于20%。

8 质量保证与质量控制

a) 对照组和溶剂对照组中所有存活的受精卵应不低于附录B和附录C中规定的限度；

b) 试验期间，溶解氧浓度应为空气饱和值的60%～100%；

c) 整个试验期间，水温应在受试生物适宜的范围内，且各组之间的水温差不大于±1.5℃，见附录B和附录C。

9 数据与报告

9.1 数据处理

9.1.1 统计参数

a) 累计死亡率；

b) 试验结束时的健康鱼数；

c) 开始孵出及全部孵出的时间；

d) 每天孵出仔鱼数；

e) 存活个体的长度及重量；

f) 畸形或异常表征的仔鱼数；

g) 呈现异常行为的仔鱼数。

9.1.2 统计分析方法

允许对试验容器数量、试验浓度数目、受精卵数和测量参数等方面的试验设计进行合理调整，建议统计包括试验设计和分析。

方差分析（ANOVA）或列联表程序分析各平行组间的变化，估计LOEC和（或）NOEC。用邓恩特（Dunnett）方法对各浓度组及对照组之间的结果进行多重比较。预测并报告使用方差分析和其他程序的检测能力。用概率法分析累积死亡率和健康幼体。

估算LC_x和（或）EC_x值时，用最小二乘法或非线性最小二乘法将数据拟合成适当的曲线，并进行参数分析，对相应的LC_x和（或）EC_x及其标准误差进行直接估计。计算LC_x和（或）EC_x的置信限，用双尾置信限95%。可运用拟合曲线图解法。观察结果可进行回归分析。

9.2 试验报告

试验报告应包括下列内容：

a) 受试物

——物理属性、相关的物理-化学特性；

——化学标识数据(包括纯度、所用的定量分析方法)。

b) 受试生物

——学名、品系、亲鱼的数量、来源、受精卵的收集方法及随后的处理。

c) 试验条件

——试验程序(如方式、时间、负荷等)；

——光照周期；

——试验设计；

——贮备液的制备方法及试液更新的频率；

——试验设置浓度、实测浓度值、平均值及标准差，以及分析测定方法；

——稀释水特性：pH、硬度、温度、溶解氧浓度、残留氯水平(如测定)、总有机碳、悬浮物、盐度以及其他测定的特性；

——试验容器中的水质，pH、硬度，温度和溶解氧浓度。

d) 试验结果

——受试物稳定性的所有初步研究结果；

——对照组的总存活数及是否符合相关标准(附录B和附录C)；

——胚胎、幼体的死亡率或存活率，以及总死亡率或存活率；

——孵化天数及孵出数目；

——长度、重量数据；

——如有，形态异常的发生及描述；

——如有，行为效应的发生及描述；

——数据的统计分析及处理；

——采用ANOVA分析，对每个反应确定LOEC($p=0.05$)和NOEC，并说明所用统计分析程序，及其检测能力；

——所用的回归分析技术，LC_x和(或)EC_x及其置信水平，以及用于计算的拟合模型曲线。

e) 结果讨论

——对偏离测试准则之处加以说明。当试验液中所测试受试物浓度水平接近分析方法的检测限或高于受试物溶解度时，对结果的解释应慎重。

附 录 A
（资料性附录）
斑马鱼（*Brachydanio rerio*）的胚胎—卵黄囊阶段毒性试验实施指南

A.1 介绍

斑马鱼起源于印度的科罗曼代尔海岸，生活在急流中。它是鲤科鱼类中的一种常见观赏鱼，有关它的饲养繁殖程序的资料可在热带鱼的标准参考书中找到。

斑马鱼体长很少超过 45 mm，身体呈圆柱形，并覆有 7 条～9 条暗蓝色的有银色光泽的横条纹，这些条纹一直覆盖至尾鳍和臀鳍。它的背部呈茶青色，雄鱼的体形比雌鱼细长。雌鱼比雄鱼更有银色光泽，并且腹部膨胀，特别是在产卵前。

成鱼能够忍受温度、pH 值和硬度的较大波动。但为保证鱼体健康且能产出质量好的卵，应提供最佳条件。

在产卵期间，雄鱼追逐并碰撞雌鱼，卵排出时也就同时受精。所产的卵为透明且没有黏性，卵落到容器底部还可能被亲鱼吃掉。产卵受光线影响，如果早上的光线足够，鱼产卵通常在拂晓后的前几个小时进行。

雌鱼每隔一周能产一批卵，每尾雌鱼一批的产卵量能达到几百粒。

A.2 亲鱼繁殖和早期生活阶段的条件

选择适当数量的健康亲鱼，并在产卵之前将它们放在水质适宜的水中至少饲养 2 周。用于试验之前，该组鱼应至少已产卵一次，在此期间鱼的密度不应超过 1 g/L，如定期更换用水或使用水质净化系统，则密度可高一些。驯养箱的水温应保持在 25℃±2℃。给鱼提供的饵料应该多样化，如适当的商业干饵料、新孵化的活卤虫（*Artemia*）、摇蚊、溞类（*Daphnia*）、白蠕虫（线蚓）。

采用以下 2 个程序来提供足够数量的健康受精卵用于试验：

a） 产卵前，将雄鱼和雌鱼分开饲养 2 周，至雌鱼腹部膨胀且生殖孔突出。将 8 尾已产过卵的雌鱼和 16 尾雄鱼置于含 50 L 稀释水的容器中，避免直接光照且至少 48 h 保持鱼不受干扰。在试验开始的前一天下午，将产卵网箱放置在水族箱的底部。网箱的架子由树脂玻璃或其他合适材料构成，高 5 cm～7 cm，顶部用孔径 2 mm～5 mm 的粗网，底部用 10 μm～30 μm 的细网组成。用尼龙绳做成“产卵巢”，系于架子的粗网上。将鱼放置黑暗处 12 h 后，用微弱光线促其产卵。产卵后 2 h～4 h 时，将产卵网箱移走并收集卵；

b） 试验前记录繁殖成功的每尾雌鱼情况（产卵量和质量），繁殖成功率最高的雌鱼可用于繁殖。

用内径不小于 4 mm 的移液管将卵转移到试验容器，小心防止卵（幼体）与空气接触。对每批卵取样进行显微镜检查，以保证初期发育阶段的同步性。不得对卵进行消毒。

卵受精后的 24 h 内死亡率最高，此期间常出现 5%～40% 的死亡率。卵受精后 25℃ 时需孵化 3 d～5 d，受精后大约 13 d 卵黄囊完全被吸收。

卵和孵化后的幼体都是透明的，可观察鱼的发育，亦可观察畸形的出现。卵产后约 4 h 即可区分未受精卵与受精卵。

适用于早期生活阶段的试验条件如附录 B 所列。稀释水的最佳 pH 值为 7.8，硬度为 250 mg/L（以 $CaCO_3$ 计）。

A.3 统计与计算

首先对死亡率、异常发育和孵化时间数据进行统计分析。然后确定对这三个参数无有害影响的浓度,并对体长统计计算。此外,每个浓度组所测定鱼的数量应相同,以保证统计有效性。

A.4 LC_{50}与EC_{50}的确定

计算卵和幼体的存活百分率,可根据艾博特(Abbott's)公式(A.1)用对照组的死亡率进行校正:

$$P = 100 - \left[\frac{C - P'}{C} \times 100\right] \qquad \cdots\cdots(A.1)$$

式中:

P——已校正的存活百分率,%;

P'——试验浓度组中所观察到的存活百分率,%;

C——对照组中的存活百分率,%。

试验结束时可通过一定的方法计算 LC_{50} 值。

A.5 LOEC 与 NOEC 的估计

胚胎—卵黄囊阶段试验的目的是把非零浓度与对照组进行比较,如测定 LOEC。因此,应当进行多重比较。

A.6 参考文献

[1] Laale H. W. (1977). The Biology and Use of the Zebrafish (*Brachydanio rerio*) in Fisheries Research. A Literature Review. J. Fish biol. , 10, 121-173.

[2] Hisaoka K. K. and Battle H. I. (1958). The normal Developmental Stages of the Zebrafish, *Branchydanio rerio* (Hamilton-Buchanan). J. Morph. , 102, 311.

[3] Nagel R. (1986). Untersuchungen zur Eiproduktion beim Zebrabärbling (*Branchydanio rerio*, Ham. -Buch.). Journal of Applied Ichthyology, 2, 173-181.

[4] Finney D. J. (1971). Probit Analysis, 3rd ed. , Cambridge University Press, Cambridge, Great Britain, pp. 1-333.

[5] Stephan C. E. (1982). Increasing the usefulness of Acute Toxicity Tests. Aquatic Toxicology and Hazard Assessment: Fifth Conference, ASTM STP 766, J. G. Pearson, R. B. Foster and W. E. Bishop, Eds. , American Society for Testing and Materials, pp. 69-81.

[6] Dunnett C. W. (1955). A Mutiple Comparisons Procedure for Comparing Several Treatments with a Control. J. Amer. Statist. Assoc. , 50, 1096-1121.

[7] Dunnett C. W. (1964). New Tables for Multiple Comparisons with a Control. Biometrics, 20,482-194.

[8] Williams D. A. (1971). A Test for Differences Between Treatment Means when Several Dose Levels are Compared with a Zero Dose Control. Biometrics, 27, 103-117.

[9] Williams D. A. (1972). The Comparison of Several Dose Levels with a Zero Dose Control. Biometrics, 28, 519-531.

[10] Sokal, R. R. and Rohlf F. J. (1981). Biometry, the Principles and Practice of Statistics in Biological Research. W. H. Freeman and Co. , San Francisco.

附　录　B
（资料性附录）
推荐鱼种的试验条件、持续时间和存活率

B.1　推荐鱼种的试验条件、持续时间和存活率见表 B.1。

表 B.1　推荐鱼种的试验条件、持续时间和存活率

种　类	温度/℃	盐度/%	光周期/h	各阶段持续时间/d		试验持续时间	对照组的最低存活率/%	
				胚胎	卵黄囊		孵化成功	孵化后
淡水鱼：								
Brachydanio rerio 斑马鱼	25±1	—	12～16	3～5	8～10	受精后尽可能快开始试验（原肠早期）直到孵化后 5 d（8 d～10 d）	80	90
Gobiocypris rarus 稀有鮈鲫	25±1		12～16	3～5	8～10	受精后尽可能快开始试验（原肠早期）直到孵化后 5 d(8 d～10 d)	80	90
Oncorhynchus mykiss 虹鳟鱼	10±1[a] 12±1[b]	—	0[c]	30～35	25～30	受精后尽可能快开始试验（原肠早期）直到孵化后 20 d（50 d～55 d）	66	70
Cyprinus carpio 鲤鱼	21～25	—	12～6	5	>4	受精后尽可能快开始试验（原肠早期）直到孵化后 4 d（8 d～9 d）	80	75
Oryzias latipes 青鳉	24±1[a] 23±2[b]	—	12～16	8～11	4～8	受精后尽可能快开始试验（原肠早期）直到孵化后 5 d（13 d～16 d）	80	80
Pimephales promelas 黑头软口鲦	25±2	—	16	4～5	5	受精后尽可能快开始试验（原肠早期）直到孵化后 4 d（8 d～9 d）	60	70

[a] 对于胚胎。

[b] 对于仔鱼。

[c] 对于胚胎和仔鱼孵化后的一周内不能光照，除了对它们进行检查时，然后在试验过程中采用柔和光照。

附 录 C
（资料性附录）
其他已有良好记录鱼种的试验条件、持续时间和存活率

C.1 其他已有良好记录鱼种的试验条件、持续时间和存活率见表 C.1。

表 C.1 其他已有良好记录鱼种的试验条件、持续时间和存活率

种类	温度/℃	盐度/%	光周期/h	各阶段持续时间/d		试验持续时间	对照组的最低存活率/%	
				胚胎	卵黄囊		孵化成功	孵化后
淡水鱼：								
Carassius auratus 金鱼	24±1	—	—	3～4	>4	受精后尽可能快开始试验（原肠早期）直到孵化后 4 d（7 d）	—	80
Lepomis macrochirus 蓝鳃鱼	21±1	—	16	3	>4	受精后尽可能快开始试验（原肠早期）直到孵化后 4 d（7 d）	—	75
咸水鱼：								
Menidia peninsulae 月银汉鱼	22～25	1.5～2.2	12	1.5	10	受精后尽可能快开始试验（原肠早期）直到孵化后 4 d（6 d～7 d）	80	60
Clupea harengus 大西洋鲱	10±1	0.8～1.5	12	20～25	3～5	受精后尽可能快开始试验（原肠早期）直到孵化后 3 d（23 d～27 d）	60	80
Gadus morhua 大西洋鳕	5±1	0.5～3	12	14～16	3～5	受精后尽可能快开始试验（原肠早期）直到孵化后 3 d（18 d）	60	80
Cyprinodon variegatus 鳉	25±2	1.5～3	12	—	—	受精后尽可能快开始试验（原肠早期）直到孵化后 4 d～7 d（28 d）	>75	80

附　录　D
（资料性附录）
合格稀释水的化学特性

D.1　合格稀释水的化学特性见表D.1。

表D.1　合格稀释水的化学特性

物　　质	浓　　度
颗粒物	<20 mg/L
总有机碳	<2 mg/L
游离氨	<1 μg/L
残留氯	<10 μg/L
总有机磷农药	<50 ng/L
总有机氯农药与多氯联苯(PCB)	<50 ng/L
总有机氯	<25 ng/L

参 考 文 献

[1] Kristensen P. Evaluation of the Sensitivity of Short Term Fish Early Life Stage Tests in Relation to other FELS Test Methods. Final Report to the Commission of the European Communities, June 1990:60.

[2] ASTM. Standard Guide for Conducting Early Life-Stage Toxicity Tests with Fishes. American Society for Testing and Materials. E,1988: 1241-88. 26 pp.

[3] Brauhn J. L. and Schoettger R. A. Acquisition and Culture of Research Fish: Rainbow trout, Fathead minnows, Channel Catfish and Bluegills. p. 54, Ecological Research Series, EPA-660/3-75-011, Duluth, Minnesota,1975.

[4] Brungs W. A. and Jones B. R. Temperature Criteria for Freshwater Fish: Protocol and Procedures p. 128, Ecological Research Series EPA-600/3-77-061, Duluth, Minnesota,1977.

[5] Laale H. W. The Biology and Use of the Zebrafish (*Brachydanio rerio*) in Fisheries Research. A Literature Review. J. Fish Biol. ,1977, 10: 121-173.

[6] Legault R. A Technique for Controlling the Time of Daily Spawning and Collecting of Eggs of the Zebrafish, *Brachydanio rerio* (Hamilton-Buchanan). Copeia,1958, 4: 328-330.

[7] Dave G. , Damgaard B. , Grande M. , Martelin J. E. , Rosander B. and Viktor T. (1987). Ring Test of an Embryo-larval Toxicity Test with Zebrafish (*Brachydanio rerio*) Using Chromium and Zinc as Toxicants. Environmental Toxicology and Chemistry, 6: 61-71.

[8] Birge J. W. , Black J. A. and Westerman A. G. Short-term Fish and Amphibian Embryo-larval Tests for Determining the Effects of Toxicant Stress on Early Life Stages and Estimating Chronic Values for Single Compounds and Complex Effluents. Environmental Toxicology and Chemistry, 1985,4:807-821.

[9] Van Leeuwen C. J. , Espeldoorn A. and Mol F. Aquatic Toxicological Aspects of Dithiocarbamates and Related Compounds. Ⅲ. Embryolarval Studies with Rainbow Trout (*Salmo gairdneri*). Aquatic Toxicology, 1986,9:129-145.

[10] Kirchen R. V. and W. R. West. Teleostean Development. Carolina Tips,1969,32(4): 1-4. Carolina Biological Supply Company.

[11] Kirchen R. V. and W. R. West. The Japanese Medaka. Its care and Development. Carolina Biological Supply Company, North Carolina. ,1976:36.

[12] Dunnett C. W. A Multiple Comparisons Procedure for Comparing Several Treatments with a Control. J. Amer. Statist. Assoc. , 1955,50:1096-1121.

[13] Dunnett C. W. New Tables for Multiple Comparisons with a Control. Biometrics, 1964,20: 482-491.

[14] Mc Clave J. T. , Sullivan J. H. and Pearson J. G. Statistical Analysis of Fish Chronic Toxicity Test Data. Proceedings of 4th Aquatic Toxicology Symposium, ASTM, Philadelphia,1980.

[15] Van Leeuwen C. J. , Adema D. M. M. and Hermens J. Quantitative Structure-Activity Relationships for Fish Early Life Stage Toxicity. Aquatic Toxicology, 1990,16:321-334.

[16] Environment Canada. Toxicity Tests Using Early Life Stages of Salmonid Fish (Rainbow Trout, Coho Salmon or Atlantic Salmon). Biological Test Method Series. Report EPS 1/RM/28, December 1992:81.

[17] Dave G. and Xiu R. Toxicity of Mercury, Nickel, Lead and Cobalt to Embryos and Larvae

of Zebrafish, *Brachydanio rerio*. Arch. of Environmental Contamination and Toxicology, 1991, 21: 126-134.

[18] Meyer A., Bierman C. H. and Orti G. The phylogenetic position of the Zebrafish (*Danio rerio*), a model system in developmental biology-an invitation to the comparative methods. Proc. Royal Society of London, Series B, 1993, 252: 231-236.

[19] Ghillebaert F., Chaillou C., Deschamps F. and Roubaud P. (1995). Toxic effects, at Three pH Levels, of Two Reference Molecules on Common Carp Embryo. Ecotoxicology and Environmental Safety, 1995, 32: 19-28.

[20] US EPA, Guidelines for Culturing the Japanese Medaka, *Oryzias latipes*. EPA report EPA/600/3-91/064, December 1991, EPA, Duluth.

[21] US EPA, Guidelines for Conducting Early Life Stage Toxicity Tests with Japanese Medaka (*Oryzias latipes*). EPA report EPA/600/3-91/063, December 1991, EPA, Duluth.

[22] De Graeve G. M., Cooney J. D., McIntyre D. O., Poccocic T. L., Reichenbach N. G., Dean J. H. and Marcus M. D. Variability in the performance of the seven-day Fathead minnow (*Pimephales promelas*) larval survival and growth test: an intra-and interlaboratory study. Environ. Tox. Chem., 1991, 10: 1189-1203.

[23] Calow P. Handbook of Ecotoxicology. Blackwells, Oxford. Vol 1, chapter 10: Methods for spawning, culturing and conducting toxicity Tests with Early Life stages of Estuarine and Marine fish, 1993.

[24] Balon E. K. Early life history of fishes: New developmental, ecological and evolutionary perspectives. Junk Publ., Dordrecht., 1985: 280.

[25] Blaxter J. H. S. Pattern and variety in development. In: W. S. Hoar and D. J. Randall, Eds., Fish Physiology, vol XIA, Academic Press, 1988: 1-58.

ICS 13.300;13.020.40
A 80

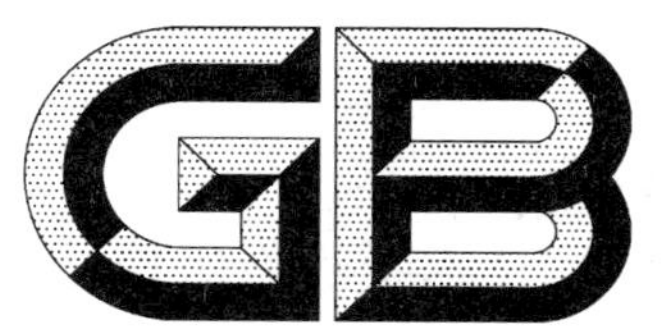

中华人民共和国国家标准

GB/T 21808—2008

化学品 鱼类延长毒性 14 天试验

Chemicals—Fish, prolonged toxicity: 14-day study test

2008-05-12 发布 2008-09-01 实施

中华人民共和国国家质量监督检验检疫总局
中国国家标准化管理委员会 发布

前 言

本标准等同采用经济合作与发展组织(OECD)化学品测试导则 No. 204(1984 年)《鱼类延长毒性 14 天试验》(英文版)。

本标准做了以下编辑性修订:

——推荐鱼种增加了稀有鮈鲫(*Gobiocypris rarus*)和剑尾鱼(*Xiphophorus helleri*)。

本标准附录 A 和附录 B 为资料性附录。

本标准由全国危险化学品管理标准化技术委员会(SAC/TC 251)提出并归口。

本标准负责起草单位:环境保护部化学品登记中心。

本标准参加起草单位:上海市环境科学研究院、环境保护部南京环境科学研究所、沈阳化工研究院安全评价中心。

本标准主要起草人:周红、高桂华、沈英娃、胡双庆、梁丹涛、韩志华、吴颖慧。

化学品　鱼类延长毒性 14 天试验

1　范围

本标准规定了化学品　鱼类延长毒性 14 天试验的方法概述、试验准备、试验程序、质量保证与质量控制、数据与报告。

本标准只适用于化学品对淡水鱼类延长毒性 14 天的试验。

对于实验条件下溶解度有限的化学品，也许不一定能确定本标准希望测定的值。

若更长的观察期是有用而适宜的，并且有必要提供包含其他更多信息的测试报告，则本标准也许可以替代鱼的急性毒性测试。

2　术语和定义

下列术语和定义适用于本标准。

2.1

半静态试验　semi-static test

以定期更换试验介质方式(如 12 h 或 24 h)进行的试验。

2.2

流水式试验　flow-through test

以受试物溶液恒流通过试验容器使试验介质持续更新的方式进行的试验。

2.3

致死效应阈值　threshold level of lethal effect

受试物产生致死效应的最低浓度。

2.4

可观察效应阈值　threshold level of observed effects

试验溶液中受试物表现出除致死效应外其他效应的最低受试物浓度。

2.5

无可观察效应浓度　no observed effect concentration;NOEC

与对照相比，对试验生物未产生显著效应的最高受试物浓度。

3　受试物信息

a)　水中溶解度；

b)　蒸气压；

c)　结构式；

d)　纯度；

e)　水溶液中的定量分析方法；

f)　在水中和光中的稳定性；

g)　正辛醇-水分配系数；

h)　快速生物降解试验结果。

4 方法概述

4.1 原理

测试期间，定期测定鱼类致死效应、其他可观察效应浓度和无可观察效应浓度(NOEC)，试验进行14 d。必要时再延长1周～2周。

4.2 参比物

本标准无推荐参比物。若测试了某一参比物，应在测试报告中加以说明。

5 仪器设备

实验室常规仪器设备，特别是以下仪器设备是必需的：

a) 测定水质温度、pH、溶解氧和硬度的仪器；

b) 温度控制仪；

c) 化学惰性材料制成的容积适宜的实验容器。

6 试验准备

6.1 系统选择

试验期间，应尽可能维持条件恒定。通常采用流水式试验系统，若适合，也可采用半静态试验系统。

6.2 受试生物

6.2.1 受试生物的选择

可选用一个或多个鱼种，取决于测试实验室。但建议选择鱼类急性毒性试验中所推荐的鱼种，见附录A。选择鱼种应基于几个重要的标准，如，全年的易获得性、易于饲养、方便进行测试、价格低廉、以及生物的和生态的因素等。选择的鱼应健康，无任何可见畸形。

这些鱼可以由渔民或实验室饲养，疾病和寄生虫得到控制，这样健康状况得以保证，出身可知。

若采用推荐鱼种之外的符合上述条件的其他鱼种，须说明理由，按相应的试验条件改编试验方法，写入试验报告。

6.2.2 试验生物的驯养

至少12 d～15 d。所有试验鱼使用前，须在与试验用水相同的水质中驯养至少7d。应避免任何可能改变试验鱼行为的干扰因素。

光照：每天12 h～16 h光照。

温度：适合于试验鱼种。

溶解氧：不低于80%空气饱和值。

疾病处理：避免进行疾病处理，如有处理应报告。

饲喂：1次/d。

驯养48 h后，记录死亡率，并按下列标准处理：

——7 d内死亡率大于10%，舍弃全组鱼；

——死亡率在5%～10%之间，继续驯养7 d；

——死亡率小于5%，该组鱼可用于试验。

6.3 试验用水

6.3.1 水质

可用饮用水(必要时除氯)、高质量的天然水或配制的稀释水，见附录B。水的总硬度为50 mg/L～250 mg/L(以$CaCO_3$计)，pH值为6.0～8.5。用于配制稀释水的试剂应为分析纯，去离子水或蒸馏水的电导率应小于或等于 10 μS/cm。

6.3.2 试验溶液

将适量受试物溶于所需体积的稀释水中，制成适当浓度的受试物贮备液。

低水溶性受试物的贮备液可用机械分散法制备，或必要时采用对鱼低毒的有机溶剂、乳化剂、分散剂等。这类溶剂在试验溶液中的浓度应不超过 100 mg/L。

通过稀释贮备液来配制所选浓度的试验液。

试验溶液的 pH 值不需调节。若加入受试物后试验溶液的 pH 值有明显变化，建议重新配制，调整贮备液的 pH 值至与加受试物前试验液的 pH 值相同。用于调节 pH 值的物质不应使贮备液的浓度有明显改变，也不应与受试物发生化学反应或产生沉淀。最好使用 HCl 或 NaOH 来调节 pH 值。

7 试验程序

7.1 试验浓度

选择的试验浓度，应能确定受试物的致死效应、其他可观察效应的阈值和无可观察效应的浓度值。若阈值水平超过 100 mg/L，不需进行测试。

如果使用助溶剂，应加设溶剂对照组，对照中溶剂浓度应为试验液中溶剂的最高浓度。

7.2 暴露条件

a) 周期：试验周期一般为 14 d，也可延长 1 周～2 周。
b) 承载量：半静态试验的最大承载量为 1.0 g/L；流水试验系统的承载量可高一些。试验容器的容量应与推荐的承载量相适应。
c) 试验生物数：每一浓度组和对照组至少使用 10 尾鱼。
d) 光照：每天光照 12 h～16 h。
e) 温度：试验温度与试验鱼种相适应，保持恒定，温度变化范围为±2 ℃。
f) 溶解氧：试验期间，试验液溶解氧含量不低于 60%空气饱和值。
g) 饲喂：每日投饵一次或多次，投食量恒定，每次投食量不得超过试验鱼一次需食量。
h) 清污：流水式试验系统，每周至少清洗试验水箱内壁两次；半静态试验，可在每次更换试验液时清理一次。

7.3 观察测定

观察和记录鱼的死亡情况，当观测到鱼没有呼吸运动或触碰鱼尾无反应，可判断鱼已死亡，将死鱼从容器中取出，记录死亡数，每天检查一次。

观察和记录其他非致死效应，包括与对照组鱼明显不同的表征、大小和行为，异常游泳行为，外来刺激的不同反应，鱼类外观上的改变，摄食下降或停止，体长和体重改变等。

每周三次记录所有可观察效应。

每周两次测定各容器的溶解氧含量、pH 值和温度。

浓度测定：流水试验，试验开始时测定试验液中受试物浓度；半静态试验，试验开始时、第一次更新试验液前和试验结束时分别测定试验液中受试物浓度。若能证明可以维持足够高的受试物浓度，也可采用化学分析之外的其他适合的程序。

试验开始前，选择试验鱼中有代表性的个体，测量体重和体长。试验结束时，测定所有存活鱼的体重和体长。

8 质量保证与质量控制

a) 试验结束时，对照组的死亡率不高于 10%；

b） 试验期间，试验液的溶解氧含量不低于60%空气饱和值；

c） 采用半静态试验系统时，若不会造成受试物的明显损失，则可对试验液充气；

d） 应有证据证明试验期间受试物浓度维持在较高的水平(受试物浓度应不低于80%配制浓度)。若与配制浓度的偏差大于20%，测试结果应以实测浓度为准。

9 数据与报告

9.1 结果解释

如果发现未能维持受试物试验液的稳定性和同质性，应慎重解释所得结果，并注明该试验结果不能重现。

9.2 试验报告

试验报告应包括下述内容：

a） 受试物：化学鉴定数据。

b） 受试生物：学名、品系、大小、供应商、预处理等。

c） 试验条件：

——采用试验操作：如半静态或流水式，曝气、承载量等；

——水质特征：水质处理情况，包括除氯、溶解氧浓度、pH、硬度、温度等；

——每一推荐观察时间试液中的溶解氧浓度、pH、温度和总硬度；

——制备贮备液和试验液的方法；

——试验液中受试物的浓度及保持情况；

——各试验浓度组中鱼的数量；

——鱼类急性毒性试验数据。

d） 结果：

——用表列出每一观察时间各浓度组的可观察效应；

——绘制产生致死效应或其他效应的浓度随时间变化的曲线；

——致死效应阈值；

——可观察效应阈值；

——无可观察效应浓度(NOEC)；

——如可能，每一推荐观察时间各浓度组的累积死亡率；

——对照组的死亡率；

——鱼的行为观察；

——试验期间对试验结果可能产生影响的事件；

——与本标准的任何偏离。

附 录 A
（资料性附录）
推荐受试鱼种

A.1 推荐受试鱼种(见表 A.1)

表 A.1 推荐受试鱼种

推荐鱼种	推荐试验温度/℃	推荐鱼长[a]/cm
Brachydanio rerio 斑马鱼	21～25	2.0±1.0
Pimephales promelas 黑头软口鲦	21～25	2.0±1.0
Cyprinus carpio 鲤鱼	20～24	3.0±1.0
Oryzias latipes 青鳉	21～25	2.0±1.0
Poecilia reticulate 孔雀鱼	21～25	2.0±1.0
Lepomis macrochirus 蓝鳃鱼	21～25	2.0±1.0
Oncorhynchus mykiss 虹鳟鱼	13～17	5.0±1.0
Gobiocypris rarus 稀有鮈鲫	21～25	2.0±1.0
Xiphophorus helleri 剑尾鱼	21～25	2.0±1.0

[a] 若鱼的大小不在推荐范围内，应报告并说明理由。

附　录　B
（资料性附录）
合格的配制稀释水示例

a)　氯化钙溶液：称取 11.76 g 二水合氯化钙（$CaCl_2 \cdot 2H_2O$），用去离子水溶解，定容至 1 L。

b)　硫酸镁溶液：称取 4.93 g 七水合硫酸镁（$MgSO_4 \cdot 7H_2O$），用去离子水溶解，定容至 1 L。

c)　碳酸氢钠溶液：称取 2.59 g 碳酸氢钠（$NaHCO_3$），用去离子水溶解，定容至 1 L。

d)　氯化钾溶液：称取 0.23 g 氯化钾（KCl），用去离子水溶解，定容至 1 L。

用于配制稀释水的试剂应为分析纯，去离子水或蒸馏水的电导率应小于或等于 10 μS/cm。

上述 a)～d) 溶液各取 25 mL，混合，用去离子水定容至 1 L。该溶液的钙和镁离子总量为 2.5 mmol/L，钙离子∶镁离子＝4∶1，钠离子∶钾离子＝10∶1。

对上述溶液曝气，直至氧饱和。贮存 2 d 左右。使用前不需再曝气。

参 考 文 献

[1] D. M. M. Adema, in Degradability, Ecotoxiciyy and Bioaccumulation, Chapter 5, Government Publishing Office, The Hague, 1980.

[2] R. Bathe, Arch. Toxicol. Suppl. ,1979,2: 417-423 .

ICS 13.300;13.020.40
A 80

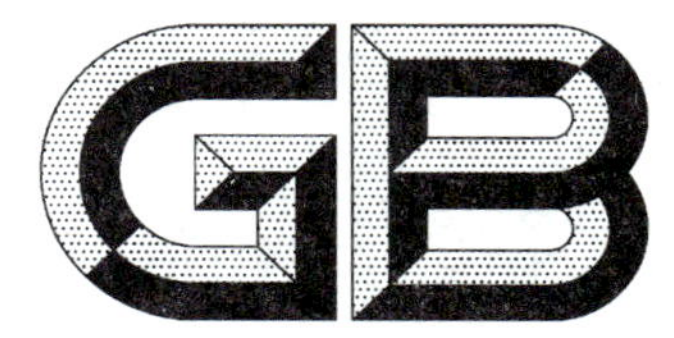

中华人民共和国国家标准

GB/T 21809—2008

化学品 蚯蚓急性毒性试验

Chemicals—Test method of earthworm acute toxicity test

2008-05-12 发布 2008-09-01 实施

中华人民共和国国家质量监督检验检疫总局
中国国家标准化管理委员会 发布

前　言

本标准等同采用经济合作与发展组织(OECD)化学品测试导则 No. 207(1984 年)《蚯蚓　急性毒性试验》。

本标准附录 A 为资料性附录。

本标准由全国危险化学品管理标准化技术委员会(SAC/TC 251)提出并归口。

本标准负责起草单位:中国检验检疫科学研究院。

本标准参加起草单位:辽宁出入境检验检疫局。

本标准主要起草人:于文莲、陈会明、王军兵、周新、郝楠、刘海波、周川、刘卫东、孙鑫、王峥。

化学品 蚯蚓急性毒性试验

1 范围

本标准规定了化学品蚯蚓急性毒性试验的受试物信息、方法概述、仪器设备、试验方法、数据与报告。

本标准适用于评价化学品的蚯蚓急性毒性。

2 术语和定义

下列术语和定义适用于本标准。

2.1

半数致死浓度 LC_{50}

在测试期间使50%供试生物死亡的受试物浓度。

在试纸接触试验中，受试物以 mg/cm^2 来表示；在人工土壤试验中以 mg/kg（干重）表示。

3 受试物信息

a) 水中溶解度；

b) 蒸气压；

c) 结构式；

d) 纯度；

e) 在水、土壤和光中的稳定性；

f) 正辛醇/水的分配系数(P_{OW})；

g) 快速生物降解试验结果。

4 方法概述

4.1 简介

本方法适用于溶于水和不溶于水的物质，但是测试方法不同。

测试化学品对蚯蚓的毒性有许多方法，包括点施，强制饲喂和全浸试验。本方法包括二个试验方法：滤纸接触毒性试验和人工土壤试验。

简单的滤纸接触毒性试验作为预试验，可得出土壤中受试物对蚯蚓的可能毒性，决定是否需要进行进一步的人工土壤试验。

接触试验简单，易于操作，使用推荐生物的试验结果具有可重复性。人工土壤试验得出的毒性数据能代表蚯蚓在化学品自然暴露下的情况。

对照组的死亡率在试验结束时不能超过10%，试验是有效的。

4.2 参比物

为测定 LC_{50} 应选定一个参考物质，以确保试验室测试条件是足够的且没有显著改变。氯乙酰胺(Chloracetamide)是合适的参照物。

4.3 试验原理

预试验（滤纸接触毒性试验）将蚯蚓与湿润纸上的受试物接触，识别出对土壤中蚯蚓的潜在毒性化学品。

人工土壤试验系将蚯蚓置于含不同浓度受试物的人工配制土壤中，7 d 和 14 d 后，评价其死亡率。其中应包括使生物无死亡发生和全部死亡的两个浓度组。

4.4 试验有效性

对照组的死亡率在试验结束时不能超过 10%，试验是有效的。

5 仪器设备

5.1 试验室常规仪器设备和特殊设备：

——蚯蚓养殖(见附录 A)；

——滤纸：80 g/m^2～85 g/m^2，厚度 0.2 mm 左右，中级；

——人工土壤试验基质。

泥炭藓灰 10%(pH 值尽可能接近 5.5～6.0，无明显植物残体，磨细，风干，测定含水量)；

高岭黏土 20%(高岭石质量分数大于 30%)；

石英砂 70%(50 μm～200 μm 粒径的细砂质量分数在 50%以上)；

加入碳酸钙调 pH 值为 6.0±0.5(见参考文献[6])；

以正确比例混合人工土壤的各个干燥组分。为了混合均匀，可采用大型试验室搅拌器或小型水泥电动搅拌机。然后取少量上述样品置于 105℃条件下烘干称重，测定其含水量。加入去离子水使其含水量达到干重的 35%左右，混合均匀。混合物不能过湿，当挤压人造土壤时不能有水分出现。

——玻璃容器：结晶皿，或加有盖玻璃或具孔塑料板的 1 L 烧杯。

——培养装置：光照度 400 lx～800 lx，温度控制±2℃的培养箱。

5.2 试验生物

推荐的蚯蚓品种是赤子爱胜蚓 Eisenia foefida(Michaelsen)，虽然这种蚯蚓不是典型的土壤品种，但它存在于富含有机质的土壤中，对化学物质的敏感性与真正栖息在土壤中的蚯蚓类似，其生命周期短，在 20℃的条件下，孵化需要 3～4 周，7～8 周即可发育成熟。它繁殖能力强，一条蚯蚓可以在一周内产 2～5 个蚓茧，每个蚓茧可孵出几条蚯蚓。它易于在含各种有机废物的土壤中饲养，蚓茧容易购得或从一个来源分发，这有利于确保采用同一品系(见附录 A)。

赤子爱胜蚓存在两个分支，有些分类学家将其分开(见参考文献[1])，其形态很相象，但 E. foetida foetida 的环节上有一典型的横纹或环带，而 E. foetida andrei 则没有，但带有斑驳的红色。如果可能宜采用 E. foetida foetida。当必须使用某种方法时，也可以使用其他品种。

选择二月龄以上，体重 300 mg～600 mg 的健康蚯蚓供试验用。

6 试验方法

6.1 滤纸试验

采用长 8 cm，直径 3 cm 的平底玻璃管。内壁衬铺滤纸，滤纸的大小以不重叠为宜。

受试物溶于水 (溶解度大于 1 000 mg/L)或适宜的有机溶剂(如丙酮、正己烷、氯仿)，在已知浓度范围内配成浓度系列溶液。用移液管向每个玻璃管移入 1 mL 受试物溶液，用过滤的压缩空气吹干，气体流速不要太快。在干燥过程中，水平旋转玻璃管(对不易溶解于水或有机溶剂中的物质必须重复几次上述过程)，以获得试验所需的受试物在滤纸上的沉积量。对照组用 1 mL 的去离子水或有机溶剂处理。干燥后在每一玻璃管内加 1 mL 去离子水以湿润滤纸，用留一小孔的塞子或塑料薄膜封住玻璃管口。

在正式试验之前，应预先进行选择浓度范围的试验，浓度设计见表1：

表1 滤纸接触法预试验浓度设计

受试物在滤纸的沉积量/(mg/cm^2)	受试物浓度/(g/mL)
1.0	7×10^{-2}
0.1	7×10^{-3}
0.01	7×10^{-4}
0.001	7×10^{-5}
0.000 1	7×10^{-6}

正式试验应设置5个以上按几何级数增加的试验浓度组。

每试验浓度应至少设10个以上重复，每个玻璃瓶只能放置1条蚯蚓，因为同一管内蚯蚓的死亡可能对其他蚯蚓造成有害影响。精密度试验应进行20个重复。每一个试验浓度水平范围应使用10个控制管。

为了使蚯蚓排出肠内的内含物，在试验开始前，先将蚯蚓置于湿润的滤纸上3 h，然后冲洗，用滤纸吸干，供试验用。

将玻璃管并排置于盘内，温度控制在20℃±2℃，试验在黑暗条件下进行48 h，亦可延长至72 h，观测记录蚯蚓死亡情况。

判别蚯蚓死亡的标准是当蚯蚓前尾部对轻微机械刺激没有反应即以死亡计，同时观察报告蚯蚓的病理症状和行为。

6.2 人工土壤试验

在正式试验之前，一般需预先进行选择浓度范围的试验，按几何级数设置5种不同浓度组，如0.01 mg/kg、0.1 mg/kg、1 mg/kg、10 mg/kg、100 mg/kg和1 000 mg/kg(人工土壤、干重)。

6.2.1 试验介质处理

在试验开始前，将受试物溶于去离子水，然后与人工土壤相混合或者用精细的层析喷头或类似的喷头喷到土壤中。

倘若受试物不溶于水，可使用尽可能少量的有机溶剂(如正已烷、丙酮、氯仿等)，溶剂必须是可挥发性的。若受试物既不可溶，也不可分散或乳化，可将一定量的受试物与石英砂混合，其总量为10 g，然后在试验容器内与740 g湿的人工土壤混合，总量为750 g。当只能采用易挥发性有机溶剂溶解、分散和乳化受试物时，在试验开始之前，应将溶剂全部挥发，应补充蒸发的水量。对照组须接受任何同样同量的处理。

6.2.2 试验步骤

对于每一试验，在玻璃容器中加入750 g湿重的试验介质和10条蚯蚓。这些蚯蚓在试验前已在人工土壤环境中饲养24 h，在使用之前将蚯蚓冲洗干净，放在试验介质表面。用具孔的塑料板盖好容器以防试验介质变干。

每一处理组和对照组应有4个平行样。每一试验应用各有10条蚯蚓的4个结晶皿，进行相同的溶剂对照试验。

整个试验期为14 d，在20℃±2℃，湿度80%的条件下培养，并提供连续光照(以保证试验期间蚯蚓始终生活在试验介质中)。

试验在第7天和第14天评估蚯蚓死亡率，应记录观察到的异常行为或病理症状。第7天将培养瓶内的试验介质轻倒入一玻璃皿或平板，取出蚯蚓，检验蚯蚓前尾部对机械刺激的反应，检查结束后，将试验介质和蚯蚓重新置于培养瓶中继续培养。14 d时再进行相同的检查。

试验结束时，应分析和报告试验介质的含水率。

7 数据与报告

7.1 数据处理

将死亡率和受试物浓度数据应在对数-概率纸上作图，计算 LC_{50} 和置信限（见参考文献[3]），也可使用其他概率计算的方法。

当两个连续浓度的死亡率为 0 和 100%，并呈几何级数（比率最大为 2.0），这两个水平可充分指出 LC_{50} 范围。

7.2 试验报告

试验报告应包括：

7.2.1 受试物：化学特性、施用方法。

7.2.2 供试生物：年龄、饲养和繁殖条件、来源。

7.2.3 试验条件：详尽描述所有试验材料和试验条件以及任何改变。

7.2.4 试验介质的准备情况。

7.2.5 结果：

——每一处理在试验开始和结束时，存活蚯蚓的平均体重和数量；
——在试验过程中蚯蚓的详细生理和病理症状或异常行为记录；
——测定 LC_{50} 的方法，数据和结果；
——浓度-效应曲线图；
——对照组的死亡率；
——参照物和受试物的死亡率；
——LC_{50} 及所有用于计算的数据；
——人工土壤在试验开始和结束时的湿度，以及开始时的 pH 值；
——死亡率为 0 的最高浓度；
——死亡为 100% 的最低浓度。

附　录　A
（资料性附录）
试验动物的饲养

Eisenia foetida 可在许多动物废弃物中繁殖。推荐的繁殖介质为马粪或牛粪与泥炭以 50∶50 混合，其他动物废弃物也适用；介质的 pH 值为 7 左右、低离子电导率（低于 6.0 mS）和不能受到氨或动物尿的过度污染。

木制饲养箱规格为 50 cm×50 cm×15 cm，上面用合适的盖子盖紧。在 6 周的时间内可繁殖 1 000 条蚯蚓。为生产足够的蚯蚓，介质能在 20 kg 的废物中养殖高达 1 kg 的蚯蚓，以及每一个蚯蚓将重达 1 g。为获得蚯蚓标准的年龄和体重，最好是在 20℃ 开始培养蚓茧，3 周～4 周孵化，7 周～8 周成为成熟的蚯蚓。

参 考 文 献

[1] M. B. Bouché, *Lombriciens de France, Ecologie et Systématique*. Publ. Institut National de la Recherche Agronomique(1972).

[2] C. A. Edwards and J. R. Lofty, *Biology of Earthworms*, 2nd Edition, Chapman and Hall, London(1977).

[3] J. T. Litchfield and F. Wilcoxon, *Journal of Pharmacol. Exper. Ther. 96*. 99～113(1949).

[4] C. E. Stephan, in *Aquatic Toxicology and Hazard Evaluation*(edited by F. L. Mayer and J. L. Hamelink)pp. 66-84, ASTM STP 634, American Society for Testing and Materials(1977).

[5] C. A. Edwards, *Development of a Standardized Laboratory Method for Assessing the Toxicity of Chemical Substances to Earthworms*, Report EUR 8714EN, Commission of the European Communities(1983).

[6] *The Analysis of Agricultural Materials*, Ministry of Agriculture, Fisheries and Food, Reference Book 427, HMSO, London(1981).

ICS 13.300;13.020.40
A 80

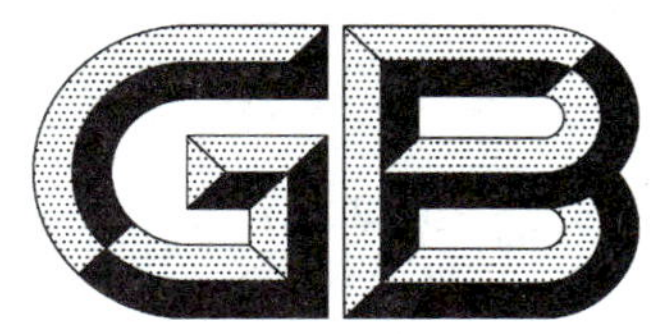

中华人民共和国国家标准

GB/T 21810—2008

化学品 鸟类日粮毒性试验

Chemicals—Avian dietary toxicity test

2008-05-12 发布 2008-09-01 实施

中华人民共和国国家质量监督检验检疫总局
中国国家标准化管理委员会 发布

前　言

本标准等同采用经济合作与发展组织(OECD)化学品测试导则 No. 205(1984 年)《鸟类日粮毒性试验》(英文版)。

本标准做了下列编辑性修改：

——增加了范围部分；

——将计量单位改为我国法定计量单位；

——将原文的术语和定义部分提前，放入第 2 部分　术语和定义；

——删除原文的“本标准不适用于高挥发性或不稳定的物质”，因该内容已在第 1 章中有描述。

本标准由全国危险化学品管理标准化技术委员会(SAC/TC 251)提出并归口。

本标准负责起草单位：中国检验检疫科学研究院。

本标准参加起草单位：辽宁出入境检验检疫局。

本标准主要起草人：周新、陈会明、王军兵、于文莲、欧阳昌俊、周川、刘海波、刘卫东、郝楠。

化学品　鸟类日粮毒性试验

1　范围

本标准规定了化学品鸟类日粮毒性试验的范围、术语和定义、受试物信息、试验方法、数据与报告。

本标准适用于测定化学品对鸟类日粮的毒性，本标准不适用于高挥发性或不稳定的物质。

2　术语和定义

下列术语和定义适用于本标准。

2.1

半数致死浓度　LC_{50}

导致受试鸟在5日量食物的暴露量下，恢复期在3 d以上的条件下，死亡率达到50%时化学品在鸟粮中的统计浓度。

2.2

基本食物　basal diet

未经处理的，不加入任何稀释剂、助溶剂、受试物，并适合和满足繁殖试验成鸟营养要求的食物量，或幼鸟的初始食物量。

3　受试物信息

3.1　必备资料

——水溶解度；

——蒸气压。

3.2　指导性信息

——结构式；

——受试物纯度；

——正辛醇/水分配系数；

——在食物中的定量分析方法；

——在水中、光中和食物中的化学稳定性；

——快速生物降解试验结果。

3.3　限制声明

——受试物应能均匀混合在食物中。为保证混合均匀，可使用对鸟低毒的载体。

3.4　标准文件

见参考文献[1]和[4]。

4　试验方法

4.1　试验简介、目的、范围、意义和限度

4.1.1　参比物

本方法无推荐参比物。但是，如果试验中引用了参比物，应给出试验结果。

4.1.2 试验原理

在暴露期内,用含不同浓度受试物的食物投喂受试鸟。在恢复期内,改用不含受试物的基本食物饲喂受试鸟,至少喂3 d。试验期间,每天记录鸟的死亡率和中毒症状。

4.1.3 试验有效的条件

——试验结束时,对照组鸟的死亡率不超过10%。

——在暴露期内,应保证投喂食物中受试物的浓度可满足试验的要求,受试物的含量不能低于规定含量的80%。

——在最低处理浓度,不应出现与受试物有关的死亡或其他明显的毒性症状。

4.2 试验程序

4.2.1 准备

应有必要的饲养装置,特别是室内的装置及设施,包括光照、温度和湿度控制设备,以及合格的鸟笼。

试验鸟适应试验条件和基本食物的环境驯化期至少为7 d。受试鸟应随机分配在所饲养的笼子里,且各笼子里受试物的浓度也是随机分配的。基本食物充足,并有清洁和足够的饮用水。

在72 h的预试验期间,应随时观察受试鸟的健康状况,应采用下列标准记录死亡率:

——如果死亡率超过5%,应舍弃整个受试鸟群;

——如果死亡率小于5%,可采用该受试鸟群。

4.2.2 受试鸟

4.2.2.1 鸟种选择

本试验可选用多种鸟类。所选择鸟的种类应与进行试验的要求一致。一般希望选择在试验条件下饲养和试验有过报道的鸟类。试验用鸟应健康,无任何疾病和外表可见畸形。试验鸟的推荐种类和试验条件见表1。如采用其他的试验鸟类,测试方法则应与已有的试验条件相适应。

表1中所列的鸟类易于饲养,且一年四季可得。可在实验室内孵化繁殖,也可从种禽场购买。所购买的鸟应保证不患有如下列疾病:曲霉病、新城疫(ND)、鸡百痢等;其亲代也应无上述疾病。

所有的试验鸟应来源于亲鸟已知的同一种群,鸟龄相同,试验幼鸟的鸟龄为10 d～17 d。

4.2.2.2 驯养和饲养条件

受试鸟适应试验条件和基本食物的环境驯化期至少为7 d。在环境驯化期间,除了提供不含受试物的食物以外,其他环境条件应与试验期间相一致。一般应保持:清洁干净的饮水;每天12 h～16 h的光照;良好的通风条件;鸽子需要单独喂养,其他鸟以每笼5只或10只为宜。

注意防止任何干扰,以避免鸟行为的改变。

4.2.3 试验条件

4.2.3.1 受试物在食物中浓度

一种受试物至少采用5个不同的浓度。这些浓度应是以等比级数排列,其比例应不超过2.0。决定所用这些浓度可能需要进行一次线性回归试验。

如果进行测试时,发现在至少5 g/L的受试物剂量下未见有与受试物相关的致死效应或其他明显的毒性作用,则不必要进行5个不同的剂量处理的完整测试。

含受试物的食物制备:将适量的受试物加入一定量的幼鸟的基本食物中进行混合即可。受试物在基本食物中混合均匀是选择混合方法的依据。如果必要,可采用少量的对鸟低毒的稀释剂进行助溶以确保混合均匀。稀释剂不应超过食物质量的2%,且在对照鸟食物中加入的量也应相同。可采用水、玉米油,及其他已有充分证据表明不会干扰受试物毒性的稀释剂。

表 1 推荐的试验鸟种类和环境条件

鸟种	推荐条件			
	温度 ℃	相对湿度 %	鸟龄 d	空间 cm^2/鸟
绿头鸭 *Anas platyrhynchos*(mallard duck)				
鸟龄 0 d～7 d	32～35	60～85	10～17	600
鸟龄 8 d～14 d	28～32			
鸟龄 >14 d	22～28			
鹌鹑 *Colinus virginianus*(bobwhite quail)				
鸟龄 0 d～7 d	35～38	50～75	10～17	300
鸟龄 8 d～14 d	30～32			
鸟龄 >14 d	25～28			
鸽子 *Columba livia*(pigeon)				
鸟龄 > 35 d	18～22	50～75	56～70	2 500[a]
日本鹌鹑 *Coturnix coturnix japonica*(Japanese quail)				
鸟龄 0 d～7 d	35～38	50～75	10～17	300
鸟龄 8 d～14 d	30～32			
鸟龄 >14 d	25～28			
环颈雉 *Phasianus colchicus*(ring-necked pheasant)				
鸟龄 0 d～7 d	32～35	50～75	10～17	600
鸟龄 8 d～14 d	28～32			
鸟龄 >14 d	22～28			
红脚石鸡 *Alectoris rufa*(red-legged partridge)				
鸟龄 0 d～7 d	35～38	50～75	10～17	450
鸟龄 8 d～14 d	30～32			
鸟龄 >14 d	25～28			
[a] 鸽子 Pigeons 是单独饲养。				

4.2.4 试验步骤

在 5 个不同浓度处理的试验中，每一浓度至少应设置两个对照组和一个处理组。对照组饲喂不含受试物的基本食物。受试鸟随机分配到不同的处理或对照组。应避免使用预防性药物和其他的化学品，一旦使用必须在报告中说明。

一般最短试验期为 8 d。其中前 5 d 为暴露期，饲喂受试物，而后 3 d 只投喂基本食物。如果第 7 天或第 8 天出现死亡，或者毒性症状保持到第 8 天且没有明显的减轻，则试验应继续进行，或是直至连续 2 d 不出现死亡，并且确保受试鸟可以恢复正常；或是试验持续到第 21 天。两者中以先满足条件的为准。

4.2.5 观察

试验中至少应进行如下观察：

——中毒症状及其他异常行为：暴露期的第 1 天观察 2 次，以后每日 1 次，如有可能，可每天观察 2 次。应观察和记录以下症状及行为，如：呼吸困难；腿部无力；出血；惊厥、痉挛；羽毛皱竖等。

所有中毒症状及其他异常行为(例如好斗、啄趾等),无论是否由受试物而引起,均应在报告中给出。对于存活下来的受试鸟,应每天按每个暴露处理对其中毒症状的缓解和异常行为的终止进行记录。当同一暴露处理中出现不同的中毒症状时,应记录出现该症状的鸟的数目。

——死亡:暴露期的第1天统计2次,以后每天1次。

——体重:试验开始、第5天、第8天各测定1次。若试验期超过8 d,应在试验结束时再测定1次。

——食物消耗量:分别统计计算暴露期、恢复期的食物消耗量。若试验期超过8 d,应统计计算延长期的食物消耗量。

5 数据和报告

5.1 结果处理

半数致死浓度 LC_{50} 的计算可采用概率分析或概率图解或其他合适的方法。其他合适的方法详见参考文献的[7]、[8]和[9]。为了确保数据的有效性,可用合适的方法确定数据的95%置信度,进行非齐次性统计检验。

当用试验数据计算 LC_{50},不能满足概率分析法的要求时,例如无死亡或全部死亡时,或者所用浓度比例小于2.0时,可采用未引起死亡的最高浓度和引起100%死亡率的最低浓度,与其他处理浓度引起的死亡率的数据结合,测定和计算 LC_{50}。这种方法的例子见参考文献[9]、[10]和[11]。

当用最高推荐浓度(5 g/L)处理鸟的死亡率低于50%,无法计算 LC_{50} 时,应在报告中指出受试物的 LC_{50} 大于5 g/L。

5.2 结果解释

若发现试验期间不能维持受试物的稳定性和均匀性,应慎重解释得出结果并注明该结果不能重复。

5.3 试验报告

试验报告应包括以下信息:

a) 受试物:化学鉴定数据。

b) 受试鸟:学名及品系、来源,试验开始时的鸟龄(以d计算),若使用的不是推荐鸟,应陈述其理由。

c) 试验条件:

——环境适应(包括鸟笼的类型,大小和材料,鸟笼内的温度,试验动物房的湿度、光照周期和光照强度)。

——基本食物:包括来源、组成和营养成分分析(蛋白质、糖类、脂肪、钙、磷、维生素等)以及使用的添加剂的载体。对商用食物,如果其说明书较为详细,则说明书上所列的成分报告即可满足报告要求。

——供试食物:供试食物的制备方法,受试物的食物中的设计浓度和实测浓度,分析测试的方法,混合和更新的频率,载体、存放条件及饲喂的方法。

——环境适应的程序和随机分配试验鸟的方法。

——每一个浓度和对照的笼子数量以及每一笼中受试鸟的数量。

——观察的频率、时间及方法。

——参比物的名称和制备含受试食物的方法。

d) 结果:

——各处理组和对照组中受试鸟的死亡数。

——试验开始、暴露期结束和试验结束时,在每一鸟笼中鸟的平均体重,以及试验期间每一只死亡鸟的体重。

——中毒症状(如痉挛、昏睡等)和其他异常行为的描述:包括发生日期和时间,程度(包括死亡),不同处理组和对照组中每日受影响的个数等。

——估算各处理浓度和对照组中每日受影响的个体数等。

——浓度范围选择试验的结果。

——计算 LC_{50} 值,95%的置信度,浓度-效应曲线的斜率,试验结果的拟合优度(如 X^2 检验等),不引起死亡的最高浓度和引起100%死亡率的最低浓度。

——所有试验中的异常现象,偏离上述步骤的操作,以及其他相关的信息。

参 考 文 献

［1］ U. S. EPA：Registration of Pesticides in the United States—Proposed Guidelines，Federal Register 43，No.132 (July 10，1978).

［2］ Toxic Substances Control Act，Section 4：Five-day Dietary Toxicity Test Standard for Mallard and Bobwhite，Office of Toxic Substances，U. S. EPA，Washington，D. C.

［3］ Pesticides Safety Precautions Scheme，Working Document D5：Evaluating the Acute Oral and Short—Term Cumulative Oral Toxicity of Pesticides to Birds，Tolworth Laboratory，Ministry of Agriculture，Fisheries and Food，U. K. (1979).

［4］ Protocols for Sub-acute Toxicity Test (LC50-8 days) in Quail and Mallards，Central Institute for Nutrition and Food Research，TNO，The Netherlands.

［5］ E. F. Hill，R. G. Heath，J. M. Spann and J. D. Williams，Lethal Dietary Toxicities of Environmental Pollutants to Birds，U. S. Fish and Wildlife Service，Special Scientific Report—Wildlife N°191，Washington，D. C. (1975).

［6］ National Research Council：Coturnix. Standards and Guidelines for the Breeding，Care，and Managementof Laboratory Animals，U. S. National Academy of Sciences，Washington，D. C. (1969).

［7］ D. J. Finney，Probit Analysis，3rd ed. Cambridge University Press，London (1971).

［8］ J. J. Litchfield and F. Wilcoxon，J. Pharmacol. Exper. Ther. 96，99-113 (1949).

［9］ C. E. Stephan，in Aquatic Toxicology and Hazard Evaluation (edited by F. L. Mayer and J. L. Hamelink)，ASTM STP 634，pp. 65-84，American Society for Testing and Materials (1977).

［10］ W. R. Thompson，Bacteriological Review 11，115-145 (1974).

［11］ C. S. Weil，Biometrics 8，249-263 (1952).

ICS 13.300;13.020.40
A 80

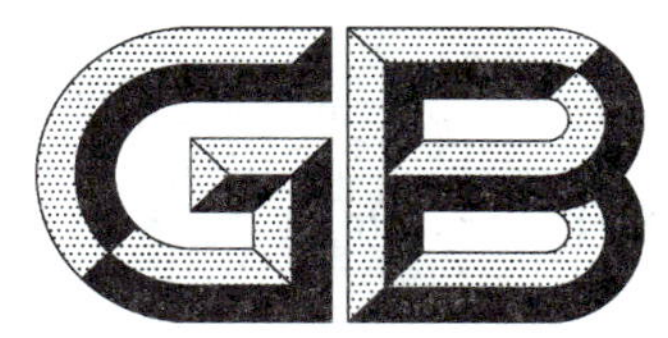

中华人民共和国国家标准

GB/T 21811—2008

化学品 鸟类繁殖试验

Chemicals—Avian reproduction test

2008-05-12 发布 2008-09-01 实施

中华人民共和国国家质量监督检验检疫总局
中国国家标准化管理委员会
发布

前 言

本标准等同采用经济合作与发展组织(OECD)化学品测试导则 No.206(1984年)《鸟类繁殖试验》(英文版)。

本标准做了下列编辑性修改:

——增加了范围部分;

——将计量单位改为我国法定计量单位;

——将原文的术语和定义部分提前,放入第2部分 术语和定义;

——删除原文的“本标准不适用于高挥发性或不稳定的物质”,因该内容已在第1章中有描述。

本标准由全国危险化学品管理标准化技术委员会(SAC/TC 251)提出并归口。

本标准负责起草单位:中国检验检疫科学研究院。

本标准参加起草单位:辽宁出入境检验检疫局。

本标准主要起草人:周新、陈会明、王军兵、于文莲、周川、刘海波、刘卫东、郝楠、孙鑫、王峥。

化学品　鸟类繁殖试验

1　范围

本标准规定了化学品鸟类繁殖试验的范围、术语和定义、受试物信息、试验方法、数据与报告。

本标准适用于测定化学品对鸟类繁殖的影响，本标准不适用于高挥发性或不稳定的物质。

2　术语和定义

下列术语和定义适用于本标准。

2.1

未觉察反应浓度　NOEC（non-observed effects concentration）

在试验中未观察到影响的最大浓度。

2.2

基本食物　basal diet

未经处理的，不加入任何稀释剂、助溶剂、受试物，并适合和满足繁殖试验成鸟营养要求的食物量，或幼鸟的初始食物量。

2.3

入孵蛋　eggs set

用于孵化的蛋，即产蛋总量减去破裂蛋和用于测量蛋壳厚度的蛋。

3　受试物信息

3.1　必备资料

——水溶解度；

——蒸气压；

——鸟类日粮 LC_{50} 值。

3.2　指导性信息

——结构式；

——受试物纯度；

——正辛醇/水分配系数（P_{OW}）；

——在食物中的定量分析方法；

——在水中、光中和食物中的化学稳定性；

——快速生物降解试验结果。

3.3　限制声明

——受试物应能均匀混合在食物中。为保证混合均匀，可使用对鸟低毒的载体。

3.4　标准文件

见参考文献[1]和[2]。

4　试验方法

4.1　试验简介、目的、范围、意义和限度

4.1.1　参比物

本标准无推荐参比物。

4.1.2 试验原理

在不少于20周的时间内，用含不同浓度受试物的食物投喂受试鸟。通过光照期的调控，诱导鸟下蛋。收集10周内产的蛋，置于人工孵化器，孵出幼鸟后，饲养14 d。测定成鸟的死亡率、产蛋量、破裂蛋、蛋壳厚度、存活力、孵化力以及对幼鸟的影响等，并与对照组进行比较。

4.1.3 试验有效的条件

——试验结束时，对照组鸟的死亡率不超过10%。

——对照组每笼孵出的14日龄幼鸟的平均数，分别不少于：绿头鸭(mallard duck) 14只，鹌鹑(bobwhite quail) 12只，日本鹌鹑(Japanese quail) 24只。

——对照组蛋壳的平均厚度分别不小于：绿头鸭(mallard duck) 0.34 mm，鹌鹑(bobwhite quail) 0.19 mm，日本鹌鹑(Japanese quail) 0.19 mm。

——如果在使用所推荐的浓度范围未观察到受试物对繁殖的影响，试验结果可报告NOEC大于最高试验浓度。

——投喂含受试物的食物期间，应保证食物中受试物的浓度可满足试验要求，受试物的含量不能低于规定含量的80%。

4.2 试验程序

4.2.1 准备

应有必要的饲养装置，特别是室内的装置及设施，包括良好的通风设施，合适的温度，相对湿度以及光照条件。人工光照应与当地的自然光照大体一致，且可自动控制。在黎明和黄昏时，应有15 min～30 min的光照过渡期。

将受试鸟随机分配到对照组和处理组中，并进行饲养装置、设施和基本食物的环境适应。环境驯养时间不短于两周。在驯养第一周内，对难以相处的鸟可再次进行随机分配。

在驯养期间，如果任一性别的鸟的死亡率超过3%，或受试鸟变得衰弱，则不能采用该群鸟。

4.2.2 装置

下列装置是必备的：

——适用于鸟类繁殖和饲养幼鸟的鸟舍，清洁干净、空间合适。具温度控制装置的幼鸟育雏器。

——控温、控湿、能够反转鸟蛋的孵化器。

——恒温、恒湿的鸟蛋贮存装置。

4.2.3 试验动物

4.2.3.1 鸟种选择

本方法可以使用一种或两种以上的鸟类，其选择应根据所进行的试验的要求而定。推荐的种类是绿头鸭[mallard duck(*Anas platyrhynchos*)]、鹌鹑[bobwhite quail (*Colinus virginiatus*)]和日本鹌鹑[Japanese quail(*Coturnix coturnix japonica*)]。如果使用了推荐以外的其他鸟种，则应在结果报告中说明其合理性。受试鸟可以从种禽场购买，或在实验室中饲养。只能从那些繁殖历史已知的种系来源获取受试鸟。这个“历史”应包括：饲养期的光照、疾病记录、药品及药物使用情况以及准确的鸟龄。可能的情况下，还应同时获取受试鸟的饲养实践操作经验，使其能满足本实验室的需要。受试鸟应经过检查，没有任何疾病和伤害。处理组和对照组的鸟应来自亲代已知的同一种群。受试的绿头鸭(mallard duck)在外观上应与其他的野生种群相似。

4.2.3.2 驯养和饲养条件

成鸟应在温度22℃±5℃，相对湿度50%～70%，通风良好，环境清洁的环境下饲养。表1给出了不同种类的附加特殊条件。

表 1　推荐的成鸟试验条件

鸟种	试验开始时的鸟龄	试验中鸟龄的变异范围	每对鸟的最小笼底面积[a]
绿头鸭(mallard duck)	9 月～2 月	±2 周	1 m^2
鹌鹑(bobwhite quail)	20 周～24 周	±1 周	0.25 m^2
日本鹌鹑(Japanese quail)	[b]	±1/2 周	0.15 m^2

[a] 如果使用较大的鸟群，则应按比例增加鸟笼的底面积。

[b] 建议在使用之前证明日本鹌鹑(Japanese quail) 是种鸟(见表 3)，以减少变异。

驯养期间，除基本食物不含受试物外，其他环境条件应与试验条件相同。应避免使用其他的受试剂和药品，如果使用，则应在结果报告中注明。

应防止干扰，以避免鸟类行为的改变。

入孵蛋和幼鸟的环境条件见表 2。

表 2　推荐的入孵蛋和幼鸟环境条件

鸟种	温度/℃	相对湿度/%	是否翻蛋
绿头鸭(mallard duck)			
贮存	14～16	60～85	可选择
孵化	37.5	60～75	是
出雏	37.5	75～85	否
幼鸟，第 1 周	32～35	60～85	—
幼鸟，第 2 周	28～32	60～85	—
鹌鹑(bobwhite quail)			
贮存	15～16	55～75	可选择
孵化	37.5	50～65	是
出雏	37.5	70～75	否
幼鸟，第 1 周	35～38	50～75	—
幼鸟，第 2 周	30～32	50～75	—
日本鹌鹑(Japanese quail)			
贮存	15～16	55～75	可选择
孵化	37.5	50～65	是
出雏	37.5	70～75	否
幼鸟，第 1 周	35～38	50～75	—
幼鸟，第 2 周	30～32	50～75	—

表 2 中所列出的温度和湿度是对强制通风的孵化器和育雏器而言；对于无对流，依靠重力换气的孵化器和育雏器，温度应高 1.5℃～2℃，相对湿度增加 10%左右。在海拔较高的地方也应该增加相对湿度。应在距笼底 2.5 cm～4 cm 处测量孵化器中的温度。

4.2.4　试验条件

4.2.4.1　供试食物

按试验设计配制试验中受试物的浓度，一般至少采用 3 个处理浓度，浓度设计以限定日食物 LC_{50} 值试验结果为依据。最高浓度大约为 LC_{50} 的 50%，较低浓度设置按最高浓度的几何级数递减设置(如 1/6 和 1/36)。推荐的最高浓度是 1 g/L。

受试物在基本食物中的混合均匀是选择混合方法的依据。应选用对鸟类低毒的载体以确保混合均匀,载体的量不应超过食物重量的2%。如果使用了载体,应在对照组的食物中加入同样的载体。可以采用水、玉米油,以及其他已有充分证据表明不会干扰受试物毒性的载体。对于证据不充分的载体,需要用实验进行判断。

幼鸟的食物中不应加入受试物和载体。

4.2.5 试验操作

以一对或一雄两雌(鹌鹑(bobwhite quail)和日本鹌鹑(Japanese quail))或三雌(绿头鸭(mallard duck))为一组,置于鸟舍(笼)中饲养。也可采用其他合理分组安排。处理组和对照组应在相同的条件下饲养。对于以一对鸟作为受试单位的,每个处理组和对照组应该至少重复12次,对于以一组为受试单位的,每一处理组和对照组,绿头鸭(mallard duck)至少为8笼,鹌鹑(bobwhite quail)或日本鹌鹑(Japanese quail)至少为12笼。

试验开始,即对受试鸟投喂含受试物的食物,在整个试验过程中,都应对成鸟投喂含受试物的食物,对于在试验过程中产生的幼鸟,不投喂含受试物的食物。应提供清洁干净的饮用水。

如果试验在室内人工环境条件下进行,试验开始后受试鸟应在短日照条件下(每天7 h～8 h光照)连续喂养8周。在此期间的黑暗期,应不受任何光的干扰或中断。然后调整光照周期,增加光照时间至每天16 h～18 h,以便诱使鸟进入繁殖状态。一般在2周～4周后,鸟开始产蛋。

如果试验是在室外自然条件下进行的,则试验的时间应与该鸟种在当地的自然繁殖季节相一致。在正常产蛋之前,受试鸟应至少用含受试物的食物投喂10周。

不管在哪一种条件下,在开始产蛋后,试验应至少继续进行8周,最好进行10周。

试验开始的第一周内,受试物加入食物中后,应立即测定其最高浓度和最低浓度,4 h内再对新混合的食物进行一次分析,直至食物中受试物的浓度稳定为止。若全部测定结果表明,食物中受试物的浓度在设计浓度的80%以上,则无需再进行分析。应经常更换经处理的食物,以保证受试物的浓度稳定。

若测试结果表明,食物中受试物的浓度低于设计浓度的80%,则必须调整配置的起始浓度,或者增加更换食物的频率,以达到试验要求的实际浓度。在试验的第2周内,应对调整起始浓度或者增加更换频率的食物进行测定,以保证调整后的浓度已达到设计浓度的80%以上。

无论食物中受试物的稳定性如何,应至少每周更换一次食物。若受试物的稳定性只能靠每天更换食物来维持,则该试验无效。

开始产蛋后,则应每天收集并贮存鸟蛋,并将鸟笼编号用铅笔标记在蛋的钝端。每周或每两周进行孵化(孵化条件见表2)。在孵化之前,取出贮存的鸟蛋,置于照明灯光下检查蛋壳有无破裂,如有破裂则不能进行孵化。6 d～7 d之后应对所孵化鸟蛋再次进行检查,观察其是否存活。

按照标记,应从每个鸟舍中取出至少2只蛋(如第3只蛋和第10只蛋,或第5天、第20天、第35天所收集的所有的蛋),以测定蛋壳的厚度。破裂的蛋不能用于测定蛋壳厚度。但其数目应计算在内。测定蛋壳厚度,应在最大直径处打开,冲洗内含物,在自然条件下干燥后,沿直径最大横断面选3～4点进行测量。

在绿头鸭(mallard duck)23 d,鹌鹑(bobwhite quail)21 d和日本鹌鹑(Japanese quail)16 d时应转换孵蛋条件为出雏条件。绿头鸭(mallard duck)在25 d～27 d,鹌鹑(bobwhite quail)在23 d～24 d,日本鹌鹑(Japanese quail)在17 d～18 d内,应该全部完成孵化。

孵出的雏鸟应按照原先标记的笼号分组饲养,或者对每一个体标记后群养。雏鸟应投喂适当的食物(不含受试物)至14 d。适合幼鸟的温度和湿度见表2。每天光照14 h,黑暗10 h,光照和黑暗时有15 min～30 min的过渡期;其他的光周期也是可行的。

4.2.6 观察

试验中应进行下列观察:

——死亡率和中毒症状:每天。

——成鸟的体重：在试验的暴露期开始、产蛋开始以及研究的结束时。

——幼鸟的体重：14 d 时。

——成鸟的饲料消耗量：计算试验期间每间隔一周或两周的平均食物消耗量。

——幼鸟的饲料消耗量：在孵化后的第 1 周和第 2 周进行。

——病理检查：所有死亡成鸟的。

对 1 gP_{OW}＞3.0 的受试物可进行特定组织的残留分析。

5 数据与报告

5.1 数据处理

按照研究计划中涉及的统计学程序将试验中各处理组分别与对照组进行比较。可采用任何通常可接受的统计方法，如方差法，或参考文献[8]中给出的其他方法。统计参数见表 3。此外，在可能的情况下，还应统计产蛋率、成鸟体重和 14 日龄幼鸟的体重。

表 3 繁殖过程中的正常参数

参数	绿头鸭(mallard duck)	鹌鹑(bobwhite quail)	日本鹌鹑(Japanese quail)
产蛋数(每笼(舍)中 10 周)	28～38	28～38	40～65
破裂蛋的百分数/%	0.6～6	0.6～2	—
胚胎成活率(入孵蛋胚胎的发育百分率)/%	85～98	75～90	80～92
孵化率(入孵蛋的出雏百分数)/%	50～90	50～90	65～80
14 日龄幼鸟的存活率/%	94～99	75～90	93
每笼孵出雏鸟到 14 日龄时的存活数/%	16～30	14～25	28～38
蛋壳厚度/mm	0.35～0.39	0.19～0.24	0.19～0.23
注：这些参数为一般值，但如果对照组与这些参数不相符合或相去甚远，则应检查试验程序和条件，以及发现潜在的问题。			

5.2 试验报告

5.2.1 试验报告应包括以下信息

a) 受试物：化学鉴定数据。

b) 受试鸟：学名及品系、来源，试验开始时的鸟龄(以周计或者月计)，所有的预处理等。

c) 试验条件：

——驯养条件：鸟笼的材料、大小和类型，鸟舍的温度、湿度，光照周期和光照强度，通风条件，以及试验过程中的变化；

——基本食物：来源、组成、营养成分分析(蛋白质、糖、脂肪、钙、磷等)，以及所使用的添加剂和载体等；

——供试食物：制备方法，处理浓度，食物中受试物的设计和实测浓度，测定方法，混合和更换食物的频率，所使用的载体，贮存条件，投喂方法等；

——在驯养中，将鸟随机分配到各处理浓度和对照组，以及对于难于相处的鸟进行再次分配的程序和方法；

——每一试验鸟舍(笼)中鸟的数量，每一处理组和对照组的重复次数；

——鸟和鸟蛋的标记方法；

——鸟蛋贮存、孵化出雏的条件，包括温度、湿度和翻转频率等；

——如果使用毒物作为参比物，其名称和浓度配制方法。

d) 结果：

——中毒症状、频率、持续时间，影响程度，受影响的个体数量等；

——成鸟和幼鸟的食物消耗量和体重；

——病理检查描述；

——鸟组织和蛋中受试物的残留分析；

——产蛋量、入孵蛋、胚胎发育率、孵化率（包括正常孵化）、蛋壳厚度表（以各浓度每周每鸟舍为单位）、14 日龄幼鸟的存活率；

——统计分析方法和结果分析；

——NOEC 值及其他具显著统计学意义的效应值；

——试验中的异常或其他可能影响试验结果的相关信息。

参 考 文 献

[1] U. S. EPA：Registration of Pesticides in the United States Proposed Guidelines，Federal Register 43，No. 132 (July 10，1978).

[2] Toxic Substances Control Act，Section 4：Reproduction Test Standards for Mallard and Bobwhite. Office of Toxic Substances，U. S. EPA，Washington，D. C.

[3] National Research Council Laboratory Animal Management：Wild Birds. U. S. National Academy of Sciences，Washington D. C. (1977).

[4] National Research Council：Coturnix. Standards and Guidelines for the Breeding，Care，and Management of Laboratory Animal. U. S. National Academy of Sciences，Washington，D. C. (1969).

[5] R. G. Heath，J. W. Spann and J. F. Kreitzer，Nature 224，47-48 (1969).

[6] R. G. Heath and J. W. Spann，in Pesticides and the Environment：A Continuing Controversy，pp. 421-435，Symposia Specialists，North Miami，Florida (1973).

[7] G. Heinz，Bull. Env. Cont. Toxic. 11，386-392 (1974).

[8] D. J. Finney，Statistical Methods in Biological Assay，3rd ed.，Griffin，Weycombe，U. K. or Macmillan，New York (1978).

ICS 13.300;13.020.40
A 80

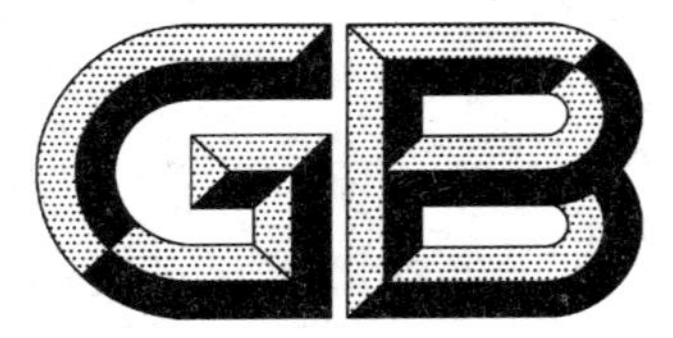

中华人民共和国国家标准

GB/T 21812—2008

化学品　蜜蜂急性经口毒性试验

Chemicals—Honeybees, acute oral toxicity test

2008-05-12 发布　　　　2008-09-01 实施

中华人民共和国国家质量监督检验检疫总局
中国国家标准化管理委员会　发布

前　言

本标准等同采用经济合作与发展组织(OECD)化学品测试导则 No. 213(1998 年)《蜜蜂急性经口毒性试验》(英文版)。

本标准做了下列编辑性修改：

——增加了范围部分；

——将计量单位改为我国法定计量单位；

——将附录中的术语和定义内容放入正文的术语和定义部分。

本标准由全国危险化学品管理标准化技术委员会(SAC/TC 251)提出并归口。

本标准负责起草单位：中国检验检疫科学研究院。

本标准参加起草单位：宁波出入境检验检疫局。

本标准主要起草人：周新、陈会明、王军兵、于文莲、林振兴、马中春、郝楠、王立峰、孙鑫、王峥。

引　言

本标准是被制定用来测定农药及其他化学品对成年工蜂的急性经口毒性的实验室试验方法。本标准主要根据欧洲和地中海植被保护组织(EPPO)的为评估植被保护产品对蜜蜂(*Apis mellifera*)产生副作用的指南文件[1]。本标准考虑到了1993年在Wageningen(荷兰)举行的植物与蜜蜂关系的国际研讨会的第五次关于农药对蜜蜂危害的讨论会上提出的改进EPPO测试方法的建议[2]。其他现有的指南也被考虑到，见参考文献[3]、[4]和[5]。

在物质的毒性特征的评估中，当化学品暴露于蜜蜂时，必须包含对蜜蜂的急性经口毒性试验。急性经口毒性测试提供了确定农药和其他化学品对蜜蜂固有毒性的判断依据。这个试验结果可以作为进一步评估的必要性依据。特别是，本标准可用于评估农药对蜜蜂危害的逐步回归程序中，用以确定实验室毒性测试和野外试验的必要性，见参考文献[6]。农药可以是一种活性成分(a.i.)也可以是制剂产品。

参比物用以核实蜜蜂的敏感性和试验的准确性。

化学品　蜜蜂急性经口毒性试验

1　范围

本标准规定了化学品蜜蜂急性经口毒性试验的范围、术语和定义、试验原理、试验的有效性、试验准备、试验程序、数据与报告。

本标准适用于测定农药及其他化学品对成年工蜂的急性经口毒性。

2　术语和定义

下列术语和定义适用于本标准。

2.1

急性经口毒性　acute oral toxicity

在最长到 96 h 的试验期间内，经口单一剂量的受试物产生的有害影响。

2.2

剂量　dose

受试物消耗的总量。剂量以受试物质量(g)或单个试验动物所用受试物的质量(g/只蜜蜂)来表达。当蜜蜂被集体喂养时，实际的剂量无法计算，但是可以用平均剂量进行估计(在一个笼中受试物被消耗的总量/受试蜜蜂的数量)。

2.3

经口半数致死量　LD_{50}(median lethal dose) oral

受试物以口服方式导致动物死亡达 50%，经统计获得的唯一药量。LD_{50} 值以" g/只蜜蜂"来表达。对于农药，受试物可以是一种活性成分(a. i.)，也可以是含有一种或多种活性成分的制剂产品。

2.4

死亡率　mortality

死亡动物占供试动物的比率。

3　试验原理

成年工蜂通过取食蔗糖溶液从而食入受试物。而后，用不含有受试物的同样食物饲喂蜜蜂。在至少 48 h 内记录死亡率并与对照组进行比较。如果在 24 h～48 h 之间死亡率持续增加，而对照组死亡率保持在不大于 10%的可以接受水平，应考虑将试验期延长，最长至 96 h。计算 24 h 和 48 h 的 LD_{50}，以及当试验延长后的 72 h 和 96 h 的 LD_{50} 值。

4　试验的有效性

试验应符合以下条件才是有效的：

——在试验结束时对照组的平均死亡率不超过 10%；

——参比物的 LD_{50} 值满足特定的范围。

5　试验准备

5.1　蜜蜂的选择

供试蜜蜂要求营养状况良好，健康、抗病毒能力强，年龄相同。供试蜜蜂可以不是来自同一群蜂，但其家族背景应清晰已知。在使用当天早晨或试验的前一天晚上采集，并在实验条件下饲养一直到试验开始。尽量避免在早春或晚秋采集蜜蜂。如果在此期间进行试验，则应经孵化器使蜜蜂羽化，并用花粉和蔗糖溶液饲养1周。如果使用经抗生素、抗螨剂等化学物质处理过的蜜蜂，自最后一次处理后的4周内不能用于毒性试验。

5.2 试验笼

使用易于清洁，通风性良好的笼子。可采用任何合适的材料，如不锈钢、金属丝、塑料、一次性木笼等。试验笼的大小要与蜜蜂的数量相适应，以提供足够的空间。

5.3 操作和喂养条件

白天(光照下)进行的处理和观察：以最终浓度为500 g/L的蔗糖水溶液作为食物。在给予试验剂量后，可不受限制提供食物，并对每笼的食物摄入量进行记录。喂食采用长50 mm，宽10 mm，底端开口处直径为2 mm的玻璃管。

5.4 蜜蜂的准备

将采集的蜜蜂随机分配到实验室里随机放置的试验笼中。试验开始前使蜜蜂饥饿2 h，以保证在试验开始时蜜蜂腹内食物含量相同。试验前用健康的蜜蜂替换出垂死的蜜蜂。

5.5 受试物剂量的准备

如果受试物是易于与水混溶的化学品，则可以直接分散到500 g/L的蔗糖水溶液中。对于有技术要求的产品和一些水溶解性较低物质，可以使用毒性较低的有机溶剂、分散剂或乳化剂(如丙酮、二甲亚砜、二甲基甲酰胺)作为助溶剂。助溶剂的浓度可根据受试物的溶解性来决定，并且各个浓度组的助溶剂浓度应一致。但助溶剂的浓度一般不应超过1%。

应准备适当的溶剂对照，即当使用了助溶剂和分散剂时，应分别准备两组溶液对照，一组为水溶液对照，一组为含溶剂的蔗糖溶液对照，溶剂浓度与受试组中的浓度相同。

6 试验程序

6.1 试验组和对照组

试验浓度以及平行试验数量的设置应满足在95%置信限下确定LD_{50}的统计需要。通常在进行试验时，要求在含有LD_{50}的浓度范围内，至少设置5个按几何级数排列的浓度，浓度组距比值不应超过第4章中规定范围。另外，稀释因子和受试物浓度数量的设置，还应考虑以浓度对死亡率表示的毒性曲线斜率的相关性，以及进行结果分析所选用的统计分析方法。应先进行预试验，以确定正式试验的浓度范围。

最低要求：每个浓度组设三个平行，每一试验容器各放10只蜜蜂。

对照组最少设3个平行，各10只蜜蜂，与处理组同时进行。对照组还应该包括助溶剂或载体对照。

6.2 参比物

参比物应该包括在测试系列里。参比物浓度至少应选择覆盖预期LD_{50}值的3个剂量。每个剂量3个平行，各10只蜜蜂。首选的参比物是乐果，其报道的24 h急性经口毒性LD_{50}值的范围为：0.10 μg(a.i.)/只蜜蜂～0.35 g(a.i.)/只蜜蜂，见参考文献[7]。若有充分的数据来证明预期的剂量反映，也可以接受其他的参比物。

6.3 暴露

6.3.1 剂量处理

在每个蜜蜂试验组中，加入100 μL～200 μL含有一定浓度受试物500 g/L的蔗糖水溶液。对于低溶解度的物质则要求加大体积，如果受试物为低溶解性、低毒或在制剂中浓度较低，则要求使用较高比例的蔗糖水溶液。对每组经处理食物消耗量进行监测。食物通常在3 h～4 h内消耗完。一旦食物消耗完，将食物容器从笼中取出，换上只含有蔗糖的食物，不限量。对于一些受试物，在较高试验剂量下，蜜蜂拒绝进食，从而导致食物消耗很少或几乎没有消耗。最长到6 h后，用蔗糖溶液将剩余的经处理的食物换掉。对经处理食物的消耗数量进行估算(即检测经处理的食物残存的体积或质量)。

6.3.2 试验条件

蜜蜂应该放在黑暗的实验室内，室温 25℃±2℃。试验过程中还应记录相对湿度，通常为 50%～70%。

6.3.3 持续时间

在投给含有受试物 500 g/L 的蔗糖水溶液后开始记时，试验持续 48 h。如果在第一个 24 h 后死亡率持续增加了 10%以上，则需要延长试验，最长至 96 h，同时对照组死亡率不得超过 10%。

6.4 观察

在试验开始后(即在加入剂量后)4 h、24 h、48 h 记录死亡率。如果需要延长观察时间，则以 24 h 为时间间隔进行进一步的评估，最长至 96 h。对照组死亡率不得超过 10%。

估计每一组的食物消耗量。在给定的 6 h 内，对处理组和未处理组的食物消耗率进行比较，可以得出关于经处理的食物适口性的信息。

在整个试验过程中，记录观察到的所有异常行为。

6.5 限度试验

在预计一种受试物为低毒等情况下，应进行限度试验，以确定 LD_{50} 是否大于限度值，即 100 μg(a.i.)/只蜜蜂。试验要求同如上所述的程序。限度试验中若有死亡发生，须进行完整试验。如果观察到亚致死效应，则应进行记录。

7 数据与报告

7.1 数据

数据应该以表格形式表达，给出每一个处理组、对照组，以及参比物组的数据，所使用的蜜蜂数，每一观察时间的死亡率以及行为异常蜜蜂的数量，见参考文献[8]和[9]。采用适当的统计分析方法分析蜜蜂的死亡数据，画出每一观察时间(即 24 h、48 h、72 h、96 h)的剂量-效应曲线图，计算曲线的斜率以及在 95%置信限下的平均致死剂量(LD_{50})，见参考文献[9]和[10]。如果经处理的食物没有完全被消耗光，则应该确定每组中受试物的消耗量。LD_{50} 以每只蜜蜂消耗受试物量来表达，单位 μg/只蜜蜂。

7.2 试验报告

试验报告必须包括以下信息：

7.2.1 受试物：

——物理性质和相应的理化特性(如：水溶解度、蒸汽压)；

——化学鉴定数据，包括分子式、结构式、纯度(如对于农药而言，活性成分的特征和浓度)。

7.2.2 供试生物：

——学名，周龄，采集方法，采集日期；

——采集的供试蜜蜂蜂群的信息，包括健康状况、预处理等。

7.2.3 试验条件：

——实验室的温度及相对湿度；

——试验容器的条件，包括类型、大小以及材料；

——试验溶液以及贮备液的准备方法(如果使用助溶剂，给出浓度)；

——试验设计，例如，所使用试验浓度和数量，对照组的数量。对于每一个试验：包括浓度以及对照，平行数以及每笼中蜜蜂的数量。

7.2.4 结果：

——如果进行了预试验，其浓度范围；

——每一观察时间死亡率的原始数据；

——试验结束时的剂量-效应曲线图；

——在每一观察时间，受试物以及参比物在 95%置信限下的 LD_{50} 值；

——确定 LD_{50} 的统计分析方法；

——对照组死亡率；

——观察或检测到的其他生物效应，例如蜜蜂的异常行为(包括受试物达到一定剂量时，蜜蜂拒食的情况)，处理组和对照组食物的消耗率；

——有关偏离操作方法及其他相关信息。

参 考 文 献

[1] EPPO (1992). Guideline on Test Methods for Evaluation the Side-Effects of Plant Protection Products on Honeybees (No. 170). Bulletin OEPP/EPPO Bulletin, 22, 203-215.

[2] Harrison, E.G. (1993). Proceedings of the Fifth International Symposium on the Hazards of Pesticides to Bees, October 26-28, 1993, Plant Protection Service, Wageningen, The Netherlands. Report IUBBS, 14pp+Appendices 180pp.

[3] SETAC (1995). Procedures for Assessing the Environmental Fate and Ecotoxicity of Pesticides. Edited by Dr. Mark R. Lynch. Published by SETAC-Europe, Belgium. March 1995.

[4] Stute, K. (1991). Auswirkungen von Pflanzenschutzmitteln auf die Honigbiene. Richtlinien für die Prüfung von Pflanzenschutzmitteln im Zulassungsverfahren, Teil VI, 23-1, Biologische Bundesanstalt für Land- und Forstwirtschaft (BBA), Braunschweig, Germany.

[5] US EPA (1995). Honey Bee Acute Contact Toxicity Test (OPPTS 850.3020). Ecological Effects Test Guidelines. EPA 71 2-C-95- 147, Washington DC, United States of America.

[6] EPPO/Council of Europe. (1993). Decision-Making Scheme for the Environmental Risk Assessment of Plant Protection Products—Honeybees. EPPO bulletin, vol. 23, No. 1, 151-165. March 1993.

[7] Gough, H.J, McIndoe, E.C, Lewis, G.B. (1994). The use of dimethoate as a reference compound in laboratory acute toxicity tests on honey bees (Apis mellifera L.) 1981-1992. Journal of Apicultural Research, 22, 119-125.

[8] Litchfield, J.T. and Wilcoxon, F. (1949). A simplified method of evaluating dose-effect experiments. Jour. Pharmacol. and Exper. Ther., 96, 99-113.

[9] Finney, D.J. (1971). Probit Analysis. 3rd ed., Cambridge, London and New York.

[10] Abbott, W.S. (1925). A method for computing the effectiveness of an insecticide. Jour. Econ. Entomol., 18, 265-267.

ICS 13.300;13.020.40
A 80

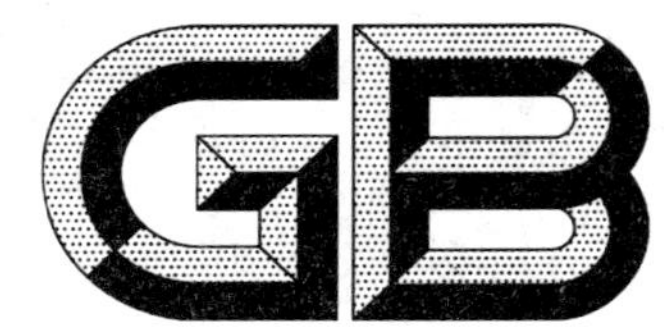

中华人民共和国国家标准

GB/T 21813—2008

化学品　蜜蜂急性接触性毒性试验

Chemicals—Honeybees acute contact toxicity test

2008-05-12 发布　　2008-09-01 实施

中华人民共和国国家质量监督检验检疫总局
中国国家标准化管理委员会 发布

前　言

本标准等同采用经济合作与发展组织(OECD)化学品测试导则No.214(1998年)《蜜蜂急性接触性毒性试验》(英文版)。

本标准作了下列编辑性修改:

——增加了第1章:范围;

——将附录中的术语与定义提前到第2章;

——单位"μg/bee"换为"μg/只蜜蜂"。

本标准由全国危险化学品管理标准化技术委员会(SAC/TC 251)提出并归口。

本标准起草单位:中国检验检疫科学研究院、宁波出入境检验检疫局。

本标准主要起草人:陈会明、王立峰、王军兵、于文莲、周新、马中春、林振兴。

引　言

本标准规定了实验室评估杀虫剂及其他化学物质对蜜蜂产生急性接触性毒性大小的试验方法。该方法基于欧盟植物保护组织(EPPO)关于植保产品对蜜蜂(*Apis mellifera*){参考文献[1]}影响评估导则,参考了1993年国际植物蜂蜜关系委员会(ICPBR)在荷兰举办的第五次国际会议对上述方法做出的修改意见见参考文献[2],同时参考了参考文献[3]、[4]和[5]。

化学品　蜜蜂急性接触性毒性试验

1　范围

本标准规定了实验室评估杀虫剂及其他化学物质对蜜蜂产生急性接触性毒性大小试验的范围、术语和定义、试验目的、原理、试验准备、试验步骤、质量控制、数据和报告。

本标准适用于实验室评估杀虫剂及其他化学物质对蜜蜂产生急性接触性毒性的大小。

2　术语和定义

下列术语和定义适用于本标准。

2.1

急性接触性毒性　acute contact toxicity

在最长为96 h的试验期间内，受试物与受试生物局部接触时，受试物对受试生物产生的有害影响。

2.2

剂量　dose

受试物的使用量(μg)，用单个蜜蜂所用受试物的质量(μg/只蜜蜂)来表达。

2.3

半数接触致死量 LD_{50}　(median lethal dose)contact

是指受试生物与受试物接触时，导致50%受试生物死亡的受试物的量。半数致死量用单个蜜蜂所用受试物的质量(μg/只蜜蜂)来表达。对于农药，受试物可能是一种活性成分，也可能是含有一种或多种活性成分的制剂。

2.4

死亡率　mortality

死亡的受试生物占总受试生物的比率。

3　试验目的

受试物在实际应用中如果可能与蜜蜂发生接触，那么在评估受试物毒性时，还需要确定其接触性毒性的大小。本标准规定了杀虫剂和其他化学物质蜜蜂急性接触性毒性的测试方法，试验结果可用于确定受试物是否需作进一步评估。本标准可应用在实验室-半田间-田间序列试验中评估杀虫剂和化学物质的蜜蜂的急性接触危害。在试验过程中，杀虫剂可以是一种活性组分也可以是按配方制造的产品。

试验过程中应对蜜蜂的灵敏性和试验程序的精密度进行控制。

4　原理

通过载体将受试物溶液滴到蜜蜂胸部，持续试验48 h，观察蜜蜂的死亡率。如果在24 h～48 h之间，蜜蜂的死亡率持续增加，而比对组蜜蜂的死亡率保持在一个可以接受的水平，例如不大于10%，可以考虑将试验延长至96 h。每天记录死亡率并与比对组进行比较。对结果进行分析，计算24 h和48 h的LD_{50}，以及在试验延长后的72 h和96 h的LD_{50}值。

5　试验准备

5.1　蜜蜂的选取

试验用的蜜蜂应选自于同一个种群，尽量选择蜂龄相仿、喂养方式相同、营养良好、抗病能力强，且具有已知家族史的年轻成年工蜂。在使用的当天早晨或前一天晚上采集,在试验条件下饲养,直到试验开始。蜜蜂的生理状态在早春和晚秋时节会发生变化,故应尽量避免此时选蜂。如不得不在此时选蜂,蜜蜂须置于孵卵器中羽化,且以花粉和蔗糖水溶液饲养一周。4 周之内接受过药物处理(如抗生素、抗螨剂等)的蜜蜂不得用于试验。

5.2 试验笼

试验笼应易清理、通风良好。试验过程中可以使用不锈钢、铁丝网、塑料、木箱等工具。每个箱子装 10 只蜜蜂。箱子的大小以留给蜜蜂足够的空间为宜。

5.3 操作和喂养条件

在白天(光照下)进行处理观察等操作步骤。用喂养器盛 500 g/L 蔗糖水溶液喂养试验期间的蜜蜂。喂养器可用玻璃管(长 50 mm,宽 10 mm,一端开口且开口直径为 2 mm)代替。

5.4 蜜蜂的准备

选好的蜜蜂用二氧化碳或氮气麻醉,为了减小对蜜蜂的伤害,应尽量降低麻醉剂的用量和作用时间,麻醉过度的蜜蜂不能参加试验,需要使用健康的蜜蜂替换。

5.5 试剂的准备

受试物溶于溶剂中配成溶液使用,溶液可以是有机溶液也可以是水溶液,如配制有机溶液,通常选用丙酮作为溶剂,也可以使用其他低毒有机溶剂(如二甲基甲酰胺、二甲基亚砜)。由于水溶性物质和高极性的有机化合物难溶于有机溶剂,此时应使用润湿剂(如 Agral, Citowett, Lubrol, Triton, Tween)配制溶液。

应准备适当的溶液进行比对。即,当使用了助溶剂和分散剂时,应分别准备两组溶液进行比对:一组为水溶液比对,一组为含溶剂和分散剂溶液比对。

6 试验步骤

6.1 设置试验组和对照组

用药量和重复次数应满足半数致死量 95%的置信度要求。通常测定需要准备 5 种不同的剂量,剂量值呈几何级数排列,但比值不得超过 2.2,同时剂量范围应包含半数致死量在内。最终的剂量值由毒性曲线(剂量-死亡率曲线)的斜率以及分析试验结果的统计方法共同决定。为更好的确定剂量值,可以预先进行一组预备试验,确定剂量的大致范围。

试验组最少重复进行 3 次(每组 10 只蜜蜂)。

对照组最少重复进行 3 次(每组 10 只蜜蜂),与试验组同时进行。

如果使用了有机溶剂或润湿剂,则再加 3 个溶剂对照组(每组 10 只蜜蜂)。

6.2 参比物

试验中应使用参比物进行质量控制。参比物应配备 3 种不同的剂量,且应涵盖预期的半数致死量值,每个剂量做 3 组重复试验(每组 10 只蜜蜂)。通常情况下可以选用二甲苯作为参比物(24 h 的 LD_{50} 范围为:0.10 μg/只蜜蜂~0.30 μg/只蜜蜂)。在数据充分的情况下也可以使用其他的参比物(如硝基硫磷酯)。

6.3 暴露

6.3.1 剂量处理

使用局部麻醉的方法分别处理蜜蜂个体。将蜜蜂随机分配到常规组和比对组中,用微量进样器,将 1 μL 含有一定浓度受试物的溶液滴加到蜜蜂前胸板处。如果经过证明可行,也可以改变受试物溶液量。处理后,将蜜蜂放回试验笼中,提供蔗糖溶液。

6.3.2 试验条件

蜜蜂应置于暗室中,温度控制在 25℃±2℃,记录试验过程中的相对湿度(正常维持在 50%~70%)。

6.3.3 试验时间

测定时间为48 h。如24 h～48 h之间死亡率上升了10%以上，测定时间应适当延长，最多不超过96 h，同时比对组死亡率不得超过10%。

6.4 观察

敷药后分别在4 h、24 h、48 h记录死亡率。如须延长观察时间，则以24 h为时间间隔进行进一步的评估，最长至96 h。比对组死亡率不得超过10%。记录在整个试验过程中观察到的蜜蜂所有异常行为。

6.5 限度试验

在某些情况下(如被测物质毒性很低时)，应首先使用100 μg/只蜜蜂的剂量对蜜蜂进行限度试验，确认半数致死量是否大于此值，试验要求遵循上述的程序。限度试验中若有蜜蜂死亡，则需进行完整的试验，出现了亚致死效应也应进行记录。

7 质量控制

试验结果应满足以下条件：

——比对组的平均死亡率在试验结束时不超过10%。

——半数致死量值满足特定的范围要求。

8 数据和报告

8.1 试验数据

数据应列成表格，给出每一个试验组、对照组，以及参比物组的数据，所使用的蜜蜂数，每一观察时间的死亡率以及行为异常蜜蜂的数量。用适当的统计方法分析蜜蜂的死亡率。画出每一观察时间(如24 h、48 h、72 h、96 h)的剂量-效应曲线图，见参考文献[8]和[9]，计算曲线的斜率以及在95%置信度下的平均半数致死量。对控制死亡率的校正可用Abbott's校正法，见参考文献[9]和[10]。半数致死量用每只蜜蜂消耗受试物的量来表达，单位：μg/只蜜蜂。

8.2 试验结果报告

测定结果报告应含以下信息：

8.2.1 受试物：

——物理性质及相关的理化特性(如水中的溶解性、蒸汽压)；

——化学品身份信息，包括分子式、纯度(如，对于农药应标明活性组分的名称和浓度)。

8.2.2 受试蜜蜂：

——学名，种属，周龄，采集方式，采集时间；

——采集蜜蜂的蜂群信息，包括健康状况、成体疾病、预处理等。

8.2.3 试验条件：

——实验室的温度以及相对湿度；

——试验容器的条件，包括类型、大小以及材料；

——试验溶液以及贮备液的准备方法(如果使用助溶剂，给出浓度)；

——试验设计，例如，所使用试验浓度和数量，对照组的数量。对于每一个试验：浓度以及对照，平行数以及每笼中蜜蜂的数量。

8.2.4 试验结果：

——如果进行了预备试验，给出浓度范围；

——每一观察时间死亡率的原始数据；

——试验结束时的剂量-效应曲线图；

——在每一观察时间，受试物以及参比物在95%置信度下的半数致死量；

——确定半数致死量的统计分析方法；
——对照组死亡率；
——观察或检测到的其他生物效应，例如蜜蜂的异常行为（包括受试物达到一定剂量时，蜜蜂拒食的情况），试验组和对照组食物的消耗率；
——有关偏离操作方法及其他相关性信息。

参考文献

[1] EPPO (1992). Guideline on Test Methods for Evaluation the Side-Effects of Plant Protection Products on Honeybees (No. 170). Bulletin OEPP/EPPO Bulletin, 22, 203-215.

[2] Harrison E. G. (1993). Proceedings of the Fifth International Symposium on the Hazards of Pesticides to Bees, October 26-28, 1993. Plant Protection Service, Wageningen, The Netherlands. Report IUBBSS, 14 pp + Appendices 180 pp.

[3] SETAC (1995). Procedures for Assessing the Environmental Fate and Ecotoxicity of Pesticides. Edited by Dr. Mark R. Lynch. Published by SETAC-Europe, Belgium. March 1995.

[4] Stute, K. (1991). Auswirkungen von Pflanzenschutzmitteln auf die Honigbiene. Richtlinien für die Prüfung von Pflanzenschutzmitteln im Zulassungsverfahren, Teil VI, 23-1, Biologische Bundesanstalt für Land- und Forstwirtschaft (BBA), Braunschweig, Germany.

[5] US EPA (1995). Honey Bee Acute Contact Toxicity Test (OPPTS 850. 3020). Ecological Effects Test Guidelines, EPA 712-C-95-147, Washington DC, United States of America.

[6] EPPO/Council of Europe. (1993). Decision-Making Scheme for the Environmental Risk Assessment of Plant Protection Products-Honeybees. EPPO bulletin, vol. 23, No. 1, 151-165. March 1993.

[7] Gough, H. J, McIndoe, E. C, Lewis, G. B. (1994). The use of dimethoate as a reference compound in laboratory acute toxicity tests on honey bees (Apis mellifera L.) 1981-1992. Journal of Apicultural Research, 22, 119-125.

[8] Litchfield, J. T. and Wilcoxon, F. (1949). A simplified method of evaluating dose-effect experiments. Jour. Pharmacol. and Exper. Ther. , 96, 99-113.

[9] Finney, D. J. (1971). Probit Analysis. 3rd ed. , Cambridge, London and New York.

[10] Abbott, W. S. (1925). A method for computing the effectiveness of an insecticide. Jour. Econ. Entomol. , 18, 265-267.

ICS 13.300;13.020.40
A 80

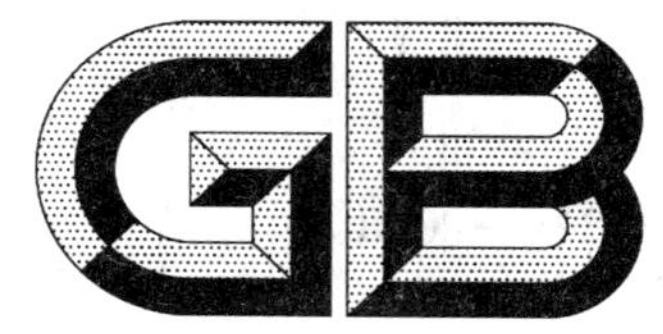

中华人民共和国国家标准

GB/T 21814—2008

工业废水的试验方法 鱼类急性毒性试验

Testing methods for industrial wastewater—Fish acute toxicity

2008-05-12 发布 2008-09-01 实施

中华人民共和国国家质量监督检验检疫总局
中国国家标准化管理委员会 发布

前　言

本标准等同采用日本工业标准 JIS K 0102-71:1998《工业废水的试验方法　鱼类急性毒性试验》(日文版)。

本标准由全国危险化学品管理标准化技术委员会(SAC/TC 251)提出并归口。

本标准起草单位:中国检验检疫科学研究院、环境保护部环境标准研究所、辽宁出入境检验检疫局。

本标准主要起草人:陈会明、王立峰、王军兵、于文莲、周新、陈艳卿、刘海波。

工业废水的试验方法　鱼类急性毒性试验

1　范围

本标准规定了实验室测定工业废水鱼类急性毒性的试验范围、方法概述、试验准备、试验仪器、试样的采集及保存、试验条件、试验操作和试验结果。

本标准适用于工业废水鱼类急性毒性的测定。

2　方法概述

本标准通过鱼类半数致死浓度 LC_{50}（Median lethal concentration）评估受试物的鱼类急性毒性。试验用鱼在受试物水溶液中饲养一定的时间，以 96 h 为一个试验周期，在 24 h、48 h、72 h 和 96 h 时记录试验用鱼的死亡率，确定鱼类死亡 50%时的受试物浓度，半数致死浓度用 24 h LC_{50}、48 h LC_{50}、72 h LC_{50} 及 96 h LC_{50} 表示。

注：LC_{50} 不是鱼类可接受的无影响浓度，鱼类可接受的无影响浓度需要通过亚急性毒性、慢性毒性试验测定。LC_{50} 值乘上一个适当的系数可以估算鱼类可接受的无影响浓度，如通常 48 h LC_{50} 乘的系数取 0.1 左右，96 h LC_{50} 乘的系数取 0.01 左右。试验用鱼的种类、健康状态及稀释水的水质、水温等都会对 LC_{50} 的测定产生影响，而且这种影响的定量关系目前尚不清楚，因此在对排放水域生物影响进行研究时，可以选择与排放水域自然条件相似的鱼种和稀释水进行试验。在比较不同物质的毒性或研究其毒性成因时，应采用同样的供试鱼种和试验条件。本标准描述的 LC_{50} 的测定方法，不违背试验条件尽量接近排放水域这一宗旨。

3　试验准备

3.1　试验用鱼

3.1.1　试验用鱼应满足以下条件：大小统一、健康、易于获得等。一般适合作为试验用鱼的种类有：

3.1.1.1　大马哈鱼属（虹鲑、美洲红点鲑、马苏大马哈鱼、大口大马哈鱼等）；

3.1.1.2　鲤类（鲤鱼、鲫鱼、带鳑、宽鳍鱲鱼等）；鲻类（青鳉、绯青鳉等）；

3.1.1.3　花鳉科（花鳉、食蚊鱼等）。

3.1.2　同一试验使用的鱼大小应大致相同，最大鱼体的全长不得超过最小鱼体全长的 1.5 倍。

3.1.3　应使用全长 50 mm 以下的小鱼（如果试验用鱼较大，应使用与之相应的较大的试验水槽）。

3.1.4　同一试验使用的鱼，应在同一条件下喂养。试验用鱼在开始试验之前应在试验室至少暂养一周（最好达到 10 d 或 10 d 以上）。

3.1.5　暂养期内，1 d 投饲料一次，试验开始前 2 d 停止投给饲料。试验应使用健康的鱼，在试验前 4 d 内，如果死亡和生病的鱼量超过了 10%，则该批次的鱼不得使用。

注：涉及到排放水域时，试验用鱼除需要满足 3.1 的基本条件外，还需考虑渔业发展、生态保护以及环境对毒物的耐受性等因素。

3.2　稀释水

稀释水即为稀释受试物所使用的水。在对排放水域进行研究时，排放地点的上游水即为所需的稀释水。如果所需的稀释水难以获得，可以在水中添加必要的化学试剂配制，配制的溶液应与排放水域水质的 pH 值、需氧量或碱消耗量、含盐量等指标大致相同。如果采集的稀释水中含有较多的悬浊物，可以通过沉淀或过滤除掉悬浊物后再使用。

在不考虑排放水域的情况下，可以使用不含特殊成分的，pH 值为 7 左右的优质井水或自来水（除掉氯的自来水）作为稀释水。稀释水要充分搅拌使其充分溶解氧。

4 试验仪器

4.1 试验水槽

试验水槽使用洁净的玻璃或不锈钢水槽，容量约 30 L。

4.2 恒温设备

试验过程中使用恒温设备将试验温度控制在预定温度下，误差控制在±2℃范围内。

4.3 饲养水槽

饲养水槽的容积应满足饲养试验用鱼的要求(100 L～200 L 左右的水槽数个)，饲养过程中还应根据需要调节温度及送气。

5 试样的采集及保存

5.1 采集的受试物装满收集瓶后密封，在低于采集时的温度下保存。

5.2 水溶液中含有易被细菌分解的有机物时，保存温度应控制在 0℃～4℃之间，且不能结冰，并尽早试验。同一试验中使用的水应同一时间采集。

6 试验条件

6.1 对鲤鱼、鲫鱼、青鳉和花鳉等温水鱼，温度应控制在 20℃～28℃之间某一恒定温度；对虹鲑、马苏大马哈鱼等冷水鱼温度应控制在 12℃～18℃之间某一恒定温度，温度变化应控制在±2℃的范围内。

6.2 试验水槽中每克鱼试验溶液的量应大于 1 L。每个水槽试验用鱼至少为 7 条，如有必要，不同试验水槽中可以放相同数量的鱼。

6.3 稀释水中的受试物浓度可以根据预备试验的结果决定。在预备试验中受试物浓度范围的幅度可以取得大一些，如：100%、10%、1%、0.1%或 100%、32%、10%、3.2%等，使其数值成等比数列。

6.4 预备试验中试验用鱼可以少于 7 条，试验水槽的大小、水量等也可相应减少。

6.5 试验使用的受试物浓度应处于 C1 和 C2 之间。C1 是指 24 h 内致大部分鱼死亡的最低浓度，C2 是指 96 h 之后大部分鱼仍然存活的最高浓度。如有必要，可在一次预备试验确定浓度范围的基础上再进行一次预备试验缩小浓度范围。

6.6 确定试验的浓度范围时，可将溶液浓度分成 5～10 级进行测试，各级浓度的对数之间的差应相等，如 100%、75%、56%、42%、32%、24%、18%、13.5%、10%等[(ln 100－ln 75)≈(ln 75－ln 56)]。

6.7 试验中有时试验溶液会对受试物毒性产生影响，如溶解氧减少导致毒性减少，该项内容应在预备试验中予以研究。为了避免试验过程中试验溶液溶解氧含量的不足，对试验溶液的溶解氧含量作出如下规定：

温水鱼：保持 4 mg/L(以氧计)以上；

冷水鱼：保持 5 mg/L(以氧计)以上。

6.8 对于成分容易变化的受试物，试验过程中需要对试验溶液进行更换。更换方式可以选择固定浓度流水式，也可选择每隔一定时间(24 h 以内)更换一次的方式。

6.9 此外，为防止挥发成分的减少，应保证试验水槽中的水足够深(例如，30 L 的试验水槽的水深应达到 200 mm 以上)。

7 试验操作

7.1 制作 5～10 级的试验溶液并分别放入各试验水槽中。制作试验溶液时，应均匀地混合悬浊物，但不必过分地和空气混合。

7.2 试验溶液准备好后，应尽快(30 min 以内)把试验用鱼放入水槽中(记录把试验用鱼放入水槽的时间)。转移试验用鱼时应使用柔软的工具，注意不应损伤鱼体。不应将鱼放置于干燥的物体表面上，不应长时间将鱼暴露在空气中。转移鱼时，应将不适合试验的鱼除去。

7.3 试验开始 4 h 及 8 h 后，观察试验用鱼的状态，记录下是否出现翻滚等反常行为。

7.4 试验中，应尽早把死鱼从水槽中捞除。试验用鱼的死亡要通过用玻璃棒轻轻按压鱼尾部而鱼体没有反应来确认。

7.5 记录 24 h、48 h、72 h 及 96 h 后死亡鱼的数量。

7.6 使用稀释水做一组比对试验，比对试验中死鱼和不健康鱼超过 10%，则本次试验结果无效。

7.7 试验过程中要对试验溶液进行溶解氧、pH 值及主要毒性成分检验，且至少在试验开始前及试验结束时各进行一次。溶解氧应进行多次测量。

7.8 如图 1 所示，将试验溶液的浓度和死亡率数据在对数-概率纸上作图，横坐标为试验溶液浓度的对数，纵坐标为死亡率(%)，计算 LC_{50}。

7.9 LC_{50}根据试验时间的不同分为 24 h LC_{50}、48 h LC_{50}、72 h LC_{50}和 96 h LC_{50}。

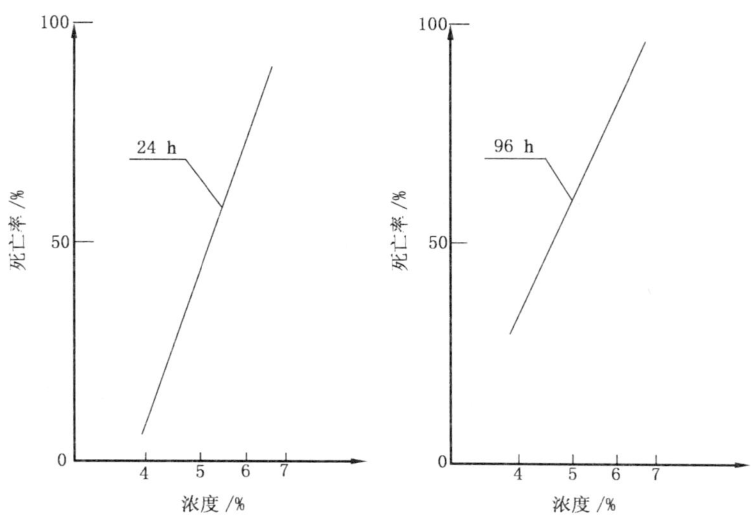

图 1 计算单侧对数纸上的 LC_{50}

8 试验结果

试验结果应记录下列内容：

8.1 不同浓度下鱼的数量和死亡率。

8.2 试验用鱼的种类、获得途径、平均长度、平均质量(体重)、试验水温。

8.3 试验溶液的更换及其他的管理方法。

8.4 受试物的获得途径及储存条件。

8.5 稀释水的获得途径、耗氧量或碱消耗量、pH 值、钙、镁、氯化物离子含量、透明度(浊度)等。

8.6 试验水槽的水量、水深、试验用鱼的数量和水质。

8.7 试验开始 4 h 和 8 h 后试验用鱼的状态。

8.8 试验开始时及试验结束时水质的情况，特别是溶解氧和 pH 值。

注 1：根据试验目的的不同，有时使用海鱼作为试验用鱼。从获得和饲养管理的难易性看，适合做试验的海鱼有：鰕虎鱼类、星点东方鲀、鲃鱼、鲻鱼、粗皮鲀等。饲养海鱼时要注意溶解氧的减少及鱼的排泄物和残余饲料对水质产生的影响。试验前饲养海鱼时，最好使用流水式水槽，条件达不到时可以使用循环过滤式饲养水槽。和淡水鱼一样，试验可以在静止的水中进行。试验水槽的含鱼量不得超过 0.3 g/L，至少每 24 h 全量更换试验溶液一次。

注 2：有害刺激量和生物的反应率(这里指受试物浓度和死亡率)在对数-概率纸上通常显示为 S 形曲线，第 7 章使用的 LC_{50}的计算方法是利用了该曲线中心部几乎是直线的特点，讨论试样对排放水域的生物带来的影响时，该方法可以获得足够的精度。

注 3：如果需要定量地比较不同试验溶液的毒性，可以通过变换，将 S 曲线变成直线，然后在对数-概率纸上在各点之间划一条直线，获得更高精度的 LC_{50}。该方法如图 2 所示，对数-概率纸的纵轴为死亡率，横坐标为受试物浓度的对数，并目测划一条与各点适当的直线。此时主要把直线对准死亡率在 16%～84%之间的各点，并使由各点到直线的纵轴方向的距离为最小。直线和 50%死亡率相交点的受试物浓度作为 LC_{50}。

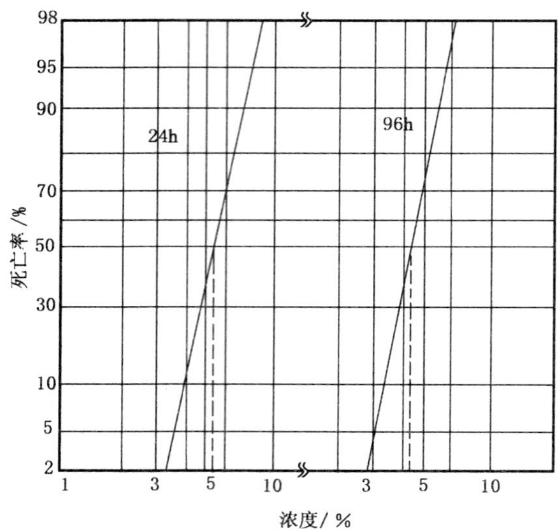

注：24 h LC_{50} 5.2%；96 h LC_{50} 4.4%。

图 2　在对数-概率纸上计算 LC_{50}

ICS 13.300;13.020.40
A 80

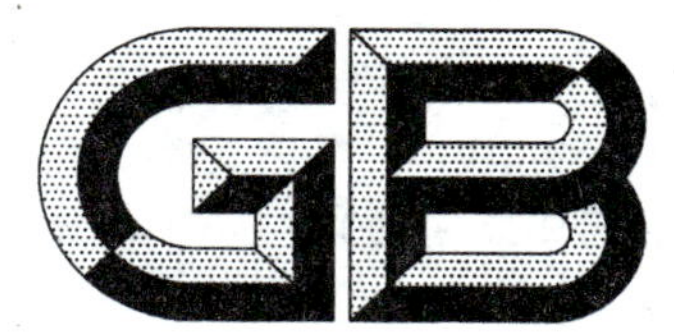

中华人民共和国国家标准

GB/T 21815.1—2008

化学品　海水中的生物降解性 摇瓶法试验

Chemicals—Biodegradability in seawater—Shake flask method

2008-05-12 发布　　2008-09-01 实施

中华人民共和国国家质量监督检验检疫总局
中国国家标准化管理委员会　发布

前 言

GB/T 21815—2008《化学品　海水中的生物降解性》预计分为两部分：

——第1部分为《化学品　海水中的生物降解性　摇瓶法试验》；

——第2部分为《化学品　海水中的生物降解性　密闭瓶法试验》。

本部分为GB/T 21815的第1部分，本部分等同采用经济合作与发展组织(OECD)化学品测试导则No.306(1992年)《海水中的生物降解性：摇瓶法》(英文版)。本标准做了下列编辑性修改：

——将引言、应用、方法选择归为附录C；

——将计量单位改为我国法定计量单位。

附录A、附录B和附录C为资料性附录。

本部分由全国危险化学品管理标准化技术委员会(SAC/TC 251)提出并归口。

本部分负责起草单位：环境保护部化学品登记中心。

本部分参加起草单位：环境保护部南京环境科学研究所、沈阳化工研究院安全评价中心、上海市检测中心。

本部分主要起草人：周红、菅小东、刘纯新、刘济宁、石利利、贾福艳、赵华清。

化学品 海水中的生物降解性 摇瓶法试验

1 范围

GB/T 21815的本部分规定了化学品海水中的生物降解性摇瓶法试验的方法概述、试验准备、试验程序、质量保证与质量控制、数据与报告。

本部分适用于测试与评价可溶于水(水中溶解度以C计大于25 mg/L,)、试验过程中不因挥发性而有明显损失、无明显吸附作用的有机物的海水中的生物降解性。

本部分不适用于水中溶解度以C计小于5 mg/L的有机物。

2 术语和定义

下列术语和定义适用于GB/T 21815的本部分。

2.1

生物降解性 biodegradability

受试物与接种物接触表现出的生物降解潜力。

2.2

溶解性有机碳 dissolved organic carbon;DOC

溶液中有机碳的含量,常指通过0.45 μm滤膜过滤后液体中的有机碳含量,或经4 000 r/min转速离心15 min后上清液中的有机碳含量。

2.3

停滞期 lag phase

试验开始到降解率达到10%的时期。

3 受试物信息

a) 分子式;
b) 纯度;
c) 主要成分及比例;
d) 有机碳含量;
e) 水中溶解度;
f) 蒸气压;
g) 吸附性;
h) 微生物毒性。

4 方法概述

4.1 方法说明

摇瓶法是一个引进海水变量的改进的OECD筛选试验[2]。其试验结果并不指示有机物的快速生物降解性,只是为了获取其在海洋环境中的生物降解性的信息。试验结果降解性低,并不一定意味受试物在海洋环境中不可生物降解,而是说明需要更多的工作来说明其降解性。

试验方法的说明见附录C。

4.2 方法原理

培养基中加入适量的受试物(质量浓度为5 mg/L～40 mg/L,以DOC计)与采自海水的接种物,若DOC分析灵敏度较高,或受试物具有抑制作用时,可适当降低受试物浓度。在温度为15℃～20℃(±2℃)、黑暗或散射光及有氧条件下搅动培养,定期采样测定DOC浓度以确定降解率。为了实验的客观性,若要模拟周围环境情况,试验可以在超出推荐范围的温度下进行。推荐的试验持续时间最大为60 d。在某些情况下,可通过特定的化学分析方法测定受试物浓度,以确定初级降解性。

4.3 参比物

本标准推荐苯胺(新蒸馏)、醋酸钠或苯甲酸钠作为参比物。若使用其他参比物,试验报告中应加以说明。

比对实验中,海水样品取自于不同地点、每年的不同时间[3]。对于苯甲酸钠,停滞期(t_L)和从停滞期到降解率达到50%的时间(t_{50})分别是1 d～4 d和1 d～7 d。对于苯胺,t_L范围是0 d～10 d,t_{50}范围是1 d～10 d。

4.4 方法重现性和灵敏度说明

比对试验说明了本标准的重现性[3]。若用有机碳分析仪,本标准适用的受试物的最低浓度,主要取决于有机碳分析仪的检测限(约为0.5 mg/L)和海水中DOC浓度(开放海域的海水通常为3 mg/L～5 mg/L)。加入受试物后,背景DOC浓度不应大于总DOC浓度的20%。否则,试验前可通过不时老化海水的方法来减少背景DOC浓度。若只用特定的化学分析方法(该方法用于测定初级降解性),研究者应提供附加信息说明受试物是否可能发生最终降解,附加信息可以包括快速生物降解性或固有生物降解性的实验结果。

5 试验准备

5.1 仪器设备

a) 振荡器(自动恒温控制或置于恒温室内,15℃～20℃,±2℃);

b) 锥形瓶(0.5 L～2 L);

c) 膜过滤器或离心机;

d) 滤膜(0.2 μm～0.45 μm);

e) 碳分析仪;

f) 特定化学分析仪器(可选)。

5.2 海水

5.2.1 海水的采集

选择合适的取样地点,调查海水污染状况及营养物浓度,尤其对于沿海水域样品,应确定异养微生物菌落数、硝酸盐、铵盐和磷酸盐的浓度。海水样品须在试验前1 d～2 d内采集,且在不明显高于试验条件的温度下运输和保存。

记录下列关于海水样品的信息:

a) 采集时间;

b) 采集深度;

c) 表观(如:浊度,等);

d) 采集温度;

e) 盐度;

f) DOC;

g) 试验前样品保存天数。

5.2.2 海水的老化和预处理

当海水样品中有机碳浓度高于受试物培养液 DOC 浓度的 20%时，海水须进行老化。在试验温度、黑暗或散射光与有氧条件下(必要时轻轻搅拌)，老化约一周，以去除过多的 DOC。

试验前预处理去除样品中的颗粒物，通过尼龙过滤器或粗滤纸过滤去除(不是通过膜过滤或 GF-C 过滤器)，或通过沉淀、倒出上清液的方式。预处理在老化后进行。

记录老化和预处理情况。

5.3 接种物

试验中不能加入特定接种物，只含海水中包含的微生物。对于近海或污染海域的海水样品，应通过平板计数法确定海水样品中异养微生物的菌落数，并采用参比物检验海水中异养微生物的活性。

5.4 培养基

5.4.1 培养基贮备液

用分析纯试剂配制下列贮备液：

a) 磷酸缓冲液：称取 8.50 g 磷酸二氢钾(KH_2PO_4)、21.75 g 磷酸氢二钾(K_2HPO_4)、33.30 g 二水合磷酸氢二钠($Na_2HPO_4 \cdot 2H_2O$)和 0.50 g 氯化铵(NH_4Cl)，用蒸馏水溶解，定容至 1 L；

b) 氯化钙溶液：称取 27.50 g 无水氯化钙($CaCl_2$)，用蒸馏水溶解，定容至 1 L；

c) 硫酸镁溶液：称取 22.50 g 七水合硫酸镁($MgSO_4 \cdot 7H_2O$)，用蒸馏水溶解，定容至 1 L；

d) 氯化铁溶液：称取 0.25 g 六水合氯化铁($FeCl_3 \cdot 6H_2O$)，用蒸馏水溶解，定容至 1 L。

每升氯化铁溶液中可加入 0.05 mL 浓盐酸或 0.4 g EDTA 二钠盐，以免出现沉淀。如果出现沉淀，应重新配制。

5.4.2 试验培养基的制备

每升预处理海水中加入 5.4.1 中 a)、b)、c)、d)贮备液各 1 mL，混匀。

6 试验程序

6.1 组别设计

通常，试验中需要设置下列组别：

——含受试物的试验组；

——仅含海水的空白对照组；

——含参比物的程序对照组。

必要时，增加下列组别：

——含受试物和参比物的毒性对照组；

——含受试物和灭菌剂的理化对照组。

试验组与空白对照组分别为两个平行，其他处理组为 1 个平行。

受试物浓度以 DOC 计，一般为 5 mg/L～40 mg/L，参比物的浓度以 DOC 计，为 20 mg/L。

试验中加入的若为受试物或参比物的贮备液，应确保海水培养基中盐度无较大变化。

若存在毒性作用影响却无法去除，增加毒性对照组。毒性对照组中参比物的浓度与程序对照组相同，以 DOC 计，为 20 mg/L。

若存在非生物降解或者损耗机制，例如水解(该问题只存在于特定分析)、挥发或吸附，建议增加物化对照组。物化对照实验可以通过加入 50 mg/L～100 mg/L 氯化汞($HgCl_2$)抑制微生物活性来达到。($HgCl_2$ 是剧毒物质，应当谨慎操作。该物质的废液需要妥善处理，不可排入废水系统中。加入 $HgCl_2$，DOC 分析中应考虑干扰作用或催化剂中毒。)

6.2 试验操作

将适量的试验溶液加入锥形瓶中，溶液的体积以 1/2 锥形瓶容积为宜，盖上瓶口(不能盖紧)，确保瓶内外空气的交换(如，用铝箔纸。若进行 DOC 分析，棉花塞不适用)。

将锥形瓶放入振荡器中，调节转速(如，100 r/min)，控制温度(15℃～20℃，±2℃)，开始培养。试验周期最长 60 d。

试验要求在避光条件下进行，以防止藻类滋长。同时确保空气中没有有毒物质。

6.3 采样与 DOC 分析

试验期间以合适的时间间隔至少采样 5 次，试验开始(0 d)和结束(60 d)时必须采样。

采样量取决于分析方法(对于特定化学分析而言)、碳分析仪和样品处理程序(膜过滤或离心)。

在取样前确保受试物混合良好，瓶壁上的所有物质都呈溶解态或悬浮态。

样品采集后，立即经膜过滤(0.2 μm～0.45 μm 滤膜)或离心(4 000 g、15 min)处理。有些滤膜键合了一些含有表面活性剂的亲水性基团，可能会释放大量的有机碳。可将滤膜置于去离子水中煮沸处理，连续三次，每次 1 h，将滤膜储存于去离子水中(在低浓度下，通过离心分离作用不大，在以 C 计大于 10 mg/L 的较高浓度下，离心过滤法误差相对较小)。

样品尽量于当天完成测定，每个样品平行测定两次。根据测定结果，确定下次采样时间。

必要时，样品可在 2℃～4℃下保存 48 h 或在－18℃长期保存(若已知受试物不会受到影响，则保存之前酸化至 pH 值为 2)。若样品保存一段时间后再进行分析，在所需最少的 5 个样品基础上取更多样品。分析测定时可先分析最后采样样品，用逐步倒退法选择分析其他样品，便可以相对较少的分析次数获得较好的生物降解曲线。

若在 60 d 之前观测到降解曲线稳定期，结束实验；如果在 60 d 之前开始出现明显的降解，但没有达到稳定期，应延长试验时间。

海水中有机碳的测试见附录 A。

7 质量保证与质量控制

7.1 参比物苯甲酸钠停滞期(t_L)为 1 d～4 d，停滞期末至降解率达 50％的时间(t_{50})为 1 d～7 d；苯胺停滞期为 0 d～10 d，停滞期末至降解率达 50％的时间(t_{50})为 1 d～10 d。

7.2 空白对照组 DOC 浓度不大于受试物试验组的 20％。

8 数据与报告

8.1 数据处理

将试验数据填写在数据记录表中，见附录 B。

计算受试物和参比物的百分降解率(D_t)，见式(1)：

$$D_t = \left[1 - \frac{c_t - c_{bl(t)}}{c_0 - c_{bl(0)}}\right] \times 100 \qquad \cdots\cdots(1)$$

式中：

D_t——t 时 DOC 或受试物的降解率，以％表示；

c_0——含受试物试液的初始 DOC 或受试物质量浓度，单位为毫克每升(mg/L)；

c_t——含受试物试液 t 时刻的 DOC 或受试物质量浓度，单位为毫克每升(mg/L)；

$c_{bl(0)}$——空白对照组的初始 DOC 或受试物质量浓度，单位为毫克每升(mg/L)；

$c_{bl(t)}$——空白对照组 t 时刻的 DOC 或受试物质量浓度，单位为毫克每升(mg/L)。

DOC 适用于计算受试物最终生物降解性，受试物质量浓度适用于计算受试物初级生物降解性。

DOC 测评精确到 0.1 mg/L。算出两组试验组的平均值。

绘制生物降解曲线，若数据足够多，计算停滞期(t_L)和停滞期末至降解率达 50％的时间(t_{50})。

8.2 结果报告

试验报告应包括以下内容：

a) 受试物

——物质的物理属性，以及相关的基本理化性质；

——基本鉴定信息（如纯度、主要成分等）。

b） 试验条件

——海水取样点情况（地点、污染和营养状况，包括菌落数，硝酸盐、铵盐、磷酸盐浓度）；

——海水样品情况[取样时间、深度、外观、温度、盐度、DOC 浓度（可选）、保存时间]；

——海水老化的方法（如有）；

——海水预处理方式（筛滤或沉淀）；

——DOC 测定方法；

——受试物特定化学分析方法（可选）；

——海水中异养微生物数量的测定方法（如，平板计数法等，可选）；

——海水特性的其他测试方法（如，ATP 测试法等，可选）。

c） 结果

——分析测定数据，见附录 B；

——降解曲线，标示停滞期（t_L）、斜率、停滞期末至降解率达 50% 的时间（t_{50}）等。降解曲线示意图见图 1；

——60 d 后或试验结束时的降解百分率。

d） 结果讨论。

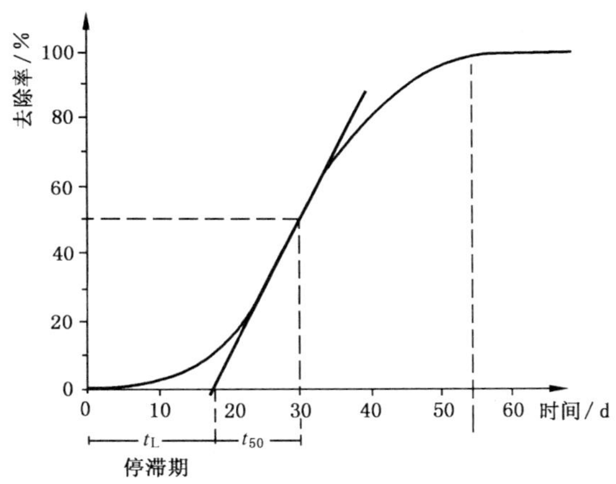

图 1 降解曲线示意图

附 录 A
（资料性附录）
海水中有机碳的测定方法

A.1 测试方法

为了测定水样中的有机碳含量，一般采用以下3种方法把水样中的有机物氧化为二氧化碳：

——利用过硫酸盐-紫外照射，湿法氧化；

——利用过硫酸-加温（116℃～130℃），湿法氧化；

——燃烧法。

生成的二氧化碳利用红外分光光度法或者滴定法进行定量。或者将二氧化碳转化为甲烷，利用火焰离子化检测器测定。

过硫酸盐-紫外法一般用于微粒含量低的“干净”水样的分析。后两种方法适用于大部分水样，过硫酸-加温氧化法更适用于低浓度样品，燃烧法则更适用于非挥发性有机碳浓度以C计高于1 mg/L的水样。

A.2 影响因素分析

上述3种方法都是建立在消除或者修正样品中无机碳（C）的基础上。现在，常用的方法是对酸化的样品进行吹洗以去除二氧化碳，但这样会损失一部分可挥发性有机物。应确保每个样品都要进行无机碳的去除或者补偿，而且应根据样品类型，在测定非挥发性有机碳的基础上测定挥发性有机碳。

高浓度氯化物的存在会降低过硫酸盐-紫外法的氧化效率。通过使用加入硝酸汞改良的氧化剂可以消除这种影响。建议利用最大可允许量来评价每个含氯化物的样品。样品中如果含盐量较高的话，利用燃烧法会导致盐上附着一层催化剂，从而加快燃烧管的腐蚀。应根据生产商的操作说明书预防腐蚀的发生。

浑浊的或者含微粒的样品在使用过硫酸盐-紫外氧化法时，会导致氧化不完全。

A.3 示例——非挥发性有机碳的测定

利用过硫酸盐-紫外照射进行湿法氧化，非发射红外光度法测定二氧化碳。氧化剂按照如下程序进行配制：

a) 8.2 g $HgCl_2$ 和 9.6 g $Hg(NO_3)_2 \cdot H_2O$ 溶于低碳含量的水中；

b) 20 g $K_2S_2O_8$ 溶于上述汞盐溶液中；

c) 上述b)溶液中加入5 mL硝酸；

d) 上述c)溶液加溶剂定容到1 000 mL。

海水中含10%的氯化物时，使用40 μL氧化剂溶液；含1.9%的氯化物时，使用200 μL氧化剂溶液，可以去除氯化物的影响。

附 录 B
（资料性附录）
数据记录表

B.1 实验室名称

B.2 试验起始时间

B.3 受试物

名称：

贮备液质量浓度(mg/L)：

初始质量浓度(mg/L，以受试物计)：

(mg/L，以 DOC 计)：

B.4 海水

来源：

采集时间：

采集深度：

采集时海水外观(浊度，等)：

盐度(10^{-3})：

温度(℃)：

采样后____小时后 DOC 浓度(mg/L)：

预处理(过滤、沉淀、老化等)：

微生物数量——海水采样时(菌落数/mL)：

——测试起始时(菌落数/mL)：

其他特征：

B.5 DOC 测定结果

DOC 测定结果见表 B.1。

表 B.1 DOC 测定结果

	瓶号		n d 后 DOC/(mg/L)				
			0	n_1	n_2	n_3	n_x
试验组	1	$c_{t1\text{-}1}$					
		$c_{t1\text{-}2}$					
		平均，$c_{t1(t)}$					

表 B.1（续）

	瓶号		*n* d 后 DOC/(mg/L)				
			0	n_1	n_2	n_3	n_x
试验组	2	$c_{t2\text{-}1}$					
		$c_{t2\text{-}2}$					
		平均，$c_{t2(t)}$					
空白对照组	1	$c_{bl1\text{-}1}$					
		$c_{bl1\text{-}2}$					
		平均，$c_{bl1(t)}$					
	2	$c_{bl2\text{-}1}$					
		$c_{bl2\text{-}2}$					
		平均，$c_{bl2(t)}$					
	平均值 $c_{bl(t)}=(c_{bl1(t)}+c_{bl2(t)})/2$						

B.6 原始记录的处理

生物降解率计算结果见表 B.2。

表 B.2 生物降解率计算结果

瓶号	结果计算	*n* d 后降解百分比/%				
		0	n_1	n_2	n_3	n_x
1	$D_1=1-\frac{c_{t1(t)}-c_{bl(t)}}{c_0-c_{bl(0)}}\times 100$	0				
2	$D_2=1-\frac{c_{t2(t)}-c_{bl(t)}}{c_0-c_{bl(0)}}\times 100$	0				
平均[a]	$D_t=\frac{D_1+D_2}{2}$	0				

[a] 如果 D_1 和 D_2 差异比较大的话，不应取平均值。

B.7 非生物降解率（理化对照，可选）

非生物降解 DOC 的测定结果见表 B.3，非生物降解率按式(B.1)计算。

表 B.3 非生物降解的 DOC 测定结果

	时间/d	
	0	*t*
非生物降解 DOC/(mg/L)	$c_{s(o)}$	$c_{s(t)}$

$$D_a = \frac{c_{s(0)} - c_{s(t)}}{c_{s(0)}} \times 100 \qquad \cdots\cdots(B.1)$$

式中：

D_a——t 时的非生物降解率，以%表示；

$c_{s(0)}$——初始受试物质量浓度，单位为毫克每升(mg/L)；

$c_{s(t)}$——t 时刻受试物质量浓度，单位为毫克每升(mg/L)。

附　录　C
（资料性附录）
海水中的生物降解性

C.1　引言

C.1.1　最初的OCED测试导则开发编制后，并不知道用淡水及活性污泥进行的快速生物降解筛选试验的结果对于海洋环境的适用程度。关于这点，已有很多报道[1]。

C.1.2　大量含有各种化学品的工业废水，经由江河口或直接排放进入海洋，其中大多数化学品的停留时间短于其必要的降解时间。随着控制不断增长的化学品、保护海洋环境意识的增长，对估测化学品在海水中的可能浓度的需求也不断增长，因此开发编制了海水中的生物降解性的测试方法。

C.1.3　这些方法利用天然海水当作水相和微生物的来源。为了与已有的淡水生物降解性的测试方法尽可能一致，曾利用经过超过滤和离心处理的海水，同时利用海洋沉积物作为接种物进行了研究。但这些研究都不太成功。因此这些方法利用天然海水经过预处理去除粗大颗粒来作为试验培养基。

C.1.4　溶解性有机碳（DOC）分析方法的灵敏性较低，使用摇瓶法来评估最终生物降解能力时需要使用浓度相对较高的受试物，因此有必要在海水中加入矿物营养物质（如N、P），因为若这些矿物营养物含量太低会削弱DOC的去除能力。同样在密闭瓶法中由于所加受试物的浓度，也必须在其中加入营养物质。

C.1.5　试验中除了海水中本已存在的微生物外并未加入接种物，因此，这些方法并不用于快速生物降解性的测定。同时，由于加入了营养物质，而且受试物的浓度远远大于海水中可能存在的浓度，所以，试验也不是模拟海洋环境。基于以上原因，将这些方法放在“海水中的生物降解性”中提出。

C.2　应用

C.2.1　对于因使用和处置方式而可能进入海水的可疑化学品，试验结果初步说明了其在海水中的生物降解性。若试验结果为阳性（DOC去除率＞70%，ThOD-理论需氧量＞60%），可以得出其在海洋环境具有潜在生物降解能力的结论。然而，阴性的试验结果并不排除受试物具有生物降解潜力，只是说明需要更多的研究，例如，采用尽可能低的受试物浓度。

C.2.2　任何情况下，若需要了解某一特定场所海水中的生物降解的速率或降解度的确切情况，应采用其他更复杂、更综合、也更昂贵的实验方法。例如，采用与环境中可能浓度相近的受试物浓度的仿真试验。同样，也可以采用取自需测试地点的未加强、未预处理的海水。其初级生物降解性可以通过特定化学分析方法测得，最终生物降解性需要^{14}C标记化学品，这样就可以测出现实环境中溶解性有机^{14}C消失和$^{14}CO_2$产生的速率。

C.3　方法选择

C.3.1　测试方法的选择基于多种因素，表C.1有助于选择何种方法。当化学品的水中溶解度以C计低于5 mg/L时，就不可用摇瓶法，至少，原则是如此，难溶性化学品可以通过密闭瓶法。

表 C.1 摇瓶法和密闭瓶法测试的优缺点

方 法	优 点	缺 点
摇瓶法	——除碳分析外，要求的仪器简单； ——60 d 的试验周期不存问题； ——无硝化作用干扰； ——可用于挥发性化学品	——需要进行碳分析； ——受试物以 DOC 计，5 mg/L～40 mg/L，可能对微生物产生抑制作用； ——当海水中 DOC 浓度低时，DOC 的测定较困难(氯化物影响)； ——在海水中 DOC 有时较高
密闭瓶法	——仪器简单； ——终点测定简单； ——受试物浓度低，减少了对微生物的抵制作用； ——易于适用于挥发性化学品	——保持瓶子的气密性较难； ——瓶壁上细菌的快速增长可能会导致错误的结果； ——空白 O_2 测定值会偏高，尤其在28 d后。可以通过老化海水消除； ——硝化作用耗氧可能产生影响

参 考 文 献

［1］ De Kreuk J. F. and Hanstveit A. O.. Determination of the biodegradability of the organic fraction of chemical wastes. Chemosphere,(1981)10(6):561-573.

［2］ OECD Test guideline 301 E. Paris(1992).

［3］ Nyholm N. and Kristensen P.. Screening test methods for assessment of biodegradability of chemical substances in seawater. Final report of the ring test programme 1984—1985, March 1987, Commission of the European Communities(1987).

［4］ OECD Test guideline 209. Paris(1984).

［5］ OECD Test guideline 301D. Paris(1992).

ICS 13.300;13.020.40
A 80

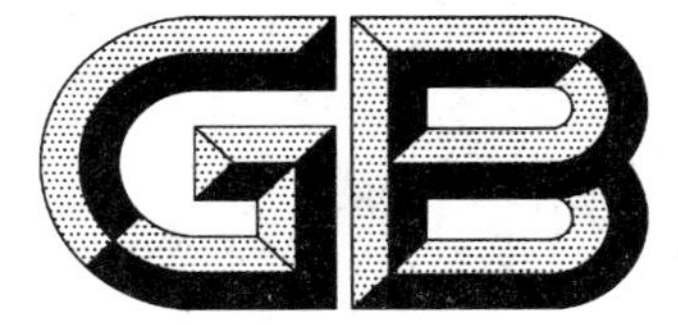

中华人民共和国国家标准

GB/T 21816—2008

化学品 固有生物降解性 赞恩-惠伦斯试验

Chemicals—Inherent biodegradability—Zahn-Wellens test

2008-05-12 发布 2008-09-01 实施

中华人民共和国国家质量监督检验检疫总局
中国国家标准化管理委员会 发布

前　言

本标准等同采用经济合作与发展组织(OECD)化学品测试导则 No.302B(1992年)《赞恩-惠伦斯试验》(英文版)。

本标准做了下列编辑性修改:

——将计量单位改为我国法定计量单位。

本标准的附录A为资料性附录。

本标准由全国危险化学品管理标准化技术委员会(SAC/TC 251)提出并归口。

本标准负责起草单位:环境保护部化学品登记中心。

本标准参加起草单位:环境保护部南京环境科学研究所、沈阳化工研究院安全评价中心、上海市检测中心。

本标准主要起草人:刘纯新、卢玲、聂晶磊、刘济宁、石利利、侯松嵋、赵华清。

化学品 固有生物降解性
赞恩-惠伦斯试验

1 范围

本标准规定了化学品固有生物降解性赞恩-惠伦斯试验的方法概述、试验准备、试验程序、质量保证与质量控制、数据与报告。

本标准适用于测定可溶于水的(水中质量浓度不低于 50 mg/L,以 DOC 计)、非挥发的、无强吸附性的、不因溶液发泡而损失的、对试验浓度下对微生物无抑制作用的化学品的固有生物降解性。

2 术语和定义

下列术语和定义适用于本标准。

2.1

固有生物降解性 inherent biodegradability

最佳试验条件下,受试物长时间与接种物接触表现出的生物降解潜力。

2.2

初级生物降解 primary biodegradation

受试物在生物作用下化学结构发生变化致使特性丧失的过程。

2.3

总有机碳 total organic carbon;TOC

试验介质(包括溶液和悬浮液)中有机碳的总量。

2.4

溶解性有机碳 dissolved organic carbon;DOC

溶液中有机碳的含量,通常指通过 0.45 μm 滤膜过滤后液体中的有机碳含量,或经 4 000 r/min 转速离心 15 min 后上清液中的有机碳含量。

2.5

化学需氧量 chemical oxygen demand;COD

在强酸并加热条件下,一定量的重铬酸盐氧化水样中还原性物质所消耗氧化剂的量,可表示为每毫克受试物消耗的氧气毫克数(mg/mg)。

3 受试物信息

a) 有机碳含量;

b) 水中溶解度;

c) 蒸气压;

d) 发泡性;

e) 微生物毒性;

f) 吸附性;

g) 结构式。

4 方法概述

4.1 原理

含有受试物的试验培养基加入一定量的接种物，于 20℃～25℃在散射光或黑暗中对试验溶液搅拌、曝气培养 28 d。间隔一定时间采样，测定样品中 DOC 或 COD 含量，生物降解率用 DOC 或 COD 的去除率表示(经空白值校正后)。将受试物的生物降解率对相对应的时间点绘图，即为生物降解曲线。若受试物发生生物化学反应，需采用化学方法分析受试物初级生物降解性。

4.2 参比物

为了检测活性污泥的活性，每次试验都需要平行设置含已知生物降解性的物质作参比物。本标准推荐乙二醇、二甘醇、十二烷基磺酸盐或苯胺(新蒸馏得到的)作为参比物，若使用该参比物，这些物质在 14 d 内 DOC 或 COD 去除率应不低于 70%。

5 试验准备

5.1 设备

a) 玻璃圆柱形容器(1 L～5 L)，每个都带有由惰性材料制成的搅拌器，要求搅棒在容器底部以上 5 cm～10 cm 处旋转(也可以用带 7 cm～10 cm 长搅棒的磁力搅拌器代替)，除搅拌器外，还须在容器底部以上 1 cm 处接一根内径为 2 mm～4 mm 的玻璃管，用以导入空气；

b) 一个供压缩空气通过的棉质滤网和一个盛有水的洗瓶，或者是一个传送无尘、无油和无有机杂质的空气通气泵；

c) 离心机(离心力高于 1 000 g)；

d) pH 计、溶解氧测定仪和滤膜(孔径 0.2 μm～0.45 μm)；

e) DOC 测定仪或 COD 测定仪。

5.2 接种物

可以由正常运转的污水处理厂(出水中 BOD 低于 25 mg/L)采集新鲜活性污泥样品，用培养基或自来水冲洗两遍。1 000 g 离心 3 min～5 min 或静置将活性污泥进行分离。在特殊情况下，为了得到尽可能多样化的菌种，可将从不同来源(如其他污水处理厂、土壤浸出液、河水等)得到的样品进行混合，并按上述方法处理。污泥样品要在采样后 6 h 之内使用，否则需要将其溶于培养基中曝气直至使用，用参比物来检验污泥的活性。

5.3 试验用水

使用去除毒性物质 (如 Cu^{2+})的高纯度去离子水或蒸馏水，为了降低空白值，水中所含有机碳应较低，每组系列试验使用一批水。

5.4 培养基

5.4.1 试验培养基贮备液

用分析纯试剂制备下列贮备液：

a) 磷酸缓冲液：称取 8.50 g 磷酸二氢钾(KH_2PO_4)、21.75 g 磷酸氢二钾(K_2HPO_4)、33.40 g 二水合磷酸氢二钠($Na_2HPO_4 \cdot 2H_2O$)和 0.5 g 氯化铵(NH_4Cl)，用水溶解，定容至 1 L，pH 值为 7.4。

b) 氯化钙溶液：称取 27.50 g 无水氯化钙($CaCl_2$)或 36.40 g 二水合氯化钙($CaCl_2 \cdot 2H_2O$)，用水溶解，定容至 1 L。

c) 硫酸镁溶液：称取 22.50 g 七水合硫酸镁($MgSO_4 \cdot 7H_2O$)，用水溶解，定容至 1 L。

d) 氯化铁溶液：称取 0.25 g 六水合氯化铁($FeCl_3 \cdot 6H_2O$)，用水溶解，定容至 1 L。加入 0.05 mL 浓盐酸或 0.4 g/L EDTA 二钠盐缓冲溶液保存。

上述贮备液中如果出现沉淀，则需重新配制。

5.4.2 试验培养基的制备

取5.4.1中磷酸缓冲液10 mL与800 mL试验用水混合，再分别加入氯化钙溶液、硫酸镁溶液和氯化铁溶液各1 mL，定容至1 L。

6 试验程序

6.1 组别设计

通常，试验中需要设置下列组别：

a) 含受试物和接种物的试验组；

b) 仅含接种物的接种物空白对照组；

c) 含参比物和接种物的程序对照组。

6.2 试验操作

试验开始前，应用适当的方法确定受试物在试验浓度下对活性污泥的抑制作用。如果发现有抑制作用，则应降低受试物浓度直至不会产生抑制效应的水平。

向试验容器中加入500 mL培养基、适量的受试物和接种物，保证内含物含有DOC 50 mg/L～100 mg/L或COD 100 mg/L～1 000 mg/L和200 mg/L～1 000 mg/L接种物(干重)，接种物和受试物(如DOC)的比率控制在2.5∶1～4∶1范围内，根据测试需要用试验培养基定容到1 L～5 L。同时设置一个或两个仅含接种物和培养基的空白对照。同时，在每个试验中设置一个用参照物代替受试物的程序控制平行。如果需要获得非生物降解方面的数据，则要准备灭过菌的、未接种的受试物溶液。将试验瓶放在20℃～25℃散射光或黑暗中，用纯净、潮湿的空气对悬浮液曝气、必要时进行搅拌以确保试验悬浮液中的污泥不沉淀，培养28 d。试验期间，确保试验溶液溶解氧浓度不低于1 mg/L，按一定时间间隔检测pH值，必要时用NaOH或H_2SO_4调节pH值至6.5～8.0。

在试验开始后3 h±0.5 h后采样确定活性污泥对受试物的吸附情况，在第1天到第27天期间，至少采样4次；若降解过程在第28天前达到稳定，则在试验结束的最后两天取样，否则在第27天和第28天采样。取样体积取决于所使用碳分析仪的类型，为了描绘稳定期或是否存在驯化过程，必须额外增加采样次数。

6.3 驯化

如果达到驯化状态(见附录A图A.2)，则需以较短的时间间隔(如每天)进行DOC或COD分析。如果在试验的最后一些天达到驯化状态，则需延长试验时间。

如需更多地了解已驯化污泥的行为，可将该污泥重新暴露于受试物中，即停止搅拌和曝气，使活性污泥沉淀，舍弃上清液，注入试验培养基至原来的体积，搅拌15 min，然后再重复一次上述操作。也可以用离心代替沉淀来分离活性污泥。用经过上述处理的污泥重新进行试验，如果已处理污泥的量达不到0.2 g/L～1 g/L(干重)的要求，可向其中加入新鲜污泥。

6.4 分析方法

对采集的污泥悬浮液样品(包括试验组，空白对照组和程序控制组)进行过滤，舍弃前5 mL滤液。过滤时应使用认真清洗过的滤纸或滤膜，同时必须确保所用滤纸或滤膜既不释放也不吸附有机化合物。如果不能确定，则应将滤膜用约60℃的去离子水或蒸馏水冲洗3次，去除可溶性有机物，净化的滤膜可置于水中保存。通过离心或其他合适的分离技术对难过滤的污泥进行分离。

用适当的方法对过滤或分离后的样品进行DOC或COD测定，重复2次。初级生物降解性需采用特异方法(如紫外光谱法)分析受试物。若样品不能在采样当天进行分析，样品可在2℃～4℃下保存48 h或在−18℃可保存较长时间，但建议不要长时间保存。

7 质量保证与质量控制

7.1 14 d内参比物的去除率达到70%或者试验悬浮中DOC或COD在每天、每周逐步地去除(这表明生物降解的发生)，即说明试验是有效的。

7.2 DOC 测定范围通常为 0.5 mg/L～1 mg/L(以 C 计)、COD 测定一般为 15 mg/L(以 O_2 计)。

8 数据与报告

8.1 数据处理

由式(1)计算 t 时刻的生物降解率：

$$D_t=\left(1-\frac{c_t-c_B}{c_A-c_{BA}}\right)\times 100 \qquad \cdots\cdots(1)$$

式中：

D_t——时刻 t 的生物降解率，以%表示；

c_A——3 h±0.5 h 培养期后，试验悬浮液中 DOC 或 COD 值，单位为毫克每升(mg/L)；

c_t——时刻 t 试验悬浮液中 DOC 或 COD 平均值，单位为毫克每升(mg/L)；

c_{BA}——3 h±0.5 h 培养期后，空白对照中 DOC 或 COD 平均值，单位为毫克每升(mg/L)；

c_B——时刻 t 空白对照中 DOC 或 COD 平均值，单位为毫克每升(mg/L)。

参比物生物降解率的计算方法同上。绘出生物降解过程曲线图(如附录 A)，在数据表中记录所有结果。

在某些情况下，试验开始后的 3 h 内发生完全或很明显的降解，空白对照和试验溶液的差别意外地小，这表明物理化学吸附在起一定的作用。在这种情况下，可以将开始后 3 h 的值、从加入受试物的量计算得到的初始值及接种物加入前的测定值进行比较，以获得额外的信息。如果要知道生物降解(或部分降解)和吸附之间的准确区别，需做进一步的试验，较为适宜的是用悬浮的已驯化的污泥做接种物进行呼吸快速生物降解试验。

受试物的降解率很低甚至为零时，可能是由于受试物对微生物存在抑制作用，此时应通过试验浓度下的微生物毒性试验来排除这种可能性。

8.2 结果报告

试验报告应包括以下内容：

a) 受试物

——物质的物理属性，以及相关的物理化学特性；

——受试物鉴别数据。

b) 接种物

——来源；

——浓度；

——驯化情况。

c) 试验条件

——分析方法；

——程序控制和控制所用的化合物；

——程序改变的原因及解释说明。

d) 结果

——生物降解曲线；

——毒性评价；

——静态试验某天后的固有生物降解性(在 28 d 试验结束时或不满 28 d 已经达到完全降解时的生物降解程度)；

——活性污泥吸附情况(试验开始 3 h 第一次采样时测定的 DOC 或 COD 结果与根据受试物加入量计算得到 DOC 或 COD 之间的显著差异)；

——从生物降解曲线上确定的驯化期(d)、降解期(d)和某天后达到的降解终点。

e) 结果讨论。

附　录　A
（资料性附录）
生物降解示例

生物降解和污泥驯化示例分别见图 A.1 和图 A.2。

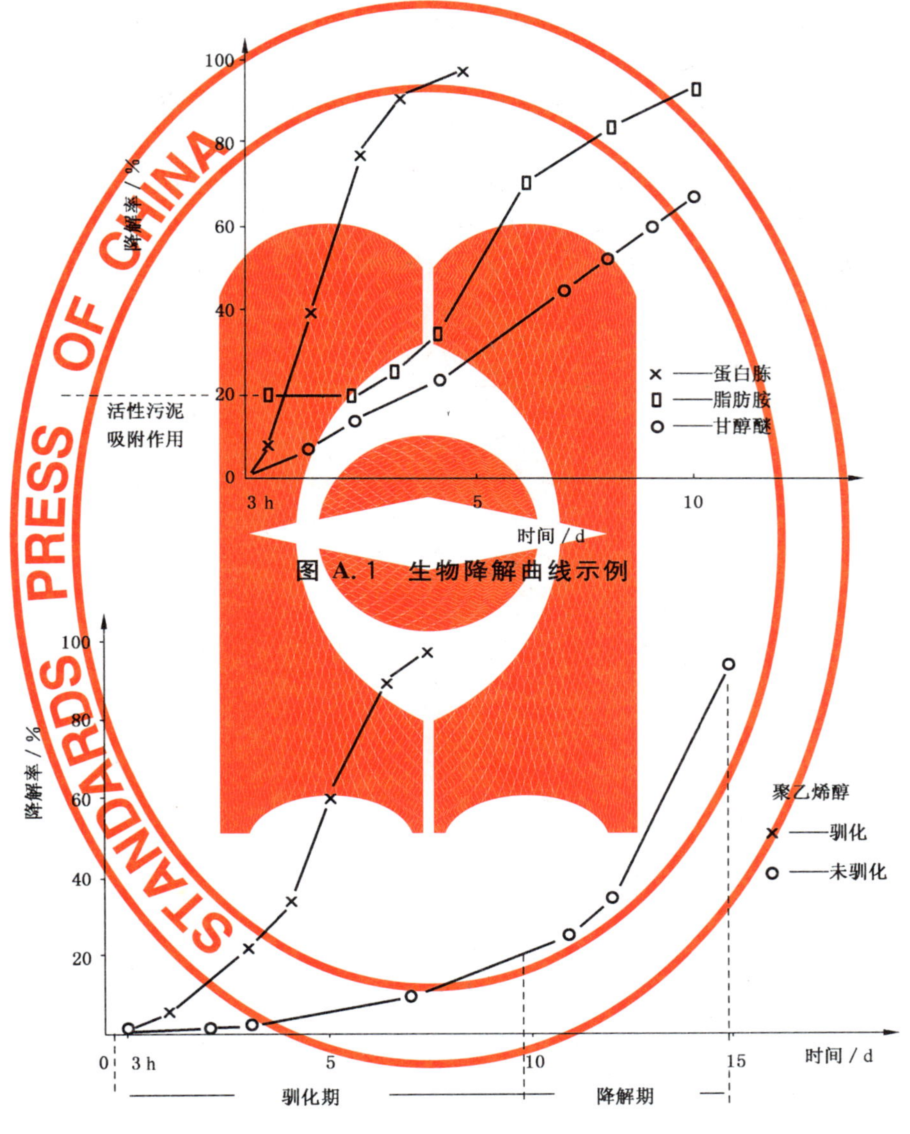

图 A.1　生物降解曲线示例

图 A.2　污泥驯化示例

参 考 文 献

[1] Zahn R. and Welens H. (1974). Ein einfaches Verfahren zur Prufung der biologischen Abbaubarkeit von Produkten and Abwasserinhaltsstoffen. Chemiker Zeitung 98, 228-232.

[2] Schefer W. and Wälchli O. (1980). Prüfung der biologischen Eliminierbarkeit organisch-chemischer Abwasser-Inhaltstoffen. Z. Wasser-and Abwasserforschung 13, 205-209.

[3] Reynolds, L. et al (1987). Evaluation of the toxicity of substances to be assessed for biodegradability. Chemosphere 16,2259.

[4] DIN 38409, Teil 3: 1983 Bestimmung des gelösten organischen Kohlenstoffgehaltes (DOC).

[5] ISO 6060:1986 Water Quality-Determination of Chemical Oxygen Demand.

[6] OECD (1984). Test Guideline 209, Paris.

[7] ISO 8192:1986 Water Quality-Test for inhibition of oxygen consumption by activated sludge.

ICS 13.300;13.020.40
A 80

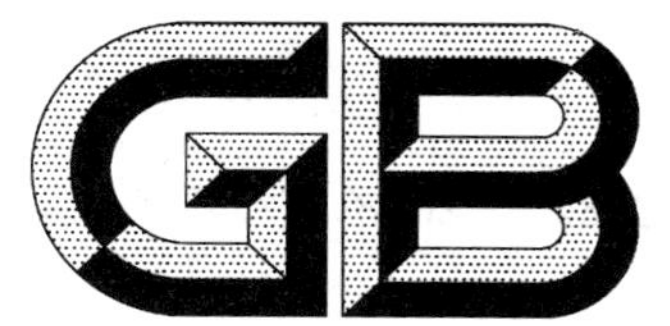

中华人民共和国国家标准

GB/T 21817—2008

化学品 固有生物降解性 改进的半连续活性污泥试验

Chemicals—Inherent biodegradability—Modified SCAS test

2008-05-12 发布 2008-09-01 实施

中华人民共和国国家质量监督检验检疫总局
中国国家标准化管理委员会 发布

前　言

本标准等同采用经济合作与发展组织(OECD)化学品测试导则 No. 302A(1981年)《固有生物降解性:改进的半连续活性污泥试验》(英文版)。

本标准做了下列编辑性修改:

——将计量单位改为我国法定计量单位。

本标准的附录A为资料性附录。

本标准由全国危险化学品管理标准化技术委员会(SAC/TC 251)提出并归口。

本标准负责起草单位:环境保护部化学品登记中心。

本标准参加起草单位:环境保护部南京环境科学研究所、沈阳化工研究院安全评价中心、上海市检测中心。

本标准主要起草人:刘纯新、孙锦业、高映新、石利利、刘济宁、张亚楠、杨婧。

化学品　固有生物降解性 改进的半连续活性污泥试验

1　范围

本标准规定了化学品固有生物降解性改进的半连续活性污泥试验的方法概述、试验准备、试验程序、质量保证与质量控制、数据与报告。

本标准适用于测试可溶于水的(水中 DOC 质量浓度不低于 20 mg/L)、非挥发的、试验浓度下对微生物无抑制作用的、在试验玻璃容器表面无明显吸附作用、不因溶液发泡而损失的有机物的固有生物降解性。

2　术语和定义

下列术语和定义适用于本标准。

2.1

固有生物降解性　inherent biodegradability

最佳试验条件下,受试物长时间与接种物接触表现出的生物降解潜力。

2.2

溶解性有机碳　dissolved organic carbon,DOC

溶液中有机碳的含量,通常指通过 0.45 μm 滤膜过滤后液体中的有机碳含量,或经转速 4 000 r/min 离心 15 min 后上清液中的有机碳含量。

3　受试物信息

a)　有机碳含量;

b)　水中溶解度;

c)　微生物毒性;

d)　主要成分组成比例。

4　方法概述

4.1　目的

改进的半连续活性污泥试验由美国肥皂与洗涤剂学会(SDA)的半连续性活性污泥法(简称 SCAS,该方法主要用于评价烷基苯磺酸盐的初级生物降解性)改编而成,其特点是化学物质在较长时间内(可能几个月)与浓度较高的微生物相接触,在此期间,每天向其中加入静置处理过的污水以维持微生物的活力。

由于停留时间长(36 h),且间歇地加入营养物质,因此本试验并没有模拟污水处理厂的实际运行条件。用受试物进行试验所得结果表明它具有高度的生物降解潜力,因此,本方法是最有用的固有生物降解试验方法。

由于本试验提供的条件非常有利于选择和/或驯化能降解受试物的微生物,所以本方法也可为其他试验提供所需的驯化菌种。

4.2　原理

将来自污水处理厂的活性污泥置于曝气装置中,加入受试物及经过沉淀的生活污水,充分混匀后曝气 23 h，停止曝气，让污泥沉淀并弃去上清液。留在曝气装置中的污泥和再次加入的等量的受试物及污水混合，并且重复上述循环。通过测定上清液中溶解性有机碳含量确定生物降解性。将该值与仅加澄清污水的试验对照装置的结果进行比较。

4.3 参比物

本标准未提供具体的参比物。为了便于对方法校准，以及同其他方法进行比较，附录 A 中提供了几种化合物的试验结果。

5 试验准备

5.1 设备

a) 曝气装置；

b) 有机碳分析仪(用邻苯二甲酸氢钾校准)。

5.2 接种物

从适合的活性污泥处理厂采集到的混合液样品作为接种物，运输中保持曝气培养。向每个曝气装置中加入 150 mL 混合液并且开始通气，23 h 后停止通气，静置 45 min 使污泥完全沉淀。取出 100 mL 上清液，将经过沉淀的新鲜生活污水 100 mL 加至每个曝气装置中，重新开始通气。曝气装置中每天只加入生活污水，通常约需 2 周左右，直至上清液清澈为止。每个曝气装置循环结束时，上清液中 DOC 含量应低于 12 mg/L。

6 试验程序

6.1 设备安装准备

清洗曝气装置并将其固定在合适的支架上，接上进气管。用一个小型的实验室空气压缩机为该装置曝气，空气要求预先用水饱和，以减少装置中因蒸发引起的损失。

6.2 受试物贮备液

由于在每次曝气循环开始时受试物的 DOC 质量浓度要达到 20 mg/L(假设当时没有生物降解发生)，则受试物贮备液配制质量浓度一般要求为 400 mg/L(以 DOC 计)，同时经有机碳分析仪测定受试物贮备液有机碳含量。

6.3 试验操作

接种物预处理结束时，将各装置中的沉淀污泥混合在一起，再分别向每个曝气装置中加入 50 mL。对照装置中加入 100 mL 澄清污水，在试验装置中加入 95 mL 污水及 5 mL 适宜的含受试物贮备液(400 mg /L)。重新开始曝气并且持续 23 h，停止曝气，每个试验装置用各自的刮板和刷子清洗装置器壁，避免液面以上器壁中有固体附着，然后静置 45 min 使污泥沉淀。吸出上清液，用洗过的 0.45 μm 滤膜过滤或离心(不高于 40℃)，分析样品中 DOC 含量。

整个试验中，每日重复上述操作步骤。

最好每日分析上清液中的 DOC，根据具体情况也可降低分析频率。对于受试物无生物降解性或降解性较低的化合物，试验最短需要 12 周。

7 质量保证与质量控制

7.1 每个试验装置都要用各自的刮板和刷子，避免交叉污染。

7.2 若受试物的 DOC 去除率超过 20%，则认为该受试物具有固有生物降解性，如果受试物的 DOC 去除率超过 70%，则证明发生了最终生物降解。对 ^{14}C 标记的受试物，使用特异的分析技术可提高灵敏度，在这种情况下，较低的 DOC 去除率就可认为是具有固有生物降解性。

7.3 本标准方法的灵敏度取决于 DOC 测定的准确性和每个循环开始时受试物的初始浓度。

7.4 改进的、以 DOC 去除率为基础的本标准的重复性至今还未建立。当考虑初级生物降解时，能够准确获得具有可降解性物质的数据。文献[1]中所报道结果的95%置信限小于±3%，试验室间测试的95%置信限也能达到这个水平。可以推测，生物降解性较差的物质，其置信限区间也较宽。

7.5 本标准采用的是经沉淀后的生活污水，若不利用合成污水代替生活污水，则本标准不可能达到绝对的标准化。然而，本标准目的在于考察一种化学物质的生物降解潜能，而不是一个模拟试验，因此，没必要达到绝对的标准化。

7.6 本标准要达到自动化是可能的，但成本很高。由于本标准不需要太多的劳动力，因此无需自动化。

8 数据与报告

8.1 数据处理

将试验装置和对照装置中上清液的DOC含量与时间相对应地标绘出来。当生物降解完成时，试验装置中上清液与对照装置中上清液的DOC含量相接近。当此两者数值之差在连续3次以上的测定中，均为恒定时，应再进行3次测定，受试物的生物降解百分率可按式(1)计算：

$$D = \frac{[O_T - (O_t - O_c)]}{O_T} \times 100 \qquad \cdots\cdots(1)$$

式中：

D——生物降解百分率，%；

O_T——曝气开始时澄清污水中受试物DOC质量浓度，单位为毫克每升(mg/L)；

O_t——曝气结束时，试验装置上清液中DOC质量浓度，单位为毫克每升(mg/L)；

O_c——对照上清液中DOC质量浓度，单位为毫克每升(mg/L)。

如果从试验开始起对照组和试验组之间就没有差别，或是无生物降解发生时两者间的差别持续低于预期，则应做进一步的试验来鉴别是否发生生物降解或吸附作用。可采用上清液作为接种物来源，进行快速生物降解性二氧化碳产生试验或密闭瓶试验。

8.2 结果报告

试验报告应包括以下内容：

a) 受试物：
——基本信息(如有机碳含量等)；
——基本理化性质；
——样品保存条件等。

b) 试验条件：
——接种物：状态和取样地点，浓度和预处理方式；
——有条件，提供污水中工业废水的比例和状况；
——试验周期与温度；
——受试物制备方法；
——程序改变的原因及解释说明。

c) 结果：
——仪器分析条件；
——降解曲线和降解过程；
——试验期间和试验结束时的降解百分率。

d) 结果讨论。

附 录 A
（资料性附录）
几种化合物改进的半连续活性污泥试验结果

几种化合物改进的半连续活性污泥试验结果见表A.1。

表A.1 几种化合物改进的半连续活性污泥试验结果

受试物	O_T/(mg/L)	O_t-O_c/(mg/L)	生物降解率/%
4-乙酰氨基苯磺酸盐[a]	17.2	2.0	85
四聚丙烯苯磺酸盐[a]	17.3	8.4	51.4
4-硝基苯酚[a]	16.9	0.8	95.3
二甘醇[a]	16.5	0.2	98.8
苯胺[a]	16.9	1.7	95.9
环戊烷四羧酸盐[b]	17.9	3.2	81.1

a 试验周期为40 d。

b 试验周期为120 d。

参 考 文 献

[1] "A Procedure and Standards for the Determination of the Biodegradability of Alkyl Benzene Sulphonate and Linear Alkylate Sulphonate", Journal of the American Chemical Society, Vol. 42, p. 986 (1965).

ICS 13.300;13.020.40
A 80

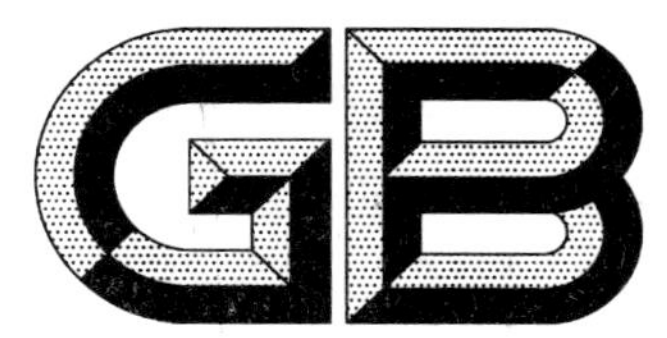

中华人民共和国国家标准

GB/T 21818—2008

化学品
固有生物降解性　改进的MITI试验(Ⅱ)

Chemicals—
Inherent biodegradability—Modified MITI test(Ⅱ)

2008-05-12发布　　2008-09-01实施

中华人民共和国国家质量监督检验检疫总局
中国国家标准化管理委员会　发布

前　　言

本标准等同采用经济合作与发展组织(OECD)化学品测试导则 No. 302C(1981 年)《改进的 MITI 试验(Ⅱ)》。

本标准做了下列编辑性修改：

——增加了范围、术语与定义、质量控制；

——将计量单位改为我国法定计量单位。

本标准的附录 A 为资料性附录。

本标准由全国危险化学品管理标准化技术委员会(SAC/TC 251)提出并归口。

本标准负责起草单位：环境保护部南京环境科学研究所。

本标准参加起草单位：环境保护部化学品登记中心、沈阳化工研究院安全评价中心、上海市检测中心。

本标准主要起草人：石利利、刘济宁、单正军、杨力、赵浩然、韩雪、杨婧。

化 学 品
固有生物降解性 改进的 MITI 试验(Ⅱ)

1 范围

本标准规定了化学品固有生物降解性改进的 MITI 试验(Ⅱ)的方法概述、试验准备、试验程序、质量控制、数据与报告。

本标准适用于测试试验浓度下非挥发的、对微生物无抑制作用的、不与 CO_2 吸附剂反应的化学品的固有生物降解性。

2 术语和定义

下列术语和定义适用于本标准。

2.1

固有生物降解性 inherent biodegradability

最佳试验条件下,受试物长时间与接种物接触表现出的生物降解潜力。

2.2

生化需氧量 biochemical oxygen demand,BOD

微生物分解有机物所消耗氧的量,可表示为每毫克受试物消耗的氧气毫克数(mg/mg)。

2.3

理论需氧量 theoretical oxygen demand,ThOD

根据分子式计算得到的受试物完全被氧化需要的氧的总量,可表示为每毫克受试物消耗的氧气毫克数(mg/mg)。

3 受试物信息

a) 分子式;

b) 水溶液中定量分析方法;

c) 主要成分组成比例;

d) 微生物毒性。

4 方法概述

4.1 原理

本标准是通过测定生化需氧量(BOD)和受试物残留分析,评价由改进的 MITI 试验(I)筛选得到的低生物降解物质的固有生物降解性。

以受试物作为唯一的有机碳源,在微生物对受试物无适应性的前提下,使用自动、密闭的耗氧测定仪(BOD 仪),将微生物接种到装有受试物的试验容器中。试验期间,以一定时间间隔测定试验溶液的 BOD 值。通过 BOD 测定值与化学分析结果(如测定溶解性有机碳浓度或化学物质的残留浓度等),计算生物降解率。

4.2 参比物

为了检测活性污泥的活性,应设置参比物试验,目前仍未有专一性的参比物。本标准推荐苯胺(新蒸馏)、醋酸钠或苯甲酸钠作为参比物。若使用其他参比物,试验报告中应加以说明。

5 试验准备

5.1 设备

a) BOD 测定仪(配 6 个 BOD 瓶和 CO_2 吸收杯),对于挥发性物质,需用改进的 BOD 仪;

b) 膜过滤器(可选);

c) 碳分析仪(可选)。

5.2 接种物

污泥采样点原则上全国不少于 10 个使用和排放各种化学物质的场所,这些场所包括城市污水处理厂、工业污水处理厂、河流、湖泊和沿海。原则上,污泥样品每年在 3 月、6 月、9 月和 12 月采样 4 次,例如,日本化学物质测试中心采用的标准活性污泥来自 10 个场所的混合污泥:城市污水处理厂(3 个分布于日本北部、中部和南部)、工业污水处理厂(1 个化学工业废水处理厂)、河流(3 条分别位于日本北部、中部和南部)、湖泊(1 个位于日本中部)和海洋(2 个位于日本内陆海)。

5.3 污泥采样方法

从城市污水处理厂采集回流污泥 1 L,在与空气接触的河流、湖泊和沼泽或海洋的地表水和表面土壤各采集 1 L。将各采样点的污泥样品放入同一容器,搅拌混匀后静置。去除漂浮物,用 2 号滤纸过滤后以氢氧化钠或磷酸将滤液 pH 值调为 7.0±1.0,转移至曝气池内曝气培养。

曝气结束后静置 30 min,弃去上清液总体积的 1/3,然后加等体积的 0.1%的合成污水(1 g 葡萄糖,1 g 蛋白胨和 1 g 磷酸钾溶解于 1 L 水中,以 NaOH 调节 pH 值为 7.0 ± 1.0)再次曝气。每日重复进行,培养温度为(25±2)℃。

当活性污泥培养时,应根据下列项目检查和采取必要的控制措施:

a) 上清液外观:活性污泥上清液应是澄清的;

b) 活性污泥的沉降:絮凝成团的活性污泥应具有较强的沉降性;

c) 活性污泥形成状态:当污泥无絮状出现时,可增加 0.1%的合成污水或增加合成污水添加的次数;

d) pH:上清液 pH 值为 7.0±1.0;

e) 温度:活性污泥培养温度为(25±2)℃;

f) 曝气量:加入合成污水的上清液中,应充分曝气,溶解氧浓度不低于 5 mg/L;

g) 活性污泥原生动物:在放大 100~400 倍的显微镜下,应可见大量不同种类的原始动物;

h) 新鲜和驯化污泥的混合:为了保持新鲜和驯化污泥具有相同的活力,试验使用的活性污泥上清液滤液与等体积的新鲜活性污泥混合后培养;

i) 活性污泥活性测定:标准物质定期检测活性污泥活性(至少每 3 个月 1 次),特别是在新鲜和驯化污泥样品混合后(图 1),必须进行测定,保证与老污泥样品活性一致。

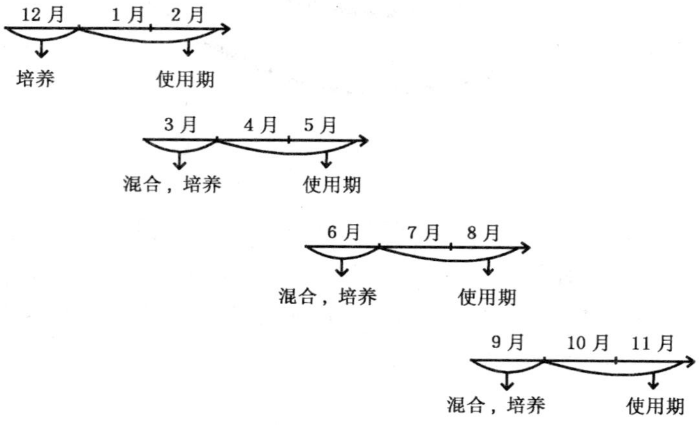

图 1 活性污泥样品制备和使用周期举例

5.4 培养基

5.4.1 试验培养基贮备液

用分析纯试剂制备下列贮备液：

a) 磷酸缓冲液：称取 8.50 g 磷酸二氢钾（KH_2PO_4）、21.75 g 磷酸氢二钾（K_2HPO_4）、44.6 g 十二水合磷酸氢二钠（$Na_2HPO_4 \cdot 12H_2O$）和 1.70 g 氯化铵（NH_4Cl），用水溶解，定容至 1 L，pH 值为 7.2。

b) 氯化钙溶液：称取 27.50 g 无水氯化钙（$CaCl_2$）用水溶解，定容至 1 L。

c) 硫酸镁溶液：称取 22.50 g 七水合硫酸镁（$MgSO_4 \cdot 7H_2O$），用水溶解，定容至 1 L。

d) 氯化铁溶液：称取 0.25 g 六水合氯化铁（$FeCl_3 \cdot 6H_2O$），用水溶解，定容至 1 L。

5.4.2 试验培养基的制备

取 5.4.1 中溶液 a)，b)，c)和 d)各 3 mL，用试验用水稀释并定容至 1 L。

6 试验程序

6.1 组别设计

通常，试验中需要设置下列组别：

a) 瓶 1：非生物降解对照（受试物30 mg/L）；

b) 瓶 2、瓶 3 和瓶 4：含受试物和接种物的试验组（活性污泥 100 mg/L（以干重计）＋受试物 30 mg/L）；

c) 瓶 5：含参比物和接种物的程序对照（活性污泥 100 mg/L（以干重计）＋受试物 30 mg/L ＋苯胺 100 mg/L）；

d) 瓶 6：仅含接种物的接种物空白对照（活性污泥 100 mg/L（以干重计））。

6.2 受试物预处理

若受试物的水中溶解度小于最佳试验浓度时，应将受试物充分磨碎。若受试物具有挥发性，应冷藏减少挥发。必要时，应对受试物进行鉴定。

6.3 试验操作

难溶受试物试验中不能使用助溶剂和乳化剂，可采用研磨或超声分散等适当方式使溶液均质化。试验瓶 2、瓶 3 和瓶 4（试验悬浮液），瓶 5（程序对照）和瓶 6（接种物的空白对照）加入接种物浓度为 100 mg/L，瓶 1 中只加受试物不加接种物作为非生物降解对照，CO_2 吸收杯中加入 CO_2 吸收剂，装好设备，检查气密性，开始搅拌，在黑暗条件下（25 ± 2）℃开始试验，每天检查温度和搅拌器状态，定期测定溶解氧浓度，并观察试验瓶中颜色变化，连续获得 14 d～28 d 的 BOD 曲线（见图 2）。培养14 d～28 d 后，测定各瓶试验溶液 pH，受试物残留量或中间体的浓度。为确定试验过程中受试物可能发生的变化，如通过蒸发或试验容器器壁吸附作用造成受试物损失等，不加活性污泥处理的受试物也要进行测定。

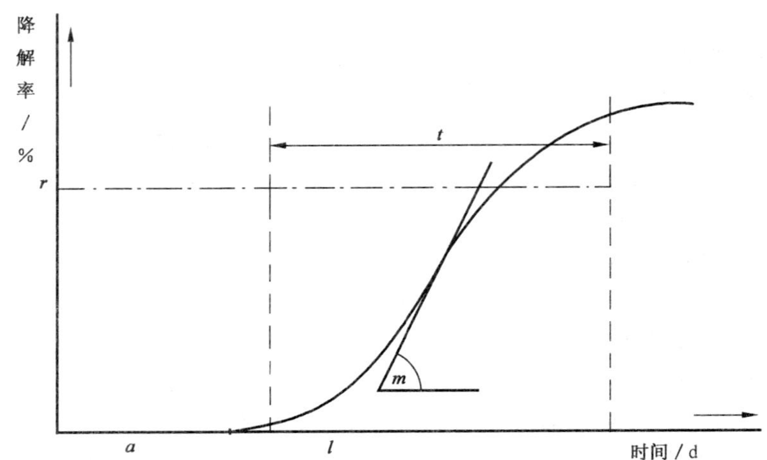

a——适应期；

l——对数生长期；

m——最大降解率；

r——降解通过水平；

t——时间窗。

图2　快速生物降解类化合物的生物降解曲线

6.4　分析方法

若受试物溶于水，总有机碳残留量也要测定。

总有机碳含量测定方法：培养容器中取出10 mL受试溶液，3 000 g离心5 min，总有机碳分析仪检测上清液总有机碳残留量。

其他分析方法：选择适合溶剂，提取培养液中的受试物，然后选择适当预处理方法，如浓缩等，受试物残留量通过分析仪器测定(如气相色谱、光谱、质谱、原子吸收等)。

对于挥发性物质，为了减少蒸发，BOD仪温度应在10 ℃至少控制30 min，然后开始上述分析。

7　质量控制

a)　本标准对于水中溶解度超过100 mg/L的受试物，重现性较好；

b)　氧消耗检测限为1 mg(微生物氧消耗)；

c)　受试物测定灵敏度依靠所采用的分析方法；

d)　受试物水中浓度/空气中浓度应不低于1，对于挥发性受试物应采用改进的BOD测定法(附录A)；

e)　若使用苯胺作为参比物，试验进行到7 d和14 d时，参比物降解率应分别不低于40%和65%。

8　数据与报告

8.1　数据处理

a)　根据氧消耗量计算降解百分率，见式(1)：

$$D=\frac{\mathrm{BOD}-B}{\mathrm{TOD}}\times 100 \qquad \cdots\cdots(1)$$

式中：

D——生物降解率，以%表示；

BOD——根据BOD曲线测定的受试物生化需氧量，单位为毫克(mg)；

B——根据接种物空白BOD曲线测定的氧消耗量，单位为毫克(mg)；

TOD——受试物完全氧化需要的理论需氧量，单位为毫克(mg)。

b) 由受试物分析测定结果计算降解百分率，见式(2)：

$$D = \frac{S_b - S_a}{S_b} \times 100 \qquad \cdots\cdots\cdots\cdots\cdots (2)$$

式中：

S_a——生物降解试验结束后的受试物的残留量，单位为毫克(mg)；

S_b——2 个空白对照中受试物的平均残留量，单位为毫克(mg)。

8.2 结果评价

a) 理论需氧量的计算：

元素	氧化态
C	CO_2
H	H_2O
N	NO_2
S	SO_2
X（卤素）	X

b) 分析方法回收率；

c) 受试物生物降解能力与苯胺的相对降解程度进行分类；若用苯胺作为参比物，试验进行到第 7 天和第 14 天时，参比物降解率分别达到 40%和 65%，则试验有效；若 S_b 回收率不超过 10%，试验无效；由于受试物浓度较低，BOD 绝对值可能比正常条件下 BOD 值要低，该试验条件下比标准试验条件下基本耗氧量要高很多，因此试验物质的 BOD 应小心测定。

8.3 结果报告

试验报告应包括以下内容：

a) 受试物：

——基本信息，包括名称、分子式、分子量、纯度、杂质等；

——理化性质；

——光谱数据。

b) 试验条件：

——接种物：状态和取样地点和浓度；

——试验周期与温度；

——程序改变的原因及解释说明。

c) 化学分析：

——前处理；

——仪器分析条件；

——回收率；

——中间产物分析。

d) 结果：

——BOD 曲线和仪器名称；

——BOD(mg)；

——B(mg)；

——S_a(mg)；

——S_b(mg)；

——TOD(mg)；
——根据 BOD 的降解百分率；
——根据化学分析的降解百分率；
——受试物的色谱或光谱分析结果。

e) 结果讨论。

附　录　A
(资料性附录)
改进的 BOD 测定法

A.1　密闭系统氧消耗测定装置原理

库伦计是通过电化学过程测定微生物氧消耗的装置。见图 A.1。

(改进的 BOD 计由日本 Ohkura Electric Co.，Ltd. 生产，阴影部分管路用毛细管代替。当测定挥发性物质时，电解瓶和反应瓶之间用毛细管连接。)

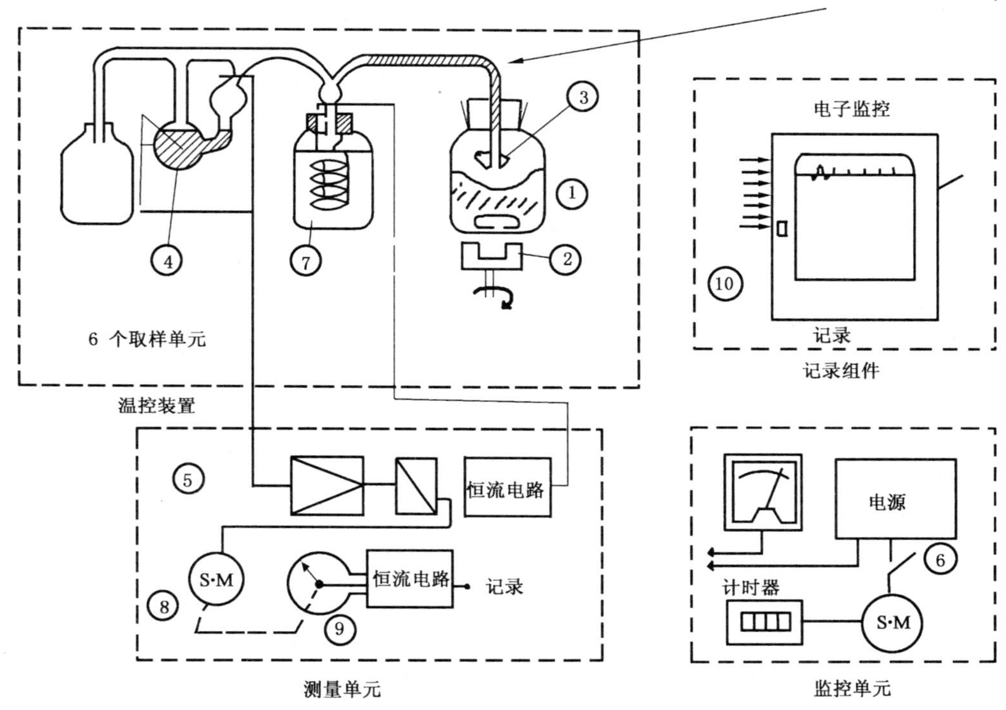

图 A.1　氧消耗测定仪

培养瓶①，在磁力搅拌器②作用下，剧烈搅拌。反应过程中，水相中的溶解氧逐渐消耗，培养瓶中的 O_2 溶解进入水相，产生的 CO_2 释放到瓶中。当 CO_2 被碱石灰吸收时，培养瓶中氧气压力和总压力减少。压力的下降通过电子压力计④转换成电信号，然后经过放大器⑤操作继电器⑥，启动同步发动机⑧。同时，在恒电流作用下，电解瓶⑦中硫酸铜溶液电解产生氧气。产生的氧气补充到培养瓶中，通过压力计检测压力变化，控制继电器关闭电路，停止电解和同步发动机。

培养瓶上层空间应保持稳压，氧气消耗量与电解氧量成比例。当电解氧的量与电解时间相关时，产生稳定的电解电流。因此，通过连锁电位计同步发动机的转速角⑨转换为电压(mV)信号，然后记录仪⑩记录耗氧量。

A.2　悬浮物

参考日本工业标准 K0102-10.2。悬浮物是指通过过滤或离心进行分离的物质。悬浮物可通过下述方法进行检测。当水样难以过滤时，应采用离心法；而水样中含有大量悬浮物时，应采用布氏漏斗过滤法。如果水样来自废水要过 2 mm 筛，最低 5 mg 过滤物用于分析。

A.2.1 滤纸过滤法

A.2.1.1 玻璃纤维过滤法

A.2.1.1.1 设备

玻璃纤维过滤器：坩埚型烧结玻璃过滤器 1G2 或布氏过滤烧结玻璃滤器 3G2。

A.2.1.1.2 程序

准备两只类型相同、质量相近的玻璃滤器，垫入 6 层滤纸，用水润湿，使其紧附于漏斗。然后将滤器放入烘箱，105 ℃ ～110 ℃ 干燥 2 h。取出后放入干燥器冷却，称重。注入适量的水样到较重的滤器中(水样量要保证干燥后悬浮物质量不超过 5 mg。通常，使用 200 mL 水样。若水样难以过滤，过滤时，用 10 mL 量筒添加水样)，抽滤后，用滤液冲洗滤器壁几次，将过滤液分几次注入较轻滤器，抽滤。2 只滤器在 105 ℃ ～110 ℃ 烘箱干燥 2 h 后，放入干燥器中冷却。称重(当考虑化学平衡时，较轻滤器作为附加增重)，得到过滤前后的质量差，根据式(A.1)计算悬浮物质的含量(mg/L)。

$$S=(a-b)\times\frac{1\,000}{V} \qquad \cdots\cdots\cdots\cdots(\text{A.1})$$

式中：

S——悬浮物含量，单位为毫克每升(mg/L)；

a——试验水样过滤前后的质量差，单位为毫克(mg)；

b——过滤液过滤前后的质量差，单位为毫克(mg)(当使用化学平衡时，$b=0$)；

V——试验水样体积，单位为毫升(mL)。

注 1：为了测定挥发性悬浮物的灼烧损失，应采用玻璃纤维滤纸法(注 3)，或者将悬浮物用滤纸过滤到同一坩埚或蒸发皿，在马弗炉中干燥和灼烧。

注 2：当可溶性蒸发残留量低于 5 000 mg/L 时，滤液过滤前后质量的差异可以忽略。但是，当使用化学平衡时，较轻滤器要补充增重，因此过滤液要同时进行。直接平衡时，试验水样中物质的吸湿性或其他条件产生的质量变化，通过过滤器的空白试验值进行校正。含有脂肪、石油、油脂、蜡等的试验水样，这些物质在悬浮物中的比例应测定。除去油脂的悬浮物测定时，应在干燥和称重后的滤器中分几次加入 10 mL 正己烷，将脂肪和油类去除。然后，干燥滤器，称重。

注 3：玻璃纤维滤纸法(GFP 法)：冲洗后，经 105℃～110℃ 烘干 2 h 后已知质量的滤纸固定在适合的支持板上。加入一定量的试验水样，拍滤后，用部分过滤液冲洗原受试液容器。将吸附在器壁的悬浮物冲下，然后再利用 GFP 抽滤。重复该步骤几次。将 GFP 从滤器取下，放入水杯中。接下来的操作步骤与下述布氏过滤法一致，悬浮物含量以 mg/L 计。如果需要，根据石棉过滤法，悬浮物测定后，检测悬浮物的灼烧残留。

A.2.1.2 布氏抽滤法

该方法适用于含有大量悬浮物的样品，如污泥。

A.2.1.2.1 仪器

a) 过滤板：不锈钢(SUS27 或 28)，厚度约 0.5 mm，直径 50 mm 或 90 mm。过滤板外形类似手表，但边缘略弯。按照适当的距离，在板上钻孔，孔径为 0.5 mm。

b) 橡胶垫圈：垫圈厚度 2 mm～3 mm，直径 10 mm～90 mm，宽约 10 mm，放置在布氏漏斗上，或置于过滤板下面，抽滤。

c) 布氏漏斗：50 mm 或 90 mm。

A.2.1.2.2 程序

准备两个多孔板：将橡胶垫圈放入到布氏漏斗中，将多孔板放置其上。放好滤纸(6 号)，润湿滤纸。将多孔板和滤纸取出，在 105℃～110℃ 下干燥 2 h ～ 3 h。在干燥器中冷却后，称至恒重(当考虑化学平衡时，较轻板作为附加增重)。较重的多孔板和滤纸一起放入漏斗，抽滤 200 mL ～ 400 mL 试验水样。将滤液用较轻的铺有滤纸多孔板分几次过滤，得到过滤前后的质量差，根据式(A.1)计算受试液悬浮物浓度(mg/L)。

注同 A.2.1.1.2。

A.2.2 石棉过滤法

A.2.2.1 仪器

古氏坩埚(25 mL～35 mL)。

A.2.2.2 试剂

石棉悬浮液:在 15 g 石棉中加入水,倾倒出超细部分后,加水至 1 L。

A.2.2.3 程序

准备两个古氏坩埚(形状相同,质量相近)。干燥后,倒入大约 20 mL 充分搅拌的石棉悬浮液,形成约 3 mm 后的石棉层(约 0.3 g)(倒入一半石棉溶液后,放入多孔板,然后倒入另一半溶液),轻轻抽干。

然后将古氏坩埚放入烘箱,在 105℃～110℃ 下干燥 2 h,在干燥器中冷却后,称量每个坩埚的质量(当考虑化学平衡时,较轻滤器作为补充增重)。将较重的坩埚安装在抽滤瓶上,倒入足够量的试验水样,使得干燥后悬浮物量不少于 5 mg,小心抽滤。同时,初次过滤液再重复过滤。接着,较轻坩埚中分次倒入少量滤液抽滤,然后放入 105℃～110℃ 烘箱中干燥 2 h。在干燥器中冷却,称重坩埚,获得质量差(用坩埚作为增重),根据式(A.1)计算悬浮物质的含量(mg/L)。

注同 A.2.1.1.2。

A.2.3 离心法

该法适用于由于悬浮物浓度导致难以过滤的样品。

A.2.3.1 仪器

a) 离心机(约 2 000 r/min);

b) 离心管(50 mL～100 mL)。

A.2.3.2 步骤

在离心管中倒入适量试验水样,确保悬浮物不少于 5 mg。

每个离心管称重后,2 000 r/min 离心 20 min 分离水样中的悬浮物。倾倒弃去上清液(如果需要对可溶性挥发残留物进行检测时,要保留上清液)。加 10 mL 水到沉淀中,再次离心后,倒出上清液。

将沉淀转移到蒸发皿中,在 105℃～110℃ 下干燥 2 h 后,放入干燥器中冷却,称重(当化学平衡时,相同形状的蒸发皿空白试验用作补充增重)。得到干燥前后的质量差,根据式(A.2)计算悬浮物的浓度(mg/L):

$$S = a \times \frac{1\ 000}{V} \qquad \cdots\cdots(A.2)$$

式中:

S——悬浮物含量,单位为毫克每升(mg/L);

a——试验水样过滤前后的质量差,单位为毫克(mg);

V——试验水样体积,单位为毫升(mL)。

蒸发残留量差悬浮物由总蒸发残留量和可溶性蒸发残留量的差进行计算。见式(A.3):

$$A = B - C \qquad \cdots\cdots(A.3)$$

式中:

A——悬浮物浓度,单位为毫克每升(mg/L);

B——总蒸发残留量,单位为毫克每升(mg/L);

C——可溶性蒸发残留量,单位为毫克每升(mg/L)。

注:分散相和分散介质之间的密度差异是离心分离的条件。

A.3 pH 值为 7 时悬浮物的形式

参考日本工业标准 K0102-10.3，当试验水样为中性时（pH 值为 7.0±0.5），形成悬浮物。

A.3.1 试剂

a) NaOH 溶液（4%～24%，质量体积比）；

b) 乙酸溶液（酸水比为 1∶2～1∶6）。

A.3.2 程序

在烧杯倒入悬浮物不少于 5 mg 的试验水样，用碱或酸调节 pH 至中性，中和时尽量减小溶液体积增加量。然后根据本标准程序进行，获得 pH 值为 7 的悬浮物量，根据式（A.3）计算 pH 值为 7 时形成的悬浮物浓度。

注 1：受废水种类的影响，水样中和后其中的悬浮物量可能减少。在这种情况下，悬浮物量应注明是在 pH 值为 7 时形成的悬浮物量。

注 2：去除悬浮物后，pH 值为 7 时形成的悬浮物可用上清液或过滤液测定。这种方法可应用到试验水样中含有相对较少的悬浮物，但中和（中和对原悬浮物没有影响）后形成大量沉淀，或适用于废水形成的沉淀相对较少的情况。这种方法不适用于中和后产生复合沉淀或发生溶出反应的废水。

参 考 文 献

[1] Biodegradability and bioaccumulation test of chemical substances (C-5/98/JAP), 1978.

[2] The chemical substances control law in Japan (Chemical Products Safety Division, Basic Industries Bureau, MITI) (C-2/78/JAP), 1978.

[3] The biodegradability and bioaccumulation of new and existing chemical substances 5, 8 (C-3/78/JAP) 1978.

ICS 75.160.10
B 73

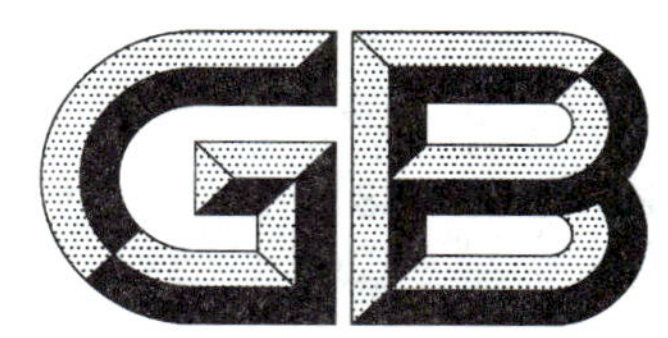

中华人民共和国国家标准

GB/T 21819—2008

地理标志产品 遂昌竹炭

Product of geographical indication—Suichang bamboo charcoal

2008-05-05 发布 2008-10-01 实施

中华人民共和国国家质量监督检验检疫总局
中国国家标准化管理委员会 发布

前　言

本标准的附录A为规范性附录。

本标准由全国原产地域产品标准化工作组提出并归口。

本标准起草单位：遂昌县质量技术监督协会、遂昌县竹炭竹醋液协会、遂昌县文照竹炭有限公司、遂昌县竹炭厂、遂昌碧岩竹炭有限公司。

本标准主要起草人：雷先土、翁益明、汪东伟、王伟龙、涂志龙。

地理标志产品 遂昌竹炭

1 范围

本标准规定了遂昌竹炭的术语定义、地理标志产品保护范围分类和标记、要求、试验方法、检验规则及标志、标签、包装、贮存。

本标准适用于国家质量监督检验检疫行政主管部门根据《地理标志产品保护规定》批准保护的遂昌竹炭。

2 规范性引用文件

下列文件中的条款通过本标准的引用而成为本标准的条款。凡是注日期的引用文件,其随后所有的修改单(不包括勘误的内容)或修订版均不适用于本标准,然而,鼓励根据本标准达成协议的各方研究是否可使用这些文件的最新版本。凡是不注日期的引用文件,其最新版本适用于本标准。

GB/T 12496.1 木质活性炭试验方法 表观密度的测定

GB/T 12496.7 木质活性炭试验方法 pH 值的测定

GB/T 12496.13 木质活性炭试验方法 未炭化物的测定

GB/T 17664 木炭和木炭试验方法

国家质量监督检验检疫总局令[2005]第 75 号《定量包装商品计量监督管理办法》

3 术语定义

下列术语和定义适用于本标准。

3.1

遂昌竹炭 Suichang bamboo charcoal

在划定的地理标志产品保护范围内,以毛竹(*Phyllostachys heterocycla* cv. *pubescens*)及其加工剩余物为原料,经炭化获得的固体产物。

3.2

筒炭 tube bamboo charcoal

筒状的竹炭。

3.3

片炭 slice bamboo charcoal

片状的竹炭。

3.4

颗粒炭 granule bamboo charcoal

颗粒状的竹炭。

3.5

粉炭 powder bamboo charcoal

粉末状的竹炭。

4 地理标志产品保护范围

限于国家质量监督检验检疫行政主管部门根据《地理标志产品保护规定》批准的范围,即浙江省遂昌县现辖行政区域内(国家质量监督检验检疫总局2006年第193号《关于批准对遂昌竹炭实施地理标志产品保护的公告》),见附录A。

5 分类和标记

5.1 分类

5.1.1 按质量等级

按质量等级分为一级品、二级品两个等级。

5.1.2 按形状

按成品形状不同,分为筒炭、片炭、颗粒炭、粉炭。

5.2 标记

按形状及尺寸不同进行标记。具体方法如表1所示。

表1 分类与标记

形状	尺寸/mm	表示方法
筒炭(以TT表示)	$d\times h$(d表示外径,h表示高度)	TT $d\times h$
片炭(以PT表示)	$l\times w$(l表示长度,w表示宽度)	PT $l\times w$
颗粒炭(以LT表示)	d(表示直径)	LT d
粉炭(以FT表示)	d(表示直径)	FT d

6 要求

6.1 原材料

遂昌现辖行政区域及周边具有相似生长条件下(包括同属仙霞岭山系的龙泉、松阳、江山、衢江、龙游、武义、浦城等县)生长的、竹龄5 a以上(含5 a)的毛竹及其加工剩余物。

6.2 感官要求

黑色,无异味,无杂质,各类竹炭的感官要求应符合表2的规定。

表2 感官要求

分类	要 求
筒炭	一级:无明显裂缝,金属钢音,断面有金属光泽;二级:断面有金属光泽
片炭	无裂缝,金属钢音,断面有金属光泽
颗粒炭	直径在1 mm~20 mm,分级均匀
粉炭	直径在1 mm以下,分级均匀

6.3 净含量偏差

应符合国家质量监督检验检疫总局令[2005]第75号《定量包装商品计量监督管理办法》的要求。

6.4 规格尺寸

应符合国家质量监督检验检疫总局令[2005]第75号《定量包装商品计量监督管理办法》的要求;也可根据合同约定执行。

6.5 理化指标

应符合表3的要求。

表 3 理化指标

项目	一级品	二级品
密度/(g/cm³)	筒炭≥0.82 片炭≥0.85 颗粒炭、粉炭≥0.80	
水分/% ≤	8.5	12.0
灰分/% ≤	3.5	
挥发分/% ≤	10.0	15.0
固定碳/% ≥	85.0	80.0
pH 值/ ≥	7.5	
未炭化物	合格	

7 试验方法

7.1 感官

将竹炭样品置于白纸上，在光线充足的环境下用目视、鼻嗅的方法观测判定。筒炭、片炭应将样品折断后观测断面是否有金属光泽。

7.2 净含量

按国家质量监督检验检疫总局令[2005]第 75 号《定量包装商品计量监督管理办法》的规定执行。

7.3 规格尺寸

筒炭、片炭用钢尺或游标卡尺测量；颗粒炭用游标卡尺或标准筛测量；粉炭用标准筛测量。

7.4 理化指标

7.4.1 密度的测定

按 GB/T 12496.1 中密度的测定方法执行。

7.4.2 水分的测定

按 GB/T 17664 中水分测定方法执行。

7.4.3 灰分的测定

按 GB/T 17664 中灰分测定方法执行。

7.4.4 挥发分的测定

按 GB/T 17664 中挥发分测定方法执行。

7.4.5 固定碳的测定

按 GB/T 17664 中固定碳测定方法执行。

7.4.6 pH 值的测定

取竹炭样品适量，放入研钵中研成细末，然后按 GB/T 12496.7 规定的方法执行。

7.4.7 未炭化物的测定

按 GB/T 12496.13 规定的方法执行。

8 检验规则

8.1 组批规则与抽样方法

8.1.1 组批规则

在原料及生产条件基本一致情况下，同一天或同一班组生产的产品为一批。按批号抽样。

8.1.2 抽样方法

产品包装时，每批按总包装件数抽取样本，100 个包装单元随机抽取 3 个，以后每增加 100 个(包括不足100)则加抽1个包装单元。产品散装时,按每个批量的3%随机抽取样本。每批取样量不少于2 kg。所取样品按缩分法混合均匀后分为四份,所抽取样品为筒炭或片炭的,用干净的0.08 mm以上厚度的塑料袋密封,所抽取样品为颗粒炭或粉炭用清洁干燥的磨口瓶密封,随即贴上标签。标签内容应包括:样品名称及编号、生产单位、型号、批号、等级、采样日期、采样者姓名。

所采样品一份作外观及尺寸检验用,一份作水分检验用,一份作其他理化分析用,余下一份留样备用。

8.2 检验

8.2.1 出厂检验

每批产品应进行出厂检验。出厂检验由生产单位质检部门执行,也可委托第三方检验机构。检验项目为感官、规格尺寸、净含量偏差、水分和pH值,检验合格签发检验合格证,产品凭检验合格证出厂。

8.2.2 型式检验

有下列情况之一时应进行型式检验。检验项目为本标准规定的全部项目。

a) 长期停产,恢复生产时;

b) 原料变化或改变主要生产工艺,可能影响产品质量时;

c) 国家质量监督机构提出进行型式检验要求时;

d) 出厂检验与上次型式检验有较大差异时;

e) 正常生产时,每年至少一次。

8.3 判定规则

检验结果有一项不符合本标准要求时,应重新加倍抽样进行复检,仍不合格时,则判本批产品为不合格品。

9 标志、标签、包装和贮存

9.1 标志、标签

产品标志或标签应包括以下内容:产品名称及商标、型号规格、净含量、执行标准、生产日期、质量等级、生产企业名称、产地、厂址等。地理标志应符合国家质量监督检验检疫总局令[2005年]第151号。

9.2 包装、贮存

产品包装应牢固、整洁、防潮,装箱产品应排列整齐。同一批产品包装材料、规格型号、净重等应一致。产品贮存在防雨遮棚或通风库房内,不能接触强氧化剂。为了安全,新烧制的遂昌竹炭摊放三天后再行包装、堆集、发运。

附 录 A
（规范性附录）
遂昌竹炭地理标志产品保护范围图

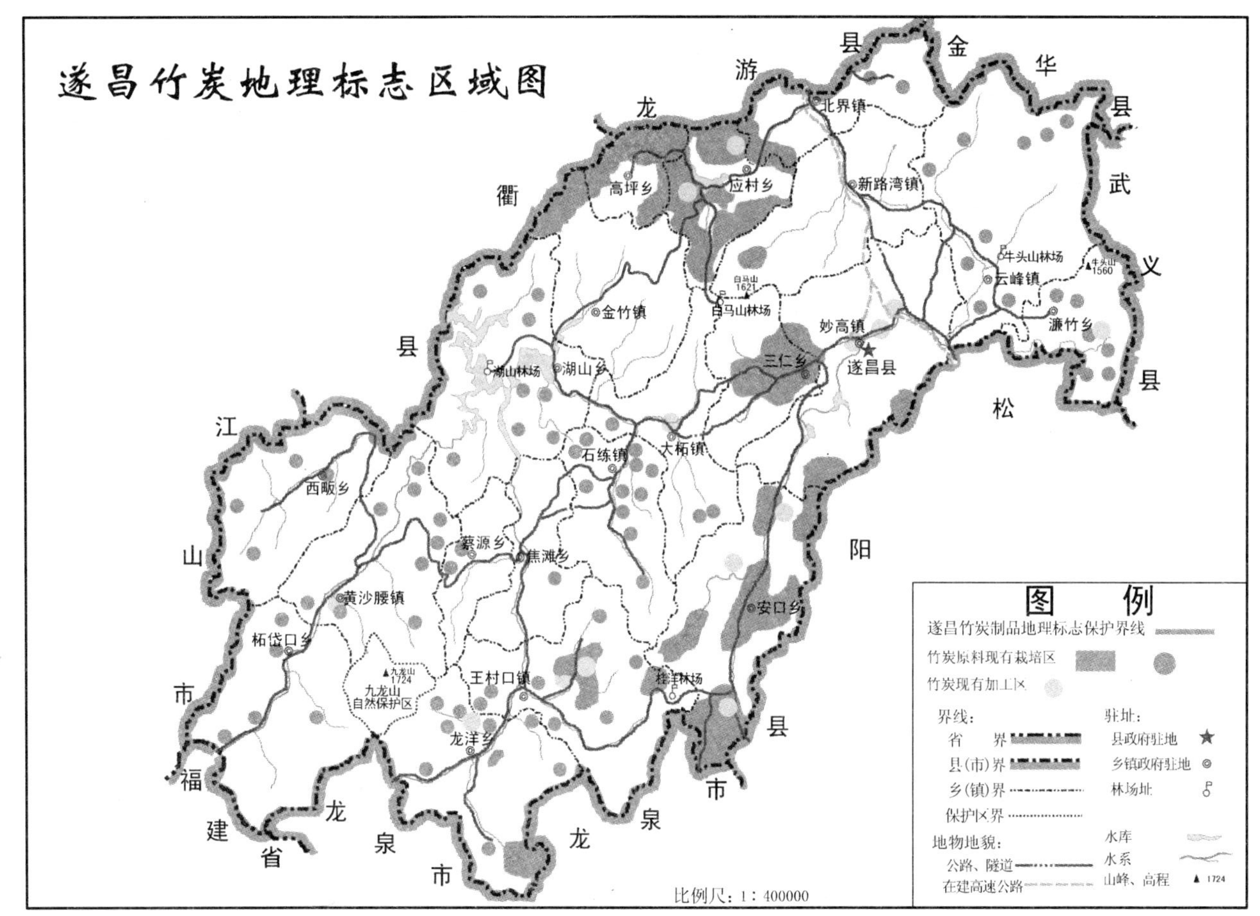

图 A.1 遂昌竹炭地理标志产品保护范围图

ICS 67.160.10
X 61

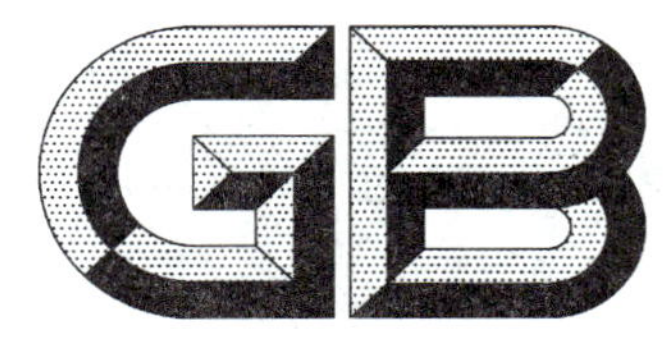

中华人民共和国国家标准

GB/T 21820—2008

地理标志产品　舍得白酒

Product of geographical indication—Shede liquor

2008-05-05 发布　　2008-10-01 实施

中华人民共和国国家质量监督检验检疫总局
中国国家标准化管理委员会　发布

前　　言

本标准的附录 A 为规范性附录。

本标准由全国原产地域产品标准化工作组提出并归口。

本标准起草单位:四川舍得酒业有限公司。

本标准主要起草人:李家民、李家顺、王平、田祥、李洪、李兴升、陈良芬。

地理标志产品　舍得白酒

1　范围

本标准规定了舍得白酒的术语和定义、地理标志产品保护范围、产品分类、要求、试验方法、检验规则和标志、包装、运输、贮存。

本标准适用于国家质量监督检验检疫行政主管部门根据《地理标志产品保护规定》批准保护的舍得系列白酒。

2　规范性引用文件

下列文件中的条款通过本标准的引用而成为本标准的条款。凡是注日期的引用文件，其随后所有的修改单（不包括勘误的内容）或修订版均不适用于本标准。然而，鼓励根据本标准达成协议的各方研究是否可使用这些文件的最新版本。凡是不注日期的引用文件，其最新版本适用于本标准。

GB 1351　小麦

GB 1353　玉米

GB 1354　大米

GB 2757　蒸馏酒及配制酒卫生标准

GB/T 5009.48　蒸馏酒与配制酒卫生标准的分析方法

GB 5749　生活饮用水卫生标准

GB/T 7416　啤酒大麦

GB/T 8231　高粱

GB/T 10345　白酒分析方法

GB/T 10346　白酒检验规则和标志、包装、运输、贮存

GB/T 15109　白酒工业术语

JJF 1070　定量包装商品净含量计量检验规则

国家质量监督检验检疫总局令[2005]第75号《定量包装商品计量监督管理办法》

3　术语和定义

GB/T 15109确立的以及下列术语和定义适用于本标准。

3.1

舍得白酒　Shede liquor

以水及支链淀粉含量多的优质高粱、大米、糯米、小麦、玉米、大麦为主要原料，在地理标志产品保护范围内，利用繁衍富集的自然酿酒微生物按舍得白酒复合工艺生产的幽雅风格的浓香型白酒。

3.2

舍得复合大曲　the compound stick-shape yeast of Shede

以优质小麦、大麦为原料，按不同生产工艺制成的糖化发酵剂，在“1月、2月、3月、4月”制得中温曲，名为“桃花曲”；“5月、9月、10月、11月、12月”制得中高温曲，名为“月桂曲”；“6月、7月、8月”制得高温曲，名为“陈香曲”，再将三类糖化发酵剂按一定比例混合制成的复合大曲。

3.3

酒龄　storage time of liquor

基酒与调味酒在陶坛等容器中贮存老熟的时间，以年为单位。

3.4

发酵周期 fermenting period

从开窖、出酒醅、配料、上甑、蒸馏、出甑打量水、摊晾下曲后入窖发酵至下一次剥窖的时间。

3.5

本窖循环 cycling in one fermentation cellar

将窖内已经发酵成熟的酒醅取出，通过加原辅料、蒸馏取酒、摊晾下曲后回入本窖中发酵的循环方式。

4 地理标志产品保护范围

舍得白酒的地理标志产品保护范围限于国家质量监督检验检疫行政主管部门批准的范围，即地处柳树镇，北纬30°43′，东经105°24′，东距涪江约2 km，南距遂宁市城区约30 km，西邻通济山，北距射洪县城区15.6 km，海拔在310.80 m～389.45 m，见附录A。

5 产品分类

按产品的酒精度分为：

——高度酒：酒精度41%vol～70%vol；

——低度酒：酒精度18%vol～40%vol。

6 要求

6.1 主要原料

6.1.1 水

符合GB 5749的规定。水取自于射洪县柳树镇青龙山与龙池山交汇处的地下水——沱泉水。

6.1.2 高粱

符合GB/T 8231的规定。主要采用产于四川的糯高粱及东北地区优质高粱。

6.1.3 大米

符合GB 1354的规定。主要产于四川、海南、江西及东北地区。

6.1.4 糯米

符合GB 1354的规定。主要产于四川、海南及江南地区。

6.1.5 小麦

符合GB 1351的规定。主要采用产于四川、河南、山东的红色软质小麦。

6.1.6 玉米

符合GB 1353的规定。主要产于四川、甘肃及东北地区。

6.1.7 大麦

符合GB/T 7416规定。主要产于甘肃及东北地区。

6.1.8 大曲

采用舍得复合大曲，贮存期六个月以上。

6.2 酿造环境

该区域位于四川中部丘陵地区北缘，属亚热带季风性湿润气候，常年气候温和，四季分明，年均降雨量928.4 mm，年均气温17.3℃，雨量充沛，无霜期长(年均284 d)，最冷天积雪深度为5 cm。地下水资源丰富且富含矿物质，土壤中氮、磷等元素充裕，植被丰茂，形成了适宜酿酒微生物繁殖的生态体系。所处位置柳树沱四周无其他工厂、矿山，空气异常清新，独特的水、土、气(空气、气候)、微(微生物)、生(生物群落)等形成的互生、共生的生态酿酒系统，有益于产生饱和、不饱和脂肪酸及酯化活性菌株的繁衍富集。

6.3 生产工艺要求

选用适温贮存、清选清蒸的原辅料，根据不同季节、不同窖龄、不同糟层，按一定比例配合；以舍得复合大曲为糖化发酵剂，采用本窖循环、堆积发酵、入窖发酵周期100 d以上、双轮底200 d以上、分段量质摘酒、按质入坛贮存(基酒酒龄5 a以上，调味酒酒龄15 a以上)的"一清到底"酿造工艺；采用"陶坛贮存、大罐组合、中罐调味、小罐微调包装"的产品质量稳定模式；经分析、组合、调味、陈酿、尝评、过滤、试饮合格后包装出厂。

6.4 感官要求

高度酒、低度酒的感官要求应分别符合表1、表2的规定。

表1 高度酒感官要求

项目	特级	优级
色泽	无色或微黄，无悬浮物，无沉淀杂质[a]	
香气	香气幽雅，粮香陈香馨逸	香气幽雅，粮香陈香雅逸
滋味	醇厚绵柔、细腻圆润、甘洌净爽、回味悠长	醇厚绵柔、细腻圆润、清洌净爽、回甜怡畅
风格	具有本品突出的幽雅风格	具有本品显著的幽雅风格
[a] 当酒的温度低于10℃时，允许出现失光或白色絮状沉淀物质。10℃以上时应逐渐恢复正常。		

表2 低度酒感官要求

项目	特级	优级
色泽	无色或微黄，无悬浮物，无沉淀杂质[a]	
香气	香气幽雅，粮香陈香馨逸	香气幽雅，粮香陈香雅逸
滋味	绵柔圆厚、细腻温润、甘洌净爽、回味悠长	绵软柔顺、细腻温润、清洌净爽、回甜怡畅
风格	具有本品突出的幽雅风格	具有本品显著的幽雅风格
[a] 当酒的温度低于10℃时，允许出现失光或白色絮状沉淀物质。10℃以上时应逐渐恢复正常。		

6.5 理化要求

高度酒、低度酒的理化要求应分别符合表3、表4的规定。

表3 高度酒理化要求

项目		特级	优级
总酸(以乙酸计)/(g/L)	≥	0.50	0.40
总酯(以乙酸乙酯计)/(g/L)	≥	1.20	1.00
己酸乙酯/(g/L)	≥	1.00	0.80
固形物/(g/L)	≤	0.80	
注：酒精度允许误差为±1.0%vol(20℃)。			

表4 低度酒理化要求

项目		特级	优级
总酸(以乙酸计)/(g/L)	≥	0.40	0.30
总酯(以乙酸乙酯计)/(g/L)	≥	0.90	0.70
己酸乙酯/(g/L)	≥	0.60	0.50
固形物/(g/L)	≤	1.00	
注：酒精度允许误差为±1.0%vol(20℃)。			

6.6 微量成分比值要求

可符合表5的规定。

表5 微量成分指标

微量成分		指　标
乙酸乙酯/己酸乙酯	≤	1.20
丁酸乙酯/己酸乙酯	≤	0.30

6.7 卫生要求

应符合GB 2757的规定。

6.8 净含量

按国家质量监督检验检疫总局令[2005]第75号《定量包装商品计量监督管理办法》执行。

7 试验方法

7.1 感官要求、理化要求和卫生要求的检验按GB/T 10345、GB/T 5009.48执行。

7.2 微量成分比值的检验按GB/T 10345执行并计算。

7.3 净含量的检验按JJF 1070执行。

8 检验规则和标志、包装、运输、贮存

检验规则和标志、包装、运输、贮存按GB/T 10346执行，并可同时标注地理标志产品专用标志。

附 录 A
（规范性附录）
舍得白酒地理标志产品保护范围图

舍得白酒地理标志产品保护范围见图 A.1。

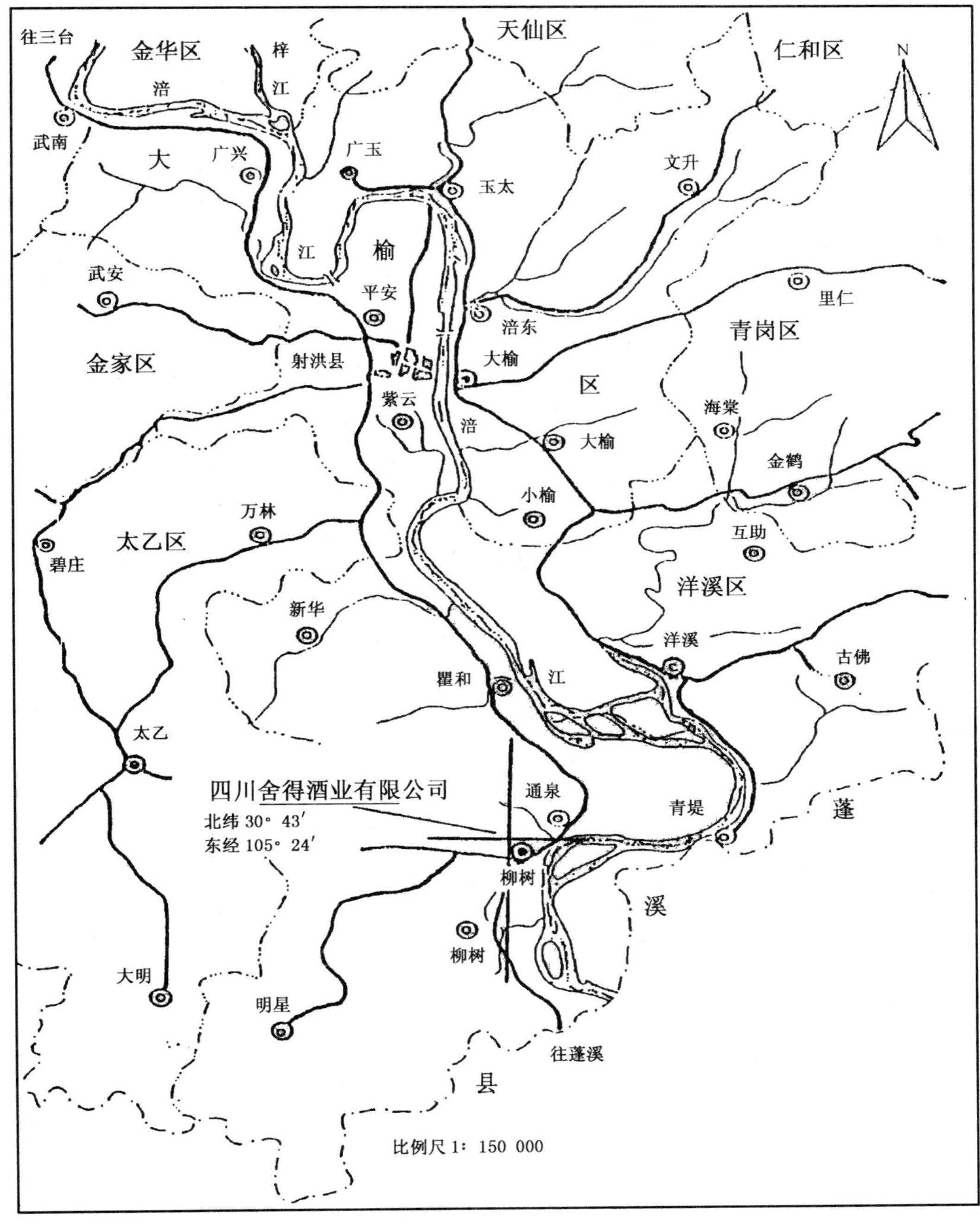

图 A.1 舍得白酒地理标志产品保护范围图

ICS 67.160.10
X 61

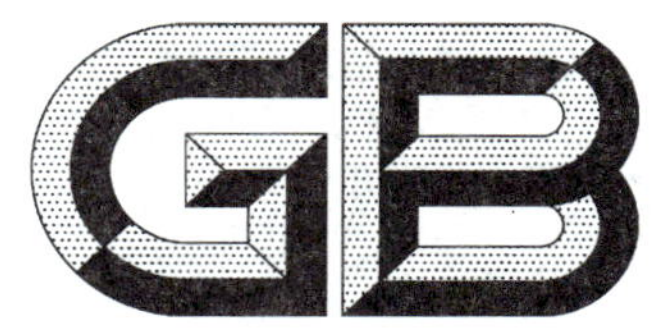

中华人民共和国国家标准

GB/T 21821—2008

地理标志产品　严东关五加皮酒

Product of geographical indication—Yandongguan Wujiapi liquor

2008-05-05 发布　　　　2008-10-01 实施

中华人民共和国国家质量监督检验检疫总局
中国国家标准化管理委员会　发布

前　　言

本标准的附录 A 为规范性附录。

本标准由全国原产地域产品标准化工作组提出并归口。

本标准起草单位：浙江省建德市新安质量技术服务中心、浙江致中和酒业有限责任公司、浙江省建德市严东关酒厂。

本标准主要起草人：刘兴禹、龚景华、李顺荣、洪利红、叶惠泉、刘启平、蓝湛。

地理标志产品　严东关五加皮酒

1　范围

本标准规定了严东关五加皮酒的术语和定义、地理标志产品保护范围、要求、试验方法、检验规则和标志、标签、包装、运输、贮存。

本标准适用于国家质量监督检验检疫行政主管部门根据《地理标志产品保护规定》批准保护的严东关五加皮酒。

2　规范性引用文件

下列文件中的条款通过本标准的引用而成为本标准的条款。凡是注日期的引用文件，其随后所有的修改单(不包括勘误的内容)或修订版均不适用于本标准，然而，鼓励根据本标准达成协议的各方研究是否可使用这些文件的最新版本。凡是不注日期的引用文件，其最新版本适用于本标准。

GB/T 191　包装储运图示标志

GB 317　白砂糖

GB 2757　蒸馏酒及配制酒卫生标准

GB/T 5009.48　蒸馏酒及配制酒卫生标准的分析方法

GB 5749　生活饮用水卫生标准

GB 7718　预包装食品标签通则

GB 10344　预包装饮料酒标签通则

GB/T 10345　白酒分析方法

GB/T 10346　白酒检验规则和标志、包装、运输、贮存

GB/T 12456　食品中总酸的测定方法

GB/T 13662　黄酒

GB/T 15038　葡萄酒、果酒通用分析方法

GB 17405　保健食品良好生产规范

JJF 1070　定量包装商品净含量计量检验规则

卫生部《保健食品检验与评价技术规范》(2003 版)

中华人民共和国药典　2005 年版　一部

国家质量监督检验检疫总局令[2005]第 75 号《定量包装商品计量监督管理办法》

3　术语和定义

下列术语和定义适用于本标准。

3.1

严东关五加皮酒　Yandongguan Wujiapi liquor

以纯粮白酒、蜜酒、中药材、水为原料，并在地理标志产品保护范围内利用其自然环境，按传统工艺生产的配制酒。

3.2

蜜酒　sweet rice wine

以优质糯米和浙江省建德市新安江流域特定区域内的水为原料，经过发酵酿造而成的甜型黄酒。

3.3

酒基　substratum of spirit

用于严东关五加皮酒生产中浸泡中药材和勾兑的纯粮基础白酒。

3.4

药汁　herb extract

严东关五加皮酒的原料中药材在含乙醇50%vol酒基中浸泡出的液体。

4　地理标志产品保护范围

严东关五加皮酒的地理标志产品保护范围限于国家质量监督检验检疫行政主管部门批准的地域范围，地处浙江省建德市新安江流域，即沿新安江流域的建德市梅城镇、三都镇、乾潭镇、杨村桥镇、下涯镇、新安江街道、洋溪街道和更楼街道8个乡镇(街道)现辖行政区域，见附录A。

5　要求

5.1　原料

5.1.1　水

符合GB 5749的规定，取自严东关五加皮酒地理标志产品保护范围区域内的新安江水系的水。

5.1.2　酒基

采用纯粮白酒生产工艺酿造的酒基，要求酒精度≥50%vol，清香纯正、口感柔和。

5.1.3　蜜酒

符合GB/T 13662中甜黄酒要求。主要产于严东关五加皮酒地理标志产品保护范围内，要求鲜甜醇厚、富有粘性。

5.1.4　主要中药材

五加皮、当归、枸杞子、玉竹、栀子、木香等中药材质量应符合《中华人民共和国药典　2005年版一部》。

5.1.5　白砂糖

符合GB 317的规定。

5.2　生产环境

工厂场地应符合GB 17405的要求。

5.3　生产工艺

5.3.1　药汁生产工艺

在常温下，采用50%vol的酒基封闭式浸泡中药材，酒基液面应高出中药材10 cm～15 cm，每旬至少翻动一次，浸泡时间不少于20 d。

5.3.2　蜜酒生产工艺

在地理标志产品保护区域内，以优质糯米和水为原料，以本地生产的辣蓼米曲(白药)为糖化发酵剂，发酵后加酒基陈酿而制成。

5.3.3　严东关五加皮酒生产工艺

将药汁、酒基、蜜酒、水、白砂糖按先冷后热的特定顺序，准确计量加入到生产配制罐，其中蜜酒用量不得低于总体积的10%，配制后沉降，进行粗过滤和精过滤，贮存老熟，成品酒包装前再进行一次精滤。

5.3.4　添加剂

生产过程中不允许添加任何食品添加剂。

5.4　感官要求

感官要求应符合表1的规定。

表 1 感官要求

项 目	要 求
外 观	无外来杂质，挂杯明显，允许有少量沉淀物
色 泽	呈榴红、泛金黄的天然色泽
香 气	药香、酒香合成的馥香，浓郁协调
口 味	酒体醇厚、口味怡畅、甜绵爽净、余味悠长
风 格	具有严东关五加皮酒的典型风格

5.5 理化指标

理化指标应符合表 2 的规定。

表 2 理化指标

项 目		指 标
酒精度/%vol		32.0～38.0
总糖(以蔗糖计)/(g/L)		50～120
总酸(以乙酸计)/(g/L)		0.20～1.00
总黄酮(以芦丁计)/(mg/L)	≥	250
注：酒精度允许误差为±1.0%vol(20℃)。		

5.6 卫生要求

应符合 GB 2757 的规定。

5.7 净含量

按国家质量监督检验检疫总局令[2005]第 75 号《定量包装商品计量监督管理办法》执行。

6 试验方法

6.1 感官的评定方法

6.1.1 外观：将样品注入洁净干燥的品酒杯中，在明亮处观察是否有失光、浑浊、沉淀物并记录其外观。

6.1.2 色泽：将样品注入洁净干燥的品酒杯中，记录其色泽。

6.1.3 香气：将样品注入洁净干燥的品酒杯中，用鼻进行嗅闻，记录其香气特性。

6.1.4 口味：将样品注入洁净干燥的品酒杯中，喝入少量样品(约 2mL)于口中，以味觉器官仔细品尝，记下口味特征。

6.1.5 风格：通过观察、嗅闻和品尝，综合判断是否具有该产品的风格特点，并记录其强弱程度。

6.2 理化指标的试验方法

6.2.1 酒精度的测定

按 GB/T 10345 执行。

6.2.2 总酸的测定

按 GB/T 12456 执行。

6.2.3 总糖的测定

按 GB/T 15038 执行。

6.2.4 总黄酮的测定

按卫生部《保健食品检验与评价技术规范》(2003 版)执行。

6.3 卫生指标

按 GB/T 5009.48 执行。

6.4 净含量

按 JJF 1070 执行。

7 检验规则

按 GB/T 10346 和 JJF 1070 执行。

8 标志、标签、包装、运输、贮存

8.1 标志、标签

按 GB 10344 和 GB 7718 执行。

8.2 包装、运输、贮存

按 GB 10346 和 GB/T 191 的规定执行。

附 录 A
（规范性附录）
严东关五加皮酒地理标志产品保护范围图

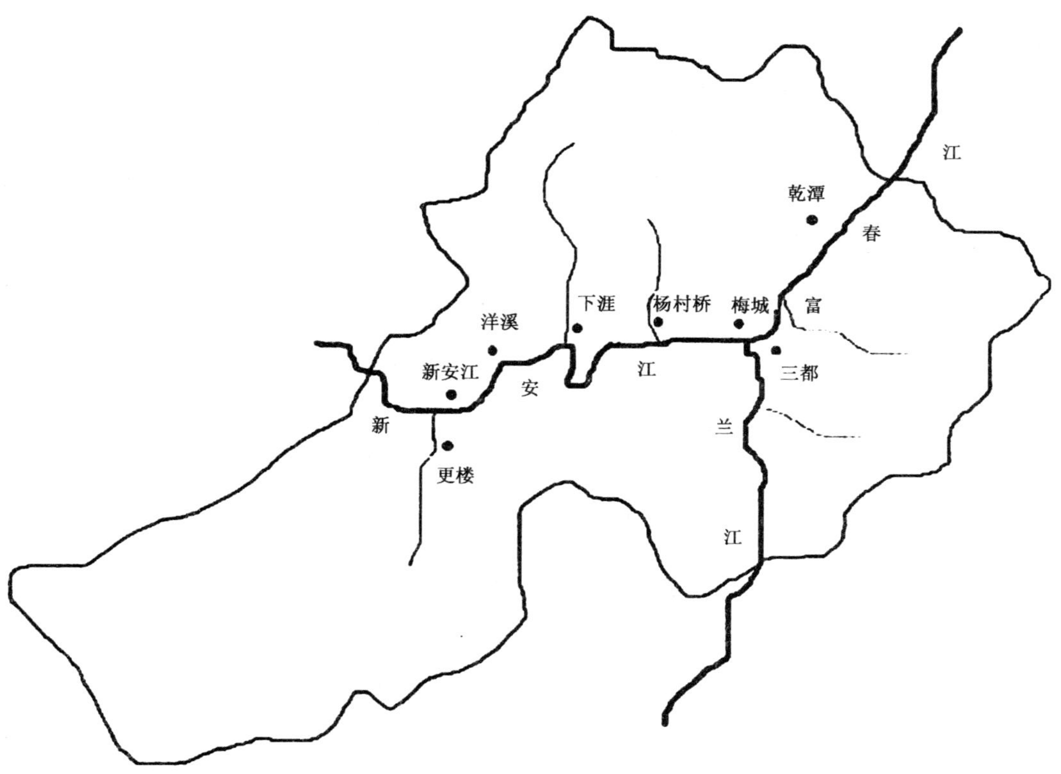

图 A.1 严东关五加皮酒地理标志产品保护范围图

ICS 67.160.10
X 61

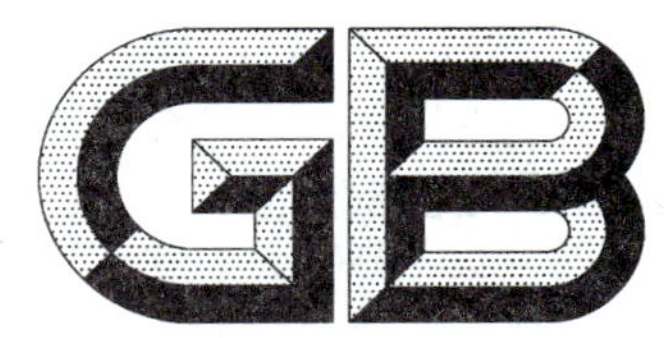

中华人民共和国国家标准

GB/T 21822—2008

地理标志产品 沱牌白酒

Product of geographical indication—Tuopai liquor

2008-05-05 发布　　　　2008-10-01 实施

中华人民共和国国家质量监督检验检疫总局
中国国家标准化管理委员会　发布

前　言

本标准的附录 A 为规范性附录。

本标准由全国原产地域产品标准化工作组提出并归口。

本标准起草单位:四川沱牌曲酒股份有限公司。

本标准主要起草人:李家顺、李家民、张正、王宏、李洪、李兴升、陈良芬。

地理标志产品　沱牌白酒

1　范围

本标准规定了沱牌白酒的术语和定义、地理标志产品保护范围、产品分类、要求、试验方法、检验规则和标志、包装、运输、贮存。

本标准适用于列入国家质量监督检验检疫行政主管部门根据《地理标志产品保护规定》批准保护的沱牌系列白酒。

2　规范性引用文件

下列文件中的条款通过本标准的引用而成为本标准的条款。凡是注日期的引用文件，其随后所有的修改单(不包括勘误的内容)或修订版均不适用于本标准，然而，鼓励根据本标准达成协议的各方研究是否可使用这些文件的最新版本。凡是不注日期的引用文件，其最新版本适用于本标准。

GB 1351　小麦

GB 1353　玉米

GB 1354　大米

GB 2757　蒸馏酒及配制酒卫生标准

GB 5749　生活饮用水卫生标准

GB/T 5009.48　蒸馏酒与配制酒卫生标准的分析方法

GB/T 7416　啤酒大麦

GB/T 8231　高粱

GB/T 10345　白酒分析方法

GB/T 10346　白酒检验规则和标志、包装、运输、贮存

GB/T 15109　白酒工业术语

JJF 1070　定量包装商品净含量计量检验规则

国家质量监督检验检疫总局令[2005]第75号《定量包装商品计量监督管理办法》

3　术语和定义

GB/T 15109确立的以及下列术语和定义适用于本标准。

3.1

沱牌白酒　Tuopai liquor

以水及支链淀粉含量多的优质高粱、大米、糯米、小麦、玉米、大麦为主要原料，在地理标志产品保护范围内，利用繁衍富集的自然酿酒微生物按沱牌白酒复合工艺生产的幽雅风格的浓香型白酒。

3.2

沱牌复合大曲　the compound stick-shape yeast of Tuopai

以优质小麦、大麦为原料，按不同生产工艺制成的糖化发酵剂，在“1月、2月、3月、4月”制得中温曲，名为“桃花曲”；“5月、9月、10月、11月、12月”制得中高温曲，名为“月桂曲”；“6月、7月、8月”制得高温曲，名为“陈香曲”，再将三类糖化发酵剂按一定比例混合制成的复合大曲。

3.3

酒龄　storage time of liquor

基酒或调味酒在陶坛等容器中贮存老熟的时间，以年为单位。

3.4

发酵周期　fermenting period

从开窖、出酒醅、配料、上甑、蒸馏、出甑打量水、摊晾下曲后入窖发酵至下一次开窖的时间。

3.5

跑窖循环　cycling in the different fermentation cellars

将一窖内已经发酵完成的酒醅取出，通过加原辅料、蒸馏取酒、摊晾下曲后进入另一窖池中发酵的循环方式。

4　地理标志产品保护范围

沱牌白酒的地理标志产品保护范围限于国家质量监督检验检疫行政主管部门批准的地域范围，即地处柳树镇，北纬30°43′，东经105°24′，东距涪江约2 km，南距遂宁市城区约30 km，西邻通济山，北距射洪县城区15.6 km，海拔在310.80 m～389.45 m，见附录A。

5　产品分类

按产品的酒精度分为：

——高度酒：酒精度41%vol～70%vol；

——低度酒：酒精度18%vol～40%vol。

6　要求

6.1　主要原料

6.1.1　水

符合GB 5749的规定。水取自于射洪县柳树镇青龙山与龙池山交汇处的地下水——沱泉水。

6.1.2　高粱

符合GB/T 8231的规定。主要采用产于四川的糯高粱及东北地区优质高粱。

6.1.3　大米

符合GB 1354的规定。主要产于四川、海南、江西及东北地区。

6.1.4　糯米

符合GB 1354的规定。主要产于四川、海南及江南地区。

6.1.5　小麦

符合GB 1351的规定。主要采用产于四川、河南、山东的红色软质小麦。

6.1.6　玉米

符合GB 1353的规定。主要产于四川、甘肃及东北地区。

6.1.7　大麦

符合GB/T 7416规定。主要产于甘肃及东北地区。

6.1.8　大曲

采用沱牌复合大曲，贮存期六个月以上。

6.2　酿造环境

该区域位于四川中部丘陵地区北缘，属亚热带季风性湿润气候，常年气候温和，四季分明，年均降雨量928.4 mm，年均气温17.3℃，雨量充沛，无霜期长(年均284 d)，最冷天积雪深度为5 cm。地下水资源丰富且富含矿物质，土壤中氮、磷等元素充裕，植被丰茂，形成了适宜酿酒微生物繁殖的生态体系。所处位置柳树沱四周无其他工厂、矿山，空气异常清新，独特的水、土、气（空气、气候）、微（微生物）、生（生物群落）等形成的互生、共生的生态酿酒系统，有益于产生饱和、不饱和脂肪酸及酯化活性菌株的繁衍富集。

6.3 生产工艺要求

选用适温贮存、清选清蒸的原辅料，根据不同季节、不同窖龄、不同糟层，按一定比例配合；以沱牌复合大曲为糖化发酵剂；采用跑窖循环、堆积发酵、入窖发酵周期 90 d 以上、双轮底 180 d 以上、分段量质摘酒、按质入坛贮存（基酒酒龄 3 a 以上，调味酒酒龄 10 a 以上）的“一清到底”酿造工艺；采用“陶坛贮存、大罐组合、中罐调味、小罐微调包装”的产品质量稳定模式；经分析、组合、调味、陈酿、尝评、过滤、试饮合格后包装出厂。

6.4 感官要求

高度酒、低度酒的感官要求应分别符合表 1、表 2 的规定。

表 1 高度酒感官要求

项目	特 级	优 级	一 级
色泽	无色或微黄，无悬浮物，无沉淀杂质[a]		
香气	香气幽雅，粮香陈香馨逸	香气幽雅，粮香陈香雅逸	香气幽雅，粮香隐逸
滋味	醇厚绵柔、细腻圆润、甘美净爽、余味悠长	醇厚绵柔、细腻圆润、清洌甘爽、余味净长	醇和清润、绵甜甘洌、后味爽净
风格	具有本品突出的幽雅风格	具有本品显著的幽雅风格	具有本品明显的幽雅风格
[a] 当酒的温度低于 10℃时，允许出现失光或白色絮状沉淀物质。10℃以上时应逐渐恢复正常。			

表 2 低度酒感官要求

项目	特 级	优 级	一 级
色泽	无色或微黄，无悬浮物，无沉淀杂质[a]		
香气	香气幽雅，粮香陈香馨逸	香气幽雅，粮香陈香雅逸	香气幽雅，粮香隐逸
滋味	绵柔圆厚、细腻温润、甘美净爽、余味悠长	绵软柔顺、细腻温润、清洌甘爽、余味净长	醇和清润、绵甜柔顺、后味爽净
风格	具有本品突出的幽雅风格	具有本品显著的幽雅风格	具有本品明显的幽雅风格
[a] 当酒的温度低于 10℃时，允许出现失光或白色絮状沉淀物质。10℃以上时应逐渐恢复正常。			

6.5 理化要求

高度酒、低度酒的理化要求应分别符合表 3、表 4 的规定。

表 3 高度酒理化要求

项 目		特 级	优 级	一 级
总酸（以乙酸计）/(g/L)	≥	0.50	0.40	0.30
总酯（以乙酸乙酯计）/(g/L)	≥	1.20	0.80	0.60
己酸乙酯/(g/L)	≥	0.90	0.60	0.40
固形物/(g/L)	≤	0.80		
注：酒精度允许误差为±1.0%vol(20℃)。				

表 4 低度酒理化要求

项　　目		特　　级	优　　级	一　　级
总酸(以乙酸计)/(g/L)	≥	0.50	0.40	0.30
总酯(以乙酸乙酯计)/(g/L)	≥	0.80	0.60	0.50
己酸乙酯/(g/L)	≥	0.50	0.40	0.20
固形物/(g/L)	≤	1.00		
注：酒精度允许误差为±1.0%vol(20℃)。				

6.6　**微量成分比值要求**

可符合表 5 的规定。

表 5 微量成分指标

微量成分		指　　标
乙酸乙酯/己酸乙酯	≤	1.20
丁酸乙酯/己酸乙酯	≤	0.30

6.7　**卫生要求**

应符合 GB 2757 的规定。

6.8　**净含量**

按国家质量监督检验检疫总局令[2005]第 75 号《定量包装商品计量监督管理办法》执行。

7　试验方法

7.1　感官要求、理化要求和卫生要求的检验按 GB/T 10345、GB/T 5009.48 执行。

7.2　微量成分比值的检验按 GB/T 10345 执行并计算。

7.3　净含量的检验按 JJF 1070 执行。

8　检验规则和标志、包装、运输、贮存

检验规则和标志、包装、运输、贮存按 GB/T 10346 执行，并可同时标注地理标志产品专用标志。

附　录　A
（规范性附录）
沱牌白酒地理标志产品保护范围图

沱牌白酒地理标志产品保护范围见图 A.1。

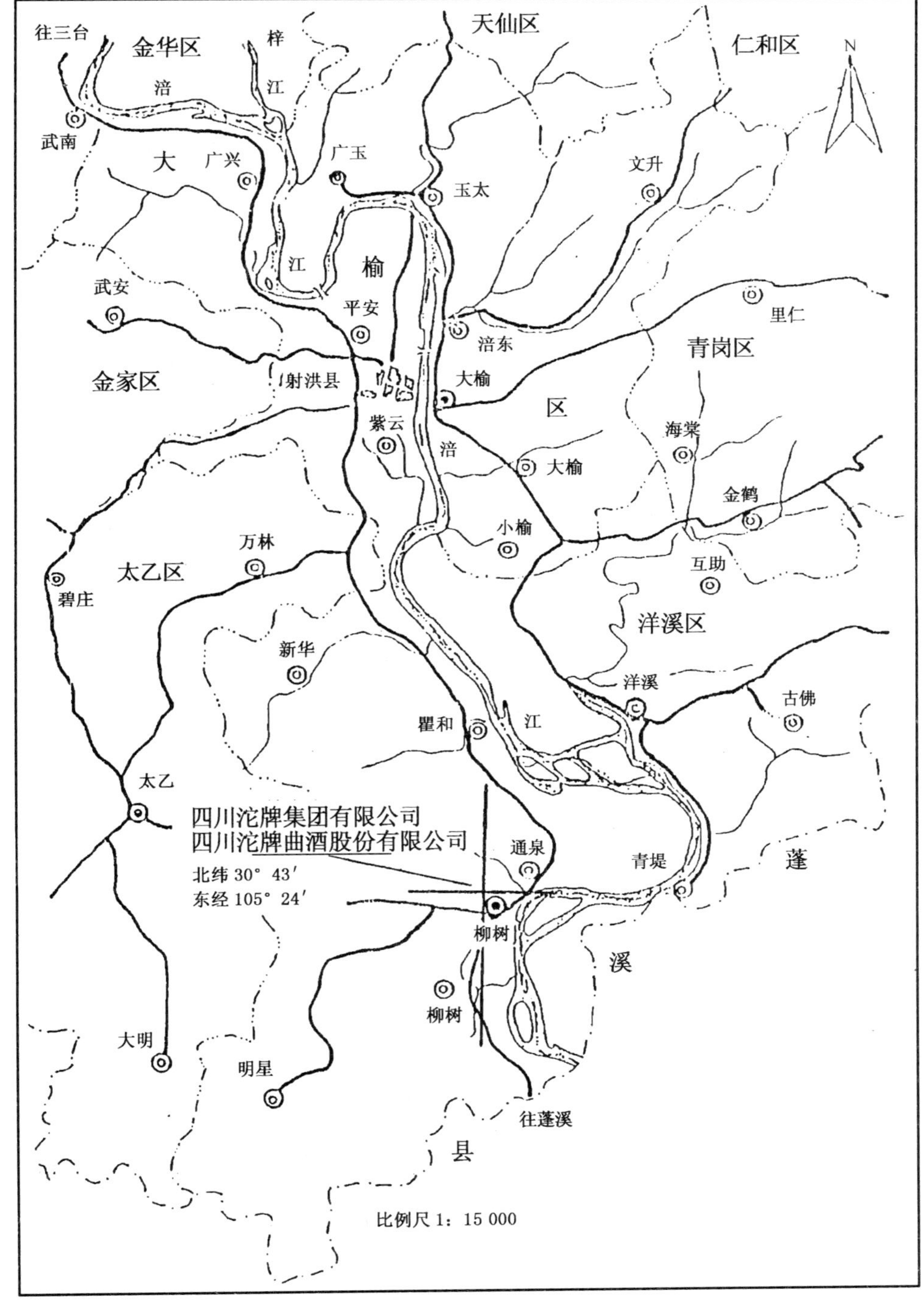

图 A.1　沱牌白酒地理标志产品保护范围图

ICS 11.120.10
B 38

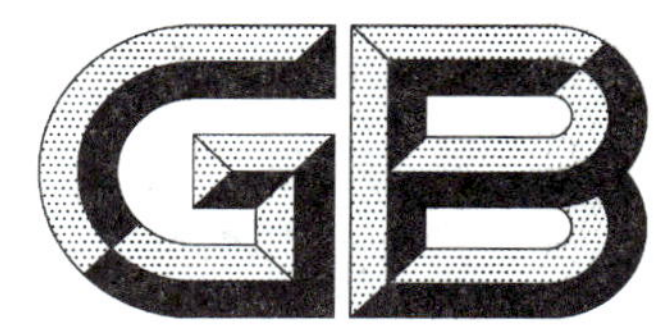

中华人民共和国国家标准

GB/T 21823—2008

地理标志产品　都江堰川芎

Product of geographical indication—Dujiangyan Chuanxiong

2008-05-05 发布　　　　2008-10-01 实施

中华人民共和国国家质量监督检验检疫总局
中国国家标准化管理委员会　发布

前　　言

本标准的附录A和附录B为规范性附录。

本标准由全国原产地域产品标准化工作组提出并归口。

本标准起草单位：四川省都江堰市农村发展局、都江堰中新药业川芎基地有限公司。

本标准主要起草人：罗志美、黄维、付贵明、唐合均、王建伟、杜光忠。

地理标志产品　都江堰川芎

1　范围

本标准规定了都江堰川芎的术语和定义、地理标志产品保护范围、要求、试验方法、检验规则、标志、包装、运输和贮存。

本标准适用于国家质量监督检验检疫行政主管部门根据《地理标志产品保护规定》批准保护的都江堰川芎。

2　规范性引用文件

下列文件中的条款通过本标准的引用而成为本标准的条款。凡是注日期的引用文件，其随后所有的修改单(不包括勘误的内容)或修订版匀不适用于本标准，然而，鼓励根据本标准达成协议的各方研究是否可使用这些文件的最新版本。凡是不注日期的引用文件，其最新版本适用于本标准。

GB/T 191　包装储运图示标志

GB 3095—1996　环境空气质量标准

GB 4285　农药安全使用标准

GB/T 4789.2　食品卫生微生物学检验　菌落总数测定

GB/T 4789.3　食品卫生微生物学检验　大肠菌群测定

GB/T 4789.15　食品卫生微生物学检验　霉菌和酵母计数

GB/T 5009.3　食品中水分的测定

GB/T 5009.4　食品中灰分的测定

GB/T 5009.11　食品中总砷及无机砷的测定

GB/T 5009.12　食品中铅的测定

GB/T 5009.13　食品中铜的测定

GB/T 5009.15　食品中镉的测定

GB/T 5009.17　食品中总汞及有机汞的测定

GB/T 5009.18　食品中氟的测定

GB/T 5009.19　食品中六六六、滴滴涕残留量的测定

GB/T 5009.20　食品中有机磷农药残留量的测定

GB/T 5009.33　食品中亚硝酸盐与硝酸盐的测定

GB/T 5009.103　植物性食品中甲胺磷和乙酰甲胺磷农药残留量的测定

GB/T 5009.110　植物性食品中氯氰菊酯、氰戊菊酯和溴氰菊酯残留量的测定

GB/T 5009.123　食品中铬的测定

GB/T 5009.136　植物性食品中五氯硝基苯残留量的测定

GB/T 5009.145　植物性食品中有机磷和氨基甲酸酯类农药多种残留量的测定

GB 5084—1992　农田灌溉水质标准

GB/T 8321(所有部分)　农药合理使用准则

GB 15618—1995　土壤环境质量标准

中华人民共和国药典　2005年版　一部

3　术语和定义

下列术语和定义适用于本标准。

3.1

都江堰川芎　Dujiangyan Chuanxiong(Rhizoma Chuanxiong from Rhizome of *Ligusticum Chuanxiong* Hort. produced in Dujiangyan city)

在地理标志产品保护区域内,按规定的生产技术生产的伞形科植物川芎(学名为 *Ligusticum chuanxiong* Hort.)的根茎,经晒干或炕干而成,质量符合本标准要求的川芎。

3.2

头数　number per kilogram

行业习惯称谓,表示产品大小的专用规格单位,即指在单个产品大小基本一致的情况下,质量为1 kg 产品的个数。

3.3

抚芎　Fuxiong

又称奶芎,为川芎苓子的种源。即在12月下旬至第二年1月上、中旬,从海拔600 m 以下平坝地区大田中挖出的未成熟的川芎,除去须根及泥土,但不可作川芎入药。

3.4

川芎苓子　Chuanxiong Linzi

川芎的种源。即抚芎在海拔1 000 m～1 500 m 的山区环境进行无性繁殖形成的茎秆材料之地上茎节部分,又称“川芎苓种”或“苓子”。

4　地理标志产品保护范围

都江堰川芎的地理标志产品保护范围限于国家质量监督检验检疫行政主管部门根据《地理标志产品保护规定》批准保护的范围,即四川省都江堰市现辖行政区域中的石羊镇、翠月湖镇、中兴镇、柳街镇、安龙镇、大观镇、玉堂镇、幸福镇、灌口镇、崇义镇、聚源镇、胥家镇、天马镇、青城山镇14个乡镇的全部及虹口乡、龙池镇、紫坪铺镇、向峨乡、蒲阳镇5个乡镇中海拔高度在1 500 m 以下的部分区域。见附录A。

5　要求

5.1　原材料

应是在第4章规定的区域内,按照附录B规定生产的川芎。

5.2　鉴别

应符合《中华人民共和国药典　2005年版　一部》的规定。

5.3　理化指标

理化指标应符合表1规定。

表1　理化指标

项目		指标		
		特级	一级	二级
头数/(个/kg)	≤	28	44	70
水分/%	≤	12.0		
总灰分/%	≤	6.0		
酸不溶性灰分/%	≤	2.0		
醇溶性浸出物/%	≥	26.0		
总生物碱(以盐酸川芎嗪 $C_8H_{12}N_2HCl$ 计)/%	≥	0.15		

5.4 卫生指标

卫生指标应符合表2规定。

表2 卫生指标

项目		指标
汞(以 Hg 计)/(mg/kg)	≤	0.2
砷(以 As 计)/(mg/kg)	≤	0.5
铜(以 Cu 计)/(mg/kg)	≤	20
铅(以 Pb 计)/(mg/kg)	≤	1.0
镉(以 Cd 计)/(mg/kg)	≤	0.03
铬(以 Cr 计)/(mg/kg)	≤	0.5
氟(以 F 计)/(mg/kg)	≤	1.0
硝酸盐(以 $NaNO_3$ 计)/(mg/kg)	≤	400
亚硝酸盐(以 $NaNO_2$ 计)/(mg/kg)	≤	4.0
敌敌畏/(mg/kg)	≤	0.2
马拉硫磷		不得检出
乙酰甲胺磷/(mg/kg)	≤	0.2
溴氰菊酯/(mg/kg)	≤	0.1
氰戊菊酯/(mg/kg)	≤	0.1
六六六/(mg/kg)	≤	0.2
滴滴涕/(mg/kg)	≤	0.1
五氯硝基苯/(mg/kg)	≤	0.1
菌落总数/(CFU/g)	≤	30 000
霉菌数/(CFU/g)	≤	100
大肠杆菌		不得检出

6 试验方法

6.1 鉴别

按《中华人民共和国药典 2005年版 一部》规定进行。

6.2 理化指标

6.2.1 头数

用能满足净含量允差要求的计量器具进行检验。

6.2.2 水分

按 GB/T 5009.3 规定进行检验。

6.2.3 总灰分

按 GB/T 5009.4 规定进行检验。

6.2.4 酸不溶性灰分

按《中华人民共和国药典 2005年版 一部》,附录Ⅸ K 规定检验。

6.2.5 醇溶性浸出物

按《中华人民共和国药典 2005年版 一部》,附录Ⅹ A 醇溶性浸出物测定项下的热浸法规定检验,用乙醇作溶剂。

6.2.6 总生物碱(酸性染料比色法)

6.2.6.1 对照品溶液的配制

精密称取盐酸川芎嗪对照品适量,加氯仿制成 1 μg/mL 的溶液,作为对照品溶液。

6.2.6.2 标准曲线的绘制

精密量取对照品溶液 3.0 mL、4.0 mL、5.0 mL、6.0 mL、7.0 mL,置分液漏斗中,各加入 7 mL 溴麝香草酚蓝溶液(将 pH 为 5.8 的磷酸盐缓冲液与 0.05%的溴麝香草酚蓝溶液按 5∶2 混匀,用氯仿萃取除去脂溶性成分,用时取水层),用氯仿萃取脱脂至氯仿层无色为止,合并氯仿层,加氯仿定容至 10 mL,摇匀,过滤,以相应的试剂为空白,按照分光光度法(《中华人民共和国药典 2005 版 一部》,附录ⅤA),于 415 nm 的波长处测定吸光度,以吸光度为纵坐标,浓度为横坐标,绘制标准曲线。

6.2.6.3 测定

精密称定川芎样品粉末 5.0 g,置具塞锥形瓶中,加无水乙醇 50 mL,浸泡 12 h,超声处理(功率 250 W,频率 20 kHz)25 min,离心 5 min(4 000 r/min),将上清液移到 100 mL 烧杯中,将乙醇减半再同法操作 2 次,合并提取液,用 1 mol/L 的盐酸甲醇溶液调 pH 为 1.2 后,置于 45℃的温水浴上蒸干。在残渣中加入 1 mol/L 的盐酸 60 mL 溶解,过滤,滤液用浓氨水调 pH 为 9～10 后,再用氯仿提取 3 次(40 mL、30 mL、20 mL)。合并氯仿提取液,加入 1 mol/L 的盐酸甲醇溶液调至 pH 为 1.2,置于 45℃的温水浴上蒸干。残液加少量氯仿多次溶解,转入 10 mL 容量瓶中,用氯仿定容,摇匀,过滤。精密量取 4 mL,置分液漏斗中,照标准曲线制备项下的方法,自"加入 7 mL 溴麝香草酚蓝溶液"起,依法测定吸光度,从标准曲线上读出供试品溶液中总生物碱的重量,计算即得。

6.3 卫生指标

6.3.1 汞

按 GB/T 5009.17 规定进行检验。

6.3.2 砷

按 GB/T 5009.11 规定进行检验。

6.3.3 铜

按 GB/T 5009.13 规定进行检验。

6.3.4 铅

按 GB/T 5009.12 规定进行检验。

6.3.5 镉

按 GB/T 5009.15 规定进行检验。

6.3.6 铬

按 GB/T 5009.123 规定进行检验。

6.3.7 氟

按 GB/T 5009.18 规定进行检验。

6.3.8 硝酸盐、亚硝酸盐

按 GB/T 5009.33 规定进行检验。

6.3.9 敌敌畏

按 GB/T 5009.20 规定进行检验。

6.3.10 马拉硫磷

按 GB/T 5009.145 规定进行检验。

6.3.11 乙酰甲胺磷

按 GB/T 5009.103 规定进行检验。

6.3.12 溴氰菊酯、氰戊菊酯

按 GB/T 5009.110 规定进行检验。

6.3.13 六六六、滴滴涕

按 GB/T 5009.19 规定进行检验。

6.3.14 五氯硝基苯

按 GB/T 5009.136 规定进行检验。

6.3.15 菌落总数

按 GB/T 4789.2 规定进行检验。

6.3.16 霉菌数

按 GB/T 4789.15 规定进行检验。

6.3.17 大肠杆菌

按 GB/T 4789.3 规定进行检验。

7 检验规则

7.1 交收检验

7.1.1 组批与抽样

产品以一次交货量为批，按《中华人民共和国药典 2005 版 一部》附录Ⅱ A 药材取样法规定进行抽样。

7.1.2 检验项目

鉴别中的感官鉴别、理化指标中的块重和水分。鉴别中的性状鉴别、理化指标中的头数和水分。

7.1.3 判定规则

检验中若感官鉴别的性状鉴别中出现不合格项，则该批产品为不合格；若块重不合格，可作降级处理；若水分指标不合格，允许交货方重新抽样复检，如仍不合格，则该批产品为不合格。

7.2 型式检验

7.2.1 型式检验条件

产品在下列情况之一时，应进行型式检验。

a) 产品鉴定时；

b) 自然环境、气候条件有较大改变，可能影响产品质量时；

c) 生产技术、生产资料有较大改变，可能影响产品质量时；

d) 不可预测的灾害发生后恢复生产时；

e) 国家质量技术监督部门提出要求时。

7.2.2 组批与抽样

产品以在同一地域(村、社)、同一生产周期中生产的为一批。按《中华人民共和国药典 2005 版 一部》附录Ⅱ A 药材取样法规定进行抽样。

7.2.3 检验项目

本标准 5.2、5.3、5.4 规定的全部项目。

7.2.4 判定规则

检验中，若鉴别和卫生指标中出现不合格项，则该批产品为不合格。若其他指标中出现不合格项，则加倍抽样，对不合格项进行复检，如仍不合格，则该批产品为不合格。

8 标志、包装、运输、贮存

8.1 标志

8.1.1 产品标志

产品标志应包括以下内容：产品名称、生产企业名称、地址、执行标准代号、编号、等级、重量、生产时间。获得批准后,可使用地理标志产品专用标志。

8.1.2 储运标志

产品运输包装上的储运图示标志应符合 GB/T 191 规定。

8.2 包装

产品包装物应结实,透气,干燥,无有害物质,无污染。

8.3 运输

产品运输时应注意防潮,防雨。严禁与有毒有害物质混运。

8.4 贮存

产品应贮存在阴凉、干燥、通风的场所,并注意防鼠害、防霉变、防虫蛀。贮存中应注意适时晾晒。严禁与有毒有害物质混贮。

附 录 A
（规范性附录）
都江堰川芎地理标志产品保护范围图

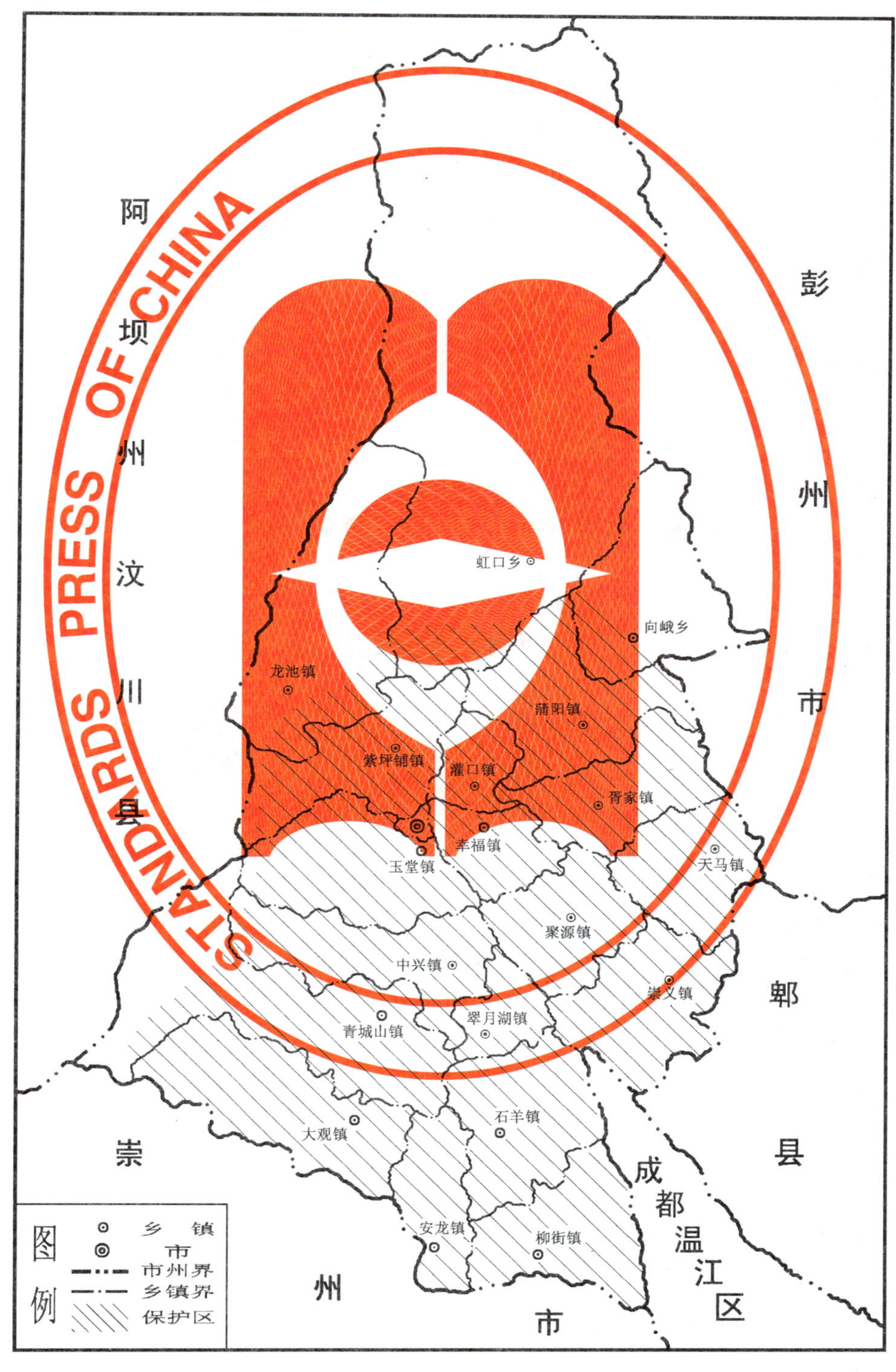

图 A.1 都江堰川芎地理标志产品保护范围图

附 录 B
（规范性附录）
都江堰川芎生产技术要求

B.1 产地条件

B.1.1 苓种培育基地选择

苓种培育基地应建在平原向高原过渡、海拔在 800 m～1 500 m 之间的中低山区；气候冷湿，年平均气温在 11.5℃～14.5℃，年降雨量 1 300 mm～1 600 mm；土质为沙壤土和壤土，以冷沙黄泥土或粗骨性黄泥土最佳；要求地势向阳、土质肥沃、管理方便。

B.1.2 大田生产地选择

应选择水质、大气、土壤环境无污染的平坝地域，田块集中成片，交通运输方便，远离城镇、医院、工矿企业、垃圾及废弃物堆积场等污染源。距公路 80 m 以外。

B.1.3 环境生态质量

B.1.3.1 灌溉条件

产地有水源保证，灌溉水应符合 GB 5084—1992 中旱作（二类）的要求。

B.1.3.2 土壤条件

产地要求土壤耕层深厚，疏松肥沃，排水良好，有机质含量丰富，中性或微酸性的沙质壤土。土壤环境质量应符合 GB 15618—1995 中二级的要求。

B.1.3.3 空气质量

产地空气环境质量应符合 GB 3095—1996 中一级的要求。

B.1.3.4 气候条件

川芎喜湿润气候，宜在雨量充沛、比较湿润的环境中生长。因此，要求产地年均气温在 15.2℃左右，年日照时数 1 049 h 左右，年降水量 1 243 mm 左右，相对湿度 80%左右。

B.2 栽培技术措施

B.2.1 苓种繁育

B.2.1.1 奶芎（抚芎子）的选择和起种时间

应选生长健壮，根茎大（径大≥20 mm），无病虫害的奶芎作种。于 12 月底至翌年 1 月上旬，在平坝川芎大田挖取专供繁殖苓种用的川芎根茎，即奶芎，运往山区栽种。

B.2.1.2 奶芎的处理

栽种前先去除带病奶芎，然后用 50%多菌灵可湿性粉剂 500 倍液浸泡奶芎 15 min～20 min 消毒杀菌。

B.2.1.3 苓种地的整理

栽培前除尽杂草，深翻耕 25 cm，耙细整平，按 1.6 m～2.2 m 开厢，沟宽 27 cm～30 cm。

B.2.1.4 奶芎的栽培

B.2.1.4.1 栽种时间

繁育苓种在“小寒”至“大寒”（1 月上旬）栽种最佳。

B.2.1.4.2 栽种方法

采取宽行窄窝或等行距栽种。窝径 5 cm～7 cm，每窝栽奶芎 1 个，每 667 m² 栽 7 000 窝～7 500 窝，约需奶芎 125 kg～175 kg。栽种时注意将奶芎芽向上，压紧栽稳，并用细土盖好种。

B.2.1.5 苓种管理

B.2.1.5.1 施肥

栽后每667 m² 用腐熟猪粪尿1 000 kg按1∶3对水灌窝后，再用过磷酸钙、腐熟猪粪尿和堆肥混匀点穴盖种。3月底4月初定苗后每667 m² 用尿素15 kg～20 kg、腐熟猪粪尿1 000 kg，按1∶3对水灌窝，再按每667 m² 用腐熟油枯(油饼)50 kg～75 kg和堆肥300 kg，混匀点穴。以后看苗追肥，5月封行后每667 m² 用尿素1 kg加磷酸二氢钾200 g对水150 kg，根外追肥1次～2次。

B.2.1.5.2 定苗

3月底当苓种苗长到13 cm～15 cm高时要及早定苗，每窝留8苗～10苗，注意留壮去弱，留健去病。苗高40 cm后，要插竹枝扶秆，防倒伏。

B.2.1.5.3 除草

对杂草较多的苓种地，栽种前一周采用符合国家规定的除草剂除杂草。定苗后和4月下旬，各浅中耕一次，疏松土壤，清除杂草，以后人工去除田间杂草。

B.2.1.5.4 病虫防治

B.2.1.5.4.1 农药使用准则

允许使用绿色食品生产资料农药类的有机合成产品。在AA级和A级绿色食品生产资料农药类产品不能满足植保工作需要的情况下，允许使用中等毒性以下植物源农药、动物源农药和微生物源农药，有限度地使用部分有机合成农药，严禁使用剧毒、高毒、高残留或具有三致毒性(致癌、致畸、致突变)的农药，严格按照GB 4285和GB 8321(所有部分)的最高残留限量(MRL)规定使用农药。

B.2.1.5.4.2 防治原则

应贯彻“预防为主、综合防治”的植保方针。以农业防治为基础，优先选用生物、物理、生态防治等有效的非化学防治手段，积极推广、应用生物农药、天敌生物。

B.2.1.6 健壮苓种的质量要求

苓种茎秆粗壮，节盘(茎节)粗大，直径1.6 cm以上，节间短，平均间距8 cm以下，每根苓秆有10个左右节盘，无病虫。

B.2.1.7 苓种收获和贮藏

7月中、下旬，当苓种节盘膨大、略带紫色时收获。选晴天把全株拔起，割下根茎，去掉叶子，捆成小捆放在阴凉处贮藏，待运下山作繁殖用。贮藏时，先在地上铺一层草，把茎秆一层层交错摆好，上面用草盖好，注意每周上下翻动一次，防止霉烂。

B.2.2 大田栽培

B.2.2.1 选地整地，深沟高厢

宜选前作无公害栽培的早稻田，整细整平后，开厢理沟，厢宽1.8 m，沟宽33 cm，沟深20 cm～25 cm，将厢面整成瓦背形。

B.2.2.2 适时栽插，合理密植

B.2.2.2.1 苓种的选择与处理

一律选用茎秆中间的节盘，不用茎秆近地的节盘和茎秆上部的节盘作种。先用苓刀将苓种割成3 cm～4 cm长，中间有一节盘的短节后再进行苓种的药物浸泡处理，取出苓种晾干即可。浸种方法：

a) 按50 kg苓种用枫杨叶1 kg、烟叶主脉0.5 kg，用开水50 kg浸泡两天后，再放入苓种浸泡12 h；

b) 用1.1%烟百素乳油1 000倍液浸泡苓种20 min。

B.2.2.2.2 栽种时间

川芎一般在“立秋”至“处暑”(8月上中旬)栽插最佳，不宜迟于“处暑”后。

B.2.2.2.3 栽种方法

采取宽窄行或等行宽窄窝栽插两种方式。宽窄行规格为：宽行行距40 cm、窄行行距27 cm、窝距

20 cm；等行宽规格为：行距 33 cm，窝距 20 cm。每厢栽 6 行，每 667 m^2 栽 8 000 窝左右，用种 30 kg～40 kg。栽插时要牵线栽插，均匀种植，每窝栽一个节盘，将苓种平放，芽向上按入土中，并用细土盖好种。

B.2.2.3 田间管理

B.2.2.3.1 科学施肥

B.2.2.3.1.1 施肥原则

坚持有机肥为主，无机肥为辅，氮、磷、钾配合，科学合理施用。

B.2.2.3.1.2 底肥

整地时每 667 m^2 用尿素 10 kg 加腐磷二铵生化有机肥 40 kg～50 kg 耙面肥。

B.2.2.3.1.3 追肥

栽后半月追第一次肥，每 667 m^2 用腐熟猪粪尿 1 000 kg 加腐熟油枯 25 kg，按 1∶3 对水灌窝。栽后一月追第二次肥，每 667 m^2 用腐熟猪粪尿 1 000 kg 加尿素 5 kg～7 kg、腐熟油枯 50 kg 按 1∶3 对水灌窝后，再按每 667 m^2 用腐熟油枯 100 kg、过磷酸钙 50 kg 混匀点穴，促进根茎充实膨大。

B.2.2.3.2 盖种、盖草

川芎栽插完后，及时用筛细的堆肥掩盖苓种，应把节盘盖住，注意浅盖，并在行间覆盖一层稻草，保温保湿，减轻杂草危害，增加土壤有机质。

B.2.2.3.3 补苗

出苗后如发现缺窝死苗，应及时补齐，保证苗全。

B.2.2.3.4 中耕、除草、培土

栽后半月幼苗出齐后，浅中耕一次，以后每隔 20 d 左右中耕除草一次，注意只浅松表土，勿伤根。1 月上中旬川芎叶秆回苗后，要人工拔除地上枯黄叶秆，再中耕培土，并将行间土壅在行上。

B.2.2.3.5 打黄叶

“冬至”前要随时打净老黄足叶，减少养分消耗和病虫危害。

B.2.2.3.6 间苗

在“春分”前后间一次苗，人工采摘嫩川芎尖，每窝摘 3 苗～4 苗即可。

B.2.2.3.7 病虫防治

B.2.2.3.7.1 农业防治

B.2.2.3.7.1.1 深沟高厢，排除湿害。

B.2.2.3.7.1.2 彻底清除田间杂草，对植株病虫残体，应集中深埋或焚烧处理。

B.2.2.3.7.1.3 在根腐病、川芎茎节蛾常发区，要实行轮作。在川芎地里间作大蒜等不影响川芎生长和品质的作物。

B.2.2.3.7.1.4 用枫杨叶加烟叶主脉浸泡液处理苓种，方法同 B.2.2.2.1。

B.2.2.3.7.2 药剂防治

同 B.2.1.5.4.1 。

B.3 收获贮藏

B.3.1 收获

川芎一般应在栽后第二年 5 月中、下旬（小满前后）地下根茎完全充实固定时及时收获。采收时选择晴天，用锄头将川芎连根挖起，去除茎叶和泥土，注意保持根茎的完整，避免影响川芎的品质。

B.3.2 处理及贮藏

收获后要选择晴天及时晒干或炕干。忌暴晒和烈火烘炕。烘炕时，应严格控制温度，温度不高于 80℃，注意避免表面烧焦。干燥至中心不软。干燥后应去除泥渣和须根，达到川芎形体完整、含水量适度、色泽好、香气散失少、不变味、有效物质破坏少的商品规格要求。在川芎包装前，应清除劣质品和异物，将干燥好的川芎装入清洁、干燥，符合国家食品卫生标准的包装袋或包装箱中，并放在通风、避光、低湿的环境中妥善保管，最好有空调或除湿设备。要定期检查，防止虫蛀、发霉、泛油、变色、气味散失、粘连和腐烂。

ICS 67.140.10
X 55

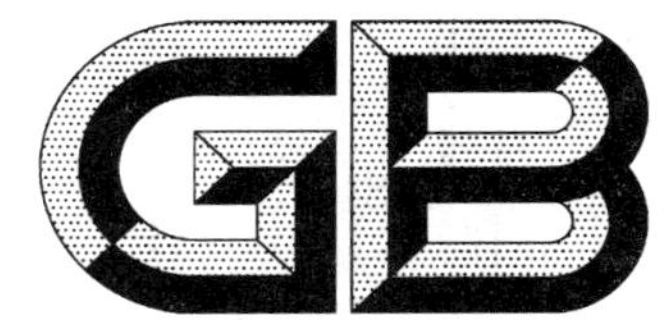

中华人民共和国国家标准

GB/T 21824—2008

地理标志产品 永春佛手

Product of geographical indication—Yongchun Foshou tea

2008-05-05 发布　　2008-10-01 实施

中华人民共和国国家质量监督检验检疫总局
中国国家标准化管理委员会 发布

前　言

标准的附录A为规范性附录,附录B、附录C为资料性附录。

本标准由全国原产地域产品标准化工作组提出并归口。

本标准起草单位:福建省永春县质量技术监督局、福建省永春县农业局、福建省永春县苏坑镇政府、福建省永春县玉斗镇政府、永春县魁斗莉芳茶厂、福建省永春香橼茶叶有限公司。

本标准主要起草人:颜涌泉、曾金贵、林文章、黄素碧、郭琴婷、吴生伟、黄恒源、谢良坡、陈慧聪。

地理标志产品　永春佛手

1　范围

本标准规定了永春佛手的术语和定义、地理标志产品保护范围、要求、试验方法、检验规则、标志、标签与包装、运输、贮存。

本标准适用于国家质量监督检验检疫行政主管部门根据《地理标志产品保护规定》批准保护的永春佛手。

2　规范性引用文件

下列文件中的条款通过本标准的引用而成为本标准的条款。凡是注日期的引用文件，其随后所有的修改单(不包括勘误的内容)或修订版均不适用于本标准，然而，鼓励根据本标准达成协议的各方研究是否可使用这些文件的最新版本。凡是不注日期的引用文件，其最新版本适用于本标准。

GB/T 191　包装储运图示标志

GB 2762　食品中污染物限量

GB 2763　食品中农药最大残留限量

GB 4285　农药安全使用标准

GB 7718　预包装食品标签通则

GB/T 8302　茶　取样

GB/T 8304　茶　水分测定

GB/T 8306　茶　总灰分测定

GB/T 8311　茶　粉末和碎茶含量测定

GB/T 8321.1　农药合理使用准则(一)

GB/T 8321.2　农药合理使用准则(二)

GB/T 8321.3　农药合理使用准则(三)

GB/T 8321.4　农药合理使用准则(四)

GB/T 8321.5　农药合理使用准则(五)

GB/T 8321.6　农药合理使用准则(六)

GB 11767　茶树种苗

GB/T 14487　茶叶感官审评术语

GB 14881　食品企业通用卫生规范

NY/T 787　茶叶感观评审通用方法

NY/T 5018　无公害食品　茶叶生产技术规程

NY 5020　无公害食品　茶叶产地环境条件

SB/T 10035　茶叶销售包装通用技术条件

国家质量监督检验检疫总局令[2005]第75号《定量包装商品计量监督管理办法》

3　术语和定义

GB/T 14487 确立的以及下列术语和定义适用于本标准。

3.1

永春佛手　Yongchun Foshou tea

在永春佛手地理标志产品保护范围内的自然生态条件下，采用佛手茶树品种进行扦插繁育、栽培和采摘的鲜叶，按照独特的传统加工工艺制作而成的、具有佛手茶品质特征的乌龙茶。

4 地理标志产品保护范围

永春佛手地理标志产品保护范围限于国家质量监督检验检疫行政主管部门根据《地理标志产品保护规定》批准的范围，即福建省泉州市永春县现辖行政区域，见附录 A。

5 要求

5.1 自然环境

5.1.1 气候条件

茶树生长的日平均气温 10℃以上，生长季节月均气温 15℃以上，最适宜生长的气温为 20℃～27℃，年有效积温 4 000℃以上；年降雨量 1 000 mm 以上，生长季节月降雨量 100 mm 以上，空气相对湿度 70%～80%。

5.1.2 土壤条件

保水、保肥、透气性良好，土层厚度为 0.8 m 以上且无硬盘层，地下水位低，pH4.5～6.0 的红壤和黄红壤，适宜永春佛手茶树生长。土壤环境质量应符合 NY 5020 的规定。

5.1.3 地形地势

坡度小于 30 度，新开垦茶园坡度小于 25 度。

5.1.4 水质条件

茶园灌溉水质量应符合 NY 5020 的规定。

5.1.5 大气条件

茶园环境空气质量应符合 NY 5020 的规定。

5.2 栽培技术

栽培技术参见附录 B。

5.3 采摘技术

采摘技术参见附录 C。

5.4 制作工艺

5.4.1 初制工艺

鲜叶→晒青→凉青→摇青→凉青→杀青→揉捻→初烘→包揉→复烘→复包揉→定型→烘干→拣梗→筛分→成品茶。

5.4.2 精制工艺

毛茶→验收→归堆→拼配→筛分→风选→正茶取梗→匀堆→烘焙→摊凉→匀堆→拼配→复拣→成品包装。

5.4.3 制作环境

应符合 GB 14881 的规定。

5.5 质量要求

5.5.1 感官特征

5.5.1.1 通用要求

具有永春佛手品质特征，无非茶类夹杂物，无异味，无霉变，不着色，不添加任何添加剂。

5.5.1.2 永春佛手成品茶感官特征

永春佛手成品茶按感官特征从高到低分为一、二、三、四级，分别设立标准样。各等级的感官特征见表 1。

表 1 永春佛手成品茶感官特征

等级		一级	二级	三级	四级
外形	条索	肥壮、圆结、重实、匀整	肥壮、紧结、匀整	卷曲结实、稍匀整	尚卷曲、略粗松
	色泽	砂绿油润	砂绿尚油润	乌绿稍带褐红	暗绿带褐红
内质	香气	浓郁，品种香明显	清高、品种香明显	清纯，品种香尚显	清淡，略带粗飘
	汤色	金黄清澈明亮	橙黄清澈	橙黄尚清澈	橙黄略深
	滋味	醇厚甘爽，品种特征明显	尚醇厚甘爽，品种特征尚明显	醇和、品种特征略显	清淡略粗
	叶底	肥厚、软亮、匀整、边鲜红	尚肥厚、稍软亮、匀整、红边明	黄绿有红边、尚软、尚匀整	暗绿略带褐色，稍粗硬

5.5.1.3 **永春佛手精制成品茶感官特征**

永春佛手精制成品茶按其感官特征从高到低分为五个级别，即：特、一、二、三、四级。各等级的感官特征见表 2。

表 2 永春佛手精制成品茶感官特征

等级		特级	一级	二级	三级	四级
外形	条索	壮结重实	较壮结	尚壮结	稍粗松	粗松
	色泽	青褐，油润	青褐，尚油润	尚润稍带乌褐	乌褐稍润	乌褐
	整碎	匀整	匀整	尚匀整	欠匀整	欠匀整
	净度	匀净	匀净	尚匀净	带细梗轻片	带细梗轻片
内质	香气	浓郁，品种香极显	清高，品种香明显	清纯，有品种香	纯正	平淡略粗
	滋味	醇厚甘爽，品种特征极显	醇厚，品种特征明显	尚醇厚，品种特征尚显	醇和	平淡略粗
	汤色	金黄、清澈明亮	金黄、清澈	尚金黄清澈	橙黄	橙黄泛红
	叶底	肥厚软亮，匀整，红边明显	肥厚软亮，匀整，红边明显	尚软亮	稍花杂粗硬	粗硬，暗褐

5.5.2 **理化指标**

理化指标见表 3。

表 3 理化指标

项目		水分	碎茶	粉末	总灰分
成品茶/%	≤	7.0	—	1.3	6.5
精制成品茶/%	≤	7.0	12.0	1.3	6.5

5.5.3 **卫生指标**

应符合 GB 2762 和 GB 2763 的规定。

5.5.4 **净含量允差**

单件定量包装茶叶的净含量允差，应符合国家质量监督检验检疫总局令[2005]第 75 号《定量包装商品计量监督管理办法》的规定。

6 试验方法

6.1 感官品质

按 NY/T 787 规定的方法，对照永春佛手国家标准样品进行审评。

6.2 理化指标

6.2.1 水分按 GB/T 8304 规定的方法测定。

6.2.2 碎茶和粉末按 GB/T 8311 规定的方法测定。

6.2.3 总灰分按 GB/T 8306 规定的方法测定。

6.3 卫生指标

按 GB 2762 和 GB 2763 的规定执行。

6.4 净含量允差

使用相应精度等级的计量器具进行测定。

7 检验规则

7.1 组批规则与取样方法

7.1.1 组批规则

以同一生产周期内相同等级的产品为一批。生产周期、产量由生产企业确定。

7.1.2 取样方法

取样方法按 GB/T 8302 的规定执行,应同时从取样点加倍抽取复检样。

7.2 检验分类

7.2.1 出厂检验

永春佛手产品应经过企业质检部门检验合格,并附有合格证明,方可出厂。

7.2.2 型式检验

有下列情况之一时,应进行型式检验。

a) 新产品定型投产时;

b) 正常生产满半年时;

c) 加工工艺有较大改变,可能影响产品质量时;

d) 停产一年以上恢复生产时;

e) 质量监督机构提出要求时。

7.3 检验项目

7.3.1 永春佛手成品茶出厂检验项目为感官特征和净含量允差,型式检验项目为感官特征、理化指标、卫生指标和净含量允差。

7.3.2 永春佛手精制成品茶出厂检验项目为感官特征、理化指标和净含量允差,型式检验项目为感官特征、理化指标、卫生指标和净含量允差。

7.4 判定规则与复检规则

7.4.1 感官特征、理化指标、卫生指标和净含量允差的每个项目均符合本标准的要求时,则判定该批产品合格。

7.4.2 卫生指标中有一个项目不符合本标准的要求,则判定该批产品不合格。感官特征、理化指标和净含量允差有一个项目不符合本标准的要求时,可加倍抽样复检,如复检合格则判为合格品,复检后仍不合格判为不合格品。

7.4.3 对检验结果有争议时,应依法选定检验机构,用复检样对所争议的项目进行复检,以复检结果为准。

8 标志、标签

8.1 标志

8.1.1 获得批准的企业,可在其产品包装上使用地理标志产品专用标志。

8.1.2 永春佛手产品的包装储运标志按 GB/T 191 的规定执行。

8.2 标签

产品的标签按 GB 7718 的规定执行，并标示相应的类型与等级。

9 包装、运输、贮存

9.1 包装

产品包装容器应干燥、清洁、无毒、无异味、防潮，包装材料应符合 SB/T 10035 的规定。

9.2 运输

箱茶搬运，一般不应在雨天进行，如遇特殊情况，应用防雨布严密遮盖和防护。运输时应轻搬、轻放、防潮，避免剧烈撞击、重压。严禁与有毒、有异味、潮湿、易污染的物品混装混运。

9.3 贮存

贮存的仓库应通风、干燥、清洁、阴凉、无阳光直接照射，严禁与有毒、有异味、潮湿、易生虫、易污染的物品同仓贮存。

附 录 A
（规范性附录）
永春佛手地理标志产品保护范围图

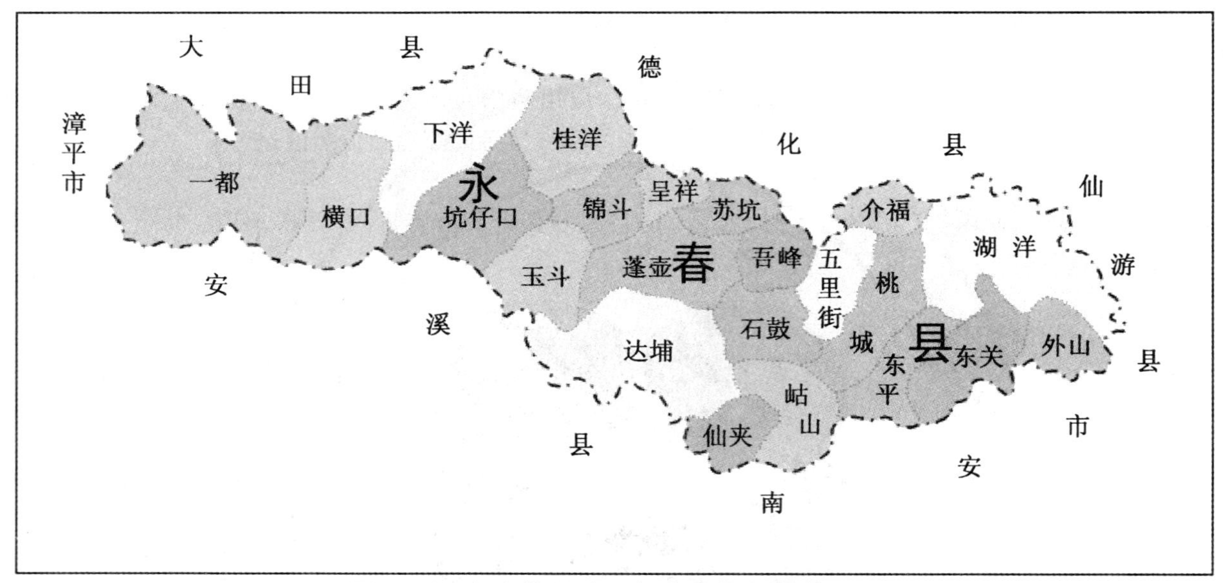

图 A.1　永春佛手地理标志产品保护范围图

附 录 B
（资料性附录）
永春佛手茶树栽培技术

B.1 茶树种苗繁育（无性繁殖）

B.1.1 母树的选择

选择品种纯正、生长健壮，无检疫性病虫害的优良佛手茶母树。

B.1.2 母树的培育

B.1.2.1 母本园在秋末冬初可结合茶园深耕改土重施有机肥和磷钾肥。

B.1.2.2 各扦插季节茶芽萌动 10 d 前进行一次轻修剪，修剪程度比一般茶树稍重，剪后施追肥。

B.1.2.3 冬季结合清园喷洒 0.5°Bé 石硫合剂或 0.5%～0.8%松碱合剂消灭越冬病虫；在新梢生育过程中应注意及时防治病虫害。打顶后应立即用低毒长效农药喷洒一次，以防病虫从母树带入苗圃。

B.1.2.4 母树所留插穗应轻采或打顶采摘，7 d～15 d 后再剪穗。

B.1.3 苗穗要求

B.1.3.1 选品种纯正，生长健壮、红棕色、半木质化、腋芽饱满、无病虫害的枝条。

B.1.3.2 去除异种枝条和病虫枝，并集中烧毁。

B.1.3.3 苗穗贮运时不得重压。

B.1.3.4 苗穗剪回后应摊放在阴凉潮湿的地方，注意喷水保湿，防止日晒、风吹、发热、萎凋。

B.1.3.5 插穗应有一个饱满腋芽带一个健全的叶片，叶片下短茎长 3.5 cm～4.0 cm。

B.1.3.6 剪口应平滑，斜面与叶向相同，上端剪口距叶柄处 3 mm，应随剪随插。

B.1.4 扦插

B.1.4.1 应根据不同地方和气候情况而定，一般夏插在 4 月底至 5 月中旬或 6 月中旬至 6 月下旬，秋插 8 月下旬至 9 月中旬，冬插 11 月至 12 月，寒冷地区以夏插为好。

B.1.4.2 将苗床充分喷湿，待稍干，土不粘手后，按叶片的长度进行划行扦插，一般 10 cm～12 cm；株距以插后叶片互不遮叠为宜，一般 4 cm～5 cm；每公顷插 225 万株（每亩插 15 万株）。

B.1.4.3 插穗可直插或稍斜插入土中，叶面应顺风向，叶柄和腋芽露出土面，叶不贴土。插后即喷水，湿透培养土。

B.1.5 苗木出圃

按 GB 11767 的规定执行。

B.2 栽培管理

B.2.1 划行与施基肥

B.2.1.1 梯面宽 1.5 m 的梯层种一行，距梯埂外沿 80 cm～90 cm 平行种植。梯面宽 2.5 m 及以上的梯层按行距 1.2 m～1.5 m 划行种植。

B.2.1.2 按划出的种植行挖深宽为 60 cm×80 cm 的种植沟，每公顷用腐熟有机肥 45 t～75 t（每亩 3 t～5 t）、磷肥 750 kg（每亩 50 kg）施入沟底，并与土拌匀，再覆土 20 cm。

B.2.2 定植

B.2.2.1 定植时间：以茶苗芽梢生长成熟后的阴天为宜。秋栽于“霜降”至“立冬”，春栽于“立春”至“惊蛰”定植。

B.2.2.2 种植密度：单行双株种植的株距 25 cm～35 cm，每公顷栽 30 000 株～37 500 株（每亩栽 2 000 株～2 500 株）；双行双株种植的大行距 1.2 m～1.5 m，小行距 30 cm～35 cm，株距 30 cm～35 cm，每公顷栽 45 000 株～60 000 株（每亩栽 3 000 株～4 000 株）。

B.2.2.3　种植技术：茶苗根茎部入土 2 cm～3 cm，茶根要自然伸展，栽后适度压实茶苗四周土壤，再覆盖一层松土，茶行两边覆土稍高，保持有 10cm 浅沟，然后浇水、铺草覆盖。

B.2.3　茶园管理

B.2.3.1　中耕除草

每年 3 次～5 次。各茶季茶芽萌发前的晴天进行。一二年的幼树宜在雨后进行，茶树茎部附近的杂草应拔除，梯壁杂草宜割除。耕锄深度 10 cm～15 cm。

B.2.3.2　施肥

B.2.3.2.1　基肥以有机肥为主，配合少量无机肥。有机肥可每年或隔年施一次。每公顷施腐熟农家肥 30 t～37.5 t 或饼肥 4 500 kg～7 500 kg，过磷酸钙 225 kg～375 kg，硫酸钾 150 kg～225 kg(每亩施腐熟农家肥 2 t～2.5 t 或饼肥 300 kg～500 kg，过磷酸钙 15 kg～25 kg，硫酸钾 10 kg～15 kg)。一般在茶季结束后结合清园深翻进行，或萌芽前 40 d 以上进行。

B.2.3.2.2　追肥以无机肥为主。一般在春茶采前一个月，以后各季萌芽前 7 d～10 d 施用。全年追肥 4 次～5 次，第一次在 3 月上旬，第二次在 5 月上中旬，第三次在 6 月下旬至 7 月上旬，第四次在 8 月上中旬，第五次在 9 月下旬。三要素比例：幼龄茶园氮(N)、磷(P_2O_5)、钾(K_2O)比例为 2∶1∶1；成龄茶园为 3∶1∶1。各茶季追肥量的比例：年采四季茶的为 40∶15∶15∶30；年采五季茶的为 35∶15∶15∶25∶10。

B.2.3.2.3　幼龄茶园施肥量应少些，在离茶树根茎部 20 cm～40 cm 处挖条状沟，深 10 cm～15 cm；成年茶园施肥量应多些，在行间挖条状沟，深 15 cm～20 cm。施后及时覆土。

B.2.3.3　修剪

B.2.3.3.1　幼龄茶树定剪：定植后树高 30 cm 以上，主茎粗 0.3 cm 以上，即可进行第一次定型修剪。春种秋前剪，夏种秋后剪，秋、冬种植的，翌年春茶停止生长后可进行第一次定剪。以后根据茶树生长情况于茶芽停长后进行，定剪共进行 3 次～4 次。用修枝剪剪去主干枝，每次定剪高度比上次剪口提高 10 cm～15 cm。剪后要加强耕锄、肥培、病虫防治，严格留养。

B.2.3.3.2　轻修剪：成年茶树每年进行一次。于秋茶结束后至立春前或春茶采后 10 d 内进行。用平剪或略带弧型剪，剪去树冠表面鸡爪枝、细弱枝、突出枝和病虫枝。每次修剪比上次剪口提高 5 cm 左右。

B.2.3.3.3　深修剪：骨干枝未衰老，但树冠经多次采摘，已形成大量鸡爪枝、结节枝，育芽力下降，芽头细小的茶树，于立春前后 10 d 或春茶采后 10 d 内，剪去树冠 10 cm～20 cm 的鸡爪枝、细弱枝层，更新树冠。

B.2.3.3.4　重修剪：树势明显衰老，分枝稀疏，枝条细弱，对夹叶增多，萌芽无力，出现枯枝、虫蛀枝，主干枝呈灰白色的茶树，剪去树高的三分之二或二分之一，一般离地 35 cm～45 cm，重新培育枝干和树冠。剪口要平滑，防止破裂。修剪应在立春前或春茶采后 10 d 内进行。

B.2.3.3.5　台刈：树势严重衰老，细弱枝、白化枝、病虫枝、枯枝多，枝干披生地衣、苔藓，萌芽稀而细小，对夹叶多，产量下降严重的衰老茶树，离地面 5 cm～10 cm 处台刈，枝干粗的要锯除，防止切口破裂。若根茎部有更新枝，应留数枝，以利水分、养分的输导。台刈应在立春前或春茶采后 10 d 内进行。

B.2.3.4　铺草覆盖

在夏茶采后(6 月～7 月)和秋茶采后(10 月～11 月)，每公顷用 30 t～45 t(每亩用 2 t～3 t)稻草、山茅草覆盖。

B.2.3.5　病虫害防治

禁止使用国家明令禁止使用的农药。根据茶树生育特点和病虫发生规律，采取改善生态环境，修剪控制树冠，园地清洁，加强肥培管理健壮树势，提高树体抗性和茶叶的适当嫩采，及时分批多次采摘等农业防治措施，或利用昆虫的趋性进行灯光诱杀、糖醋液诱杀、性诱剂诱杀或人工捕杀等物理机械防治措施，或利用天敌昆虫、病原微生物、农用抗生素及生物制剂等生物防治措施。必要时按照 GB 4285、GB/T 8321.1～8321.6 和 NY 5020、NY/T 5018 的要求选择性使用农药进行化学防治。

附　录　C
（资料性附录）
永春佛手茶叶采摘技术

C.1　采摘标准

C.1.1　新梢成熟度：顶叶小开面至中开面，3分～5分成熟。春秋茶适当老采，夏暑茶适当嫩采。
C.1.2　芽叶标准：驻芽2叶～4叶嫩梢及对夹叶。

C.2　采摘时间

每年有春、夏、暑、秋(冬)4个～5个采摘季别。春茶在清明至谷雨，夏茶在夏至前后，暑茶在大暑前后，秋(冬)茶在寒露前至立冬采摘。

C.3　采摘方法

C.3.1　幼年茶树

以养为主，以采代剪，控制顶端优势，促进分枝，培养“壮、宽、茂、密”的丰产树冠。经3次～4次定剪后，可采用定高平(弧)面采摘法。

C.3.2　青年茶树

前期继续培养树冠，用定高平(弧)面采摘法，在树冠采摘面上，春、夏、暑梢各留1叶，秋留鱼叶采齐。

C.3.3　壮年茶树

盛产期采用以采为主、以留为辅的定高平(弧)面采摘法，适当嫩采，分批多次采，注意控制树冠高度。冬季封园，剪除突出枝、病虫枝，保持采面整齐一致。

C.3.4　老年茶树

前期以采为主，注意留养。当树体萌发的新梢短而梗细小、对夹叶增多时，就要更新修剪。对要更新的老茶树，可以采取“春茶大采、夏茶改”的办法，把拟定修剪高度以上的芽梢全部采摘，而后及时修剪改造。

C.4　茶青质量

茶青肥壮、完整、新鲜、均匀，每梢为两个“定型叶”(即有两个叶子比较成熟)，且符合下列要求之一：

a)　小开面(顶叶面积为第二叶的20%～30%)采三至四叶；
b)　中开面(顶叶面积为第二叶的31%～70%)采两至三叶；
c)　大开面(顶叶面积为第二叶的71%～90%)采两叶；
d)　一芽四叶；
e)　对夹叶。

C.5　茶青的运输、贮存

C.5.1　茶青应使用卫生、清洁、通风的竹篓盛装，不得挤压，不得与有异杂味、有毒物品混装。
C.5.2　茶青运回初制厂前应放在阴凉、洁净的地方，并在4 h内运回初制厂，运输中避免挤压和日晒、雨淋。
C.5.3　茶青运回初制厂后应放在阴凉的地方散热，注意保鲜。

ICS 59.100.10
Q 36

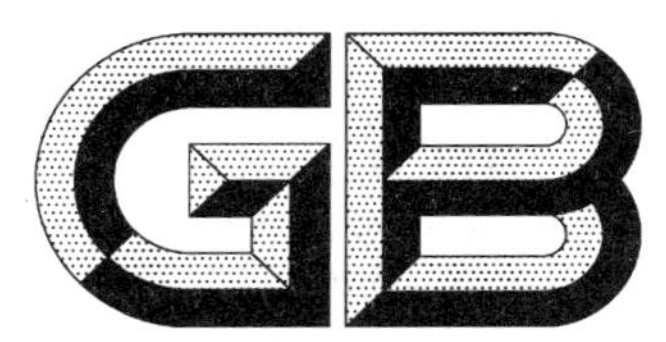

中华人民共和国国家标准

GB/T 21825—2008

玻璃纤维土工格栅

Glass fibre geogrid

2008-05-12 发布　　2008-11-01 实施

中华人民共和国国家质量监督检验检疫总局
中国国家标准化管理委员会　发布

前　言

请注意本标准的某些内容可能涉及专利内容，本标准发布机构不应承担识别这些专利的责任。

本标准的附录 A、附录 B、附录 C、附录 D 均为规范性附录。

本标准由中国建筑材料联合会提出。

本标准由全国玻璃纤维标准化技术委员会(SAC/TC 245)归口。

本标准负责起草单位：南京玻璃纤维研究设计院、常州天马集团有限公司、江苏九鼎新材料股份有限公司。

本标准参加起草单位：杭州强士工程材料有限公司、山东晟昊玻璃纤维有限公司。

本标准主要起草人：王玉梅、师卓、葛敦世、陈彤、宣维栋、沈兴海、陈伟、曾月琴。

本标准为首次发布。

玻璃纤维土工格栅

1 范围

本标准规定了玻璃纤维土工格栅的定义、代号、要求、试验方法、检验规则、标志、包装、运输和贮存。

本标准适用于以玻璃纤维无捻粗纱为主要原料，经过编织和表面浸渍处理而成的，主要用于增强沥青路面的玻璃纤维土工格栅。其他用途的玻璃纤维土工格栅可参照采用。

2 规范性引用文件

下列文件中的条款通过本标准的引用而成为本标准的条款。凡是注日期的引用文件，其随后所有的修改单(不包括勘误的内容)或修订版均不适用于本标准，然而，鼓励根据本标准达成协议的各方研究是否可使用这些文件的最新版本。凡是不注日期的引用文件，其最新版本适用于本标准。

GB/T 191 包装储运图示标志

GB/T 1549 钠钙硅铝硼玻璃化学分析方法

GB/T 7689.3 增强材料 机织物试验方法 第3部分：宽度和长度的测定

GB/T 18374 增强材料术语及定义

3 术语和定义

GB/T 18374 确立以及和下列术语和定义适用于本标准。

3.1

网眼目数 mesh number

沿经向或纬向每 25.4 mm 长度内的孔数。

注：网眼目数为 1，对应的公称网孔中心距为 25.4 mm。

3.2

网眼尺寸 mesh size

相邻两组经纱(纬纱)边缘之间的净距离。

4 代号

代号包括下列要素

a) 所用玻璃的类型，E 表示无碱玻璃；

b) 表示玻璃纤维土工格栅的字母，G；

c) 表示用途的英文字母，如用“A”表示沥青路面用。

d) 经向网眼目数，后接“×”号；

e) 纬向网眼目数；

f) 表示格栅经向和纬向公称强力的数字，放在括号内，以 kN/m 为单位，经向和纬向强力值之间用“×”号，括号后接“-”号；

g) 格栅的宽度，以 cm 为单位的数字；

h) 制造商标记或其他相关信息。

示例：

经、纬向网眼目数均为 1，经、纬向公称强力值均为 50 kN/m，幅宽为 2 m 的沥青路面用玻璃纤维土工格栅代号为：EGA1×1(50×50)-200

5 要求

5.1 理化性能

5.1.1 碱金属氧化物含量

玻璃纤维土工格栅应采用无碱玻璃纤维，碱金属氧化物含量应不大于0.8%。

5.1.2 网眼尺寸、网眼目数、断裂强力、断裂伸长率

网眼尺寸、网眼目数、断裂强力、断裂伸长率应符合表1的规定。其他规格由供需双方商定。

表1 网眼尺寸、网眼目数、断裂强力、断裂伸长率

规格	网眼尺寸/mm ≥		网眼目数（网孔中心距/mm）		断裂强力/(kN/m) ≥		断裂伸长率/% ≤	
	经向	纬向	经向	纬向	经向	纬向	经向	纬向
EGA1×1(30×30)	19	19	1±0.15 (25.4±3.8)	1±0.15 (25.4±3.8)	30	30	4	4
EGA1×1(50×50)	19	19	1±0.15 (25.4±3.8)	1±0.15 (25.4±3.8)	50	50	4	4
EGA1×1(60×60)	19	19	1±0.15 (25.4±3.8)	1±0.15 (25.4±3.8)	60	60	4	4
EGA1×1(80×80)	19	19	1±0.15 (25.4±3.8)	1±0.15 (25.4±3.8)	80	80	4	4
EGA1×1(100×100)	19	19	1±0.15 (25.4±3.8)	1±0.15 (25.4±3.8)	100	100	4	4
EGA1×1(120×120)	17	17	1±0.15 (25.4±3.8)	1±0.15 (25.4±3.8)	120	120	4	4
EGA1×1(150×150)	17	17	1±0.15 (25.4±3.8)	1±0.15 (25.4±3.8)	150	150	4	4
EGA2×2(50×50)	9	9	2±0.15 (12.7±3.8)	2±0.15 (12.7±3.8)	50	50	4	4
EGA2×2(80×80)	8	8	2±0.15 (12.7±3.8)	2±0.15 (12.7±3.8)	80	80	4	4
EGA2×2(100×100)	8	8	2±0.15 (12.7±3.8)	2±0.15 (12.7±3.8)	100	100	4	4

5.1.3 耐温性能

用户有要求时，玻璃纤维土工格栅经170℃，1 h热处理后，其经向和纬向拉伸断裂强力保留率都应不小于90%。经−40℃，1 h冷冻处理后，其经向和纬向拉伸断裂强力保留率都应不小于80%。

5.1.4 宽度和长度

除非另有商定，玻璃纤维土工格栅的宽度为200 cm、400 cm、600 cm，实际宽度不得低于标称值。

除非另有商定，玻璃纤维土工格栅的匹长为50 m、100 m，不允许拚段，匹长的允许偏差为±1%。

5.2 外观质量

5.2.1 外观疵点分类按表2的规定。

5.2.2 凡临近的各类疵点应分别计算，疵点混在一起的按主要疵点计，测量断续或分散的疵点长度时，间距在10 mm以下的取其全部长度累加。

5.2.3 五个次要疵点计为一个主要疵点，每百平方米主要疵点数不得超过8个，不得有不允许出现的疵点。

表 2 玻璃纤维土工格栅外观疵点分类

序 号	疵点名称	疵点特征	主要疵点⊙	次要疵点△
1	断经、断纬 缺经、缺纬	单根长度<50 mm 单根长度≥50 mm 或两根长度<20 mm 大于两根或两根，长度≥20 mm	 ⊙ 不允许	△
2	纬斜	每米幅宽，歪斜长度≥5 mm～<30 mm 歪斜长度≥30 mm～<80 mm 歪斜长度≥80 mm	 ⊙ 不允许	△
3	网眼抽缩	每米幅宽，纬向宽<10 cm 纬向宽≥10 cm	 ⊙	△
4	浸渍不良	面积小于 0.01 m^2 面积大于 0.01 m^2	 不允许	△

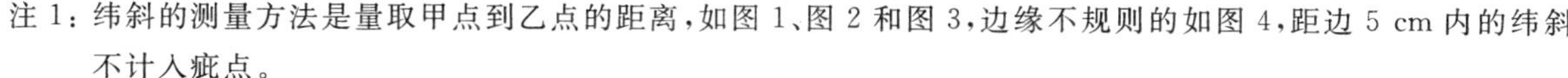
注 1：纬斜的测量方法是量取甲点到乙点的距离，如图 1、图 2 和图 3，边缘不规则的如图 4，距边 5 cm 内的纬斜不计入疵点。

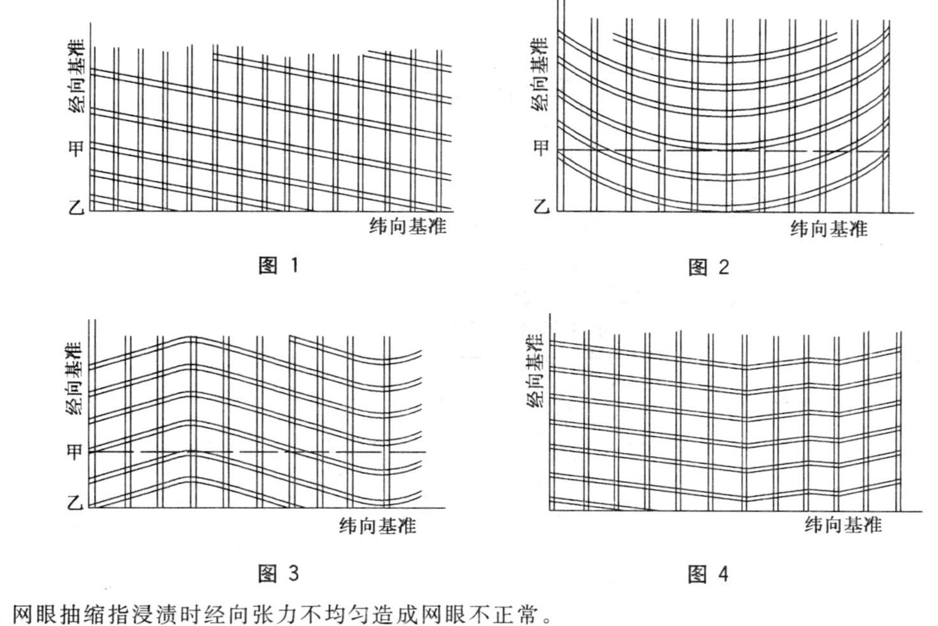

图 1　图 2　图 3　图 4

注 2：网眼抽缩指浸渍时经向张力不均匀造成网眼不正常。

6 试验方法

6.1 碱金属氧化物含量

按 GB/T 1549 的规定。

6.2 网眼尺寸和网眼目数

按本标准附录 A(规范性附录)的规定。

6.3 断裂强力和断裂伸长率

按本标准附录 B(规范性附录)的规定。

6.4 耐温性能

按本标准附录 C(规范性附录)的规定。

6.5 宽度和长度

按 GB/T 7689.3 的规定。

6.6 外观质量

在正常(光)照度下,距离0.5 m,借助目测和适当的量具进行检验。

7 检验规则

7.1 出厂检验和型式检验

7.1.1 出厂检验

产品出厂时,应进行出厂检验。出厂检验项目应包括:网眼尺寸、网眼目数、断裂强力、断裂伸长率、宽度和长度、外观质量。

7.1.2 型式检验

有下列情况之一时,应进行型式检验:

a) 新产品投产时;
b) 原材料或生产工艺有较大的改变时;
c) 停产时间超过三个月,恢复生产时;
d) 正常生产时,每年至少进行一次;
e) 出厂检验结果与上次型式检验有较大差异时;
f) 供需双方合同有要求时;
g) 国家质量监督机构提出型式检验要求时。

型式检验应对标准中规定的全部技术要求进行检验。

7.2 批与抽样

7.2.1 检查批

同一规格品种、同一质量等级、同一生产工艺稳定连续生产的一定数量的单位产品为一检查批。

7.2.2 抽样

7.2.2.1 按表3的规定从检查批中随机抽取理化性能检验用样本。

表3 理化性能检验的抽样与判定

批量范围	样本大小	k,AQL=4.0	批量范围	样本大小	k,AQL=4.0
3~15	3	0.958	281~400	20	1.33
16~25	4	1.01	401~500	25	1.35
26~50	5	1.07	501~1 200	35	1.39
51~90	7	1.15	1 201~3 200	50	1.42
91~150	10	1.23	3 201~10 000	75	1.46
151~280	15	1.30	10 001	100	1.48

7.2.2.2 按表4的规定从检查批中随机抽取外观质量检验用样本。

表4 外观质量检验的抽样与判定

批 量	样本大小	接收质量限 AQL=4.0	
		接收数 Ac	拒收数 Re
≤25	3	0	1
26~90	13	1	2
91~150	20	2	3
151~280	32	3	4
281~500	50	5	6
501~1 200	80	7	8
1 201~3 200	125	10	11
3 201~10 000	200	14	15
≥10 001	315	21	22

7.3 判定规则

7.3.1 理化性能的判定

碱金属氧化物含量、网眼尺寸、网眼目数、耐温性能以样本测试平均值的修约值判定。断裂强力和断裂伸长率分别以质量统计量 Q_L 和 Q_U 进行判定。

7.3.2 外观质量的判定

外观质量应符合 5.2 的规定，批质量的判定按表 4 的规定。

7.3.3 综合判定

外观质量和理化性能均合格，判该批产品合格，否则判该批产品不合格。

8 标志、包装、运输和贮存

8.1 标志

玻璃纤维土工格栅的标志应包括：

a) 产品名称、产品代号、本标准号；

b) 生产厂名称和地址；

c) 生产日期(或批号)；

d) 卷长。

8.2 包装

8.2.1 玻璃纤维土工格栅应卷绕在直径不小于 76 mm 的硬纸管上。在贮存与运输过程中应避免受潮和损坏。

8.2.2 包装外表面应标明：

a) 产品名称、产品代号、本标准号；

b) 生产厂名称和地址；

c) 生产日期(或批号)；

d) 质量(或卷长)；

e) 按 GB/T 191 规定的“怕雨”图示。

8.2.3 特殊包装由供需双方商定。

8.3 运输

应采用干燥遮篷工具运输。

8.4 贮存

应放置在干燥、通风的室内贮存。

附 录 A
（规范性附录）
玻璃纤维土工格栅网眼目数和网眼尺寸的测定

A.1 范围

本附录规定了玻璃纤维土工格栅网眼目数和网眼尺寸的测定方法。

A.2 原理

A.2.1 网眼目数

计数玻璃纤维土工格栅玻纤格栅试样经向(或纬向)一定长度范围内的网眼数目,通过计算求得每25.4 mm长度上的网眼目数。

A.2.2 网眼尺寸

测量试样相邻两组纬纱(或经纱)边缘之间的净距离。

A.3 仪器

钢直尺:精度0.5 mm。

A.4 试样

从整卷玻璃纤维土工格栅上沿经向裁下约2 m长的整幅布段作为试样。试样不需要调湿。

A.5 试验步骤

A.5.1 网眼目数

A.5.1.1 将试样自然平铺在平整的台面上。将钢直尺的零点标线与纱线右侧边缘相重合,以测定的起始纱线的右侧边缘至下一组纱线的右侧边缘为一孔,计数从起始位置至约1 000 mm处纱线右测边缘距离内的孔数,并读出这段距离的长度,精确至1 mm。

A.5.1.2 移动钢直尺至另一位置,不包含已测量的部位。重复上述测量。

A.5.2 网眼尺寸

A.5.2.1 将试样自然平铺在平整的台面上。将钢直尺的零点标线与纱线右侧边缘相重合,测量至下一组纱线左侧边缘的距离,精确至0.5 mm。

A.5.2.2 移动钢直尺至另一位置,不包含已测量的部位。重复上述测量。

A.6 结果表示

A.6.1 网眼目数

A.6.1.1 按式(A.1)计算网眼目数:

$$N=\frac{25.4\times n}{a} \qquad \text{(A.1)}$$

式中:

N——玻璃纤维土工格栅的网眼目数;

n——测量长度内计数的孔数;

a——测量长度,单位为毫米(mm)。

A.6.1.2 分别计算经向和纬向五次测定值的算术平均值,修约到个位数。

A.6.2 网眼尺寸

A.6.2.1 分别计算试样经向和纬向五次测定值的算术平均值。

A.6.2.2 以相邻纬纱边缘间距的平均值表示经向网眼尺寸，以相邻经纱边缘间距的平均值表示纬向网眼尺寸，以 mm 为单位，修约到个位数。

附 录 B
（规范性附录）
玻璃纤维土工格栅断裂强力和断裂伸长的测定

B.1 范围

本附录规定了玻璃纤维土工格栅断裂强力和断裂伸长的测定方法。

B.2 原理

通过适当的机械装置拉伸试样使其伸长，直至断裂，并记录断裂时的力值和断裂时的伸长。

B.3 仪器

B.3.1 拉伸试验机

应包括：

a) 一对合适的夹具。夹具间初始自由距离应为(200±1)mm，且有措施保证试样在夹具内不打滑和受损；

b) 等速伸长型(CRE)试验机。拉伸速度应能控制在(100±5)mm/min；

c) 指示或记录试样力值的装置。该装置在规定的试验速度下应无惯性，示值误差不超过1%；

d) 指示或记录试样伸长的装置，该装置在规定的试验速度下应无惯性，示值误差不超过1 mm。

B.3.2 合适的切裁工具：如剪刀等。

B.4 试样

B.4.1 试样为长350 mm的单组经纱或纬纱。

B.4.2 每个样品至少测定5个经向试样和5个纬向试样，任何两个试样都不应属于同一根经纱或纬纱。

B.5 调湿和试验环境

B.5.1 调湿环境

在温度(23±2)℃，相对湿度50%±10%标准环境条件下进行调湿，仲裁检验调湿时间为4 h，非仲裁检验调湿时间为1 h。

B.5.2 试验环境

试验环境条件与调湿环境条件相同。

B.6 操作

B.6.1 调节夹具之间距离，使试样在夹具间的有效长度为(200±1)mm。

B.6.2 调节试验机的拉伸速度为100 mm/min。

B.6.3 夹持试样，使试样的纵向中心线通过夹具的中点，试样在最终夹紧前，应在试样上施加(2.0±0.2)cN/tex的预张力，其大小由纱线公称线密度算出。

B.6.4 启动活动夹具，拉伸试样至断裂。

B.6.5 记录试样断裂时的力值，精确至1 N。

B.6.6 记录试验断裂时的伸长值，精确至0.5 mm。

B.6.7 如果试样断裂发生在两个夹具中任一夹具的接触点的10 mm以内，则记录该现象，但不做断裂强力和断裂伸长的计算，用另一试样重新试验。

B.7 结果表示

B.7.1 断裂强力

B.7.1.1 按式(B.1)计算断裂强力值：

$$P=\frac{F\times N}{25.4} \quad \cdots\cdots(B.1)$$

式中：

P——玻璃纤维土工格栅断裂强力，单位为千牛每米(kN/m)；

F——单组纱线的断裂时的力值，单位为牛顿(N)；

N——玻璃纤维土工格栅的网眼目数。

B.7.1.2 分别计算经向和纬向断裂强力测定值的算术平均值，修约至小数点后第1位。

B.7.2 断裂伸长

B.7.2.1 断裂伸长以断裂伸长率表示，断裂伸长率按式(B.2)计算：

$$\varepsilon=\frac{\Delta L}{L}\times 100 \quad \cdots\cdots(B.2)$$

式中：

ε——玻璃纤维土工格栅断裂伸长率，%；

ΔL——单组纱线的断裂伸长，单位为毫米(mm)；

L——单组纱线的原始有效长度，单位为毫米(mm)。

B.7.2.2 分别计算经向和纬向断裂伸长率测定值的算术平均值，保留两位有效数字。

附 录 C
（规范性附录）
玻璃纤维土工格栅耐温性能的测定

C.1 范围

本附录规定了玻璃纤维土工格栅耐温性能的测定方法。

C.2 原理

分别测定经加热处理、冷冻处理和经标准环境条件调湿处理的试样的断裂强力。分别计算加热处理后试样的断裂强力与经标准环境条件调湿处理的试样的断裂强力的比值、冷冻处理后试样的断裂强力与经标准环境条件调湿处理的试样的断裂强力的比值。

C.3 仪器

C.3.1 烘箱。温度能控制在170℃±2℃。

C.3.2 低温试验箱。温度能控制在－40℃±3℃。

C.4 试样

C.4.1 按附录B中B.4.1和B.4.2条的规定分别制取经向试样和纬向试样。

C.4.2 试样的数量应保证能够得到至少下列5个有效的测试结果：

经标准环境条件调湿处理的经向试样的断裂强力；

经加热处理后的经向试样的断裂强力；

经冷冻处理后的经向试样的断裂强力；

经标准环境条件调湿处理的纬向试样的断裂强力；

经加热处理后的纬向试样的断裂强力；

经冷冻处理后的纬向试样的断裂强力。

C.5 试样的处理与测试

C.5.1 按附录B中B.5、B.6和B.7的规定分别测定经标准环境条件调湿处理的经向和纬向试样断裂强力。

C.5.2 将用于测定耐热性能的试样，放置于温度170℃±2℃的烘箱内1 h，取出后在标准环境条件下放置1 h，按B.6和B.7的规定，测定试样的断裂强力。

C.5.3 将用于测定耐冻性能的试样，放置于温度－40℃±3℃的烘箱内1 h，取出后在标准环境条件下放置1 h，按B.6和B.7的规定，测定试样的断裂强力。

C.6 结果表示

分别计算D.4.2所述的六种状态下5个有效试样的断裂强力平均值。分别按(C.1)计算经向和纬向试样的断裂强力保留率：

$$R = \frac{C}{U} \times 100 \qquad \cdots\cdots\cdots\cdots(\text{C.1})$$

式中：

R——断裂强力保留率，%；

C——经加热处理或冷冻处理后的试样拉伸断裂强力，单位为牛顿(N)；

U——在标准环境条件下调湿处理的试样拉伸断裂强力，单位为牛顿(N)。

ICS 13.300;11.100
A 80

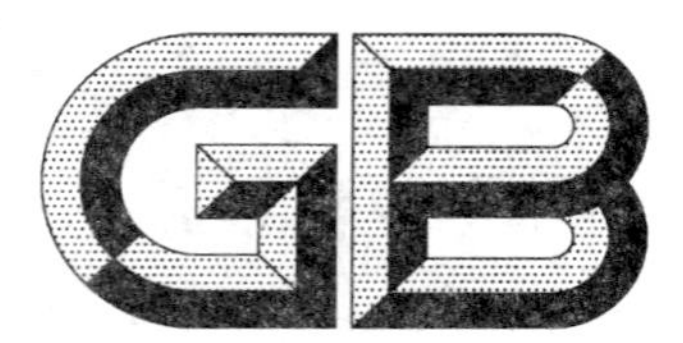

中华人民共和国国家标准

GB/T 21826—2008

化学品　急性经口毒性试验方法 上下增减剂量法(UDP)

Chemicals—Test method of acute oral toxicity—Up-and-down-procedure(UDP)

2008-05-12 发布　　2008-09-01 实施

中华人民共和国国家质量监督检验检疫总局
中国国家标准化管理委员会　发布

前　言

本标准等同采用经济合作与发展组织(OECD)化学品测试方法 No.425(2006年)《急性经口毒性——上下增减剂量法(UDP)》(英文版)。

本标准做了下列编辑性修改:

——文本格式上按 GB/T 1.1—2000 做了编辑性修改;

——增加了"OECD 引言"部分,把 OECD 化学品测试方法 No.425 中的试验须知部分内容纳入"OECD 引言"中;

——增加了"范围"一章;

——OECD 化学品测试方法 No.425 附录(定义)部分改为本标准第2章"术语和定义";

——删除了 OECD 化学品测试方法 No.425 的"参考文献"大部分。

本标准附录 A 和附录 C 为规范性附录,附录 B 为资料性附录。

本标准由全国危险化学品管理标准化技术委员会(SAC/TC 251)提出并归口。

本标准负责起草单位:深圳出入境检验检疫局。

本标准参加起草单位:广东出入境检验检疫局。

本标准主要起草人:刘志红、李彬、刘丽、刘贤杰、陈向阳、王宏菊、陈美容、李智儒、刘宇泓、陈强、许崇辉。

OECD 引言

引言

经济合作与发展组织(OECD)化学品测试指南按照科学的进展或者改变评估惯例进行阶段性评论。上下增减剂量法最初是由 Dixon 和 Mood 提出。1985 年,Bruce 建议使用上下增减剂量法(UDP)测定化学品急性毒性。上下增减剂量法中 LD_{50} 的实验设计有几次变更。本指南是基于 Bruce 提出的测试方法,该测试方法 1987 年被 ASTM 采纳,并于 1990 年进行了修订。1995 年发表了使用 UDP、传统 LD_{50} 测试方法和固定剂量法(FDP,OECD 测试指南 420)三种方法得到的研究结果。从 Dixon 和 Mood 早期的论文开始,很多使用这些方法进行条件优化的研究相继出现在生物和应用论文里。基于 1999 年几次专家会议上的建议,因以下原因需对方法进行及时修订:i)国际上在使用协调 LD_{50} 分界值对化学品进行分级的问题上已达成共识;ii)一般认为测试一种性别(通常是雌性)足够了;iii)为了使单点评估更有意义,需对置信区间(*CI*)进行评估。

本指南文件中给出的测试程序旨在以最小量的动物测出化学品的急性经口毒性。除了评价 LD_{50} 和置信区间,试验中还观察毒性表现,测试指南 425 和 420、430 的修订是同时进行的。

在指南文件经口毒性测试部分可以选择一个最合适的测试方法来进行某个特定目标的测试。该指南文件还包括对指南文件 425 执行和解释的附加信息。

试验须知

实验室在进行试验之前应该考虑可得到的受试物的所有信息。信息包括受试物的识别和化学结构;物理化学性质;受试物的任何活体外或活体内毒性试验结果;结构相关物质或相似化合物的毒理学数据;还包括受试物的预期使用信息。该信息有助于推断在人体健康和环境保护试验方面的相关性,另外还有助于选择合适的起始剂量。

本方法允许对 LD_{50} 的评估附带一个置信区间,根据化学品分类及标记全球协调制度中急性毒性化学品的分类标准,依据这些试验结果可以对物质进行定级和分类。

当没有任何信息对 LD_{50} 和剂量-反应曲线斜率进行初步评价时,建议使用计算机模拟结果,从 175 mg/kg 附近开始,利用剂量的半对数单位(对应剂量级数因子 3.2)可以产生最好的结果。如果物质可能是高度毒性的,则应对该起始剂量进行修正。采用半对数间距可以较高效率的使用动物,增加了预测 LD_{50} 的准确性。由于本方法对起始剂量有偏倚,故初始剂量的选择一定要低于估计的 LD_{50}。然而,与其他急性毒性方法相似,对可变性大的化学品(如,低的剂量-反应曲线斜率)致死量的评估还是会引入偏差,LD_{50} 会有一个大的统计误差。主要试验部分中的停止规则可以对此进行校正,停止规则不仅仅是一个试验观察的固定数量(见 5.3.2.2.3),它对评估的准确性也是很关键的。

本方法较易适用于染毒后一天或两天内就引起死亡的物质。而不适用于染毒后可能发生迟发性死亡(5 d 或以上)的物质。

计算机建立了试验顺序并提供了最终评估,简化了逐个动物的计算。

如果知道受试物在某个剂量有腐蚀或严重刺激行为而导致显著疼痛,则不需要实施试验。应人道处死濒死的动物或明显痛苦或表现出严重和持久疼痛的动物,应等同于实验中死亡的动物对试验结果进行解释。

限量试验可有效应用于低毒性的化学品。

化学品 急性经口毒性试验方法 上下增减剂量法(UDP)

1 范围

本标准规定了化学品急性经口毒性试验方法——上下增减剂量法(UDP)的范围、术语和定义、试验原则、试验方法、数据和报告。

本标准适用于化学品急性经口毒性试验方法——上下增减剂量法(UDP)。

2 规范性引用文件

下列文件中的条款通过本标准的引用而成为本标准的条款。凡是注日期的引用文件,其随后所有的修改单(不包括勘误的内容)或修订版均不适用于本标准,然而,鼓励根据本标准达成协议的各方研究是否可使用这些文件的最新版本。凡是不注日期的引用文件,其最新版本适用于本标准。

ASTM E 1163—1987 评定剧毒口服灭鼠剂试验方法

3 术语和定义

下列术语和定义适用于本标准。

3.1

急性经口毒性 acute oral toxicity

将受试物在 24 h 内给受试动物一次经口染毒或多次经口染毒后所产生的有害效应。

3.2

延迟死亡 delayed death

48 h 内受试动物不引起死亡或出现濒死状态,但在 14 d 的观察期间内出现死亡。

3.3

剂量 dose

受试动物进行染毒试验时给予受试物的量,以质量(g,mg)来表示,或以动物每单位体重的受试物量来表示(如 mg/kg)。

3.4

剂量级数因子 dose progression factor

有时被称为剂量步进因子。是指当一只动物存活时,下一只动物增加成倍剂量(即剂量级数);或当一只动物死亡时,下一只动物成倍减少剂量。剂量级数因子建议为 1/(估计的剂量-反应曲线斜率)的对数。默认的剂量级数因子为 3.2 ,即 0.5 或 1/2 的反对数。

3.5

化学品分类及标记全球协调制度(GHS) globally harmonised classification system for chemical substances and mixtures

化学品分类及标记全球协调制度,是经济合作与发展组织(OECD)(人类健康和环境),联合国危险货物运输专家委员会(UNCETDG)(理化特性)和国际劳工组织(ILO)(危险货物运输信息传递)的联合行动。并与化学品有效管理机构间规划组织(IOMC)协调一致。

3.6

临近死亡 impending death

在下一个计划观察期前出现垂死状态或死亡。啮齿动物的临近死亡状态的表现有抽搐、侧卧、斜躺和震颤(细节可见人道处死终点指南文件)。

3.7

经口半数致死量(LD_{50})　median lethal oral dose

经口半数致死量是通过统计学推断出来的能够导致经口染毒受试动物一半死亡的一次染毒剂量。LD_{50}以单位体重受试动物的染毒剂量(mg/kg)来表示。

3.8

限制剂量　limit dose

受试动物在最高剂量上进行试验(2 000 mg/kg 或 5 000 mg/kg)。

3.9

濒死状态　moribund status

受试动物处于临死状态或即使接受治疗也不能存活的状态(详见人道处死终点指南文件)。

3.10

名义受试动物量　nominal sample size

受试动物的数目,即染毒序列开始时可能出现反应的动物数量减 1,或除第一次发生逆转的一对动物以外的受试动物的数量。例如,在一个模型序列:OOOXXOXO 中 X 和 O 表示相应动物的反应结果(如 X 表示在 48 h 内死亡,O 表示存活)。此时,受试动物的总数量(或常规意义的试样量)是 8,名义受试动物量是 6。这个特殊例子显示 4 只动物发生逆转。但必须注意标准中某一特定部分中的数量是指名义受试动物量还是受试动物总数。例如,最大受试动物数量是 15。当以最大受试动物数量终止试验时,名义受试动物量将小于或等于 15。名义受试动物量是从第($r-1$)个动物开始(出现逆转对的第二只动物前的那一只)(见 3.13)。

3.11

可预测的死亡　predictable death

通过临床表现可以预测在试验结束前的某个时间会发生死亡,如:不能饮水或进食(详见人道处死终点指南文件)。

3.12

概率　probit

是"概率积分转换"术语的缩写,当反应曲线是一条直线,斜率为标准偏差(σ)的倒数时,可用剂量-反应模型概率来分析预期剂量-反应(以对数尺度为典型)的标准正态分布(此时的正态分布是以平均值为轴心,以 σ 为度量尺度)。如果一个致死量的标准正态分布是对称的,意味着 LD_{50}是真实的或中位响应。

3.13

逆转　reversal

是指一种现象,即在某个染毒剂量下观察动物无反应,在下一个染毒剂量下观察动物有反应,反之亦然(也就是前一个动物发生反应,后一个动物无反应)。因此,一对不同的动物染毒反应情况产生一个逆转。第一对发生逆转的动物编号为 $r-1$ 和 r。

3.14

标准偏差(σ)　standard deviation

是一个正态对数曲线的标准偏差,该曲线描述的是受试动物对化学品染毒的承受范围(如染毒剂量超过受试动物的承受限,受试动物就可能发生反应)。σ 值给出了受试动物对整个染毒剂量区间发生反应的变动性。见斜率和概率。

3.15

斜率(剂量-反应曲线)　slope(of the dose-response curve)

是剂量-反应曲线与剂量主轴所形成的角度值。如果以概率作为度量尺度与染毒剂量对数进行概率分析时是正态分布,那么剂量-反应曲线将会是一条直线,且斜率是 σ(受试动物染毒承受力的标准偏差)。见概率和 σ。

3.16

停止规则 stopping rule

本标准中所用的停止规则在以下情况是同义的：1)一个具体的停止规则；2)用来确定什么时候停止试验序列的规则的汇集。特别是进行主要试验时，停止规则作为一个快速准则使用，此时比率与临界值的比较结果决定是否停止试验。

4 试验原则

4.1 限量试验原理

限量试验是一个连续的实验，动物最大使用量是 5 只。试验使用的剂量为 2 000 mg/kg，或异常情况为 5 000 mg/kg。使用 2 000 mg/kg 和 5 000 mg/kg 的试验过程有轻微的差别(见 5.3.2.1.1 和 5.3.2.1.2)。当受试物的 LD_{50} 接近限度剂量时，进行连续试验计划可以增加统计的有效性，但可能会向不进行限量试验的情况偏离：即出现方法安全性的问题。正如任何的限量试验，当真实 LD_{50} 非常接近限制剂量时，可能会降低对受试物进行正确的分类。

4.2 主要试验原理

4.2.1 主要试验是由一个单级动物染毒剂量系列组成，每个动物每次至少要间隔 48 h。按照低于最佳估算 LD_{50} 一级的剂量给第一只动物染毒。如果受试动物存活，便使用高于最初剂量 3.2 倍的剂量给第二只动物染毒；如果第一只受试动物死亡，第二只动物就要接受较低的剂量，剂量级数同上面相似(3.2 是一个默认系数，对应于一个半对数单位的剂量级数，5.3.2.2.2 提供了剂量步进系数的选择)。对每只动物都应认真观察至少 48 h 后，才能决定是否对下一只动物染毒或染毒剂量的多少。该决定取决于观察期满后的动物生存状况(见 5.3.2.2.1 和 5.3.2.2.5 中剂量间隔的选择)。为了降低因较差的起始剂量值或低的斜率所造成的影响，调整染毒剂量模式，此时，使用停止原则可以使受试动物数量维持较低水平(见 5.3.2.2.4)。当满足这些停止原则时，染毒就要停止(见 5.3.2.2.3 和 6.2.1)，这时，基于终止时所有动物的试验情况，就可以对 LD_{50} 和置信区间进行评估。在大多数情况下，动物实验结果中出现第一对逆转后，试验仅仅需要 4 只动物就可完成。采用最大似然法对 LD_{50} 进行计算(见 6.2.1 和 6.2.3)。

4.2.2 计算的过程以主要试验得到的结果作为起点，给出一个可信的置信区间评估。置信区间 *CI* 的介绍(见 6.3.1)。

5 试验方法

5.1 实验动物

5.1.1 动物种类的选择

5.1.1.1 啮齿类动物中首选大鼠，但也可选用其他啮齿类动物。通常选用雌性大鼠。这是因为有文献报道，传统的 LD_{50} 方法中，性别间的敏感性差别甚小，在观察这种敏感性差别时，通常雌性大鼠稍敏感。但是，在缺乏构效关系或无提示雄性更为敏感性别动物的前提下，一般选用雌性动物进行试验。当用雄性大鼠做试验时，要提供充分的理由。

5.1.1.2 应选用年轻健康动物和非经产、未受孕的雌性动物。在试验开始时，每只动物的年龄应该在 8 周～12 周，动物体重变异不应超过平均体重的±20%。

5.1.2 饲养条件

试验动物房的温度应控制在 22℃(±3℃)。相对湿度至少保持 30%，不超过 70%，但是在清扫动物房时除外，最好是 50%～60%。应采用人工照明，保持 12 h 光照和 12 h 黑暗交替。动物宜单笼饲养，用常规实验室饲料，自由饮水。

5.1.3 动物准备

随机选择动物并进行标号确认，染毒前至少提前 5 d 将动物置于试验笼中饲养，使其适应试验条件。如果进行连续的试验，要注意确保在整个研究中都能够得到合适体重和年龄的动物。

5.2 染毒准备

一般情况下，在染毒范围中受试物应保持恒定的体积，改变其浓度值来进行染毒试验。如果受试物是液体或混合物，例如，在一个恒定浓度时，使用不稀释的受试物很大可能会对后面的风险评估产生影响，这时，就需要调整操作。在任何情况下，都不能超过最大执行染毒体积。液体的每次最大执行染毒体积取决于受试动物的大小。对啮齿类动物而言，体积一般不超过 1 mL/100 g；如果是水溶液，可以考虑使用 2 mL/100 g。建议受试物尽可能溶解在水中，或制成悬浮液或乳状液，其次考虑用油（如玉米油）或可能的其他赋形剂。当选用非水的赋形剂时，应了解所用赋形剂的毒性。受试物应在试验前现用现配，除非知道受试物在赋形剂中的稳定时间。

5.3 试验步骤

5.3.1 染毒

5.3.1.1 使用胃管或合适的插管对动物进行灌喂染毒。如果非正常情况下未能一次染毒，也可在 24 h 内分较小体积多次染毒。

5.3.1.2 动物在染毒前应禁食（如：大鼠应在染毒前一天开始禁食除水以外的食物。小鼠在染毒前 3 h～4 h 内禁食除水以外的食物）。禁食后对动物称重，然后再进行染毒。根据禁食后的动物体重计算染毒剂量。染毒后的大鼠在 3 h～4 h 后再供应食物，小鼠为 1 h～2 h。当染毒分次进行时，根据染毒时间段的长短来保障动物食物和水的供应。

5.3.2 限量试验和主要试验

如果有相关的资料表明受试物可能无毒，可以进行限量试验。受试物的毒性信息识别可以通过相似化合物或相似混合物及产品的测试信息来获得。当受试物的毒性信息很少或没有时，或推测到受试物有毒时，就要进行主要试验。

5.3.2.1 限量试验

5.3.2.1.1 剂量 2 000 mg/kg 限量试验

用上限剂量对动物进行染毒。如果动物出现死亡，进行主要试验并计算 LD_{50}。如果动物存活，继续对另外 4 只动物进行连续染毒，因此进行试验的动物为 5 只。然而，如果有 3 只动物出现死亡，限量试验就停止，进行主要试验。如果 3 只或 3 只以上动物存活，那么 LD_{50} 大于 2 000 mg/kg。如果试验中动物出现意外的延迟死亡，此时要停止染毒并观察所有的动物，看其他动物在相同的观察周期是否也会出现死亡（见 5.3.2.2 中初始观察期）。延迟死亡的动物应同其他死亡的动物一样记入死亡数量。结果评估如下（O＝存活，X＝死亡）。

——当 3 只或 3 只以上动物出现死亡，LD_{50} 低于限量剂量（2 000 mg/kg）。

O XO XX

O OX XX

O XX OX

O XX X

如果第 3 只动物出现死亡，则进行主要试验。

——测试 5 只动物。当 3 只或 3 只以上动物存活，则 LD_{50} 大于限量剂量（2 000 mg/kg）。

O OO OO

O OO XO

O OO OX

O OO XX

O XO XO

O XO OO/X

O OX XO

O OX OO/X

O XX OO

5.3.2.1.2 剂量5 000 mg/kg限量试验

特殊情况下才使用5 000 mg/kg进行限量试验(见附录C)。出于对动物的人道考虑,不主张对GHS第5类中(2 000 mg/kg～5 000 mg/kg)的物质进行动物测试,只有当试验结果极可能涉及人类或动物健康以及环境保护等因素时,方考虑进行该试验。

对一只动物用5 000 mg/kg剂量进行染毒,如果动物死亡,就进行主要试验来确定LD_{50}。如果动物存活,继续对另外两只动物进行染毒。如果两只动物都存活,则LD_{50}高于限制剂量,限量试验结束(即:持续观察14 d,不对另外的动物进行染毒)。

如果一只或者两只动物出现死亡,那么再给另外两只动物依次染毒。如果试验中有一只动物出现延迟死亡且其他动物存活,此时应停止染毒并观察所有的动物,看其他动物在相同的观察周期是否也会死亡。延迟死亡的动物应同其他死亡的一样记入死亡数量。结果评估如下(O=存活,X=死亡,U=不必要)。

——当3只或更多的动物死亡,LD_{50}低于限量剂量(5 000 mg/kg)。

O XO XX

O OX XX

O XX OX

O XX X

——当3只或更多的动物存活,LD_{50}高于限量剂量(5 000 mg/kg)。

O OO

O XO XO

O XO O

O OX XO

O OX O

O XX OO

5.3.2.2 主要试验

5.3.2.2.1 通常每间隔48 h对每只动物逐一染毒。然而,染毒间隔时间是由发作、持续和中毒症状的严重性共同决定的。应当确认先前染毒的动物仍然存活后,方可进行下一个剂量的染毒。染毒间隔时间可做适当的调整,例如,在非确定情况下,当连续染毒过程中的染毒间隔是固定时,试验较易进行。如果试验中的染毒间隔时间是变化的,则不必要重新计算染毒剂量和概率比率。为了选择起始剂量,所有可得到的资料,包括与受试物在结构上相关的物质信息以及受试物的所有毒性测试结果,都应用于估测LD_{50}和剂量-反应曲线的斜率。

5.3.2.2.2 第一只动物的染毒剂量要比LD_{50}的最佳预测值低一级。如果这只动物存活,便使用较高的剂量给第二只动物染毒。如果第一只动物出现死亡或者濒死的状况,那么就用较低的剂量对第二只动物进行染毒。剂量级数因子应该选择为1/(预算的剂量-反应曲线斜率)的逆对数,而且在整个测试中应该保持不变(级数3.2对应的斜率为2)。当没有受试物的斜率信息时,使用的剂量级数因子为3.2。使用默认的级数因子,染毒剂量依次为1.75 mg/kg,5.5 mg/kg,17.5 mg/kg,55 mg/kg,175 mg/kg,550 mg/kg,2 000 mg/kg(或者特殊情况使用1.75 mg/kg,5.5 mg/kg,17.5 mg/kg,55 mg/kg,175 mg/kg,550 mg/kg,1 750 mg/kg,5 000 mg/kg的序列进行试验)。如果预测不到受试物的致死量信息,染毒剂量应当从175 mg/kg开始。大多数的情况下,这个剂量是亚致死量,因此,采用此剂量可以减少动物的疼痛和受苦程度。如果动物对化学品的忍受剂量远高于预期(即预期斜率低于2.0),在开始测试前应考虑在剂量对数值上增加0.5(即3.2级数因子)。同样的,对于已知斜率很陡的受试物,应选取比默认值小的剂量级数因子。(附录A包含了一个剂量级数表,起始剂量为175 mg/kg,

斜率范围在 1～8 之间)。

5.3.2.2.3 是否继续进行染毒,取决于固定时间间隔后(如 48 h)所有动物的试验结果。当符合以下其中一个停止规则时,试验可以结束:

a) 在上限剂量时有连续 3 只动物存活;

b) 在连续测试的任意 6 只动物中有 5 个逆转现象发生;

c) 至少有 4 只动物跟随第一个逆转现象,并且确定的概率比率超过临界值(见 6.2.4 和附录 B。在试验进行到第一个逆转现象后的第 4 只动物时,要对每一次染毒剂量进行计算)。

对于 LD_{50} 和斜率变化很大的化合物,试验出现逆转后再进行 4 到 6 只动物即可满足停止规则 c)。在一些情况下,对于剂量-反应曲线斜率较小的化学物质,可能需要更多的动物(最高试验动物总数为 15)。

5.3.2.2.4 当符合停止规则时,根据 6.1 和 6.2.1 的试验结果计算 LD_{50}。

5.3.2.2.5 出于人道而处死的动物应等同考虑。如果试验中一只动物发生延迟死亡,并且其他服用同等或更多剂量的动物仍存活,比较合适的做法是停止染毒,并观察所有动物,看其他动物是否会在相似的观察期内死亡。如果后来存活的动物同样死亡,则表明所有剂量水平都超过了 LD_{50},这时最恰当的做法是重新开始试验,所用起始剂量至少低于最低的死亡剂量的两级(并延长观察时间),因为当起始剂量低于 LD_{50} 时,方法是最准确的。如果服用与之前死亡的动物同等或更多剂量的动物能够存活,就不需要改变剂量级数,因为死亡动物的信息将会作为比存活动物更低剂量的死亡率包含到计算中去,而不是后来的存活动物里,这会使 LD_{50} 降低。

5.4 观察

5.4.1 在染毒后的前 30 min 内,至少每个动物观察一次,前 24 h 内要定时观察(在前 4 h 内要特别注意),之后每天观察一次,共观察 14 d,除非因人道需要处死或发现死亡。然而,观察时间间隔不应硬性规定。它要视中毒反应、发作时间以及恢复周期的长短而决定,如有必要可加以延长。中毒征兆出现和消失的时间是很重要的,尤其是有中毒征兆延迟趋势的时候。系统的登记所有的观察资料与动物个体的记录。

5.4.2 如果动物继续出现中毒征兆,则必须进行额外的观察。观察应该包括皮肤和毛皮、眼睛和黏膜、呼吸、循环、自主神经和中枢神经系统、肢体活动和行为模式的改变。应重点放在震颤、抽筋、流涎、腹泻、嗜睡、睡眠和昏迷的观察上(应考虑人道处死终点指南文件中概述的原则和标准)。发现处于濒死状态动物以及动物表现出剧烈的疼痛或持续严重痛苦的病症时给予人道处死。当动物被人道处死或者被发现死亡时,应尽可能精确地记录死亡的时间。

5.4.3 体重

应在受试物进行染毒前不久测量动物的个体体重,此后应至少每周一次。计算和记录体重的变化。在试验结束时存活动物应称量体重后再进行人道处死。

5.4.4 病理学

所有的动物(包括在试验期死亡及因人道处死而移出试验室的)应该进行大体验尸。记录每个动物的全体病理的变化。在初次剂量染毒后存活 24 h 或以上的动物可以考虑对其存在大体病理的器官组织进行微观检查,因为它可能会产生有用的信息。

6 数据和报告

6.1 数据

需要提供个体动物的数据。此外,还要求所有数据以列表形式汇总,列表包括在每个染毒剂量试验所用的动物数量、出现毒性症状的动物总数,试验过程中死亡的动物数量或人道处死的动物数量,个体动物的死亡时间,以及毒性表现的时间过程及其逆反表现描述,尸检结果。同时提供支持选择起始剂量和剂量级数的基本理由和所有支持数据。

6.2 主要试验中 LD_{50} 的计算

6.2.1 除了 6.2.2 描述的特殊情况以外，最大似然法对 LD_{50} 的进行计算。下列统计学详细资料可能对应用最大似然法计算有所帮助(假设一个 σ)。无论是直接死亡、延迟死亡或人道处死，都包含在最大似然法分析的目标函数中。似然函数见式(1)。

$$L = L_1 L_2 \cdots L_n \qquad (1)$$

如果第 i 个动物存活，$L_i = 1 - F(Z_i)$ 或 ……（2）

如果第 i 个动物死亡，$L_i = F(Z_i)$ ……（3）

式中：

L——试验结果的似然值；

n——试验动物的总数；

F——标准累积正态分布；

Z_i——$[\log(d_i) - \mu]/\sigma$；

d_i——第 i 个动物的染毒剂量。

μ 和 σ 为给定，σ 为标准偏差。

真实 LD_{50} 的估算值由似然值 L 取最大值时的 μ 计算得到(见 6.2.3)。

σ 的估计值一般为 0.5，除非能够得到一个较好的一般性或特殊情况的数据。

6.2.2 在某些情况下，不能进行统计计算或有可能得出错误结果。出现以下情况时可以通过特殊方法确定 LD_{50} 的估算值：

a) 如果试验基于 5.3.2.2.3 中的 a)(即重复进行上限剂量试验)停止，或者因上限剂量停止试验，LD_{50} 则高于上限值。分类也在此基础上完成。

b) 如果所有死亡动物的染毒剂量比所有存活动物高(或者所有存活动物的染毒剂量比所有死亡动物的高，虽然这几乎是不可能的)，则 LD_{50} 介于存活动物染毒剂量和死亡动物染毒剂量之间。这些观察结果不能进一步给出准确 LD_{50} 的信息。尽管如此，假设给定 σ 值，则可以计算出最大似然 LD_{50}。5.3.2.2.3 的 b)对这种情况进行了描述。

c) 如果存活和死亡的动物使用的染毒剂量是相同的，并且其他死亡动物都使用更高的染毒剂量而其他存活动物都使用更低的染毒剂量，或者出现相反的情况，则 LD_{50} 等于相同的那个染毒剂量。如果受试物是一个与之非常接近的相关物质，应该使用一个较小染毒剂量级数进行试验。

如果上述情况都不出现，则 LD_{50} 应用最大似然法进行计算。

6.2.3 最大似然计算可以采用 SAS(如非线性回归分析统计程序 PROC NLIN)或统计软件 BMDP(如 AR 程序)的计算程序包(这些计算程序包在参考文献[1]的附录 1D 中有描述)。或使用其他的计算软件。ASTM E 1163—1987 的附录对这些程序作了特殊说明(BASIC 程序使用的 σ 值需要进行校正)。程序得到的结果是 log LD_{50} 估算值及其标准误差。

6.2.4 5.3.2.2.3 中的 c)是基于试验程序的三次试验，以表格的形式列出不同 μ 值时 6.2.1 的似然性结果。当第 6 只动物已经不能满足 5.3.2.2.3 中 a)或 b)时，对之后的每个动物试验进行对比。标准似然性比率方程列于附录 B 中。这些对比以自动化方式利用电子数据表软件很容易完成并可以重复进行，如附录 B 中提到计算机软件。如果符合标准规则，试验停止，可用最大似然性方法即可计算出 LD_{50}。

6.3 置信区间的估计

6.3.1 根据主要试验和 LD_{50} 估计值的计算，可以得出 LD_{50} 的置信区间。任何一个置信区间在主要试验的可靠性和实用性方面都提供了有价值的信息。一个宽的置信区间表明 LD_{50} 估计值有较多的不确定性。LD_{50} 估计值的可靠性低时，其有效性也就低。一个窄的置信区间表明预期 LD_{50} 有较小的不确定性。LD_{50} 估计值可靠性高，其有效性也就高。这就意味着，如果重复进行主要试验，那么新的 LD_{50} 估计值应与原来的 LD_{50} 估计值接近，并且这两种 LD_{50} 估计值应接近真实 LD_{50}。

6.3.2 根据主要试验结果，计算出真实 LD_{50} 的两个不同类型置信区间中的其中一个。

——当至少试验三种染毒剂量,且中间剂量染毒时至少有一个动物存活和一个动物死亡,此时,可以用一个似然性的计算机程序得到一个置信区间,即真实 LD_{50} 的 95%置信区间。然而,由于希望使用少量的动物进行试验,实际可信度水平一般不准确。使用随机停止规则改善了应对条件发生变化的能力,但同时会导致报道的置信水平与真实置信水平存在稍许差别。

——如果所有的动物在或低于某一染毒剂量水平时存活,且所有的动物在下一个较高染毒剂量时死亡,则可以计算出一个区间,下限为所有动物存活时的最高染毒剂量,上限为所有动物死亡时的染毒剂量。这个区间标注为"大约",即这个区间的准确置信水平不能明确确定。然而,由于这种类型的反应仅发生在剂量反应不合理的时候,在大多数情况下,真实 LD_{50} 位于计算的置信区间内或非常接近。这个区间可能相对较窄,且在大多数的实际使用中十分准确。

6.3.3 在某些情况下,置信区间报道为无穷大,此时以零作为它的下限,无穷大作为它的上限,或两者兼而有之。例如,此类置信区间可能发生在所有动物死亡或所有动物存活的时候。实施这个固定的程序需要专门的计算方法,可使用 USEPA 或者 OECD 中的一个专门程序,或者使用 USEPA 或 OECD 中技术性细节资料。资料中描述的这些置信区间的覆盖情况和专用程序的性能,同样也可以通过 USEPA 获得。

6.4 试验报告

报告的内容必须包括以下的信息:

6.4.1 受试物

6.4.1.1 物理性质,纯度,相关的物理化学性质(包括异构体);

6.4.1.2 标识资料,包括 CAS 号。

6.4.2 赋形剂

如果赋形剂不是水,注明赋形剂的选择理由。

6.4.3 试验动物

6.4.3.1 使用的动物品/系;

6.4.3.2 动物的微生物状况(已知);

6.4.3.3 动物数量,年龄和性别(如需要,包括使用雄性代替雌性的理由);

6.4.3.4 水源、饲养条件、饲料等。

6.4.4 试验条件

6.4.4.1 最初剂量的选择的基本原理,染毒剂量级数因子以及接下来的染毒剂量水平;

6.4.4.2 受试物化学式详细资料,包括物质用来染毒时的物理形态的详细资料;

6.4.4.3 受试物执行染毒时的详细资料,包括染毒体积和染毒时间;

6.4.4.4 饲料和水质的详细资料(包括饲料类型、饲料来源和水源)。

6.4.5 结果

6.4.5.1 体重及体重的改变;

6.4.5.2 以表格的形式列出每只动物的响应数据和剂量水平(如:动物出现的毒性症状包括性质、严重程度、影响的持续性和死亡率);

6.4.5.3 染毒时的动物个体体重,随后,以周为间隔称重时的体重,以及死亡时的体重;

6.4.5.4 每只动物出现毒性症状的时间进程,且是否可逆的;

6.4.5.5 每只动物的尸检结果和组织病理学结果(如果有);

6.4.5.6 半数致死量数据;

6.4.5.7 统计学处理的结果(使用的计算机程序描述和电子数据表格的计算)。

6.4.6 结果的讨论和分析

6.4.7 结论

附 录 A
（规范性附录）
染 毒 过 程

A.1 主要试验的染毒剂量序列

A.1.1 上下增减剂量法：给动物逐只染毒，通常间隔 48 h。第一只动物接受的剂量在最佳估计半数致死量水平的下一个级数。这个选择反映了一个调整趋势，偏向远离 LD_{50} 的初始剂量方向，在最后估算开始剂量。为之后的每只动物调整剂量，希望全部试验的结果稳定。以下内容为剂量范围提供了更多的选择。

A.1.2 默认剂量级数：一旦确定了开始剂量和剂量间隔，毒物学家就应该列出所有可能的剂量包括上限（通常是 2 000 mg/kg 或 5 000 mg/kg）。剂量接近上限就应该与级数不同。阶梯性的本标准设计规定开始数次剂量作为一种自我调节次序的功能。由于正偏值，对物质毫无所知的情况下，建议初始剂量为 175 mg/kg。如果默认次序在主要测试中使用，应该从 175 mg/kg 开始和剂量间隔为一个剂量级数因素按对数计算的默认值 0.5。剂量的使用应包含 1.75 mg/kg，5.5 mg/kg，17.5 mg/kg，55 mg/kg，175 mg/kg，550 mg/kg，2 000 mg/kg 或有特殊需要时 1.75 mg/kg，5.5 mg/kg，17.5 mg/kg，55 mg/kg，175 mg/kg，550 mg/kg，1 750 mg/kg，5 000 mg/kg。对于毒性高的物质，定量染毒序列要向低值延伸。

A.1.3 表 A.1 提供了剂量级数为整数倍数的斜率（1～8），此时的剂量级数因子不是默认值。

表 A.1 剂量序列

单位为毫克每千克

斜率＝	1	2	3	4	5	6	7	8
	0.175[a]	0.175[a]	0.175[a]	0.175[a]	0.175[a]	0.175[a]	0.175[a]	0.175[a]
							0.24	0.23
					0.275	0.26		
				0.31			0.34	0.31
			0.375			0.375		
								0.41
					0.44		0.47	
		0.55		0.55		0.55		0.55
					0.69		0.65	
								0.73
			0.81			0.82		
				0.99			0.91	0.97
					1.09	1.2		
							1.26	1.29
	1.75	1.75	1.75	1.75	1.75	1.75	1.75	1.75
							2.4	2.3
					2.75	2.6		
				3.1			3.4	3.1
			3.75			3.75		
					4.4			4.1
							4.7	
		5.5		5.5		5.5		5.5

表 A.1（续） 单位为毫克每千克

斜率＝	1	2	3	4	5	6	7	8
					6.9		6.5	
								7.3
			8.1			8.2		
				9.9			9.1	9.7
					1.09	12		
							12.6	12.9
	17.5	17.5	17.5	17.5	17.5	17.5	17.5	17.5
							24	23
					27.5	26		
				31			34	31
			37.5			37.5		
					44			41
							47	
		55		55		55		55
							65	
					69			73
			81			82		
				99			91	97
					109	120		
							126	129
	175	175	175	175	175	175	175	175
							240	230
					275	260		
				310			340	310
			375			375		
					440			410
							470	
		550		550		550		550
							650	
					690			730
			810			820		
				990			910	970
					1 090	1 200		
							1 260	1 290
	1 750	1 750	1 750	1 750	1 750	1 750	1 750	1 750
							2 400	2 300
					2 750	2 600		
				3 100				3 100
						3 750	3 400	
								4 100
	5 000	5 000	5 000	5 000	5 000	5 000	5 000	5 000

[a] 如果需要较低的剂量，将序列延续至较低的剂量。

附 录 B
（资料性附录）
似然比停止规则的估算

B.1 主要试验可能以三个停止规则(见5.3.2.2.2)的第一个为基础完成。无论如何，尽管没有一个停止规则让人满意，但是当染毒动物数量达到15个时也要停止染毒。表B.1～表B.4中列举出没有任何受试物信息的例子，因此推荐使用默认起始剂量175 mg/kg，默认剂量阶数因子为3.2或一个半对数。请注意列出这些表格仅是作为例证。

B.2 表B.1显示在极限剂量2 000 mg/kg下如果3个动物存活，主要试验将如何停止。表B.2显示了在极限剂量为5 000 mg/kg下的类似情形(这些都是限量试验不适合的情况)。表B.3举出了一个特殊的序列，其中6个试验动物中出现了5个逆转，然后结束试验。最后，表B.4举例说明这样一个情况：当试验结果既不满足停止规则a)也不满足停止规则b)时，连续4个受试动物出现了逆转反应，因此，接下来应评估停止规则c)。

B.3 停止规则c)需要在每个动物测试后用似然比停止规则对其进行评估，从出现逆转后的第四个动物开始。推测出三个“试验程序方法”。技术上来说，这些程序方法是可能的，如推荐的LD_{50}的最大似然评估方法。这个程序接近于以概率为基础的置信区间的计算。

B.4 程序的基础是：当已经收集到了足够的数据时，LD_{50}点评估将比上下增减剂量法评估更受支持，此时利用概率对统计进行量化。因此要计算三个概率值：一个LD_{50}点评估概率(例子中称为粗评估或剂量均值评估)，一个低于点评估的数值的概率，一个高于点评估的数值的概率。特殊情况下，低数值除2.5后被当作点评估，高数值乘2.5后被当作点评估。

B.5 通过似然性比率的计算来比较似然值，然后判断这些似然性比率(*LR*)是否超过一个临界值。当点评估的似然性比率超过其他每个似然性2.5步进因子时，停止试验，该因子可表示点评估相对强的统计支持。因此计算两个似然比率，一个是点评估与除2.5后评估比率，一个是点评估与乘2.5后评估比率。

B.6 单独的LD_{50}值的计算用带正态概率函数功能的任何电子制表软件很容易完成。附录B中表B.4所举的LD_{50}值例子就是模仿电子制表软件构建出来的。表中以极限剂量上限5 000 mg/kg为例介绍了计算步骤，上限剂量为2 000 mg/kg时计算步骤相同。同时，功能全面的软件可以从OECD和US EPA网址上直接下载，软件可提供动物数据所需的登记表格，LD_{50}评估必须的公式，以及置信区间的计算。表B.5给出了这个软件的屏幕图像。

B.7 上限剂量为5 000 mg/kg的虚拟范例(见表B.4)

在这个虚拟例子中，上限剂量为5 000 mg/kg，在试验完9个动物后满足了似然比停止规则。第3个动物试验时出现了第一次“逆转”。当试验完“逆转”后的4个动物时要检查似然比停止规则是否满足。在这个例子中，逆转后的第4个动物即为实际试验中的第7个动物。因此，对于这个例子来说，电子制表软件的计算仅需要从第7个动物进行试验后开始，同时进行数据输入。随后，在第7个动物、第8个动物和第9个动物试验后也要进行似然比停止规则的查看。此例中，在第9个动物试验完后首次满足了似然比停止规则。

——依次输入每只动物的剂量-反应信息。

第1栏 步骤编号为1～15。试验动物最多为15只。

第2栏 每一个接受试验的动物在该栏标记为Ⅰ。

第3栏 输入第*i*个动物的染毒剂量。

第4栏 注明动物反应状况：有反应(标记为X)，无反应(标记为O)。

——名义和实际受试动物量

名义受试动物数量由第一次逆转的两只动物(这里是第 2 只和第 3 只动物)加上后来接受试验的所有动物组成。第 5 栏列出了每只动物是否记入名义受试动物数量中。

第 16 行给出了名义受试动物数量(n)。这是名义受试动物的数量。在这个例子里,n 为 8。

第 17 行为实际受试动物的数量。

——LD_{50}的粗评估

记入名义受试动物数量中的动物,其染毒剂量几何平均值用于对 LD_{50}进行粗评估。在表中,称之为“平均剂量估计量”。它随着每只接受试验的动物而更新。为了允许选择一个较差的初始测试剂量,该平均值要限于名义动物数量中,它可以产生一个初始的反应群和一个初始的非反应群。(但是,下面最终 LD_{50}的似然性计算中用到的是所有的动物数量)。回忆一下,n 个数量的几何平均数是 n 个数量的 $1/n$ 次方的产物。

第 18 行为平均剂量估计值[例如,$(175\times550\times\cdots\times1\,750)^{1/8}=1\,292.78$]。

第 19 行为第 18 行值的对数(10 为底)(例如:$\log_{10}1\,292.8=3.112$)。

——粗 LD_{50}估计值似然性

似然性是一个统计学方法,用来量度数据对 LD_{50}或其他参数的估计值的支持程度。似然性比率值可用于比较数据对于不同的 LD_{50}估计值的满意支持程度。

第 8 栏按 LD_{50}的粗评估计算 LD_{50}平均估计值的似然性。该似然性(第 21 行)是分布到各只动物上的似然性的总和(见 6.2.1)。每只动物上的似然性分布用 L_i 表示。

在第 7 栏中输入各反应剂量 d_i 的概率估计值,记作 P_i。P_i 从剂量-反应曲线计算得出(注意:一个概率单位剂量-反应曲线的参数是斜率和 LD_{50},所以需要这些参数的数值)。第 18 行的剂量-均值估计值用于 LD_{50}的估算。这个例子中的斜率使用默认值 2。利用下面列出的步骤计算反应概率 P_i。

a) 计算 $\lg d_i$(第 6 栏)。

b) 计算每个动物的 z-score,记作 Z_i(不列入表中),用公式

$\sigma=1/$斜率,

$$Z_i=\lg d_i-\lg LD_{50}/\sigma$$

例如:第一只动物(第一栏),

$$\sigma=1/2$$

$$Z_1=(2.243-3.112)/0.500=-1.738$$

c) 第 i 个剂量的估计反应概率为

$$P_i=F(Z_i)$$

这里,F 表示标准正态分布的累积分布函数(即:均值为 0,变异系数为 1 的正态分布)。

例如(第一行):

$$P_1=F(-1.738)=0.041\,2$$

统计表中的函数 F(或相似函数)用于正态分布,但是该函数做为电子制表软件函数也同样得到广泛的应用。可看到该函数有不同的名字,如 Lotus1-2-3 正态函数和 Excel 中的@NORMDIST 函数。为确保你已经正确使用了软件中的函数,你可以用常见的值进行检验,如 F(1.96)H 0.975 或 F(1.64)H 0.95。

第 8 栏:计算了似然性分布的自然对数 $\ln L_i$。L_i 仅仅是实际观察到的每只动物的反应的概率:

有反应动物: $\ln L_i=\ln P_i$

无反应动物: $\ln L_i=\ln(1-P_i)$

注意这里用的是自然对数(ln),而其他地方(通常)用的是以 10 为底的对数。这些选择通常是由上下文来预测的。

每只动物都要完成上述步骤。最后:

第 20 行:第 8 栏对数-似然性分布求和。

第 21 行:对第 20 行的可能性贡献的 log 值进行 exp 函数计算。(如:$\exp(-3.389)=e^{-3.389}=0.033\,7$)。

——计算 LD_{50}的粗估计值的上下两种剂量的似然性

如果可以精确估计数据，对偏离估计值 LD_{50}较远的值的似然性而言，合理的 LD_{50}估计值将会有高的似然性。比较剂量-均值评估的似然性(1 292.8，第 18 行)和以 2.5 阶数因子发生变化的值(即：到 1 292.8×2.5 和 1 292.8/2.5)。计算同上面描述的类似(列于第 9～12 栏中)，除了 517.1(=1 292.8/2.5)和 3 232.0(=1 292.8×2.5)替代 1 292.8 用于 LD_{50}的估计。

——计算似然性比率

用三个似然值(第 21 行)来计算两个似然比(第 22 行)。似然比是用于比较统计学对估计值 1 292.8 的支持和对其他每个估计值的支持，其它估计值指的是 517.1 和 3 232.0。两个似然比计算如下：

LR1 =[1 292.8 的似然值]/[517.1 的似然值]
=0.033 7/0.008 0
=4.21

LR2 =[1 292.8 的似然值]/[3 232.0 的似然值]
=0.033 7/0.009 8
=3.44

——确定似然比是否超过临界值

高似然比意味着对 LD_{50}估计值的高支持率。上述两个似然比计算结果(4.21 和 3.44)都超出临界似然比，即 2.5。因此满足了似然比停止规则，试验停止。这种情况在 24 行以 TRUE 来表示，在这个例子中的电子数据表头注释了满足似然比规则。

表 B.1 剂量为 2 000 mg/kg 时，停止规则 a）范例

因为有3个动物在2 000 mg/kg限量存活(3#～5#)，5#动物后停止试验

1	2	3	4	5	6	7	8	9	10	11	12
级数	(I) 包含 (E) 不包含	剂量	(X) 反应 (O) 没反应	是否属于名义动物数量	剂量的常用对数值	LD_{50}=	#DIV/0!	LD_{50}=	#DIV/0!	LD_{50}=	#DIV/0!
			OK			反应概率	似然性分配 ($\ln L_i$)	反应概率	似然性分配 ($\ln L_i$)	反应概率	似然性分配 ($\ln L_i$)
1	I	175	O	否	2.243 0	#DIV/0!	#DIV/0!	#DIV/0!	#DIV/0!	#DIV/0!	#DIV/0!
2	I	550	O	否	2.740 4	#DIV/0!	#DIV/0!	#DIV/0!	#DIV/0!	#DIV/0!	#DIV/0!
3	I	2 000	O	否	3.301 0	#DIV/0!	#DIV/0!	#DIV/0!	#DIV/0!	#DIV/0!	#DIV/0!
4	I	2 000	O	否	3.301 0	#DIV/0!	#DIV/0!	#DIV/0!	#DIV/0!	#DIV/0!	#DIV/0!
5	I	2 000	O	否	3.301 0	#DIV/0!	#DIV/0!	#DIV/0!	#DIV/0!	#DIV/0!	#DIV/0!
6	E				—	—	—	—	—	—	—
7	E				—	—					
8	E				—	—					
9	E				—	—	—	—	—	—	—
10	E				—	—	—	—	—	—	—
11	E				—	—	—	—	—	—	—
12	E							—	—	—	—
13	E							—	—	—	—
14	E							—	—	—	—
15	E				—	—	—	—	—	—	—
名义受试动物量= 实际受试动物量=				0 5							

计算的LD_{50}的最大似然估计值=无

忽略所有计算单位。反应趋势没有出现逆转

不能进行最大似然性的计算。LD_{50}大于2 000 mg/kg

表 B.2　剂量为 5 000 mg/kg 时，停止规则 a）范例

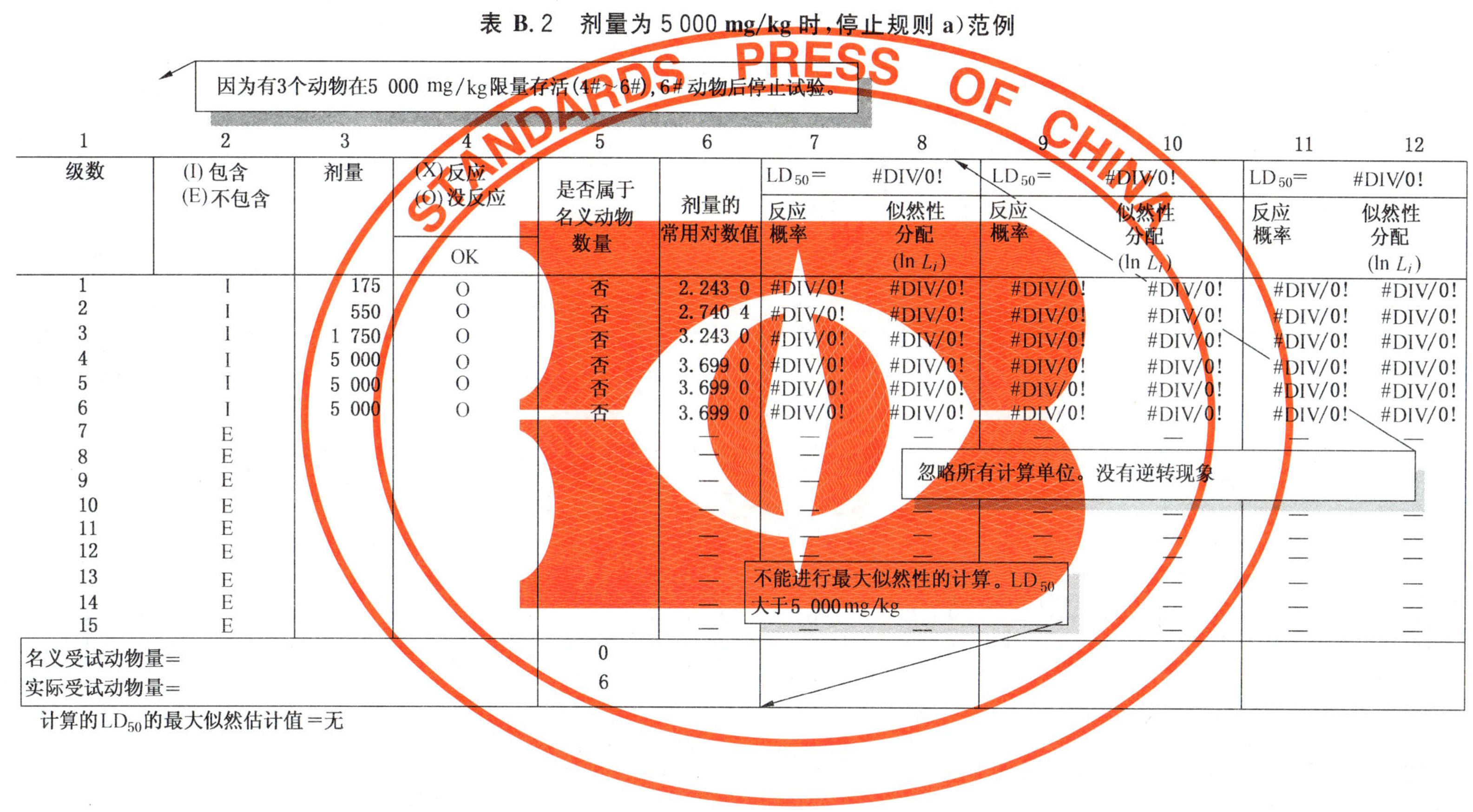

因为有3个动物在5 000 mg/kg限量存活(4#～6#)，6# 动物后停止试验。

1	2	3	4	5	6	7	8	9	10	11	12
级数	(I) 包含 (E) 不包含	剂量	(X) 反应 (O) 没反应	是否属于名义动物数量	剂量的常用对数值	LD_{50}=	#DIV/0!	LD_{50}=	#DIV/0!	LD_{50}=	#DIV/0!
			OK			反应概率	似然性分配 ($\ln L_i$)	反应概率	似然性分配 ($\ln L_i$)	反应概率	似然性分配 ($\ln L_i$)
1	I	175	O	否	2.243 0	#DIV/0!	#DIV/0!	#DIV/0!	#DIV/0!	#DIV/0!	#DIV/0!
2	I	550	O	否	2.740 4	#DIV/0!	#DIV/0!	#DIV/0!	#DIV/0!	#DIV/0!	#DIV/0!
3	I	1 750	O	否	3.243 0	#DIV/0!	#DIV/0!	#DIV/0!	#DIV/0!	#DIV/0!	#DIV/0!
4	I	5 000	O	否	3.699 0	#DIV/0!	#DIV/0!	#DIV/0!	#DIV/0!	#DIV/0!	#DIV/0!
5	I	5 000	O	否	3.699 0	#DIV/0!	#DIV/0!	#DIV/0!	#DIV/0!	#DIV/0!	#DIV/0!
6	I	5 000	O	否	3.699 0	#DIV/0!	#DIV/0!	#DIV/0!	#DIV/0!	#DIV/0!	#DIV/0!
7	E					—	—	—	—	—	—
8	E				—	—	—	—	—	—	—
9	E				—	—	—	—	—	—	—
10	E				—	—	—	—	—	—	—
11	E				—	—	—	—	—	—	—
12	E				—	—	—	—	—	—	—
13	E				—	—	—	—	—	—	—
14	E				—	—	—	—	—	—	—
15	E				—	—	—	—	—	—	—
名义受试动物量=				0							
实际受试动物量=				6							

忽略所有计算单位。没有逆转现象

不能进行最大似然性的计算。LD_{50} 大于5 000 mg/kg

计算的LD_{50}的最大似然估计值=无

表 B.3 停止规则 b)范例

因为有6个连续的动物(2#～7#)试验出现5个逆转，故在7#动物后停止试验。

1	2	3	4	5	6	7	8	9	10	11	12
级数	(I)包含 (E)不包含	剂量	(X)反应 (O)不反应	是否属于名义动物数量	剂量的常用对数值	LD_{50}=	31.0	LD_{50}=	12.4	LD_{50}=	77.6
						反应概率	似然值分配 ($\ln L_i$)	反应概率	似然值分配 ($\ln L_i$)	反应概率	似然值分配 ($\ln L_i$)
1	I	175	X	否	2.243 0	0.933 5	−0.068 8	0.989 2	−0.010 8	0.760 2	−0.274 2
2	I	55	X	是	1.740 4	0.690 5	−0.370 3	0.902 0	−0.103 1	0.382 6	−0.960 7
3	I	17.5	O	是	1.243 0	0.309 5	−0.370 3	0.617 4	−0.960 7	0.098 0	−0.103 1
4	I	55	X	是	1.740 4	0.690 5	−0.370 3	0.902 0	−0.103 1	0.382 6	−0.960 7
5	I	17.5	O	是	1.243 0	0.309 5	−0.370 3	0.617 4	−0.960 7	0.098 0	−0.103 1
6	I	55	X	是	1.740 4	0.690 5	−0.370 3	0.902 0	−0.103 1	0.382 6	−0.960 7
7	I	17.5	O	是	1.243 0	0.309 5	−0.370 3	0.617 4	−0.960 7	0.098 0	−0.103 1
8	E				—	—	—	—	—	—	—
9	E				—	—	—	—	—	—	—
10	E				—	—	—	—	—	—	—
11	E				—	—	—	—	—	—	—
12	E				—	—	—	—	—	—	—
13	E				—	—	—	—	—	—	—
14	E				—	—	—	—	—	—	—
15	E				—	—	—	—	—	—	—
名义受试动物量=				6							
实际受试动物量				7							
剂量平均估计值				31.02							
log10=				1.492							
似然对数值总和:							−2.290 6		−3.202 1		−3.465 5
似然值:							0.101 2		0.040 7		0.031 3
似然比:									2.488 0		3.237 8
单个似然比是否超出临界值?				临界值=	2.5				FALSE		TRUE
两个似然比是否超出临界值?									FALSE		

自动计算:与此没有联系。

计算 LD_{50}的最大似然估计值= 29.6

最终的估计值从最大似然计算法获得。

假定斜率	2	Sigma=	0.5

结论:满足LR规则

在9#动物时，首次满足LR规则，停止试验。
从动物6#开始核查LR规则。

收敛性判别标准参数

LR临界值	2.5
LD_{50}级数因子	

表 B.4 停止规则 c)的范例

假定斜率	2	标准偏差	0.5

结论:满足似然比规则

在第 9 个动物试验时,首次满足似然比规则,停止试验。
从第 6 个动物试验开始核查似然比规则。

收敛性判别标准参数	
似然比临界值	2.5
LD_{50}级数因子	2.5

1	2	3	4	5	6		7	8	9	10	11	12
级数	(I)包含 (E)不包含	剂量	(X)反应 (O)不反应	是否属于名义动物量	剂量的常用对数值	DAE 的贡献值	LD_{50}=	1 292.8	LD_{50}=	517.1	LD_{50}=	3 232.0
			KO				反应概率	似然值分配 ($\ln L_i$)	反应概率	似然值分配 ($\ln L_i$)	反应概率	似然值分配 ($\ln L_i$)
1	I	175	O	否	2.243 0	0.000 0	0.041 2	−0.042 1	0.173 3	−0.190 3	0.005 7	−0.005 7
2	I	550	O	是	2.740 4	2.740 4	0.228 9	−0.260 0	0.521 4	-0.736 8	0.062 0	-0.064 0
3	I	1 750	X	是	3.243 0	3.243 0	0.603 7	−0.504 6	0.855 2	−0.156 4	0.297 1	−1.213 8
4	I	550	O	是	2.740 4	2.740 4	0.228 9	−0.260 0	0.521 4	−0.736 8	0.062 0	−0.064 0
5	I	1 750	X	是	3.243 0	3.243 0	0.603 7	−0.504 6	0.855 2	−0.156 4	0.297 1	−1.213 8
6	I	550	O	是	2.740 4	2.740 4	0.228 9	−0.260 0	0.521 4	−0.736 8	0.062 0	−0.064 0
7	I	1 750	O	是	3.243 0	3.243 0	0.603 7	−0.925 7	0.855 2	−1.932 3	0.297 1	−0.352 5
8	I	5 000	X	是	3.699 0	3.699 0	0.880 0	−0.127 9	0.975 6	−0.024 7	0.647 7	−0.434 4
9	I	1 750	X	是	3.243 0	3.243 0	0.603 7	−0.504 6	0.855 2	−0.156 4	0.297 1	−1.213 8
10	E				—	0.000 0	—	—	—	—	—	—
11	E				—	0.000 0	—	—	—	—	—	—
12	E				—	0.000 0	—	—	—	—	—	—
13	E				—	0.000 0	—	—	—	—	—	—
14	E				—	0.000 0	—	—	—	—	—	—
15	E				—	0.000 0	—	—	—	—	—	—
名义受试动物量=				8								
实际受试动物量=				9								
剂量平均估计值				1 292.78								
$\ln d_i$				3.112								
似然值对数总和:								−3.389 4		−4.827 0		−4.626 0
似然值:								0.033 7		0.008 0		0.009 8
似然比:										4.210 4		3.443 6
单个似然比是否超出临界值?				临界值=2.5					TRUE		TRUE	
两个似然比是否超出临界值?									TRUE			

表 B.5 计算机软件执行停止规则 c)的范例

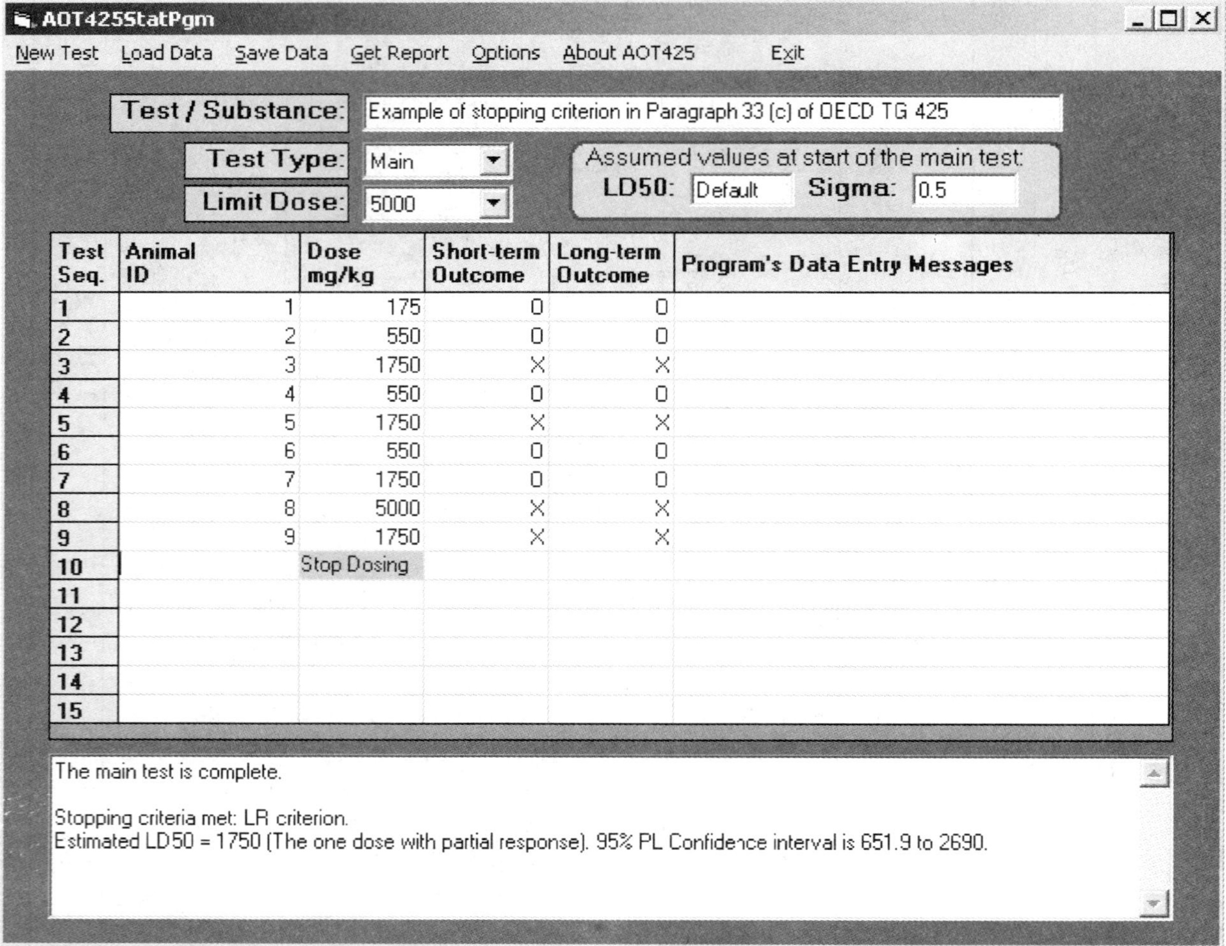

AOT425StatPgm

New Test | Load Data | Save Data | Get Report | Options | About AOT425 | Exit

Test / Substance: Example of stopping criterion in Paragraph 33 (c) of OECD TG 425

Test Type: Main

Limit Dose: 5000

Assumed values at start of the main test: LD50: Default Sigma: 0.5

Test Seq.	Animal ID	Dose mg/kg	Short-term Outcome	Long-term Outcome	Program's Data Entry Messages
1	1	175	O	O	
2	2	550	O	O	
3	3	1750	X	X	
4	4	550	O	O	
5	5	1750	X	X	
6	6	550	O	O	
7	7	1750	O	O	
8	8	5000	X	X	
9	9	1750	X	X	
10		Stop Dosing			
11					
12					
13					
14					
15					

The main test is complete.

Stopping criteria met: LR criterion.
Estimated LD50 = 1750 (The one dose with partial response). 95% PL Confidence interval is 651.9 to 2690.

附 录 C
（规范性附录）
试剂剂量在 2 000 mg/kg 的分类说明

C.1 对于 LD_{50} 大于 2 000 mg/kg 无需试验的受试物的分类标准

C.1.1 GHS 分类急性毒性危险类别为 5 的物质具有相对较低的急性毒性，在某些特定的情况下可能对某些比较脆弱的人群带来危险。这类物质经口或经皮 LD_{50} 预计在 2 000 mg/kg～5 000 mg/kg。或其他染毒途径获得的类似结果。

C.1.2 在下列情况下，受试物可以划为 2 000 mg/kg＜LD_{50}＜5 000 mg/kg（具有急性毒性，危险类别为 5）：

C.1.2.1 有确定的证据表明受试物的 LD_{50} 在第 5 类范围内；或其他动物试验以及人类毒性反应表明该物质对人体健康具有急性毒性。

C.1.2.2 具有下列任意一种情况，且通过对数据的外推、预测或衡量不能将该物质划分到更为严重的毒性物质：

——有可靠资料表明该物质对人类具有严重的毒性效应；

——在急性毒性类别 4 的经口毒性试验中具有致死性；

——在按照急性毒性类别 4 试验时，专家判断出现了较为严重的毒性反应，除了腹泻，毛发竖立或不太明显的症状；

——通过专家对其他动物试验的判断认为有足够的证据表明该物质有比较明显的潜在急性毒性。

C.2 试验剂量大于 2 000 mg/kg

如果无明确的资料可以证明进行此类试验对人类、动物健康和环境保护有重大意义，出于保护动物的需要，不建议进行第 5 类范围内的动物试验。

参 考 文 献

[1] Dixon W. J. (1991). Staircase Bioassay: The Up-and-Down Method. Neurosci. Biobehav. Rev., 15, 47-50.

ICS 13.300;11.100
A 80

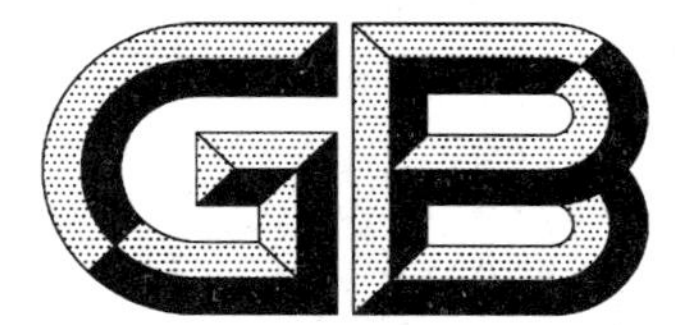

中华人民共和国国家标准

GB/T 21827—2008

化学品 皮肤变态反应试验 局部淋巴结方法

Chemicals—Test method of skin sensitization—Local lymph node assay (LLNA)

2008-05-12 发布 2008-09-01 实施

中华人民共和国国家质量监督检验检疫总局
中国国家标准化管理委员会 发布

前　言

本标准等同采用经济合作与发展组织(OECD)化学品测试指南 No.429(2002 年)《皮肤变态反应试验　局部淋巴结法试验》(英文版)。

本标准做了下列编辑性修改：

——增加了“范围”一章；

——计量单位改为我国法定计量单位；

——删除了 OECD 的参考文献部分。

本标准由全国危险化学品管理标准化技术委员会(SAC/TC 251)提出并归口。

本标准负责起草单位：中国疾病预防控制中心职业卫生与中毒控制所。

本标准参加起草单位：上海出入境检验检疫局、宁波出入境检验检疫局。

本标准主要起草人：刘清君、邱璐、孙金秀、史晓祎、马中春。

OECD 引言

1. OECD试验指南立足从科学技术进步和动物福利的角度，对检测方法的建立和优化进行定期审查，从而决定是否对现有的方法进行更新或者建立新的方法指南。基于此目的，一种新的方法，即利用小鼠进行的判断皮肤变态反应的方法——局部淋巴结法(LLNA)已经得到充分的验证并被接受成为新的OECD指南。它是目前公布的第二个评估化学品对皮肤致敏作用的动物试验指南。另一个为利用豚鼠进行的最大反应试验和局部封闭涂皮试验的指南。

2. LLNA的优点是既体现了科学的进步，又兼顾了动物福利的问题。它检测的是皮肤变态反应诱导阶段淋巴细胞的增殖，可以提供评估剂量-反应量化的数据。关于LLNA验证过程以及相关工作的综述已经发表。此外，值得注意的是，在豚鼠试验中推荐使用的轻-中强度的阳性对照致敏物，在LLNA试验中同样适用。

3. LLNA是鉴别皮肤致敏化学品的可选择的方法之一，它既可以识别皮肤致敏化学品，也能够确定那些没有明显皮肤致敏活性的化学品。当然这不是说在所有的情况下LLNA都可以替代豚鼠试验，但这种方法具有一定的优点，是变态反应试验可选择的方法之一，通常也不需要对阳性和阴性结果再进一步确认。

4. LLNA是一种体内试验，不可避免要使用一定量动物，但LLNA可以减少动物使用的数量，而且优化了动物接触受试物的方法。LLNA是基于化学品刺激下致敏反应的诱导阶段建立的。与豚鼠试验不同，LLNA不需要激发皮肤的超敏反应；而且也不需要豚鼠试验中的最大反应，因此不使用佐剂，这样就减少了动物的痛苦。虽然LLNA比传统豚鼠试验具有这些优点，但同时必须认识到LLNA也有一定的缺陷(如：在某些金属物质的试验中发现假阴性的结果，在某些皮肤刺激物试验中出现假阳性结果)，这时必须进行传统的豚鼠试验。

化学品　皮肤变态反应试验
局部淋巴结方法

1　范围

本标准规定了皮肤变态反应试验——局部淋巴结法的范围、试验基本原则、试验方法、试验数据和报告。

本标准适用于检测化学品致皮肤变态反应作用，即检测皮肤变态反应诱导阶段淋巴细胞增殖的反应，可以提供评估剂量-反应的量化数据。

2　试验基本原则

LLNA 的基本原则是致敏化学品在暴露后，能够诱导染毒部位的引流淋巴结内淋巴细胞的增殖。增殖反应与化学品的剂量（和致敏原的致敏力）成比例，因此可以通过简单的方法获得客观、定量的致敏试验数据。LLNA 通过比较受试样品试验组与溶剂对照组增殖的剂量-反应关系来评估增殖状况。对受试样品试验组与溶剂对照组的增殖比率即刺激指数（*SI*）进行比较，当该指数大于等于 3 时受试样品才能作为潜在皮肤致敏物进行进一步评估。

本文所述 LLNA 法是通过放射标记检测细胞增殖。也可以使用其他的毒性终点的检测手段评价细胞的增殖，但必须提供充足的理由和科学依据，包括完全引用和方法学的描述。

3　试验方法

3.1　受试物

受试样品可以是液态、固体和颗粒状。

赋形剂应在考虑最大试验浓度和可溶性的基础上进行选择，使形成的溶液/悬浮液适于使用。推荐赋形剂按优先顺序为：丙酮/橄榄油（4∶1，体积分数）、二甲基甲酰胺、丁酮、丙二醇和二甲基亚砜，如具备充分的科学依据，也可使用其他赋形剂。在某些情况下有必要增加受试物使用的临床赋形剂或商品化制剂作为另外的对照。特别应注意要使亲水物质分散在赋形剂系统中，这样既能湿润皮肤，又不会立即流失，但要避免使用只含水的赋形剂。

3.2　实验动物和饲养环境

3.2.1　动物种属

选择未生育过和未怀孕的成年雌性小鼠（CBA/Ca 或 CBA/J 品系）。试验开始时鼠龄为 8 周～12 周，体重变异应小于平均体重的 20%。选择其他种属或雄性动物时应有充足的证据表明在该试验中不存在种属和性别的差异。

3.2.2　动物饲养

动物单笼饲养，实验动物房温度应为 23℃±3℃，除了清理动物房时外，其他时间的相对湿度应在 30%～70%之间，最好保持在 50%～60%。应采用人工照明，每天 12 h 明暗交替。采用常规实验室饲料，不限制饮水。

3.2.3　动物数量

每一剂量组至少应有 4 只动物，受试物至少设三个剂量组，一个赋形剂阴性对照组，还应酌情考虑设立阳性对照组。收集每只动物的资料，每组动物数至少 5 只。

3.3　剂量设计

剂量可以从下列浓度系列中选择：100%、50%、25%、10%、5%、2.5%、1%、0.5%等。在选择三个连续剂量时应考虑现有的急性毒性和皮肤刺激性资料，最高剂量组应避免出现系统毒性和剧烈的局部皮肤刺激性。对照组动物除了不给予受试样品外，其余处理方法与试验组完全相同。

3.4 试验步骤

3.4.1 试验前准备

试验前 5 d 置于饲养笼内饲养以适应实验室环境，并于试验前检查，确保动物无可见的皮肤损伤。对随机选择分组的动物进行编号(不能在耳朵上标记)。

3.4.2 对照

3.4.2.1 阳性对照

阳性对照的设立用于验证试验过程的合理性，以及实验室成功实施试验的能力。阳性对照应该产生阳性的试验结果，所以在进行某个剂量水平的染毒后，与阴性对照相比，其刺激指数(*SI*)的增加应在 3 倍以上。阳性对照剂量的选择应是能够产生明显但又不过度的致敏诱导作用。首选的阳性物为己基苯乙烯乙醛(CAS No. 101-86-0)和巯基苯并噻唑(CAS No. 149-30-4)。根据具体情况，也可以使用符合上述标准的其他阳性对照物。一般每次实验都需要阳性对照组，但如果同一实验室以往的阳性对照资料显示，在 6 个月或更长时间内的阳性反应具有良好的一致性，最长可每 6 个月进行一次阳性物对照试验。虽然阳性对照物溶解在特定的赋形剂(如：丙酮/橄榄油)中易于产生一致的实验结果，但在一些特殊规定的情况下，需要溶解在非标准的赋形剂(如临床/化学相关的试剂)中进行实验，这时应测试阳性对照物是否会与赋形剂发生化学反应。

3.4.2.2 阴性对照

一般即为赋形剂对照。赋形剂必须是非致敏物，不与受试样品发生化学反应。仅以赋形剂为受试物。

3.4.3 试验步骤

第 1 天：确定并记录每只动物的体重。将 25 μL 受试样品稀释液、赋形剂或阳性对照物(如需要)涂于相应组别动物的耳背。

第 2～3 天：重复第一天的操作。

第 4～5 天：不进行处理。

第 6 天：记录每只动物的体重。将 250 μL 含 20 μCi(7.4e+5 Bq)^{3}H-甲基胸腺嘧啶脱氧核苷的 PBS 注射入所有试验组和对照组小鼠的尾静脉；或注射 250 μL 含 2 μCi(7.4e+4 Bq)^{125}I-碘脱氧尿嘧啶核苷和 10^{-5} M 氟脱氧尿嘧啶核苷的 PBS。5 h 后处死动物。摘取每一只试验动物耳部的引流淋巴结并浸泡于 PBS 中(以每个实验组为单位)，或摘取每只动物的双侧引流淋巴结并浸泡于 PBS 中(以每只动物为单位)。

3.4.4 细胞悬液的准备

用 200 μm 孔径的不锈钢网纱对上述步骤中所取的成组动物的淋巴结或单只动物的双侧淋巴结轻柔地进行机械分离，制成单细胞悬液，然后用大量的 PBS 洗涤两次，并用 5%三氯乙酸(TCA)在 4℃时沉淀 18 h。沉淀物用 1 mL TCA 重新混旋转移至闪烁瓶中(内含 1.0 mL 闪烁液)进行^{3}H-计数，或直接转移至 γ 计数管中进行^{125}I-计数。

3.4.5 细胞增殖测定(合并放射能)

用 β-闪烁计数仪测定^{3}H-甲基胸腺嘧啶脱氧核苷，以每分钟衰变数(*DPM*)计算；或用^{125}I-计数仪测定^{125}I-碘脱氧尿嘧啶核苷，亦以 *DPM* 计算。根据计算方式的不同，检测结果分别以 *DPM*/试验组或 *DPM*/只表示。

3.4.6 临床观察

仔细观察动物的任何临床症状、用药局部刺激反应及系统毒性出现情况。系统观察并记录每只动物的临床表现。

3.4.7 **体重**

在试验开始和结束时(处死动物前)均应称量并记录每只动物的体重。

3.4.8 **结果计算**

3.4.8.1 结果以 *SI* 表达。若以组为单位,则 *SI* 为试验组 *DPM*/阴性对照组 *DPM*;若以每只动物为单位,*SI* 为每个受试样品试验组和阳性对照组的平均 *DPM*/阴性对照组的平均 *DPM*。阴性对照组的平均 *SI* 为1。

3.4.8.2 使用单只动物法计算 *SI* 更有利于数据的统计分析。在选择合适的统计分析方法时,应注意可能存在的方差不齐和其他相关问题,有必要对数据进行转换或者进行非参数统计分析。以适当的方法解释数据,对试验组和对照组的所有个体资料进行评价,并由最好的剂量-反应曲线计算可信限(*CI*)。同时应注意在同组中可能存在个别异常结果,这时应该选择其他的分析方法(如用中位数而不是平均数)或剔除该异常值。

3.4.8.3 阳性反应的确定。*SI* 大于或等于3、存在剂量-反应关系并具有统计学意义。

3.4.8.4 需要阐述结果时,应该考虑到受试样品的多种特性,包括其是否与已知的皮肤致敏物有结构关联、是否引起严重的皮肤刺激,以及观察到的剂量-反应关系的性质。

4 试验数据和报告

4.1 数据

以列表形式表示平均 *DPM* 值和每一只小鼠的 *DPM* 值以及每一剂量组的(包括阴性对照组)的 *SI*。

4.2 试验报告

报告应包括以下内容:

4.2.1 **受试样品**

a) 名称和识别码(如CAS编号、来源、纯度、已知的杂质和批号);

b) 物理性质和理化特性(如挥发性、稳定性和溶解度);

c) 若为混合物,其组分和相对含量。

4.2.2 **溶剂**

a) 溶剂名称和识别码(纯度、浓度、使用体积);

b) 选择的依据。

4.2.3 **实验动物**

a) 小鼠的品系;

b) 动物的微生物学状况(如已掌握);

c) 数量、年龄和性别;

d) 动物来源、饲养条件、饲料等。

4.2.4 **试验条件**

a) 受试样品制备和使用的详细情况;

b) 剂量选择的依据(如果进行预试验,列出剂量及结果);

c) 赋形剂和受试样品的浓度,以及受试物使用总量;

d) 饲料和饮水质量的详细情况(包括饲料类型和来源、饮水来源)。

4.2.5 **可靠性检查**

a) 最新的可靠性检查结果的总结,包括受试物、使用浓度和赋形剂的相关信息;

b) 实验室当前和以往阳性、阴性对照的检测结果。

4.2.6 **结果**

a) 染毒前和处死前每只动物的体重;

b) 以表格形式列出组 *DPM* 平均值/中位数，单只动物的 *DPM* 值，整组和单只动物结果分别的可信区间，以及每个剂量组（包括溶剂对照组）的 *SI*；

c) 统计分析；

d) 毒性发作和症状出现的时间进程，包括每只动物在受试部位局部皮肤刺激反应。

4.3 结果讨论

对结果、剂量-反应关系分析和所用的统计分析方法进行简要说明。得出该受试样品是否为皮肤致敏物的结论。
